D1669986

BERICHTE DER 7. FACHTAGUNG "BAUSTATIK – BAUPRAXIS"
AACHEN/DEUTSCHLAND/18.-19. MÄRZ 1999

Baustatik - Baupraxis 7

Herausgeber

Konstantin Meskouris

Baustatik und Baudynamik, RWTH Aachen, Deutschland

A.A.BALKEMA/ROTTERDAM/BROOKFIELD/1999

Die Beiträge dieser Ausgabe wurden unter Aufsicht der einzelnen Autoren geschrieben.

Veröffentlicht durch

A.A. Balkema, Postfach 1675, 3000 BR Rotterdam, Niederlande
Fax: +31.10.413.5947; E-mail: balkema@balkema.nl; Internet site: www.balkema.nl
A.A. Balkema Publishers, Old Post Road, Brookfield, VT 05036-9704, USA
Fax: +1.802.276.3837; E-mail: info@ashgate.com

ISBN 90 5809 044 2
© 1999 A.A. Balkema, Rotterdam
Gedruckt in den Niederlanden

Baustatik-Baupraxis 7, Meskouris (Hrsg.) © 1999 Balkema, Rotterdam, ISBN 90 5809 044 2

Inhalt

Baustatik-Baupraxis 7, Meskouris (Hrsg.) © 1999 Balkema, Rotterdam, ISBN 90 5809 044 2

Vorwort

Seit 1981 findet in dreijährlichem Turnus die Fachtagung 'Baustatik-Baupraxis' als Gemeinschaftsveranstaltung von Lehrstühlen und Instituten für Statik und Dynamik aus Deutschland und Österreich statt. Ziel dieser Tagung war und ist die Förderung der Kontakte zwischen den Hochschulen und der Baupraxis, wobei es insbesondere darum geht, den Kollegen in der Praxis neue Erkenntnisse der Forschung zu vermitteln und Anregungen aus der Praxis für die Arbeit an der Hochschule zu erhalten. Dementsprechend stammen die Tagungsbeiträge traditionell sowohl aus dem Hochschulbereich als auch aus der Baupraxis.

Mittelpunkt der diesjährigen 7. Tagung sind die für Forschung und Praxis gleichermaßen aktuellen Themenbereiche 'Berechnungsmodelle und Berechnungstechniken', 'Baudynamik', 'Neue Werkstoffe' und schließlich 'Schädigungssimulation und Dauerhaftigkeit'. Dieses Spektrum, dessen Umrisse aus den Themenüberschriften und mehr noch aus den Titeln der einzelnen Beiträge deutlich werden, zeigt, wie groß die Bandbreite der Aufgaben der 'Baustatik' inzwischen geworden ist. Daß die ehemals starren Grenzen zu Nachbarfächern immer mehr wegfallen und interdisziplinäre Forschungsansätze dafür stärker in den Vordergrund rücken, kann als zukunftsträchtiger Zug nur begrüßt werden.

Im Gegensatz zum bisher üblichen Austragungsmodus ausschließlich in Form von Plenarsitzungen wurden diesmal auch Blöcke von Parallelsitzungen eingerichtet, um der Fülle der interessanten Beiträge gerecht zu werden. Außerdem war uns im 'Euro-Jahr' 1999 die Stärkung der europäischen Dimension ein besonderes Anliegen, weshalb wir uns sehr über die aktive Teilnahme von Kolleginnen und Kollegen aus den Niederlanden, der Schweiz, Belgien und Dänemark freuen. Als quasi selbstverständliche Folge der Europäisierung ist auch die gleichberechtigte Verwendung des Englischen neben dem Deutschen sowohl für die Vorträge und die Diskussionen als auch für die schriftlichen Fassungen der Beiträge anzusehen.

Unser Dank als Ausrichter geht selbstverständlich in erster Linie an die Autoren und Vortragenden, die diese Veranstaltung durch ihre Beiträge überhaupt ermöglicht haben, im gleichen Atemzug aber auch an die Sitzungsleiter, die für den (bei Parallelsitzungen besonders wichtigen) reibungslosen Ablauf zu sorgen haben werden. Der Europäischen Kommission (DG XII/C) danken wir sehr für die finanzielle

Unterstützung. Ich darf mich an dieser Stelle beim Vorsitzenden der Forschungsvereinigung Baustatik-Baupraxis e.V., Herrn Kollegen Wilfried B. Krätzig, und dem Programmkomitee für ihre tatkräftige Unterstützung sowie beim Balkema-Verlag für die angenehme Zusammenarbeit bestens bedanken; nicht zuletzt ein tiefempfundenes Dankeschön an alle Mitglieder des Aachener Lehrstuhls für Baustatik und Baudynamik für ihren unermüdlichen Einsatz!

Aachen, im Januar 1999
Konstantin Meskouris

Baustatik-Baupraxis 7, Meskouris (Hrsg.) © 1999 Balkema, Rotterdam, ISBN 90 5809 044 2

Kapazitätsbemessung und plastisches dynamisches Verhalten von Stahlbetontragwerken

H. Bachmann
Institut für Baustatik und Konstruktion, Eidgenössische Technische Hochschule (ETH) Zürich, Schweiz

ZUSAMMENFASSUNG: Es werden die Grundidee und wichtige Aspekte der Methode der Kapazitätsbemessung dargestellt, darunter der Zusammenhang zwischen Tragwiderstand und Duktilität, die Wahl günstiger plastischer Mechanismen und die Bedeutung der Überfestigkeit. Computersimulationen des plastischen dynamischen Verhaltens von Stahlbetontragwerken werden diskutiert und für ein Hochschulprogramm verwendete, selbst entwickelte Benutzerelemente vom Typ der Makroelemente kurz vorgestellt. Schliesslich werden experimentelle Untersuchungen durch statisch-zyklische Versuche, dynamische Versuche mit dem neuen ETH-Erdbebensimulator sowie pseudodynamische Versuche beschrieben und einige interessante Resultate dargestellt.

1 EINLEITUNG

Für den Entwurf und die Bemessung und für die wirklichkeitsnahe Erfassung des plastischen dynamischen Verhaltens von Stahlbetontragwerken sind von grosser Bedeutung:
• Methode der Kapazitätsbemessung
• Computersimulationen im Zeitbereich
• Experimentelle Untersuchungen
Die Methode der Kapazitätsbemessung stellt sicher, dass ein Tragwerk eine gewünschte Systemduktilität aufweist. Computersimulationen im Zeitbereich dienen zur Sichtbarmachung und Überprüfung des Verhaltens der Tragwerke unter bestimmten dynamischen Einwirkungen. Experimentelle Untersuchungen durch statisch-zyklische, dynamische und pseudodynamische Versuche sind unerlässlich, um die Verhaltensgesetze der Baustoffe und Bauteile zu ermitteln, mit denen die Programme für die Computersimulationen geeicht werden müssen; zudem bilden sie eine ausgezeichnete Grundlage zur Verbesserung der Regeln für die detaillierte Bemessung und die konstruktive Durchbildung der Tragwerke.

2 KAPAZITÄTSBEMESSUNG

Die Methode der Kapazitätsbemessung hat zum Ziel, ein bestimmtes Tragwerk duktil zu gestalten. Duktil bedeutet zäh, plastisch verformungsfähig, mit der Möglichkeit für eine wesentliche Energiedissipation. Wie duktil soll das Tragwerk sein, niedrig, mittel oder hoch duktil? Die Antwort lautet: Es soll die Anforderungen einer bestimmten, bewusst gewählten Bemessungsduktilität erfüllen, die meist einer normgemässen Duktilitätsklasse entspricht.

"Man "sagt" dem Tragwerk ganz genau, wo es plastifizieren darf und soll, und wo nicht. Im Tragwerk werden die plastifizierenden Bereiche bewusst gewählt und so festgelegt, dass unter den massgebenden Einwirkungen ein geeigneter plastischer Mechanismus entsteht. Die plastifizierenden Bereiche werden so bemessen und konstruktiv durchgebildet, dass sie genügend duktil

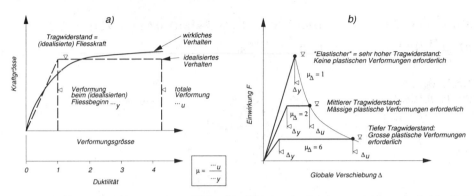

Bild 1. Definition der Duktilität (a) und verschiedene Möglichkeiten der Gestaltung und des entsprechenden Verhaltens eines Tragwerks bezüglich Tragwiderstand und Duktilität (b).

sind. Die übrigen Bereiche werden mit einem zusätzlichen Tragwiderstand versehen, damit sie elastisch bleiben, wenn die plastifizierenden Bereiche ihre Überfestigkeit (Kapazität) entwikkeln" (nach T. Paulay).

Anwendungsgebiete für die Kapazitätsbemessung sind Tragwerke, die ihre Aufgaben auf zweckmässige und wirtschaftliche Weise nur durch plastische Verformungen und ein duktiles Verhalten erfüllen können. Solche Tragwerke sind:
- Stützen von Brücken und Hochbauten mit Stössen von Fahrzeugen
- Schutzbauwerke gegen Steinschlag, Lawinen, Explosionen, usw.
- Tragwerke von Hochbauten und Brücken mit Erdbebeneinwirkung
- Tragwerke mit statischen Einwirkungen, bei denen während ihrer Lebensdauer Plastifizierungen zu erwarten oder möglich sind (z.B. durch Fundamentsetzungen, Überbelastung, usw.)

In den ersten beiden Fällen und im vierten Fall handelt es sich im wesentlichen um monodirektionale Einwirkungen und Beanspruchungen, während Erdbeben - der dritte Fall - zyklische Einwirkungen und Beanspruchungen bewirkt. Diese sind im allgemeinen ungünstiger als monodirektionale Beanspruchungen; sie erfordern bei gleicher Bemessungsduktilität strengere Regeln für die konstruktive Durchbildung der plastischen Bereiche.

Die Methode der Kapazitätsbemessung wurde seit der Mitte der 70er Jahre in Neuseeland an der University of Canterbury in Christchurch für Tragwerke mit Erdbebeneinwirkung entwickelt (Paulay & Priestley 1992). Die Kapazitätsbemessung für Erdbebeneinwirkung hat sich in der letzten Zeit stark verbreitet, und sie ist auch aus modernen Normen wie beispielsweise EC 8 (Eurocode 8 1997) nicht mehr wegzudenken.

2.1 Definition und Arten der Duktilität

Grundlage für die Definition einer Duktilität ist immer ein bilineares, ideal elastisch-plastisches Kraft-Verformungs-Diagramm eines ganzen Tragwerks oder eines betrachteten lokalen Bereichs gemäss der gestrichelten Linie in Bild 1a. Es wird das Verhältnis der totalen Verformung (Index u) zur Verformung beim Fliessbeginn (Index y) gebildet. In Wirklichkeit verläuft das Kraft-Verformungs-Diagramm meist gekrümmt, etwa gemäss der ausgezogenen Linie in Bild 1a; das idealisierte Diagramm kann dann nach bestimmten Regeln ermittelt werden (Paulay et al. 1990)

Es können verschiedene Arten der Duktilität unterschieden werden, die alle auf die obige Weise definiert sind (Bachmann 1995):
- Verschiebeduktilität
- Rotationsduktilität
- Krümmungsduktilität
- Dehnungsduktilität

Bezüglich eines Tragwerks können die Verschiebeduktilität als "Systemduktilität" oder "globale" Duktilität und die drei andern Arten als "lokale" Duktilitäten bezeichnet werden.

2

2.2 Tragwiderstand und Duktilität

In Bild 1b sind verschiedene Möglichkeiten der Gestaltung und des entsprechenden Verhaltens eines Tragwerks für eine bestimmte gegebene Einwirkung dargestellt. Abgetragen sind eine Einwirkung F und eine entsprechende globale Verschiebung Δ. Zum Beispiel sind bei einer gedrungenen Stütze einer Brücke F die horizontale Stosskraft und Δ die dortige horizontale Durchbiegung. Eine erste mögliche Lösung ist, das Tragwerk mit einem so hohen Tragwiderstand zu versehen, dass durch die Einwirkung nur elastische Verformungen entstehen ("Elastischer" Tragwiderstand). In diesem Fall sind keine plastischen Verformungen notwendig, es gibt somit keine erforderliche Duktilität. Eine zweite, ganz andere mögliche Lösung ist, das Tragwerk nur mit einem relativ kleinen Tragwiderstand zu versehen. Dann sind grosse plastische Verformungen notwendig, die erforderliche Duktilität ist hoch. Weil es aber meist viel weniger aufwendig ist, ein Tragwerk mit einer hohen Duktilität anstatt mit einem hohen Tragwiderstand zu versehen - oft kostet mehr Duktilität fast nichts - ist dies meist eine sehr kostengünstige Lösung. Allerdings können schon bei relativ kleiner Einwirkung infolge der Plastifizierungen Schäden entstehen und Reparaturen erforderlich sein. Deshalb wird vielleicht eine dritte mögliche Lösung mit einem mittleren Tragwiderstand gewählt, bei dem mässige plastische Verformungen notwendig sind und es somit nur eine mittlere erforderliche Duktilität gibt

Es ist klar: Zu bestimmten Lösungen gehören ein bestimmter Tragwiderstand und eine bestimmte Duktilität. Je kleiner der Tragwiderstand umso grösser ist die erforderliche Duktilität. Und damit die im Tragwerk vorhandene Duktilität mit genügender Sicherheit grösser ist als die erforderliche Duktilität, braucht es eine entsprechende Bemessungsmethode: Das ist die Methode der Kapazitätsbemessung. Sie "garantiert" die zu einem bestimmten Tragwiderstand gehörende erforderliche Duktilität (Bemessungsduktilität). Sie beinhaltet auch die dieser Duktilität entsprechenden Regeln, die für die Bemessung und die konstruktive Durchbildung sowohl des Gesamttragwerks als auch sämtlicher lokaler Bereiche angewendet werden müssen.

2.3 Ungeeignete und geeignete plastische Mechanismen

Bei der Anwendung der Methode der Kapazitätsbemessung ist von entscheidender Bedeutung, dass ganz am Anfang ein *geeigneter plastischer Mechanismus* des ganzen Tragwerks gewählt wird. Voraussetzung dazu ist, dass die Art der Einwirkung und damit die relative Grösse der Beanspruchungen in den verschiedenen Bereichen des Tragwerks einigermassen bekannt sind. Meist geht man von elastisch - statisch oder allenfalls auch dynamisch - berechneten Schnittkräften aus. An drei Beispielen soll erklärt werden, was ungeeignete und geeignete plastische Mechanismen sind.

Für eine gedrungene Stahlbetonstütze mit Stoss eines Fahrzeuges ist im Bild 2a ein ungeeigneter plastischer Mechanismus dargestellt. Die Schubbewehrung ist nicht in der Lage, die Querkraft zu übertragen, die bei der Entwicklung der Biegeüberfestigkeit in den drei plastifizierenden Bereichen - im folgenden vereinfacht auch plastischer Bereich genannt - möglich wird. Es tritt ein Schubversagen ein, bevor sich eine wesentliche Verschiebeduktilität entwickeln kann. Im Bild 2b hingegen ist ein viel geeigneterer Mechanismus dargestellt, der gewählt und durch eine Kapazitätsbemessung der ganzen Stütze sichergestellt wird. Die Möglichkeit zur Energiedissipation und damit die Einsturzsicherheit kann dadurch mit verschwindend geringem Zusatzaufwand um ein Mehrfaches vergrössert werden.

Für ein Rahmentragwerk mit Erdbebeneinwirkung - hier nur als monodirektionale statische Einwirkung dargestellt - ist im Bild 2c ein völlig ungeeigneter Stützenmechanismus gezeichnet. Um eine bestimmte Verschiebung Δ am Dachrand oben zu erzeugen, wären in den Erdgeschossstützen je zwei plastische Bereiche - bei entsprechenden Modellen auch als plastische Gelenke bezeichnet - mit einem grossen plastischen Rotationswinkel θ_1 nötig. Solche sind jedoch kaum möglich, auch weil die Normalkraft im Vergleich zu einer reinen Biegebeanspruchung den Querschnitt spröder macht.

Viel besser geeignet ist der im Bild 2d dargestellte Riegelmechanismus. Zum Erreichen der gleichen Verschiebung Δ wie bei einem Stützenmechanismus sind nur sehr viel kleinere plastische Rotationswinkel θ_2 erforderlich. Wird dieser Mechanismus gewählt und durch eine Kapa-

3

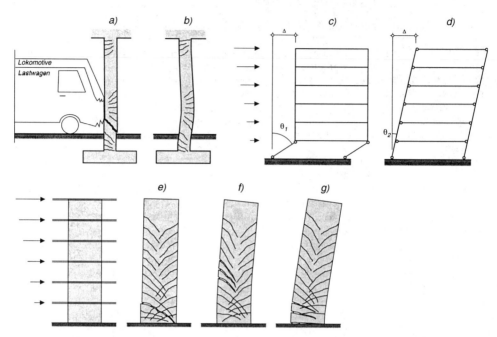

Bild 2. Plastische Mechanismen in Tragwerken: Gedrungene Stahlbetonstütze mit Stoss eines Fahrzeuges (a, b), Rahmentragwerk mit Erdbebeneinwirkung (c, d) und Stahlbetontragwand mit Erdbebeneinwirkung (e, f, g). Ungeeignete Mechanismen sind (a, c, e, f), geeignete Mechanismen sind (b, d, g).

zitätsbemessung sichergestellt, so wird auch die Energiedissipation über das ganze Tragwerk gut verteilt.

Schliesslich sind für eine der Aussteifung eines Skelettbaus dienende schlanke Stahlbetontragwand mit Erdbebeneinwirkung - wiederum nur als monodirektionale statische Einwirkung gezeichnet - in den Bildern 2e und 2f ungeeignete Mechanismen dargestellt. Sowohl ein Schubversagen am Wandfuss als auch starkes Fliessen im oberen Wandbereich sind nicht erwünscht. Eine viel grössere Verschiebung am oberen Ende und somit eine viel grössere Systemduktilität und Energiedissipation können durch den in Bild 2g dargestellten Mechanismus erzielt werden, d. h. mit einem auf Biegung plastifizierenden Bereich am Wandfuss. Dieser Mechanismus kann durch eine Kapazitätsbemessung der Wand auf einfache Weise sichergestellt werden (Bachmann 1995).

Allgemein kann festgehalten werden: Ein geeigneter plastischer Mechanismus ermöglicht grosse plastische Verschiebungen des Gesamtsystems (Verschiebeduktilität) bei gleichzeitig "gutmütigen" und eher mässigen lokalen plastischen Verformungen. Solche Verformungen sind praktisch immer Biegeverformungen mit Fliessen der Längsbewehrungen. Es soll kein Schubversagen - weder Betonbruch auf schiefen Druck noch Betonbruch nach Bügelfliessen - und auch kein anderes Versagen ohne vorherige wesentliche Energiedissipation eintreten können.

2.4 Überfestigkeit

In den plastischen Bereichen eines Tragwerks entwickelt sich die sogenannte Überfestigkeit, auf welche der Schubwiderstand und die angrenzenden elastisch bleibenden Bereiche bemessen werden müssen. Die Überfestigkeit muss mit den tatsächlichen Festigkeiten der verwendeten Baustoffe und mit den tatsächlich eingelegten Bewehrungsquerschnitten berechnet werden. Sie ist meist wesentlich grösser als die üblicherweise mit nominellen (abgeminderten) Festigkeiten der Baustoffe und nur den erforderlichen Bewehrungsquerschnitten ermittelte Festigkeit. Die Überfestigkeit kann ins Verhältnis zur nominellen erforderlichen Festigkeit gesetzt und durch einen entsprechenden Überfestigkeitsfaktor erfasst werden. Dieser liegt z. B. bei biegebeanspruchten Stahlbetonquerschnitten typischerweise zwischen 1.3 und 2 (Paulay et al. 1990).

2.5 Vorteile der Kapazitätsbemessung

Eine Beurteilung kapazitätsbemessener Tragwerke im Vergleich zu analogen, konventionell bemessenen Tragwerken zeigt folgende grosse Vorteile:
- Plastifizierungen sind nur in ganz bestimmten, bewusst gewählten Bereichen möglich
- Es müssen daher nur diese Bereiche - und nicht das ganze Tragwerk - duktil gestaltet werden
- Der plastische Mechanismus ist günstig und bekannt
- Die lokale Duktilität in den plastischen Bereichen und die Systemduktilität (globale Duktilität) sind aufeinander abgestimmt
- Es wird mit geringem Aufwand eine grosse Energiedissipation möglich gemacht
Durch eine Kapazitätsbemessung kann somit ein hoher und gut bekannter Schutzgrad gegen Einsturz erreicht werden.

3 COMPUTERSIMULATIONEN

Computersimulationen im Zeitbereich haben zum Ziel, das plastische dynamische Verhalten eines Tragwerks unter bestimmten dynamischen Einwirkungen sichtbar zu machen und dieses Verhalten zu überprüfen. Immer muss zuvor das Tragwerk mit einfachen, meist auf einer statischen Berechnung basierenden Methoden (Kapazitätsbemessung) entworfen und zumindest provisorisch bemessen worden sein. Als Werkzeug für die Simulation dienen entsprechende Computerprogramme. Ein am Institut für Baustatik und Konstruktion (IBK) der ETH Zürich teilweise selbst entwickeltes Programm wird nachfolgend kurz beschrieben. Vorher soll jedoch die Frage nach dem Zweck solcher Berechnungen gestellt werden.

3.1 Wann ist eine nichtlineare Zeitverlaufsberechnung zweckmässig?

Die Durchführung einer nichtlinearen dynamischen Zeitverlaufsberechnung ist immer noch mit einem grossen Aufwand an Personentagen und Rechenzeit verbunden. Deshalb ist die im obigen Untertitel gestellte Frage von wesentlicher Bedeutung. Für eine Antwort soll unterschieden werden zwischen Aufgaben der Praxis und solchen der Forschung. Für die praktische Bemessung von Tragwerken mit dynamischen Einwirkungen genügt es in den meisten Fällen, mit geschickt gewählten statischen Ersatzkräften zu arbeiten. Eine nichtlineare, wie auch eine lineare, dynamische Berechnung ist nicht erforderlich. Nur in seltenen speziellen Fällen - z. B. bei stark unregelmässigen Tragwerken - kann eine nichtlineare dynamische Berechnung zur Überprüfung der Verformungen und der erforderlichen lokalen Duktilität angezeigt sein. Für Forschungszwecke können solche Berechnungen jedoch sehr wichtig sein. Sie erlauben ein besseres Verständnis des Tragwerksverhaltens weit jenseits der Elastizitätsgrenzen. Sie können auch wichtig sein zur Entwicklung und Überprüfung von Annahmen und Regeln, z. B. bezüglich der Regelmässigkeit von Tragwerken oder bezüglich der erforderlichen lokalen Duktilität bei Torsionsbeanspruchung von Gebäuden unter Erdbebeneinwirkung (Sommer 1999).

3.2 Das Computerprogramm ABAQUS QUAKE

Am IBK wurden Benützerelemente (user elements) entwickelt, welche das Verhalten von plastischen Bereichen in Stahlbetontragwerken sowohl unter monodirektionaler als auch und insbesondere unter zyklischer Beanspruchung (Erdbeben) simulieren. Diese wurden in das bekannte Programm ABAQUS implementiert (Abaqus 1997). Dadurch entstand das Hochschulprogramm ABAQUS QUAKE.

3.3 Anforderungen an Elemente für den plastischen Bereiche

Elemente zur Simulation des zyklisch-dynamischen Verhaltens von plastischen Bereichen in Stahlbetontragwerken sollten vielfältige, sich teilweise auch widersprechende Anforderungen erfüllen. Wichtig sind:
- Einfachheit, Robustheit und Effizienz
- Eignung zum Einsatz auch in vielgliedrigen Gesamttragwerken mit mehreren bis zahlreichen plastischen Bereichen
- Direkter Bezug zu den bei der Bemessung verwendeten ingenieurmässigen Querschnittsgrössen
- Gute Simulation des generellen hysteretischen Verhaltens und der zugehörigen Energiedissipation sowohl der einzelnen plastischen Bereiche als auch des Gesamttragwerks
- Eignung zur Beschreibung lokaler Verformungen und Beanspruchungen innerhalb der plastischen Bereiche

Es hat sich gezeigt, dass Elemente mit einer sehr detaillierten Erfassung lokaler Gegebenheiten die ersten drei Anforderungen kaum erfüllen können. Bei Stabtragwerken (Rahmen) sind beispielsweise Fasermodelle mit Abbildung der einzelnen Bewehrungslagen zu aufwendig. Besser geeignet sind Elemente auf der Basis von nichtlinearen Momenten-Krümmungs-Beziehungen (Wenk 1999). Bei ebenen Stahlbetonbauteilen (Wände, Koppelungsriegel als gedrungene Balken) sind sogenannte Makromodelle im allgemeinen besser geeignet als herkömmliche, auf detaillierten Materialmodellen basierende finite Elemente. Letztere schneiden nur bei der letzten Anforderung meist besser ab.

3.4 Makroelemente für Wände und Koppelungsriegel

Bei der Entwicklung von Benützerelementen für ebene Stahlbetonbauteile am IBK wurde ein Schwerpunkt bei den Makroelementen gesetzt. Bild 3a zeigt ein Makroelement für die Modellierung von Stahlbetontragwänden (Linde 1993). Es besteht aus vier nichtlinearen Federn, die durch starre Stäbe verbunden sind. Die äusseren beiden Federn dominieren das Biegeverhalten, unterstützt durch die primär für das Normalkraftverhalten zuständig innere vertikale Feder. Die horizontale Feder simuliert das Schubverhalten (bleibt bei kapazitätsbemessenen Wänden elastisch). Ebenfalls gezeigt ist als Beispiel das Hysteresegesetz für die äusseren beiden Federn. Für einen konkreten Wandquerschnitt werden die Umhüllungskurven der Federgesetze mithilfe der berechneten Momenten-Krümmungs-Beziehung approximiert. Die Steifigkeiten im gerissenen Zustand sind an Versuchsresultaten zu eichen. Am Wandfuss können mehrere Makroelemente übereinander angeordnet und der obere Teil der Wand kann durch lineare Elemente (z.B. finite Stabelemente) modelliert werden. Ein Element kann den Teil einer Wand von der Höhe eines Stockwerkes oder auch weniger (wie gezeichnet) abbilden.

Bild 3b zeigt ein Makroelement für die Modellierung eines biege- und schubsteifen Koppelungsriegels mit Diagonalbewehrung. Auch hier gibt es Federn mit entsprechenden Hysteresegesetzen, die an Versuchsresultaten geeicht werden (Neujahr 1999). Die Makromodelle der Wände und der Koppelungsriegel sind kompatibel. Dadurch kann das plastische dynamische Erdbebenverhalten von gekoppelten Tragwänden simuliert werden.

3.5 Anwendungen

Bisher wurde am IBK mit dem Programm ABAQUS QUAKE das plastische dynamische Verhalten der folgenden Tragwerksarten unter Erdbebeneinwirkung im Zeitverlauf berechnet und somit wirklichkeitsnah simuliert:
- Vielstöckige ebene Rahmensysteme
- Vielstöckige ebene kombinierte Rahmen-Tragwand-Systeme
- Vielstöckige räumliche Rahmen unter ein- und zweidimensionaler Anregung
- 8-stöckige unsymmetrisch ausgesteifte räumliche Tragwandsysteme mit ein- und zweidimensionaler Anregung und starken Torsionsverformungen
- Vielstöckige ebene gekoppelte Stahlbetontragwände

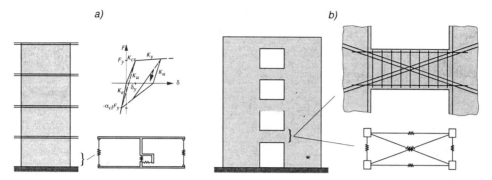

Bild 3. Beispiele von Makroelementen zur Computersimulation des plastischen dynamischen Verhaltens von Stahlbetontragwerken: Teil einer Tragwand (a) und Koppelungsriegel (b).

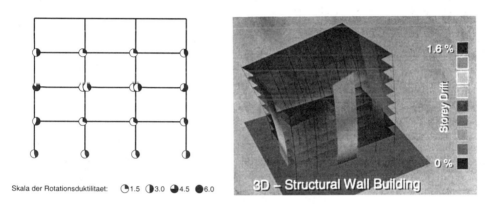

Skala der Rotationsduktilitaet: ◑1.5 ◐3.0 ◕4.5 ●6.0

Bild 4. Ergebnisse von nichtlinearen Zeitverlaufsberechnungen mit dem Hochschulprogramm ABAQUS QUAKE: Vierstöckiger Stahlbetonrahmen mit erforderlicher Rotationsduktilität in den plastischen Bereichen (links) und Verformungen eines unsymmetrisch ausgesteiften Tragwandsystems mit aktuellen Stockwerksneigungen der plastifizierenden Stahlbetontragwände (rechts).

Bild 4 zeigt Beispiele von Berechnungsergebnissen. Links ist die erforderliche Rotationsduktilität in den plastischen Bereichen eines Stahlbetonrahmens unter einem Erdbeben dargestellt, dessen Antwortspektrum konform ist zu einem gegebenen Bemessungsantwortspektrum (Bachmann 1995). Bild 4 zeigt rechts mit verschiedenen Hell-Dunkel-Schattierungen die aktuellen Stockwerksneigungen der Stahlbetontragwände eines unsymmetrisch ausgesteiften Tragwandsystems, das auf der hinteren Seite keine Wand aufweist und starke Torsionsverformungen mit erheblichen Plastifizierungen am Fuss der Wände erfährt.

4 EXPERIMENTELLE UNTERSUCHUNGEN

Experimentelle Untersuchungen im Laboratorium haben zum Ziel, das plastische dynamische Verhalten von Teilen eines wirklichen Tragwerks zu reproduzieren und die Verhaltensgesetze der Baustoffe und Bauteilen zu ermitteln, mit denen die Programme für Computersimulationen geeicht werden müssen. Experimentelle Untersuchungen bilden auch eine ausgezeichnete Grundlage zur Verbesserung der Regeln für die detaillierte Bemessung und die konstruktive Durchbildung der Tragwerke. Am IBK wurden und werden statisch-zyklische Versuche, dynamische Versuche mit dem Erdbebensimulator und pseudodynamische Versuche durchgeführt. Bei den bisherigen Versuchen ergaben sich zahlreiche Wechselwirkungen und Synergien sowohl zur Anpassung der Methode der Kapazitätsbemessung an europäische Gegebenheiten und zu deren Weiterentwicklung als auch zur Entwicklung von Benützerelementen plastischer Bereiche für Computersimulationen. Einige der Versuche werden nachfolgend kurz beschrieben (Bachmann et al. 1998).

4.1 Statisch-zyklische Versuche

Bild 5 zeigt links die Anlage für statisch-zyklische Versuche an Stahlbetontragwänden (Dazio et al. 1999). Die im sehr steifen Aufspannboden voll eingespannte Versuchswand im Masstab 1:2 entspricht dem unteren Teil einer schlanken Tragwand eines Gebäudes von der in Bild 7 links dargestellten Art, jedoch mit 6 Stockwerken. Die Versuchswand ist rund 5.5 m hoch und hat einen Rechteckquerschnitt von 2 m x 0.15 m. Bild 5 zeigt rechts eine typische Bewehrung des plastischen Bereichs am Wandfuss. Die Wand wird am oberen Rand durch eine gegen einen steifen Reaktionsrahmen abgestützte hydraulische 1000 kN-Presse horizontal zyklisch hin- und herbewegt. Die Normalkraft in der Wand infolge Schwerelasten wird durch zwei externe Spannglieder erzeugt (Bild 5 links). Die zusätzliche Dehnung der Spannglieder durch eine horizontale Auslenkung der Wand wird mittels Flachpressen kompensiert.

Die meisten der 6 geprüften Versuchswände wurden für Erdbebeneinwirkung nach den Regeln der Kapazitätsbemessung für unterschiedliche in EC 8 (Eurocode 8 1997) definierte Duktilitätsklassen bemessen und konstruktiv durchgebildet. Die Wand WSH4 hingegen wurde auf konventionelle Weise bemessen und gestaltet, d. h. wie wenn die für Erdbeben berechneten Schnittkräfte z. B. durch die Einwirkung von Schwerelasten oder Windkräfte verursacht wären.

Bild 6 zeigt Hysteresekurven des plastischen Bereichs am Wandfuss der konventionell bemessenen Wand WSH4 und der kapazitätsbemessenen Wand WSH3. Aufgetragen ist für eine zyklische Beanspruchung mit zunehmender Plastifizierung die horizontale Verschiebung der Wand am oberen Rand und die entsprechende Pressenkraft. Ein Vergleich zeigt wesentliche Unterschiede. Bei der konventionell bemessenen Wand ereignete sich nach dem Abplatzen der Betonüberdeckung ein Ausknicken der Längsbewehrung am Ende des Querschnitts und die Festigkeit fiel ab. Zwei volle Zyklen konnten nur bis zu einer Verschiebeduktilität $\mu_\Delta = 4$ gefahren werden. Die kapazitätsbemessene Wand WSH3 hingegen verhielt sich ausgezeichnet bis zu einer Verschiebeduktilität von $\mu_\Delta = 6$. Die Hysteresekurven sind sehr stabil und zeigen eine relativ

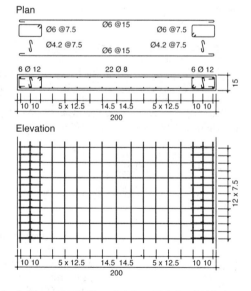

Bild 5. Statisch-zyklische Versuche an Stahlbetontragwänden in Massstab 1:2: Versuchsanlage (links) und typische Bewehrung des plastischen Bereichs am Wandfuss (rechts).

8

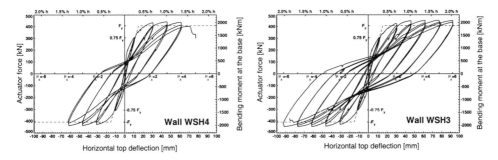

Bild 6. Hysteresekurven des plastischen Bereichs am Fuss einer konventionell bemessenen Wand (links) und einer kapazitätsbemessenen Wand (rechts) aus statisch-zyklischen Versuchen.

geringe Einschnürung (Pinching). Ein Vergleich der dissipierten Energie (Flächen innerhalb der Kurven) ergibt einen Faktor 2.1 zugunsten der kapazitätsbemessenen Wand.

4.2 Dynamische Versuche mit dem ETH-Erdbebensimulator

Die Grundidee der dynamischen Versuche zeigt Bild 7. Links ist gewissermassen die Wirklichkeit dargestellt, ein 3-stöckiges Tragwandgebäude. Dieses besteht aus Flachdecken, dünnen Schwerelaststützen (Stützen, die nur für Schwerelast bemessen sind, jedoch die Erdbebenverformungen des Gebäudes ohne Verlust ihres Tragwiderstandes mitmachen sollen) und in beiden Richtungen je 2 über die ganze Gebäudehöhe durchlaufenden schlanken Stahlbetontragwänden. Die Decken-Einzugsgebiete einer Wand sowohl für die Schwerelasten (relativ kleine Fläche) als auch für die Massenträgheitskräfte bei horizontal eindimensionaler Erdbebenanregung (halbe Deckenfläche) sind angegeben. In Bild 7 ist rechts der dynamische Modellversuch im Massstab 1:3 dargestellt. Die auf dem ETH-Erdbebensimulator ("Rütteltisch") befestigte Versuchswand entspricht der ganzen wirklichen Tragwand. Sie ist über Gelenkstäbe verbunden mit 3 masstabsgerechten Stockwerksmassen aus je rund 12 Tonnen Stahlbarren, die auf - in einer Nebenkonstruktion horizontal rollenden - Wagen plaziert sind. Die unseres Wissens hier erstmals realisierte Idee, die masstabsgerechten Stockwerksmassen auf einer Nebenkonstruktion mitzuführen, entstand nach Vorversuchen, bei denen nur relativ kleine Massen direkt auf einer Wand montiert werden konnten.

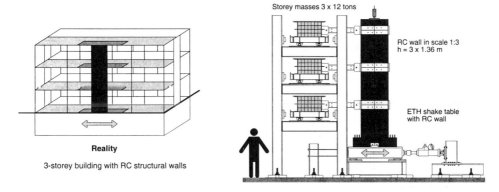

Bild 7. Tragwandgebäude in Wirklichkeit (links) und als dynamischer Modellversuch (rechts).

9

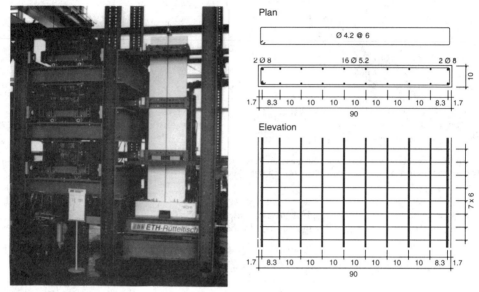

Bild 8. Dynamische Versuche an Stahlbetontragwänden im Massstab 1:3: Wand auf dem ETH-Erdbebensimulator verbunden mit drei auf einer Nebenkonstruktion rollenden Stockwerksmassen (links) und typische Bewehrung im plastischen Bereich am Wandfuss (rechts).

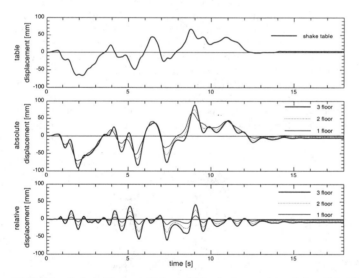

Bild 9. Zeitverläufe der Tischverschiebung und der absoluten und der relativen Verschiebungen der 3 Stockwerke einer Versuchswand bei einem "80% Walliser Erdbeben".

Bild 8 zeigt links die Versuchsanlage (Lestuzzi et al. 1999). Die Versuchswand ist rund 5 m hoch und hat einen Rechteckquerschnitt von 0.9 m x 0.1 m. Die Normalkraft in der Wand infolge Schwerelasten wird durch zwei externe Spannstangen erzeugt. Bild 8 zeigt rechts eine typische Bewehrung des plastifizierenden Bereichs am Wandfuss.

Die Durchführung solcher dynamischer Versuche ist äusserst anspruchvoll bezüglich der Mechanik und Hydraulik der Anlage und der Elektronik der Steuerungs- und Messtechnik. Die Versuche zeichnen sich jedoch aus durch grosse Wirklichkeitsnähe und ausgeprägte Anschaulichkeit

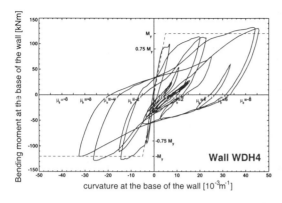

Bild 10. Hysteresekurven (links) und Nahaufnahme (rechts) des plastischen Bereichs am Fuss einer dynamisch geprüften Wand.

der auftretenden Phänomene und deren Relevanz zu den Messresultaten. Bild 9 zeigt als Beispiel Zeitverläufe der Tischverschiebung (entspricht der Bodenbewegung) und der absoluten und der relativen Verschiebungen der drei Stockwerke der Versuchswand WDH4 bei einem "80% Walliser Erdbeben". Das "Walliser Erdbeben" ist ein künstlich erzeugtes Erdbeben, dessen Antwortspektrum kompatibel ist zum elastischen Bemessungs-Antwortspektrum der schweizerischen Norm SIA 160 für das Wallis (Rhonetal). 80% bedeutet, dass die Bodenbewegungsgrössen mit dem Faktor 0.8 skaliert wurden. In den Verschiebungskurven der drei Stockwerke ist sowohl das Zug- und Druckfliessen der Vertikalbewehrung als auch der - relativ geringe - Einfluss höherer Eigenformen deutlich zu erkennen.

Bild 10 zeigt links die bei dem Versuch gemäss Bild 9 im plastischen Bereich der Versuchswand WDH4 gemessene Hysteresekurve. Aufgetragen ist die durchschnittliche über die Höhe von 250 mm am Wandfuss ermittelte Krümmung in Abhängigkeit vom dortigen Biegemoment. Die Kurve zeigt ein sehr befriedigendes Verhalten. Deren Völligkeit ist gut und es wurden ohne Anzeichen von Versagen Krümmungsduktilitäten bis zu $\mu_\phi = 9$ erreicht. Bild 10 zeigt rechts den plastischen Bereich am Wandfuss mit nachgezeichneten Rissen.

4.3 Pseudodynamische Versuche

Sowohl statisch-zyklische Versuche als auch dynamische Versuche haben je ihre eigenen Vor- und Nachteile. Statisch-zyklische Versuche laufen sehr langsam ab, man hat daher Zeit für ausgedehnte Beobachtungen und Messungen. Der Zeitverlauf der Verformungen entspricht jedoch nicht einer wirklichen dynamischen Einwirkung. Dynamische Versuche hingegen laufen in Echtzeit - oder mit nur geringen zeitlichen Verzerrungen aus Massstabsgründen - und somit sehr rasch ab, man kann nur beschränkt beobachten und messen. Solche Versuche sind sehr aufwendig, wenn auch sehr anschaulich. Eine in mancher Beziehung günstige Kombination der Vorteile der genannten Versuchsarten bieten pseudodynamische Versuche.

Die pseudodynamische Versuchsmethode erlaubt es, das dynamische Verhalten eines Tragwerks mit einem statisch durchgeführten und meist zeitlich stark gestreckten Versuch realistisch zu simulieren. Parallel zum statischen Versuch im Labor wird die Bewegungsgleichung eines Computermodells des Versuchskörpers inklusive wirksame Massen schrittweise integriert. Dabei werden die Massenträgheitskräfte und Dämpfungskräfte analytisch erfasst, während die grundsätzlich mit den weitaus grössten Unsicherheiten behafteten nichtlinearen Steifigkeitskräfte für jeden Schritt vom Versuch geliefert werden. Die in Bild 11 gezeigte Prinzipskizze veranschaulicht die Kombination von statischem Versuch mit einer nichtlinearen dynamischen Computerberechnung.

11

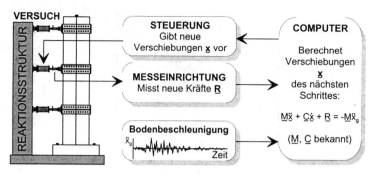

Bild 11. Prinzipskizze zur pseudodynamischen Versuchsmethode.

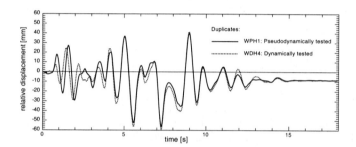

Bild 12. Vergleich eines pseudodynamischen und eines dynamischen Versuches an identischen Versuchswänden.

Gegenüber dynamischen Versuchen mit dem Erdbebensimulator haben pseudodynamische Versuche den Vorteil, dass die Massen nur im Computermodell vorhanden sein müssen. Es können somit auch grössere Versuchskörper ohne aufwendige Massenkonstruktionen getestet werden. Auch sind mehrdimensionale Anregungen mit stark reduziertem Aufwand möglich.

Bild 12 zeigt als gestrichelte Linie den bereits im Bild 9 wiedergegebenen Zeitverlauf der Relativverschiebung des 3. Stockwerks des dynamischen Versuches mit der Wand WDH4 unter dem "80% Walliser Erdbeben". Die ausgezogene Linie hat sich im analogen pseudodynamischen Versuch mit der Wand WPH1 ergeben. Diese Wand war ein genaues Duplikat der Wand WDH4, beide Wände wiesen die haargenau gleichen Bewehrungen auf und wurden gleichzeitig hergestellt. Für den pseudodynamischen Versuch wurde als Eingabe der am Tisch des Erdbebensimulators gemessene Beschleunigungs-Zeitverlauf verwendet. Die Wand WPH1 wies jedoch im Gegensatz zur Wand WSH4 zu Beginn des Versuches bereits Risse auf, sodass bis zum Abschluss der Rissebildung nach rund 4 Sekunden gewisse Unterschiede resultierten. Ab der 5. Sekunde stimmt dann aber die Kurve des pseudodynamischen Versuchs ausgezeichnet mit derjenigen des dynamischen Versuchs überein. Dies beweist die hier erreichte hervorragende Zuverlässigkeit der pseudodynamischen Versuchsmethode.

5 FOLGERUNGEN

Die Kapazitätsbemessung eines Tragwerks garantiert eine ganz bestimmte gewünschte Systemduktilität (Bemessungsduktilität). Dadurch wird ein hoher und gut bekannter Schutzgrad gegen Einsturz erreicht.

Computersimulationen des plastischen dynamischen Verhaltens von vielteiligen Gesamttragwerken erfordern einfache, robuste und effiziente Elemente zur Erfassung des generellen hysteretischen Verhaltens und der zugehörigen Energiedissipation der plastischen Bereiche. Bei ebenen Stahlbetonbauteilen (Wände, Koppelungsriegel) erfüllen vor allem Makroelemente, gebildet aus nichtlinearen Federn und starren Stäben, diese Anforderungen.

Experimentelle Untersuchungen durch statisch-zyklische, dynamische und pseudodynamische Versuche liefern wirklichkeitsnahe Anschauungen und Erfahrungen zum plastischen dynamischen Verhalten der Tragwerke. Sie bilden eine wertvolle Grundlage sowohl zur Eichung von Computerprogrammen als auch zur Verbesserung der Bemessung und der konstruktiven Gestaltung der Tragwerke.

VERDANKUNGEN

Dieser Beitrag basiert auf Forschungsarbeiten, die am Institut für Baustatik und Konstruktion (IBK) der Eidgenössischen Technischen Hochschule (ETH) Zürich in den letzten Jahren durchgeführt wurden. Sie wurden finanziell gefördert durch die "Stiftung für systematische wissenschaftliche Forschung auf dem Gebiete des Beton- und Eisenbetonbaus" des Vereins Schweizerischer Zement-, Kalk- und Gipsfabrikanten (Cemsuisse), die "Kommission für Technologie und Innovation (KTI)" des Bundes und die ETH Zürich. An den Arbeiten waren T. Wenk, Oberassistent, und die Doktoranden und wissenschaftlichen Mitarbeiter M. Baumann, A. Dazio, P. Lestuzzi, P. Linde, M. Neujahr, A. Sommer und K. Thiele beteiligt. Professor Dr. Dr. h.c. T. Paulay war wiederholt ein innovativer Diskussionspartner. Für alle diese grosszügigen Unterstützungen dankt der Verfasser herzlich.

LITERATUR

Abaqus, 1997. *Theory Manual.* Hibbitt, Karlsson & Sorensen, Inc., Providence, Pawtucket, Rhode Island, USA.

Bachmann, H. 1995. *Erdbebensicherung von Bauwerken.* Basel, Boston, Berlin: Birkhäuser Verlag.

Bachmann, H. Dazio, A., Lestuzzi, P. 1998. Developments in the Seismic Design of Buildings with RC Structural Walls. In *Proceedings of the Eleventh European Conference on Earthquake Engineering. 6-11 September 1998, Paris, France.* ISBN 90 5410 982 3. Rotterdam, Brookfield: Balkema. Ebenfalls erhältlich als: Sonderdruck Nr. 0020. Institut für Baustatik und Konstruktion (IBK), ETH Zürich. Basel Boston Berlin: Birkhäuser Verlag.

Dazio, A., Wenk, T. & Bachmann, H. 1999. *Versuche an Stahlbetontragwänden unter statisch-zyklischer Einwirkung.* Versuchsbericht. Institut für Baustatik und Konstruktion (IBK), ETH Zürich, Bericht in Vorbereitung. Basel Boston Berlin: Birkhäuser Verlag.

Eurocode 8 1997. *Auslegung von Bauwerken gegen Erdbeben. Sammelband Gebäude.* Europäische Vornorm SIA V 160.801. Schweizerischer Ingenieur- und Architekten-Verein. Zürich.

Lestuzzi, P., Wenk, T. & Bachmann, H. 1999. *Dynamische Versuche an Stahlbetontragwänden auf dem ETH-Erdbebensimulator.* Versuchsbericht. Institut für Baustatik und Konstruktion (IBK,) ETH Zürich, Bericht in Vorbereitung. Basel Boston Berlin: Birkhäuser Verlag.

Linde, P. 1993. *Numerical Modeling and Capacity Design of Earthquake-Resistant Reinforced Concrete Walls.* Dissertation. Institute of Structural Engineering (IBK), ETH Zürich, Report No. 200. Basel Boston Berlin: Birkhäuser Verlag.

Neujahr, M. 1999. *Modellierung ebener Stahlbetonbauteile unter zyklisch-plastischer dynamischer Beanspruchung.* Dissertation. Institut für Baustatik und Konstruktion (IBK), ETH Zürich, Bericht in Vorbereitung. Basel Boston Berlin: Birkhäuser Verlag.

Paulay, T. & Priestley, M. J. N. 1992. *Seismic Design of Reinforced Concrete and Masonry Buildings.* New York: John Wiley & Sons.

Paulay, T., Bachmann, H. & Moser K. 1990. *Erdbebenbemessung von Stahlbetonhochbauten.* Basel Boston Berlin: Birkhäuser Verlag.

Sommer, A. 1999. *Torsion und Duktilitätsbedarf von Gebäuden unter Erdbebeneinwirkung.* Dissertation. Institut für Baustatik und Konstruktion (IBK), ETH Zürich, Bericht in Vorbereitung. Basel Boston Berlin: Birkhäuser Verlag.

Thiele, K., Wenk, T. & Bachmann H. 1999. *Pseudodynamische Versuche an Stahlbetontragwänden mit Erdbebeneinwirkung.* Versuchsbericht. Institut für Baustatik und Konstruktion (IBK), ETH Zürich, Bericht in Vorbereitung. Basel Boston Berlin: Birkhäuser Verlag.

Wenk, T. 1999. *Nichtlineare Berechnung von Stahlbetonrahmen unter Erdbebeneinwirkung.* Dissertation. Institut für Baustatik und Konstruktion (IBK), ETH Zürich, Bericht in Vorbereitung. Basel Boston Berlin: Birkhäuser Verlag.

Baustatik-Baupraxis 7, Meskouris (Hrsg.) © 1999 Balkema, Rotterdam, ISBN 90 5809 044 2

Dynamik hoher Bauwerke im böigen Wind

U. Peil & G. Telljohann
Institut für Stahlbau, Technische Universität Braunschweig, Deutschland

ABSTRACT: Die Beanspruchung hoher, schlanker Bauwerke durch den böigen Wind kann beträchtliche dynamische Reaktionen hervorrufen. Die Beanspruchungen können je nach System Werkstoffschädigungen, ausgehend vom Bereich des High-Cycle-Fatigues über Low-Cycle-Fatigue bis hin zum Gewaltbruch hervorrufen. Zur Prognose der Beanspruchungen werden Modelle benötigt. Die Modelle und deren Parameter werden vorgestellt und diskutiert. Da genaue Untersuchungen aufwendig sind, werden abschließend Ergebnisse von Studien und praxisnahe Berechnungsverfahren vorgestellt, mit deren Hilfe die o.a. Probleme rasch behandelt werden können.

1 EINLEITUNG

Hohe und schlanke Bauwerke, wie Maste, Türme, Schornsteine o.ä. werden vorwiegend durch den böigen Wind beansprucht, wodurch zum Teil erhebliche dynamische Reaktionen der Bauwerke hervorgerufen werden. Diese Reaktionen können zum Versagen infolge Ermüdung, aber auch zum Versagen unter maximaler Beanspruchung führen (first passage Versagen). Zur Prognose des dynamischen Verhaltens muß die folgende Modellkette (Bild 1) abgearbeitet werden:

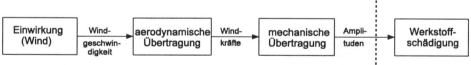

Bild 1: Modellkette

Die Modellierung der Einwirkung des natürlichen Windes bis in größere Höhen stellt im Regelfall ein erhebliches Problem dar, da die Parameter für größere Höhen häufig unklar sind, so daß auf Extrapolationen zurückgegriffen werden muß. Die Umsetzung der Windgeschwindigkeiten in Windkräfte stellt ein weiteres Problem dar, das nur vereinfacht beschrieben werden kann. Die Modellierung des dynamischen Systemverhaltens gelingt sicher am besten. Bedingt durch den Einsatz der FEM-Methode, läßt sich auch komplexes dynamisches Verhalten von Systemen wirklichkeitsnahe simulieren. Bei der Modellierung der Werkstoffbeanspruchungen sind in den letzten Jahren beachtliche Erfolge erzielt worden. Die Vorhersage des Schädigungszustandes ist aber nach wie vor Gegenstand intensiver Forschung. Im folgenden werden zunächst Hinweise zur genaueren statistischen Beschreibung des böigen Windes gegeben. Anschließend wird auf Probleme bei der aerodynamischen und mechanischen Übertragung hingewiesen. Der Bereich der Werkstoffschädigung, also der letzte Modellbaustein, muß hier ausgeklammert werden.

2 WINDEINWIRKUNG

Die adäquate Beschreibung des böigen Windes gelingt nur auf der Basis eines stochastischen Prozesses. Für die hierfür zugrundezulegenden statischen Parameter sind weltweit viele Vorschläge gemacht worden. Der Eurocode I finden sich im Abschnitt 2.4 Angaben für die anzusetzenden Turbulenzintensitäten, für die Leistungsspektren und für die Kohärenzen. Diese Angaben sind jedoch teilweise stark zu kritisieren, da sie die Wirklichkeit nicht ausreichend genau treffen, wie eigene Messungen zeigen. Insbesondere bei größeren Höhen treten starke Abweichungen auf. Unabhängig hiervon sind fast alle Messungen auf Starkwindsituationen bezogen. Wenn auch Ermüdungsuntersuchungen durchgeführt werden sollen, muß auch die große Zahl der Nicht-Starkwindereignisse modelliert werden. Da hier die thermischen Effekte der Atmosphäre eine erhebliche Rolle zu spielen beginnen, führt die Übertragung der Starkwindmodelle auf den Mittel- und Schwachwindbereich i.a. zu erheblichen Fehleinschätzungen.

2.1 *Windmessungen*

Zur Klärung der o.a. Fragen werden seit nunmehr fast 10 Jahren, weitgehend störungsfrei, Wind- und Mastantwortmessungen an einem 344m-Mast am Elbufer bei Gartow durchgeführt. Der Mast dient dem Telefonverkehr mit Berlin. Der Volkswagenstiftung und der Deutschen Forschungsgemeinschaft (DFG) sei für die Hauptförderung des Forschungsvorhabens, der Telekom und den Rundfunkanstalten Hessischer Rundfunk, Westdeutscher Rundfunk und Südwestfunk für die ergänzende finanzielle Unterstützung des Vorhabens auch an dieser Stelle gedankt.
Die Windeinwirkungen werden auf 17 Horizonten mit Hilfe von Schalenkreuzanemometern und Richtungsgebern gemessen (Peil&Telljohann 1997]. Zur Kalibrierung wurde ein Ultraschallanemometer (USA) verwendet. Die Mastantworten werden in Form von Mastschaftbeschleunigun-

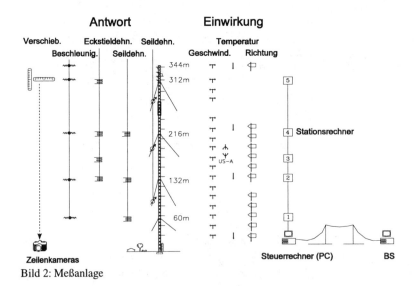

Bild 2: Meßanlage

gen, Spitzenverschiebung, Eckstieldehnungen und Seilkräften gemessen (Bild 2).
Die Meßwerte werden, nach Erteilung des Meßbefehles vom zentralen Steuerrechner (PC 486), von fünf im Mast verteilten Stationsrechnern quasi zeitgleich aufgenommen, anti-aliasing-gefiltert, analog-digital konvertiert und gespeichert. Nach einem weiteren Befehl des zentralen Steuerrechners werden die Meßdaten zum Steuerrechner gesendet und dort gespeichert. Die Art der Meßwertauslösung, und -auswertung kann via Modem vom Institut gesteuert werden.

2.2 Windmodellierung

Mit Hilfe der so gemessenen Daten wurde eine große Zahl von Starkwindsituationen bis hin zu Situationen mit geringeren Windgeschwindigkeiten ausgewertet. Es zeigt sich, daß die Beschreibung des mittleren Windprofils mit Hilfe eines Potenzgesetzes besser gelingt als mit Hilfe des logarithmischen Gesetzes. Bild 3 zeigt die Anpassung der mittleren Windgeschwindigkeiten einer Starkwindsituation mit Hilfe eines Potenzgesetzes.
Ein Problem bei der Anpassung besteht in der Wahl des Exponenten α. Dieser hängt ab von der Vorfeldrauhigkeit. Selbst bei weitgehend identischen Windsituationen (mittlere Windgeschwindigkeit, Richtung) streut der Exponent α stark. Bild 4 gibt einen Überblick über die Veränderung innerhalb einer Windsituation.

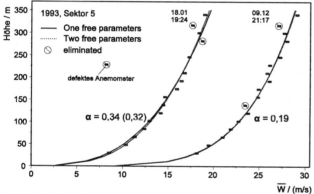

Bild 3: Windprofile

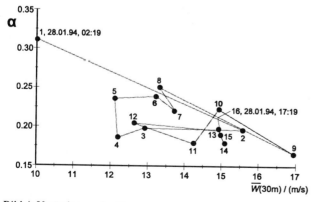

Bild 4: Veränderung des Exponenten

17

In Bild 5 ist die Abhängigkeit des α-Wertes von der mittleren Windgeschwindigkeit dargestellt. Man erkennt, daß die Streuungen bei höheren Windgeschwindigkeiten geringer werden. Hier konvergieren die Messungen gegen Werte, wie sie für die jeweilige Vorfeldrauhigkeit der Literatur entnommen werden können, z.B. (Dyrbye & Hansen1997).

Windgeschwindigkeiten unter 10m/s führen auf nahezu beliebige Formen von Windprofilen, sie lassen sich nicht mehr in allgemeiner Form beschreiben. Sie spielen aber für Bauwerksbeanspruchungen, auch unter Ermüdungsgesichtspunkten, keine Rolle mehr, da der Staudruck, wegen der quadratischen Abhängigkeit von der Windgeschwindigkeit, sehr klein wird. Die Streuungen sind durch die thermischen Effekte in der Atmosphäre bedingt, in Bild 6 ist zur Demonstration der α-Wert über der jeweiligen Lufttemperatur dargestellt, man erkennt eine deutliche Korrelation. Für Ermüdungsuntersuchungen, bei denen die große Zahl auch von kleineren Ereignissen eine erhebliche Rolle spielt, erscheint es vertretbar, mit dem Mittelwert des Exponenten zu arbeiten.

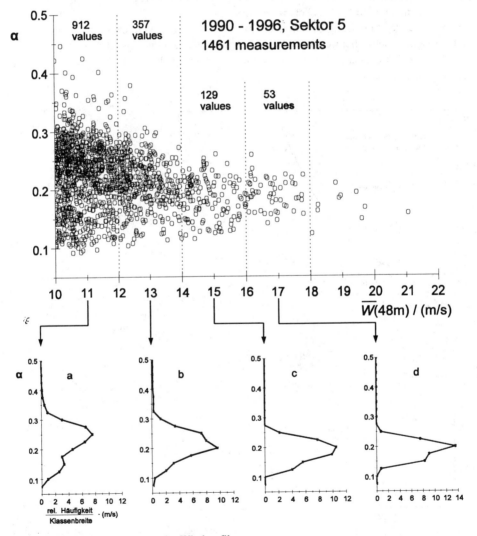

Bild 5: Streuung des Exponenten des Windprofils

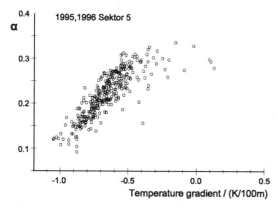

Bild 6: Exponent als f(Temperatur)

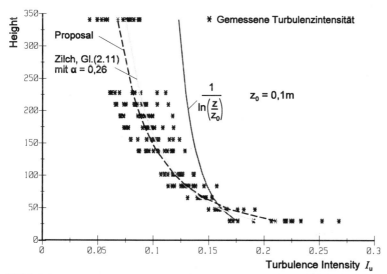

Bild 7: Turbulenzintensität

Für die dynamische Beanspruchung hoher Bauwerke ist die Turbulenzintensität des Windes von erheblicher Bedeutung. Bild 7 zeigt einen Vergleich von gemessenen Werten mit Vorschlägen. Man erkennt, daß der bekannte logarithmische Ansatz, der auch dem Eurocode zugrunde liegt, die Wirklichkeit weit überschätzt. Dies hat natürlich erhebliche Auswirkungen auf die dynamische Bauwerksbeanspruchung. Der von Zilch (Zilch 1983) gemachte Vorschlag trifft die Wirklichkeit erheblich besser, der eigene Verbesserungsvorschlag ändert dies nur noch geringfügig.

Auf die Vorschläge für die Leistungsspektren der Windgeschwindigkeit kann hier nicht weiter eingegangen werden. Es sei jedoch erwähnt, daß das bekannte empirische Davenport-Spektrum im Mittel die Windsituationen besser beschreibt als Spektren, die physikalisch begründet sind. Genaueres ist (Telljohann 1998) zu entnehmen.

Bedingt durch die Böenballenform werden unterschiedliche Höhen eines Bauwerkes zu unterschiedlichen Zeiten von einer Böe getroffen. Die unterschiedlichen Zeiten lassen sich aus der Verschiebung des Maximums der Kreuzkorrelationsfunktionen ablesen. Bild 8 zeigt gemessene Kreuzkorrelationsfunktionen.

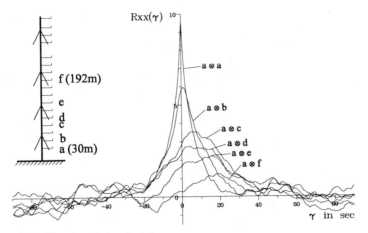

Bild 8: Kreuzkorrelationsfunktionen

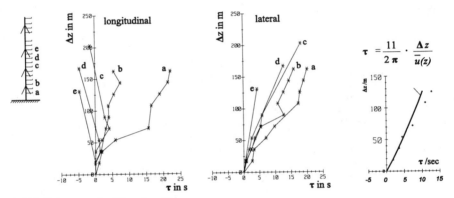

Bild 9: Zeitversatz des Böeneintreffens

Der zeitliche Versatz des Eintreffens der Böe an unterschiedlichen Höhen hängt ab von der mittleren Höhe und vom Abstand der beiden Bezugspunkte. Der Zeitversatz wirkt sich auf die Bauwerksbeanspruchung i.a. günstig aus. In Bild 9 ist der Verlauf der zeitlichen Verschiebung der Maxima der Kreuzkorrelationsfunktionen zusammen mit einem alten Vorschlag aus (Nieser 1984) dargestellt. Man erkennt, daß der Vorschlag im unteren Höhenbereich relativ gut paßt.

2.3 *Laterale Turbulenz*

Bedingt durch die Rotation der Böenballen, entstehen Schwankung der Windrichtungen. Hierdurch werden laterale Schwingungsbeanspruchung der Bauwerke hervorgerufen, die in vielen Fällen eine größere Varianz aufweisen als die longitudinalen Schwingungen. Aus Anemometermessungen ist häufig nur die Varianz des Betrages des Windgeschwindigkeitsvektors bekannt. Genauere Untersuchungen zeigen, daß die Varianz des Betrages sogar geringer ist als die Varianzen der Komponenten! Es gilt mit (Peil&Telljohann 1997):

$$\sigma^2 = \sigma^2_{long} + \sigma^2_{lat} - (\hat{u}^2 - \hat{u}^2_{long}) \tag{1}$$

20

û ist hierin die mittlere Windgeschwindigkeit, die Indizes long und lat weisen auf die longitudinale und laterale Komponente hin.

Die longitudinalen und die lateralen Prozesse sind nicht kreuzkorreliert. Anschaulich bedeutet dies, daß die Wahrscheinlichkeit, daß eine den Bezugspunkt passierende Böe links- oder rechtsherum dreht, gleich ist. Aus diesem Grunde werden die longitudinalen und lateralen Prozesse i.a. getrennt behandelt. Da die lateralen Spektren im bauwerksrelevanten Frequenzbereich eine größere Leistung als die longitudinalen Spektren aufweisen, entstehen bei freistehenden Türmen, die i.a. gleiche Eigenfrequenzen in longitudinaler und lateraler Schwingungsrichtung aufweisen, größere laterale als longitudinale Schwingungen in diesem Frequenzbereich. Bei abgespannten Masten, bei denen die Eigenfrequenzen in longitudinaler und lateraler Schwingungsrichtung windrichtungsabhängig sind, ist die Situation verwickelter, (Peil&Telljohann 1997).

Bei nichtkreiszylindrischen Querschnitten wird die Umsetzung der Windgeschwindigkeiten in Windkräfte, also die aerodynamischen Widerstandsbeiwerte vom Windeinfallswinkel abhängig. Hierdurch wird das Problem nichtlinear. Derzeit wird die Meßanlage in Gartow erweitert, um auch die hierdurch entstehenden Probleme experimentell und theoretisch untersuchen zu können. Es ist zu beachten, daß die Gesamtbeanspruchungen in longitudinaler Windrichtung dennoch größer sind als in lateraler Richtung, da die Beanspruchungen aus der (statisch wirkenden) mittleren Windgeschwindigkeit überlagert werden müssen. Auf die Ermüdungsuntersuchung hat die laterale Turbulenz jedoch einen erheblich Einfluß, da hierbei die (statische) Mittelspannung i.a. keine Rolle spielt.

3 DYNAMISCHES SYSTEMVERHALTEN

Die dynamischen Bauwerksantworten sind bei schlanken, schwingungsfähigen Bauwerken, wie Masten, Türmen und Kaminen beträchtlich. Bild 10 zeigt gemessene longitudinale und laterale Biegemomente und Seilkräfte des Meßmastes Gartow.
Die theoretische Prognose des dynamischen Verhaltens freistehender Bauwerke, wie Türme oder Kamine unter turbulenter Windbelastung, gelingt mit den o.a. Vorgaben sehr gut. Bei abgespannten Masten ist die Vorgehensweise wegen der Nichtlinearitäten, infolge der Theorie 2. Ordnung und der Seildynamik, komplizierter. Zwar können derartige Probleme stets im Zeitbereich be-

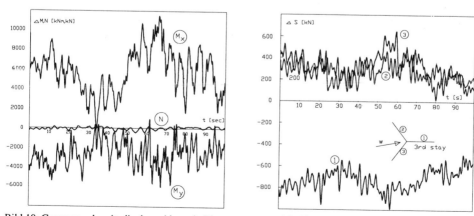

Bild 10: Gemessene longitudinale und laterale Biegemomente und Seilkräfte

handelt werden, der Aufwand bei stochastischen Prozessen ist jedoch enorm, da eine Monte-Carlo-Simulation durchgeführt werden muß. Hierzu müssen zu jeder Simulation korrelierte Wind-Zeitverläufe generiert werden. Sehr viel einfacher wird die Vorgehensweise, wenn es gelingt, das Problem zu linearisieren. Wie in (Peil&Nölle&Wang 1996) dargestellt wird, führt eine Linearisierung auf folgender Basis zu guten Ergebnissen:

❑ Linearisierung um den Arbeitspunkt
❑ Berücksichtigung einer linearisierten Seildynamik, z.B. (Irvine 1981, Lazarides 1984)
❑ Berücksichtigung einer vergrößerten Seildämpfung zur Berücksichtigung der nichtlinearen Sprungeffekte.

4 MASTVERHALTEN NACH SEILBRUCH

Das Verhalten eines abgespannten Mastes nach einem Seilbruch ist ein starker dynamischer Vorgang. Die am Seilanschlußpunkt entstehenden Ungleichgewichtskräfte ziehen den Schaft impulsartig aus der geraden Lage, hierbei entstehen starke Schwingungen. Nach Abklingen der Schwingungen wird eine neue Gleichgewichtslage erreicht, die von der Größe der Seilkräfte und den gleichzeitig einwirkenden Windkräften abhängt. Die dynamische Berechnung ist nicht weiter schwierig, wenn die Untersuchung im Zeitbereich durchgeführt wird. Für den praktisch tätigen Ingenieur stellt eine derartige Berechnung dennoch eine erhebliche zeitliche Zusatzbelastung dar. Aus diesem Grunde wurde mit Hilfe von Parameterstudien (Peil 1998) eine einfache Vorgehensweise entwickelt, die eine Berechnung des Falles Seilbruch auf rein statischer Grundlage erlaubt. Ausgangspunkt ist die Überlegung, daß ein impulsartig belastetes System einen maximalen dynamischen Vergrößerungsfaktor der Größe 2 aufweist. Die Vorgehensweise ist wie folgt:

❑ Bestimmung der Seilkraft im noch ungebrochenen Seil unter der jeweiligen (statischen) Windsituation durch eine statische Berechnung (ein zusätzlicher Lastfall)
❑ Die so ermittelte Seilkraft wird im nächsten Schritt als Aktion auf den Mast ohne das gebrochene Seil aufgebracht, es wirkt also nicht mehr stützend, sondern belastend. Das entfallene Seil kann einfach durch Ändern der Knoteninzidenzen berücksichtigt werden. Hierzu muß lediglich die Knotennummer des unteren Anschlußpunktes durch eine Knotennummer in der Nähe des oberen Seilanschlußpunktes ersetzt werden.

Der Faktor 2 wird also durch die gleichzeitige Wirkung des entfallenen Seils und des zusätzlichen Ansatzes der Seilkraft als Aktion simuliert. Mit Hilfe einer ausgedehnten Parameterstudie und paralleler Großversuchen (Peil 1998) wurde die Vorgehensweise überprüft. Es zeigt sich, daß die Vorgehensweise bei der Bestimmung der Mastschaftbiegemomente stets auf sicherer Seite liegt. Die maximalen Seilkräfte werden auf unsicherer Seite ermittelt, bei Bruch eines Seils der obersten Abspannung oder bei Bruch eines Seils eines Mastes mit nur 2 Abspannungen. In diesen Fällen hat das System keine Möglichkeit einer Verteilung der Zusatzkräfte in beide Richtungen, so daß das in der Höhe benachbarte Seil weitgehend die gesamte Zusatzlast übernehmen muß. Bei Vergrößerung der ermittelten Seilkräfte um den Faktor 1,3 liegt die Vorgehensweise auf sicherer Seite. Diese einfache Regel ist Bestandteil des Eurocodes 3, Teil 3: Maste, Türme und Kamine.

LITERATUR

Dyrbye,C., S.O.Hansen 1997. Wind load on structures. Wiley &Sons,

Nieser, H. 1984. Schwingungsberechnung turmartiger Bauwerke bei Belastung durch böigen Wind. Dissertation Univ. Karlsruhe..

Peil,U., G.Telljohann 1997. Dynamisches Verhalten hoher Bauwerke im böigen Wind. Stahlbau 66, 99-109.

Peil,U. 1998. Collapse behaviour of guyed masts under gales and guy rupture. Proc. 2nd East Europ. Conf. On Wind Eng. EECWE ´98. 443- 454.

Peil,U., H.Nölle, Z.H. Wang 1996. Dynamic behaviour of guys under turbulent wind load. Journ. Of Wind Eng. And Industr. Aerodynamics 65, 43-54.

Lazarides,N. 1985. Zur dynamischen Berechnung abgespannter Maste und Kamine in böigem Wind unter besonderer Berücksichtigung der Seilschwingungen. Dissertation Ubw München.

Telljohann,G.. 1998. Turbulenzmodellierung des Windes für Schwingunguntersuchungen hoher, schlanker Bauwerke. Dissertation TU Beaunschweig.

Tonis,D. 1989. Zum dynamischen Verhalten von Abspannseilen. Dissertation Universität der Bundeswehr, München.

Peil,U. 1992. Baudynamik. In: Stahlbau Handbuch Band I. Stahlbau Verlags GmbH, Köln.

Zilch,K. 1983. Ein anschauliches Lastkonzept für Hochhäuser in böigem Wind. Dissertation TH Darmstadt.

23

Baustatik-Baupraxis 7, Meskouris (Hrsg.) © 1999 Balkema, Rotterdam, ISBN 90 5809 044 2

Entwurf der neuen Elbebrücke Pirna – Überprüfung der Ästhetik durch Computer-Visualisierungen

W. Zellner
Leonhardt, Andrä und Partner, Dresden, Deutschland

ZUSAMMENFASSUNG: Die schönheitliche Gestaltung von Brücken wurde bisher durch perspektivische, farbliche Darstellungen, Modelle und Fotomontagen vor der Ausführung überprüft. Das war mit großem Aufwand verbunden. Heute kann das sehr viel effizienter durch Computer-Visualisierungen erreicht werden. Sobald die geometrischen Daten des Bauwerkes eingegeben sind, kann für verschiedenste Fotostandpunkte die Landschaft mit dem Bauwerk und seinen gewünschten Farben schnell in verschiedensten Varianten anschaulich dargestellt werden.

1 EINLEITUNG

Im Dresdener Raum werden zur Zeit die Autobahnen A 4 (Erfurt-Chemnitz-Dresden-Görlitz) und A 13 (Dresden-Berlin) ausgebaut. Außerdem ist die Planung der A 17 (Dresden-Pirna-Tschechische Grenze in Richtung Prag) weit fortgeschritten. Mit der Staatsstraße S 177 (von der A 17 bei Pirna zur A 13 bei Radeburg) wird ein Ring von Schnellstraßen um Dresden geschlossen (Bild 1).

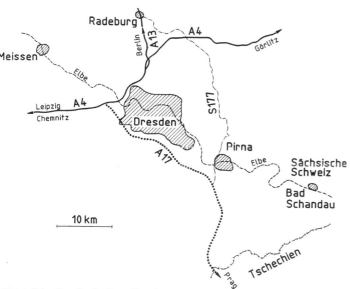

Die neue Elbebrücke Pirna ist der erste Bauabschnitt für die Westumgehung der Stadt Pirna im Zuge der Staatsstraße 177. Sie dient sowohl dem überörtlichen Verkehr als auch der Entlastung der Pirnaer Innenstadt. Von der vorhandenen Pirnaer Stadtbrücke sind die nächsten Elbquerungen 15 km stromabwärts in Dresden bzw. 23 km stromaufwärts in Bad Schandau entfernt, was oft zu einem Verkehrsstau in der Stadt Pirna führt.

Bild 1: Schnellstraßen im Raum Dresden

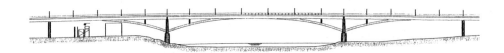

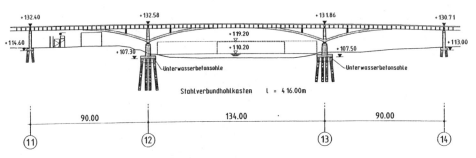

Bild 2: Ansicht und Längsschnitt der Strombrücke

Die Elbe fließt in Pirna von Osten nach Westen. Sie wird von der Brücke etwa im rechten Winkel überquert. Auf der südlichen, linkselbischen Seite ist die neue S 177 über die S 172, ein Industriegelände und auf etwa 160 m Länge über Gleisanlagen zu führen. Rechtselbisch wird die Brücke über das Hochwasser-Überschwemmungsgebiet der Elbe und bis über die Kreisstraße K 8774 geführt. Dadurch ergibt sich eine Gesamtlänge der Brücke von 1.072 m.

Die Elbe ist hier bei Mittelwasser 120 m breit. Pfeilereinbauten waren auf diese Breite nicht zugelassen. Für die Schiffahrt wurde ein 7,00 m hohes Lichtraumprofil über dem höchsten schiffbaren Wasserstand (112,20 m) gefordert. Die Gradiente mußte im Industriegebiet wegen einiger bestehender Gebäude bis zu 16 m über das Gelände gelegt werden. Wegen der zu überführenden Geh- und Radwege ist eine Breite der Brücke von 32,50 m erforderlich, was zu einer zweigeteilten Brücke, also mit einer Längsfuge, führte. Mit diesen Vorgaben wurden fünf Ingenieurbüros mit der Erarbeitung von Gestaltungsvarianten beauftragt. Jedes Büro durfte zwei Varianten abgeben, so daß zehn Entwürfe eingereicht wurden und zu bewerten waren. Das Ingenieurbüro Leonhardt, Andrä und Partner (LAP), Stuttgart/Dresden, belegte den ersten Platz mit einer in sich verankerten Bogenbrücke, welche im folgenden beschrieben wird.

2 DAS SYSTEM DER HAUPTBRÜCKE

Wegen der Gleise und Gebäude im linkselbischen Industriegebiet waren für die Pfeilerstellungen viele Zwangspunkte zu berücksichtigen. Das führte zu einer Spannweite von l = 134 m für das Hauptfeld über der Elbe. So ergab sich eine Hauptbrücke mit den Spannweiten von 65-90-134-90-65 m. Als Überbau wurde ein Hohlkasten in Verbundkonstruktion gewählt (Bild 2). An diese Hauptbrücke sind die Vorlandbrücken mit ihrem Spannbeton-Hohlkasten monolithisch angeschlossen. Die linkselbische Vorlandbrücke ist 466 m, die rechtselbische 162 m lang. Die längere der beiden Vorlandbrücken wurde im Taktschiebeverfahren hergestellt.

Die beiden genannten Brückensysteme des ersten und zweiten Wettbewerbspreises sind aus konstruktiven und gestalterischen Gründen nur dann möglich, wenn die Fahrbahn mindestens 15 % der Hauptspannweite über den Fußpunkten der Hauptpfeiler liegt. Das war hier durch die hohe Lage der Gradiente von ca. 22 m über dem Mittelwasser der Elbe glücklicherweise gegeben. Die in sich verankerte Bogenbrücke gibt - ähnlich wie bei einer in sich verankerten Hängebrücke – keine Horizontalkräfte aus der Haupttragwirkung in den Boden ab. Die Horizontalkräfte aus den Bogenteilen werden bei einer in sich verankerten Brücke in ein Zugband geleitet.

Liegt das Zugband einer einfeldrigen Bogenbrücke unten, also in Höhe des Kämpfers, so spricht man von einem Langer'schen Balken. Das Zugband kann aber auch – wie hier – in Höhe des

Bild 3: Visualisierung im Landschaftsbild

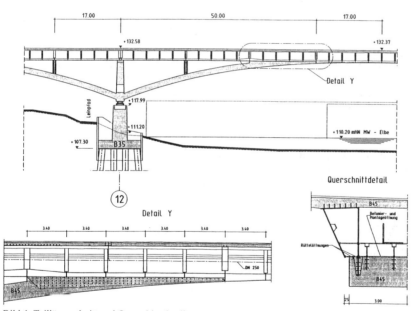

Bild 4: Teillängsschnitt und Querschittsdetail

Bogenscheitels liegen. In diesem Fall sind in den Seitenfeldern Halbbögen erforderlich, die das Zugband anspannen.

Im Gegensatz zum erdverankerten Bogen kann beim in sich verankerten Bogen der Kämpfer beliebig hoch über dem Boden auf einen Pfeiler gelegt werden. Dadurch wird erreicht, daß der Bogen nicht in das Schiffahrtsprofil einschneidet oder viel weiter gespannt werden muß, als das Schiffahrtsprofil breit ist. Bei den gegebenen Anlageverhältnissen (Gradiente, Lichtraumprofil usw.) wurde durch das gewählte Tragsystem eine überzeugende Durchfahrtsöffnung für die Schiffahrt und damit eine ansprechende Form gefunden (Bild 3).

Große amerikanische in sich verankerte Bogenbrücken haben das Zugband etwa in halber Höhe zwischen den Kämpfern und dem Scheitel. In diesem Fall sind in den Seitenfeldern Viertelbögen und Abhubsicherungen an den Endpfeilern erforderlich. Beim hier ganz oben liegenden Zugband würde man besser von vier Halbbögen sprechen. Die jeweils zwei, von einem Pfeiler als Fußpunkt ausgehenden Halbbögen, werden über diesem durch das Zugband zusammengehalten. In der Mitte des Hauptfeldes somit weder eine Druckkraft aus den Bögen noch eine Zugkraft aus dem Zugband des Überbaues durch. Konsequenterweise wird der Betonbogen in der Mitte des Hauptfeldes im Inneren des stählernen Hohlkastens nicht durchgeführt (Bild 4).

3 ÜBERPRÜFUNG DER SCHÖNHEITLICHEN GESTALTUNG DURCH COMPUTER-VISUALISIERUNGEN

Zur Überprüfung der räumlichen Wirkung einer dreidimensionalen Struktur wurden früher gern perspektivische Zeichnungen, Photomontagen oder Modelle verwendet. Heutzutage bedient man sich gerne der Computer-Visualisierungen. Man kann damit das Bauwerk sowohl in seiner Einpassung in die Landschaft als auch in seiner räumlichen Wirkung aus den verschiedensten Blickwinkeln und bei unterschiedlichen Farbgebungen rasch beurteilen. Als einer der vielen Vorteile von Computer-Visualisierungen kann die platzsparende Aufbewahrungsmöglichkeit moderner Datenträger genannt werden.

3.1 *Überprüfung der Einfügung in die Landschaft*

Die dafür erforderlichen Landschaftsfotos werden, sofern sie nicht bereits mit digitalen Kameras aufgenommen werden, digitalisiert und am Computer bearbeitet. Wichtig ist die richtige Wahl der Aufnahme-Standorte, der Beleuchtung und die genaue Angabe der Standorte in den Lage- und Höhenplänen. Sobald die geometrischen Daten des Bauwerks in den Computer eingegeben sind, kann es ins Landschaftsbild als Perspektive eingezeichnet werden. In der weiteren Computer-Bearbeitung können Wolken eingesetzt, Bäume retuschiert, Spiegelungen des Bauwerkes im Wasser, Farben und manch andere Details visualisiert werden (Bild 3).

3.2 *Überprüfung der Gesamtform*

Im vorliegenden Beispiel der Elbebrücke Pirna wurde in der Computer-Visualisierung überprüft, ob der Bogen konstant gekrümmt oder an den Unterstützungspunkten (Aufständerungen des Hohlkastens) geknickt sein soll. Es wurde der konstanten Krümmung der Vorzug gegeben.

Desweiteren wurde die Anzahl der Aufständerungen variiert. In der Ansicht waren zunächst doppelt so viele Ständer vorgesehen. Die Visualisierung zeigte, daß ein Minimum an Stützen auf dem Bogen das beste Bild ergibt, weil in der Schrägsicht die vier Stützen einer Reihe eine bessere Ordnung ergeben, als wenn es zu Überschneidungen mit einer zweiten Reihe von Stützen kommen könnte (Bilder 3 und 5).

Bild 5: Stufe am Ende des Halbbogens

In den Seitenfeldern wird gezeigt, wo der Betonbogen mit dem Überbau verbunden ist und wo er endet. Das Ende wird durch einen 32 cm hohen Sprung an der Brückenunterseite und durch den Farbunterschied von Beton und Stahl markiert (Bild 5). Dieser Sprung war zunächst auch in der Mitte des Hauptfeldes vorgesehen. Es wurde dann aber doch der konstant gekrümmten, durchlaufenden Unterseite des Bogens der Vorzug gegeben.

Bild 6: Hauptfeld im Scheitel in der Stahlfarbe

Bild 7: Hauptfeld im Scheitel in der Betonfarbe

Daraus ergab sich die Frage, ob der Stahl in seiner blauen Beschichtung im Scheitel gezeigt werden oder ob der Stahl betongrau beschichtet werden soll (Bilder 6 und 7). Letzterem wurde der Vorzug gegeben. Diese Idee, einen durchlaufenden grauen Bogen unter den blauen Stahltrog des Hohlkastens zu setzen, wurde dadurch unterstrichen, daß der Bogen nur 6,00 m, die Hohlkasten-Unterseite aber 6,50 m breit ist. Die Bogen-Unterseite liegt im Scheitel 13 cm unter dem Hohlkasten und springt seitlich um 0,25 m gegenüber dem Hohlkastensteg zurück (Bild 4).

Die Verstärkung durch den auch im Scheitel untergesetzten Bogen ist aus gestalterischen Gründen wie folgt zu rechtfertigen: Bei ungünstigen Verkehrsbelastungen müssen im Scheitel relativ große Querkräfte und Biegemomente vom Überbau aufgenommen werden. Der Festpunkt der 1.072 m langen Brücke liegt beim Pfeiler 12, so daß die Lager-Reibungskräfte aus

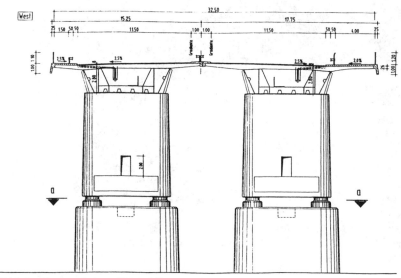

Bild 8: Brückenquerschnitt am Hauptpfeiler

Bild 9: Hauptpfeiler etwa in Brückenquerrichtung gesehen

den Achsen 13 bis 18 als Normalkraft über den Scheitelquerschnitt übertragen werden müssen. Wegen dieser wichtigen statischen Funktionen des Scheitelbereiches sollte dem Betrachter keine Schwächung des Tragwerkes durch die Unterbrechung des Bogens vermittelt werden.

3.3 Überprüfung gestalterischer Details

Wichtige Gestaltungsdetails sind an den Pfeilern, Lagersockeln, Bogen-Kämpfern und -Scheiteln zu studieren. Die Pfeiler und Pfeilerscheiben erhielten abgerundete Stirnseiten und einen leichten Anzug in Längs- und Querrichtung. Das Zusammenspiel dieser Gestaltungselemente mit den Bögen kann erst in der perspektivischen Darstellung der Visualisierung beurteilt werden (Bilder 8 bis 10). Die Lagersockel sind an den Hauptpfeilern 12 und 13 hoch, weil dar-

Bild 10: Hauptpfeiler etwa in Brückenlängsrichtung gesehen

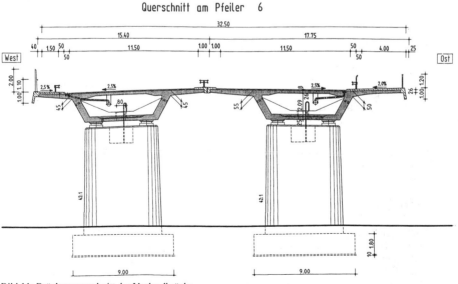

Bild 11: Brückenquerschnitt der Vorlandbrücke

Bild 12: Pfeilerköpfe der Vorlandbrücke

über die Pfeilerscheibe zurückspringt und dennoch die Gelenkwirkung – auch bei einer Sicht von unten – zum Ausdruck kommen soll.

Die Lagersockel an den übrigen Pfeilern können niedrig sein, weil der Überbau gegenüber den Pfeilern nicht zurückspringt, so daß die Verdrehbarkeit am Lager auch bei schräger Sicht von unten zum Ausdruck kommt. Ziel aller Gestaltung ist dabei, dem Laien die Tragwirkung zu vermitteln (Bilder 11 und 12).

Die Bögen laufen im Kämpfer nicht an die Unterkanten der Pfeilerscheiben, weil diese Kanten nicht durch die Lager - die zurückgesetzt sein müssen – unterstützt sind. Alle Kanten der massigen Pfeiler sind kräftiger abgefast als mit den üblichen Dreikantleisten. Abfasungen mit Kathetenlängen der Dreikantleisten von 10 bis 15 cm sehen bei derartigen Abmessungen gut aus.

Am Übergang vom Bogenrücken zum Überbau wurde eine 21 cm hohe Stufe gewählt, damit die Oberseite des Bogens verdichtet und geglättet werden kann. Außerdem kann damit zum Ausdruck gebracht werden, daß die Lasten des Überbaues zunächst vertikal in den Bogen geleitet und erst dann durch die Bogenkräfte umgelenkt werden.

3.4 Überprüfung des Zusammenspiels der Farben

Im Computer können die Farben der Landschaft und des Himmels entsprechend ihres häufigsten Auftretens als fest angenommen werden. Die Farben des Bauwerkes können zu vergleichenden Studien relativ leicht und schnell verändert und dadurch harmonisch ins Landschaftsbild eingefügt werden. Im vorliegenden Fall wurde lange darum gerungen, ob der Stahl des Hohlkastens grün oder blau beschichtet werden soll. Schließlich wurde ein DB-Blau mit Eisenglimmer-Zusatz gewählt. Für das Geländer wurde weinrot gewählt in der Annahme, daß die größte Zahl der Betrachter die Autofahrer auf der Brücke sind, die diese Farbe des kleinteiligen Geländers vor dem Hintergrund einer grünen Landschaft als freundlich und harmonisch empfinden werden.

4 SCHLUSSBEMERKUNG

Die Computer-Visualisierungen haben im Fall der neuen Elbebrücke Pirna wertvolle Entscheidungshilfen für alle am Planungsprozeß Beteiligten geliefert. Sie haben auch sehr zur Akzeptanz des Bauwerkes durch die Bevölkerung beigetragen. Das hat dazu geführt, daß die Planung und der Bau dieses 70-Millionen-DM-Projektes zügig in vier Jahren durchgeführt werden konnte. Die Verkehrsfreigabe wird Ende 1999 sein.

Allen Beteiligten sei an dieser Stelle Dank für eine sehr gedeihliche Zusammenarbeit gesagt.

Baustatik-Baupraxis 7, Meskouris (Hrsg.) © 1999 Balkema, Rotterdam, ISBN 90 5809 044 2

Bouwput++: A knowledge based system for designing retaining walls

A.Q.C.van der Horst

Engineering Department, Hollandsche Beton- en Waterbouw bv, Gouda, Netherlands

1 INTRODUCTION

The environment in which the structural engineer nowadays performs is extensive and fast, interactive with a variety of disciplines and surrounded by an increasing spread of techniques, highly specialised software, regularly changing codes, strict specifications to comply with and forms of contract which create a considerable risk exposure.

The Engineer's performance is expected to be reliable, fast and also to reflect the state of the art of modern techniques and technologies. This environment is challenging but requires, in addition to knowledge and experience, appropriate tools.

From a recent publication in Civil Engineering it was conducted that, in general, there is a gap between software as offered by the market and the engineer's needs. The suggestion to opt for object oriented technology is considered by the author as a sensible direction. This direction has been the basis for the development of a knowledge based system for designing retaining walls, Bouwput++. The most powerful application of the system is the tender phase of projects.

2 WHY A KNOWLEDGE SYSTEM

The triggers to develop a knowledge system can be itemised as follows:

• Complexity of calculational procedures
The ability to describe the theoretical performance of structure has gained considerably in strength through the application of a larger number of parameters. As a consequence the calculational procedures have increased in complexity over the recent years. Also the application of codes has gained in complexity by their increasing level of detail and substantial changes in contents.

As such it is quite a challenge to manage the integral process of calculations and code checks to their full extent. To cope with this challenge a knowledge system has been built, in wihch the integral know-how and understanding of a core team of highly qualified engineers in the field of retaining structures has been brought together. As such the system provides the state-of-the-art in engineering as a supporting tool for qualified engineers: qualifications remain required to avoid excessive black box consequences.

• Risk control
HBW operates in the contractor's sector of the market in heavy civil engineering. As such substantial efforts are spent in the tendering process. During tenders last minute changes often occur: addenda to technical specifications, last minute offers from suppliers, not fully transparent with the invitation to bid and last minute optimisations. Many changes do require redesign to check compliance with the specifications, especially for design-construct tenders. Due to the strongly increased level of detail of specifications, regulations and codes, last minute changes do

create a risk: as the available time is limited, a full redesign is normally not feasible. What is understood to be the governing case is checked and the full proof of compliance is shifted to the detailed design phase. This risk exposure can be managed and brought back to acceptable levels by the knowledge system as changes can be processed to their full extent and as such all consequences can be assessed by the fast performance of the system where detailed levels of calculations are combined with code checks, and in-house design rules.

• Quality of conceptual design
There are two aspects of importance with support the increase of conceptual design quality which has been experienced with the system:

strongly reduced process time
Due to the home made pre- and post processors the required time to fully develop a concept is strongly reduced. As a consequence there is more time available to seek opportunities, the core activity of any tender.

standardisation of concepts and details
Given HBW's position in the market of heavy civil engineering, retaining structures often occur. As such a large variety of concepts and details have been developed over the years. Management, throughout the whole organisation, of the gained know-how and experience is complex. New projects have triggered the development of concepts and details which could have been drained from the past or, based on previous experience, which were not preferred for future application. A wide and deep investigation of preferred options has been carried out throughout the organisation and has been brought in the system as internal standards. As additional spin-off the information exchange between disciplines involved in the tender has become more precise and more unambiguous by the standardisation.

• Quality of design reports
On the input side gross error checks have been incorporated in the system for a variety of parameters. As the analysis, criterion checks and reporting follow, a strict protocol according the present state-of-the-art, all involved know the common basis and as such this avoids loss of efficiency by unnecessary discussions on approach, assumptions and interpretations.

3 BOUWPUT[++], THE SYSTEM

• Field of applications
Bouwput[++] has been designed particularly for the tender phase of projects although many options can be applied for detailed design as well.
    The system provides a full design including design report, drawings and a bill of quantities. The system can handle complete building pits consisting of:
♦ retaining walls: steel sheet piles, combi walls and diaphragm walls
♦ anchorage: anchor walls and tierods, grout anchors and MV piles.
♦ strut and tie systems to support opposite walls.
    The system optimises the material demand through variations of toe levels and anchorage/ support levels, incorporating a large library of profiles and using a variety of Dutch and international standards [among others EAU and EAB]

• Components which together form Bouwput[++]
The core of the system is an object oriented, knowledge based reasoning shell called Design[++]. This shell is linked to Autocad to provide drawings. With a link to Oracle product information of components like sheet piles, structural profiles and anchors can be incorporated. The reasoning system requires information. If such information is not available, the user will be asked for information. To structure this process a shell around Design[++] has been developed with Galaxy, a graphical user interface.

The actual analysis is performed by well established systems for sheet piles and structural analysis of frame works.

Finally Framemaker is used to automatically generate the design report.

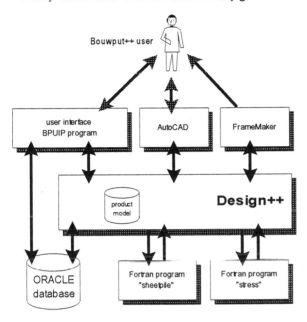

4 THE ROLE OF THE ENGINEER

Bouwput^{++} is a powerful tool. Anybody can organise output. As output from a knowledge system is not transparent with a professional solution to engineering questions unless operated by qualified engineers, quality systems should avoid a do-it-all-yourself attitude of non professionals.

The engineer has a vital position, also with the availability of the knowledge system Bouwput^{++}

The engineer

• creates the basic concept, selected and judged by considering the relevant boundary conditions
• defines the soil profiles
• performs an interpretation of the results
• judges the final result in terms of overall concept and details.

All items listed above require professional input and, if covered correctly, make the significant contribution of Bouwput^{++} feasible.

5 CONCLUSION

If handled by qualified engineers Bouwput^{++} is a very powerful tool to support the tender phase of retaining structures with specific emphases on building pits. Many components have a significant meaning for the detailed design phase as well.

The in-house experience with the system, effective as from 1st July 1996, supports this conclusion unambiguously.

Baustatik-Baupraxis 7, Meskouris (Hrsg.) © 1999 Balkema, Rotterdam, ISBN 90 5809 044 2

Schwingungsanfällige Tragwerke unter Windeinwirkung

Dieter Dinkler
Institut für Statik, Technische Universität Braunschweig, Deutschland

ABSTRACT: Für Tragwerke unter statischer und quasi-statischer Windanregung liegen Richtlinien und Normen vor. Schwingungsanfällige Tragwerke unter Wind können im Einzelfall experimentell oder rechnerisch mit vereinfachenden Modellen nachgewiesen werden. Es wird gezeigt, welche Phänomene bei Selbst- oder Fremderregung von Tragwerk-Wind-Systemen auftreten können und welche Lösungswege möglich sind.

1 EINFÜHRUNG

Der Lastfall Wind nach DIN 1055 ist bei der Bemessung von Bauwerken grundsätzlich zu berücksichtigen. Beim Entwurf von elastischen Tragwerken ist aber zu unterscheiden, ob Tragwerke schwingungsanfällig sind oder ob das Tragverhalten nur statisch bzw. quasi-statisch ist. So sind in DIN 1055 Teil 4 zwar Druckbeiwerte für eine Bemessung unter statischen und quasi-statischen Einwirkungen vorgesehen, für schwingungsanfällige Bauwerke jedoch weder Lastannahmen noch Lösungswege. Für Schornsteine und andere schlanke Bauwerke stehen mit DIN 4133, DIN 1056, DIN 4228 und DIN 4131 Normen zur Verfügung, die das Schwingungsverhalten spezieller Tragwerke vereinfachend berücksichtigen. Der Eurocode schlägt Lastfaktoren für die Berücksichtigung von Schwingungen vor.

Das Zusammenwirken von elastischen Tragwerken und Wind kann bemessungsentscheidend sein, wenn die Sicherheit leichter, in der Regel optimierter Tragwerke, nachzuweisen ist. Hierbei ist zu beachten, daß bereits kleine Störungen des Tragwerk-Wind-Systems oder nicht berücksichtigte Abhängigkeiten zwischen Bauwerksgeometrie und Winddruckverteilung dramatische bauwerkszerstörende Folgen haben können. Die große „Vorsicht" bei der Bereitstellung von Vorschriften für beliebige Tragwerke ist in fehlenden Modellen sowie großen Unsicherheiten über die im Einzelfall anzusetzenden Druckverteilungen und auftretenden Phänomene begründet, die gleichermaßen von den Windeigenschaften und den mechanischen Eigenschaften des Tragwerks abhängen.

Die Untersuchung schwingungsanfälliger Bauwerke erfolgt bei Windanregung daher im Einzelfall am Windkanalmodell. Wenn Windkanalversuche zu aufwendig und langwierig sind, besonders wenn mehr Parameterabhängigkeiten als Einzelresultate von Interesse sind, können rechnergestützte Ansätze eine große Hilfe bei Entwurf, Bemessung und Bewertung von Tragwerken und Konstruktion sein. Hierbei sind nachfolgende Teilaufgaben zu lösen:

- Das Leistungsspektrum des in der Regel von örtlichen Begebenheiten abhängigen Windes ist festzulegen und mit Meßdaten abzusichern.

- Eigenschwingungs- und Antwortverhalten des Tragwerks müssen bekannt sein.

- Das Zusammenwirken von Tragwerk und Wind ist bezüglich aeroelastischer Mechanismen zu analysieren, die zur Instabilität des gekoppelten Systems führen können.

2 WINDDRUCK AUF BAUWERKE

Luftdruckunterschiede, die in der Erdatmosphäre durch unterschiedliche Erwärmung der Luft entstehen, die Erdrotation sowie die Topologie der Erdoberfläche bewirken Luftbewegungen, die wir als Wind bezeichnen. Luftbewegungen treten räumlich und zeitlich in unterschiedlichen Größenordnungen auf, nehmen aber aufgrund von Reibung bis auf Null an der Erdoberfläche ab. In der für Bauwerke wichtigen bodennahen Grenzschicht der Atmosphäre ist ein Windgeschwindigkeitsprofil vorhanden, das eine mit der Höhe zunehmende mittlere Windgeschwindigkeit und als Folge von Turbulenzen einen räumlich und zeitlich stochastischen Anteil aufweist. Für baupraktische Anwendungen wird das Geschwindigkeitsprofil mit einem Exponentialansatz in Abhängigkeit von der Bodenrauhigkeit angesetzt [5], Abbildung 1.

Winddruck auf Bauwerke ist ursächlich von den atmosphärischen Windbewegungen und als Folge von den An- und Umströmungsbedingungen des betrachteten Bauwerks und der Nachbargebäude abhängig. Prinzipiell kann der Winddruck mit

$$
\begin{aligned}
p(x,t) &= q_\infty \, c_P \\
q_\infty &= \tfrac{1}{2}\rho \, u_\infty^2 \\
c_P(x,t) &= c_P(x,t,G,T,N,B)
\end{aligned}
$$

angesetzt werden, wenn x die Raumkoordinaten und t die Zeit beschreiben. q_∞ ist der jeweils vorliegende Staudruck des ungestörten stationären Windes in der Höhe z, ρ die Dichte und u_∞ die Geschwindigkeit. c_P ist Druckbeiwert, der von den geometriebeeinflußten Windbedingungen (G) des Bauwerks, der Turbulenz (T) des Windes, dem Strömungsnachlauf (N) anderer Bauwerke und der Bewegung (B) des Bauwerks abhängt. Bewegungsabhängige Winddruckverteilungen können selbsterregte Schwingungen bewirken, alle anderen Anteile sind als Fremderregung zu betrachten.

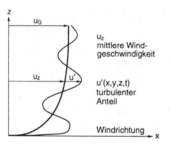

$$\frac{u_z}{u_G} = \left[\frac{z}{z_G}\right]^\alpha$$

u_z Windgeschwindigkeit in der Höhe z

u_G Gradientenwind in der Höhe z_G

α Einflußbeiwert der Bodenrauhigkeit

Abbildung 1: Bodennahes Windprofil

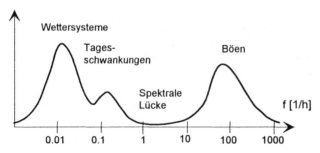

Abbildung 2: Leistungsspektrum des natürlichen Windes, aus [8]

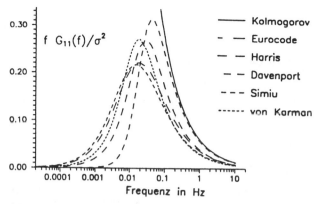

Abbildung 3: Ansätze für das Turbulenzspektrum, aus [8]

Zeitlich veränderliche Windgeschwindigkeiten sind am einfachsten mit Hilfe des Leistungsspektrums (Quadrat der Geschwindigkeiten) in Abhängigkeit von der Frequenz darstellbar. Das Leistungsspektrum weist im wesentlichen zwei Bereiche mit großen Amplituden auf. Langwellige im Bereich von mehreren Stunden bis Tagen liegende Geschwindigkeitsfluktuationen unterliegen Großwetterlagen und sind als quasistatische Einwirkungen anzusehen, Abbildung 2.

Entscheidend für das Schwingungsverhalten von Bauwerken ist der mikrometeorologische Bereich der Turbulenz mit Frequenzen von 0,03–0,1 Hertz, wenn die Eigenschwingungen schwingungsanfälliger Bauwerke ähnliche Frequenzen aufweisen. Für rechnerische Analysen von Tragwerken wird dieser Bereich in normierten Turbulenzspektren angegeben, z. B. nach Davenport u.a., Abbildung 3.

Winddruck kann auch aus dem Strömungsnachlauf eines anderen Gebäudes entstehen. Die hierbei auftretenden Amplituden und Frequenzspektren hängen wesentlich von der Geometrie des verursachenden Bauwerks und anderen Örtlichkeiten ab und sind damit schwer verallgemeinerbar. Damit kann das Erregerspektrum erheblich anders aussehen als bei freier Anströmung und diskrete Spitzenwerte aufweisen.

Die Orts- und Frequenzabhängigkeit des Winddruckbeiwerts kann nach einer Fourier-Transformation allgemein mit

$$c_P(x, t, G, T, N) = \int c_P(x, f, G, T, N) \frac{u^2(f)}{u_\infty^2} \cos(2\pi f t) \, df \qquad (1)$$

beschrieben werden, wenn f die Frequenz ist.

Der bewegungsabhängige Winddruck hängt von den Verformungen v, den Geschwindigkeiten $\dot{v}$ und, wenn die Massenträgheiten der bewegten Luft berücksichtigt werden, auch von den Beschleunigungen $\ddot{v}$ des Tragwerks ab. Interpretiert man die Bewegung als Geometrieänderung, so wird deutlich, daß die Druckderivativa direkt von der Geometrie des Tragwerks und den Strömungseigenschaften abhängen, und demnach konstant, periodisch oder stochastisch verteilt sein können. Linearisiert man die Abhängigkeit um die statische Ruhelage, so gilt für endliche Änderungen

$$\Delta c_P(x, t, G, B) = \frac{\partial c_P}{\partial v} v + \frac{\partial c_P}{\partial \dot{v}} \dot{v} + \frac{\partial c_P}{\partial \ddot{v}} \ddot{v} \qquad (2)$$

Für die Analyse spezieller Bauwerke, z. B. von Stabtragwerken, können die Winddruckbeiwerte auch über die Oberfläche des Tragwerks integriert werden. Man erhält so z.B. bei Stabtragwerken Beiwerte für Widerstand c_W entgegen der Strömungsrichtung und Auftrieb c_A senkrecht zur Strömungsrichtung.

3 PHÄNOMENE BEI SCHWINGUNGSANFÄLLIGEN BAUWERKEN

Ob Tragwerke schwingungsanfällig sind oder nicht, kann a priori ohne Untersuchung des Frequenzspektrums, der Dämpfungseigenschaften und des Antwortverhaltens nicht entschieden werden, es sei denn mit Hilfe von Erfahrungswerten vergleichbarer Bauwerke. Die Schwingungsanalyse eines Tragwerks unter Windeinwirkung ist daher generell zu empfehlen, wenn neue Konstruktionsweisen mit unbekanntem Schwingungsverhalten erprobt werden oder wenn die Schwingungsanfälligkeit eines Bauwerktyps bereits bekannt ist. Nachweise erfolgen in der Regel experimentell oder, wenn Ansätze für die Winddruckverteilung vorhanden sind, auch rechnerisch.

Von Interesse sind weniger die ohnehin immer vorhandenen Schwingungen eines Tragwerks mit kleinen Amplituden, sondern mehr die Phänomene, die zu Instabilität und damit zum Einsturz des Tragwerks führen können. Instabilität im Sinne eines Anwachsens der Verformungamplituden kann bei Selbst- oder Fremderregung auftreten. Bei Selbsterregung wirken bewegungsabhängige Druckänderungen anfachend und beeinflussen damit das Eigenschwingungsverhalten und das Anwachsen der Amplituden bei kleinen Störungen. Bei Fremderregung können Resonanzphänomene auftreten, die zu großen Schwingungsamplituden aus stetiger Anregung führen und die direkte Zerstörung oder die Ermüdung der Konstruktion zur Folge haben. Die wesentlichen Instabilitäten sind nachfolgend angeführt.

Statische Instabilität bei verformungsabhängigem Druck

- *Divergenz* ist ein statisches Instabilitätsphänomen, bei dem die Verformungen ohne Schwingungserscheinungen unbegrenzt anwachsen und zur Zerstörung des Tragwerks führen. Dieser Fall kann z. B. bei auskragenden leichten Dachkonstruktionen auftreten.

Kinetische Instabilität bei selbsterregten Systemen

- *Flattern* mit mehreren Freiheitsgraden ist möglich, wenn verschiedene Schwingungsformen gleiche Frequenzen aufweisen. Schwingen die beteiligten Formen im „Gleichtakt" aber um ca. 90° phasenverschoben, so ist infolge der zugehörigen Winddruckverteilung ein Energieaustausch zwischen den Schwingungsformen möglich, der zu angefachten Bewegungen mit stetig wachsenden Amplituden und damit zur Zerstörung des Tragwerks führen kann. Das Phänomen kann z. B. bei aerodynamisch widerstandsoptimierten Brückenquerschnitten als *Biege-Torsionsflattern* auftreten.

- *Abreißflattern* kann mit einem Freiheitsgrad bei Tragwerken mit Abreißkanten als periodische Schwingung auftreten, wenn die Bewegung des Tragwerks durch den Strömungsabriß angeregt wird. Elastische Rückstellkräfte, Massenträgheiten und aerodynamische Nichtlinearitäten bewirken hierbei eine Begrenzung der Amplituden. Die Zerstörung des Tragwerks erfolgt in der Regel durch Ermüdung des Werkstoffs oder der Verbindungsmittel. Flattern mit einem Freiheitsgrad ist bei z. B. bei Brücken mit Vollwandträgern möglich (Tacoma Bridge - 1940).

- *Galloping* ist ein dem Abreißflattern vergleichbares Phänomen, das bei schlanken Tragwerken auftreten kann, die Querschnitte mit Abreißkanten aufweisen, z. B. bei vereisten Seilen, Masten oder Pylonen. Infolge Strömungsabriß verändern sich hierbei die Druckverhältnisse derart, daß eine einmal initiierte Bewegung des Tragwerks nicht gedämpft sondern angefacht wird und teilweise Wellenbewegungen durch das Tragwerk wandern.

- *Interferenz*-Erscheinungen sind zwischen dicht benachbarten Bauwerken möglich, z. B. zwischen Schornsteinen, Masten oder hohen Gebäuden, wenn die Bewegung der Bauwerke das Strömungsfeld und damit den Winddruck auf die Bauwerke periodisch ändern können. Hierbei sind nebeneinander stehenden Gebäude aeroelastisch als eine Einheit zu betrachten. Mit spezieller Oberflächengestaltung der Bauwerke ist es möglich, die Strömung und damit auch die Interferenz zu beeinflussen.

Selbsterregung ist ein Phänomen, das von der Windgeschwindigkeit abhängt. Dies bedeutet, daß es unterkritische Windgeschwindigkeiten gibt, bei denen einmal angeregte Schwingungen gedämpft sind, und kritische Grenzschwindigkeiten, bei denen Schwingungen ungedämpft sind. Für die Bemessung ist daher die Berechnung der kritischen Windgeschwindigkeit wesentlich, da sie Stabilitätsgrenze ist.

Wenn die kritische Windgeschwindigkeit von den mechanischen Bauwerkseigenschaften, der Geometrie des Bauwerks und der Windanströmung abhängt, ist es in der Regel möglich, die dynamischen Eigenschaften des Tragwerk-Wind-Systems so abzustimmen, daß Instabilität nicht auftritt. Dies kann man konstruktiv erreichen, wenn man z. B. bei einer Gefährdung durch Abreißflattern aufgelöste Querschnitte anstelle von Vollwandquerschnitten einsetzt. Bei Gefährdung durch Mehrfreiheitsgradflattern gelingt dies, wenn man die Frequenzen der beteiligten Eigenschwingungsformen möglichst unterschiedlich festlegt, um das von der Windgeschwindigkeit abhängende Zusammenwandern der Frequenzen bis zum kritischen Fall hinauszuzögern.

Kinetische Instabilität bei fremderregten Systemen

Bei schwingungsanfälligen Bauwerke unter Fremderregung ist das Eigenfrequenzspektrum des Tragwerks von besonderer Bedeutung, wenn Resonanzphänomene für die Bemessung entscheidend sind. Neben dem immer vorhandenen verformungsabhängigen Druckanteil sind hier besonders die Anteile aus dem natürlichen Windspektrum von Bedeutung.

• Der Böenanteil des natürlichen Windes hat im Bereich von 0,03–0,1 Hertz ein ausgeprägtes Maximum im Leistungsspektrum. Wenn die Eigenfrequenzen von Bauwerken im gleichen Bereich liegen, ist die Gefahr von Resonanz gegeben. Dies ist besonders bei hohen turmartigen Bauwerken, weitgespannten Brücken sowie bei gewichtsstabilisierten Seilnetzen der Fall.

• Bei schlanken Schornsteinen oder Masten löst sich die Strömung auf der Lee-Seite des Tragwerks in Form der *Karmanschen Wirbelstraße* ab. Als Folge der links- und rechtsseitigen Strömungsablösung verändert sich der Druck in Querrichtung periodisch und regt das Tragwerk zum Schwingen an. Wenn Wirbelablösefrequenz und Eigenfrequenz des Tragwerks übereinstimmen, tritt *Wirbelresonanz* mit wachsenden Verformungsamplituden auf. Infolge der Bewegung sind auch verformungsabhängige Druckanteile wie bei Selbsterregung vorhanden, die aber bei kleinen Geschwindigkeiten keinen entscheidenden Einfluß auf die Bewegung haben.

• Stehen im periodischen oder stochastischen Strömungsnachlauf eines Bauwerks andere Gebäude, so werden diese durch Druckfluktuationen angeregt. Das Phänomen bezeichnet man als *Buffeting*. Auch hierbei kann Resonanz auftreten, was Ursache für verheerende Schäden sein kann (Kühltürme in Ferrybridge - 1965).

Schwingungseigenschaften fremderregter Systeme sind im wesentlichen mit dem vom Dämpfungsgrad abhängigen Frequenzgang festgelegt. Hier können bereits konstruktive Änderungen, die den Winddruck beeinflussen und auf die jeweilige Anregungsfrequenz abgestimmt sind, die Schwingungsamplituden eines Tragwerks erheblich reduzieren. In Einzelfällen ist allerdings eine völlige Neubemessung erforderlich, wenn Einwirkungsprofile oder Winddruckamplituden andere Größenordnungen erhalten. Z. B. kann die Wirbelerregung an Schornsteinen bei Anordnung einer Scrutonwendel o.ä. zwar verhindert werden, allerdings mit dem Nebeneffekt einer starken Erhöhung des Windwiderstandes.

4 DÄMPFUNG

Wenn Wind auf schwingungsanfällige Tragwerke wirkt oder das Zusammenwirken mit dem Bauwerk wesentlich ist, sollte das Tragwerk über Möglichkeiten verfügen die Bewegungsenergie zu dissipieren. Im Bauwesen übliche Tragwerk-Wind-Systeme weisen in der Regel von vornherein soviel Dämpfung auf, daß die Schwingungen beim Nachlassen des Windes rasch abklingen. Heute sind jedoch Tragwerke bezüglich Gewicht und Festigkeit oft so optimiert, daß die im Tragwerk vorhandene Dämpfung klein ist und die Schwingungsamplituden nicht stark genug begrenzt sind. Hier kann eine zusätzliche Bedämpfung des Tragwerks eine Vergrößerung kritischer Windgeschwindigkeiten oder zumindest eine Verringerung der Antwortamplituden bewirken. Dämpfungselemente können generell passiv oder aktiv sein.

Passive Dämpfung ist auf der Tragwerksseite immer vorhanden, sei es als Materialdämpfung oder als Reibung in Verbindungsmitteln. Zusätzlich können Schwingungstilger durch Anordnung von diskreten Dämpfer-Masse-Systemen eingesetzt werden, oft auch nachträglich nach Auftreten von unerwünschten Schwingungen.

Aktive Bedämpfung eines Tragwerks ist möglich und z. B. im Flugzeugbau auch üblich, wenn die Winddruckverteilung auf dem Tragwerk durch regelmäßige betriebsabhängige Änderungen der Geometrie so gestört wird, daß sich Selbst- oder Fremderregungsmechanismen nicht entfalten können. Dies kann man z. B. durch Anordnung von zusätzlichen Steuerflächen erreichen, deren Lage und Anstellwinkel zur Anströmung in Abhängigkeit von den jeweils vorliegenden Beschleunigungen des Tragwerks verändert wird. Die Ansteuerung der Flächen erfolgt dabei mit Hilfe eines Regelkreises.

5 NUMERISCHE TRAGWERKSANALYSE

Die Berechnung der Schwingungseigenschaften eines Tragwerks erfolgt heute in der Regel mit Hilfe der Finite-Element-Methode. Die in kommerziellen Programmsystemen vorhandenen Ansätze führen dabei auf die Bewegungsgleichung (3) in Matrizenschreibweise

$$\mathbf{M}\ddot{\mathbf{v}} + \mathbf{D}(\mathbf{v}, \dot{\mathbf{v}})\dot{\mathbf{v}} + \mathbf{K}(\mathbf{v})\mathbf{v} - \mathbf{p}(\mathbf{t}) = \mathbf{0} \quad . \tag{3}$$

Gleichung (3) ist im allgemeinen Fall nichtlinear, wird aber um die statische Ruhelage linearisiert. Die Analyse der freien Schwingungen liefert Frequenzspektren und Dämpfungsgrade des Tragwerks, so daß im Vergleich mit dem Erregerspektrum aus Windanregung entschieden werden kann, ob das Tragwerk bezüglich Windanregung schwingungsanfällig ist oder nicht. Sind realistische Ansätze für die Winddruckverteilung vorhanden, so kann man die Druckverteilung

$$p(x,t) = q_\infty \left[c_P(x,t,G,T,N) + \frac{\partial c_P}{\partial v} v + \frac{\partial c_P}{\partial \dot{v}} \dot{v} + \frac{\partial c_P}{\partial \ddot{v}} \ddot{v} \right] \quad . \tag{4}$$

mit Hilfe der FEM zunächst formal diskretisieren. Es folgt (5) in Matrizenschreibweise

$$\mathbf{p}(t) = q_\infty \left[\mathbf{a}_o(t, G, T, N) + \mathbf{A}_o(v)\,\mathbf{v} + \mathbf{A}_1(v, \dot{v})\,\dot{\mathbf{v}} + \mathbf{A}_2\,\ddot{\mathbf{v}} \right] \quad . \tag{5}$$

Die Druckbeiwerte sind hier über die Tragwerksoberfläche integriert und auf die Freiheitsgrade abgebildet und entsprechen somit integralen Widerstands- und Auftriebsbeiwerten. Einsetzen in Gleichung (3) gibt

$$(\mathbf{M} - q_\infty \mathbf{A}_2)\,\ddot{\mathbf{v}} + (\mathbf{D} - q_\infty \mathbf{A}_1)\,\dot{\mathbf{v}} + (\mathbf{K} - q_\infty \mathbf{A}_o)\,\mathbf{v} = q_\infty\,\mathbf{a}_o(t, G, T, N) \quad . \tag{6}$$

Gleichung 6 beschreibt das vollständig gekoppelte Tragwerk-Wind-System für Fälle, bei denen die Druckverteilung aus An- und Umströmung des Tragwerks mit Hilfe von Druckbeiwerten c_P beschreibbar ist. Zu beachten ist, daß die Koeffizientenmatrizen unsymmetrisch sind, sowie fallabhängig auch stochastisch sein können und daher in den üblichen

Programmsystemen für Tragwerksanalysen nicht verarbeitet werden können. Die Darstellung mit Hilfe des Staudruckes q_∞ ist für den Fall der Selbsterregung (mit verschwindender rechter Seite) nützlich, da man so über die Eigenwerte (mit Frequenz- und Dämpfungsspektrum) auch die kritische Windgeschwindigkeit ermitteln kann.

Sehr schwierig gestaltet sich die Bestimmung der Matrizen $\mathbf{A}_i$, die den bewegungsabhängigen Druck beschreiben. Sie sind nur für Einzelfälle explizit vorhanden, so daß die Bewertung eines Tragwerks bezüglich Selbsterregung oft nur mit Hilfe der Anschauung erfolgen kann. Liegt eine Gefährdung bezüglich Selbsterregung vor, so müssen die Dämpfungseigenschaften des Tragwerks genauer untersucht und gegebenenfalls verändert werden, in Sonderfällen sind Windkanalexperimente erforderlich.

Im Fall von fremderregten Schwingungen (mit periodischer oder stochastischer rechter Seite) sind im Prinzip zwei unterschiedliche Phänomene zu beachten:

- Bei linearem Tragverhalten kann der bewegungsabhängige Druck bei gegebenem Staudruck vernachlässigt werden, wenn keine Selbsterregungsmechanismen vorliegen. Die Gefährdung erwächst hier allein aus Resonanzanregung. Die Systemantwort aus der Anregung des Tragwerks kann z. B. mit Hilfe des Antwortspektrenverfahrens analog zur Anregung aus Erdbeben ermittelt werden. Die Vorgehensweise ist z. B. in [1] gegeben. Die Überlagerung der modalen Teilschwingungen zur Systemantwort kann z. B. nach [14] erfolgen.

- Sind geometrische Nichtlinearitäten zu beachten, z. B. bei knick- oder beulgefährdeten Systemen oder bei Seilnetzen, ist zu untersuchen, ob die auftretenden Verformungen aus Windanregung Durchschlagphänomene verursachen können, z. B. bei dünnwandigen Schalen- oder bei gewichtsstabilisierten Seilnetztragwerken.

Die Untersuchung von Tragwerk-Wind-Systemen ist heute zwar Stand der Technik und in vielen Fällen experimentell und rechnerisch mit vereinfachenden Modellen möglich, jedoch oft mit starken Ungewißheiten bei der anzusetzenden Winddruckverteilung behaftet. Was oft fehlt, sind realistische Lastannahmen und Winddruckbeiwerte sowie allgemein gültige Nachweiskonzepte.

6 BEISPIEL

Für die nachfolgende Dachkonstruktion ist die Schwingungsanfälligkeit bei Windeinwirkung zu untersuchen, siehe [4]. Das tragende Seilnetz besitzt einen elliptischen Grundriß mit den Halbachsen $d_1 = 28.8$ m und $d_2 = 22.4$ m. Das Raster des Seilnetzes beträgt 1.25 $m \times 1.25$ m, der Seildurchmesser ca. 32 mm. Zur Verringerung der Schwingungsanfälligkeit ist das Seilnetz entlang der großen Halbachse nach unten abgespannt. Das oberseitig mit Glasplatten verkleidete Seilnetz ist mit ca. $8°$ um die große Halbachse geneigt, um den Wasserablauf zu gewährleisten. Die Glasabdeckung ist über gelenkige Abstandshalter befestigt, überträgt im Lastfall Eigengewicht aber keine Kräfte. Die Fugen zwischen den Glasscheiben sind mit Gummileisten abgedichtet. Das gemittelte Eigengewicht der gesamtkonstruktion beträgt 0.875 kN/m^2. Die Widerlager des Seilnetzes

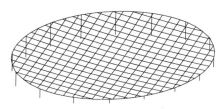

Abbildung 4: Dachkonstruktion

Tabelle 1: Mittenabsenkung und Eigenfrequenzen der elliptischen Dachkonstruktion

	w	f_1	f_2	f_3	f_4
	cm	Hz			
GS	32,7	1,27	1,31	1,40	1,47
G	22,1	1,43	1,46	1,56	1,62
G mit Untersp.	22,1	1,46	1,61	1,69	1,88

Tabelle 2: Statische Ersatzstaudrücke in kN/m^2 für die erste Eigenschwingungsform

	Ersatzstaudruck	
Ansatz nach	$\zeta = 0,05$	$\zeta = 0,10$
Hirtz	0,935	0,920
Rausch	0,872	0,872
Schlaich	0,836	0,836
Davenport	0,876	0,758
Eurocode-Entwurf	1,126	1,094

sind als (auf Stützen ruhendener) elliptischer Stahlring ausgeführt. Die Dachkonstruktion wird nach drei Seiten hin von nahestehenden Gebäudeteilen überragt.

Die Eigenfrequenzanalyse der Seilnetz-Dachkonstruktion führt zu den in Tabelle 1 aufgeführten Werten. Angegeben sind die Lastfälle Eigengewicht + Schnee (GS), Eigengewicht (G) sowie Lastfall Eigengewicht mit Unterspannung der Konstruktion. Die Berechnung erfolgt als Stabtragwerk nach Theorie III. Ordnung. Der Lastfall GS weist die niedrigsten Eigenfrequenzen auf, ist aber nicht für Wind nachzuweisen. Die zur niedrigsten Eigenfrequenz gehörende Eigenform ist nahezu antisymmetrisch zur großen Halbachse, da das Netz in Richtung der kleinen Halbachse einaxial trägt und so einem Einzelseil vergleichbar ist. Dagegen weist die 2. Eigenform größere Steifigkeiten auf, da das Netz hier zweiaxial trägt und die Tragwirkung der einer Kreismembran ähnlich ist.

Die anzuwendenden Windlastnormen führen die zeitveränderliche Belastung infolge Böenwirkung auf eine statische Ersatzlast zurück. Diese folgt aus dem aerodynamischen Druckbeiwert c_p, dem Staudruck q_∞ und einem Böenreaktionsfaktor G

$$p = c_p \, q_\infty \, G = c_p \, q_{ers} \quad . \tag{7}$$

Die statische Ersatzwindlast simuliert den ungünstigsten momentanen Lastzustand infolge Böigkeit und Schwingung. Der Böenreaktionsfaktor G enthält damit einen Böenanteil und einen Resonanzanteil. Letzterer entfällt bei nicht schwingungsanfälligen Konstruktionen.

Eine Abschätzung des Böenreaktionsfaktors G bzw. des sich aus G und q_∞ ergebenden Ersatzstaudrucks q_{ers} erfolgt mit Hilfe von Normen bzw. Normentwürfen, die den Resonanzanteil bei der Windlastermittlung berücksichtigen. Die Normen liefern allerdings nur für die dominante Schwingungsform Ersatzlasten. Dies ist hier berechtigt, da die Unterspannung alle anderen Eigenschwingungen behindern kann. Für das vertikal schwingende Dach wird auf der sicheren Seite liegend angesetzt, daß instationäre Winddrücke an horizontalen Flächen ähnlich denen an vertikalen Flächen sind.

Mit einem Dämpfungsdekrement von $\zeta = 0,05$ (nach DIN 1055 für geschraubte Stahlkonstruktionen) folgt für ausgewählte Ansätze der in Tabelle 2 angeführte Ersatzstaudruck. Tabelle 2 gibt zusätzlich den Ersatzstaudruck für ein erhöhtes Dämpfungsdekrement $\zeta = 0,10$ an, das die in der tatsächlichen Konstruktion vorhandene dämpfende Wirkung der Gummi-Dichtungselemente zwischen den Glasplatten erfaßt (laut Hersteller liegt ζ im Bereich von 0.16 bis 0.33). Die erhöhte Dämpfung wird nicht von allen Ansätzen erfaßt.

Tabelle 3: Statische Ersatzlasten in kN/m^2 für die erste Eigenschwingungsform

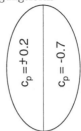

| Ansatz nach | stat. Ersatzlast für $\zeta = 0.05$ | | |
	$c_p = -0,6$	$c_p = -0,7$	$c_p = -0,2$
Hirtz	0,561	0,655	0,188
Rausch	0,523	0,610	0,174
Schlaich	0,501	0,585	0,167
Davenport	0,525	0,613	0,175
Eurocode-Entwurf	0,676	0,788	0,225

Nach DIN 1055 ist für die gesamte Dachfläche ein konstanter Druckbeiwert $c_p = -0,6$ anzusetzen. Da dieser Ansatz nicht mit der zu erwartenden Schwingungsform korreliert, kann man die Druckverteilung für flache Dächer mit Brüstung nach Eurocode sinngemäß so anwenden, daß beiderseits der Knotenlinie der ersten Eigenform unterschiedliche Druckbeiwerte vorhanden sind. Die vorgeschlagenen Druckbeiwerte $c_{p_1} = -0,7$ und $c_{p_2} = \pm 0,2$ liefern die Ersatzlasten nach Tabelle 3.

Für den Lastfall G + Wind zeigt Abbildung 5-links das nichtlineare Last-Verformungsdiagramm für die Seilnetzmitte in Abhängigkeit vom Eigengewicht. Hierbei ist die Abspannung des Seilnetzes nach unten nicht berücksichtigt. Aus dem Durchhang des unbelasteten Tragwerks folgt eine geringe Anfangssteifigkeit, die für den Start der Berechnung wichtig ist. Zum Nachweis gegen Abheben muß nach DIN 1055 Teil 4

$$\frac{F_{Trag}}{1,3} \geq 1,1\, S_{Sog} - \frac{S_{GDach}}{1,1} \tag{8}$$

erfüllt sein. Dabei ist F_{Trag} die vom Verbindungselement maximal aufzunehmende Kraft, S_{Sog} die Windbelastung und S_{GDach} das anzusetzende Gewicht des Daches. Für S_{GDach} ist das $0,8$-fache des Rechenwertes für das Gewicht G_{Dach} anzusetzen. Bei der vorliegenden Konstruktion ist jedoch nicht erst das Abheben des Daches, sondern bereits das „Durchschlagen" nach oben als Versagen zu definieren. Damit ist zu fordern, daß Gl. (8) auch für $F_{Trag} = 0$ erfüllt und das Gewicht überall größer als die Soglast ist. Der Ersatzstaudruck ist somit nach Gleichung (9) mit einem Sicherheitsfaktor von ca. $1,52$ zu versehen.

$$1,1\, S_{Sog} \leq \frac{S_{GDach}}{1,1} \qquad \text{bzw.} \qquad \frac{1,1^2}{0.8}\, c_p\, q_{ers} \approx 1,52\, c_p\, q_{ers} \leq G_{Dach} \, . \tag{9}$$

Abbildung 5-rechts zeigt das Last-Verformungsdiagramm des unter Eigengewicht vorgespannten Tragwerks bei variablem statischen Ersatzdruck und der nach Eurocode gewählten Druckverteilung mit $c_{p_2} = -0,2$. $\lambda = 0$ entspricht der statischen Ruhelage im Lastfall G. Kurve A gilt für die Seilnetzmitte, Kurve B für den Viertelspunkt der kleinen Halbachse. Bei Laststufe $\lambda \approx -1,4$ ($q_{ers} \approx 1,4\ kN/m^2$) verschwindet der Tragwerkswiderstand und bei weiterer Entlastung durch Windunterdruck erfolgt „Durchschlagen"

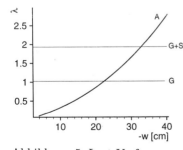

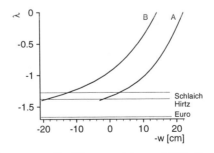

Abbildung 5: Last-Verformungs-Diagramme für Eigengewicht und Windlast (rechts)

nach oben. Zusätzlich sind die mit Sicherheitsfaktoren beaufschlagten Lastniveaus für verschiedene Ansätze nach Tabelle 3 angegeben. Alle Ansätze mit Ausnahme des Eurocode-Entwurfs liegen auf der sicheren Seite. Um die Standsicherheit auch für diesen Ansatz nachzuweisen, muß die Unterspannung entlang der großen Halbachse berücksichtigt werden. Sie wirkt als elastisches Lager und behindert die symmetrischen Verformungen.

LITERATUR

[1] Clough, R. W. 1970. Earthquake response of structures. In: Wiegel, R. L. (edtr.): Earthquake Engineering, ch. 12: 307–334. New Jersey: Prentice Hall.

[2] Craig, R. R. 1981. Structural Dynamics – An Introduction to Computer Methods. New York: John Wiley & Sons.

[3] Davenport, A. G. 1961: The spectrum of horizontal gustiness near the ground in high winds, Quart. J. R. Met. Soc., Vol.87

[4] Dinkler, D.; Wiedemann, B.; Bardowicks, H. 1998: Seilnetze bei Windlasten. in: Finite Elemente in der Baupraxis. Berlin: Ernst & Sohn.

[5] Hellmann, G. 1915. Über die Bewegung der Luft in den untersten Schichten der Atmosphäre. Meteorol. Zeitschrift 32.

[6] Larsen, A. (Edtr.) 1992: Aerodynamic of Large Bridges. Rotterdam: A. A. Balkema.

[7] Niemann, H.-J. (Hrsg.) 1994: Windlastnormen nach 1992, WTG-Berichte Nr. 2, Aachen: Eigenverlag - Windtechnologische Gesellschaft.

[8] Rackwitz, R. 1996: Einwirkungen auf Bauwerke. in: Der Ingenieurbau - Band 8, Hrsg. G. Mehlhorn. Berlin: Ernst & Sohn.

[9] Ruscheweyh, H. 1982. Dynamische Windeinwirkung an Bauwerken 1 – Grundlagen und Anwendungen. Berlin: Bauverlag.

[10] Ruscheweyh, H. 1982. Dynamische Windeinwirkung an Bauwerken 2 – Praktische Anwendungen. Berlin: Bauverlag.

[11] Simiu, E.; Scanlan, R. H. 1986: Wind Effects on Structures. John Wiley & Sons, New York

[12] Sockel, H. 1994. Wind-Excited Vibrations of Structures. CISM Courses and Lectures No. 335, Wien-NewYork: Springer-Verlag.

[13] Sockel, H. (Hrsg.) 1995: Windkanalanwendungen für die Praxis. WTG-Berichte Nr. 4, Aachen: Eigenverlag - Windtechnologische Gesellschaft.

[14] Wilson, E. L.; Der Kiureghian, A.; Bayo, E. P. 1981: A Replacement for the SRSS Method in Seismic Analysis, Earthquake Engineering and Structural Dynamics, Vol. 9, John Wiley & Sons.

Baustatik-Baupraxis 7, Meskouris (Hrsg.) © 1999 Balkema, Rotterdam, ISBN 90 5809 044 2

Bestimmung dynamischer Tragwerkseigenschaften durch in-situ Experimente

Christian Bucher, Olaf Huth & Volkmar Zabel
Institut für Strukturmechanik, Bauhaus-Universität Weimar, Deutschland

KURZFASSUNG: Dynamische Untersuchungsmethoden können in Verbindung mit strukturmechanischen Analyseverfahren zur realitätsnahen Einschätzung des Trag- und Verformungsverhaltens bestehender Tragwerke dienen. Die dabei zunächst unmittelbar bestimmten Kenngrößen (z.B. Eigenfrequenzen) dienen zum einen als Orientierungsmaß zur qualitativen Systemdefinition, aber auch zusätzlich als quantifizierendes Mittel zur Festlegung von System- und Werkstoffdaten. Es wird gezeigt, wie durch sinnvolle Auslegung von Anregungstechnik, Auswerteverfahren und rechnerischer Modellierung mit geringem Aufwand ein hohes Niveau an Aussagefähigkeit erzielt werden kann.

1 EINLEITUNG

Die realistische Einschätzung des Trag- und Verformungsverhaltens bestehender Bausubstanz ist eine wesentliche Voraussetzung für erfolgreiche Revitalisierungs- und Umnutzungsmaßnahmen. Gerade in diesem Zusammenhang sind zerstörungsfreie Verfahren zur Strukturbeurteilung als Ergänzung zu zerstörenden Prüfverfahren (z.B. durch Bohrkernentnahme) sinnvoll. Eine Möglichkeit dazu bieten strukturdynamische Untersuchungen.

Derartige Untersuchungen richten sich zunächst auf die Beschreibung des dynamischen Übertragungsverhaltens, d.h. auf die Beziehung zwischen klar definierten Anregungen und Reaktionen des Tragwerks. Dies kann zunächst die einfache Feststellung von Eigenfrequenzen und zugeordneten Dämpfungswerten sein (siehe z.B. Wölfel & Schalk, 1996) oder die Darstellung des Frequenzganges in einem definierten Frequenzbereich nach Amplitude und Phase.

Daraus sollen in weiterer Folge Systemdaten identifiziert werden. Dies kann anhand von strukturmechanischen Daten (z.B. Elementsteifigkeitsmatrizen, Substrukturmatrizen) oder anhand von Werkstoffparametern (z.B. Elastizitätsmodul) erfolgen. Eine ausführliche Diskussion findet sich z.B. bei Natke, 1992. Algorithmen zur Systemidentifikation wurden hinsichtlich ihrer Eignung für experimentelle Untersuchungen von Ghanem et al. (1991) bewertet. Für den Fall bereits existierender Finite-Elemente-Modelle werden von Tong et al. (1992) Anpassungskriterien zur Korrektur dieser Modelle untersucht. Ein Fernziel ist schließlich die Verfolgung möglicher Schädigungsentwicklung anhand dynamischer Versuche (Meinhold & Burkhardt, 1993; Meinhold et al. 1996; Bucher et al., 1997). Allerdings besteht in diesem Zusammenhang nach wie vor dringender Forschungsbedarf.

Abbildung 1: Servohydraulischer Schwingungserreger

2 ANREGUNGSVERFAHREN

2.1 Harmonische Anregung

Die Belastungsfunktion kann dabei monofrequent sein oder als Gleitsinus bzw. mit stufenweise gesteigerter Frequenz erzeugt werden. Bei harmonischer Anregung ist die vorhandene Energie auf jeweils eine Frequenz konzentriert, womit ein grundsätzlich gutes Test- zu Störsignalverhältnis erzielt werden kann. Die Durchführung von Versuchen mit harmonischer Anregung ist allerdings sehr zeitaufwendig. Zur Erzeugung der Anregungskräfte werden meist Unwuchterreger oder elektrohydraulische Schwingungserreger eingesetzt, die Versuche sind also mit einem relativ hohen Aufwand für die Anregungstechnik verbunden. Für die Erzeugung großer Anregungskräfte, besonders im tieffrequenten Bereich, sind in der Regel schwere Geräte erforderlich.

Ein servohydraulischer Schwingungserreger in relativ leichter Bauweise (Masse ca $600kg$) mit Kraftamplituden von $\pm2kN$ für einen Frequenzbereich von 1 - $30Hz$ steht dem Institut für Strukturmechanik (ISM) zur Verfügung (siehe Abb. 1).

2.2 Transiente Anregung durch Impulslast

Die Anregung einer Struktur durch eine Impulslast ist meist nur mit einem relativ geringen technischen Aufwand verbunden und sehr schnell durchführbar. Daher besteht auf diese Weise auch die Möglichkeit, Bauwerke zu untersuchen, ohne deren Funktion oder Nutzung über einen längeren Zeitraum einzuschränken.

Technisch werden Impulse beispielsweise mit Hämmern, Fallgewichten oder Kartuschenexplosionen realisiert. Eine so erzeugte Kraft läßt sich nur eingeschränkt steuern. Aufgrund ungenügender Abstimmung des Impulsverlaufes ist diese Form der Anregung wenig gut für tieffrequent schwingende Systeme geeignet.

Das erzielbare Nutz- zu Störsignalverhältnis ist relativ klein. Eine Verbesserung der Resultate und entsprechende Erhöhung der Aussagefähigkeit kann auch durch Mittelung (averaging, Stapelung) mehrerer Meßserien erreicht werden. Dies ist auch zur Anwendung von speziellen Verfahren

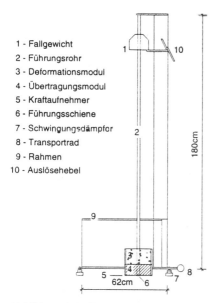

1 - Fallgewicht
2 - Führungsrohr
3 - Deformationsmodul
4 - Übertragungsmodul
5 - Kraftaufnehmer
6 - Führungsschiene
7 - Schwingungsdämpfer
8 - Transportrad
9 - Rahmen
10 - Auslösehebel

Abbildung 2: Fallgewichtssystem zur Stoßanregung

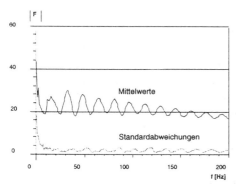

Abbildung 3: Frequenzgang der Anregung (Effektivwerte)

der Systemidentifikation auf der Basis der Singulärwertzerlegung (Lenzen, 1994) dringend erforderlich.

Eine leicht transportierbare Ausführung wird von Meinhold & Huth (1998) beschrieben. Eine Prinizipskizze des Systems ist in Abb. 2 gezeigt.

Der Einsatz im Labor und an realen Bauwerken in-situ zeigt eine gute Reproduzierbarkeit der Anregung hinsichtlich Frequenzgang und Amplitude. Eine statistische Auswertung von 10 Versuchen ist in Abb. 3 dargestellt. Deutlich erkennbar ist die Breite des Frequenzganges von $0 Hz$ bis ca. $200 Hz$. Durch einen austauschbaren Deformationsmodul kann eine Anpassung des Kraft-Zeit-Verlaufs an die zu untersuchende Struktur realisiert werden.

3   AUSWERTUNG DER MESSWERTE

Die dynamische Charakterisierung von Strukturen erfolgt sinnvollerweise durch Eingangs-Ausgangs-Beziehungen, also in der Form von Admittanz- bzw. Übertragungsfunktionen. Innerhalb einer linearen Theorie ist damit auch eine vollständige Beschreibung gegeben. Da bei den oben beschriebenen Verfahren simultane Meßreihen für die Anregung und die Reaktion vorliegen, ist es grundsätzlich möglich, eine Bestimmung der (komplexen) Übertragungsfunktionen vorzunehmen. Sind die Zeitreihen der Belastung durch $f(t)$ und der Reaktion durch $x(t)$ bestimmt, so werden zunächst deren Fouriertransformierte $\hat{f}(\omega)$ und $\hat{x}(\omega)$ berechnet. Dabei gelangt das diskrete Verfahren der FFT zur Anwendung. Im nächsten Schritt wird die komplexe Übertragungsfunktion $H_{ik}(\omega)$ vom Anregungspunkt (Freiheitsgrad i) zum Meßpunkt (Freiheitsgrad k) nach

$$H_{ik}(\omega) = \frac{\hat{x}_k(\omega)}{\hat{f}_i(\omega)}$$

berechnet. Für ein einfaches dynamisches System mit einem Freiheitsgrad sind Real- und Imaginärteil dieser Übertragungsfunktion in Abb.4 dargestellt.

Diese Übertragungsfunktion hat für das Einfreiheitsgradsystem mit Masse m, Federkonstanter k und Dämpfungsmaß D folgende Gestalt (siehe z.B. Chopra, 1995):

$$H(\omega) = \frac{1}{k}\frac{1-\eta^2}{(1-\eta^2)^2+4D^2\eta^2} + i\frac{1}{k}\frac{-2D\eta}{(1-\eta^2)^2+4D^2\eta^2}$$

Darin ist $i = \sqrt{-1}$ die imaginäre Einheit, $\omega_0 = \sqrt{\frac{k}{m}}$ die Eigenkreisfrequenz und $\eta = \frac{\omega}{\omega_0}$. Aus dieser Übertragungsfunktion läßt sich deutlich die Lage der Eigenfrequenz erkennen, und zwar als Nullstelle des Realteils $\Re[H(\omega)]$. Das Dämpfungsmaß D ist z. B. an der Steigung des Realteils an der Stelle ω_0 ablesbar:

$$D^2 = -2\omega_0 k \frac{d\Re[H(\omega)]}{d\omega}\Big|_{\omega=\omega_0}$$

Für Systeme mit vielen Freiheitsgraden sind die Relationen nicht mehr derart einfach, da i.a. eine Kopplung der Eigenformen vorhanden ist. Die Übertragungsfunktionen $H_{ik}(\omega)$ lassen sich allerdings auf der Basis von Finite-Elemente-Modellen rechnerisch ermitteln, und den aus Meßwerten ermittelten Funktionen gegenüberstellen. Damit kann eine Anpassung des FE-Modells vorgenommen und in weiterer Folge Schlüsse auf System- bzw. Werkstoffparameter gezogen werden.

4 ANWENDUNGEN

4.1 Straßenbrücke Darnstedt

Im Rahmen des BMBF-geförderten Forschungsvorhabens EXTRA II wurde von der Bauhaus-Universität Weimar die Brücke über die Ilm in Darnstedt/Thüringen statischen Belastungsversuchen unterzogen. Begleitend wurden dynamische Versuche durchgeführt, um mögliche Veränderungen im Systemverhalten (d.h. Schädigungen durch den Belastungsversuch) feststellen zu können. Die dynamische Anregung wurde sowohl stationär (harmonisch im Frequenzbereich von $9.5 Hz$ bis $28 Hz$ mit einer Schrittweite von $0.02 Hz$) als auch transient (Stoßerregung) aufgebracht. Aus beiden Anregungsarten wurden die komplexen Übertragungsfunktionen bestimmt und daraus die Eigenfrequenzen und modalen Dämpfungen für die erste Biegeeigenform und die erste Torsionseigenform bestimmt.

Die Konfigurationen für die Belastungs- und Meßpunkte sind in Abb. 5 dargestellt.

Die Auswertung ergab eine sehr gute Übereinstimmung der Übertragungsfunktionen aus beiden Anregungstechniken (siehe Abb.6). Im Frequenzbereich der harmonischen Anregung konnten 2 Eigenfrequenzen identifiziert werden, im Bereich der Stoßanregung (bis $100 Hz$) wurden 14 Eigenfrequenzen lokalisiert.

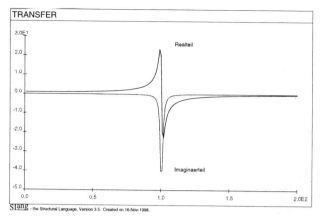

Abbildung 4: Komplexe Übertragungsfunktion eines SDOF-Systems

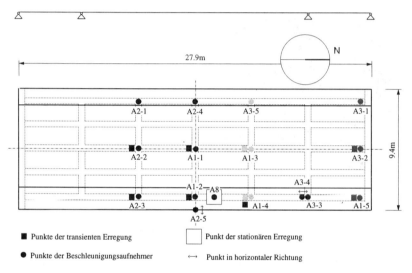

Abbildung 5: Anregungs- und Meßpunkte der Brücke in Darnstedt

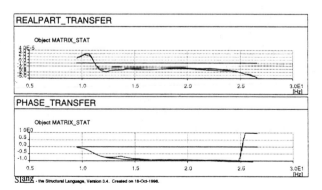

Abbildung 6: Realteil und Phasenwinkel der Übertragungsfunktion am Meßpunkt A1-2 (Darnstedt) für harmonische und transiente Anregung

Abbildung 7: Turm der Kirche zu Krölpa/Thüringen

4.2 Kirchturm Krölpa

Im Zuge eines vom Freistaat Thüringen geförderten Forschungsvorhabens des ISM wurde das dynamische Verhalten eines historischen Turms der Kirche zu Krölpa in Thüringen untersucht. Dieser Turm weist als Folge großer ungleichmäßiger Setzungen eine beträchtliche Schiefstellung und damit verbunden durchlaufende Vertikalrisse im Mauerwerk auf. Die Glocken wurden aus Sicherheitsgründen in den 80-er Jahren vom Turm abgenommen. Der Turm ist in Abb.7 dargestellt.

Ziel der Untersuchungen war es, ein brauchbares Rechenmodell für den derzeitigen Zustand des Turms zu erstellen, um damit Veränderungen des dynamischen Verhaltens infolge möglicher Sanierungsmaßnahmen vorhersagen zu können (siehe auch Zabel & Bucher, 1998).

Als Anregungsmethode wurde stationäre, harmonische Krafteinleitung mit dem servohydraulischen Schwingungserreger gewählt. Die horizontale Kraft wurde auf der Ebene des früheren Glockenstuhls über eine bestehende und in ihrer Substanz verbesserte Holzbalkenkonstruktion in das Mauerwerk eingeleitet. Beschleunigungsaufnehmer wurden in 9 Punkten im Turm so gesetzt, daß die Bewegung in beiden horizontalen Richtungen erfaßt werden konnte. Die Meßkonfiguration ist in Abb. 8 dargestellt.

Die Versuche wurden mit unterschiedlichen Kraftamplituden ($1kN$ und $2kN$) und mit 2 verschiedenen Anregungsrichtungen (N-S bzw. O-W) durchgeführt. Die Anregungsfrequenz wurde von $0.3 Hz$ bis $9.7 Hz$ mit einer Schrittweite von $0.02 Hz$ gesteigert. In jedem Frequenzschritt wurden ausreichend viele Lastzyklen gefahren, damit sich ein stationärer Schwingungszustand einstellen konnte. Damit konnte eine hohe Frequenzauflösung der Übertragungsfunktion erzielt werden.

Die Auswertung der Übertragungsfunktionen ergab deutlich erkennbar vier Resonanzstellen, deren Frequenzwerte in Abb. 9 dargestellt sind.

Die ersten vier Eigenformen wurden anhand eines Finite-Elemente-Modells (3-Knoten-Schalenelemente) identifiziert. Dazu wurde das Modell zunächst dynamisch auf die meßtech-

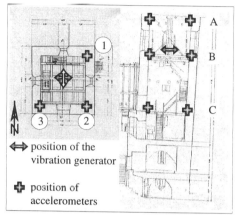

Abbildung 8: Meßkonfiguration Krölpa

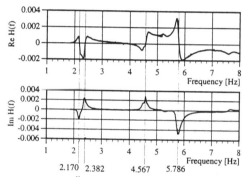

Abbildung 9: Übertragsfunktion für Meßpunkt B3

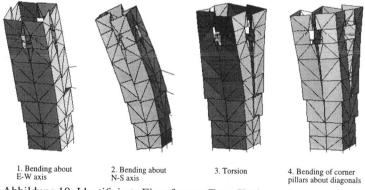

1. Bending about E-W axis 2. Bending about N-S axis 3. Torsion 4. Bending of corner pillars about diagonals

Abbildung 10: Identifizierte Eigenformen Turm Krölpa

nisch erfaßten Freiheitsgrade kondensiert. Im nächsten Schritt wurden die Beschleunigungs-Zeit-Verläufe zu Weg-Zeit-Verläufen integriert (mit baseline correction) und diese Verschiebungen auf das FE-Modell aufgebracht. Die enstehenden Bewegungen der gesamten Struktur wurden visualisiert, und anhand der vorab ermittelten Eigenfrequenzen den entsprechenden Eigenformen zugeordnet.

LITERATUR

Bucher C. & Schorling Y., 1997. Slang - the Structural Language, Solving Nonlinear and Stochastic Problems in Structural Mechanics, Proceedings for Internationales Kolloquium über Anwendungen der Informatik und Mathematik in Architektur und Bauwesen - IKM, Bauhaus-Universität Weimar, 1997, Weimar.

Bucher, C., Ehmann, R., Opitz, J., Schwesinger, P. & Steffens, K., 1997. EXTRA II - Pilotprojekt Weserwehrbrücken Drakenburg - Experimentelle Tragsicherheitsbewertung von Massivbrücken, *Bautechnik* 74 - 5:

Chopra, A.K., 1995. *Dynamics of structures: theory and applications to earthquake engineering*, Englewood Cliffs, New Jersey: Prentice Hall.

Ghanem, R.G., Gavin, H. & Shinozuka, M., 1991. Experimental Verification of a Number of Structural System Identification Algorithms, Report NCEER-91-0024, SUNY, Buffalo, NY.

Lenzen, A., 1994. Untersuchung von dynamischen Systemen mit der Singulärwertzerlegung- Erfassung von Strukturveränderungen, Dissertation, Bochum.

Meinhold, W. & Burkhardt, G., 1993. Beitrag zur dynamischen Schädigungsanalyse, Baustatik - Baupraxis, München Tagungsheft 5/1993 S. 10.1 - 10.18

Meinhold, W., Ebert, M. & Bucher, C., 1996. A Contribution to Detecting Structural Damage by Dynamic Testing, in Augusti, G. et al. (eds.) *Structural Dynamics* - Proceedings of Eurodyn'96, Firenze, Italy, June 3-6, 1996, pp 997 - 1004.

Meinhold, W. & Huth, O., 1998. Ein Stoßerreger für mechanische Strukturen, *Bauingenieur*, to apper 1998.

Natke, H.G., 1992. *Einführung in Theorie und Praxis der Zeitreihen- und Modalanalyse*: Identifikation schwingungsfähiger elastomechanischer Systeme, 3. Aufl. Braunschweig; Wiesbaden: Viehweg.

Tong, M., Liang, Z. & Lee, G.C., 1992. Correction Criteria of Finite Element Modeling in Structural Dynamics, *J. Eng. Mech,* Vol. 188, No 4, April 1992, pp 663 - 682.

Wölfel, H.P. & Schalk, M., 1996. Schwingungen von Glockentürmen, *Bautechnik* 73 - 6.

Zabel, V. & Bucher, C., 1998. Dynamic in-situ Tests on a Damaged Historical Building, IABSE Colloquium Saving Buildings in Central and Eastern Europe, Berlin, June 3-5, 1998.

Berechnungsverfahren für hochdynamisch belastete Bauwerke mit hybrider (netzbasierter/netzfreier) Diskretisierung

M. Sauer
Labor für Ingenieurinformatik, Universität der Bundeswehr München, Deutschland

S. Hiermaier
Ernst-Mach-Institut, Freiburg, Deutschland

ABSTRACT: Netzfreie Berechnungsverfahren werden seit wenigen Jahren für besondere Aufgabenstellungen in der Strukturmechanik entwickelt. Durch den Verzicht auf eine explizite Verwaltung der Verbindungen zwischen Berechnungspunkten bieten sie spezifische Vorteile gegenüber netzbasierten Verfahren wie der Methode der Finiten Elemente (FE) oder dem Verfahren der finiten Differenzen (FD). Diese Vorteile lassen sich beispielsweise bei der Berechnung von unter hochdynamischen Lasten wie Impakt oder Explosion stehenden Bauteilen nutzen, insbesondere dann, wenn Materialversagen modelliert werden soll.

Netzfreie Verfahren sind allerdings von der numerischen Effizienz netzbasierter Verfahren noch deutlich entfernt. Verschiedene Ansatzpunkte für die Entwicklung eines "hybriden", d.h. beide Diskretisierungsformen - und deren Vorteile - vereinigenden Berechnungsverfahrens sind daher zu untersuchen. Am Beispiel der netzfreien Methode der Smooth Particle Hydrodynamics (SPH) wird gezeigt, wie eine Kopplung mit finiten Elementen erreicht werden kann.

Zunächst erfolgt eine kurze Erläuterung der Grundlagen für Simulationsverfahren für hochdynamische Belastungen. Die wesentlichen Merkmale des SPH-Verfahrens werden dargestellt, dabei wird insbesondere auf wichtige Eigenschaften des zugrundeliegenden Approximationsverfahrens eingegangen. Anschließend wird ein hybrides Verfahren zur Kopplung von SPH mit finiten Elementen vorgeschlagen und anhand eines Berechnungsbeispiels diskutiert.

1 EINLEITUNG

Die Bemessung und Gefährdungsbeurteilung von Bauwerken, die unter hohen dynamischen Lasten stehen, ist seit vielen Jahren Gegenstand intensiver Forschungsarbeiten. Derartige Lasten können Druck- oder Explosionswellen, Aufprall oder Stoß (Impakt), oder auch Beschuß mit Penetratoren oder Hohlladungsgeschossen sein. Hochdynamische Lasten auf Bauwerke wurden in der Vergangenheit beispielsweise bei der Auslegung der (Beton-)Hüllen von Kernreaktoren intensiv in Versuchen und numerischen Simulationen untersucht. Mit dem Wissenszuwachs über das Materialverhalten in derartigen Belastungsbereichen und verbesserten Berechnungsmöglichkeiten wurden weitere Belastungsfälle einer Berechnung zugänglich.

Im Ergebnis stehen heute einerseits Bemessungsregeln (z. B. in den USA die TM5 - 1300 für Explosionsunfälle) und nicht-deterministische oder teilweise deterministische Berechnungsmodelle für die ingenieurmäßige Bearbeitung hochdynamisch belasteter Bauwerke zur Verfügung. Andererseits existiert eine Reihe besonderer numerischer Simulationsprogramme, die bestimmte

Formen der diskretisierenden Berechnungsverfahren der Struktur- und Fluidmechanik, insbesondere FE- und FD-Verfahren, einsetzen, um in Verbindung mit den entsprechenden Materialmodellen eine Simulation von Belastung und Systemantwort zu erlauben. Der vorliegende Beitrag behandelt die Weiterentwicklung dieser als "Hydrocodes" oder "Wave-Propagation-Codes" bezeichneten Programme.

2 GRUNDLAGEN DER BERECHNUNG

Die Grundlagen von Hydrocodes sind in der Literatur, etwa von Benson (Benson 1992), ausführlich beschrieben. Der wesentliche Unterschied zu im Bauingenieurwesen üblichen Verfahren für statische Probleme oder Modalanalysen ist, daß Hydrocodes auf der direkten Lösung der Erhaltungsgleichungen für Masse, Impuls und Energie beruhen. Unter Vernachlässigung von viskosen bzw. Reibungskräften sowie der Wärmeströmung lassen diese sich wie folgt formulieren:

$$\frac{d\rho}{dt} = -\rho \, \nabla \cdot v \qquad \frac{dv}{dt} = \frac{1}{\rho} \nabla \cdot \sigma \qquad \frac{de}{dt} = \frac{\sigma}{\rho} \, \nabla \cdot v \qquad (1)$$

Hier ist d/dt die materielle Zeitableitung, ρ die Dichte, der ∇-Operator bezeichnet die räumlichen Ableitungen, v ist der Vektor der Geschwindigeiten, σ der Tensor der Cauchy-Spannungen und e die (massen-) spezifische innere Energie.

Für die Berechnung der räumlichen Ableitungen werden Diskretisierungsverfahren wie FE, FD oder netzfreie Methoden verwendet. Die von einem definierten Anfangszustand (Anfangsbedingungen) ausgehende zeitliche Integration wird mit expliziten Verfahren durchgeführt, die Stabilität des Verfahrens ist dabei durch eine Begrenzung der Zeitschrittweite sicherzustellen. Die Lösung des Systems partieller Differentialgleichungen (1) geschieht Punkt- oder Elementweise in der Zeit, ohne daß für das berechnete Gesamtgebiet eine Steifigkeitsmatrix aufgestellt werden müßte.

Die Materialgesetze werden in Hydrocodes für einen in Druck- und deviatorischen Anteil aufgespalten Spannungstensor formuliert (2). Eine Zustandsgleichung in der Form $p=p(\rho, e)$ beschreibt die Abhängigkeit des Druckes von Dichte und spezifischer innerer Energie. Die deviatorischen Anteile des Spannungstensors werden in der Zeit aus den Spannungsgeschwindigkeiten (3) integriert, die wiederum aus Dehnraten und Rotationsraten (4), evtl. unter Berücksichtigung plastischer Dehnungsanteile, berechnet werden können. Durch die Verwendung des Jaumannschen Spannungsgeschwindigkeitstensors (3) ("co-rotational stress-rates") werden die unphysikalischen Spannungszuwächse aus der Starrkörperdrehung eliminiert.

$$\sigma = -\, p\delta + S \qquad (2)$$

$$\overset{\circ}{S}_{ij} = S_{ij} \dot{r}_{jk} + S_{kj} \dot{r}_{ik} + \dot{S}_{ij} \qquad \text{mit} \qquad \dot{S}_{ij} = 2\mu \left(\dot{\varepsilon}_{ij} - \frac{1}{3} \delta_{ij} \dot{\varepsilon}_{kk} \right) \qquad (3)$$

$$\dot{\varepsilon}_{ij} = \frac{1}{2} \left(\frac{\partial v_i}{\partial x_j} + \frac{\partial v_j}{\partial x_i} \right) \qquad \dot{r}_{ij} = \frac{1}{2} \left(\frac{\partial v_i}{\partial x_j} - \frac{\partial v_j}{\partial x_i} \right) \qquad (4)$$

Gleichungen zur Bestimmung der Festigkeitseigenschaften, wie Fließ- oder Versagenskriterien, vervollständigen die Materialbeschreibung. Der Vorteil dieser Formulierungsweise und insbesondere der Aufspaltung des Spannungstensors in Druck- und deviatorischen Anteil liegt in der Möglichkeit, Materialverhalten in einem sehr großen Bereich - bis zum völligen Verlust der Scherfestigkeit bei sehr hohen Drücken, bei denen sich ansonsten feste Materialien wie Fluide verhalten - beschreiben zu können.

In kommerziell vertriebenen Programmen sind netzbasierte Hydrocodes als FD, FE oder Finite-Volumen (FV-) Verfahren realisiert. Einige bieten die Möglichkeit, zwischen zwei verschiedenen Diskretisierungsarten zu wählen. Für fluidmechanische Aufgabenstellungen wird die Bewegung des Fluids durch ein feststehendes Berechnungsnetz beschrieben (Euler-Diskretisierung). Bei Strukturmechanischen Aufgabenstellungen dagegen wird idealerweise eine Beschreibung gewählt, bei der sich das Berechnungsnetz mit der Struktur verformt (Lagrange-Diskretisierung). Die Verformbarkeit eines Netzes ist jedoch begrenzt: wenn unter hohen dynamischen Lasten große Verformungen, Rißbildung und Fragmentierung oder Phasenübergänge auftreten, muß das Netz angepaßt werden, was neben dem hohen numerischen Aufwand auch andere Nachteile, wie numerische Dispersion durch wiederholte Neuvernetzung, mit sich bringt. Die in jüngster Zeit verstärkt untersuchten netzfreien Lagrange-Verfahren in der Strukturmechanik, wie die hier behandelte Methode der Smooth Particle Hydrodynamics (SPH) (Libersky 1993) oder das Element-Free Galerkin Verfahren (EFG) (Belytschko 1996), benötigen keine topologischen Verbindungen zwischen Berechnungspunkten und sind damit für strukturmechanische Berechnungen unter hochdynamischen Lasten eine interessante Alternative.

3 NETZFREIE METHODE: SMOOTH PARTICLE HYDRODYNAMICS (SPH)

Um die räumlichen Ableitungen im System partieller Differentialgleichungen (1) berechnen zu können, muß eine Methode zur Verfügung stehen, die es erlaubt, diese aus an Stützstellen gegebenen Werten einer Funktion (der Spannungs- und Geschwindigkeitsverteilung) zu berechnen. Die SPH-Methode stellt hierfür ein netzfreies Verfahren zur Verfügung. Sie wurde 1977 von Lucy (Lucy 1977) und Gingold & Monaghan (Gingold & Monaghan 1977) zunächst für astro-Physikalische Berechnung entwickelt. 1991 stellten Libersky & Petschek (Libersky & Petschek 1991) eine Erweiterung vor, die die Berechnung von Festkörpern ermöglichte. Seither hat sich eine Reihe von Forschungsteams mit der Weiterentwicklung der Methode befaßt.

3.1 *Approximation von Funktionswerten und Ableitungen mit der SPH-Methode*

Zunächst wird die Aufgabe betrachtet, Näherungswerte einer Funktion $u_h(x)$ aus an J Stützstellen gegebenen Werten u_J zu approximieren. Dies geschieht, wie bei FE auch, mit einer Summation über n Produkte aus Funktionswerten an den Stützstellen und sogenannten "Basisfunktionen" Φ:

$$u_h(x) = \sum_J^n u_J \Phi_J(x) \qquad (5)$$

Die Forderung, daß bei konstanten u_J der genäherte Wert $u_h(x)$ an jeder Stelle gleich u_J sein soll, führt unmittelbar auf die Konsistenzbedingung nullter Ordnung:

$$\sum_J^n \Phi_J(x) = 1 \qquad (6)$$

Die Anzahl an Stützstellen n ist sinnvollerweise auf in der Nachbarschaft des betrachteten Punktes liegende Stützstellen zu begrenzen. In der SPH-Methode wird mit radialen Basisfunktionen gearbeitet, die einen durch einen "Interpolationsradius" h definierten Unterstützungsbereich besitzen (Abbildung 1). Wenn den Stützstellen die physikalischen Größen Masse m und Dichte ρ zugewiesen werden, kann ein Partikelvolumen als Quotient m/ρ definiert werden. Produkte aus den Werten einer Wichtungsfunktion W und dem der jeweiligen Stützstelle (Partikel) zugeordneten Volumen werden als Basisfunktionen genutzt (7).

$$u_h = \sum_J u_J \; W(|x_J - x|, h) \; \frac{m_J}{\rho_J} \qquad (7)$$

Voraussetzung ist, daß die Wichtungsfunktion $W(x,x_J)$ so definiert wird, daß
1. sie einen begrenzten Unterstützungsbereich hat: sie hat nur innerhalb des Radius h um den betrachteten Punkt x Werte größer 0, sonst ist sie 0,
2. das Integral über die Wichtungsfunktion im Unterstützungsbereich gerade der Kehrwert des Volumens des Unterstützungsbereiches ist,
3. das Integral über die Basisfunktion für $h \to 0$ gegen 1 geht,
4. W (punkt-)symmetrisch zum betrachteten Punkt ist.

Als Wichtungsfunktion können kubische oder höherparametrige Spline-Funktionen wie die in Abbildung 1 gezeigte, Gauß-Verteilungen oder ähnliche Funktionen herangezogen werden. Eine Ableitung von (7) ergibt die Näherung für die Ableitung der Funktionswerte:

$$\nabla u_h = -\sum_J u_J \nabla W(x_J - x, h) \; \frac{m_J}{\rho_J} \qquad (8)$$

Das Minuszeichen in (8) ist einzuführen, wenn die Ableitungen von W wie hier von der Stelle x und nicht vom Nachbarpartikel x_J aus betrachtet werden.

3.2 Strukturmechanische Berechnungen mit der SPH-Methode

Grundsätzlich bestehen mehrere Möglichkeiten der Formulierung eines strukturmechanischen Verfahrens auf der Basis einer netzfreien Approximationsmethode. Entscheidend dabei ist, wie die Differentialgleichungen (1) ausgewertet werden. Bei der SPH-Methode erfolgt im Unterschied zu FE keine Auswertung der schwachen Form der Differentialgleichungen, stattdessen wird ein

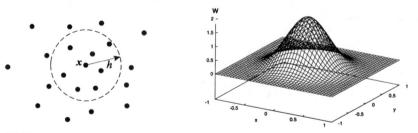

Abbildung 1. Interpolationsradius und Stützstellen, typische SPH-Wichtungsfunktion für $h=1$ und $m/\rho=1$

Kollokationsverfahren angewandt. Partikelbeschleunigungen werden nicht durch Integration über ein Kontrollvolumen berechnet, vielmehr werden mit Hilfe des Approximationsverfahrens die räumlichen Spannungsableitungen berechnet und wie in (1) durch die Dichte geteilt. Dies führt dazu, daß ein Partikelvolumen nicht streng abgegrenzt ist, es wird nur einer Stützstelle zugewiesen. Eine weitere Folge ist, daß Approximationen nur noch an den Stützstellen selbst durchzuführen sind. Diese sind im folgenden mit dem Index I bezeichnet, die Nachbarstützstellen wie oben mit J.

Eine SPH-Form für die Impulserhaltungsgleichung kann durch eine Umformung der Differentialgleichung in (1) mit Hilfe der Quotientenregel erzeugt werden:

$$\frac{d\mathbf{v}}{dt} = \frac{\nabla\rho}{\rho^2} \cdot \sigma + \nabla \cdot \left(\frac{\sigma}{\rho}\right) \tag{9}$$

Nach Einsetzen von (8) kann die Näherung für die Beschleunigung eines Partikels I mit Nachbarpartikeln J angeben werden (10). Dies ist nicht die einzig mögliche Form der Impulserhaltungsgleichung, sie hat jedoch den Vorteil, daß die Wechselwirkung zwischen Partikel I und J symmetrisch ist.

$$< \frac{d\mathbf{v}_I}{dt} > = -\sum_J \left(\frac{\sigma_J + \sigma_I}{\rho_J \rho_I}\right) m_J \, \nabla W \tag{10}$$

Auf ähnliche Weise sind die Formulierungen für die Berechnung der Dichteänderung aus der Divergenz des Geschwindigkeitsfeldes (11), für die Änderung der inneren Energie (12) und für die Berechnung von Dehnraten aus den Geschwindigkeiten (13) herzuleiten (die Indizes i, j in (13) bezeichnen die Raumrichtungen).

$$< \frac{d\rho_I}{dt} > = \rho_I \sum_J (\mathbf{v}_J - \mathbf{v}_I) \frac{m_J}{\rho_J} \nabla W \tag{11}$$

$$< \frac{de_I}{dt} > = \frac{1}{2} \sum_J \frac{\sigma_I + \sigma_J}{\rho_I \rho_J} (\mathbf{v}_I - \mathbf{v}_J) m_J \, \nabla W \tag{12}$$

$$< \frac{\dot{\delta}v_{Ii}}{\partial x_j} > = \sum_J \left(v_{Ji} - v_{Ii}\right) \frac{m_J}{\rho_J} \frac{\partial W}{\partial x_j} \tag{13}$$

Damit sind alle notwendigen räumlichen Approximationen des SPH-Verfahrens definiert. Mit einem expliziten Zeitintegrationsverfahren läßt sich daraus die Grundstruktur eines SPH-Programmes entwickeln. Wesentliche, hier nicht behandelte Elemente eines vollständigen Verfahrens sind darüber hinaus

- ein effizienter Suchalgorithmus für die innerhalb des Interpolationsradius gelegenen Nachbarpartikel,
- ein Kriterium für die Bestimmung der Schrittweite der expliziten Zeitintegration,
- ein Materialmodell für die Berechnung der Spannungsraten aus Dehnraten,
- die Einführung einer künstlichen Viskosität, wenn Schockwellenausbreitung berechnet werden soll.

4. DISKUSSION DES APPROXIMATIONSVERFAHRENS

Die Güte der Approximation mit dem SPH-Verfahren soll im folgenden durch eine Approximation einer vorgegebenen Funktion und Vergleich mit den Originalwerten veranschaulicht und diskutiert werden. Als Testfunktion wird hierfür die Funktion $f(x,y)=-\cos(x^2+y^2)$ im Bereich $0 \le x \le 2.5$ und $0 \le y \le 2.5$ gewählt. Die Funktion und ihre Ableitung $\partial f/\partial y=2y \cdot \sin(x^2+y^2)$ sind in Abbildung 3a dargestellt.

Das betrachtete Gebiet wird mit 100 gleichen Partikeln diskretisiert, deren "Masse" jeweils 0,0625 beträgt, so daß die "Dichte" im gesamten Gebiet 1 ist. Die Approximationsradien werden für alle Partikel mit dem 1,5-fachen des Partikelabstandes festgelegt zu h=0,375 (Abbildung 2). Die Näherungen mit dem oben beschriebenen "Standard"-SPH-Verfahren für Funktion und Ableitung zeigt Abbildung 3b. Zu erkennen ist, daß beide Näherungen große Unterschiede zum Original vor allem an den Rändern zeigen: Hier ist bei der Summation über die vorhandenen Nachbarn die Konsistenzbedingung nullter Ordnung (6) nicht mehr erfüllt, da auf einer Seite des Randes keine Nachbarn vorhanden sind.

Dennoch können mit dieser Form des SPH-Verfahrens erfolgreich Simulationen durchgeführt werden (Hiermaier, 1996, Libersky 1993), bei denen Gradienten an den Rändern keine entscheidende Rolle spielen.

4.1 Verbesserung des Approximationsverfahrens

Die sogenannte Normalisierung (z. B. in Randles & Libersky 1996) erweitert die Summation über die Nachbarn so, daß die Konsistenzbedingung (6) auch an den Rändern wieder erfüllt wird. Dies geschieht durch Division der Summe in (7) durch die Summe der Produkte aus Wichtungsfunktionen und Partikelvolumina:

$$u_h = \frac{\sum_J u_J \, W(|x_J - x|, h) \, \dfrac{m_J}{\rho_J}}{\sum_J \dfrac{m_J}{\rho_J} \, W(|x_J - x|, h)} \tag{14}$$

Das entsprechende Verfahren, um Approximationen der Ableitungen an den Rändern zu verbessern (15), läßt sich aus der Bedingung herleiten, daß durch eine Erweiterung von (8) eine lineare Funktion exakt approximiert werden soll (Konsistenz erster Ordnung). Dies erfordert die Berechnung der Matrix **B** als Inverse einer Matrix aus dem Vektor der Koordinatendifferenzen und den Ableitungen der Wichtungsfunktion (16). In den Gleichungen (15) und (16) wurde die Indexschreibweise (kleine Buchstaben i,j) für Raumkoordinaten angewandt.

$$\nabla_k u_h = \left(-\sum_J u_J \, \nabla_i W(x_{Jj} - x_j, h) \frac{m_J}{\rho_J} \right) B_{ik} \tag{15}$$

$$B_{ij} = \left(-\sum_J (x_{Ji} - x_i) \, \nabla_j W(x_{Jk} - x_k, h) \frac{m_J}{\rho_J} \right)^{-1} \tag{16}$$

Die Näherungen für die Beispielfunktion mit dem normalisierten SPH-Verfahren sind in Abbildung 3c dargestellt. Die Güte der Approximation ist nun noch durch die grobe Diskretisierung und die Tatsache, daß nur lineare Funktionen exakt approximiert werden können, begrenzt.

4.2 Hybride Diskretisierung

Gitterfreie und gitterbasierte Verfahren können auf verschiedene Weise gekoppelt werden. Attaway et al. (Attaway et al. 1994) benutzen einen auf dem sog. "Master-Slave"-Konzept basierenden Kontaktalgorithmus, mit dem nur Kontaktkräfte auf Knoten und Partikel berechnet werden. Johnson (Johnson 1994) beschreibt einen Algorithmus, bei dem er eine zwischen Partikel- und FE-Bereich liegende Schicht von Übergangselementen einsetzt. Auf der dem SPH-Gebiet zugewandten Seite sind die Knoten dieser Übergangselemente Partikel, auf der anderen Seite normale Knoten.

Die genannten Verfahren sind insofern noch unbefriedigend, als bei der Approximation im netzfreien Gebiet die Approximationsradien der Partikel an der Master-Oberfläche oder der FE-Seite der Übergangspartikel abgeschnitten werden. Dies führt zu einem unsymmetrischen Einflußbereich eines Partikels. Im folgenden soll eine alternative Möglichkeit für eine Kopplung betrachtet werden. Das vorgestellte Konzept basiert auf der Idee, die SPH-Approximation so zu erweitern, daß bei Überschneidung des Einflußbereiches eines Partikels mit einem FE-Bereich die dortigen Feldgrößen mit berücksichtigt werden und in die SPH-Summen einfließen. Vorteilhaft dabei ist, daß nicht nur die Impulserhaltung gekoppelt berechnet wird, sondern auch die Lösung der Energieerhaltungsgleichung, die Dichteberechnung und die Berechnung von Dehnraten für SPH-Partikel im Übergangsbereich erfolgen können. Hierzu sind die Gleichungen (8) und (9) um Integrale über die betroffenen Elementflächen zu erweitern:

$$u_{h\,I} = \sum_J u_J \, W(|\mathbf{x}_J - \mathbf{x}_I|, h) \, \frac{m_J}{\rho_J} + \int_{FE \cap SPH} u_{El} \, W(\mathbf{x}_{El} - \mathbf{x}_I, h) \, d\mathbf{x}_{El} \qquad (17)$$

$$\nabla u_{h\,I} = -\sum_J u_J \, \nabla W(\mathbf{x}_J - \mathbf{x}_I, h) \, \frac{m_J}{\rho_J} - \int_{FE \cap SPH} u_{El} \nabla \, W(\mathbf{x}_{El} - \mathbf{x}_I, h) \, d\mathbf{x}_{El} \qquad (18)$$

Die Integrale auf den rechten Seiten können mit der üblichen Gauß-Integration auf den Elementen numerisch ausgeführt werden, für u_{El} sind dann die interpolierten Werte an den Gauß-Punkten, für $\mathbf{x}_{El}$ die Koordinaten der Gauß-Punkte auf dem Element einzusetzen. Die Anzahl dieser Gauß-Punkte kann sich dabei nach der Größe der Überschneidung des Einflußbereichs des Partikels mit dem Element richten, es können hierfür andere als die bei der eigentlichen FE-Berechnung verwendeten Gauß-Punkte benutzt werden. Eine Normalisierung wie in (14) und (15) kann durch eine Berücksichtigung der entsprechenden Terme für die Elemente in (14) und (16) erreicht werden.

Auf diese Weise können auf einem durch Finite Elemente und Partikel diskretisierten Gebiet an jeder Stelle Funktionswerte approximiert und Ableitungen berechnet werden. Bild 3d zeigt das Ergebnis der Approximation der in 4.2 genannten Funktion, die zugehörige Diskretisierung mit 40 Elementen und 240 Partikeln ist in Abbildung 2 dargestellt. Zur Berechnung der Integrale auf den Elementen als Beiträge zu den SPH-Summen wurden je Element 16 Gaußpunkte erzeugt. Es wurden Elemente mit bilinearen Ansatzfunktionen verwendet, daher verbleiben Sprünge zwischen den Elementen bei der Ableitungsberechnung. Diese treten dann auch beim Übergang vom SPH-Gebiet auf Elemente auf.

An dieser Stelle ist darauf hinzuweisen, daß mit dieser Kopplung Approximationen im durch

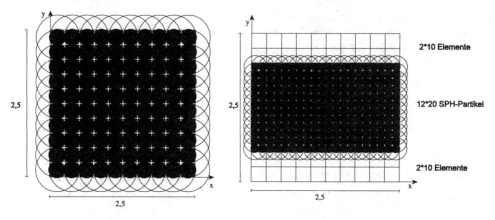

Abbildung 2. Diskretisierungen für die Approximationen in Abbildung 3. Links:10·10 Partikel (Abbildung 3b, 3c). Rechts: Partikel und Elemente (Abbildung 3d).

Elemente diskretisierten Gebiet nur die Werte in den Knoten des Elements berücksichtigen, was auch sinnvoll erscheint, da ein Element im Unterschied zu einem Partikel ein eindeutig abgegrenztes Gebiet mit einem dazugehörigen Volumen ist. An den Knoten des FE-Randes müssen bei einer Kopplung mit der SPH-Methode jedoch die Wechselwirkungen mit einem angrenzenden SPH-Gebiet berücksichtigt werden. Hierzu werden bei der strukturmechanischen Kopplung gewichtete Werte der Spannungen im SPH-Bereich benutzt, um Randspannungen an den Knoten zu berechnen, die dann, über die Elementränder integriert, als äußere Kräfte auf die Knoten in die Bewegungsgleichungen der Knoten eingehen.

5. IMPLEMENTIERUNG UND BERECHNUNGSBEISPIEL

Auf der Basis des am Labor für Ingenieurinformatik der Universität der Bundeswehr München und am Ernst-Mach-Institut in Freiburg für Forschungszwecke entwickelten SPH-Programmes SOPHIA (Hiermaier 1996) wurde das vorgestellte hybride Diskretisierungskonzept in der objektorientierten Programmiersprache C++ implementiert. Ziel war vor allem, die Gemeinsamkeiten beider Diskretisierungsverfahren zu nutzen, so daß - etwa für die Modellierung des Materialverhaltens - gemeinsame Grundelemente genutzt werden können. Dies wurde realisiert, indem "Basis-Elemente" entwickelt wurden, die je nach Art (Element oder Partikel) eine festzulegende Anzahl von Zeigern auf Spannungspunkte ("StressPoint") und Massepunkte ("MassPoint") besitzen. Wie in Abbildung 4 dargestellt, besitzt jedes Partikel einen Massepunkt und einen Spannungspunkt, Constant-Stress-Elemente besitzen einen Spannungspunkt und kennen ihre 4 Massepunkte (Knoten).

Testrechnungen mit dem hybriden Verfahren zeigen vielversprechende Ergebnisse. Als Beispiel wird an dieser Stelle die Berechnung eines sogenannten "Ball and Plate" Impakts dargestellt: eine Stahlkugel (Radius 0,5 cm) fliegt mit einer Geschwindigkeit von 100 m/s auf eine Betonplatte von 1,4 cm Dicke. Dabei wurde für den Stahl eine lineare Zustandsgleichung (19) und ein Schermodul G=81800 N/mm^2 verwendet. Die Fließspannung wurde dehnratenabhängig nach Johnson-Cook (Johnson & Cook, 1983) bestimmt.

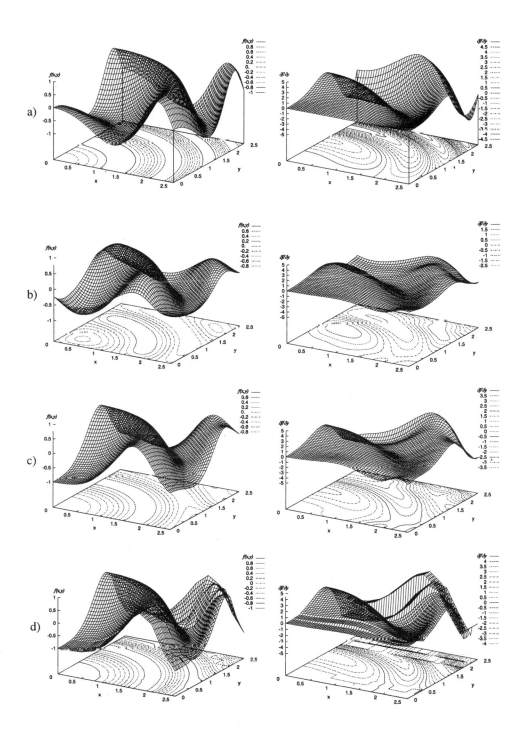

Abbildungen 3a bis 3d. Testfunktion, Approximationen der Testfunktion mit SPH, normalisiertem SPH-Verfahren und SPH-FE-Kopplung: Funktion jeweils links, Ableitung in y - Richtung jeweils rechts.

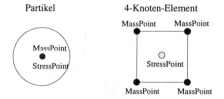

Partikel   4-Knoten-Element

Abbildung 4. Konzept von MassPoints und StressPoint zur Darstellung von Partikeln und Elementen

$$p = K\left(\frac{\rho}{\rho_0} - 1\right) \quad \text{mit } K = 159000\,\frac{\text{N}}{\text{mm}^2} \,,\; \rho_0 = 7{,}83\,\frac{\text{g}}{\text{cm}^3} \tag{19}$$

Für den Beton wurde ein Materialmodell nach Holmquist & Johnson (1993) benutzt. Die Berechnung erfolgte für ebene Symmetrie und einen ebenen Verzerrungszustand. Die Abbildung 5 zeigt links das System im Ausgangszustand. Hier wurden sowohl Massen- als auch Spannungspunkte für SPH und FE-Bereiche dargestellt.Die folgenden 3 Bilder zeigen in den Spannungspunkten die Ausbreitung der Druckwelle nach 3,6, 6,2 und 8,7 Mikrosekunden (dunkle Spannungspunkte entsprechen hohem Druck). In Abbildung 6 ist das System nach 20,4 und 50,9 Mikrosekunden dargestellt. Die Spannungspunkte sind hier nach dem Wert der Damagevariablen des Johnson-Holmquist-Modells gefärbt, wobei helle Punkte Stahl und intakten Beton (Damage=0) bezeichnen, die dunkelsten Punkte entsprechen völlig versagtem Beton (Damage=1). Die Verzerrungen sind auch im Elementbereich soweit fortgeschritten, daß die Elemente zweckmäßig durch Partikel ersetzt würden. Ein entsprechender Algorithmus ist Gegenstand der weiteren Bearbeitung.

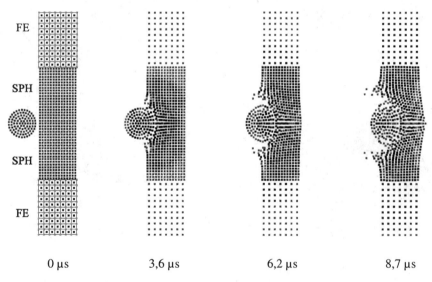

Abbildung 5. Berechnungsbeispiel: Impakt einer Stahlkugel (v=100 m/s, r=0.5 cm) auf eine Betonplatte (d=1,4 cm).

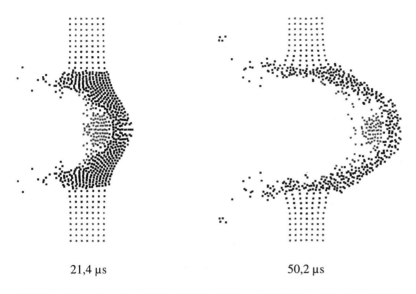

| 21,4 µs | 50,2 µs |

Abbildung 6. Berechnungsbeispiel; Impakt einer Stahlkugel (v=100 m/s, r=0,5 cm) auf eine Detonplatte (d=1,4 cm).

6. ZUSAMMENFASSUNG

Die Methode der Smooth Particle Hydrodynamics wurde als Berechnungsverfahren für struktur-mechanische Aufgabenstellungen mit sehr großen Verzerrungen vorgestellt. Die Kopplung mit Finiten Elementen bietet die Möglichkeit, das Verhalten eines lokal durch hohe Verzerrungen oder Penetration belasteten Tragwerks zu simulieren. Dabei müssen nur die Bereiche mit Partikeln diskretisiert werden, in denen große Verformungen dies erfordern. Weniger belastete Teile kön-nen mit üblichen, numerisch effizienteren Finiten Elementen abgebildet werden. Das vorgeschla-gene hybride Verfahren bietet Vorteile gegenüber anderen Ansätzen zur Kopplung von Elementen und SPH-Partikeln, da es auf einer Erweiterung der den Verfahren zugrunde liegenden Approxi-mationsansätze beruht. Nachdem die prinzipielle Funktionalität gezeigt wurde, ist das Verfahren weiter zu optimieren, um ein effizientes und verläßliches strukturmechanisches Berechnungs-verfahren zu erhalten.

7 LITERATUR

Attaway, S. W. et al. 1993. Coupling of Smooth Particle Hydrodynamics with the Finite Element Method, *Nucl. Eng. Des. 150 (Post-SMIRT Impact IV Seminar)*, S. 199-205.

Belytschko, T. et al. 1996. Meshless Methods: An Overview and Recent Developments, *Computer Methods in Applied Mechanics and Engineering 139* (1996), S. 3-48.

Benson, D.J. 1992.Computational Methods in Lagrangian and Eulerian Hydrocodes, *Computer Methods in Applied Mechanics and Engineering 99* , S. 235-394.

Gingold, R. A. & Monaghan, J.J. 1977. Smoothed Particle Hydrodynamics: theory and application to non-spherical stars, *Mon. Not. R. Astr. Soc. 181* S. 375 ff.

Hiermaier, S. 1996. Numerische Simulation von Impaktvorgängen mit einer Netzfreien Lagrangemethode (Smooth Particle Hydrodynamics), Dissertation, *Mitteilung des Instituts für Mechanik und Statik/Fakultät für Bauingenieur- und Vermessungswesen d. Universität der Bundweswehr München, Heft 8.*

Holmquist, T. J. & Johnson, G. R., 1993. A Computational Model for Concrete Subjected to Large Strains, High Strain Rates and High Pressures, *14th Int. Sympos. on Ballistics*, Québec, Canada.

Johnson, Gr. R. & Cook, W. H. A 1983. Constitutive Model and Data for Metals subjected to Large strain rates, High strain rates and High Temperatures, *7th Int. Symposium on Ballistics*, Den Haag.

Johnson, G. R. 1993. Linking of Lagrangian Particle Methods to Standard Finite Element Methods for High Velocity Impact Computations, *Nucl. Eng. Des. 150 (Post-SMIRT Impact IV Seminar, Berlin).*

Libersky, L.D. & Petschek, A. G. 1991 Smoothed Particle Hydrodynamics with strength of materials, in: Trease, H., Fritts, J., Crowley, W. (eds.), *Advances in the Free Lagrange Method, Lecture notes in Physics 395*, Springer Verlag, NY, S. 248-257.

Libersky, L.D. et al 1993. High Strain Lagrangian Hydrodynamics, *Journal of Computational Physics, 109* , S. 67-75.

Lucy, L.B. 1977. A numerical approach to the testing of the fission hypothesis, *Astron. J. 82 (1977)*, S. 1013 ff.

Randles,P.W. & Libersky, L.D. 1996. Smooth Particle Hydrodynamics: Some recent improvements and applications, *Computer Methods in Applied Mechanics and Engineering 139* , S. 375-408.

Baustatik-Baupraxis 7, Meskouris (Hrsg.) © 1999 Balkema, Rotterdam, ISBN 90 5809 044 2

Improving a SPH code by alternative interpolation schemes

U. Scheffer & S. Hiermaier
Fraunhofer Institut für Kurzzeitdynamik, Ernst-Mach-Institut, Freiburg, Germany

ABSTRACT: A still unconventional discretization approach for numerical simulation codes to solve the conservation equations was invented within the last years by the so called particle methods. As a gridless interpolation scheme Smooth Particle Hydrodynamics (SPH) turned out to be very useful for applications where large deformations or multiple fracture and fragmentation shall be calculated. Deep penetration, brittle material behaviour and fluid structure interaction in combination with fragmentation are typical scenarios where particle methods have clear advantage over grid based methods.

Originally invented by astrophysicists in the late 70's , SPH is meanwhile also used for structural mechanics since material strength was implemented during the early 90's. However the method still suffers from some particular problems like inconsistency and numerical instability. The SPH code SOPHIA [5], developed at Ernst-Mach-Institut Freiburg and the Federal Armed Forces University Munich, allows for implementation and use of arbitrary material strength and failure models. Different schemes have been tested recently in order to improve the numerical stability. Kernel renormalisation and conservative smoothing were first steps. This article demonstrates the implementation of Moving Least Squares (MLS) into SOPHIA. MLS is an alternative interpolation scheme that provides consistency and thus improves the standard SPH kernel functions. Two example applications are given to demonstrate the resulting differences.

1 INTRODUCTION

SPH is a meshless Lagrange method to descretize structures or fluids. The basic equations that are solved are the conservation laws and in addition constitutive equations for solid materials. Thus the physical description of material behaviour is the same as in standard hydrocodes. Algorithms for the mathematical formulation of material strength, failure and related variables can be easily transformed from other codes. The big difference is made up by the SPH spatial discretization. Instead of nodes and elements this method uses free movable points of fixed mass, so called particles, interacting with each other via an interpolation function. For example the value of a function f(x) and it's spatial derivative $\partial f(x)/\partial x$ at the location of a particle i are calculated in the SPH formalism by the use of neighbouring particles j as shown in equations (1) and (2):

$$< f (x_i) > \_ \sum_{j=1}^{N} f (x_j) \, W (x_i - x_j , h) \, \frac{m_j}{\rho_j} \tag{1}$$

$$< \Delta \cdot f (x_i) > = - \sum_{j=1}^{N} f (x_j) \Delta W (x_{ij}, h) \frac{m_j}{\rho_j} \tag{2}$$

Equations (1) and (2) allow to describe the conservation of mass, momentum and energy in terms of interpolation sums as follows:

$$\frac{d \rho^i}{d t} = \rho^j \sum_j \frac{m^j}{\rho^j} (u_\alpha^i - u_\alpha^j) \frac{\partial W^{ij}}{\partial x_\alpha}$$

$$\frac{d u_\alpha^i}{d t} = - \sum_j m^j \left(\frac{\sigma_{\alpha\beta}^i}{(\rho^i)^2} + \frac{\sigma_{\alpha\beta}^j}{(\rho^j)^2} \right) \frac{\partial W^{ij}}{\partial x_\beta^j} \tag{3}$$

$$\frac{d e^i}{d t} = \frac{\sigma_{\alpha\beta}^i}{(\rho^i)^2} \sum_j m^j (u_\alpha^i - u_\alpha^j) \frac{\partial W^{ij}}{\partial x_\beta}$$

An important assumption within the derivation of equations (3) (Libersky [7]) is to neglect surface effects. This means that a reduced number of interpolating neighbours which is due to the vicinity of a bodies surface may lead to incorrect results or numerical problems. An improvement of the method to this aspect is of great importance. Randles et al. [9] show a possible solution for that deficiency with additional kernel sums that indicate particles at boundaries. Modifications of the summation terms in (12-14) are then proposed to take into account the surface influence.

Another problematic aspect of SPH is the existence of instabilities in the method itself which result in large velocity oscillations of single particles. Swegle et al. [11] and Balsara [14] demonstrated and analyzed the tensile instabilities leading to particle clumping. Improvements have been shown in form of conservative smoothing (Guenther et al. [13]) and kernel renormalization (Johnson [12]).

It is supposed that many of the instability problem within SPH has a single root cause: the inability of SPH to accurately interpolate when the particles are unevenly spaced and sized (Dilts [3]). In mathematical terms, the SPH equations are not consistent, in that the derivative approximations do not necessarily converge to the continuum values as the average particle size and spacing go to zero (Belytschko et al. [1]).

To some extent, these problems can be fixed by means of the moving-least-squares (MLS) interpolants (Lancaster & Saulkaskas [6]), which are also used in Finite-Element Methods (Nayroles, Touzot & Villon [8]) and in Element-Free Galerkin Methods (Belytschko, Lu & Gu [2]) and which were re-introduced in a way such that a generic SPH code can take advantage of them (Dilts [3]).

First we shall give a basic review of the MLS interpolants. Then we shall describe a necessary modification that allows them to be used in divergent flow simulations and introduce them to our SPH algorithm. Finally we shall present two specific examples which will be calculated both with standard SPH and with the new MLS method, for comparison.

2 THE PRINCIPLE PROPERTY OF MLS INTERPOLANTS

The principle property of MLS is to exactly reproduce any given set of functions, e.g.

$$\mathbf{p} = \left[1, x, \sin(yz), \ldots\right]^T \quad , \tag{4}$$

everywhere in space when the input data consists of these functions evaluated at a given set of possibly randomly distributed points $\bar{x}_i$. For any function $u(\bar{x})$, let the data $u_i = u(\bar{x}_i)$ be located at that points, and arbitrary smooth weight functions $W_i(\bar{x})$ of compact support containing $\bar{x}_i$ be defined and let $\mathbf{p}_i = \mathbf{p}(\bar{x}_i)$

We look for a best approximation to the data of the form

$$\tilde{u}(\bar{x}) = \mathbf{p}^T(\bar{x}) \cdot \mathbf{q}(\bar{x}) \quad , \tag{5}$$

with $\mathbf{q}$ choosen to minimize the functional

$$F = \sum_i \left(\mathbf{p}_i^T \cdot \mathbf{q}(\bar{x}) - u_i\right)^2 W_i(\bar{x}) \tag{6}$$

The fact that $\mathbf{q}$ depends on $\bar{x}$ accounts for the moving part of the name. The solution for $\mathbf{q}$ is easily found and gives an approximation of the form

$$\tilde{u}(\bar{x}) = \sum_i u_i \psi_i(\bar{x}) \quad , \tag{7}$$

with the MLS interpolant

$$\psi_i(\bar{x}) = \mathbf{p}^T(\bar{x}) \cdot \mathbf{A}^{-1}(\bar{x}) \cdot \mathbf{p}_i W_i(\bar{x}) \quad , \tag{8}$$

where $\quad \mathbf{A}(\bar{x}) = \sum_i \mathbf{p}_i \mathbf{p}_i^T W_i(\bar{x}) \quad , \tag{9}$

and its gradient

$$\nabla \psi_i = \left\{\nabla(\mathbf{p}^T) \cdot \mathbf{A}^{-1} \cdot \mathbf{p}_i - \mathbf{p}^T \cdot \mathbf{A}^{-1} \cdot \nabla \mathbf{A} \cdot \mathbf{A}^{-1} \cdot \mathbf{p}_i\right\} W_i + \mathbf{p}^T \cdot \mathbf{A}^{-1} \cdot \mathbf{p}_i \nabla W_i \quad , \tag{10}$$

both best being evaluated via directly solving linear equations.

3 VARIABLE-RANK MLS INTERPOLANTS

In hydrodynamics simulations with divergent flows, such as high-speed impact, the particles frequently loose contact with each other, and the matrix $\mathbf{A}$ becomes singular and use of the original MLS interpolants becomes problematic. In fact, one needs at least N neighbours of a given point, N being the number of (non-zero) functions in $\mathbf{p}$. Otherwise the matrix $\mathbf{A}$ will be singular, as can be proved by just using standard linear algebra.

To proceed, suppose for a moment that $\mathbf{p} = [1]$. Then

$$\psi_i(\bar{x}) = \left\{ \sum_j W_j(\bar{x}) \right\}^{-1} W_i(\bar{x}) \quad .$$ (11)

These are known as Shepard functions (Shepard [10]), and are always defined for any arrangement of data points. However, throughout this paper we shall use

$$\mathbf{p} = [1, x, y, z]^T \quad .$$ (12)

The resulting interpolant we shall call linear MLS interpolant witch has nice additive properties

$$\sum_i \psi_i(\bar{x}) = 1 \quad , \quad \sum_i \nabla \psi_i(\bar{x}) = 0 \quad ,$$ (13)
$$\sum_i x_i \psi_i(\bar{x}) = x \quad , \quad \sum_i y_i \psi_i(\bar{x}) = y \quad , \quad \sum_i z_i \psi_i(\bar{x}) = z \quad .$$

So in our case we have $N = 4$, and if for any given point we came to find only three or less neighbours then we switch the performance from full linear MLS to the Shepard functions. Thus we at least get some of the desired additive properies even for splattered particle distributions.

4 INTRODUCTION OF MLS INTERPOLANTS TO SPH ALGORITHMS

The SPH method can be derived in a novel manner by means of a Galerkin approximation applied to the Lagrangian equations of continuum mechanics as in the Finite-Element Method. Within this derivation the SPH interpolant and the new MLS interpolant both can be identified with the arbitrary set of Galerkin basis functions (Dilts [3]). As a result one can get reasonable MLS equations by just substituting

$$\psi_i(\bar{x}) = \frac{m_i}{\rho_i} W_i(\bar{x}) \quad \rightarrow \quad \psi_i(\bar{x}) = \mathbf{p}^T(\bar{x}) \cdot \mathbf{A}^{-1}(\bar{x}) \cdot \mathbf{p}_i W_i(\bar{x}) \quad ,$$ (14)

which leads to the identification of the correction factor $\mathbf{p}^T \cdot \mathbf{A}^{-1} \cdot \mathbf{p}_i$ as a (numerical) space-dependent particle volume. Using the above substitution and being very careful of what routine is used at what time while code execution, we arrived at a quite satisfactory performance in the MLS case. We observed that the linear 2D MLS interpolant takes about 2 to 3 times longer to evaluate than the 2D SPH interpolant on an DEC Alpha Server system.

5 EXAMPLE CALCULATIONS

5.1 Example: 2D Lagrangian Patch Test

The first example problem consists of a simple rotating square of material with an EOS and shear modulus describing aluminium. It represents a 2D nonlinear Lagrangian patch test for hydrodynamics. The velocity field is set to

$$v_x = \dot{U} y \quad , \quad v_y = -\dot{U} x \quad .$$

With this the MLS approximate rate of shear strain evaluates to exactly zero and the corresponding rate of rotation tensor component evaluates to exactly $\dot{U}$ as can be easily shown

70

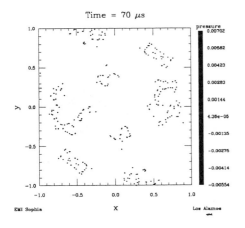

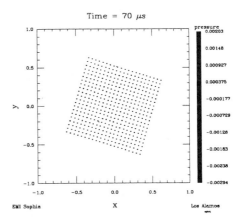

Figure 1: Rotation Test, using SPH Interpolant   Figure 2: Rotation Test, using MLS Interpolant

using the above additive properties of the linear MLS interpolant. The square had linear dimensions of 1 cm and $\dot{U}$ was chosen to represent one complete rotation in 100 μs. This high value was chosen so that significant rotation occurs during a time step to test the quality of the MLS rates of strain and rotation.

Figure 1 shows the SPH solution after 70 μs. Due to tension instability, the particles clump and the solution is completely destroyed. The individual clumps are rotating in random directions. The overall rotation sense has been lost. Figure 2 shows the MLS solution at 70 μs. The shape is correct, and the monitored pressure is representing the centrifugal forces. This dramatically illustrates the effectiveness of the MLS corrections to the SPH kernels in improving consistency and reducing the tension instability growth rates.

However, the MLS solution is not absolutely stable. If the MLS calculation is continued to about 2 rotations it ends up looking just like the SPH solution. Although the gradients of the MLS basis functions sum correctly theoretically, in practice there are small round-off errors, which are enough to destroy Galilean invariance in the MLS approximate rate of shear strain and evaluation of the corresponding rate of rotation tensor component to exactly $\dot{U}$ in the long run. This can seed tension instabilities even in the MLS case, as is shown in this example.

5.2 Example: 2D Taylor Cylinder Impact Test

Numerical simulation of the deformation of a metal cylinder resulting from normal impact against a flat, rigid surface is often used to test constitutive models in codes. There is ample experimental data and the tests are simple yet stringent. In numerical simulations of an ARMCO iron cylinder with speed 221 m/s, impacting a perfectly reflecting surface using SPH, one observed reasonable agreement with experimental data (Libersky et al. [7]).

However, with our 2D Taylor test we want to demonstrate something different. Using the SPH interpolant at higher impact speeds one frequently observes artificial phenomena like „numerical fraction". Due to improved consistency, the latter can be severely retarded using linear MLS. To illustrate this, we have modeled an aluminium cylinder in 2 dimensions (plain strain assumption) with speed 300 m/s impacting a rigid surface. A „mirror" cylinder in the positive ordinate region simulated the perfectly rigid boundary. The initial length of the

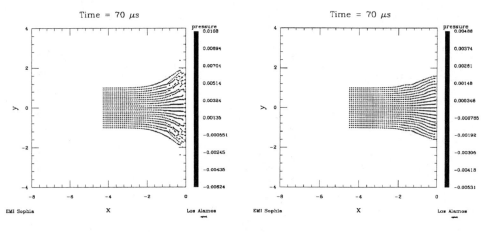

Figure 3: Taylor Test, using SPH Interpolant   Figure 4: Taylor Test, using MLS Interpolant

aluminium rod was 5 cm and the initial width was 2 cm. Figure 3 shows the SPH solution, Figure 4 the MLS solution, both after 70 μs. The SPH solution clearly shows numerical fracture at the region of largest deformation while no evidence of this numerical artifact is seen in the MLS solution.

6 SUMMARY

The implementation of MLS into SOPHIA provides additional consistency. This alternative interpolation scheme results in improved results for the shown example problems. Standard applications for gridless methods showed good results even before the implementation of MLS. These problems like hypervelocity impact are not as severe as for example the rotation test shown in example one. Further tests must show whether the application of MLS on problems including impact, penetration and fragmentation or fluid dynamics show also improved results. An additional treatment of surfaces and boundaries within MLS seems to be necessary.

REFERENCES

[1]   Belytschko, T., Krongauz, Y., Organ, D., Fleming, M., Krysl, P., 1996, Meshless Methods: An Overview and Recent Developments, *Comp. Meth. Appl. Mech. Eng.* 139: 3-47

[2]   Belytschko, T, Lu, Y.Y. & Gu, L., 1994, Element-Free Galerkin Methods, *Int. J. Num. Meth. Eng.* 37: 229-256

[3]   Dilts, G. 1996, Moving-Least-Squares-Particle Hydrodynamics 1: Consistency and Stability, *Hydrodynamics Methods Group, Los Alamos National Laboratory*

[4]   Johnson, G.R., Beissel, S.R., 1996, Normalized Smoothing Functions for SPH Impact Computations, *Int. J. Num. Meth. Eng.*

[5]   Hiermaier S., Numerische Simulation von Impaktvorgängen mit einer netzfreien Lagrangemethode (Smooth Particle Hydrodynamics), Mitteilungen des Instituts für Mechanik und Statik 8, Universität der Bundeswehr München, 1996, ISSN 0944-8381

[6]   Lancaster, P. & Saulkaskas, K., 1981, Surfaces Generated by Moving Least Squares Methods, *Math. Comp.* 37: 141-158

[7]   Libersky, L.D., Petschek, A.G., Carney, T.C., Hipp, J.R., Allahdadi, F.A., 1995, High Strain Lagrangian Hydrodynamics, *J. Comp. Phys.* 109: 67-75

[8]   Nayroyles, B., Touzot, G. & Villon, P., 1983, Generalizing the Finite Element Method: Diffuse Approximation and Diffuse Elements, *Comp. Mech.* 10: 307-318

[9]   Randles, P.W. & Libersky, L.D., 1996, Smoothed Particle Hydrodynamics: Some Recent Improvements and Applications, *Comp. Meth. Appl. Mech. Eng.* 139: 375-408

[10]   Shepard, D., 1968, A Two-Dimensional Interpolation Functin for Irregularly Spaced Points, *Proc. A.C.M. Nat. Conf.*: 517-524

[11]   Swegle, J.W., Hicks, D.L. & Attaway, S.W., 1995, Smoothed Particle Hydrodynamics Stability Analysis, *J. Comp. Phys.* 116: 123-134

[12]   Johnson G.R., Stryk R.A., Beissel S.R., SPH for High Velocity Impact Computations, Submitted for Publication in Computer Methods in Applied Mechanics and Engineering

[13]   Guenther C., Hicks D.L., Swegle, Conservative Smoothing Versus Artificial Viscosity, Sandia Report SAND94-1853, 1994, Albuquerque, NM 87185

[14]   Balsara, D.S., Von Neumann Stability Analysis of Smooth Particle Hydrodynamics - Suggestions for Optimal Algorithms, Journal of Computational Physics, 121, pp. 357-372, 1995

Baustatik-Baupraxis 7, Meskouris (Hrsg.) © 1999 Balkema, Rotterdam, ISBN 90 5809 044 2

Finite-Element-Berechnungen von Schubspannungen aus Querkraft in beliebigen Querschnitten prismatischer Stäbe

W. Wagner
Institut für Baustatik, Universität Karlsruhe (TH), Deutschland

F. Gruttmann
Institut für Statik, Technische Universität Darmstadt, Deutschland

ZUSAMMENFASSUNG: Schubspannungen aus Querkräften in Querschnitten prismatischer Stäbe können bei gegebener Verteilung der Normalspannungen aus den Gleichgewichtsbeziehungen ermittelt werden. Durch Einführung einer Spannungsfunktion erhält man bei beliebigen Querschnittsformen eine Poissonsche Differentialgleichung mit Neumannschen Randbedingungen. Hierzu wird die schwache Form des Randwertproblems und eine zugehörige Finite–Element–Formulierung angegeben. Die Koordinaten des Schubmittelpunkts können mit den Schubspannungen infolge Querkraft oder mit der Wölbfunktion der St.Venantschen Torsionstheorie ermittelt werden.

1   EINLEITUNG

Es wird ein prismatischer Stab mit Stabachse x und Querschnittsachsen y, z, die nicht Hauptachsen sein müssen, betrachtet. Es werden konstante Querschnitte längs der Stabachse vorausgesetzt, um eine entkoppelte Berechnung von Größen in Richtung der Stabachse und in der Querschnittsebene zu ermöglichen. Die Schubspannungen aus Querkräften lassen sich aus den Normalspannungen über die Gleichgewichtsbeziehungen ermitteln. Bei dünnwandigen Profilen können in Dickenrichtung konstante Schubspannungen angenommen werden. In diesem Fall ist die Integration der Differentialgleichungen unter Beachtung der Randbedingungen exakt durchführbar. Bei beliebigen dickwandigen Querschnittsformen ist dieses Vorgehen nicht möglich, da eine Profilmittellinie nicht definiert werden kann und die Schubspannungen quer dazu nicht konstant sind. Mason und Herrmann (1968) führen Annahmen für das Verschiebungsfeld ein, wobei die Querdehnung des Stabes berücksichtigt wird. Durch Anwendung des Prinzips vom Minimum der gesamten potentiellen Energie werden finite Dreieckselemente entwickelt. Die berechneten Ergebnisse sind somit von der Querkontraktionszahl abhängig. Die Ermittlung von Querschnittsverwölbungen und Profilverformungen ist von Zeller (1979,1982) unter Verwendung gemischter finiter Elemente durchgeführt worden.

In dieser Arbeit wird das Randwertproblem mittels einer Spannungsfunktion aus dem Gleichgewicht hergeleitet. Die Kompatibilitätsbedingungen sind bei Annahme einer üblichen Stabkinematik mit Unausdehnbarkeit in Querrichtung des Stabes erfüllt. Man erhält eine Poissonsche Differentialgleichung und Neumannsche Rand-

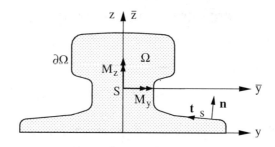

Abbildung 1. Querschnitt Ω mit nach außen gerichteter Normale

bedingungen. Exakte Lösungen sind nur bei einfachen Geometrien möglich. Deshalb werden die zugehörige schwache Form des Randwertproblems aufgestellt und darauf aufbauend Finite–Element–Formulierungen hergeleitet.

2 TORSIONSFREIE BIEGUNG EINES PRISMATISCHEN STABES

2.1 Herleitung des Randwertproblems

Für den hier betrachteten prismatischen Stab werden die folgenden Größen eingeführt: Querschnittsfläche Ω, Querschnittsrand $\partial\Omega$, Randkoordinate s mit zugehörigem Tangentenvektor $\mathbf{t}$ und Einheitsnormalenvektor $\mathbf{n} = [n_y, n_z]^T$, siehe Abbildung 1. Bei Querschnitten mit Löchern ist der Umfahrungssinn an den Innenrändern entgegengesetzt zum Außenrand gerichtet.

Der Stab wird durch Biegemomente M_y und M_z beansprucht. Für die Felder der Normal– und Schubspannungen werden folgende Annahmen getroffen

$$
\begin{aligned}
\sigma_x &= a_y(x)\,\bar{y} + a_z(x)\,\bar{z} \\
\tau_{xy} &= \varphi_{,y} \\
\tau_{xz} &= \varphi_{,z}
\end{aligned}
\tag{1}
$$

mit den Schwerpunktskoordinaten $\bar{y} = y - y_S$ und $\bar{z} = z - z_S$. Die übrigen Spannungen σ_y, σ_z und τ_{yz} werden im Rahmen der Stabtheorie zu Null gesetzt. Gl. $(1)_1$ beschreibt eine lineare Verteilung der Normalspannungen in y– und z–Richtung entsprechend der üblichen Stabtheorie. Die Schubspannungen folgen durch partielle Ableitungen, die durch Kommas gekennzeichnet sind, aus einer Spannungsfunktion $\varphi(y,z)$. Damit sind die Schubspannungen nicht von der Stabkoordinate x abhängig. Die Spannungsfunktion ist die mit dem Schubmodul G multiplizierte Querschnittsverwölbung aus Querkraftschub.

Bei Annahme eines Verschiebungsfeldes der Form

$$
u_y = u_y(x) \qquad\qquad u_z = u_z(x),
\tag{2}
$$

d.h. Unausdehnbarkeit in Querrichtung des Stabes, erfüllt obiger Ansatz für die Spannungen (1) die Kompatibilitätsbedingung, siehe auch Weber (1924)

$$
\tau_{xy,z} - \tau_{xz,y} = 0 \,.
\tag{3}
$$

Das Gleichgewicht in Stablängsrichtung liefert

$$\sigma_{x,x} + \tau_{xy,y} + \tau_{xz,z} = 0 \tag{4}$$

und mit den Ableitungen der Spannungen $f(y,z) + (\varphi_{,yy} + \varphi_{,zz}) = 0$. Der Ausdruck $f(y,z) = \sigma_{x,x}$ ist durch

$$f(y,z) = a'_y \bar{y} + a'_z \bar{z} \tag{5}$$

definiert, wobei $()'$ die Ableitung nach der Stabkoordinate x beschreibt.

Die Schubspannungen nach Gl. (1) müssen randparallel sein, d.h.

$$\tau_{xy} n_y + \tau_{xz} n_z = 0 \qquad \text{auf} \quad \partial\Omega. \tag{6}$$

Das vollständige Randwertproblem lautet somit

$$\Delta\varphi + f(y,z) = 0 \qquad \text{in} \quad \Omega, \qquad n_y \varphi_{,y} + n_z \varphi_{,z} = 0 \qquad \text{auf} \quad \partial\Omega \tag{7}$$

mit dem Laplace–Operator $\Delta = ()_{,yy} + ()_{,zz}$.

Die noch unbestimmten Konstanten a'_y und a'_z ergeben sich aus den Bedingungen

$$Q_y = \int\limits_{(\Omega)} \tau_{xy}\, \mathrm{d}A \qquad\qquad Q_z = \int\limits_{(\Omega)} \tau_{xz}\, \mathrm{d}A. \tag{8}$$

Man erhält für das Integral der Schubspannungen τ_{xy} unter Beachtung von $(7)_1$ und einer partiellen Integration

$$
\begin{aligned}
\int\limits_{(\Omega)} \tau_{xy}\, \mathrm{d}A &= \int\limits_{(\Omega)} [\varphi_{,y} + \bar{y}(\Delta\varphi + f)]\mathrm{d}A \\
&= \int\limits_{(\Omega)} [(\bar{y}\varphi_{,y})_{,y} + (\bar{y}\varphi_{,z})_{,z}]\,\mathrm{d}A + \int\limits_{(\Omega)} \bar{y} f\, \mathrm{d}A \\
&= \oint\limits_{(\partial\Omega)} \bar{y}\, (n_y \varphi_{,y} + n_z \varphi_{,z})\, \mathrm{d}s + \int\limits_{(\Omega)} \bar{y} f\, \mathrm{d}A.
\end{aligned}
\tag{9}
$$

Das Randintegral verschwindet mit $(7)_2$. Damit folgt unter Beachtung von (5)

$$\int\limits_{(\Omega)} \tau_{xy}\, \mathrm{d}A = \int\limits_{(\Omega)} \bar{y}(a'_y \bar{y} + a'_z \bar{z})\, \mathrm{d}A. \tag{10}$$

Das Integral der Schubspannungen τ_{xz} kann in analoger Weise umgeformt werden. Man erhält somit mit der abkürzenden Schreibweise $A_{ab} = \int_{(\Omega)} ab\, \mathrm{d}A$ aus (8) das gekoppelte Gleichungssystem

$$\begin{bmatrix} A_{\bar{y}\bar{y}} & A_{\bar{y}\bar{z}} \\ A_{\bar{y}\bar{z}} & A_{\bar{z}\bar{z}} \end{bmatrix} \begin{bmatrix} a'_y \\ a'_z \end{bmatrix} = \begin{bmatrix} Q_y \\ Q_z \end{bmatrix} \tag{11}$$

für die beiden Unbekannten a'_y und a'_z. Die Lösung ergibt

$$a'_y = \frac{Q_y A_{\bar{z}\bar{z}} - Q_z A_{\bar{y}\bar{z}}}{A_{\bar{y}\bar{y}} A_{\bar{z}\bar{z}} - A_{\bar{y}\bar{z}}^2} \qquad\qquad a'_z = \frac{Q_z A_{\bar{y}\bar{y}} - Q_y A_{\bar{y}\bar{z}}}{A_{\bar{y}\bar{y}} A_{\bar{z}\bar{z}} - A_{\bar{y}\bar{z}}^2}. \tag{12}$$

Die sogenannte schwache Form der Randwertaufgabe Gl. (7) erhält man durch Wichtung der Differentialgleichung mit Testfunktionen η mit $\eta = 0$ auf $\partial\Omega_\varphi$ (Teil des Randes, auf dem φ vorgegeben ist). Integration über das Gebiet Ω liefert

$$G(\varphi,\eta) = -\int_{(\Omega)} [\varphi_{,yy} + \varphi_{,zz} + f(y,z)]\,\eta\,\mathrm{d}A = 0 \quad \text{in} \quad \Omega. \tag{13}$$

Partielle Integration und Einsetzen der Randbedingung $(7)_2$ ergibt

$$G(\varphi,\eta) = \int_{(\Omega)} (\varphi_{,y}\,\eta_{,y} + \varphi_{,z}\,\eta_{,z})\,\mathrm{d}A - \int_{(\Omega)} f(y,z)\eta\,\mathrm{d}A = 0 \quad \text{in} \quad \Omega. \tag{14}$$

2.2 Koordinaten des Schubmittelpunktes

Der Schubmittelpunkt M ist derjenige geometrische Ort, bezüglich dessen das Torsionsmoment aus den Biegeschubspannungen verschwindet. Damit ergeben sich die Koordinaten $\{y_M, z_M\}$ aus der Bedingung

$$Q_z\,y_M - Q_y\,z_M = \int_{(\Omega)} (\tau_{xz}y - \tau_{xy}z)\,\mathrm{d}A \tag{15}$$

mit den Schubspannungen aus Querkräften nach Gl. (1). Weber (1926) weist darauf hin, daß der Schubmittelpunkt und der Drehpunkt bei reiner Torsion (Drillruhepunkt) identisch sind. Im folgenden wird dies mit den oben beschriebenen Gleichungen gezeigt. Die zugrundeliegende Differentialgleichung und Randbedingung für die Einheitsverwölbung $\bar{w}$ der St.Venantschen Torsion sind, siehe z.B. (Gruttmann et.al. 1998),

$$\Delta\bar{w} = 0 \quad \text{in} \quad \Omega, \qquad n_y(\bar{w}_{,y} - z) + n_z(\bar{w}_{,z} + y) = 0 \quad \text{auf} \quad \partial\Omega. \tag{16}$$

Mit Einführung der Prandtlschen Spannungsfunktion Φ, die durch die Transformationen

$$\Phi_{,z} = \bar{\omega}_{,y} - z \qquad\qquad -\Phi_{,y} = \bar{\omega}_{,z} + y \tag{17}$$

definiert ist, erhält man das Randwertproblem in der Form

$$\Delta\Phi + 2 = 0 \quad \text{in} \quad \Omega, \qquad n_y\Phi_{,z} - n_z\Phi_{,y} = 0 \quad \text{auf} \quad \partial\Omega. \tag{18}$$

Einsetzen von (1) und (17) in (15) ergibt

$$Q_z\,y_M - Q_y\,z_M = \int_{(\Omega)} [\varphi_{,z}(-\Phi_{,y} - \bar{\omega}_{,z}) - \varphi_{,y}(-\Phi_{,z} + \bar{\omega}_{,y})]\,\mathrm{d}A. \tag{19}$$

Ausmultiplizieren und Hinzufügen der Randintegrale bei Berücksichtigung von $(7)_2$ und $(18)_2$ liefert

$$
\begin{aligned}
Q_z\,y_M - Q_y\,z_M =\ & \int_{(\Omega)} \varphi_{,y}\,\Phi_{,z} - \varphi_{,z}\,\Phi_{,y})\,\mathrm{d}A - \oint_{(\partial\Omega)} (n_y\Phi_{,z} - n_z\Phi_{,y})\varphi\,\mathrm{d}s \\
& - \int_{(\Omega)} (\varphi_{,y}\,\bar{\omega}_{,y} + \varphi_{,z}\,\bar{\omega}_{,z})\,\mathrm{d}A + \oint_{(\partial\Omega)} (n_y\varphi_{,y} + n_z\varphi_{,z})\bar{\omega}\,\mathrm{d}s
\end{aligned}
\tag{20}
$$

und mit Anwendung der Greenschen Formel

$$Q_z y_M - Q_y z_M = \int\limits_{(\Omega)} \left(\Phi_{,yz} - \Phi_{,zy} \right) \varphi \, dA + \int\limits_{(\Omega)} \left(\varphi_{,yy} + \varphi_{,zz} \right) \bar{w} \, dA \, . \qquad (21)$$

Das erste Integral ist offensichtlich Null. In das zweite Integral wird $(7)_1$ eingesetzt

$$Q_z y_M - Q_y z_M = - \int\limits_{(\Omega)} f(y,z) \, \bar{w} \, dA \, . \qquad (22)$$

Mit $Q_y = 0$ erhält man die Koordinate y_M bzw. mit $Q_z = 0$ die Koordinate z_M. Unter Verwendung der oben definierten Schreibweise $A_{ab} = \int_{(\Omega)} ab \, dA$ folgt

$$y_M = -\frac{A_{\bar{w}\bar{z}} A_{\bar{y}\bar{y}} - A_{\bar{w}\bar{y}} A_{\bar{y}\bar{z}}}{A_{\bar{y}\bar{y}} A_{\bar{z}\bar{z}} - A_{\bar{y}\bar{z}}^2} \qquad z_M = \frac{A_{\bar{w}\bar{y}} A_{\bar{z}\bar{z}} - A_{\bar{w}\bar{z}} A_{\bar{y}\bar{z}}}{A_{\bar{y}\bar{y}} A_{\bar{z}\bar{z}} - A_{\bar{y}\bar{z}}^2} \, . \qquad (23)$$

Die Koordinaten von M können somit entweder aus der Wölbfunktion der St.Venantschen Torsionstheorie prismatischer Stäbe oder aus den Schubspannungen aus Querkräften nach Gl. (15) bestimmt werden. Für Hauptachsensysteme sind die zu Gl. (23) entsprechenden Formeln von Trefftz (1935) unter Verwendung energetischer Kriterien hergeleitet worden. Die Herleitung der Koordinaten des Drillruhepunktes für beliebige Achsensysteme findet man z.B. bei Chwalla (1954). Reissner und Tsai (1972) führen Nachgiebigkeitskoeffizienten ein, mit denen für dünnwandige Profile die Koordinaten von M bestimmt werden können.

3 FINITE–ELEMENT–FORMULIERUNG

In diesem Abschnitt werden die zugehörigen Finite–Element–Gleichungen dargestellt. Im Rahmen isoparametrischer Elementformulierungen werden für die Koordinaten $\mathbf{x} = [y,z]^T$, die Spannungsfunktion φ und die Testfunktionen η die gleichen Ansätze gewählt

$$\mathbf{x}^h = \sum_{I=1}^{nel} N_I(\xi,\eta) \, \mathbf{x}_I \, , \qquad \varphi^h = \sum_{I=1}^{nel} N_I(\xi,\eta) \, \varphi_I \, , \qquad \eta^h = \sum_{I=1}^{nel} N_I(\xi,\eta) \, \eta_I \, . \qquad (24)$$

Der Index h kennzeichnet die Näherungslösung der Methode der finiten Elemente. Dabei bezeichnet $nel = 4, 9, 16, \ldots$ die Anzahl der Knoten pro Element. Die Ansätze $N_I(\xi,\eta)$ sind Lagrange–Funktionen für isoparametrische Elemente. Durch Einsetzen der Ansatzfunktionen Gl. (24) in die schwache Form des Randwertproblems Gl. (14) folgt

$$G(\varphi^h, \eta^h) = \bigcup_{e=1}^{numel} \sum_{I=1}^{nel} \sum_{K=1}^{nel} \eta_I \left(K_{IK}^e \, \varphi_K - P_I^e \right) = 0 \qquad (25)$$

mit dem Operator $\bigcup$ für den Zusammenbau und $numel$ der Gesamtanzahl der finiten Elemente zur Berechnung des Problems. Der Beitrag der Steifigkeitsmatrix K_{IK}^e zu den Knoten I und K sowie der rechten Seite P_I^e ergibt

$$K_{IK}^e = \int\limits_{(\Omega_e)} \left(N_{I,y} N_{K,y} + N_{I,z} N_{K,z} \right) dA_e \, , \qquad P_I^e = \int\limits_{(\Omega_e)} f(y,z) N_I \, dA_e \qquad (26)$$

79

mit $f(y, z)$ gemäß Gl. (5).

Die Fläche, die Flächenmomente zweiten Grades und die Schwerpunktskoordinaten müssen für die vorliegende Berechnung bekannt sein. Dies kann z.B. durch eine FE–Diskretisierung erfolgen, siehe z.B. (Gruttmann et.al. 1998). Der Zusammenbau der Elementanteile liefert mit Gl. (25) ein lineares Gleichungssystem für die unbekannten Knotenwerte der Spannungsfunktion. Zur Lösung muß die Randbedingung $\varphi_I = 0$ für einen beliebigen Knotenpunkt I berücksichtigt werden. Bei symmetrischen Querschnitten ist φ symmetrisch bei Belastung in Richtung der Symmetrieachse und antimetrisch bei Belastung senkrecht zu ihr.

4 BEISPIELE

4.1 Abgesetzter Rechteckquerschnitt

Für den in Abbildung 2 dargestellten abgesetzten Rechteckquerschnitt wird die Schubspannungsverteilung für die Querkraft $Q_z = -1 kN$ berechnet. Die Geometriedaten sind $a = 10\,cm$ und $z_S = 5/3\,a$. Die Diskretisierung erfolgt unter Verwendung eines automatischen Netzgenerierungsprogrammes, siehe Abbildung 2.

Der Schubfluß in Höhe des Schwerpunkts ergibt sich als Resultierende der Schubspannungen entlang der Linie $y = z_s$ zu $t_z = \int_{-2a}^{2a} \tau_{xz}\,dy$. Eine numerische Integration unter Anwendung der Trapezregel liefert $t_z = -37,8 \cdot 10^{-3}\,kN/cm$. Dieser Wert stimmt sehr gut mit dem Ergebnis der Stabtheorie nach der sogenannten Dübelformel

$$t_z(x, z) = -\frac{Q_z(x)\,S_y(z)}{I_{\bar{y}}} = -37,9 \cdot 10^{-3}\,kN/cm$$

überein. Abbildung 3 zeigt einen Konturplot der Schubspannung τ_{xz}. Die Verteilung von τ_{xz} in y–Richtung weicht deutlich vom konstanten Verlauf ab. Der Größtwert entlang der Symmetrieachse tritt oberhalb des Dickensprungs auf. Bei weiterer Netzverfeinerung erkennt man in den einspringenden Ecken Singularitäten. Weiterhin sind auch die resultierenden Schubspannungen dargestellt. Die Schubmittelpunktskoordinate $z_M = 1,445\,a$ folgt aus Gl. (15) mit $Q_z = 0$ oder mit Gl. (23) nach Berechnung der Einheitsverwölbung.

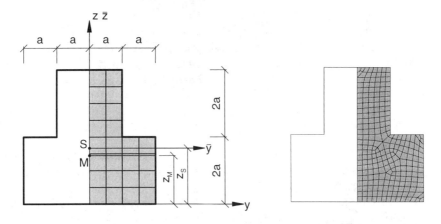

Abbildung 2. Abgesetzter Rechteckquerschnitt

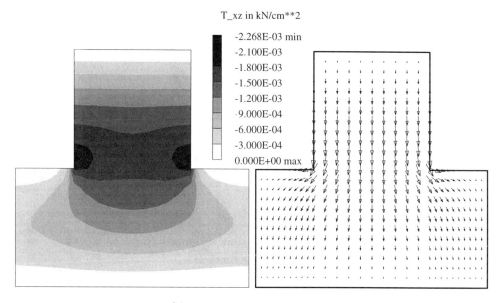

T_xz in kN/cm**2

-2.268E-03 min
-2.100E-03
-1.800E-03
-1.500E-03
-1.200E-03
-9.000E-04
-6.000E-04
-3.000E-04
0.000E+00 max

Abbildung 3. Plot der Schubspannungen τ_{xz} sowie der res. Schubspannungen

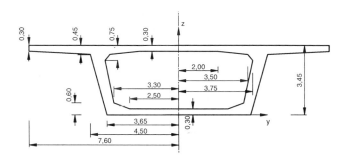

Abbildung 4. Hohlkastenquerschnitt

4.2 Hohlkastenquerschnitt

Als zweites Beispiel wird ein Brückenquerschnitt gemäß Abbildung 4 betrachtet, siehe auch (Zeller 1979). Die Abmessungen sind in m angegeben. Mit $Q_z = 0$ wird aus Gl. (15) die Schubmittelpunktskoordiante $z_M = 1,569\,m$ berechnet. Dieser Wert wurde ebenfalls in (Gruttmann et.al. 1998) nach Gl. (23) aus der Torsionsverwölbung berechnet. Abbildung 5 zeigt eine FE–Diskretisierung des Problems und Abbildung 6 die resultierenden Schubspannungen für Q_z. Die qualitative Aufteilung des Schubflusses an den Verzweigungen ist deutlich zu sehen.

5 SCHLUßFOLGERUNGEN

Zur Berechnung der Schubspannungen in beliebigen dünn– oder dickwandigen, of-

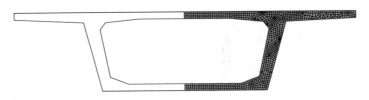

Abbildung 5. FE–Diskretisierung Hohlkastenquerschnitt

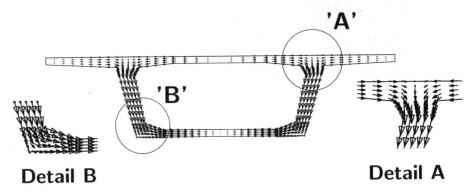

Detail B   **Detail A**

Abbildung 6. Res. Schubspannungen für den Hohlkastenquerschnitt für $Q_z = -1\,kN$

fenen oder geschlossenen Querschnitten wird eine Spannungsfunktion eingeführt, die bei einer Stabkinematik mit Unausdehnbarkeit in Querrichtung des Stabes die Kompatibilitätsbedingung erfüllt. Für das resultierende Randwertproblem wird die schwache Form und die zugehörige Finite–Element–Formulierung hergeleitet. Beispiele erläutern die Effektivität der gewählten Vorgehensweise.

LITERATUR

Mason, W.E.; Herrmann, L.R.1968. Elastic Shear Analysis of General Prismatic Beams. J. Eng. Mech. Div.,ASCE 94, EM 4:965–983.

Zeller, C. 1979. Eine Finite–Element–Methode zur Berechnung der Verwölbungen und Profilverformungen von Stäben mit beliebiger Querschnittsform. Techn.–wiss. Mitt. 79–7, Inst. f. konstr. Ingenieurbau, Ruhr–Universität Bochum.

Zeller, C. 1982. Querschnittsverformungen von Stäben. Ingenieur–Archiv 52:17–37.

Weber, C. 1924. Biegung und Schub in geraden Balken. ZAMM 4:334–348.

Weber, C. 1926. Übertragung des Drehmoments in Balken mit doppelflanschigem Querschnitt. ZAMM 6:85–97.

Trefftz, E. 1935. Über den Schubmittelpunkt in einem durch eine Einzellast gebogenen Balken. ZAMM 15:220–225.

Chwalla, E. 1954. Einführung in die Baustatik. 2. Auflage Köln Stahlbau–Verlag.

Reissner, E.; Tsai, W.T. 1972. On the Determination of the Centers of Twist and of Shear for Cylindrical Shell Beams. J. Appl. Mechanics 39:1098–1102.

Gruttmann, F.; Wagner, W.; Sauer, R. 1998. Zur Berechnung von Wölbfunktion und Torsionskennwerten beliebiger Stabquerschnitte mit der Methode der finiten Elemente. Bauingenieur 73:138–143.

Baustatik-Baupraxis 7, Meskouris (Hrsg.) © 1999 Balkema, Rotterdam, ISBN 90 5809 044 2

Stabilitätsbemessung dünnwandiger, druck- und biegetorsionsbeanspruchter Elemente unter Berücksichtigung örtlicher Instabilitäten

H. Lehmkuhl, A. Müller & F. Werner
Professur Stahlbau, Bauhaus-Universität Weimar, Deutschland

ABSTRACT: The design of thin-walled structural components according to the modern standards is based essentially on formulas that either represent the theory very simplified or have a clearly empirical basis. The reason for this is the absence of practicable numerical analysis methods until recently. The lack of tools which are reliable and able to be used in practice for the deisgn of thin-walled asymmetrical members in accordance with the standards is particulary obvious. Torsion moments caused by loading eccentric to the shear centre (inherent torsion moments), lack of symmetry in the cross section and different forms of elastic restraints can not be modelled in a simple practicable way. The use of analysis systems based on an 2nd order flexural torsional theory could provide valuable extended design opportunities in the future. Local instabilities may be considered within this method using effective widths and reduced cross section capacities. The consideration of small elastic spring stiffnesses caused by action of connected structural members such as roof cladding systems leads to a more economic design. The influence of geometrical imperfections should be estimated. In addition numerical calculations, using shell elements, were carried out to verify the concept.

1 ALLGEMEINES

Die Bemessung von Tragelementen aus dünnwandigen offenen (kaltgeformten) Bauteilen (TdoB) auf der Basis des Formelapparates der Normen (DASt-R016 1992) u. (EC 3, Teil 1.3 1996) ist nur für eine eingeschränkte Auswahl konstruktiver Ausführungen praktikabel. Dabei wird insbesondere eine Halterung der Profilobergurte durch Trapezprofile vorausgesetzt. Eigentlich werden umfangreiche Traglastversuche benötigt, um effektive und sichere Traglastgrößen zu ermitteln, wenn die folgenden, theoretisch schwer zu erfassenden Einflüsse zu berücksichtigen sind:
- unsymmetrische Querschnittsgeometrien
- Stützwirkungen aus anschließenden Bauteilen
- Kaltverfestigungen
- Nachbeultragfähigkeiten der Querschnitte.

Da die Anzahl der zu variierenden Parameter sehr groß ist, können nicht alle praktisch relevanten Situationen in solchen Traglastversuchen abgedeckt werden. Die Beiträge in der Fachliteratur (Heil 1994, Fischer 1995) weisen auf die vorhandenen Probleme hin.

Hier soll keine theoretische Behandlung dieser interessanten Fragestellungen erfolgen. Betrachtet werden Möglichkeiten einer effektiven praktischen Bemessung unter Nutzung moderner Analyseverfahren.

In den folgenden, in der Praxis häufig auftretenden Fällen, gibt es kaum eine Möglichkeit, auf typengeprüfte Traglasttabellen zurückzugreifen:
- Stabzüge mit ungleichen Feldlängen - Problematik der Bestimmung von M_{Ki}
- unsymmetrische Belastungen auf den Bauteilen - Schneesack, Einzellasten usw.

- Übertragung von Normalkräften - Windlasten im Verband u.ä.
- Fehlen einer horizontalen Stützung oder Drehbettung der Obergurte - Blech als Dachhaut
- Vorhandensein diskreter horizontaler Stützungen und/oder Drehbehinderungen im Feld.

Die Bemessung von TdoB gestaltet sich dann nicht unkompliziert.

Nach (DASt-R016 1992) ist eine "Rechnerische Ermittlung der Tragfähigkeit von Stabwerken" möglich. Die Bemessung erfolgt dabei in Anlehnung an (DIN 18800 1990) unter Berücksichtigung wirksamer Querschnitte. Die notwendigen Bemessungsformeln sind in (DASt-R016, Element 413 bis 415 1992) gegeben. Für den Nachweis der Normalspannungen gilt dann:

$$\sigma_{max} = \sigma_N + \sigma_{My} + \sigma_{Mz} + \sigma_{M\omega} \leq f_{yd}$$

Die Berücksichtigung der Wölbnormalspannungen $\sigma_{M\omega}$ setzt i.a. die Nutzung eines Analyseprogrammes für die Biegetorsionstheorie II.Ordnung (BTTH.II.O.) voraus. Auf die dabei notwendigen Ersatzimperfektionen wird noch ausführlich eingegangen.

Werden zur Ermittlung der Schnittgrößen Programme eingesetzt, die aus Gründen der Robustheit mit finiten Balkenelementen arbeiten, wie z.B. (BTII 1998), sind folgende Problemkreise zu beachten:
- Nutzung wirksamer Querschnitte bzw. effektiver Querschnittswerte
- Abschätzung des Einflusses von örtlichen Beulerscheinungen auf das Gesamttragverhalten
- Wirkungsrichtung und Angriffspunkte der Belastungen
- Modellieren von abstützenden Bauteilen.

Prinzipiell sind dabei zwei Vorgehensweisen möglich:

1 Grenzspannungen auf der Basis BTTH.II.O.

- Ermittlung von wirksamen Querschnitten, z.B. nach (DASt-R016, Abschn. 3.7 1992);
- Schnittkraft- und Spannungsberechnung unter Berücksichtigung systemnaher Randbedingungen;
- Nachweis der Grenzspannung, möglicherweise unter Nutzung von erhöhten Grenzwerten nach (DIN 18800, T1, Element 749 1990).

2 Nachweisformat nach dem Ersatzstabverfahren (DASt-R016, Abschn. 4.3 bis 4.5 1992)

- Ermittlung von wirksamen Querschnitten nach (DASt-R016, Abschn. 3.7 1992);
- Eigenwertanalyse mit einem Analyseprogramm für die BTTH.II.O. unter Berücksichtigung systemnaher Randbedingungen zur Bestimmung von M_{Ki} (Bruttoquerschnitt), möglicherweise auch von N_u^B;
- Nutzung normativer Formeln für die Bestimmung des Grenzzustandes.

Die Vorgehensweise **2** ist allerdings nur möglich, wenn keine Torsionsbeanspruchungen auftreten. Dies kann bei einfach- oder unsymmetrischen Querschnitten mit Lastangriff an einem Gurt selten realisiert werden, wenn keine horizontale Abstützung des Gurtes vorhanden ist oder angesetzt werden darf.

2 LOKALE STABILITÄTSPROBLEME

Die eigentliche Problematik einer Berechnung nach Theorie II.Ordnung mit Finiten Balkenelementen besteht in der Erfassung der örtlichen Beulen entsprechend ihres praktischen Einflusses. Dies geschieht in den aktuellen Normen mittels der Methode der mitwirkenden Querschnittsbreiten. Reduzierte Querschnitte lassen sich nach dieser Methode relativ einfach bestimmen. Das in (Fischer 1995) vorgestellte Verfahren ist noch nicht praktisch eingesetzt worden.

Bei unsymmetrischen Z-Profilen bewirken die Flächenreduzierungen in den druckbeanspruchten Querschnittsteilen direkte Veränderungen der Tragfähigkeit, was sich in einer deutlichen Abminderung von I_y, I_z, I_ω und I_t für die wirksamen Querschnittswerte ausdrückt. Für doppeltsymmetrische I-Profile ist diese Vorgehensweise ungeeignet, daher werden hier die Versagens-

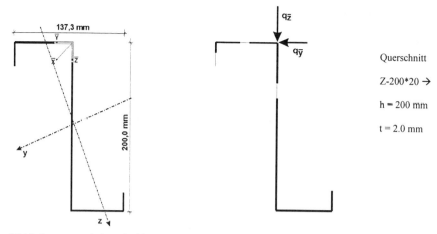

Querschnitt

Z-200*20 →

h = 200 mm

t = 2.0 mm

Bild 1: Bruttoquerschnitt und wirksamer Querschnitt für die Beanspruchungsanalyse

bereiche im Steg über ein reduziertes Biegedrillknickmoment M_{Ki} nach (DASt-R016, Gl. 2 1992) berücksichtigt. Ausführlichere Untersuchungen dazu sind in (Werner 1998) dargestellt. Im Ergebnis kann festgestellt werden, daß bei unsymmetrischen Profilen die Nutzung von reduzierten Querschnittswerten für die Schnittkraftberechnung und Spannungsermittlung zu sinnvollen Ergebnissen führt. In Bild 1 ist ein rechnerisch wirksamer Querschnitt für ein praxisrelevantes Pfettenprofil dargestellt.

Mit der Änderung der Geometrie von nicht symmetrischen Querschnitten (ausfallende Querschnittsteile, unterschiedliche Querschnittsdicken usw.) ändert sich die Lage der Schwerpunkte und Schubmittelpunkte, was zu zusätzlichen Beanspruchungen führt, die nur schwer abzuschätzen sind, insbesondere unter Berücksichtigung von Torsionsbeanspruchungen. Aus diesem Grund wird gegenwärtig im Berechnungsprogramm (BTII 1998) nur eine Querschnittsdefinition für die finiten Balkenelemente über die gesamte Systemlänge zugelassen. Die Verwendung integrierter Querschnittswerte für den maximal abgeminderten Querschnitt führt zu sicheren Schnittgrößen, auch bei dem auftretenden Wechsel der Vorzeichen der Beanspruchungen über die Länge von Mehrfeldträgern.

3 IMPERFEKTIONEN

Die Normen (DASt-R016 1992) und (EC 3, Teil 1.3 1996) fordern für Berechnungen nach BTTH.II.O. den Ansatz von Imperfektionen. Deren Einfluß auf die zu ermittelnden Beanspruchungen ist abzuschätzen.

Prinzipiell treten dabei zwei Probleme auf. Erstens muß eine sinnvolle geometrische Form gefunden werden und zweitens ist die absolute Größe der Amplituden zu bestimmen. Die i.a. zitierte Verformungsfigur des niedrigsten Eigenwertes ist für Mehrfeldsysteme bei unsymmetrischen Querschnitten eigentlich nur über Eigenwertanalysen zu bestimmen. Deutliche Horizontallasten, ungleiche Feldlängen und Belastungen und/oder Normalkräfte erfordern i.a. Variantenuntersuchungen zur Festlegung einer Imperfektionsgeometrie "in ungünstigster Richtung ..." (Lindner 1998). Bild 2b zeigt, daß schon für einfache Durchlaufträger die Eigenform deutlich von der vereinfachten Vorstellung einer sinusförmigen Verformungskurve abweicht.

Wird die Grenzbelastung aus dem Erreichen einer örtlich eng gefaßten Grenzspannung definiert, ist bei größeren Schlankheiten ein wesentlicher Einfluß aus der absoluten Größe der angesetzten Amplituden der Imperfektionsfigur zu beobachten. Für Stäbe mittlerer und kleiner Schlankheit führen unter bestimmten, häufig anzutreffenden Verhältnissen von Längskraft zu Querkraft auch Imperfektionsfiguren zu maximalen Beanspruchungen, die ähnlich zur Verformungsfigur und nicht zur niedrigsten Eigenfigur sind.

Tabelle 1: Einfluß der Imperfektionsform auf die maximale Normalspannung einer Z-Pfette für verschiedene bezogene Schlankheitsgrade $\bar{\lambda}_M$

Imperfektionsform	Amplitude [cm]	$q_{\bar{z}}$ [kN/cm]		σ [N/mm²]		%	
		$\bar{\lambda}_M = 1$	$\bar{\lambda}_M = 0,7$	$\bar{\lambda}_M = 1$	$\bar{\lambda}_M = 0,7$	$\bar{\lambda}_M = 1$	$\bar{\lambda}_M = 0,7$
	± 0.00	0.0148 0.75 q_{Ki}	0.0389 0.40 q_{Ki}	281	326	100	100
	± 1.00	0.75 q_{Ki}	0.40 q_{Ki}	304	326	108	100
	± 1.00	0.75 q_{Ki}	0.40 q_{Ki}	296	326	105	100
	+ 1.00	0.75 q_{Ki}	0.40 q_{Ki}	301	337	107	103

Die Definition von Amplituden unabhängig von der Systemschlankheit, wie sie in den deutschen Normen vorgenommen wird, ist sicher zu diskutieren. Unter dem Gesichtspunkt eines einheitlichen Sicherheitsniveaus sollte die Schlankheit eine Rolle spielen.

Tabelle 1 zeigt den Einfluß der Imperfektionsfigur auf die maximale (Bemessungs-)Spannung einer Zweifeldpfette (siehe Bild 1), mit jeweils einer Zwischenstützung in Feldmitte für unterschiedliche Schlankheiten. Dabei wirkt nur eine Querlast $q_{\bar{z}}$ in Stegrichtung am Obergurt über die Systemlänge.

Bei alleiniger Wirkung von Querlasten $q_{\bar{z}}$ und kleineren bezogenen Schlankheitsgraden $\bar{\lambda}_M$ spielt der Imperfektionsansatz kaum eine entscheidende Rolle. Berücksichtigt man die nichterfaßten Systemeinflüsse, ist es bei mittleren und großen Schlankheiten ausreichend, mit dem standardisierten Ansatz sinusförmiger Halbwellen zu arbeiten. Für die "ungünstigste Richtung" sind dann i.a. nur zwei Möglichkeiten zu untersuchen, die erfahrungsgemäß auch nicht deutliche Unterschiede im Beanspruchungsniveau aufweisen.

Prinzipiell läßt sich feststellen, daß bei der Festlegung und dem Ansatz von Imperfektionen die vorhandenen Gegebenheiten mit den notwendigen Ansatzgrößen verglichen werden müssen, um sowohl sichere als auch ökonomische Ergebnisse zu erhalten. In der normativen Darstellung ist der Charakter der Imperfektionen nicht klar zu erkennen. Als zusätzliche Sicherheitsgrößen, müßten sie in einer anderen Form dargestellt werden (γ_M-ähnlich) bzw. wären sie eigentlich überflüssig. Stellen sie eine Größe dar, die sicherstellen soll, daß bei geometrisch nichtlinearen Analysen der richtige Last-Verformungspfad gewählt wird, müßte dies deutlich ausgedrückt werden.

4 ELASTISCHE BETTUNGEN

Bei der Einschätzung der Zuverlässigkeit von Aussagen, die die Tragfähigkeit von Pfetten und ähnlichen Bauelementen betreffen, ist zu beachten, daß i.a. bei einer fachgerechten konstruktiven Ausbildung wesentliche Tragreserven in rechnerisch nicht berücksichtigten Abstützungen und Bettungen existieren.

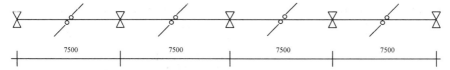

Bild 2a: Statisches System einer 4-Feldpfette Z-200*20 mit Zwischenstützungen in Feldmitte

Bild 2b: 1. Eigenform (Biegedrillknicken) ohne Bettung am Obergurt → $q_{Ki} = 0.0196$ kN/cm

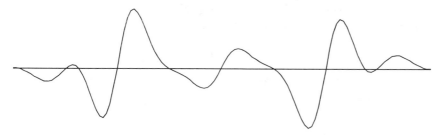

Bild 2c: 1. Eigenform (Biegedrillknicken) mit Bettung am Obergurt $c_y = 0.005$ kN/cm² → $q_{Ki} = 0.0314$ kN/cm

Eine Eigenwertuntersuchung am Beispiel einer 4-Feldpfette (Bild 2a) mit einer Querlast $q_{\bar{z}}$ soll den quantitativen und qualitativen Unterschied zwischen dem Tragverhalten einer Pfette mit ungehaltenem und elastisch gebettetem Obergurt verdeutlichen. Die Scheibenwirkung der Dacheindeckung wird hier mit einer konstanten Bettung am Obergurt über die Systemlänge modelliert. Die Bettungssteifigkeit $c_y = 0,005$ kN/cm² liegt in der Größenordnung von 1/1000 der Schubsteifigkeit, die angesetzt werden darf, wenn eine Trapezblechscheibe mit einem Profil 35/200, t = 0,88mm und praktikablen Feldabmessungen eines Pfettendaches betrachtet wird. Für die sehr klein gewählten Steifigkeitswerte ist der mechanische Unterschied zwischen einer Bettung und einer Scheibenwirkung nicht wesentlich.

Bild 2b läßt erkennen, daß das Stabilitätsversagen durch den druckbeanspruchten freien Obergurt im ersten Feld bestimmt wird. Bereits bei kleinen Bettungssteifigkeiten am Obergurt ist das Versagen durch seitliches Knicken des Untergurtes an den Hauptauflagern dominiert (Bild 2c). Die kritische Biegedrillknicklast wächst dabei sehr stark an (im vorliegenden Beispiel um etwa 60 %).

Soll eine Pfettenbemessung durchgeführt werden, die eine steife Dachhaut , z.B. Trapezbleche, berücksichtigt, kann dies ebenfalls realisiert werden (Lindner 1987). Sind die Bedingungen nach (DASt-R016, Abschnitt 4.4.4 1992) erfüllt, wird eine Translationsbettung des Obergurtes mit einem Wert $c_y = 10^8$ (Behinderung der horizontalen Verschiebung) definiert. Zusätzlich kann eine entsprechende Drehbettung (Behinderung der Verdrehung um die x-Achse), z.B. nach (DASt-R016 (335) 1992), über die Systemlänge angesetzt werden. Dabei wird i.a. die konservative Anschlußsteifigkeit $c_{\Theta A}$ nach (DASt-R016, Tab. 304 1992) die Drehbettung dominieren.

Tabelle 2: Einfluß von unterschiedlichen Bettungssteifigkeiten auf die Biegedrillknicklast und die elastische Grenzlast einer Z-Pfette

System [1]	c_y [3]	0		0.005		0.01		0.1		10^8	
	c_Θ [2]	q_{Ki} [4]	$q_{\bar z}$ [5]	q_{Ki}	$q_{\bar z}$	q_{Ki}	$q_{\bar z}$	q_{Ki}	$q_{\bar z}$	q_{Ki}	$q_{\bar z}$
	0	1.10	0.74 [6]	2.91	1.64	4.22	1.78	12.8	2.05	∞	2.06
	1	1.81	1.38 [6]	3.70	1.68	7.21	1.80	12.9	2.08	∞	2.09
	5	3.31	1.54	5.25	1.74	6.99	1.84	17.7	2.09	∞	2.15
	0	1.97	1.23 [6]	2.72	1.86	2.82	1.87	3.05	1.92	3.22	1.94
	1	3.43	1.89	4.08	1.88	4.14	1.90	4.39	1.95	4.67	1.98
	5	6.31	1.90	6.84	1.90	6.92	1.93	7.33	2.02	7.96	2.06
	0	1.96	1.15 [6]	3.14	2.07	3.28	2.09	3.61	2.14	3.83	2.15
	1	3.21	1.95 [6]	4.82	2.12	4.93	2.14	5.26	2.21	5.62	2.22
	5	5.82	2.14	8.17	2.16	8.29	2.19	8.77	2.31	9.54	2.34

[1] Z-Pfette Z 200*20 mit L=7.5 m und jeweils einer Kippsteife in Feldmitte

[2] Drehbettung c_Θ in [kNcm/cm] am Schubmittelpunkt angreifend

[3] Translationsbettung c_y in [kN/cm²] am Obergurt angreifend

[4] Biegedrillknicklast (Kipplast) q_{Ki}

[5] Grenzlast $q_{\bar z}$ für f_y = 355 N/mm² an der am höchsten beanspruchten Stelle

[6] Beschränkung der max. Rotation um die x-Achse $r_x \leq 0.1$ rad maßgebend

Tabelle 3: Einfluß von unterschiedlichen Bettungssteifigkeiten auf den Beanspruchungszustand nach BTTH.I.O. und BTTH.II. O. einer Z-Pfette

System [1]	c_y [3]	0	0.005	0.01	0.1	10^8
	c_Θ [2]	$q_{\bar z}^{II} / q_{\bar z}^{I}$ [4,5]	$q_{\bar z}^{II} / q_{\bar z}^{I}$	$q_{\bar z}^{II} / q_{\bar z}^{I}$	$q_{\bar z}^{II} / q_{\bar z}^{I}$	$q_{\bar z}^{II} / q_{\bar z}^{I}$
	0	0.46 [6]	1.01	1.09	1.24	1.24
	1	0.85 [6]	0.99	1.05	1.17	1.17
	5	0.94	1.00	1.02	1.08	1.09
	0	0.66 [6]	0.99	0.99	0.99	0.99
	1	1.02	1.01	1.01	1.00	1.01
	5	1.02	1.01	1.01	1.01	1.01
	0	0.55 [6]	0.98	0.98	0.97	0.97
	1	0.93 [6]	0.99	1.00	0.99	0.99
	5	1.01	1.01	1.00	1.00	1.00

[1] Z-Pfette Z 200*20 mit L=7.5 m und jeweils einer Kippsteife in Feldmitte

[2] Drehbettung c_Θ in [kNcm/cm] am Schubmittelpunkt angreifend

[3] Translationsbettung c_y in [kN/cm²] am Obergurt angreifend

[4] Verhältnis der Grenzlast nach BTTH. II.O. zu BTTH.I.O.

[5] Grenzlast $q_{\bar z}$ für f_y = 355 N/mm² an der am höchsten beanspruchten Stelle

[6] Beschränkung der max. Rotation um die x-Achse $r_x \leq 0.1$ rad maßgebend

In Parameterstudien wurde der Einfluß unterschiedlicher Translations- und Drehbettungen auf den Spannungszustand von Z-Pfetten untersucht. Während die Drehbettung immer auf den Schubmittelpunkt bezogen ist, erfolgte der Ansatz der Translationsbettung am Pfettenobergurt senkrecht zum Steg.

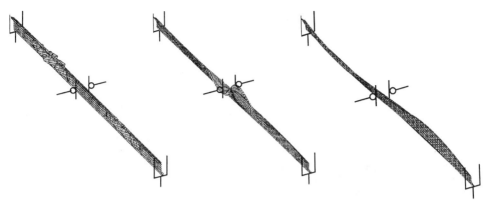

Bild 3: Eigenfiguren für lokales und globales Versagen für die Traglastberechnung

Tabelle 2 zeigt die Entwicklung der Biegedrillknicklast q_{Ki} und der elastischen Grenzlast $q_{\bar{z}}$ für verschiedene Bettungssteifigkeiten c_y und c_Θ sowie verschiedene Systeme. Grenzwerte bilden die Größen $c_y = 0 \rightarrow$ freier Obergurt und $c_y = 10^8 \rightarrow$ gehaltener Obergurt.
Eine Drehsteifigkeit von $c_\Theta = 1$ kNcm/cm entspricht etwa 30% einer Anschlußsteifigkeit nach (DASt-R016, Tab. 304 1992). Damit läßt sich bereits eine wirkungsvolle Stabilisierung einer Pfette erzielen.
Aus dem Verhältnis zwischen errechneten elastischen Grenzlasten nach BTTH.II. und BTTH.I.O. (Tabelle 3) wird ersichtlich, daß der Einfluß der Verformung auf den Beanspruchungszustand durch die Wirkung kleiner Federn stark abgeschwächt wird.

Die Erkenntnis, daß in nicht erfaßten Systemeinflüssen enorme Tragfähigkeitsreserven liegen können, ist in der Praxis nicht neu und wurde schon von (Klöppel 1973) auch in Versuchen demonstriert. Mit einfachen, praktikablen rechnerischen Ansätzen, z.B. als normative Formeln, ist ein entsprechender Nachweis aber kaum möglich.

5 VERGLEICHSRECHNUNGEN

Vergleichsrechnungen erfolgten mit dem Analysesystem (ANSYS 1996). Damit wird es möglich, Einflüsse der Querschnittsgeometrie, örtlicher Effekte u.ä. auf das Tragverhalten zu untersuchen. Die Erstellung nutzbarer Modelle mittels Finiter Schalenelemente ist aufwendig. Dünnwandige Profile zeigen bei unzutreffender Abbildung örtliche Instabilitätserscheinungen, die nicht den praktisch anzutreffenden Versagensmodi entsprechen.
Die Erzeugung der notwendigen Imperfektionsformen für globale und lokale Versagensfiguren verlangt i.a. eine umfangreiche Eigenwertanalyse. Die benötigten Eigenformen für lokales und globales Stabilitätsversagen treten auf unterschiedlichen Lastniveaus auf. In Bild 3 sind drei wesentliche Eigenfiguren dargestellt, die, auf der Basis einer linearen Eigenwertanalyse, als Imperfektionsformen für die Traglastberechnungen verwendet wurden:

- lokales Beulen im Steg   →   Abminderung des Steges im Stabmodell
- lokales Beulen im Gurt   →   Abminderung des Druckgurtes im Stabmodell
- globales Biegedrillknicken →   Annahme von Imperfektionen im Stabmodell.

Aufgrund der komplizierten Imperfektionsansätze können lokal deutliche Spannungsspitzen entstehen. Aussagen zur Tragfähigkeit sollten deshalb immer auf der Basis einer physikalisch und geometrisch nichtlinearen Berechnung erfolgen.
Aus Platzgründen können die umfangreichen Ergebnisse hier nicht dargestellt werden (Werner 1998). Prinzipiell ist festzustellen, daß die errechneten Traglasten eine gute praktische Übereinstimmung zwischen den beiden qualitativ unterschiedlichen Modellen (Balkenelemente – Schalenelemente) zeigen.

6 FOLGERUNGEN

Die Nutzung von praktikablen Analysemethoden auf der Basis der BTTH.II.O. stellt eine wesentliche Voraussetzung für eine realitätsnahe, effektive Bemessung von biegetorsionsbeanspruchten Bauteilen dar. Die vorliegenden Ergebnisse zeigen, daß auch dünnwandige Profile auf dieser Basis analysiert und bemessen werden können. Der Einfluß örtlicher Instabilitäten (Beulen) kann für unsymmetrische Querschnitte durch wirksame Querschnitte erfaßt werden.

Da die Randbedingungen und Beanspruchungszustände kaum in einem Modell abgebildet werden können, sollten immer Betrachtungen zu möglichen ungünstigsten Zuständen erfolgen.

Damit lassen sich in Zukunft die sehr einschränkenden normativen Bedingungen, die sich aus der Verwendung von vereinfachenden Formeln ergeben, in vielen Bereichen umgehen. Auf der Basis von Berechnungen können ökonomische Ergebnisse erzielt werden, die konkurrenzfähig zu experimentellen Untersuchungen sind.

Der Einsatz von FE-Schalenmodellen ist gegenwärtig für den praktischen Einsatz i.a. zu kompliziert.

LITERATUR

DASt-Richtlinie 016 1992. *Bemessung und konstruktive Gestaltung von Tragwerken aus dünnwandigen kaltgeformten Bauteilen.* Köln: Stahlbau-Verlagsgesellschaft.

EC 3 Part 1.3 1996. *Supplementary rules for cold formed thin gauge members and sheeting.* Brüssel: European Committee for Standardisation.

DIN 18800, Teil 2 1990. *Stabilitätsfälle, Knicken von Stäben und Stabwerken.* Berlin: Beuth Verlag GmbH; Ernst & Sohn.

Lindner, J.; Scheer, J; Schmidt, H. 1998. *Stahlbauten - Erläuterungen zu DIN 18800 Teil 1 bis Teil 4*. Berlin: Beuth Verlag GmbH; Ernst & Sohn.

Lindner, J. 1987. *Stabilisierung von Trägern durch Trapezbleche & Stabilisierung von Biegeträgern durch Drehbettung.* Der Stahlbau 56: 9-15 & 365-373.

Lindner, J. 1997. *Influence of the Type of Connection on the Torsional Restraint Coefficient.* Proceedings of the 5th International Colloquium on Stability and Ductility of Steel Structures Nagoya 1997.

Heil, W. 1994. *Stabilisierung von biegedrillknickgefährdeten Trägern durch Trapezblechscheiben.* Der Stahlbau 63: 169ff.

Fischer M., Priebe J., Zhu J. 1995. *Zum gegenwärtigen Stand des Einsatzes der Methode der wirksamen Breiten.* Der Stahlbau 64: 326-335.

Klöppel K., Unger B. 1973. *Ein Beitrag zur Frage der Bemessung von stählernen Pfetten unter Berücksichtigung des versteifenden Einflusses einer Welleternit-Eindeckung.* Der Stahlbau 41: 37-42.

Werner F., Lehmkuhl H. 1998. *Bemessung von dünnwandigen Bauteilen.* Friedrich & Lochner Festschrift: 50-55.

Werner F., Osterrieder P., Lehmkuhl H. 1998. *Stability Design of Thin Walled Members including local Buckling.* Paper submitted for 2nd International Conference on Thin-Walled Structures Singapore 1998.

Swanson Analysis Systems Inc. 1996. *ANSYS Release 1996.* Houston.

Friedrich & Lochner 1998. *BTII.* Stuttgart/Dresden.

Baustatik-Baupraxis 7, Meskouris (Hrsg.) © 1999 Balkema, Rotterdam, ISBN 90 5809 044 2

Nichtlineare Berechnung räumlicher Stabtragwerke – geometrisch exakte Formulierungen und konsistente Approximationen

W.Guggenberger
Institut für Stahlbau, Holzbau und Flächentragwerke, Technische Universität Graz, Österreich

KURZFASSUNG: In den vergangenen Jahren sind verschiedene Versionen 'geometrisch exakter' Stabformulierungen auf kontinuumsmechanischer Basis mit finiten Rotationen präsentiert worden. Ziel der vorliegenden Arbeit ist es, die zugrunde liegenden theoretischen Ansätze kritisch zu vergleichen, sowie eine technische nichtlineare Stabformulierung herzuleiten (charakterisiert durch 'moderate' Rotationen), welche eine konsistente mathematische Approximation einer geometrisch exakten Stabformulierung darstellt (charakterisiert durch finite Rotationen). Hiebei wird von einer Darstellung der Grundgleichungen basierend auf dem arbeitskonjugierten Paar von Green–Lagrange Verzerrungen und 2.–Piola–Kirchhoff Spannungen ausgegangen. Durch diese Vorgangsweise wird es möglich, die vielen technischen Stabformulierungen, die in der Vergangenheit hergeleitet wurden, zu bewerten und existierende Widersprüche aufzuklären.

1 EINLEITUNG

Die nichtlineare Statik und Stabilität dreidimensional belasteter und beanspruchter Stäbe und Stabtragwerke des konstruktiven Ingenieurbaus ist seit mehr als hundert Jahren Gegenstand einer stets zunehmenden und mittlerweile nahezu unübersehbaren Fülle von Forschungsarbeiten. Dies ist in der großen konstruktiven Bedeutung 'eindimensionaler' stabartiger Tragelemente im Stahlbau, Holzbau und Stahlbetonbau begründet sowie, komplementär dazu, in der dringenden Notwendigkeit und intellektuellen Herausforderung des theoretischen Verständnisses als auch der baupraktischen Lösung der auftretenden Instabilitätsprobleme unter Druck– und Biegebelastung.

Eine nicht geringe Anzahl dieser Arbeiten ist von ihrer Zielsetzung her theoretisch ausgerichtet und dem Gebiet der Mechanik zuzurechnen (Kirchhoff 1859, Kappus 1939, Wunderlich et al 1980, Argyris 1987, Simo et al 1991, Wriggers 1988 und 1993, Antman 1995 usw.). Ausgehend von kontinuumsmechanischen Grundlagen beschäftigen sich diese Autoren mit der Herleitung adäquater Grundgleichungssysteme, vielfach unter Berücksichtigung der Effekte finiter Rotationen, transversaler Schubverzerrungen und Torsionsverwölbungen, sowie in letzter Zeit vermehrt auch mit deren effizienten computerorientierten numerischen Umsetzung. Hiebei wird jedoch der vollständigen und mechanisch korrekten Berücksichtigung von baupraktisch wichtigen Teilaspekten des nichtlinearen Stabtragverhaltens, wie z. B. Schubknicken und Torsionsknicken, nicht die erforderliche Beachtung geschenkt und im allgemeinen stillschweigend übergangen.

Demgegenüber ist die bei weitem überwiegende Mehrzahl von Arbeiten zur nichtlinearen räumlichen Stabstatik von ihrer Zielsetzung her betont baupraktisch ausgerichtet, d.h. dezidiert an der Erfassung von Verformungs– und Versagenseffekten interessiert, die für bauingenieurliche Stabkonstruktionen von großer Bedeutung sind. Daher sind diese Arbeiten im wesentlichen dem Gebiet der Baustatik zuzurechnen (Engesser 1891, Prandtl 1899, Wagner 1929, Chwalla 1939, Schröder 1970, Roik/Carl/Lindner 1972, Pflüger 1975, Vielsack 1975, Gebekken 1988, Ramm/Hoffmann 1998 usw.). Der Vergleich mit Versuchsergebnissen oder die rechnerische Verifikation von Versuchsergebnissen werden ausdrücklich angestrebt und vielfach explizit durchgeführt. Die von diesen Autoren aufgestellten Grundgleichungen beruhen meist auf der Stabfaser–Modellvorstellung, haben ausnahmslos (quadratischen) Näherungscharakter und werden für die Lösung der anvisierten baupraktischen Problemstellungen durchwegs als ausreichend genau postuliert. Deren Grundannahmen und Herleitungswege sind verschiedenartig angelegt und beruhen vielfach auf einer Mischung teils rational–mechanischer und teils 'intuitiv–anschaulicher' Gedankengänge. Dadurch wird deren logische Nachvollziehbarkeit häufig sehr erschwert und es können oft nur 'trial–and–error'–Methoden angewandt werden, um die getroffenen Grundannahmen wenigstens im nachhinein identifizieren zu können. Dies ist auch der Grund für einige bis auf den heutigen Tag unaufgelöste Widersprüche zwischen verschiedenen Näherungsformulierungen. Aus dieser Situation ergibt sich die Notwendigkeit der Beantwortung folgender grundlegenden Fragestellungen und damit auch Ziel und Aufgabenstellung der vorliegenden Arbeit. Aus Gründen der Übersichtlichkeit wird hiebei die Argumentation, ohne Beschränkung der Allgemeinheit, für im undeformierten Ausgangszustand gerade elastische Stäbe — ohne Berücksichtigung von Wölbeffekten aus Torsion und Querkraft — geführt. Diese Fragestellungen lauten:

- Wie muß eine geometrisch exakte Stabtheorie finiter Rotationen beschaffen sein, die alle baupraktisch relevanten Verformungs– und Instabilitätseffekte, speziell auch alle von Schubverzerrungen, d.h. Faserschrägstellungen, abhängigen Effekte, vollständig und korrekt enthält?

- Wodurch unterscheidet sich diese Stabtheorie von existierenden geometrisch exakten nichtlinearen Formulierungen und was sind die theoretischen Ursachen für diese Unterschiede?

- Wie kann diese baupraktisch relevante nichtlineare Stabtheorie für finite Rotationen konsistent in eine technische nichtlineare Näherungstheorie übergeführt werden, d. h. im Sinne einer Theorie moderater Rotationen oder einer 'Theorie 3. Ordnung'? Bei diesem Approximationsprozeß soll die gewünschte Approximationsordnung prinzipiell frei vorgebbar sein und außerdem soll die Struktur der Ausgangsgleichungen unverändert erhalten bleiben.

- Wodurch unterscheidet sich diese konsistent hergeleitete Approximation von existierenden nichtlinearen Näherungsformulierungen und wird es auf dieser Basis möglich, Widersprüche zwischen bestehenden Näherungsformulierungen aufzuklären oder zu beseitigen?

2 GEOMETRISCH EXAKTE FORMULIERUNG

2.1 *Definition des Stabes*

Unter einem Stab verstehen wir konventionell ein dreidimensionales deformierbares Kontiuumselement, dessen Deformationszustand kinematisch durch drei auf die Stabachse bezogene Verschiebungs– und drei Rotationsparameter der Querschnittsebene eindimensional mathematisch charakterisiert ist (degeneriertes Kontinuumselement = Strukturelement; Fig. 1.a, b). Außerdem können optional ein oder mehrere Freiheitsgrade zur Charakterisierung von Querschnittsverwölbungen zufolge Torsion und/oder Querkraft auftreten (Fig. 1.c). Das bedeutet daher, daß in dieser klassischen reduzierten (oder 'degenerierten') Strukturmodellierung Verformungen und Verzerrungen der Querschnittskontur von vornherein ausgeschlossen sind, wenn von diesen als 'klein' angenommenen Wölbverschiebungen zunächst abgesehen wird.

2.2 *Kontinuumsmechanische Grundlagen*

Die dreidimensionale nichtlineare klassische Kontinuumsmechanik bildet den theoretischen Rahmen für die nachfolgende Herleitung der Grungleichungen der Stabformulierung. Dies betrifft insbesondere die Festlegung von entsprechenden Verzerrungsmaßen sowie arbeitsmäßig konjugierten Spannungsmaßen, durch deren Verknüpfung das Materialverhalten in jedem Materialpunkt des Stabes adäquat dargestellt werden soll. Prinzipiell ist eine *darstellungsunabhängige* Charakterisierung des Materialverhaltens, d.h. unabhängig von der speziellen Wahl des zugeord-

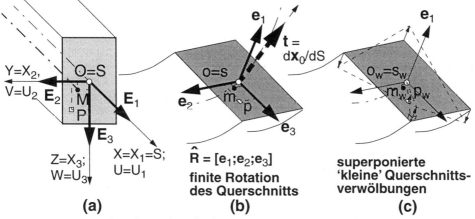

Figur 1.   Querschnittsdeformationen, a. undeformierte Ausgangslage (= kartesisches Referenzsystem), b. endlich rotierte Lage, des Querschnitts und c. 'kleine' superponierte Querschnittsverwölbungen (schematisch).

neten Spannungs–Verzerrungs–Paares anzustreben. Dies kann beispielsweise durch eine isotrope hyperelastische spezifische Verzerrungsenergiefunktion erfolgen, die im einfachstmöglichen Fall des sogenannten *St.–Venant Kirchhoff Materialmodells* eine lineare Verknüpfung der beteiligten Spannungs– und Verzerrungskomponenten bewirkt, Folgerichtig muß beachtet werden, daß beim Übergang auf alternative Verzerrungsmaße die jeweils zugeordneten Spannungsmaße konsistent geometrisch transformiert werden, um das Prinzip der *darstellungsunabhängigen* Charakterisierung des Materialverhaltens nicht zu verletzen. Wenn derartige Transformationen nicht exakt durchgeführt werden, entsteht die unhaltbare und paradoxe Situation, daß letztlich die Material-charakteristik und somit das gestellte Gesamtproblem verändert würden. Diese Tatsache ist in der kontinuumsmechanischen Materialtheorie seit langem bekannt. Interessanterweise trifft diese Notwendigkeit einer Transformation aber auch bereits für den Fall 'kleiner' Verzerrungen zu, wie nachfolgend gezeigt wird und bisher in der Literatur nicht beachtet worden ist (vergleiche Wunderlich 1980, Simo 1991, Heins 1991, Wriggers 1993 usw.). Daraus entsteht die Notwendigkeit zu entscheiden, welches zugeordnete Spannungs–Verzerrungs–Paar z.B. bei Zugrundelegung des einfachen St.–Venant–Kirchhoff Materialmodells eine für Stabprobleme, aber auch darüberhin-aus, theoretisch und experimentell abgesicherte Materialcharakterisierung liefert.

Viele Indizien deuten darauf hin, daß dieses 'Ur'–Paar von der klassischen Kombination *Green–Lagrange Verzerrungen* E_{GL} *und 2.–Piola–Kirchhoff Spannungen* S gebildet wird und da-her vorrangig Verwendung finden sollte (Zeilen 1 u. 4 in Tab. 1). Jedenfalls nehmen diese konti-nuumsmechanischen Größen insoferne eine Sonderstellung ein, als sie beide konsequent auf den undeformierten Referenzzustand bezogen sind und wegen ihrer strikten 'Faserorientiertheit' (ent-sprechend der Stabfaser–Modellvorstellung!) zur allgemeinen Darstellung hyperelastisch–aniso-tropen Materialverhaltens prädestiniert erscheinen. Eine tiefergreifende theoretische Begründung für diese offensichtliche Vorrangstellung ist gefordert, muß jedoch noch gefunden werden.

Ein weiteres, fallweise in der Situation großer Verformungen aber kleiner Verzerrungen ver-wendetes Spannungs–Verzerrungs–Paar ist in der Kombination von *Biot Verzerrungen* E_{BIOT} *und arbeitskonjugierten Biot Spannungen* T_{BIOT} gegeben. Die Motivation für deren Verwendung liegt meist darin, daß die Biot Verzerrungen als direkte Verallgemeinerung der bei infinitesimalen Ver-formungen gebräuchlichen Ingenieurverzerrungen e aufgefaßt und damit für die Verzerrungs-messung vordergründig, von der Ingenieur–Intuition her, als 'besonders geeignet' angesehen werden. Die Berechnung der Biot Verzerrungen ist jedoch bereits nichttrivial, da die polare Zer-legung des Deformationsgradienten F explizit durchgeführt werden muß (Zeile 2 in Tab. 1).

Eine insbesondere in der Strukturberechnung von Stab– und Flächentragwerken mit finiten Rotationen in den letzten beiden Jahrzehnten zunehmend verfolgter Weg besteht in einer für diese Strukturtypen sich geradezu aufdrängenden und als ultimativ erscheinenden Lösungsvariante wie folgt. Diese entsteht durch näherungsweises Ersetzen des exakten polaren Splits des Deformationsgradienten $\mathbf{F}=\mathbf{R}\,\mathbf{U}$ durch einen direkten kinematischen Split $\mathbf{F}=\hat{\mathbf{R}}\,\tilde{\mathbf{U}}$ mit anschließender Symmetrisierung $\hat{\mathbf{U}}=(\tilde{\mathbf{U}}+\tilde{\mathbf{U}}^{\mathsf{T}})/2$, wobei $\hat{\mathbf{R}}$ den Rotationstensor des Stabquerschnittes bezeichnet. Die diesen Pseudo–Biot Verzerrungen $\hat{\mathbf{E}}_{\mathrm{BIOT}}=\hat{\mathbf{U}}-\mathbf{I}$ zugeordneten Spannungen werden sinngemäß Pseudo–Biot Spannungen $\hat{\mathbf{T}}_{\mathrm{BIOT}}$ genannt. Durch lineare Verknüpfung dieser Größen (entspricht einem modifizierten St.–Venant–Kirchhoff Materialmodell mit $W_{\mathrm{SVK,mod}}=1/2\,(\hat{\mathbf{U}}-\mathbf{I}){:}\mathbb{D}{:}(\hat{\mathbf{U}}-\mathbf{I})$ als modifizierter Verzerrungsenergiefunktion) entsteht eine äußerst effektive Gesamtformulierung — deren prinzipiell approximativer Charakter jedoch stets bedacht werden sollte (Zeile 3 in Tab. 1).

Zusammenfassend stellen wir also fest, daß trotz mathematisch korrekter Darstellung der Starrkörperrotationen $\hat{\mathbf{R}}$ der Stabquerschnitte sowie des Deformationsgradienten $\mathbf{F}$ (eine Grundvoraussetzung für geometrische Exaktheit!) auf diesem Konzept der Pseudo–Biot Spannungen und Verzerrungen aufbauende Stabformulierungen für Probleme mit 'großen Rotationen und kleinen Verzerrungen' — im Gegensatz zu den beiden vorher dargestellten Varianten 1 und 2— streng genommen weder das Attribut 'geometrisch exakt' noch das Attribut 'materiell exakt' verdienen.

Tabelle 1. Gegenüberstellung exakter und approximativer kontinuumsmechanischer Problemformulierungen für Stab– und Flächentragwerke bei 'großen Rotationen und kleinen Verzerrungen'

KINEMATIK		KONSTITUTION			KINETIK $-\delta W_{\mathrm{int}}=$
Verzerrungen und virtuelle Verzerrungen		Material-gesetz	Spannungen und Spannungstransformationen		
approximativ	*geometrisch exakt*		*materiell exakt*	approximativ	
1 ⎯⎯⎯	$\mathbf{E}_{\mathrm{GL}}=(\mathbf{F}^{\mathsf{T}}\mathbf{F}-\mathbf{I})/2$ $=(\mathbf{C}-\mathbf{I})/2$ Green-Lagrange \[Grundkonzept\] $\delta\mathbf{E}_{\mathrm{GL}}=\mathbf{F}^{\mathsf{T}}\delta\mathbf{F}$	Verzerrungsenergiefunktion f. St.–Venant–Kirchhoff (SVK) Materialgesetz — $W=W_{svk}=W_{svk}(\mathbf{C})=\frac{1}{8}\,(\mathbf{C}-\mathbf{I}){:}\mathbb{D}{:}(\mathbf{C}-\mathbf{I})$ — $\mathbb{D}$ ... 'linear–elastischer' isotroper Materialtensor 4. Stufe — $\mathbf{C}=\mathbf{F}^{\mathsf{T}}\mathbf{F}=\tilde{\mathbf{U}}^{\mathsf{T}}\tilde{\mathbf{U}}=\hat{\mathbf{U}}^{\mathsf{T}}\hat{\mathbf{U}}\,(\neq\tilde{\mathbf{U}}^{\mathsf{T}}\tilde{\mathbf{U}})$ ... Rechts–Cauchy–Green Tensor	$\mathbf{S}=2\dfrac{\partial}{\partial\mathbf{C}}W_{SVK}(\mathbf{C})$ $=\mathbb{D}{:}\mathbf{E}_{\mathrm{GL}}$ ... linear' 2.-Piola-Kirchhoff Spannung	⎯⎯⎯	$\int\mathbf{S}{:}\delta\mathbf{E}_{\mathrm{GL}}\,dV$
2 ⎯⎯⎯	$\mathbf{E}_{\mathrm{BIOT}}=\mathbf{U}-\mathbf{I}=$ $=\mathbf{R}^{\mathsf{T}}\mathbf{F}-\mathbf{I}$ (**R** aus pol. Split: $\mathbf{F}=\mathbf{R}\,\mathbf{U}$) $\delta\mathbf{E}_{\mathrm{BIOT}}=\delta\mathbf{U}$ Biot Verzerrung		$\mathbf{T}_{\mathrm{BIOT}}=$ $=\dfrac{\partial}{\partial\mathbf{U}}W_{SVK}(\mathbf{C})$ $=\mathbf{U}\,\mathbf{S}=\mathbf{U}\,\mathbb{D}{:}\mathbf{E}_{\mathrm{GL}}$ Biot Spannung	$\mathbf{T}_{\mathrm{BIOT}}=\mathbb{D}{:}\mathbf{E}_{\mathrm{BIOT}}$ Biot Spannung	$\int\mathbf{T}_{\mathrm{BIOT}}{:}\delta\mathbf{E}_{\mathrm{BIOT}}\,dV$
3 $\hat{\mathbf{E}}_{\mathrm{BIOT}}=\hat{\mathbf{U}}-\mathbf{I}$ $\hat{\mathbf{U}}=(\tilde{\mathbf{U}}+\tilde{\mathbf{U}}^{\mathsf{T}})/2$ ($\tilde{\mathbf{U}}=\hat{\mathbf{R}}^{\mathsf{T}}\mathbf{F}$ aus kinemat. Split: $\mathbf{F}=\hat{\mathbf{R}}\,\tilde{\mathbf{U}}\approx\hat{\mathbf{R}}\,\hat{\mathbf{U}}$) Pseudo–Biot V.	⎯⎯⎯		⎯⎯⎯	$\hat{\mathbf{T}}_{\mathrm{BIOT}}=\mathbb{D}{:}\hat{\mathbf{E}}_{\mathrm{BIOT}}$ Pseudo–Biot Spannung	$\int\hat{\mathbf{T}}_{\mathrm{BIOT}}{:}\delta\hat{\mathbf{E}}_{\mathrm{BIOT}}\,dV$
4 ⎯⎯⎯	$\mathbf{C}$ bzw. $\mathbf{E}_{\mathrm{GL}}$		$\mathbf{P}=\dfrac{\partial}{\partial\mathbf{F}}W_{SVK}(\mathbf{C})$ $=\mathbf{F}\,\mathbf{S}=\mathbf{F}\,\mathbb{D}{:}\mathbf{E}_{\mathrm{GL}}$ $=\mathbf{R}\,\mathbf{T}_{\mathrm{BIOT}}$ 1.-Piola-Kirchhoff Spannung	⎯⎯⎯	$\int\mathbf{P}{:}\delta\mathbf{F}\,dV$

2.3 Kinematik des Stabes und Deformationsgradient

Ausgehend von der kontinuumsmechanischen Formulierungsvariante in Green–Lagrange Verzerrungen und 2.–Piola–Kirchhoff Spannungen ('Grundkonzept' in Tab. 1/Zeile 1) entsteht durch Einarbeitung der den Stab charakterisierenden Verformungsrestriktionen (Starrkörperbewegung der Stabquerschnitte mit superponierten 'kleinen' Querschnittsverwölbungen) eine 'geometrisch und materiell exakte' Stabformulierung für 'große Rotationen und kleine Verzerrungen'. Aufgrund der getroffenen Beschränkung auf 'kleine' Verzerrungen kann nun auf dem Level der exakt berechneten nichtlinearen Verzerrungsausdrücke ein für Rotationen beliebiger Größenordnung allgemein gültiger Approximationsschritt gesetzt werden, der in der Folge eine äußerst effektive und für 'kleine Verzerrungen' korrekte Gesamtformulierung ergibt.

Der Verschiebungsansatz (Fig. 2) für finite Verschiebungen $\mathbf{U}^T = \begin{bmatrix} U & V & W \end{bmatrix}$, finite Querschnittsrotationen in Abhängigkeit der Rotationsparameter $\phi(S)^T = \begin{bmatrix} \phi_1 & \phi_2 & \phi_3 \end{bmatrix}$, sowie querschnittsnormal superponierten, auf M bezogenen 'kleinen' Verwölbungen ω_M ist in Gln. 1.a, b dargestellt. Mit Vernachlässigung der Verwölbungen ergibt sich der für jeden Querschnittspunkt $\mathbf{X}$ gültige Deformationsgradient (Gl. 2), welcher durch Einführung von effektiven Zwischenvariablen (Gln. 3 und 4) kompakt dargestellt und in $\mathbf{F} = \hat{\mathbf{R}}\tilde{\mathbf{U}}$ kinematisch aufgespalten werden kann (Gl. 5).

$$\Delta\mathbf{x} = \hat{\mathbf{R}}(\phi(S))\Delta\mathbf{X} = [\mathbf{e}_1(\phi(S));\mathbf{e}_2(\phi(S));\mathbf{e}_3(\phi(S))] \cdot (\mathbf{X} - \mathbf{X}_M); \quad \text{mit} \quad \left. \begin{array}{l} \mathbf{X}^T = \begin{bmatrix} S & ;Y & ;Z \end{bmatrix} \\ \mathbf{X}_M^{\,T} = \begin{bmatrix} S & ;Y_M & ;Z_M \end{bmatrix} \end{array} \right| \quad (1.a)$$

$$\mathbf{x} = \mathbf{x}_M + \Delta\mathbf{x} + \underline{\mathbf{x}_{WARP}} = (\mathbf{X}_M + \mathbf{U}(S)) + \hat{\mathbf{R}}(\phi(S))(\mathbf{X} - \mathbf{X}_M) + \underline{\omega_M(Y,Z) \cdot \psi(S) \cdot \mathbf{e}_1} \quad (1.b)$$

$$\mathbf{F} = \frac{\partial}{\partial\mathbf{X}}\mathbf{x} = \left[\underbrace{(\mathbf{E}_1 + \mathbf{U}'(S))}_{\mathbf{x}_M{}'(S) \,=\, \hat{\mathbf{t}} \;\ldots\; \text{längenverzerrter Stabtangentenvektor}} + \hat{\mathbf{R}}'(\phi(S))(\mathbf{X} - \mathbf{X}_M) ; \mathbf{e}_2 ; \mathbf{e}_3 \right] =$$

$$= \hat{\mathbf{R}}\left(\mathbf{I} + \left(\underbrace{(\hat{\mathbf{R}}^T\mathbf{x}_M{}'(S) - \mathbf{E}_1)}_{\Gamma(S)} + \underbrace{\hat{\mathbf{R}}^T\hat{\mathbf{R}}'(\phi(S))}_{\hat{\Omega}(\phi(S))} (\mathbf{X} - \mathbf{X}_S) \right) \otimes \mathbf{E}_1 \right) \quad (2)$$

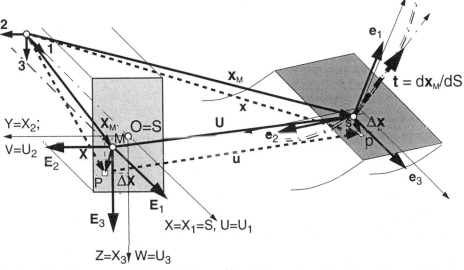

Figur 2.   Verschiebungsansatz: Finite Verschiebungen $\mathbf{U}$ des Referenzpunktes M des Querschnittes und finite Rotation der Querschnittsebene um M (Rotationstensor $\hat{\mathbf{R}}$, abhängig von Rotationsparametern ϕ_1, ϕ_2 und ϕ_3, z. B. Euler–Parameter als Koordinaten eines Pseudovektors der Rotationsachse).

$$\Gamma(S) = \begin{bmatrix} \Gamma_1 \\ \Gamma_2 \\ \Gamma_3 \end{bmatrix} = \begin{bmatrix} \mathbf{e}_1^\mathsf{T} \cdot \hat{\mathbf{t}} - 1 \\ \mathbf{e}_2^\mathsf{T} \cdot \hat{\mathbf{t}} \\ \mathbf{e}_3^\mathsf{T} \cdot \hat{\mathbf{t}} \end{bmatrix} \quad \text{und} \quad \Omega(S) = axial(\hat{\Omega}) = \begin{bmatrix} \Omega_1 \\ \Omega_2 \\ \Omega_3 \end{bmatrix} = \begin{bmatrix} \mathbf{e}_3^\mathsf{T} \cdot \mathbf{e}_2' \\ \mathbf{e}_1^\mathsf{T} \cdot \mathbf{e}_3' \\ \mathbf{e}_2^\mathsf{T} \cdot \mathbf{e}_1' \end{bmatrix} = -\begin{bmatrix} \mathbf{e}_2^\mathsf{T} \cdot \mathbf{e}_3' \\ \mathbf{e}_3^\mathsf{T} \cdot \mathbf{e}_1' \\ \mathbf{e}_1^\mathsf{T} \cdot \mathbf{e}_2' \end{bmatrix} \quad (3)$$

$$\mathbf{v} = \begin{bmatrix} v_1 \\ v_2 \\ v_3 \end{bmatrix} = \Gamma(S) + \hat{\Omega}(\phi(S))(\mathbf{X} - \mathbf{X}_M) = \Gamma + \Omega \times (\mathbf{X} - \mathbf{X}_M) = \begin{bmatrix} \Gamma_1 \\ \Gamma_2 \\ \Gamma_3 \end{bmatrix} + \begin{bmatrix} -(Y - Y_M)\Omega_3 + (Z - Z_M)\Omega_2 \\ -(Z - Z_M)\Omega_1 \\ (Y - Y_M)\Omega_1 \end{bmatrix} \quad (4)$$

$$\mathbf{F} = \frac{\partial}{\partial \mathbf{X}}\mathbf{x} = \hat{\mathbf{R}}\left(\mathbf{I} + \underbrace{\left(\Gamma(S) + \hat{\Omega}(\phi(S))(\mathbf{X} - \mathbf{X}_M)\right)}_{\mathbf{v}} \otimes \mathbf{E}_1\right) = \hat{\mathbf{R}}(\mathbf{I} + \mathbf{v} \otimes \mathbf{E}_1) = \hat{\mathbf{R}} \cdot \tilde{\mathbf{U}} \quad (5)$$

2.4 Green–Lagrange Stabverzerrungen

Die kinematische Aufspaltung des Deformationsgradienten liefert direkt die Komponenten der Pseudo–Biot Verzerrungen $\begin{bmatrix} E_{11} ; \gamma_2 ; \gamma_3 \end{bmatrix} = \begin{bmatrix} v_1 & v_2 & v_3 \end{bmatrix}$, was deren beliebige Verwendung erklärt. Daraus kann der Green–Lagrange Verzerrungstensor $\mathbf{E}_{GL}$ in geometrisch exakter Form berechnet werden (Gl. 6). Die Schubverzerrungen sind mit den entsprechenden Pseudo–Biot Komponenten ident. Die Erhaltung der Querschnittsform widerspiegelt sich exakt in den 2x2–Null–Termen. Die Normalverzerrungskomponente E_{11} erscheint jedoch durch quadratische Terme erweitert. Wegen der Voraussetzung 'kleiner Verzerrungen' kann hier — *als einzige Näherung* — der unterstrichene Term vernachlässigt werden. Die kanonische Form der Normalverzerrung ist für den allgemeinen Fall (Gl. 7) sowie für den ebenen und schubstarren Sonderfall angegeben (Gln. 8, 9).

$$\mathbf{E}_{GL} = \frac{1}{2}(\mathbf{F}^T\mathbf{F} - \mathbf{I}) = \frac{1}{2}(\mathbf{C} - \mathbf{I}) = \frac{1}{2}((\mathbf{I} + \mathbf{E}_1 \otimes \mathbf{v})(\mathbf{I} + \mathbf{v} \otimes \mathbf{E}_1) - \mathbf{I}) =$$

$$= \begin{bmatrix} E_{11} & \gamma_2/2 & \gamma_3/2 \\ \gamma_2/2 & 0 & 0 \\ \gamma_3/2 & 0 & 0 \end{bmatrix} = \begin{bmatrix} v_1 + \frac{1}{2}v_1^2 + \frac{1}{2}(v_2^2 + v_3^2) & v_2/2 & v_3/2 \\ v_2/2 & 0 & 0 \\ v_3/2 & 0 & 0 \end{bmatrix} \quad (6)$$

$$E_{11} = v_1 + \frac{1}{2}(v_2^2 + v_3^2) =$$

$$= (\Gamma_1 - (Y - Y_M)\Omega_3 + (Z - Z_M)\Omega_2) + \frac{1}{2}((\Gamma_2 - (Z - Z_M) \cdot \Omega_1)^2 + (\Gamma_3 + (Y - Y_M) \cdot \Omega_1)^2)$$

$$= \underbrace{\Gamma_1 + \frac{1}{2}(\Gamma_2^2 + \Gamma_3^2)}_{\Gamma_1^* = E_{11}^*} - (Y - Y_M)(\underbrace{\Omega_3 - \Gamma_3\Omega_1}_{\Omega_3^*}) + (Z - Z_M)(\underbrace{\Omega_2 - \Gamma_2\Omega_1}_{\Omega_2^*}) + R^2 \cdot \underbrace{\frac{1}{2}\Omega_1^2}_{\Omega_W^*} \quad (7)$$

axial strain $\qquad$ bi-axial bending strain $\qquad$ Wagner strain

$$E_{11} = \left(\Gamma_1 + \frac{1}{2}\Gamma_2^2\right) - Y \cdot \Omega_3 \quad \text{... 2D–Fall } (\Gamma_3 = \Omega_2 = 0 \text{ und } \Omega_1 = 0; \text{ keine Torsion)} \quad (8)$$

$$E_{11} = \underbrace{\Gamma_1 - (Y - Y_M)\Omega_3 + (Z - Z_M)\Omega_2}_{v_1} + \underbrace{R^2 \cdot \frac{1}{2}\Omega_1^2}_{\text{Wagner Term}} \quad \text{... 3D–schubstarrer Fall } (\Gamma_1 = \Gamma_2 = 0) \quad (9)$$

3 KONSISTENTE APPROXIMATION

3.1 *Begriffsdefinition*

Unter einer konsistenten Approximation von explizit oder implizit definierten Funktionen mehrerer Argumente, die ihrerseits wiederum Funktionen unabhängiger Basisargumente sein können usw., verstehen wir Taylorreihenentwicklungen dieser abhängig veränderlichen Funktionen mit einem Abbruch der Entwicklung nach einer für alle beteiligten Argumente bzw. Basisargumente gemeinsamen maximalen Approximationsordnung p. Das bedeutet, daß Zwischenvariablen, die explizit definiert sind und von Basisvariablen abhängen — im Fall daß sie bereits approximiert in den gesamten Approximationsvorgang eingeführt werden — mindestens ebenfalls bis zu dieser maximalen Ordnung p approximiert werden müssen (*Anmerkung*: Die Beachtung dieser Regel ist eine wesentliche Bedingung zur Erzielung 'konsistenter' Approximationen und deren Nichtbeachtung stellt eine in der Geschichte der nichtlinearen Baustatik häufige Fehlerquelle dar). Anschließend daran erfolgt die Reihenentwicklung und für alle berechneten Glieder der Abbruch nach der fixierten gemeinsamen maximalen Polynomordnung p. Konsistente Approximationen lassen als wichtige Eigenschaft die ursprünglichen Gleichungsstrukturen unverändert und sind zudem unabhängig von der Reihenfolge der Durchführung der einzelnen Approximationsschritte

3.2 *Mathematica–Routine 'TaylorSolve'*

Der soeben beschriebene Vorgang einer konsistenten Approximation kann, je nach gewünschter Approximationsordnung p, enorm rechenaufwendig und für Handrechnungen praktisch undurchführbar werden, folgt jedoch einem einfachen und einheitlichen Schema. Daher liegt es schon aus Gründen der Rechensicherheit nahe, den Vorgang zu automatisieren bzw. computerisieren. 'TaylorSolve' wurde entworfen in Entsprechung zu den existierenden Mathematica–Funktionen 'Solve' und 'NSolve', welche Systeme von Polynomgleichungen analytisch–exakt bzw. numerisch–approximativ auflösen (Wolfram 1997). Analog dazu löst 'TaylorSolve' beliebige nichtlineare Gleichungssysteme analytisch–approximativ durch Taylorreihenentwicklung der spezifizierten abhängigen Variablen, deren Anzahl gleich der Anzahl der nichtlinearen Gleichungen sein muß, nach den verbleibenden unabhängigen Variablen — und zwar an einem zu spezifizierenden Entwicklungspunkt und bis zu einer vorgebbaren maximalen gemeinsamen Approximationsordnung p. Die Leistungsfähigkeit dieser neuen Routine manifestiert sich insbesondere dadurch, daß sie eben universell auf implizit dargestellte nichtlineare Gleichungssysteme anwendbar ist. Explizit dargestellte Funktionen mehrerer Variablen konnten bisher schon mittels der Mathematica–Funktion 'Series' in Taylorreihen entwickelt werden. Hiebei konnte allerdings nur die maximale Polynomordnung für jede einzelne der unabhängigen Variablen getrennt angegeben werden. 'TaylorSolve' stellt auch in dieser Hinsicht eine nützliche Erweiterung dar, indem für alle beteiligten Variablen der Abbruch der Entwicklung nach einer einheitlichen Gesamtordnung durchgeführt wird. Für diese Anwendungsvariante ist es lediglich nötig, die explizite Funktionsdarstellung formal in eine implizite Darstellung überzuführen, was stets leicht möglich ist.

3.3 *Konsistente quadratische Approximation:*
Bezüglich Rotationen, Stabverzerrungen oder Gleichgewichtsgleichungen ?

Zunächst stehen mehrere Wege offen, die für finite Rotationen gültigen Grundgleichungen des Stabes (Kap. 2) zu approximieren, was mit ein Grund ist für die in der Literatur anzutreffende und oft verwirrende Vielfalt von Vorgehensweisen und Begriffsbildungen. Da die einfachste nichtlineare Approximation, welche über die lineare Approximation vom Grade eins hinausgeht, diejenige vom Grade zwei ist, wollen wir uns nachfolgend ausschließlich mit dieser technisch und historisch wichtigsten Variante beschäftigen.

• *Variante 1:* Der Grad der Nichtlinearität der Grundgleichungen liegt hauptsächlich in der finiten Rotationsdarstellung begründet. Daher erscheint es als erste Möglichkeit plausibel, auf einer untersten Stufe, die Koeffizienten des Rotationstensors konsistent zu approximieren, d.h. durch Taylorreihen mit Gliedern bis zum Gesamtgrad eins bzw. zwei darzustellen und in die Ausdrücke für den Deformationsgradienten $\mathbf{F}$ bzw. die Green–Lagrange–Verzerrungen $\mathbf{E}_{GL}$ (quadratisch in Termen des Deformationsgradienten) einzusetzen. Bei dieser Vorgehensweise ergeben sich die Ausdrücke für den Deformationsgradienten linear bzw. quadratisch und für die Verzerrungen von zweiter bzw. von vierter Ordnung in den Deformationsparametern. Werden anschließend die virtuellen Verzerrungsgrößen gebildet (Ableitungen nach den Deformationsparametern), so ergeben sich deren Ordnungen jeweils als um eins erniedrigt, also von erster bzw. von dritter Ordnung in den Deformationsparametern. Bei Annahme eines linear–elastischen Materialgesetzes stimmen die Approximationsordnungen der Spannungen bzw. Stabschnittgrößen mit denen der Stabverzerrungen überein. In der Folge ergeben sich die Approximationsordnungen der inneren virtuellen Arbeit $-\delta W_{int} = \int \mathbf{S}{:}\delta \mathbf{E}_{GL}dV$ bzw. der äquivalenten nichtlinearen Gleichgewichtsgleichungen als von dritter (2+1=3) bzw. von siebter (4+3=7) Ordnung in den Deformationsparametern des Stabes. Erstere Variante ist historisch wegen ihrer ultimativen Einfachheit praktisch ausschließlich zum Einsatz gekommen und konstituiert sinnigerweise die sogenannte 'Theorie 3. Ordnung' (Gleichgewichtsgleichungen sind kubisch approximiert) bzw. 'Theorie moderater Rotationen' (Rotationen sind linear approximiert), Letztere Variante ist hingegen wegen ihrer offensichtlichen Komplexität praktisch nie zur Anwendung gekommen, denn das Ziel der Bemühungen war stets die Konstruktion der einfachst–möglichen technischen nichtlinearen Formulierung gewesen. Wir merken kritisch an, daß keine dieser Formulierungen konsistente Approximationen in dem von uns angestrebten Sinn darstellen, da die Approximationen auf der Ebene der Verzerrungen nicht mehr konsistent sind, d.h. sie sind nicht 'bestmöglich' im Sinn der maximalen Approximationsordnungen (2 bzw. 4) und außerdem geht durch das Auftreten von 'Streu'–Termen die kanonische Struktur der Grundgleichungen (Gl. 3 und 7) verloren.

• *Variante 2:* Die zweite und wichtigste Möglichkeit einer konsistenten Approximation besteht darin, diese auf der nächsthöheren Stufe der *Stabverzerrungen als den fundamentalen Größen innerhalb eines Weggrößenverfahrens* durchzuführen. In diesem Fall erhalten wir 'bestmögliche' Approximationen dieser Ausdrücke in bezug auf die angestrebte (quadratische) Approximationsordnung. Dies setzt voraus, daß auch alle Eingangsgrößen, wie z.B. die Terme des Rotationstensors, in ebenfalls mindestens quadratisch approximierter Form eingehen. Außerdem bleibt durch dieses konsistente Vorgehen die kanonische Struktur der Grundgleichungen auch in der approximierten Form unverändert erhalten. Ein weiterer Sinn, Stabverzerrungen innerhalb eines Weggrößenmodells konsistent zu approximieren, liegt darin, daß diese als fundamentale Eingangsgrößen zur Berechnung der Stabspannungen bzw. Stabschnittgrößen dienen, was im allgemeinen Fall über nichtlineare, z.B. drei–dimensionale elastisch–plastische Materialgesetze mit Be– und Entlastung und zusätzlicher Berücksichtigung von Eigenspannungen und Eigenverzerrungen erfolgen wird. Werden die Stabverzerrungen konsistent linear, quadratisch oder kubisch usw. approximiert, so ergeben sich die linear–elastischen ermittelten Spannungen von demselben Approximationsgrad, und die virtuellen Verzerrungen dementsprechend als konstante, lineare, quadratische usw. Ausdrücke in den Deformationsparametern. Dies führt in der Folge auf innere virtuelle Arbeitsausdrücke bzw. resultierende Gleichgewichtsgleichungen von stets ungeradem Polynomgrad von eins (= linear), drei (= kubisch; nichtlinear) bzw. fünf usw. Die konsistente quadratische Approximation in den Stabverzerrungen ergibt somit eine 'konsistente Theorie moderater Rotationen' oder 'konsistente Theorie 3. Ordnung'. Dies ist eine 'einfachst– und zugleich bestmögliche' technische nichtlineare Stabformulierung und wird nachfolgend ausschließlich zugrundegelegt. Zur vollständigen Beschreibung genügt innerhalb eines Weggrößenverfahrens die Angabe der — konsistent quadratisch approximierten — Verzerrungsgrößen.

• *Variante 3:* Eine dritte und an sich naheliegende Möglichkeit einer konsistenten Approximation besteht darin, diese auf der höchsten Stufe, das ist die der Gleichgewichtsgleichungen, durchzuführen. Damit wäre prinzipiell ein weiterer und nicht steigerbarer Qualitätsprung für eine vorgegebene maximale Approximationsordnung zu erzielen. Für linear–elastisches Materialverhalten läßt sich eine solcherart definierte konsistente Approximation elegant vorab herleiten. Diese Möglichkeit wurde von Vielsack erkannt und für den Grad zwei auch tatsächlich durchgeführt

('Theorie der zweiten Näherung', Vielsack 1975). Alternativ ergibt sich diese Formulierung aus der vorgenannten 'konsistenten Theorie moderater Rotationen' oder 'konsistenten Theorie 3. Ordnung' durch Wegstreichen der kubischen Terme in den Gleichgewichtsgleichungen. Obwohl vom abstrakt–mathematischen Gesichtspunkt aus korrekt, liegt vom anschaulich–mechanischen Gesichtspunkt aus der überwiegende Nachteil eines derartigen Vorgehens auf der Hand. Im allgemeinen Fall nichtlinearen Materialverhaltens entstehen komplizierte zusätzliche Ausdrücke und es ist weiters nicht mehr anschaulich klar, aus welchen approximierten Verzerrungsanteilen entsprechende nichtlineare Spannungsanteile zu berechnen sind. Aufgrund dieser erheblichen Komplikationen ist diese Approximationsvariante, abgesehen vom genannten Einzelfall, in dem sie durchaus einen gewissen nachvollziehbaren Sinn ergibt, auch nie zur allgemein verbreiteten Anwendung gekommen.

3.4 *Konsistent quadratisch approximierte Stabverzerrungen*

Mit Hilfe der zuvor beschriebenen Methoden werden nun die fundamentalen Größen innerhalb eines Weggrößenverfahrens, nämlich die Green–Lagrange–Stabverzerrungen E_1^*, $\Gamma_2^* = \Gamma_2$, $\Gamma_3^* = \Gamma_3$ und Stabkrümmungen Ω_1^*, Ω_2^*, Ω_3^*; Ω_W^* (Kap. 2) in konsistent quadratisch approximierter Form angegeben, und zwar für den schubweichen Stab sowie für den schubstarren Stab mit eingebauter Normalenhypothese. Außerdem werden zum Vergleich die konsistenten quadratischen Approximationen der Biot–Stabverzerrungen angegeben (siehe z.B. auch Wunderlich 1980 und Heins 1991) sowie auch der Pseudo–Biot–Stabverzerrungen, welche durch näherungsweises Ersetzen des exakten polaren Splits des Deformationsgradienten $\mathbf{F} = \mathbf{R} \cdot \mathbf{U}$ durch einen simplen kinematischen Split $\mathbf{F} = \hat{\mathbf{R}} \cdot \tilde{\mathbf{U}}$ mit anschließender Symmetrisierung $\hat{\mathbf{U}} = (\tilde{\mathbf{U}} + \tilde{\mathbf{U}}^T)/2$ entstehen (siehe z. B. auch Simo et al 1991, Wriggers 1988 und 1993, Antman 1995). Für den schubweichen Stab ergeben sich auf diese Weise signifikante Unterschiede zwischen den betrachteten Verzerrungsvarianten, insbesondere was die Längsverzerrung E_{11} betrifft. Dieser Unterschied bleibt auch beim querschubstarren Stab im sogenannten Wagner–Term (Wagner 1929) signifikant erhalten. Ausgehend von der Rotationsdarstellung in Euler–Parametern (Box 1) erhält man zunächst direkt

$$\hat{\mathbf{R}} = \exp(\Phi) = \mathbf{I} + \Phi + \frac{1}{2}\Phi\Phi + \dots = \begin{bmatrix} 1 - \frac{\phi_2^2}{2} - \frac{\phi_3^2}{2} & -\phi_3 + \frac{\phi_1\phi_2}{2} & \phi_2 + \frac{\phi_1\phi_3}{2} \\ \phi_3 + \frac{\phi_1\phi_2}{2} & 1 - \frac{\phi_1^2}{2} - \frac{\phi_3^2}{2} & -\phi_1 + \frac{\phi_2\phi_3}{2} \\ -\phi_2 + \frac{\phi_1\phi_3}{2} & \phi_1 + \frac{\phi_2\phi_3}{2} & 1 - \frac{\phi_1^2}{2} - \frac{\phi_2^2}{2} \end{bmatrix} = [\mathbf{e}_1; \mathbf{e}_2; \mathbf{e}_3]$$

BOX 1.   Konsistente quadratische Approximation des kinematischen Rotationstensors der Querschnittsebene

$$\Gamma_1 = U' + \phi_3 V' - \phi_2 W' - \frac{\phi_2^2 + \phi_3^2}{2} \qquad \Omega_1 = \phi_1' + \frac{1}{2}(\phi_2\phi_3' - \phi_2\phi_3') - \Omega_1^*$$

$$\Gamma_2 = V' - \phi_3(1 + U') + \phi_1 W' + \frac{\phi_1\phi_2}{2} = \Gamma_2^* \qquad \Omega_2 = \phi_2' + \frac{1}{2}(\phi_3\phi_1 - \phi_3\phi_1')$$

$$\Gamma_3 = W' + \phi_2(1 + U') + -\phi_1 V' + \frac{\phi_1\phi_3}{2} = \Gamma_3^* \qquad \Omega_3 = \phi_3' + \frac{1}{2}(\phi_1'\phi_2 - \phi_1\phi_2')$$

$$E_{11}^* = \Gamma_1^* = \Gamma_1 + \frac{1}{2}(\Gamma_2^2 + \Gamma_3^2) = U' + \frac{1}{2}(V'^2 + W'^2); \Omega_2^* = \Omega_2 - \Gamma_2\Omega_1 = \phi_2' + \frac{1}{2}(\phi_3'\phi_1 + \phi_3\phi_1') - \phi_1'V'$$

$$\Omega_3^* = \Omega_3 - \Gamma_3\Omega_1 = \phi_3' - \frac{1}{2}(\phi_1'\phi_2 + \phi_1\phi_2') - \phi_1'W'$$

$$\Omega_W^* = \frac{1}{2}\Omega_1^2 = \frac{1}{2}\phi_1'^2$$

BOX 2.   Konsistente quadratische Approximation der G.–L. Verzerrungsgrößen des schubnachgiebigen Stabes (*)

Normalenhypothese:

$$\Gamma_2 = \Gamma_3 = 0 \quad \Rightarrow \quad \phi_2 = -W'(1-U') + \phi_1 V'/2 \quad \text{und} \quad \phi_3 = V'(1-U') + \phi_1 W'/2$$

Modifizierte Stabverzerrungsgrößen für den transversal schubstarren Stab:

$$E_{11,0} = \Gamma_1^* = \Gamma_1 = U' + \frac{1}{2}(V'^2 + W'^2) \qquad \Omega_{1,0} = \phi' + \frac{1}{2}(W'V'' - W''V')$$

$$\Omega_{2,0} = -(W'(1-U'))' + \phi V''$$

$$\Omega_{W,0} = \Omega_W^* = \frac{1}{2}\Omega_{1,0}^2 = \frac{1}{2}\phi'^2 \qquad\qquad \Omega_{3,0} = (V'(1-U'))' + \phi W''$$

BOX 3. Konsistente quadratische Approximation der Normalenhypothese ($\Gamma_2 = \Gamma_3 = 0$) und der modifizierten Green–Lagrange Verzerrungsgrößen des schubstarren Stabes (mit $\phi_1 \equiv \phi$)

Polare Zerlegung von $\tilde{U}$ durch Anwendung einer Relativrotation R^+ in jedem Querschnittspunkt:

$$R^+ = I + \Phi^+ + \frac{1}{2}\Phi^+\Phi^+ + \ldots$$

$$\tilde{U} = I + v \otimes E_1 \qquad\qquad \phi^+ = axial(\Phi^+) = \begin{bmatrix} \phi_1^+ \\ \phi_2^+ \\ \phi_3^+ \end{bmatrix} = \begin{bmatrix} 0 \\ -\dfrac{v_3}{2}\left(1-\dfrac{v_1}{2}\right) \\ \dfrac{v_2}{2}\left(1-\dfrac{v_1}{2}\right) \end{bmatrix}$$

$$U = R^{+T} \cdot \tilde{U}^! = \text{symmetrisch} \quad \Rightarrow$$

Biot Verzerrungen: $\quad E_{BIOT} = U - I \qquad \Rightarrow \qquad E_{GL} = E_{BIOT} + \frac{1}{2}E_{BIOT}E_{BIOT}$

$$R^+ = \begin{bmatrix} 1-\dfrac{v_2^2+v_3^2}{8} & -\dfrac{v_2}{2}\left(1-\dfrac{v_1}{2}\right) & -\dfrac{v_3}{2}\left(1-\dfrac{v_1}{2}\right) \\ \dfrac{v_2}{2}\left(1-\dfrac{v_1}{2}\right) & 1-\dfrac{v_2^2}{8} & -\dfrac{v_2 v_3}{8} \\ \dfrac{v_3}{2}\left(1-\dfrac{v_1}{2}\right) & -\dfrac{v_2 v_3}{8} & 1-\dfrac{v_3^2}{8} \end{bmatrix} ; \quad E_{BIOT} = \begin{bmatrix} v_1 + \dfrac{3}{8}(v_2^2+v_3^2) & \dfrac{v_2}{2}\left(1-\dfrac{v_1}{2}\right) & \dfrac{v_3}{2}\left(1-\dfrac{v_1}{2}\right) \\ \dfrac{v_2}{2}\left(1-\dfrac{v_1}{2}\right) & -\dfrac{v_2^2}{8} & -\dfrac{v_2 v_3}{8} \\ \dfrac{v_3}{2}\left(1-\dfrac{v_1}{2}\right) & -\dfrac{v_2 v_3}{8} & -\dfrac{v_3^2}{8} \end{bmatrix}$$

BOX 4. Konsistente quadratische Approximation der Biot–Verzerrungsgrößen des schubnachgiebigen Stabes

die Komponenten der Pseudo–Biot Verzerrungen Γ_i und Ω_i ($i=1,3$) als Ausgangsgrößen (Box 2 oben und Gln. 3, 4). Daraus ergeben sich die gesuchten Komponenten der Green–Lagrange Verzerrungen für den schubnachgiebigen Stab (Box 2 unten, mit '*' gekennzeichnet, und Gl. 7). Über die Normalenhypothese erhält man schließlich die modifizierten Stabverzerrungsgrößen für den klassischen, transversal schubstarren Fall (mit Subskript '0' indiziert in Box 3), die als Startpunkt für die Erstellung eines nichtlinearen Computerprogrammes dienten (Salzgeber 1998). Diese approximierten Gleichungen für den schubnachgiebigen als auch für den schubstarren Fall können für *moderate Rotationen und kleine Verzerrungen als kanonisch* angesehen werden. Deren Struktur ist invariant für beliebige Größenordnungen der Rotationen (Gl. 7). Es fällt auf und leuchtet anschaulich ein, daß die Normalverzerrungen E_{11}^* und $E_{11,0}$ übereinstimmen, da sie unabhängig von der Querschnittsrotation sind. Die Pseudo–Biot Komponente Γ_1 ist dagegen komplizierter aufgebaut und konvergiert erst im schubstarren Grenzfall gegen diesen Wert (Box 2 und 3). Dies läßt in praktischen Anwendungen einen Defekt in Problemen mit dominierendem Querschub erwarten. Der gravierendste Unterschied liegt aber im völligen Fehlen eines Pseudo–Biot Wagner–Terms Ω_W, was dazu führt, daß Torsionknickeffekte weder qualitativ noch quantitativ dargestellt werden können. Zum Vergleich sind in Box 4 quadratische Approximationen der geometrisch exakten Biot Verzerrungen angegeben (für finite Rotationen $\hat{R}$ gültige Ausdrücke!). Diese entstehen durch Anwendung der polaren Zerlegung mittels konsistent quadratisch approximierter kleiner Zusatzrotationen R^+. Der nichtlineare Normalverzerrungsanteil unterscheidet sich um den bemerkenswerten Faktor 3/4 vom entsprechenden Green–Lagrange Anteil (Gl. 6).

4 ANWENDUNGSBEISPIEL: Schubknicken in der y–y Ebene

Die hergeleiteten Verzerrungsgleichungen (Box 2 bis 4) können nun dazu verwendet werden, im Rahmen einer Weggrößenformulierung praktische Probleme zu lösen. Dies soll hier exemplarisch am einfachen Beispiel des Biege–Schubknickens des beidseitig gelenkig gelagerten Stabes unter konstanter Normalkraft erfolgen, wobei der Effekt der Verformungen des Grundzustandes im Verzweigungsfall konsequent mitberücksichtigt wird (Stauchung $\varepsilon_{cr} > 0$). Die nach den einzelnen Varianten sich ergebenden Knicklasten sind in Box 5 angegeben und in Fig. 3 graphisch dargestellt. Es handelt sich hiebei um ein in der Geschichte der Baustatik immer wieder aufgegriffenes und sehr oft kontroversiell abgehandeltes Problem, das mit der vorliegenden Arbeit erstmalig konsistent auf eine kontinuumsmechanische Basis rückgeführt wird. Die nach Green–Lagrange ermittelte Lösung (1) ist als gültige Lösung des Problems zu betrachten und stimmt für den dehnstarren Fall mit der erstmalig von Engesser im Jahre 1891 angegebenen Lösung überein.

---

1. GREEN–LAGRANGE: $\dfrac{N_{cr}}{N_e} = \dfrac{1}{(1-\varepsilon_{cr})^2 + N_e/S}$ ... geometrisch und materiell exakt

2. BIOT: (materiell inexakte Variante)
$$\frac{N_{cr}}{N_e} = \frac{1}{1-\varepsilon_e - \varepsilon_{cr}\left(1+\dfrac{\varepsilon_e}{4}\right) + \dfrac{1}{4}\dfrac{N_{cr}}{S} + \dfrac{3}{4}\dfrac{N_e}{S}}$$

3. PSEUDO–BIOT: $\dfrac{N_{cr}}{N_e} = \dfrac{1}{1-2\varepsilon_{cr} + N_{cr}/S} \quad \Rightarrow \quad \dfrac{N_{cr}}{N_e} = \dfrac{\sqrt{1+4(N_e/S - 2\varepsilon_e)} - 1}{2(N_e/S - 2\varepsilon_e)}$

4a. ZIEGLER (1982): $\dfrac{N_{cr}}{N_e} = \dfrac{1}{(1-\varepsilon_{cr})(1+N_e/S)}$; 4b. ENGESSER (1891): $\dfrac{N_{cr}}{N_e} = \dfrac{1}{1+N_e/S}$

BOX 5.   Biege–Schubknicklasten mit Effekt der Verformungen des Grundzustandes (Stauchung $\varepsilon_{cr} > 0$; Druck ist positiv) für verschiedene Berechnungsvarianten

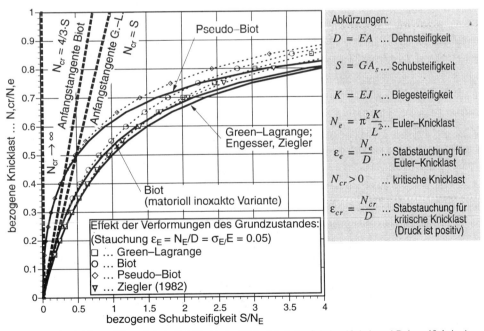

Figur 3.   Vergleich von Biege–Schub–Knicklasten in Abhängigkeit der Schubsteifigkeit und Dehnsteifigkeit; Auswirkung von Verzerrungsmaßen und Materialgesetzen: 1. Green–Lagrange Grundkonzept (geometrisch u. materiell exakt), 2. Biot Verzerrungen (geometrisch exakt; materiell inexakte Variante), 3. Pseudo–Biot Verzerrungen u. Spannungen (geometrisch und materiell inexakt) und 4. Engesser (1891), Ziegler (1982).

5 ZUSAMMENFASSUNG

Der Vorschlag, Strukturprobleme der Baustatik auf Basis finiter Rotationen zu berechnen, macht für den tragwerksberechnenden Bauingenieur nur dann einen seriösen Sinn, wenn diese Finite–Rotationen–Stabformulierung tatsächlich mit einer wie immer gearteten 'einfachst– und zugleich bestmöglichen' technischen nichtlinearen Stabformulierung über einen konsistenten Approximationsvorgang verknüpft ist. Es stellt sich heraus, daß eine derartige Näherung als 'konsistente Theorie moderater Rotationen' oder als 'konsistente Theorie 3. Ordnung' über eine konsistente quadratische Approximation von Stabverzerrungsgrößen formulierbar ist. In diesem Fall ergeben sich bei linear–elastischem Materialverhalten die approximierten Gleichgewichsgleichungen als kubische Polynome in den Deformationsparametern. Für eine baupraktische Relevanz ist es hiebei bereits für den einfachsten Fall eines linear–hyperelastischen St. Venant–Kirchhoff–Materialmodells wesentlich, daß die entsprechende finite Stabtheorie vom kontinuumsmechanischen Hintergrund von Green–Lagrange Verzerrungen und arbeitskonjugierten 2.–Piola–Kirchhoff Spannungen ausgeht. Eine strikte theoretische Begründung für diese offensichtliche Notwendigkeit steht noch aus. Bei einem Übergang auf eine alternative Beschreibungsbasis (z.B. Biot–Verzerrungen und zugeordnete Biot–Spannungen) muß daher konsequenterweise, d.h. auch bereits im Fall 'kleiner' Schubverzerrungen, das ursprünglich lineare Materialgesetz entsprechend geometrisch transformiert werden. Wird hingegen auf der Basis von Pseudo–Biot–Verzerrungen und zugeordneten Pseudo–Biot–Spannungen gearbeitet, eine besonders im Verlauf der vergangenen zwanzig Jahre zunehmend beliebtere Vorgehensweise, so muß deren eingeschränkter Gültigkeitsbereich im konstruktiven Ingenieurbau klar im Auge behalten werden — nämlich auf Strukturprobleme, bei denen Schubverzerrungseffekte bzw. Faserschrägstellungen zufolge Querkraftschub und Torsion stabilitätsmäßig bzw. versagensmäßig keine maßgebliche Rolle spielen. Dies konnte für das Schubknickproblem des gedrückten Stabes exemplarisch demonstriert werden.

6 DANKSAGUNG

Ich danke meinem Kollegen Ao. Professor Dr. Peter Dietmaier, Institut für Mechanik, Technische Universität Graz, für sein Interesse an den mathematischen Aspekten der Problemstellung, die ungezählten Diskussionen und Anregungen sowie seine spontane und tatkräftige Hilfe in der Realisierung der Mathematica–Routine 'TaylorSolve'.

7 LITERATUR

Antman 1995. *Nonlinear Problems of Elasticity*. Applied Mathematical Sciences 107, Springer.
Argyris, J., Mlejnek, H. P. 1987. *Die Methode d. Finit. El. in d. element. Strukturmechank*. Band II, Vieweg & Sohn.
Chwalla, E. 1939. Die Kippstabil. ger. Träger mit doppeltsym. I–Querschn., *Forschh. Gebiet Stahlbau* 2, Springer.
Engesser, F. 1891. Die Knickfestigkeit gerader Stäbe. *Zentralblatt Bauverwaltung* 11: 483–486.
Gebekken, N. 1988. *Eine Fließzonentheorie höherer Ordnung für räumliche Stabtragwerke*. Diss., Univ. Hannover.
Heins, E. 1991. *Eine allg. nichtlineare Stabtheorie mit einem 3D Rißmodell für Stahlbeton*. Diss., TU München.
Kappus, R. 1939. Zur Elastizitätstheorie endlicher Verschiebungen. *ZAMM* 19 (5): 271–285, (6): 344–361.
Kirchhoff, G. 1859. Über d. Gl.gewicht u. d. Beweg. eines unendl. dünnen elast. Stabes, *J. f. Math. LVI* 4: 285–313
Pflüger, A. 1975. *Stabilitätsprobleme der Elastostatik*. 3. Aufl., Springer.
Prandtl, L. 1899. *Kipperscheinungen*. Inaugural Dissertation, München.
Ramm, E., Hoffmann, Th. J. (ed. Mehlhorn, G.,) 1995. in: *Der Ingenieurbau Baustatik/ Baudynamik*. Ernst & Sohn.
Roik, K., Carl, J., Lindner, J. 1972. *Biegetorsionsprobleme gerader dünnwandiger Stäbe*. Ernst & Sohn.
Salzgeber, G. 1998. *Nichtlineare Berechnung von räumlichen Stabtragwerken aus Stahl*, Dissertation, TU Graz.
Schröder, F. H. 1970. Allg. Stabtheorie d. dünnw. räumlich vorgekr. u. vorgew. Trägers ..., *Ing. Arch.* 39: 87–103.
Simo, J. C., Vu–Quoc, L. 1991. A Geometrically–Exact Rod Model ..., *Int. J. Solid. Struct.* 27(3): 371–391.
Vielsack, P. 1975. Lineare Stabilitätstheorie ealstischer Stäbe nach der zweiten Näherung. *Ing. Arch.* 44: 143–152.
Wagner, H. 1929. Verdrehung und Knickung von offenen Profilen, *Festschrift 25 J. TH Danzig*, Danzig.
Wolfram, S. 1997. *Das Mathematica Buch*, 3. Aufl., Mathematica Version 3, Addison Wesley Longman.
Wriggers, P. 1988. Konsist. Lin. in d. Kont.mech. u. Anw. auf d. FEM, *Forsch. Ber. Uni. Hannover*, F 88/4, Nov. 1988.
Wriggers, P. 1993. Krit. Wertg. n.lin. Stabth. bei Anw. auf baustat. Aufg.stell., *BB5, TU München*, März '93, 18.1–15.
Wunderlich, W., Obrecht, H. 1980. in: *Nonlin. Finite El. Analysis in Struct. Mech.*, Berlin: Springer, 185–216.
Ziegler, H. 1982. Arguments For and Against Engesser's Buckling Formulas. *Ing. Arch.* 52: 105–113.

Baustatik-Baupraxis 7, Meskouris (Hrsg.) © 1999 Balkema, Rotterdam, ISBN 90 5809 044 2

Modellierung von Konstruktionsdetails in räumlichen Stabberechnungen mittels geometrischer Zwangsgleichungen

G. Salzgeber
Institut für Stahlbau, Holzbau und Flächentragwerke, Technische Universität Graz, Österreich

KURZFASSUNG: Diese Arbeit behandelt die geometrische Kopplung in Längsrichtung und über Eck von wölbbehafteten Stäben. Eine optimale geometrische Kopplung wird über das Prinzip des Fehlerquadrat–Minimums erreicht. Die Zwangsgleichungen werden für typische Details angegeben, wobei das Anschluß– und das Knotenverhalten getrennt behandelt werden. Die Kopplungssteifigkeit für elastische Verbindungsausführungen ist angeführt.

1 EINLEITUNG

Die klassische Stabtheorie geht von der Unverformbarkeit des Querschnitts aus. Das allgemeine dreidimensionale Verformungsverhalten des 'Stabkörpers' läßt sich somit über die Verformungen einer gewählten Bezugsachse (Referenzachse), unter Zugrundelegung eines Verschiebungsansatzes über den Querschnitt, abbilden. Im ebenen Fall reduziert sich dabei die Anzahl der Freiheitsgrade je Knoten (Querschnitt) auf drei, beim räumlichen Stabelement auf sechs. In der klassischen Wölbkrafttorsion wird zusätzlich ein siebenter Freiheitsgrad (stabbezogen) benötigt.

Auf Basis dieses eingeschränkten Verformungsvermögens ist das Tragverhalten von Stabstrukturen beschreibbar. Wir sind es gewohnt ebene und räumliche Rahmenkonstruktionen mit solchen Stabelementen zu beschreiben. Außer Acht gelassen wird jedoch zumeist das Verhalten des Knotenkörpers und der Anschlüsse zwischen den Knoten und den Stabelementen. Die Knoten sind zumeist dimensionslose Gebilde mit starrem oder gelenkigem Verhalten. Zudem werden Knoten und Anschlüsse in der Stabstatik als gemeinsames 'Element' in diesem Punkt subsumiert. Soll das Knotenverhalten genauer erfaßt werden, wird der Weg zumeist über eine Finite–Element–Diskretisierung (Schalenmodelle) beschritten.

Dieser Vortrag legt Möglichkeiten dar, das Knoten–Anschlußverhalten in einer Stabdiskretisierung abzubilden, wodurch auch die Rückwirkungen auf das Tragverhalten einer Gesamtstruktur erfaßbar sind. Im folgenden werden Kopplungen exzentrisch zur Stabachse, die geometrischen Zwangsgleichungen bei Querschnittsdiskontinuitäten in Stablängsrichtung und auch das Kopplungsverhalten typischer Eckdetails behandelt. Es werden die entsprechenden Zwangsgleichungen formuliert. Besonderes Augenmerk wird auf den Wölbfreiheitsgrad ψ und dessen Kopplungsverhalten gerichtet, da dieser keine Vektorgröße darstellt und nicht den üblichen Transformationsbeziehungen bei Änderung des Koordinatensystems unterliegt.

2 VERWÖLBUNGEN IM STAB UND IM RÄUMLICHEN STABSYSTEM

Das Stabelement nach der klassischen Wölbkrafttorsion benötigt zur Beschreibung des Verhaltens sieben Freiheitsgrade. Die drei Verschiebungen und drei Verdrehungen lassen sich im Raum transformieren. Die Wölbamplitude ψ hingegen ist stets auf die Stabachse bezogen. Die korrekte Behandlung der Wölbamplitude stellt somit besondere Anforderungen an die Systembildung.

In einer allgemeinen Stabstruktur (Bild 1a) treffen in einem Systemknoten neben den Verschiebungen und Verdrehungen n Wölbfreiheitsgrade zusammen. Die Anzahl der Unbekannten je Systemknoten hängt von der Anzahl der zusammengeführten Stäbe und deren Kopplungsverhalten untereinander ab. Das Kopplungsverhalten wird durch die Anschlußausbildung und dem Knotenverhalten beeinflußt. In integrierten Berechnungskonzepten ist auch das Anschluß– und das Knotenverhalten (Bild 1b) in einer statischen Berechnung zu erfassen (Greiner & Salzgeber 1996).

Das tatsächliche Verhalten des Knotenbereichs (Knoten und Anschluß) läßt sich nur mittels Versuchen oder mit FE Modellen bestimmen. Im Rahmen der baupraktischen Behandlung ist in einer ersten Stufe eine vereinfachte Betrachtung des Kopplungsverhaltens auf geometrischer Basis ausreichend, sodaß die Kompatibilität bestmöglich erfüllt ist. In einer stark abstrahierten Betrachtungsweise kann zwischen gelenkig (ohne Kopplung) und starr unterschieden werden.

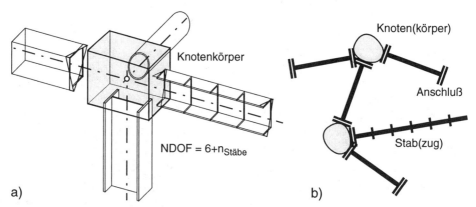

Bild 1.   a) Freiheitsgrade in einem Systemknoten, b) Stab(zug) – Anschluß – Knotenkonzept

3 ZWANGSBEDINGUNGEN FÜR DEN RÄUMLICHEN STAB

Eine Beschreibung der Kopplungen zweier (mehrerer) Stäbe verlangt Rechenschaft über die vorgesehene Anschlußausbildung. Es muß von vornherein klar sein, welche Querschnittsteile untereinander verbunden werden. Die grundsätzlichen Kopplungsaufgaben beziehen sich auf die Abbildung von exzentrischen Anschlüssen (Bild 2a), die Kompatibilität in Querschnittsdiskontinuitäten (Bild 2b) und die Kopplung bei geknickten Konstruktionen (Anschluß + Knoten). Es werden die Verdrillungskopplungen einiger Rahmeneckkonstruktionen (Bild 2c) und Anschlüsse auf die Stabseitenfläche – etwa bei Trägerrosten (Bild 2d) – behandelt.

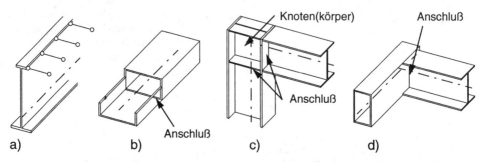

Bild 2.   Konstruktionsdetails: a) exzentrischer Anschluß, b) gerader Träger mit variablen Querschnitt, c) und d) geknickter Träger

Die geometrischen Zwangsgleichungen werden für geometrisch lineare Strukturberechnungen formuliert. Für eine nichtlineare Stabberechnung sind lediglich die Transformationsgrößen zwischen den Verschiebungen (der exzentrischen Faser) und den Drehwinkeln durch die entsprechenden Beziehungen zu ersetzen. Verschiedene Formulierungen der nichtlinearen Rotationsbeschreibung sind etwa in (Argyris & Mlejnek 1987) dargestellt.

3.1 Kopplung an eine exzentrische Faser

Ist ein Stabelement exzentrisch zur Stabachse anzuschließen, sind die Wölbfunktionen ebenfalls auf diese exzentrische Faser zu beziehen. Auf diese Weise erhält man einen einheitlichen Bezugspunkt im Stabelement für den Übergang von den Stabgrößen auf die Systemknoten. Die lineare Kopplungsmatrix für diese Problemstellung ist in Gl. 1 angegeben. Neben den üblichen Kopplungsanteilen zwischen den Verschiebungen der betrachteten Stabfaser (hier der Schubmittelpunkt M) und den Drehgrößen in der exzentrischen Faser E (entspricht dem Systemknoten), treten zusätzliche Kopplungsgrößen zwischen den Stabdrehgrößen und der Wölbamplitude ψ auf.

$$
\mathbf{u}_M = \begin{bmatrix} U \\ V \\ W \\ \varphi \\ \beta_y \\ \beta_z \\ \psi \end{bmatrix}_M = \begin{bmatrix} 1 & & & & e_z & -e_y & \\ & 1 & & -e_z & & e_x & \\ & & 1 & e_y & -e_x & & \\ & & & 1 & & & \\ & & & & 1 & & -e_{yL} \\ & & & & & 1 & -e_{zL} \\ & & & & & & 1 \end{bmatrix} \cdot \begin{bmatrix} U \\ V \\ W \\ \varphi \\ \beta_y \\ \beta_z \\ \psi \end{bmatrix}_E = \mathbf{T}_e \cdot \mathbf{u}_E \qquad (1)
$$

Für die Wölbtransformation sind die Exzentrizitäten im lokalen Stabkoordinatensystem (Index L) abzugreifen (Bild 3a). In der angegebenen Kopplungsmatrix werden die Exzentrizitäten von der exzentrischen Faser zur Querschnittsreferenzachse gemessen.

Erlaubt das verwendete Programm etwa nur Schubmittelpunktsbezug und keine Kopplung des Wölbfreiheitsgrads, ist das angreifende äußere Biegemoment in die Querschnittsreferenzachse zu transformieren. Als Folge der Stabformulierung bewirkt eine Versetzung eines Biegemoments entlang ihrer Wirkungslinie ein zusätzliches Wölbbimoment (Bild 3b). Siehe dazu auch (Guggenberger & Salzgeber 1998).

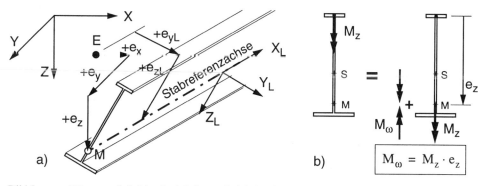

Bild 3. a) Exzenterdefinition im lokalen und globalen System, b) Momententransformation am Stab

3.2 Kopplung von Stäben in Achsrichtung

Für die Kopplung in Stablängsrichtung sind die tatsächlich gestoßenen Teilquerschnitte (A_c) zu betrachten (Bild 4a). Die Verschiebungen sind auf das lokale Anschlußkoordinatensystem zu beziehen (Vorzeichenregelung für die Verwölbungen). Die geometrische Kompatibilität läßt sich im Sinne eines Fehlerquadrat–Minimums (Gl. 2) oder als elastische Kopplungssteifigkeit bestimmen. Die erhaltenen Zwangsgleichungen sind infolge dessen in die globalen Systemkoordinaten zu transformieren. Eine exakte Kopplung ist im allgemeinen (mehr als vier Querschnittspunkte) nicht zu bewerkstelligen, da für die Abbildung von Verwölbungen in Achsrichtung nur vier Freiheitsgrade zur Verfügung stehen.

Die Querverschiebungen (v, w) und Torsionsverdrehung (ϕ) sind in ihrem Kopplungsverhalten unabhängig. Es sind dabei nur die Querschnittsachsen der beiden Stabelemente relevant.

$$\int_{A_c} [(u + \beta_Y Z - \beta_Z Y + \psi\omega)_L - (u + \beta_Y Z - \beta_Z Y + \psi\omega)_R]^2 \cdot dA_c \overset{!}{=} \text{Min} \tag{2}$$

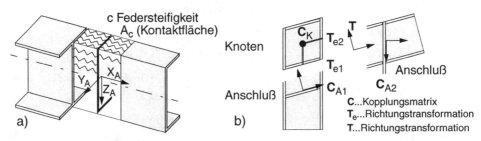

Bild 4.   a) Anschluß in Stablängsrichtung, b) Kopplung über Eck

Führt man die Variation der Bedingungsgleichung (Gl. 2) nach den Verschiebungen des linken Bauteils durch, erhält man die Zwangsgleichungen der linken Verschiebungen in Abhängigkeit der rechten Verschiebungsgrößen (Gl. 3). Die erhaltene Zwangsgleichungsmatrix **C** kann voll besetzt sein und ist im allgemeinen nicht symmetrisch. Bei gleichen Querschnitten reduziert sich diese auf die Einheitsmatrix.

$$\underbrace{\int_{A_c} \left\{ \begin{bmatrix} 1 \\ Z \\ -Y \\ \omega \end{bmatrix}_L \cdot \begin{bmatrix} 1 & Z & -Y & \omega \end{bmatrix}_L dA_c \right\}}_{\mathbf{K}_{LL}} \cdot \underbrace{\begin{bmatrix} u \\ \beta_Y \\ \beta_Z \\ \psi \end{bmatrix}_L}_{\mathbf{u}_L} = \underbrace{\int_{A_c} \left\{ \begin{bmatrix} 1 \\ Z \\ -Y \\ \omega \end{bmatrix}_L \cdot \begin{bmatrix} 1 & Z & -Y & \omega \end{bmatrix}_R dA_c \right\}}_{\mathbf{K}_{LR}} \cdot \underbrace{\begin{bmatrix} u \\ \beta_Y \\ \beta_Z \\ \psi \end{bmatrix}_R}_{\mathbf{u}_R}$$

$$\Rightarrow \quad \boxed{\mathbf{u}_L = \mathbf{K}_{LL}^{-1} \cdot \mathbf{K}_{LR} \cdot \mathbf{u}_R = \mathbf{C} \cdot \mathbf{u}_R} \tag{3}$$

Für die reguläre Bestimmung einer Lösung sind mindestens vier Punkte (drei Bauteile) bezüglich der Verwölbungen aneinander zu koppeln. Werden weniger miteinander gekoppelt, wird das Gleichungssystem $\mathbf{K}_{LL}$ instabil (Gelenke). Die Eigenformen entsprechen notwendigen Lagrange–Multiplikatoren für die Invertierung.

Es lassen sich auch elastische Verbindungen simulieren. Die Kopplungsvorschrift läßt sich direkt in die Steifigkeitsmatrix einarbeiten. Es ist dazu der virtuelle Arbeitsausdruck für die relativen Verschiebungsmodi der beiden anzuschließenden Bauteile zu bestimmen. Die Kopplungssteifigkeit ergibt sich wie in Gl. 4 dargestellt. Für den Grenzübergang infiniter Federsteifigkeit strebt die Lösung jener nach dem Prinzip des Fehlerquadrat–Minimums zu.

$$-\delta W_{int} = \delta \begin{bmatrix} \mathbf{u}_L \\ \mathbf{u}_R \end{bmatrix}^T \cdot c \cdot \begin{bmatrix} \mathbf{K}_{LL} & -\mathbf{K}_{LR} \\ -\mathbf{K}_{LR}^T & \mathbf{K}_{RR} \end{bmatrix} \cdot \delta \begin{bmatrix} \mathbf{u}_L \\ \mathbf{u}_R \end{bmatrix} \tag{4}$$

Die elastische Kopplung läßt sich auch über die Zwangsgleichungen formulieren. Es ist eine belastungsabhängige Differenzverschiebung (repräsentiert die Nachgiebigkeit) in die Kopplung einzubringen. In das Berechnungsmodell sind dazu zusätzliche unabhängige Bauteile (Federelemente) einzubauen, welche die Aufgabe haben, die einzelnen Terme in der Steifigkeitsmatrix der nachgiebigen Verbindung abzubilden.

3.3 Eckkopplung über die Querschnittsschnittflächen (Rahmenecke)

Eine wesentliche Aufgabe für die statische Modellbildung im Stahlbau ist die korrekte Beschreibung des Verformungsverhaltens und der Kopplungen zwischen den einzelnen Bauteilen für unterschiedliche Eckausbildungen (Bild 5) bei Rahmenkonstruktionen. Diese Thematik ist mehrfach in der Literatur beschrieben (Schrödter & Wunderlich 1984 & 1985, Saal 1992). Bei der Bestimmung der Kopplungen sind die Details in ihre Anschlüsse und in die Knoten aufzuspalten. Bei schiefwinkeligen Anschlüssen ist die Verwölbung in das geneigte Anschlußkoordinatensystem zu projizieren ($\omega_A = \omega/\cos\alpha$). Die Anschlüsse des Details werden in gleicher Weise behandelt, wie in Kap. 3.2 beschrieben. Die Steifen im Knoten übernehmen dabei die Funktion des zweiten Trägers. In Bild 4b ist die Zerlegung einer klassischen Rahmenecke dargelegt. Die Kopplung der Verschiebungen der Stabenden kann folgendermaßen geschrieben werden (Gl. 5).

$$\mathbf{u}_1 = \mathbf{C}_{A1} \cdot \underbrace{\mathbf{T}_{e1} \cdot \mathbf{C}_K \cdot \mathbf{T}_{e2}}_{\text{Kopplung im Knotenkörper}} \cdot \mathbf{T} \cdot \mathbf{C}_{A2} \cdot \mathbf{u}_2 \tag{5}$$

Für spezielle Knotentypen sind in Bild 5 die Kopplungen ($\mathbf{C}_K$) für die Verdrillungen zusammengestellt. Aus dem kinematischen Verhalten (Gelenksmodell) des Knoten lassen sich Verdrillungskopplungen ermitteln. Die Kopplungsvorschriften gelten unabhängig von dem Knickwinkel des Knotens und den Profilhöhen. Nicht angeführt wurden die zusätzlichen Wölbfedern der Steifen (Platteneffekte); dazu sei auf Saal (Saal 1992) verwiesen.

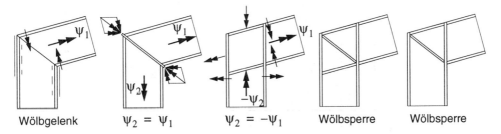

| Wölbgelenk | $\psi_2 = \psi_1$ | $\psi_2 = -\psi_1$ | Wölbsperre | Wölbsperre |

Bild 5.   Kopplungsbedingungen im Knoten für verschiedene Rahmeneckausbildungen

3.4 Eckkopplung an die Seitenfläche eines Hauptstabes (Trägerrost)

Etwas unterschiedlich zu der oben beschriebenen Kopplung ist die seitliche Anbindung eines Nebenträgers (NS) auf einen durchlaufenden Hauptträger (Bild 6), wie dies etwa bei Trägerrosten der Fall sein kann. Die 'Verwölbungsverteilung' des Hauptstabes in der Anschlußfuge (A) ergibt sich als Sattelfläche, wobei die Amplitude proportional zum Abstand vom betrachteten

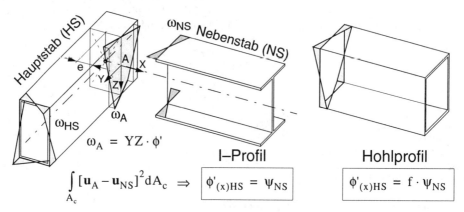

Bild 6. Kopplungsbedingung für seitliche Anbindungen

Punkt zum Anschlußpunkt und der vorhandenen Verdrillung (ϕ') ist. Bei diesem Kopplungstyp werden die Wölbamplitude (ψ) des Nebenstabes mit der Verdrillung (ϕ') des Hauptstabes verkoppelt. Zudem bewirkt die Verdrillung über die Exzentrizität e eine Querschnittsverformung am Nebenstab, welche in der Stabformulierung nicht erfaßt werden kann.

Verzichtet man auf die Plattensteifigkeit, werden für die Kopplung nur jene Bauteile des Hauptstabes erfaßt, welche für anzuschließende Teilquerschnitte als Scheibe wirken.

Für den Anschluß eines I–Profils ergibt sich eine direkte Kopplung der Verdrillung des Hauptstabes und der Wölbamplitude des Nebenstabes. Die Zwangsgleichungen lassen sich wiederum nach dem Prinzip des Fehlerquadrat–Minimums bestimmen, wobei die 'Anschlußverwölbung' zu verwenden ist. Bei schiefwinkeligen Anschlüssen ist diese in Richtung der Stabachse zu projizieren. Die Kopplung der Verdrillung des Nebenstabes ist unabhängig vom Anschlußwinkel.

4 GEOMETRISCHE ZWANGSGLEICHUNGEN

Bringt man verschiedene Freiheitsgrade über (lineare) Zwangsgleichungen untereinander in Beziehung, sind die Kopplungsgleichungen in die Steifigkeitsmatrix, den Kräfte– und Verschiebungsvektor einzuarbeiten. Das ursprüngliche Gleichungssystem vergrößert sich um die Lag-

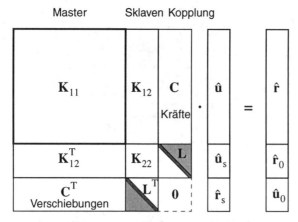

Bild 7. Umsortierte Steifigkeitsmatrix infolge von Kopplungsgleichungen

range–Multiplikatoren, wobei in der Hauptdiagonale eine 'Nullmatrix' entsteht. Erfolgt die Dreieckszerlegung des Gleichungssystem über einen Gaußalgorithmus unter Ausnutzung der Symmetrieeigenschaften, ist das Gleichungssystem zu partitionieren und blockweise zu lösen. Die Sklavenfreiheitsgrade (über die Kopplungsgleichungen abhängig) werden an das Ende umsortiert und vorab aus dem Gleichungssystem eliminiert, indem diese in die verbleibenden (Master–)Freiheitsgrade (Bild 7) eingearbeitet werden.

Die Kopplungsgleichungen können grundsätzlich beliebig untereinander in Beziehung stehen. Die Kopplungsvorschriften müssen sich allerdings für die Sklavenfreiheitsgrade in einer Dreiecksmatrix ($\mathbf{L}$) schreiben lassen. In die Kopplungsbeziehungen lassen sich auch Zwangsverschiebungen (Klaffungen) $\hat{\mathbf{u}}_0$ einarbeiten.

$$\mathbf{K}_{11} \cdot \hat{\mathbf{u}} + \mathbf{K}_{12} \cdot \hat{\mathbf{u}}_s + \mathbf{C} \cdot \hat{\mathbf{r}}_s = \hat{\mathbf{r}}$$

$$\mathbf{K}_{12}^{T} \cdot \hat{\mathbf{u}} + \mathbf{K}_{22} \cdot \hat{\mathbf{u}}_s + \mathbf{L} \cdot \hat{\mathbf{r}}_s = \hat{\mathbf{r}}_0 \qquad (6)$$

$$\mathbf{C}^{T} \cdot \hat{\mathbf{u}} + \mathbf{L}^{T} \cdot \hat{\mathbf{u}}_s = \hat{\mathbf{u}}_0$$

Das Matrizengleichungssystem (Gl. 6) ist nach den Verschiebungen der Masterfreiheitsgrade $\hat{\mathbf{u}}$ aufzulösen, wobei eine modifizierte Steifigkeitsmatrix $\mathbf{K}_{11}^*$ und ein modifizierter Belastungsvektor $\hat{\mathbf{r}}^*$ entstehen. Dieses reduzierte Gleichungssystem läßt sich mit den herkömmlichen Gleichungslösern zerlegen. Die Verschiebungen der Sklavenfreiheitsgrade $\hat{\mathbf{u}}_s$ und die Kopplungskräfte $\hat{\mathbf{r}}_s$ lassen sich in einer Nachlaufrechnung bestimmen.

Die Einarbeitung der Kopplungsgleichung in die Steifigkeitsmatrix zerstört weitgehend die vorherrschende Bandstruktur bzw. Skyline der ursprünglichen Steifigkeitsmatrix. Im allgemeinen Fall wird die Bandbreite in der Skyline durch die größte Höhe in den Kopplungsbeziehungen bestimmt. Optimiert man die Skyline, sind jene in den Kopplungsgleichungen beteiligten Freiheitsgrade an das Ende der reduzierten Matrix umzuordnen (Salzgeber 1998).

5 BEISPIELE

5.1 Einfeldträger mit Querschnittswechsel unter Torsionsbeanspruchung

Die Längskopplung unterschiedlicher Querschnitte wird anhand eines Einfeldträgers (Prokic 1996) bestehend aus einem Kastenquerschnitt, der im Mittelbereich in einen offenen Rinnenquerschnitt übergeht, gezeigt. Die Systemangaben sind in Bild 8 zusammengestellt, wobei nur das halbe System betrachtet wird. Belastet wird dieses durch ein Einzeltorsionsmoment von 1000kNcm. Für die Einleitung des Torsionsmoments und die Querschnittserhaltung sind Querscheiben erforderlich. Diese sind in der Schalenberechnung (ca. 1600 Elemente) als starre Kopplungen modelliert.

Verwendet man etwa den Schwerpunkt des Hohlkastens als generelle Systemachse, so ergibt sich eine optimale Kopplung, wenn die Wölbamplitude des Rinnenquerschnitts mit dem Faktor 3.0 vergrößert an die Wölbamplitude des Hohlkastens gekoppelt wird. Zusätzlich ist eine Korrektur der Biegung um vertikale Achse (β_z) vorzunehmen (Gl. 7a). Die restlichen Verschiebungsgrößen werden direkt gekoppelt.

$$\begin{bmatrix} u \\ \beta_y \\ \beta_z \\ \psi \end{bmatrix} = \underbrace{\begin{bmatrix} 1 & & & \\ & 1 & & \\ & & 1 & -50 \\ & & & 3 \end{bmatrix}}_{\mathbf{C}_{FQM}} \cdot \begin{bmatrix} u \\ \beta_y \\ \beta_z \\ \psi \end{bmatrix} \quad \text{a)} \qquad \text{b)} \quad \mathbf{C}_{direkt} = \begin{bmatrix} 1 & & & \\ & 1 & & \\ & & 1 & \\ & & & 1 \end{bmatrix} \qquad (7)$$

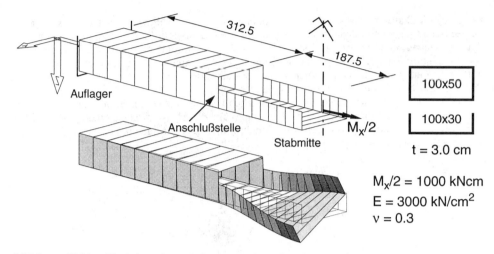

Bild 8. Hohlprofil mit Ausnehmung; Systemangabe und verformte Figur

Qualitativ liegt eine gute Übereinstimmung zwischen der Stablösung mit genauerer Behandlung der Wölbkopplung (Fehlerquadrat–Minimum) und der Schalenlösung vor, wobei die Stablösung etwas zu steif ist (Bild 9). Der maximale Torsionsdrehwinkel mit 0.0294[rad] und die Horizontalverschiebung mit maximal 0.866[cm] sind jeweils um etwa 25% geringer als die Schalenlösung. Die Unterschiede ergeben sich aus lokalen Querschnittsdeformationen (in Stabrichtung) des Hohlquerschnitts im Anschlußbereich.

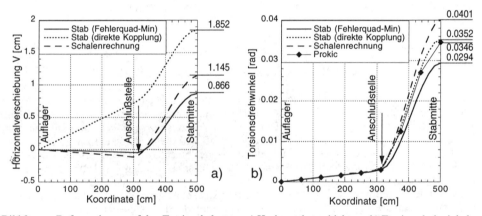

Bild 9. Deformationen zufolge Torsionsbelastung a) Horizontalverschiebung, b) Torsionsdrehwinkel

Werden die beiden Stabteile direkt miteinander gekoppelt, ist eine bessere Übereinstimmung der Drehwinkel mit der Schalenrechnung gegeben, allerdings ist die seitliche Verschiebung um 60% überhöht. Direkte Kopplung bedeutet, daß die Verschiebungsunbekannten der beiden Stäbe in der Koppelstelle gleichgesetzt werden (Gl. 7b).

Vergleicht man die Spannungen im Rinnenbereich (Bild 10), so ist sowohl in der Stabmitte, als auch an der Koppelstelle eine gute Übereinstimmung beider Stabmodelle mit der Schalenrechnung gegeben. Im Bodenbereich erkennt man Schaleneffekte, da sich Abweichungen im Spannungsverlauf von der linearen Verbindung der Eckpunktspannung ergeben.

Prokic (Prokic 1996) verwendet in seinen Berechnungen ein Stabelement mit mehreren Wölb-

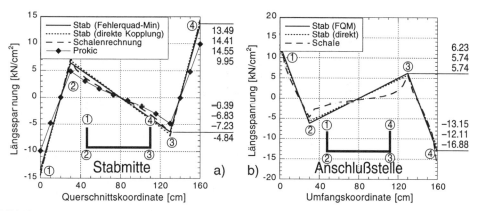

Bild 10. Längsspannungen a) in Stabmitte und b) an der Anschlußstelle

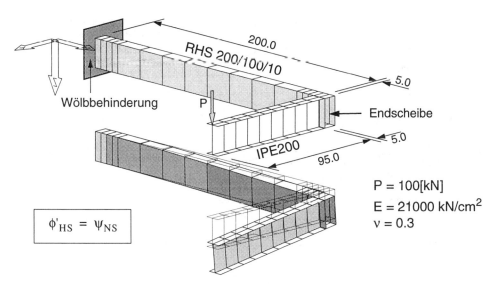

Bild 11. Systemangaben und verformte Figur einer Kragkonstruktion

freiheitsgraden. Er gibt den maximalen Torsionsdrehwinkel mit 0.0346[rad] an. Dieser stimmt besser mit der Schalenrechnung überein, als die Stablösung mit der Kopplung nach dem Fehlerquadrat Minimum. Allerdings beträgt seine errechnete maximale Spannung in der Stabmitte weniger als 70% des hier errechneten Spannungswertes.

5.2 Kragkonstruktion mit seitlicher Anbindung

Eine Kragkonstruktion, aufgebaut aus einem Hohlquerschnitt für den torsionsbeanspruchten Teil und einem I-Profil für die seitliche Auskragung, wird durch eine Einzelkraft (P = 100kN) belastet (Bild 11). Am Ende des Hohlquerschnitts ist konstruktiv ein Schott anzuordnen, da anderenfalls querschnittsverformende Effekte auftreten, welche mit einer Stabberechnung nicht erfaßbar sind. Die Kopplung zwischen den beiden Profilen berücksichtigt den exzentrischen Anschluß. Die Vergleichsrechnung mit einem Schalenmodell (ca. 1300 Elemente) zeigt ein gleiches Verformungsverhalten (Bild 12). Als Folge der Verdrillungskopplung wird ein geringes Torsionsmo-

111

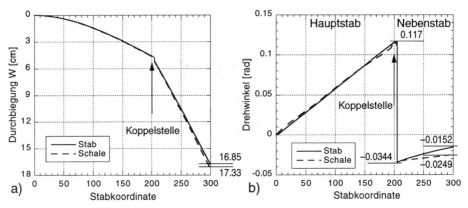

Bild 12.   Verlauf der a) Durchsenkung und b) der Verdrehung um die Stabachse

ment im Kragstab aufgebaut, wodurch die Verdrehung um die Stabachse des Nebenstabes einen veränderlichen Verlauf aufweist. Dieser Effekt spiegelt sich auch in der Schalenrechnung wieder.

Das Sperren bzw. auch das Entkoppeln der Wölbamplitude im Anschluß bewirkt, daß keine Torsion ($M_T = M_\omega = 0$) am Nebenstab auftritt. Infolgedessen tritt eine konstante Stabverdrehung entlang des Nebenstabes (IPE200) auf.

6 ZUSAMMENFASSUNG

Die geometrische Kopplung von wölbbehafteten Stäben wird in Form von Zwangsgleichungen realisiert. Behandelt wurden Kopplungen von Stäben an exzentrische Knoten und die Formulierungen der Zwangsgleichungen, die sich aus den Kompatibilitätsanforderungen bei Querschnittssprüngen ergeben. Ebenfalls vorgeführt wurden die Kopplungen für unterschiedliche Eckausbildungen. Möglichkeiten, nachgiebige Verbindungen zu simulieren, wurden besprochen.

Die Übereinstimmung zu Finite Element Berechnungen wurde anhand von zwei Beispielen exemplarisch gezeigt. Für eine baupraktische Handhabung unter Verwendung von Diskretisierungen mittels Stabelementen ist eine genügende Ergebnisqualität gegeben.

7 LITERATUR

Argyris J., Mlejnek H-P. (1987), *Die Methode der Finiten Elemente in der elementaren Strukturmechanik, Band II*, Kraft- und gemischte Methoden, Nichtlinearitäten, Vieweg & Sohn

Greiner R., Salzgeber G. (1996), A Structured Approach to Design, Analysis and Code Check of Constructional Steelwork, *Cimsteel Reference Document, Eureka EU 130*, TU–Graz, Österreich

Guggenberger W., Salzgeber G. (1998), Geometrisch und materiell nichtlineare Berechnung von Stabstrukturen mit ABAQUS – Möglichkeiten, Einschränkungen und Verbesserungsvorschläge, *8. österreichisches ABAQUS Anwendertreffen*, Wien, Österreich

Saal H. (1991), Biegedrillknicken von Hallenrahmen, *Wissenschaft und Praxis*, Biberach, Deutschland

Prokic A. 1996, New warping function for thin–walled beams, *Journal of structural engineering*, Dec. 1996, Vol. 122, No. 12, 1437–1452

Salzgeber G. (1998), Nichtlineare Berechnung von räumlichen Stabtragwerken aus Stahl, *Dissertation*, TU-Graz, Graz, Österreich

Schrödter V., Wunderlich W. (1984), Tragsicherheit räumlich beanspruchter Stabtragwerke – Verzweigungslast, Theorie II. Ordnung, Traglast, *Finite Elemente Anwendungen in der Baupraxis*, München, Deutschland

Schrödter V., Wunderlich W. (1985), The influence of warping constraints on the nonlinear load carrying capacity of spatially loaded beam–systems, *NUMETA 85*, Swansea, UK

Baustatik-Baupraxis 7, Meskouris (Hrsg.) © 1999 Balkema, Rotterdam, ISBN 90 5809 044 2

Modellierung und Berechnung mit der *p*-Version der finiten Elemente

S. M. Holzer
Informationsverarbeitung im Konstruktiven Ingenieurbau, Universität Stuttgart, Deutschland

ABSTRACT: Bis heute werden die Modellierungsansätze zur baustatischen Analyse von Tragwerken von den Erfordernissen der früher üblichen analytischen Lösungen bestimmt, während die Praxis der numerischen Berechnung nahezu ausschließlich von Finite-Elemente-Diskretisierungen dominiert wird. Ziel des vorliegenden Beitrages ist es, aufzuzeigen, daß häufig bei Einsatz numerischer Werkzeuge Modelle, die wesentlich realitätsnäher sind als die klassischen Ansätze, mit viel geringeren numerischen Schwierigkeiten verbunden sind, während die klassischen Ansätze bisweilen im Kontext der Finite-Elemente-Methode auf geradezu unüberwindliche Schwierigkeiten führen. Außerdem wird in dem Beitrag ein Plädoyer ausgeführt, strikt zwischen den Teilaufgaben Modellbildung, numerische Berechnung und Ergebnisauswertung zu trennen, anstatt – wie heute allgemein üblich – schon bei der Modellbildung Einzelheiten der FE-Diskretisierung vorwegzunehmen und auch die Ergebnisauswertung eng an den FE-Netze zu orientieren. In allen angesprochenen Themen wird gezeigt, welches Potential eine *p*-Version der FEM – also eine Finite-Elemente-Methode mit Polynomansätzen "beliebig" hoher Ordnung – zur Trennung der drei Teilaufgaben und zu deren Lösung bietet.

1 EINLEITUNG

Bild 1 zeigt die Abfolge der drei wesentlichen Einzelschritte einer jeden baustatischen Untersuchung eines Tragwerks. Im ersten Schritt muß ein *Tragwerksmodell* gebildet werden,

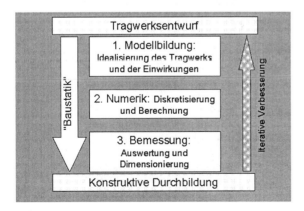

Bild 1: Teilaufgaben der baustatischen Untersuchung von Tragwerken

das alle wesentlichen Aspekte des Tragwerks möglichst gut wiedergibt, aber zugleich möglichst einfach sein soll, um die Berechnung nicht unnötig zu erschweren (Eingabeaufwand, Rechenzeit, usw.).

Im einzelnen sind folgende Aspekte zu berücksichtigen:

- Idealisierung des Materialgesetzes. Dieser Teilaspekt ist gut im allgemeinen Bewußtsein verankert. Im ersten Schritt wird man meist linear elastisch rechnen, gegebenenfalls dann zu elastisch-plastischen oder viskoplastischen Modellen übergehen.

- Idealisierung der Tragwerksgeometrie. Hiermit ist insbesondere die Wahl eines *dimensionsreduzierten* Modells gemeint. Bild 2 stellt den verschiedenen klassischen Idealisierungsstufen von 0-dimensional (z.B. Feder) bis zur voll dreidimensionalen Erfassung des Tragverhaltens die durch die Finite-Elemente-Methode üblich gewordenen Zwischenstufen der Idealisierung gegenüber. Diese Zwischenstufen entstehen durch näherungsweise Erfassung des Tragverhaltens in einer ausgezeichneten Richtung durch *polynomiale* Ansätze. Die Entwicklung dieser Modelle war ursprünglich durch die Forderung einer verschiebungsbasierten Finite-Elemente-Methode nach der Möglichkeit zum Einsatz nur einmal stückweise differenzierbarer, zwischen den Elementen einfach stetiger Ansätze motiviert. Heute bieten diese Modelle aber eine interessante Alternative zur wenig aufwenigen, realitätsnahen Modellierung von Tragwerken, und sie bieten einen nahtlosen Übergang zwischen den verschiedenen Dimensionsstufen.

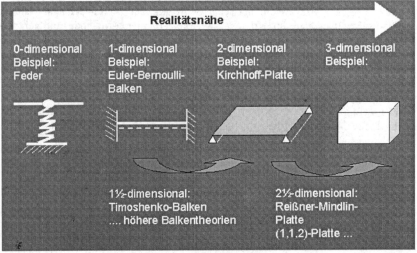

Bild 2: Wahl eines dimensionsreduzierten Modells

- Idealisierung von Auflagerbedingungen und Lasten. Dieser Punkt ist nicht ganz getrennt von der Idealisierung der Geometrie zu sehen. Wie nicht oft genug betont werden kann, sind beispielsweise Punktlasten und punktförmige Auflager oder Federn bei Reißner-Mindlin Platten unzulässig und unsinnig, weil durch solche Einwirkungen auf eine schubweiche Platte unendlich große Verschiebungen und damit unendlich große Energie erzeugt werden. Es ist in diesem Zusammenhang heilsam, daran zu erinnern, daß Punktlasten und Punktauflager in der Realität auch niemals vorkommen. In der Realität gibt es nur elastische, verteilte Lagerungen und verteilte Lasten. Es macht keinen Sinn, der FE-Berechnung unnötige Schwierigkeiten zu oktroyieren, nur weil bei der Handrechnung z.B. mit der Kirchhoffschen Plattentheorie punkt- oder linienförmige Lasten und starre Festhaltungen angenehmer sind. – Auch bei Annahme starrer Lagerung bieten Übergangsmodelle zwischen den Dimensionen wie die Reißner-Mindlin-Platte interessante Modellierungsmöglichkeiten, wie in Bild 3 schematisch angedeutet. Die Pfeile zeigen die jeweils festzuhaltenden Freiheitsgrade an. Die Reißner-Mindlin-Theorie bietet neben der Duchbiegung zwei davon unabhängige Verdrehungsfreiheitsgrade (normal zur Kante und Verdrehung um die Kante) an.

Es kann nicht genug betont werden, daß die Idealisierung des Tragwerks *unabhängig* von eventuellen späteren Finite-Elemente-Diskretisierungen erfolgen sollte. Auch die Ergebnisse, die eine statische Berechnung letztendlich ergibt, sind somit – wie die Beanspruchungen in der Realität – unabhängig von einer speziellen FE-Vernetzung.

Aufgabe der FE-Berechnung ist es nun, die durch die gewählte Idealisierung vorherbestimmte Lösung möglichst gut anzunähern. Dabei muß die FE-Berechnung den Anspruch einlösen, nachzuweisen, daß die am Ende der Bemessung zugrundegelegten Ergebnisse *unabhängig* von der speziellen FE-Berechnung sind, daß also eine Nachrechnung mit einem anderen Programm oder mit einem feineren Netz keinerlei Veränderung der Ergebnisse mit sich brächte.

Die *Netzunabhängigkeit* ist auch eine der wichtigsten Forderungen an die Auswertung der Berechnungsergebnisse und die Bemessung und konstruktive Durchbildung des Tragwerks. Es ist zwar bequem, Finite-Elemente-Ergebnisse anhand der durch das FE-Netz vorgegebenen "Integrationspunkte" auszuwerten und darzustellen; diese Bequemlichkeit darf aber nicht darüber hinwegtäuschen, daß den Erfordernissen der *Netzunabhängigkeit* der Ergebnisse nur dann wirklich Rechnung getragen werden kann, wenn für jeden Lastfall ein eigenes, optimal abgestimmtes FE-Netz verwendet wird. Sobald man sich für diese – in kommerzieller Software leider nicht verfügbare – Methode entscheidet, werden die "Gaußpunkte" als Träger der Auswertungsinformation unbrauchbar, weil sie in jedem Lastfall an anderer Stelle liegen.

Wichtiger als dieser Punkt ist aber, daß eine ausschließlich *punktorientierte* Auswertung von Ergebnissen vielen Aufgaben nicht adäquat ist. Ein Beispiel ist die berühmte Punktsingularität, z.B. an einspringenden Ecken. Natürlich macht es keinen Sinn, für einen unendlich großen Ergebniswert zu bemessen! Einspringende Ecken führen aber immer (bei linearer Rechnung) zu unendlich großen Spannungsspitzen. Unabhängig von der FE-Diskretisierung ist also der *exakte* Ergebniswert an der Ecke vorhersagbar! Ob das FE-Programm nachher als Ergebnis 10.000 oder 10^{12} als Ergebnis ausspuckt, ist irrelevant! Relevant ist, wie groß das *Integral* der bemessungsrelevanten Schnittgröße in einer gewissen Umgebung der Ecke ist (z.B. kreisförmige Umgebung mit Radius=2 * Plattendicke bei Platten).

Obwohl der Wert der Schnittgröße gegen Unendlich geht, kann (und, bei korrekter Modellbildung, muß) das Integral gegen einen endlichen Grenzwert konvergieren. Um dieses

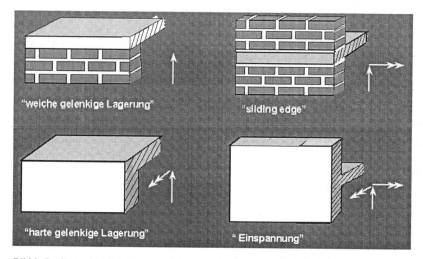

Bild 3: Realitätsnahe Modellierung von Lagerungsbedingungen mit Hilfe der Reißner-Mindlin-Platte

Integral sinnvoll (d.h. verläßlich und netzunabhängig) auswerten zu können, ist sehr wohl eine angemessene Netzverdichtung im Bereich der Ecke angesagt. Noch wichtiger aber ist, daß die Auswertung im integralen Mittel im FE-Programm überhaupt möglich ist. Mit einigen wenigen "Integrationspunkten" nahe der Ecke ist dies nicht möglich. Eigentlich ist eine sinnvolle integrale Bemessung nur möglich, wenn man an beliebigen Stellen des Gebietes mit gleicher Genauigkeit Ergebnisse – auch Spannungen – berechnen kann.

Es kann an dieser Stelle nur noch einmal nachdrücklich darauf hingewiesen werden, daß das Argument "Eine Netzverdichtung an singulären Stellen ist nicht notwendig, weil man für die Spannungsspitze ohnehin nicht bemessen kann", sinnlos ist: Sinnlos ist nicht die Netzverdichtung in der Umgebung der Singularität, sinnlos ist vielmehr die punktförmige Auswertung!

Im Maschinenbau sind "integrale" Auswertungen an singulären Stellen durchaus äußerst üblich. Als Beispiele seien die Spannungsintensitätsfaktoren oder (im plastischen Fall) das J-Integral genannt. Auch diese endlichwertigen, integralen Kennwerte können nur dann mit verläßlicher Genauigkeit bestimmt werden, wenn die FE-Lösung im Singularitätsbereich genügend genau ist, also eine Netzverdichtung vorhanden ist. Eine ähnliche Vorgehensweise ist auch für das Bauwesen unabdingbar.

Ganz gleiche Anforderungen gelten auch für die Bemessung z.B. unter konzentrierten Lasten oder über "Punktstützen" oder Unterzügen. Aus anschaulichen Kriterien ist sehr wohl ablesbar, mit welcher "Verteilungsbreite" man rechnen kann (schließlich wird auch ein vollautomatisches Programm nicht von der sprichwörtlichen "Putzfrau", sondern einem für die Beurteilung des Tragverhaltens ausgebildeten Ingenieur bedient), auf welcher Breite man also die Ergebnisse integral mitteln kann.

Die heute übliche punktweise Bemessung ist also in allen Bereichen eines Tragwerks, in denen Beanspruchungskonzentrationen auftreten, unsinnig. Noch unsinniger ist es allerdings, aus einer punktweisen Bemessung gefundene Werte *nachher* zu mitteln, da z.B. bei Stahlbeton die Bemessung eine *nichtlineare* Abbildung der Schnittgrößen in die erforderliche Bewehrung darstellt. Die Reiehnfolge von Bemessung und integraler Verteilung darf daher keinesfalls vertauscht werden.

2.   EINSATZ DER *p*-VERSION DER FINITEN ELEMENTE ZUR BERECHNUNG

Nachdem nun genug darüber gesagt worden ist, wie eine sinnvolle Modellierung, Berechnung und Auswertung auszusehen hat, soll an einigen praktischen Beispielen gezeigt werden, daß mit einer *hp*-Version der FEM die angestrebten Ziele unter Wahrung einer hohen Flexibilität erreicht werden können.

Im folgenden werden einige Möglichkeiten der Modellierung vorgestellt, die in einem vom Verfasser implementierten Programm zur Berechnung von Reißner-Mindlin-Platten mit der *hp*-FEM implementiert worden sind.

Hier soll zunächst noch einmal kurz der Begriff der *p*- und *hp*-Version der FEM definiert werden.

Bild 4 zeigt zwei Alternativen, um eine gegebene Funktion anzunähern. Beide Bilder beruhen auf der Methode der kleinsten Quadrate. Links ist die Approximation mit stückweise konstanten Ansätzen, rechts die Näherung mit Polynomen dargestellt. Die Approximation einer Funktion mit der Methode der kleinsten Quadrate ist völlig analog zur Approximation der Spannungen einer Struktur mit Hilfe der 1. Ableitungen der Ansatzfunktionen in der verschiebungsbasierten Finite-Elemente-Methode. Es gehen lediglich im Gegensatz zur normalen Methode der kleinsten Quadrate die Materialparameter als Gewichtungsfaktoren ein. Das linke Bild spiegelt also die Situation bei einer FE-Methode auf Basis stückweise linearer Ansätze wieder.

Polynome werden als Ansatzfunktionen gewählt, weil Polynome die besten Approximationseigenschaften für glatte, nicht periodische Funktionen besitzen.

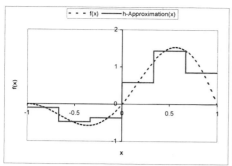 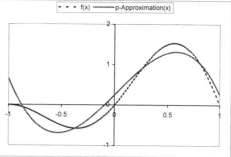

Bild 4: Vergleich einer Approximation mit stückweise konstanten Ansätzen (*h*-Version) und einer Approximation mit Ansätzen höherer Ordnung (*p*-Version)

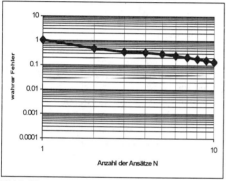 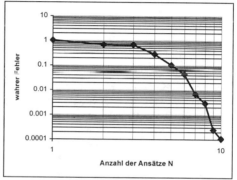

Bild 5: Konvergenzraten der *h*- und *p*-Version

Die Konvergenz der beiden Verfahren ist in Bild 5 dargestellt. Sie läßt sich völlig analog auf Finite-Elemente-Methoden übertragen. Die Konvergenzraten sind allein von den Eigenschaften der zu approximierenden Funktion und den gewählten Ansatzfunktionen abhängig.

In beiden Bildern ist die Wurzel aus dem Fehlerquadratintegral ("wahrer Fehler") in doppeltlogarithmischem Maßstab über der Anzahl der Ansätze N aufgetragen. Es wird deutlich, daß die Konvergenz der *h*-Version im wesentlichen algebraisch, also wie N^k erfolgt (linear im doppeltlogarithmischen Maßstab), während die *p*-Version eine Konvergenz wie e^{-kN} aufweist, also eine exponentielle Abnahme des Fehlers bei Erhöhung des Polynomgrades *p* der Ansätze.

Im ungünstigsten Fall – nämlich bei Vorhandensein von Singularitäten, d.h. in der Praxis *immer* – nimmt der Fehler allerdings auch in der *p*-Version nur noch algebraisch ab, allerdings mit mindestens doppelter Steigung wie bei der *h*-Version. Um die exponentielle Konvergenz wiederzugewinnen, muß die *p*-Version auf einem *angepaßten Netz*, also auf einem lokal verfeinerten Gitter, durchgeführt werden. Andernfalls riskiert man auch bei der *p*-Version globale Oszillationen der Ergebnisse (z.B. Oszillationen der Querkräfte bei Plattenberechnungen).

Aus der von vorneherein bekannten Konvergenzcharakteristik (mindestens algebraisch) kann man anhand von mindestens drei verschiedenen Berechnungen mit unterschiedlicher Anzahl von Ansätzen durch Extrapolation auf die tatsächliche Größe des Fehlers schließen, ohne diesen zu kennen. Ist die Konvergenz exponentiell anstatt algebraisch, so liegt man mit dieser Extrapolation auf der sicheren Seite.

Während dieses Vorgehen in der *h*-Version zu teuer und zu aufwendig ist, ist es in der *p*-Version einfach realisierbar: Man rechnet einfach auf einem festen Netz nacheinander mit verschiedenen Polynomgraden.

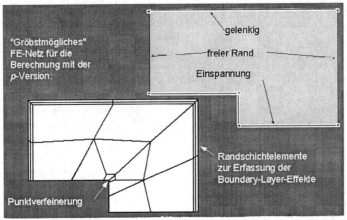

Bild 6: Gestaltung problemangepaßter Netze bei der *p*-Version der FEM. Man benötigt ein möglichst grobes Netz, das gerade hinreicht, die Geometrie zu beschreiben. Zusätzlich sind zur Erfassung lokaler Effekte wie Ecksingularitäten und Randschichten Netzverfeinerungen erforderlich (*hp*-Version)

Bild 6 stellt die prinzipielle Strategie dar, um eine Reißner-Mindlin-Platte mit Hilfe der *hp*-Version der FEM zu berechnen: An allen freien oder gelenkig gelagerten Rändern können extrem hohe Beträge der Querkraft im Schnitt senkrecht zum Rand auftreten ("boundary layers"), da die Drillmomente am Rand Null sein müssen, sich aber ins Innere der Platte hinein schnell eine Verdrillungsbehinderung aufbaut. Da die Querkräfte der Ableitung der Drillmomente entsprechen, wiesen die Querkräfte einen einer Singularität vergleichbaren Randeffekt auf, der nur durch entsprechende anisotrope Netzverfeinerung adäquat erfaßt werden kann. Gleiches gilt für die Ecksingularität – cum grano salis aus dem 1. Abschnitt dieses Beitrags, wo die Notwendigkeit einer ausreichend guten Erfassung des Spannungszustand in einem *Bereich* in der *Nähe* der Ecke (nicht in der Ecke selbst, wo die exakte Größe der Spannung – unendlich – ohnehin bekannt ist), erläutert wird.

Ein Merkmal der *p*-Version der finiten Elemente ist, daß auch recht komplexe Lösungsverläufe, solange sie nur *hinreichend glatt* sind, gut durch Polynome höherer Ordnung erfaßt werden können. Insbesondere können Momente und – bei Verzicht auf allzu riesige Elemente – selbst Querkräfte auch unter *teilbelasteten* oder nur *teilweise elastisch gebetteten* Elementen hinreichend genau mit *p*-Elementen erfaßt werden, die *nicht* an diesen Last- oder Auflagerelementen ausgerichtet sind.

Damit eröffnen sich weite Möglichkeiten für das Modellieren, wie im 1. Abschnitt dieses Beitrags ausgeführt. In unserer Implementierung der *hp*-Version der FEM für Reißner-Mindlin-Platten werden Punkt- und Linienlasten automatisch in entsprechende Flächenlasten verwandelt, indem die Plattendicke als Ausbreitungsbreite für die Lasten auf die Plattenmittelfläche herangezogen wird. Zur Integration der Lastfunktion wird die Lastfläche mit allen betroffenen Elementen verschnitten, und die Verschneidungspolygone werden sodann zur Integration der rechten Seite trianguliert. In jedem Drei- oder Viereck dieser Triangulierung wird sodann mit Standard-Gaußregeln numerisch integriert. Es ist unzulässig, anstelle dieses recht kompliziert erscheinenden Verfahrens direkt im belasteten Polygon ohne Rücksicht auf Elementgrenzen mit Gauß-Regeln zu integrieren, da die Elementansatzfunktionen an den Elementgrenzen schon in der 1. Ableitung unstetig sind.

Analoges gilt für die Berücksichtigung von Stützen. Stützen werden in der Praxis meist unter Vernachlässigung ihrer Biegesteifigkeit als gelenkige "Punktlager" betrachtet. Eine reale Stütze besitzt eine gewisse Biegesteifigkeit. Wird die Stütze als verteilte elastische Bettung modelliert (etwa entsprechend der Formel $c=E/h$, wobei c die Federkonstante der Bettung, E den Elastizitätsmodul der Stütze und h die Stützenhöhe bezeichnet), so besitzt dieses Stützenmodell allein aufgrund der räumlichen Ausdehnung eine gewisse Einspannwirkung. Um den realen

Gegebenheiten (bei nicht monolithischem Anschluß der Stütze keine ansetzbare Einspannwirkung) rechnung zu tragen, wird in unserer Implementierung die Stütze im Regelfall durch eine in beiden Richtungen parabolisch vom Zentrum der Stütze nach außen auf 0 abfallende elastische Bettung berücksichtigt, deren integrale Federsteifigkeit der Gesamtsteifigkeit der Stütze entspricht.

Ein weiteres wichtiges praxisrelevantes Detail sind Unterzüge. Die konventionelle Theorie des Euler-Bernoulli-Balkens eröffnet kaum gute Möglichkeiten zur Modellierung der Wirkung eines Unterzugs ohne Ansatz eines Faltwerksmodells. Ein Unterzug ist ein Balken, dem die Verfomungen der Platte aufgezwungen werden. Bei Einsatz der Euler-Bernoulli-Theorie kann dieses "Aufzwingen" der Plattenverformung auf den Balken nur entweder punktweise ("Kollokation") oder durch eine Penalty-Methode erfolgen. Eine echte kontinuierliche Kopplung zwischen Balken- und Plattenelement ist nicht möglich.

Anders hingegen sieht das Problem bei Einsatz der Timoshenko-Balken aus. Dieser Balken ist das eindimensionale Analogon zur Reißner-Mindlin-Platte. Wird die Verschiebung und Verdrehung des Balkens durch Polynome hoher Ordnung beschrieben, so kann man mit Timoshenko-Balkenelementen im Rahmen der Rechengenauigkeit dieselben Ergebnisse erzielen wie mit Bernoulli-Balken, solange man sich im Gültigkeitsbereich der Euler Bernoulli-Theorie bewegt. Das Stabwerksprogramm des Verfassers beruht intern auf einer p-Version der FEM für Timoshenko-Balken. Der Timoshenko-Balken mit p-Ansätzen kann darüberhinaus aber auch beliebig mit Reißner-Mindlin-Plattenelementen gekoppelt werden, sogar ohne Ausrichtung an der Elementierung der Platte.

Dazu wird der Balken wie die Stütze formal als "flächenförmig verteilte Bettung" betrachtet. Die "Bettungskonstanten" ergeben sich dann allerdings aus dem Ansatz eines exzentrisch angeschlossenen Balkens. Wie bei der "Punktstütze" muß sorgfältig über alle beteiligten Teilelemente integriert werden. Wird der Unterzug nicht als linienförmige, sondern als flächenförmige Unterstützung modelliert, so bildet sich über dem Unterzug kein Sprung in der Querkraft aus, so daß selbst dieses Modell unabhängig vom FE-Netz angeordnet werden kann, da die Schnittgrößenverläufe noch einigermaßen "glatt" sind.

Bild 7 stellt ein Beispiel einer Platte mit "Punktstützen" und Linien- sowie Punktlast dar. Das angegebene Netz wurde mit Polynomen bis zum 8. Grad gerechnet Das Netz ist längs freier Kanten zur Erfassung der Randeffekts und an einspringenden Ecken zur Berücksichtigung der Ecksingularität verfeinert. Das Netz ist feiner als das "gröbstmögliche" hp-Netz, jedoch nicht an Stützen und Lasten ausgerichtet. Bei den Flächenlasten und Flächenbettungen sind die Integrationspolygone eingezeichnet. Im folgenden werden die Ergebnisse unter der Einzellast und über der mittleren Stütze der unteren Reihe beobachtet.

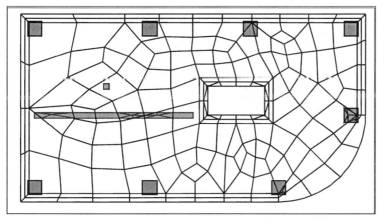

Bild 7: Modell einer "punktgestützten", durch eine Einzellast und eine Linienlast beanspruchten Platte. Die Lasten werden durch Teilflächenlasten, die Stützen durch Teilflächenbettungen modelliert.

119

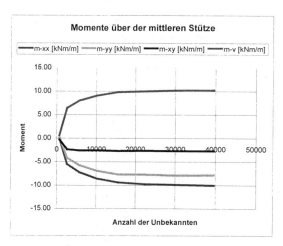

Bild 8: Konvergenz des Moments über der Stütze bei schrittweiser Erhöhung des Polynomgrads von 1 auf 8.

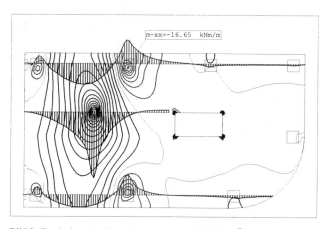

Bild 9: Ergebnisse der Plattenberechnung aus Bild 7 im Überblick. Hier: Momente um die kurze Achse des Systems.

Als Beispiel zeigt Bild 8 die Ausgabe des Programms für den Beobachtungspunkt über der Stütze. Hier wird klar, was mit der Gewährleistung der Netzunabhängigkeit der Ergebnisse gemeint ist. Schon ab etwa Polynomgrad 5 ändern sich alle maßgebenden Größen kaum mehr. Die Beobachtung des Punktes unter der Einzellast ergibt ähnliche Ergebnisse, die hier mangels Platz nicht wiedergegeben werden können. Sowohl das Stütz- als auch das Feldmoment unter der Einzellast konvergieren gegen endliche, klar aus den Graphiken ablesbare Grenzwerte. Das Modell der Teilflächenbelastung bzw. –bettung ist konsistent, wirklichkeitsnah und kann mit der p-Version mit hervorragender Genauigkeit numerisch berechnet werden.

Selbstverständlich wird die *globale* Berechnungsgenauigkeit parallel hierzu durch Beobachtung des Energiefehlers überwacht.

Bild 9 schließlich zeigt die Ergebnisse im Überblick.

LITERATUR

Szabo, B. A.; Babuska, I.: Finite Element Analysis. John Wiley, New York, 1991.

Baustatik-Baupraxis 7, Meskouris (Hrsg.) © 1999 Balkema, Rotterdam, ISBN 90 5809 044 2

Anwendungsorientierte Finite-Element-Modelle für die Kopplung verschiedenartiger Tragwerksteile

H.Cramer
Fachgebiet Baustatik und Baudynamik, Universität Rostock, Deutschland

ZUSAMMENFASSUNG: Die Finite–Element–Methode und der Komfort der Programmsysteme ist heute so weit entwickelt, daß auch unerfahrenere Anwender einfache Scheiben– und Plattenberechnungen in der Regel problemlos bewältigen können. Eine Ursache von Fehlern, Ungenauigkeiten oder Unsicherheiten stellt jedoch häufig die Modellierung der Kopplungen verschiedenartiger Bauteile dar. Das Grundproblem bei der Modellierung besteht darin, daß wegen der verschiedenartigen Idealisierungen der Tragwerksteile als Flächen– oder Linientragwerk Randbedingungen zusammentreffen, die sowohl im Kontinuierlichen wie auch im Diskreten zu Widersprüchen führen können. Der vorliegende Beitrag befaßt sich mit verallgemeinerten Elementmodellen für die Behandlung häufig auftretender Kopplungen von Balken, wandartigen Trägern, Stützen und Deckenplatten.

1 PROBLEMSTELLUNG

Zur Berechnung von Tragwerken mit finiten Elementen stehen heute Programmsysteme zur Verfügung, die für beliebige räumliche Tragstrukturen praktisch eingesetzt werden können. Dadurch sind diese auch in zunehmendem Maße zum alltäglich verwendeten Werkzeug bei der Berechnung komplexer Tragstrukturen geworden. Die Bemühungen, die Handhabung der Programme z. B. mit Hilfe von verbesserten Preprozessoren und einer abschließenden automatischen Bemessung weiter zu vereinfachen werden diese Tendenz noch verstärken. Dennoch ist der Einsatz der Methode häufig mit Problemen verbunden wie eine Fülle von Beiträgen zu diesem Thema zeigen (vgl. Dietrich 1988, Ramm 1990, Wunderlich 1994). Einige dieser Beiträge befassen sich mit dem Problemstellung, eine angemessene Netzeinteilung zu finden. Dieses auch heute häufig noch als vorrangig angesehene Problem wird in Zukunft durch den Einsatz von adaptiven Netzverfeinerungstechniken wesentlich stärker in den Hintergrund treten. Auch die Formulierung konsistenter Elementmodelle für Platten– oder Scheibenberechnungen hat inzwischen einen Stand erreicht, daß man bei der Programmanwendung weitgehend von einem robusten Elementverhalten ausgehen kann.

Dennoch sind natürlich auch weiterhin bei der Anwendung der Finite–Element–Methode die Aufgaben zu lösen, das Verhalten eines Bauwerks in einem statischen oder mechanischen Modell zu idealisieren, das die wesentlichen Eigenschaften und Tragwirkungen beinhaltet, und in einem zweiten Schritt, diese Idealisierung konsistent in ein Finite–Element–Modell umzusetzen.

Eine besondere Problematik bei der Umsetzung in ein Finite–Element–Modell ergibt sich jeweils bei der Verbindung verschiedenartiger Tragwerkstypen. Dies betrifft die Kopplung von Wandscheiben mit Randgliedern und Platten, von Scheiben und Platten mit Stützen wie auch die Kopplung von Platten mit Balken als Unterzügen.

Ziel des vorliegenden Beitrages ist es, die hierbei auftretenden Fragestellungen näher zu beleuchten und mögliche Lösungswege aufzuzeigen. Dabei wird Wert darauf gelegt, daß diese Lösungen auch im Hinblick auf adaptive Berechnungsverfahren einsetzbar sind, und somit nicht auf speziellen Diskretisierungen in den Kopplungsbereichen beruhen. Ausgangspunkt sind jeweils verallgemeinerte Finite–Element–Formulierungen, die eine Erfüllung der Übergangsbedingungen an den Koppelstellen in abgeschwächter Form erlauben.

2 KOPPLUNG VON SCHEIBEN MIT PLATTEN ODER RANDGLIEDERN

Zunächst soll hier ein Problemkreis betrachtet werden, der sich bei der Betrachtung eines Finite–Element–Modells als diskretes System ergibt: die Kopplung von Scheiben mit Platten oder mit Randgliedern. Das spezielle Problem beruht hier auf den kinematischen Hypothesen, mit denen Biegetragwerke auf eine Flächen– oder Linienetheorie zurückgeführt werden. Diese führen dazu, daß ihre geometrischen Freiheitsgrade sowohl durch Verschiebungen wie auch durch Verdrehungen repräsentiert werden, während ein Scheibensystem als zweidimensionales Kontinuum lediglich durch Verschiebungsfreiheitsgrade beschrieben wird. Auch am diskreten System müssen deshalb Elemente mit diesen unterschiedlichen Knotenfreiheitsgraden miteinander verknüpft werden. Es stellt sich daher die Frage, ob diese Verknüpfung in kompatibler oder konsistenter Weise erfolgen kann.

Betrachtet man zunächst Biegelemente im Rahmen einer Timoshenko– oder Reißner/Mindlin–Theorie bei denen Schubverformungen berücksichtigt werden, so ergibt sich aufgrund der unabhängigen Interpolation für Verdrehungen und Verschiebungen die gleiche Approximation für die Verschiebungen wie bei Scheibenelementen, wenn man übliche isoparametrische Elemente verwendet. Somit ist hier eine vollständig kompatible Kopplung möglich und das Problem reduziert sich darauf, ob ein Programmsystem unterschiedliche Freiheitsgrade in einzelnen Teilbereichen behandeln kann, was heute selbstverständlich sein sollte.

Anders ist die Situation, wenn Schubverformungen aufgrund kinematischer Hypothesen im Rahmen einer Bernoulli– oder Kirchhoff–Theorie vernachlässigt werden. In diesem Fall sind Verschiebungen und Verdrehungen in den Biegeelementen nicht mehr unabhängig voneinander und werden zum Beispiel bei einem Balken durch Hermite–Polynome approximiert. Die Kopplung mit einem Scheibenelement mit linearen Randverschiebungen ist dann nicht mehr voll verträglich (vgl. Figure 1.).

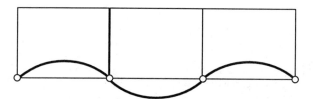

Figure 1. Unverträgliche Verschiebungen bei der Kopplung von Scheibe und Balken

Dennoch läßt sich zeigen, daß das hieraus resultierende diskrete System einer konsistenten Formulierung äquivalent ist. Betrachtet man nämlich die innere Potentielle Energie eines Biegebalkens ausgedrückt durch die Verdrehungen, so ergibt sich diese in der Form

$$\Pi = \frac{1}{2} \int_0^l \phi' \, EI \, \phi' \, dx \, . \tag{1}$$

Aufgrund der Vernachlässigung der Schubverformungen muß darin Bernoulli–Hypothese als kinematische Restriktion erfüllt werden. Diese läßt sich im Rahmen einer hybriden Verschiebungsmethode mit Hilfe eines verallgemeinerten Funktionals erfassen:

$$\Pi^* = \Pi + \int_0^l Q \, (\, w' + \phi \,) \, dx \tag{2}$$

Die Querkraft Q stellt hierin einen Lagrange–Parameter dar. Verwendet man zur Finite–Element–Diskretisierung dieses Funktionals quadratische Approximationen für die Verschiebung w wie auch für die Verdrehung ϕ, so lassen sich diese durch die in der Tabelle 1 angegebenen Funktionen in hierarchischer Form darstellen.

122

Tabelle 1. Hierarchische Ansatzfunktionen für die Verschiebung und die Verdrehung

$a \xmapsto{\xi} b$	Verschiebung	Verdrehung
	$\frac{1}{2}(1 - \xi)\, w_a$	$\frac{1}{2}(1 - \xi)\, \phi_a$
	$\frac{1}{2}(1 + \xi)\, w_b$	$\frac{1}{2}(1 + \xi)\, \phi_b$
	$(1 - \xi^2)\, \Delta w_m$	$(1 - \xi^2)\, \Delta \phi_m$

Mit Hilfe von konstanten und linearen Querkraftansätzen ergeben sich zusätzliche Gleichungen, durch die die Freiheitsgrade in der Elementmitte durch die an den Enden ausgedrückt werden können. Ein konstanter Querkraftansatz führt zu der Beziehung

$$\Delta \phi_m = - \frac{3}{2} \frac{w_b - w_a}{l} - \frac{3}{4} (\phi_a + \phi_b) \tag{3}$$

für den quadratischen Anteil der Verdrehung. Diese ist unabhängig von dem quadratischen Anteil der Verschiebungen und führt damit zu einer konsistenten Kopplung zwischen einem quadratischen Verdrehungsansatz und einem lineare Verschiebungsansatz, wie er bei einem Scheibenelement anzusetzen wäre.

Interessant ist, daß die oben angegebene Formulierung für ein Balkenelement zu der gleichen Steifigkeitsmatrix führt wie diejenige, die man mit Hilfe kubischer Hermite–Polynome aus der üblichen Verschiebungsmethode erhält. Dadurch daß sich damit das identische diskrete System ergibt, folgt daraus, daß sich auch diese allgemein üblichen Balkenelemente konsistent mit linearen Scheibenelementen verknüpfen lassen.

Die hier angestellte Betrachtungen sind direkt übertragbar auf die Kopplung von Scheiben mit Plattenelementen, die mit Hilfe einer diskreten Kirchhoff–Hypothese formuliert sind (Batoz 1988). Aber auch bei anderen Plattenelementen, die auf einer Kirchhoff–Theorie beruhen, lassen sich verallgemeinerte Formulierungen finden, die zu ähnlichen Ergebnissen führen. Daher kann man davon ausgehen, daß in der Regel eine Kopplung von Scheiben mit Platten oder Randgliedern, soweit diese zentrisch angeschlossen sind, zu einem konsistenten Finite–Element–Modell führen.

Interessant ist ist in diesem Zusammenhang auch noch, daß ein zusätzlicher linearer Querkraftansatz in dem in (2) angegebenen Funktional zu einer Bestimmungsgleichung für den quadratischen Anteil der Normalverschiebung führt. Das diskrete Balkenelement bleibt hiervon allerdings unbeeinflußt. Diese Beziehung kann jedoch dazu benutzt werden, um im Rahmen einer sogenannten Allmann–Kinematik Scheibenelemente mit Rotationsfreiheitsgraden zu formulieren (Allmann 1988), die ebenfalls zu einer konsistenten Kopplung mit Biegeelementen führen. Derartige Scheibenelemente besitzen insbesondere Vorteile bei der Modellierung von Faltwerken und Schalen.

3 PLATTE MIT UNTERZUG

Ein weiterer Fall, in dem die übliche Verschiebungsformulierung zu Unverträglichkeiten führen kann, ergibt sich bei dem exzentrischen Anschluß eines Balkens an eine Platte unter Berücksichtigung der Scheibenwirkung. Hier erhält man beim Ansatz einer Theorie ohne Schubverformungen aufgrund der Exzentrizität einen unverträglichen Verschiebungsverlauf in Längsrichtung entlang der Koppelkante dadurch, daß Längsverschiebungen und Verdrehungen durch Polynome unterschiedlichen Grades approximiert werden. Aber auch bei den üblichen isoparametrischen Elemen-

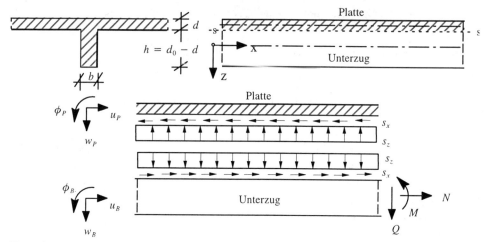

Figure 2. Verschiebungs– und Schnittgrößen am System Platte–Unterzug

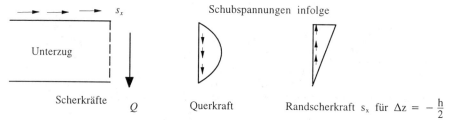

Figure 3. Verlauf der Schubspannungen im Unterzug

ten, die auf einer Theorie unter Berücksichtigung von Schubverformungen beruhen, werden die Schubverformungen in Balkenelementen nicht in konsistenter Weise erfaßt.

In Figure 2 sind die am Unterzug wirkenden Schnittgrößen einschließlich der zwischen Platte und Unterzug wirkenden Kräfte dargestellt. Hiermit erhält man im Unterzug folgenden Gleichgewichtsbedingungen:

$$s_x = -N' - \bar{p}_x \quad , \tag{4}$$

$$Q = M' - \Delta z \, N' \quad , \quad mit \quad \Delta z = -\frac{h}{2} \quad , \tag{5}$$

$$s_z = -Q' - \bar{p}_z = -M'' + (\Delta z \, N')' - \bar{p}_z \quad . \tag{6}$$

Hierin sind $\bar{p}_z$ auf den Unterzug wirkende Streckenlasten. Im Querschnitt des Unterzuges ergeben sich Schubspannungsverläufe infolge der Scher– und Querkräfte wie sie in Figure 2 dargestellt sind. Unter Berücksichtigung der aus dem Verlauf der Schubspannungen im Unterzug resultierenden Schubverformungen ergeben sich hieraus folgenden Verträglichkeitsbedingungen zwischen Platte und Unterzug:

$$w_B' + \phi_B = \gamma = \frac{1}{Gbh} \left(\frac{6}{5} Q + \Delta z \, s_x \right) \quad , \tag{7}$$

$$\left(u_P + \frac{d}{2} \phi_P \right) - \left(u_B' + \Delta z \, \phi_B \right) = \Delta_s = \frac{\Delta z}{Gbh} \left(Q + \frac{4}{3} \Delta z \, s_x \right) \quad , \tag{8}$$

$$w_P - w_B = 0 \quad . \tag{9}$$

124

Mit Hilfe dieser Beziehungen läßt sich unter Berücksichtigung der Gleichgewichtsbeziehungen im Unterzug ein verallgemeinertes Funktional (10) als Grundlage für ein Finite–Element–Modell angeben.

$$\Pi^* = \Pi_P - \int_0^l \{\, (u_P + \frac{d}{2}\,\phi_p)\, N' \; + w_P M'' \; - w_P (\Delta z \, N')' \; + w_P \overline{p}_z \,\} \; dx$$

$$+ \lfloor u_B N + \phi_B M + w_B M' - w_B \Delta z \, N' \rfloor_0^l \qquad\qquad (10)$$

$$- \int_0^l \{\, \frac{1}{2\,EI}\,M^2 + \frac{1}{2\,EA}\,N^2 + \frac{3}{5\,GA}M'^2 - \frac{11\,\Delta z}{5\,GA}\,N'\,M' + \frac{32\,\Delta z^2}{15\,GA}\,N'^2 \,\} \; dx$$

Hierin stellt Π_P das Funktional dar, das als Grundlage für die Formulierung eines üblichen Plattenelements mit 3 oder 4 Knoten dient. Geht man dabei von linearen Ansätzen für die Längsver-

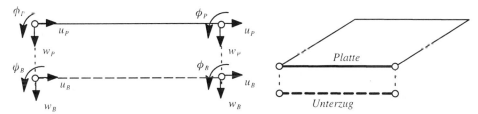

Figure 4. Unterzugelement mit diskreten Freiheitsgraden

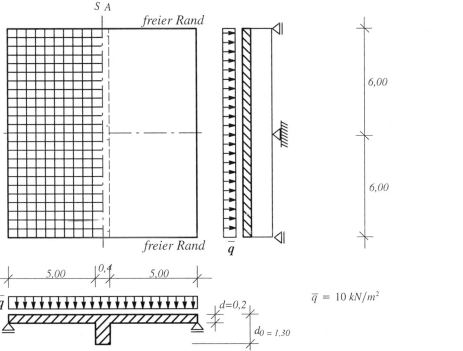

$$\overline{q} = 10 \; kN/m^2$$

Figure 5. Deckenplatte mit Unterzug

125

Tabelle 2. Einfluß der Modellierung auf die Zustandsgrößen des Unterzuges

	Modell 1 $\gamma = 0$ $\Delta_s = 0$	Modell 2 $\gamma = \frac{1}{Gbh}\frac{6}{5}Q$ $\Delta_s = 0$	Modell 3 γ : vgl (7) Δ_s : vgl (8)
Feldmoment [kNm]	161,9	162,4	165,6
Moment über der Mitelstütze [kNm]	−280,0	−277,7	−262,8
Durchbiegung in Feldmitte [mm]	0,116	0,123	0,161

schiebung u_P und quadratische für die Normalverschiebung w_P der Platte aus, so erhält man mit (10) eine stabile Elementformulierung für den Unterzug durch lineare Ansätze für die Normalkraft und quadratische für das Biegemoment. Die Verschiebungsfreiheitsgrade des Balkens treten entsprechen einer hybriden Formulierung jeweils nur am Anfang und Ende des Unterzugs auf. Die diskreten Freiheitsgrade der Kraftgrößen lassen sich auf Elementebene eliminieren und man erhält schließlich ein Element mit jeweils zwei Knoten an der Plattenkante sowie am Anfang und am Ende des Unterzugelements (vgl. Figure 4).

Der Einfluß der Modellierung des Unterzuges und der Scherverformungen soll an einem Beispiel verdeutlicht werden, das bereits in (Wunderlich 1994) untersucht wurde. Anhand des in Figure 5 dargestellten Systems wird der Einfluß der Scherverformungen eines relativ hohen Unterzuges und der Art ihrer modellmäßigen Erfassung dargestellt. Hierzu wird jeweils die oben beschriebene Finite–Element–Formulierung für den Unterzug verwendet, wobei die Scherverformungen jedoch in drei Modellen auf unterschiedliche Weise berücksichtigt werden. In Modell 1 sind die Scherverformungen völlig vernachlässigt. Im zweiten Modell werden nur die Schubverformungen γ infolge der Querkraft Q berücksichtigt. Dies entspricht der üblichen Formulierung der Schubverformungen bei Balkenelementen. Modell 3 ergibt sich aus einer vollständigen Beschreibung der Scherverformungen, wie in (7) und (8) angegeben.

Die Biegemomente und die Durchbiegungen des Unterzuges sind in Tabelle 2 gegenübergestellt. Man erkennt anhand der Ergebnisse von Modell 3 den deutlichen Einfluß der Scherverformungen auf die Durchbiegung und auf die Biegemomente, insbesondere auf das Stützenmoment. Man sieht aber auch deutlich, daß Modell 2 nicht in der Lage ist, den Schubeinfluß richtig wiederzugeben.

Zur Diskretisierung der Platte wurden in diesem Modell Elemente nach eines diskreten Kirchhoff–Hypothese verwendet, wobei die Scheibenwirkung durch ein bilineares Scheibenelement erfaßt wurde. Die Auswirkungen der Unterzugmodellierung auf die Plattenschnittgrößen sind aufgrund der hohen Steifigkeit des Unterzuges gering.

4 KOPPLUNG VON STÜTZEN MIT WANDSCHEIBEN ODER DECKENPLATTEN

Die Kopplung von biegesteifen Stützen mit Scheibentragwerken erweist sich bereits bei der Betrachtung des diskreten Systems als Problem. So sind Scheiben aufgrund fehlender Rotationsfreiheitsgrade nicht in der Lage Momente aufzunehmen. Dies gilt aber auch schon für das zugrunde liegende kontinuumsmechanische Modell. Außerdem stellt auch die Einleitung von Einzelkräften bei Scheibenproblemen ein unsachgemäß gestelltes Problem dar. Dies gilt in gleicher Weise bei Deckenplatten für die Einleitung von Einzelmomenten und auch beim Ansatz einer Reißner/Mindlin–Theorie für Punktlasten. In der Kirchhoff–Theorie sind zwar Punktlasten zulässig, diese führen aber zu Singularitäten. Daher ist es insbesondere bei feinen FE–Netzen und für adaptive Verfeine-

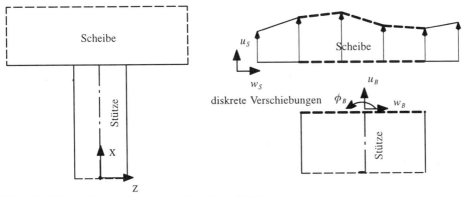

Figure 6. Diskrete Verschiebungen von Scheibe und Stütze

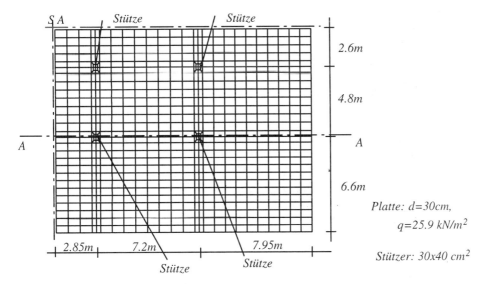

Figure 7. Diskretisiertes System der Flachdecke

rungsstrategien erforderlich, die Einleitung von Stützenkräften in Flächentragwerke flächig zu modellieren.

Eine Möglichkeit, die ohne künstlich einzuführende steife Elemente auskommt, soll im folgenden erläutert werden. In Figure 6 sind die diskreten Verschiebungen eines Systems und ein möglicher Verlauf der Verschiebungen in einer Scheibe mit linearen Verschiebungsansätzen dargestellt. Der Verlauf der Verschiebungen über den Querschnitt des Balkens ist durch die üblichen Hypothesen der Balkentheorie definiert. Fordert man nun, daß der quadratische Fehler in den Verträglichkeitsbedingungen zwischen Scheibe und Stütze zu einem Minimum wird, so ergeben sich hieraus Beziehungen, die als Restriktionen in ein erweitertes Funktional eingeführt werden können.

$$\Pi^* = \Pi_S + \Pi_B + P_z w_B + P_x u_B + M \phi_B \qquad (11)$$

$$- \int_A \frac{1}{A} P_z w_S(z)\, dA - \int_A (\frac{1}{A} P_x + \frac{z}{I} M)\, u_S(z)\, dA$$

Hierin wird die z–Koordinate auf den Schwerpunkt der Stütze bezogen. Π_P und Π_P repräsentieren übliche Funktionale, die als Grundlage für die Diskretisierung der Scheibe und des Balkens ver-

127

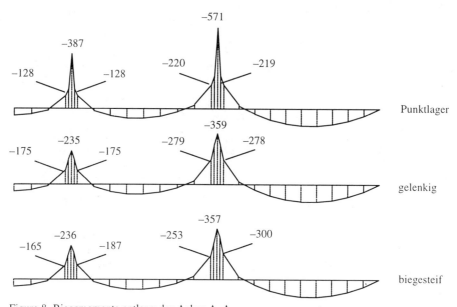

Figure 8. Biegemomente entlang der Achse A–A

wendet werden. Die als Lagrange–Parameter wirkenden Kraftgrößen P_z, P_x und M repräsentieren die Schnittgrößen der Stütze. Damit kann auch ein gelenkiger Stützenanschluß modelliert werden, indem das Biegemoment M durch eine Randbedingung zu Null gesetzt wird.

Analog zu (11) läßt sich auch für die Kopplung von Stützen mit Deckenplatten ein entsprechendes Funktional (12) angeben. Die zusätzlich in (11) und (12) entstehenden Integrale führen damit zu finiten Koppelelementen für den Anschlußbereich.

$$\Pi^* = \Pi_P + \Pi_B + P_x\, u_B + M_z\, \phi_{zB} + M_y\, \phi_{yB} \tag{12}$$

$$- \int_A (\frac{1}{A}\, P_x + \frac{z}{I_y}\, M_y - \frac{y}{I_z}\, M_z)\, u_P(y,z)\, dA.$$

Die Wirkung dieses Modells soll am Beispiel einer doppelt symmetrischen Flachdecke erläutert werden. Das diskretisierte System für ein Viertel der Platte ist in Figure 7 dargestellt. Zum Vergleich werden die Ergebnisse für eine Idealisierung der Stütze als Punktlager den Ergebnissen eines flächigen Anschlusses gegenübergestellt. Bei letzteren ist der Anschluß in einem Modell als gelenkig und in einem weiteren als biegesteif angenommen.

Als Ergebnisse sind in Figure 8 die Momentenverläufe entlang der Achse A–A dargestellt. Die Stützmomente sind jeweils in Stützenmitte und am Stützenanschnitt zahlenmäßig angegeben. Man erkennt deutlich den positiven Einfluß der flächenhaften Anschlußmodellierung.

LITERATUR

Allmann, D. J. 1988. A quadrilateral finite element including vertex rotations for plane elasticity analysis. *Int. J. Num. Meth. Eng.* 26: 717–730.
Batoz, J. L. & M. B. Tahar 1982. Evaluation of a new quadrilateral thin plate bending element. *Int. J. Num. Meth. Eng.* 18: 1655–1677.
Dietrich, R. 1988. Finite Elemente im Alltagsgeschäft. In Wunderlich W. & E. Stein (Hrsg.), *Finite Elemente – Anwendungen in der Baupraxis*: 33–41. Berlin: Ernst & Sohn.
Ramm, E., J. Müller & K. Wassermann 1990. Problemfälle bei FE–Modellierungen. *Tagungsband Baustatik Baupraxis 4*: 9.1–9.24, Hannover.
Wunderlich, W., G. Kiener & W. Ostermann 1994. Modellierung und Berechnung von Deckenplatten. *Der Bauingenieur* 69: 381–390.

Baustatik-Baupraxis 7, Meskouris (Hrsg.) © 1999 Balkema, Rotterdam, ISBN 90 5809 044 2

Der Paradigmenshift in der Baustatik

Thomas Grätsch & Friedel Hartmann
FG Baustatik, Universität-GH Kassel, Deutschland

Zusammenfassung

*Mit den finiten Elementen hat sich auch der Gleichgewichtsbegriff in der Statik ge-
wandelt. Es ist ein neuer Begriff hinzu gekommen: Der Begriff des äquivalenten
Lastfalls. Der äquivalente Lastfall ist der zum Originallastfall 'wackeläquivalente'
Lastfall. Wir dimensionieren unsere Tragwerke heute für den äquivalenten Lastfall,
nicht mehr für den Originallastfall.*

Die finiten Elemente bedeuten nicht nur rechentechnisch eine Wende in der Baustatik, sondern mit den finiten Elementen hat es auch einen veritablen *Paradigmenshift*
in der Baustatik gegeben.

In der klassischen Statik bedeutet Gleichgewicht am Balken, daß die Biegelinie $w(x)$
des Balkens der Differentialgleichung

$$EIw^{IV}(x) = p(x)$$

genügt. Statisch formuliert diese Differentialgleichung das Gleichgewicht am inifini-
tesimalen Element dx. Ist die Differentialgleichung erfüllt, dann gilt auch das Prinzip
der virtuellen Verrückungen

$$EIw^{IV}(x) = p(x) \quad \implies \quad \delta A_a = \delta A_i \qquad \text{Klassische Statik}$$

Gleichgewicht im Sinne des Prinzips der virtuellen Verrückungen dagegen ist eine
Aussage, die nicht auf das Element dx schaut, sondern die das ganze Tragwerk
betrachtet. Das Tragwerk ist im Gleichgewicht, wenn bei jeder virtuellen Verrückung
des Tragwerks die virtuelle äußere Arbeit gleich der virtuellen inneren Arbeit ist,

$$EIw^{IV}(x) = p(x) \quad \impliedby \quad \delta A_a = \delta A_i \qquad \text{Moderne Statik}$$

Diese Variationsformulierung des Gleichgewichts wenden wir z.Bsp. an, wenn wir
das Momentengleichgewicht

$$P_1 h_1 = P_2 h_2$$

eines Waagebalkens kontrollieren. Wenn diese Gleichung erfüllt ist, dann gilt trivialerweise

$$\hat{x}P_1h_1 = P_2h_2\hat{x}$$

mit beliebigen Zahlen $\hat{x}$. Aus dem Momentengleichgewicht (dem klassischen Gleichgewichtsbegriff) folgt also das Prinzip der virtuellen Verrückungen

$$P_1h_1 = P_2h_2 \quad\implies\quad \hat{x}P_1h_1 = P_2h_2\hat{x}$$

In der modernen Statik argumentieren wir umgekehrt: Wir tippen an den Waagebalken, wir erteilen ihm eine Rotation $\hat{x} = \tan\varphi$ und weil wir beobachten, daß der Waagebalken auch in der Schräglage zur Ruhe kommt, so schließen wir, daß Gleichgewicht herrschen muß

$$P_1h_1 = P_2h_2 \quad\Longleftarrow\quad \hat{x}P_1h_1 = P_2h_2\hat{x}\,.$$

Da der Waagebalken nur einen Freiheitsgrad besitzt, reicht ein Test, ein solcher kurzer Stoß aus.

Um das Gleichgewicht eines Fachwerks, das n Freiheitsgrade u_i (die horizontalen und vertikalen Knotenbewegungen) aufweisen möge, zu kontrollieren, müssen wir n linear unabhängige virtuelle Verrückungen δu_i des Fachwerks vornehmen, bevor wir sicher sein können, daß die Gleichgewichtsbedingungen erfüllt sind

$$\boldsymbol{K}\boldsymbol{u} = \boldsymbol{f} \quad\Longleftarrow\quad \delta\boldsymbol{u}_i^T\boldsymbol{K}\boldsymbol{u} = \delta\boldsymbol{u}^T\boldsymbol{f} \quad i = 1,2,\ldots n$$

Um dieselbe Sicherheit bei einem Balken zu haben, sind unendlich viele Tests mit unendlich vielen virtuellen Verrückungen δw nötig

$$EIw^{IV}(x) = p(x) \quad\Longleftarrow\quad \int_0^l EIw^{IV}\delta w\,dx = \int_0^l p\delta w\,dx \quad \text{für alle } \delta w$$

weil die Biegelinie w eines Balkens unendlich viele Freiheitsgrade hat.

Natürlich ist das alles eigentlich nicht so neu. Was wir bis jetzt vorgetragen haben, ist der Unterschied zwischen *starker Lösung* und *schwacher Lösung*. Die Balkengleichung EIw^{IV} ist die *Euler-Gleichung* des Variationsprinzips $\delta\Pi = 0$, das wir wiederum mit dem Prinzip vom Minimum der potentiellen Energie verknüpfen können. Aber es gibt einen zweiten Begriff, der an das Prinzip der virtuellen Arbeiten, also das Variationsprinzip, anknüpft und der konstitutiv für die moderne Statik geworden ist. Es ist dies der Begriff des *äquivalenten Lastfalls*.

Wenn wir ein Tragwerk mit finiten Elemente untersuchen, dann bedeutet dies, daß wird die wahre Belastung p durch eine dazu äquivalente Belastung p_{FE} ersetzen. Äquivalent im Sinne des Prinzips der virtuellen Verrückungen.

Wir wollen dies am Beispiel einer FE-Formulierung näher erläutern. Im Folgenden bezeichne U die Menge all der Verformungsfiguren, die ein Tragwerk theoretisch annehmen kann. Es ist bekannt, daß die Verformung u, die von einer Last p verursacht wird, die potentielle Energie

$$\Pi(u) = \frac{1}{2}a(u,u) - (p,u)$$

zum Minimum macht. Die Idee der finiten Elemente besteht darin, eine *Teilmenge* U_h des Konfigurationsraums U zu konstruieren und das Minimumproblem auf der Teilmenge zu lösen.

Finde die Verformungsfigur u_{FE} in U_h, die den kleinsten Wert für die potentielle Energie liefert:

$$\Pi(u) = \frac{1}{2}a(u, u) - (p, u) \qquad \Rightarrow \qquad \text{Minimum}$$

Die FE-Methode *restringiert* daher das Verhalten eines Tragwerks. Das Tragwerk kann nur noch die Verformungszustände annehmen, die sich durch die Ansatzfunktionen φ_i — gewöhnlich sind dies die Einheitsverformungen der Knoten — darstellen lassen

$$u_{FE} = \sum_{i=1}^{n} u_i \varphi_i(x).$$

Nun kann man jeder Einheitsverformung φ_i einen Lastfall p_i zuordnen. Es ist gerade der Lastfall, der die Einheitsverformung φ_i hervorruft.

Sei z.Bsp. φ_i die Biegelinie eines Balkens auf Grund einer Einheitsverformung eines Knotens. Dann ist p_i einfach die rechte Seite von φ_i. Wobei rechte Seite nun nicht nur die rechte Seite der Differentialgleichung meint, sondern, abhängig von der Glattheit von φ_i, auch die Sprünge in den Ableitungen an den Elementgrenzen, die sich als Knotenmomente bzw. Knotenkräfte interpretieren lassen

$$p_i := EI\varphi_i^{IV} + \text{Sprünge von } EI\varphi_i^{II} + \text{Sprünge von } EI\varphi_i^{III}$$

Einfacher gesagt: Die Einheitsverformung φ_i ist die Lösung des Lastfalls p_i.

Dies bedeutet, daß es einen zum Konfigurationsraum U_{FE} dualen Raum P_{FE} gibt. In diesem 'Raum' liegen all die Lastfälle p_i, die die Einheitsverformungen φ_i als Lösungen haben. Von U_{FE} nach P_{FE} kommt man durch Differentiation — man setzt einfach die Einheitsverformungen in die Differentialgleichung ein (und achtet auf die Sprünge an den Elementgrenzen) — während die umgekehrte Abbildung von P_{FE} zurück nach U_{FE} mittels *Einflußfunktionen* geschieht, wie wir sie z.Bsp. von der Methode der Randelemente her kennen,

$$u_{FE}(x) = \sum_{i=1}^{n} u_i \varphi_i(x) = \int_\Gamma (g_0 \frac{\partial u_{FE}}{\partial \nu} - \frac{\partial g_0}{\partial \nu} u_{FE}) ds + \int_\Omega g_0 \, p_{FE} d\Omega.$$

Das Problem, das Minimum der potentiellen Energie auf U_{FE} zu finden, führt dann auf die wohlbekannte Gleichung

$$\boldsymbol{Ku = f}.$$

Die f_i auf der rechten Seite sind die äquivalenten Knotenkräfte, d.h. die virtuelle Arbeit, die von der Belastung p auf den Wegen φ_i, den Einheitsverformungen der Knoten, geleistet wird. Hierfür schreiben wir

$$f_i = \delta A_a(p, \varphi_i).$$

131

Die linke Seite der Gleichung $\boldsymbol{Ku} = \boldsymbol{f}$ ist die virtuelle innere Energie der FE-Lösung bezüglich der virtuellen Verrückungen φ_i

$$\sum_{j=1}^{n} k_{ij} = \delta A_i(u_{FE}, \varphi_i).$$

Weil die FE-Lösung selbst eine *Gleichgewichtslösung* ist — sie löst den Lastfall p_{FE} — können wir das Prinzip der virtuellen Verrückungen auch auf die FE-Lösung anwenden, und wir erhalten so das Resultat

$$\delta A_i(u_{FE}, \varphi_i) = \delta A_a(p_{FE}, \varphi_i)$$

wobei der FE-Lastfall

$$p_{FE} = \sum_{i=1} u_i p_i$$

die Summe über alle n Grundlastfälle p_i des dualen Raums P_{FE} ist. (Der Grundlastfall p_i ist der Lastfall, der die Ansatzfunktion φ_i als Gleichgewichtslage hat).

Die u_i in der obigen Darstellung sind die Knotenverformungen des Tragwerks. Indem wir die Knotenverformungen bestimmen, bestimmen wir also auch die Gewichte der Grundlastfälle: Wieviel von jedem Grundlastfall in den FE-Lastfall einfließt.

Die klassische FE-Gleichung $\boldsymbol{Ku} = \boldsymbol{f}$ ist daher äquivalent mit den n Gleichungen

$$\delta A_a(p, \varphi_i) = \delta A_a(p_{FE}, \varphi_i) \qquad i = 1, 2, \ldots n$$

was bedeutet, daß der FE-Lastfall p_{FE} dem wahren Lastfall p bezüglich der n Ansatzfunktionen φ_i äquivalent ist.

Das Gewicht eines Steins ermitteln wir, indem wir den Stein in die Hand nehmen und ihn hochwerfen, ihn beschleunigen. Nur Bewegung verrät uns das Gewicht.

Der FE-Lastfall stellt sich nun gerade so ein, daß bei jeder virtuellen Verrückung φ_i des Tragwerks die FE-Lasten p_{FE} dieselbe virtuelle Arbeit leisten, wie die wahren Lasten p. Das heißt äquivalent.

Ein Prüfingenieur, dem als 'Sensorium' nur die Ansatzfunktionen, die Einheitsverformungen φ_i, zur Verfügung stünden, würde nicht merken, daß der Aufsteller einen ganz anderen Lastfall gerechnet hat. Bei jedem 'Wackeltest' entspräche das Ergebnis der Erwartung des Prüfingenieurs

$$\delta A_a(p, \varphi_i) = \delta A_a(p_{FE}, \varphi_i) \qquad i = 1, 2, \ldots n\,.$$

Der Camouflage, die die finiten Elemente hier so erfolgreich betreiben, käme er nur auf die Spur, wenn er eine virtuelle Verrückung wählen würde, die nicht in U_{FE} liegt. Dann müßte er stutzig werden

$$\delta A_a(p, \varphi_i) \neq \delta A_a(p_{FE}, \varphi_i) \qquad \varphi_i \notin U_{FE}$$

Äquivalenz bedeutet, wie man durch einfaches Umstellen der Gleichungen erkennt, daß die Differenz zwischen dem wahren Lastfall p und dem FE-Lastfall p_{FE} orthogonal zu den Ansatzfunktionen ist

$$\delta A_a(p - p_{FE}, \varphi_i) = 0\,.$$

Dies ist auch der Grund, warum man eine FE-Lösung (auf dem gleichen Netz) nicht verbessern kann, denn die äquivalenten Knotenkräfte, die zu dem Fehler $p - p_{FE}$ gehören, sind Null. Wegen

$$\delta A_i(u, \varphi_i) = \delta A_a(p, \varphi_i) = \delta A_a(p_{FE}, \varphi_i) = \delta A_i(u_{FE}, \varphi_i) \qquad i = 1, 2 \ldots n$$

ist auch der Fehler in den Spannungen orthogonal zu den Ansatzfunktionen

$$\delta A_i(u - u_{FE}, \varphi_i) = \int_0^l \frac{(M - M_{FE}) M_i}{EI} dx = 0 \,.$$

Dies bestätigt noch einmal, daß es das Ziel der FEM ist, den Fehler in der Verzerrungsenergie zu minimieren. Die FEM ist ein *Projektionsverfahren* und den Abstand mißt sie in der Verzerrungsenergie

$$\delta A_i(u - u_{FE}, u - u_{FE}) = \int_0^l \frac{(M - M_{FE})^2}{EI} dx \qquad \Rightarrow \qquad \text{Minimum}$$

Mit dem Prinzip der virtuellen Verrückungen kommt also nicht nur ein 'neuer' Gleichgewichtsbegriff in die Statik hinein — das Konzept der Wackellösung — , sondern mit dem Prinzip kommt auch der Begriff des *äquivalenten Lastfalls* in die Statik hinein. *Alle Tragwerke, die wir mit der Methode der finiten Elemente berechnen, dimensionieren wir nicht für den wahren, den eigentlichen Lastfall p, sondern für den äquivalenten Lastfall p_{FE}.*

Die Äquivalenz hangt naturlich von der Menge U_h, den Ansatz- und Testfunktionen φ_i. Denken wir z.Bsp. an einen Balken mit einer dreiecksförmigen Belastung. Ein Ingenieur würde sicherlich als äquivalente Knotenkräfte Einzelkräfte wählen, während ein FE-Programm zusätzlich noch Knotenmomente ansetzen würde und damit den Fehler in der Energie kleiner halten würde als in der Ingenieurlösung.

Der Ansatzraum des Ingenieurs besteht aus nichtkonformen Dachfunktionen, während das FE-Programm mit konformen Einheitsverformungen arbeitet und so automatisch durch Überlagerung dieser Verformungen mit der linear veränderlichen Belastung auf Knotenmomente geführt wird.

Wir sagen eine Folge von Funktionen $p_i(x)$ konvergiert *gleichmäßig* gegen eine Grenzfunktion $p(x)$, wenn der Fehler

$$|p_i(x) - p(x)| < \varepsilon$$

nur von dem Index i abhängt. Wir sagen dagegen eine Folge $p_i(x)$ von Funktionen konvergiert *schwach* gegen die Grenzfunktion $p(x)$, wenn die virtuelle Arbeit (das L_2-Skalarprodukt)

$$\lim_{i \to \infty} \int p_i \, \varphi \, dx = \int p \, \varphi \, dx \qquad \text{für alle } \varphi \in C^\infty$$

gegen die virtuelle Arbeit

$$(p, \varphi) = \int p \, \varphi \, dx$$

der Zielfunktion konvergiert.

Gemäß dieser Logik sind zwei Lastfälle p und $\hat{p}$ identisch, wenn ihre virtuelle Arbeit bezüglich aller virtuellen Verrückungen gleich sind

$$(p, \varphi) = (\hat{p}, \varphi) \qquad \text{für alle } \varphi \in C^\infty \qquad \Rightarrow \qquad p \equiv p$$

Hier an dieser Stelle treffen sich die moderne Mathematik und die moderne Statik. Beide benutzen dieselbe Sprache. Beide haben denselben magischen Schlüssel entdeckt, das *Skalarprodukt*. In der Statik ist das — wenn wir es richtig sehen — eher passiert als in der Mathematik, denn Generationen von Studenten wurden ein Semester lang mit dem Kraftgrößenverfahren vertraut gemacht und dann ein Semester mit dem Weggrößenverfahren. So wie jeder Student gelernt hat, daß es zu jeder Weggröße eine adjungierte Kraftgröße gibt. Dualität ist ein fundamentales Konzept der Statik. Und es berührt schon merkwürdig, daß auch in der modernen Theorie der partiellen Differentialgleichungen die Dualität, das Skalarprodukt, der Begriff der schwachen Lösung eine solche tragende Rolle spielt. Diese Koinzidenz der Entwicklungen ist für beide Seiten, die Ingenieurwissenschaften wie für die Mathematik, eine glückliche Fügung.

Baustatik-Baupraxis 7, Meskouris (Hrsg.) © 1999 Balkema, Rotterdam, ISBN 90 5809 044 2

Analytische Berechnung von Stäben und Stabwerken mit stetiger Veränderlichkeit von Querschnitt, elastischer Bettung und Massenbelegung nach Theorie I. und II. Ordnung

H. Rubin

Institut für Baustatik, Technische Universität Wien, Österreich

ZUSAMMENFASSUNG: Im Gegensatz zu FEM-Methoden handelt es sich im vorliegenden Beitrag um eine analytische – das heißt im Rahmen der verwendeten Theorie – genaue Berechnung der Zustandsgrößen von Stabwerken. Alle Systemgrößen und die für Theorie II. Ordnung benötigte Normalkraft N^{II} dürfen längs der Stabachse gemäß eines beliebigen Polynoms veränderlich sein. Berücksichtigt werden M-, Q- und N-Verformungen, Theorie I. und II. Ordnung, elastische Bettung sowie harmonische Schwingungen; Q-Verformungen allerdings können nur bei konstantem Querschnitt berücksichtigt werden. Grundlage dieser baustatischen Theorie ist ein mathematisches Lösungsverfahren für lineare Differentialgleichungen mit beliebigen Polynomkoeffizienten. Das Beispiel eines eingespannten Turms mit veränderlichem Querschnitt zeigt die Anwendung des Verfahrens. Die beschriebene Theorie ist Grundlage des EDV-Programms IQ 100 zur Berechnung ebener Stabwerke, das beim Werner-Verlag, Düsseldorf, erhältlich ist.

1 MATHEMATISCHES PROBLEM: ANALYTISCHE LÖSUNG EINER DIFFERENTIALGLEICHUNG 4. ORDNUNG MIT POLYNOM-KOEFFIZIENTEN

Hilfsfunktionen $a_j(x)$ zur Beschreibung von Polynomen

Es wird definiert

$$a_0 = 1, \quad a_j(x) = x^j/j! \quad \text{für } j \geq 1; \quad a_j = 0 \quad \text{für } j < 0 \tag{1}$$

Ableiten: $a_j'(x) = a_{j-1}(x) \quad \text{für alle } j$ (2)

Integrieren: $\int_0^x a_j(x)\,dx = a_{j+1}(x) \quad \text{für } j \geq 0$ (3)

Differentialgleichung 4. Ordnung mit Polynomkoeffizienten

$$\eta_0(x) \cdot y + \eta_1(x) \cdot y' + \eta_2(x) \cdot y'' + \eta_3(x) \cdot y''' + \eta_4(x) \cdot y'''' \qquad \text{„linke Seite"}$$
$$= q_0 \cdot a_0 + q_1 \cdot a_1(x) + q_2 \cdot a_2(x) + ... \qquad \text{„rechte Seite"} \tag{4}$$

Konstante

Polynomkoeffizienten

$$\eta_u(x) = \underbrace{\eta_{u0} \cdot a_0}_{\text{Konstante}} + \eta_{u1} \cdot a_1(x) + \eta_{u2} \cdot a_2(x) + \dots \quad \text{für } u = 0 \text{ bis } 4 \tag{5}$$

Lösung der Differentialgleichung

$$\begin{aligned} y(x) = {}&y(0) \cdot c_0(x) + y'(0) \cdot c_1(x) + y''(0) \cdot c_2(x) + y'''(0) \cdot c_3(x) \quad \text{homogener Anteil} \\ &+ q_0 \cdot b_4(x) + q_1 \cdot b_5(x) + q_2 \cdot b_6(x) + \dots \qquad\qquad\qquad\quad \text{partikulärer Anteil} \end{aligned} \left.\rule{0pt}{28pt}\right\} \tag{6}$$

Die Funktionen $b_j(x)$ und $c_j(x)$ werden mit Hilfe eines EDV-Programms auf analytischem Wege berechnet. Diese Funktionen hängen nur von den Koeffizienten $\eta_u(x)$ ab, gelten also für beliebige rechte Seiten, das heißt für beliebige Lastfälle im Fall der baustatischen Anwendung.
Das EDV-Programm kann vom Autor bezogen werden.

2 ANNAHMEN

- Material linear elastisch
- Verschiebungsgrößen klein $\longrightarrow$ kinematische Beziehungen linear bei Theorie I. und II. Ordnung
- Normalkräfte N^{II} für Theorie II. Ordnung sind (im einzelnen Berechnungs-schritt) bekannt.
- Betrachtung des ebenen Problems (Lasten in Systemebene, einachsige Biegung, keine Torsion)
- Im Fall stetig veränderlicher Querschnitte werden M- und N-Verformungen, im Fall konstanter Querschnitte zusätzlich Q-Verformungen berücksichtigt.
- Bei der elastischen Bettung wird die „Winkler"-Bettung zugrunde gelegt.
- Im Fall der harmonischen Schwingungen lassen sich erregte, geführte und Ei-genschwingungen berücksichtigen. Die Verschiebungskomponenten w und u be-schreiben jeweils den Zustand der Maximalauslenkung, die Zeitfunktion wird weggelassen.

Mit diesen Annahmen liegt für die Berechnung der Zustandsgrößen stets ein lineares Problem vor.

3 SYSTEM, EINWIRKUNGEN, ZUSTANDSGRÖSSEN

Bild 1 zeigt den allgemeinen Stab $i\,k$ mit elastischer Bettung in Quer- und Längs-richtung, die Einwirkungen q, n, ε^e und κ^e, die Vorverformungen festgelegt durch ψ^0 und w^0 sowie die Zustandsgrößen $u, w, \varphi, M, R, Q, N$ und N^{II}. Im einzelnen Rechenschritt ist die für Theorie II. Ordnung maßgebende Normalkraft N^{II} als Einwirkung anzusehen (Längszug wirkt aussteifend, Längsdruck wirkt steifig-keitsmindernd), während N die auch bei Theorie I. Ordnung vorhandene unbe-kannte Normalkraft ist. Wenn N^{II} statisch bestimmt und damit vorweg bestimm-bar ist oder auf der sicheren Seite liegend angenommen wird ($N^{II}_{angen.} < N^{II}_{vorh.}$), ge-nügt ein Rechenschritt. Andernfalls wird N^{II} schrittweise verbessert, wobei auch mit Theorie I. Ordnung begonnen werden kann.

Im Fall der Theorie II. Ordnung ist zwischen der Transversalkraft R und der Querkraft Q zu unterscheiden. R wird zur Formulierung von Kräftegleichge-wichtsbedingungen verwendet, während Q für die Berechnung der Schubspannun-gen und Schubverformungen maßgebend ist.

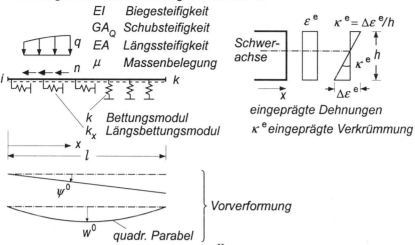

Einwirkungen und Vorverformung w^V am Stab ik

EI Biegesteifigkeit
GA_Q Schubsteifigkeit
EA Längssteifigkeit
μ Massenbelegung

k Bettungsmodul
k_x Längsbettungsmodul

eingeprägte Dehnungen
κ^e *eingeprägte Verkrümmung*

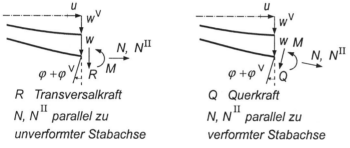

Vorverformung

quadr. Parabel

Zustandsgrößen u, w, φ, M, R, Q, N, N^{II} an der Stelle x

R Transversalkraft
N, N^{II} parallel zu
unverformter Stabachse

Q Querkraft
N, N^{II} parallel zu
verformter Stabachse

Bild 1. Stab mit elastischer Bettung, Einwirkungen, Vorverformungen und Zustandsgrößen.

Für die Vorverformung gemäß Bild 1 gilt

$$w^V = \varphi_0^V \cdot x + \varphi_1^V \cdot x^2/2, \qquad (w^V)' = \varphi^V = \varphi_0^V + \varphi_1^V \cdot x \qquad (7)$$

mit den Konstanten $\quad \varphi_0^V = \psi^0 + 4w^0/l, \qquad \varphi_1^V = -8w^0/l^2$ \qquad (8)

4 FORMELN FÜR DAS STABELEMENT

Gleichgewichtsbeziehungen (vgl. Bild 1)

$$R' = \bar{k}w - q \qquad (9)$$

mit $\bar{k} = k - \mu\omega^2 \qquad$ (ω Kreisfrequenz) \qquad (10)

$$N' = n + \bar{k}_x u \qquad (11)$$

mit $\bar{k}_x = k_x - \mu\omega^2 \qquad$ (ω Kreisfrequenz) \qquad (12)

$$M' = Q \qquad (13)$$

Verformungsbeziehungen (vgl. Bild 1)

$$\varphi' = -M/B - \kappa^e \qquad (14)$$

mit $B = EI$ (Biegesteifigkeit)   (15)

$$w' = \varphi + SQ \tag{16}$$

mit $S = 1/(GA_Q)$ (Kehrwert der Schubsteifigkeit)   (17)

$$u' = N/D + \varepsilon^e \tag{18}$$

mit $D = EA$ (Längssteifigkeit)   (19)

Umrechnung von Transversalkraft R und Querkraft Q

$$Q = R - N^{II} w' - \bar{\varphi}^V \tag{20}$$

mit $\bar{\varphi}^V = N^{II} \varphi^V$ (21)

Bei Vernachlässigung von Querkraftverformungen ist $S = 0$ zu setzen. Werden die Querkraftverformungen berücksichtigt ($S \neq 0$), muß vereinbarungsgemäß ein konstanter Querschnitt vorliegen, das heißt B, S und D müssen konstant sein.

Bei der eingeprägten Verkrümmung $\kappa^e = \Delta \varepsilon^e / h$ wird $\Delta \varepsilon^e = $ konst. angenommen.

Gl. (14) wird wie folgt umgeformt:

$$M = -B\varphi' - \bar{\kappa}^e \tag{22}$$

mit $\bar{\kappa}^e = B\kappa^e = \Delta \varepsilon^e B/h$ (23)

Bei veränderlichem Querschnitt muß B/h ein Polynom sein, das heißt, B muß h als Faktor enthalten. Dies trifft z.B. beim I-Querschnitt zu, wenn h der Abstand der Gurtachsen ist und das Eigenträgheitsmoment der Gurte vernachlässigt wird.

5 FORMULIERUNG VON POLYNOMEN

Ein Polynom $f = f(x)$ vom Grad p_f wird allgemein wie folgt formuliert:

$$f = f(x) = \sum_{j=0}^{p_f} f_j \cdot a_j(x) \tag{24}$$

Für $a_j(x)$ gilt (1), für die Konstanten f_j gilt

$$f_j = f^{(j)}(x = 0) \tag{25}$$

das heißt, die f_j sind die Anfangswerte der Funktion $f(x)$ und ihrer Ableitungen.

Folgende gegebene Größen können ein beliebiges Polynom darstellen und werden gemäß (24) formuliert:

Systemgrößen: B, D, k, k_x, μ, B/h;   Einwirkungen: N^{II}, q, $\bar{\varphi}^V$, n, ε^e

Daraus ergeben sich auch für $\bar{k}$ nach (10), $\bar{k}_x$ nach (12) und $\bar{\varphi}^V$ nach (21) Polynome, die in der Form (24) dargestellt werden.

6 DIFFERENTIALGLEICHUNG FÜR w UND LÖSUNG

Aus (9), (13), (14), (16), (20) und (22) erhält man folgende Differentialgleichung 4. Ordnung für w:

$$\eta_0(x) \cdot w + \eta_1(x) \cdot w' + \eta_2(x) \cdot w'' + \eta_3(x) \cdot w''' + \eta_4(x) \cdot w''''$$

$$= \sum_{j=0}^{p_{\bar{q}}} \bar{q}_j \cdot a_j(x) - \nu \sum_{j=2}^{p_{\bar{q}}} \bar{q}_j \cdot a_{j-2}(x) - \sum_{j=2}^{p_{\bar{\kappa}}} \bar{\kappa}_j^e \cdot a_{j-2}(x) \tag{26}$$

Die Lösung lautet nach (6), wobei der Index i den Anfangspunkt $x = 0$ bedeutet:

$$w = w_i \cdot c_0(x) + w_i' \cdot c_1(x) + w_i'' \cdot c_2(x) + w_i''' \cdot c_3(x)$$

$$+ \sum_{j=0}^{p_{\bar{q}}} \bar{q}_j \cdot b_{j+4}(x) - \nu \sum_{j=2}^{p_{\bar{q}}} \bar{q}_j \cdot b_{j+2}(x) - \sum_{j=2}^{p_{\bar{\kappa}}} \bar{\kappa}_j^e \cdot b_{j+2}(x) \tag{27}$$

Für die Polynomkoeffizienten $\eta_0(x)$ bis $\eta_4(x)$ gilt (5). Deren Konstante berechnen sich aus

$$\left.\begin{aligned}
\eta_{0r} &= \bar{k}_r - \nu \bar{k}_{r+2} \\[4pt]
\eta_{1r} &= -N_{r+1}^{II} + \nu(N_{r+3}^{II} - 2\bar{k}_{r+1}) \\[4pt]
\eta_{2r} &= B_{r+2} - N_r^{II} + \nu(3 N_{r+2}^{II} - \bar{k}_r) \\[4pt]
\eta_{3r} &= 2 B_{r+1} + 3\nu N_{r+1}^{II} \\[4pt]
\eta_{4r} &= B_r + \nu N_r^{II}
\end{aligned}\right\} \tag{28}$$

mit $\nu = SB$ $\tag{29}$

$\bar{q}$ ist die um die Ersatzbelastung aus Vorverformung vergrößerte Streckenlast, hierfür gilt

$$\bar{q} = q + (\varphi^V)' \quad \text{mit den Konstanten} \quad \bar{q}_j = q_j + \bar{\varphi}_{j+1}^V \tag{30}$$

Gemäß (23) ist wegen $\Delta \varepsilon^e = \text{konst.}$

$$\bar{\kappa}_j^e = \Delta \varepsilon^e (B/h)_j \tag{31}$$

7 ÜBERTRAGUNGSBEZIEHUNG FÜR QUERANTEILE

Soweit zur Unterscheidung von den Längsanteilen notwendig, werden die hier verwendeten Größen durch $\dot{}$ gekennzeichnet. Die Übertragungsbeziehung wird wie folgt definiert:

$$\begin{bmatrix} w \\ \varphi \\ M \\ R \\ 1 \end{bmatrix} = \begin{bmatrix} \dot{f}_{11} & \dot{f}_{12} & \dot{f}_{13} & \dot{f}_{14} & \dot{f}_{10} \\ \dot{f}_{21} & \dot{f}_{22} & \dot{f}_{23} & \dot{f}_{24} & \dot{f}_{20} \\ \dot{f}_{31} & \dot{f}_{32} & \dot{f}_{33} & \dot{f}_{34} & \dot{f}_{30} \\ \dot{f}_{41} & \dot{f}_{42} & \dot{f}_{43} & \dot{f}_{44} & \dot{f}_{40} \\ 0 & 0 & 0 & 0 & 1 \end{bmatrix} \begin{bmatrix} w_i \\ \varphi_i \\ M_i \\ R_i \\ 1 \end{bmatrix} \quad \text{kurz} \quad \dot{Z}_x = \dot{F}_{xi} \cdot \dot{Z}_i \tag{32}$$

Zustandsvektor am Stabende k ($x = l$)

$$\dot{Z}_k = \dot{F}_{ki} \cdot \dot{Z}_i \tag{33}$$

Zur Berechnung von $\dot{F}_{xi}$ werden die beiden Beziehungen (34) und (36) benötigt:

$$\begin{bmatrix} w \\ w' \\ w'' \\ w''' \\ 1 \end{bmatrix} = \begin{bmatrix} c_0 & c_1 & c_2 & c_3 & w_p \\ c_0' & c_1' & c_2' & c_3' & w_p' \\ c_0'' & c_1'' & c_2'' & c_3'' & w_p'' \\ c_0''' & c_1''' & c_2''' & c_3''' & w_p''' \\ 0 & 0 & 0 & 0 & 1 \end{bmatrix} \begin{bmatrix} w_i \\ w_i' \\ w_i'' \\ w_i''' \\ 1 \end{bmatrix} \quad \text{kurz} \quad W_x = L_{xi} \cdot W_i \tag{34}$$

Diese Beziehung ergibt sich aus Gl. (27) und deren Ableitungen. Die Lastspalte (partikuläre Lösung) läßt sich berechnen aus

$$\begin{bmatrix} w_p \\ w_p' \\ w_p'' \\ w_p''' \end{bmatrix} = \begin{bmatrix} b_4 & b_5 & b_6 & \dots \\ b_4' & b_5' & b_6' & \dots \\ b_4'' & b_5'' & b_6'' & \dots \\ b_4''' & b_5''' & b_6''' & \dots \end{bmatrix} \begin{bmatrix} \overline{q}_0 - v\overline{q}_2 - \overline{\kappa}_2^e \\ \overline{q}_1 - v\overline{q}_3 - \overline{\kappa}_3^e \\ \overline{q}_2 - v\overline{q}_4 - \overline{\kappa}_4^e \\ \vdots \end{bmatrix} \tag{35}$$

Die zweite benötigte Beziehung lautet

$$\begin{bmatrix} w \\ \varphi \\ M \\ R \\ 1 \end{bmatrix} = \begin{bmatrix} 1 & 0 & 0 & 0 & 0 \\ -Sv\overline{k}' & 1-Sv(\overline{k}-N^{\mathrm{II}''}) & S2vN^{\mathrm{II}'} & S\eta_4 & S(v\overline{q}'+\overline{\kappa}^{e'}) \\ v\overline{k} & -vN^{\mathrm{II}'} & -\eta_4 & 0 & -v\overline{q}-\overline{\kappa}^e \\ v\overline{k}' & N^{\mathrm{II}}+v(\overline{k}-N^{\mathrm{II}''}) & -B'-2vN^{\mathrm{II}'} & -\eta_4 & -v\overline{q}'-\overline{\kappa}^{e'}+\overline{\varphi}^V \\ & & & & 1 \end{bmatrix} \cdot \begin{bmatrix} w \\ w' \\ w'' \\ w''' \\ 1 \end{bmatrix}$$

kurz: $\quad \dot{Z}_x = P_x \cdot W_x$ \hfill (36)

für $\quad x = 0: \quad \dot{Z}_i = P_i \cdot W_i \quad$ oder $\quad W_i = (P_i)^{-1} \cdot \dot{Z}_i$ \hfill (37)

Die Feldmatrix berechnet sich damit aus

$$\dot{F}_{xi} = P_x \cdot L_{xi} \cdot (P_i)^{-1} \tag{38}$$

Kontrolle: Die Determinante von $\dot{F}_{xi}$ muß 1 sein.

Die im Zustandsvektor fehlende Querkraft bestimmt sich aus

$$Q = (R - N^{\mathrm{II}}\varphi - \overline{\varphi}^V) / (1 + SN^{\mathrm{II}}) \tag{39}$$

8 DIFFERENTIALGLEICHUNG FÜR u UND LÖSUNG

Das Vorgehen ist analog wie im Abschnitt 6.
Differentialgleichung 2. Ordnung

$$\eta_0(x) \cdot u + \eta_1(x) \cdot u' + \eta_2(x) \cdot u'' = \sum_{j=0}^{p_n} n_j \cdot a_j(x) + \sum_{j=1}^{p_{\overline{\varepsilon}}} \overline{\varepsilon}_j^e \cdot a_{j-1}(x) \tag{40}$$

Lösung nach (6) sinngemäß für Differentialgleichung 2. Ordnung

$$u = u_i \cdot c_0(x) + u_i' \cdot c_1(x) + \sum_{j=0}^{p_n} n_j \cdot b_{j+2}(x) + \sum_{j=1}^{p_{\overline{\varepsilon}}} \overline{\varepsilon}_j^e \cdot b_{j+1}(x) \tag{41}$$

Konstante der Polynomkoeffizienten $\eta_0(x)$ bis $\eta_2(x)$

$$\eta_{0r} = -\overline{k}_{x,r}, \quad \eta_{1r} = D_{r+1}, \quad \eta_{2r} = D_r \tag{42}$$

Aus

$$\overline{\varepsilon}^e = D\varepsilon^e = \sum_{j=0}^{p_{\overline{\varepsilon}}} \overline{\varepsilon}_j^e \cdot a_j(x) \tag{43}$$

ergeben sich die Konstanten $\overline{\varepsilon}_j^e$.

9 ÜBERTRAGUNGSBEZIEHUNG FÜR LÄNGSANTEILE

Zur Unterscheidung von den Biegeanteilen werden die Längsanteile mit `` gekennzeichnet. Die Übertragungsbeziehung hat hier die Form

$$\begin{bmatrix} u \\ N \\ 1 \end{bmatrix} = \begin{bmatrix} \ddot{f}_{11} & \ddot{f}_{12} & \ddot{f}_{10} \\ \ddot{f}_{21} & \ddot{f}_{22} & \ddot{f}_{20} \\ 0 & 0 & 1 \end{bmatrix} \cdot \begin{bmatrix} u_i \\ N_i \\ 1 \end{bmatrix} \quad \text{kurz:} \quad \ddot{Z}_x = \ddot{F}_{xi} \cdot \ddot{Z}_i \tag{44}$$

Zustandsvektor am Stabende k $(x = l)$

$$\ddot{\boldsymbol{Z}}_k = \ddot{\boldsymbol{F}}_{ki} \cdot \ddot{\boldsymbol{Z}}_i \tag{45}$$

Formeln für die Matrixglieder

$$\ddot{f}_{11} = c_0, \quad \ddot{f}_{12} = c_1/D_0, \quad \ddot{f}_{21} = Dc_0', \quad \ddot{f}_{22} = (D/D_0)c_1'$$

$$\left.\begin{array}{l}\ddot{f}_{10} = u_p + c_1\varepsilon_0^e, \quad \ddot{f}_{20} = (u_p' + c_1'\varepsilon_0^e - \varepsilon^e)D\end{array}\right\} \tag{46}$$

Gemäß (41) gilt für u_p und u_p'

$$\begin{bmatrix} u_p \\ u_p' \end{bmatrix} = \begin{bmatrix} b_2 & b_3 & \dots \\ b_2' & b_3' & \dots \end{bmatrix} \begin{bmatrix} n_0 + \bar{\varepsilon}_1^e \\ n_1 + \bar{\varepsilon}_2^e \\ \vdots \end{bmatrix} \tag{47}$$

Kontrolle: $\ddot{f}_{11}\ddot{f}_{22} - \ddot{f}_{12}\ddot{f}_{21} = 1$, d.h. die Determinante von $\ddot{\boldsymbol{F}}_{xi}$ muß 1 sein.

10 ERWEITERUNG DER LASTGLIEDER FÜR EINZELEINWIRKUNGEN

Die im Bild 2 dargestellten Einzeleinwirkungen P, M^e, ϕ^e, W^e, P_x und U^e an beliebiger Stelle * im Feld des Stabes $i\,k$ können über die Lastglieder der Übertragungsbeziehungen (32) bzw. (44) berücksichtigt werden. Im Bereich $0 \le x < l^{\cdot}$ haben die Einzeleinwirkungen (naturgemäß) keinen Einfluß auf die Lastglieder. Im Bereich $l^{\cdot} \le x \le l$ lassen sich die Lastglieder wie folgt bestimmen:

$$\begin{bmatrix} \dot{f}_{10} \\ \dot{f}_{20} \\ \dot{f}_{30} \\ \dot{f}_{40} \\ \hline 1 \end{bmatrix} = \dot{\boldsymbol{F}}_{x*} \cdot \begin{bmatrix} W^e \\ -\phi^e \\ M^e - N^{II*}W^e \\ -P \\ \hline 1 \end{bmatrix} \quad \text{und} \quad \begin{bmatrix} \ddot{f}_{10} \\ \ddot{f}_{20} \\ \hline 1 \end{bmatrix} = \ddot{\boldsymbol{F}}_{x*} \begin{bmatrix} U^e \\ P_x \\ \hline 1 \end{bmatrix} \tag{48}$$

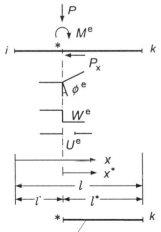

betrachteter Stababschnitt
zur Berechnung der Last-
glieder, Anfangspunkt *

Bild 2. Einwirkungen P, M^e, ϕ^e
und W^e sowie P_x und U^e.

Kraftgrößen

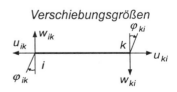

Verschiebungsgrößen

Bild 3. Positive Zustandsgrößen an den
Stabenden für Steifigkeitsbeziehung.

Darin ist $N^{\mathrm{II}*}$ auf den Punkt $*$ bezogen. Die Übertragungsmatrizen $\dot{F}_{x*}$ und $\ddot{F}_{x*}$ sind wie $\dot{F}_{xi}$ bzw. $\ddot{F}_{xi}$ zu berechnen, jedoch ist hier anstelle des Abschnittes $i\,x$ konsequent der Abschnitt $*\,x$ ohne Einwirkungen zu betrachten, das heißt, der Punkt $*$ ist jetzt Anfangspunkt und anstelle x ist x^* zu setzen.

11 STEIFIGKEITSBEZIEHUNG ALS GRUNDLAGE DES VERSCHIE-BUNGSGRÖSSENVERFAHRENS

Die Übertragungsbeziehungen (32) und (44) beschreiben das Tragverhalten des Stabes $i\,k$ vollständig, so daß weitere Beziehungen für beliebige baustatische Verfahren daraus hergeleitet werden können. Exemplarisch wird im folgenden die für das allgemeine Verschiebungsgrößenverfahren benötigte Steifigkeitsbeziehung in lokaler Darstellung angegeben. Bild 3 zeigt die hier verwendeten positiven Richtungen aller Zustandsgrößen, die zur Unterscheidung von den bisher verwendeten nun mit zwei Indizes versehen werden. Die gesuchte Beziehung hat die Form

$$
\begin{bmatrix}
N_{ik} \\ R_{ik} \\ M_{ik} \\ N_{ki} \\ R_{ki} \\ M_{ki}
\end{bmatrix}
=
\begin{bmatrix}
\ddot{k}_{11} & & & \ddot{k}_{12} & & \\
 & \dot{k}_{11} & \dot{k}_{12} & & \dot{k}_{13} & \dot{k}_{14} \\
 & \dot{k}_{21} & \dot{k}_{22} & & \dot{k}_{23} & \dot{k}_{24} \\
\ddot{k}_{21} & & & \ddot{k}_{22} & & \\
 & \dot{k}_{31} & \dot{k}_{32} & & \dot{k}_{33} & \dot{k}_{34} \\
 & \dot{k}_{41} & \dot{k}_{42} & & \dot{k}_{43} & \dot{k}_{44}
\end{bmatrix}
\cdot
\begin{bmatrix}
u_{ik} \\ w_{ik} \\ \varphi_{ik} \\ u_{ki} \\ w_{ki} \\ \varphi_{ki}
\end{bmatrix}
+
\begin{bmatrix}
N_{ik}^0 \\ R_{ik}^0 \\ M_{ik}^0 \\ N_{ki}^0 \\ R_{ki}^0 \\ M_{ki}^0
\end{bmatrix}
\tag{49}
$$

Die Steifigkeitsbeziehung ist symmetrisch, die Indizes von $\dot{k}$ (Queranteile) und $\ddot{k}$ (Längsanteile) sind also vertauschbar.

Formeln für die Matrix- und Lastglieder

Biegeanteile

$$\dot{k}_{11} = (\dot{f}_{13}\dot{f}_{21} - \dot{f}_{11}\dot{f}_{23})/C$$
$$\dot{k}_{12} = (\dot{f}_{12}\dot{f}_{23} - \dot{f}_{13}\dot{f}_{22})/C$$
$$\left.\dot{k}_{21} = (\dot{f}_{11}\dot{f}_{24} - \dot{f}_{14}\dot{f}_{21})/C\right\} \text{ Kontrolle: } \dot{k}_{12} = \dot{k}_{21}$$
$$\dot{k}_{13} = \dot{k}_{31} = -\dot{f}_{23}/C, \quad \dot{k}_{14} = \dot{k}_{41} = \dot{f}_{13}/C$$
$$\dot{k}_{22} = (\dot{f}_{14}\dot{f}_{22} - \dot{f}_{12}\dot{f}_{24})/C$$
$$\dot{k}_{23} = \dot{k}_{32} = \dot{f}_{24}/C, \quad \dot{k}_{24} = \dot{k}_{42} = -\dot{f}_{14}/C$$
$$\dot{k}_{33} = (\dot{f}_{24}\dot{f}_{43} - \dot{f}_{23}\dot{f}_{44})/C$$
$$\left.\dot{k}_{34} = (\dot{f}_{23}\dot{f}_{34} - \dot{f}_{24}\dot{f}_{33})/C\right\} \text{ Kontrolle: } \dot{k}_{34} = \dot{k}_{43}$$
$$\dot{k}_{43} = (\dot{f}_{13}\dot{f}_{44} - \dot{f}_{14}\dot{f}_{43})/C$$
$$\dot{k}_{44} = (\dot{f}_{14}\dot{f}_{33} - \dot{f}_{13}\dot{f}_{34})/C$$
$$\text{mit } C = \dot{f}_{13}\dot{f}_{24} - \dot{f}_{14}\dot{f}_{23}$$

$$\tag{50}$$

$$\left.
\begin{aligned}
M_{ik}^0 &= -\dot{k}_{24}\dot{f}_{20} - \dot{k}_{23}\dot{f}_{10}, \quad R_{ik}^0 = -\dot{k}_{14}\dot{f}_{20} - \dot{k}_{13}\dot{f}_{10} \\
M_{ki}^0 &= -\dot{k}_{44}\dot{f}_{20} - \dot{k}_{43}\dot{f}_{10} - \dot{f}_{30}, \quad R_{ki}^0 = -\dot{k}_{34}\dot{f}_{20} - \dot{k}_{33}\dot{f}_{10} + \dot{f}_{40}
\end{aligned}
\right\} \tag{51}
$$

Längsanteile

$$\ddot{k}_{11} = \ddot{f}_{11}/\ddot{f}_{12}, \quad \ddot{k}_{12} = \ddot{k}_{21} = 1/\ddot{f}_{12}, \quad \ddot{k}_{22} = \ddot{f}_{22}/\ddot{f}_{12} \tag{52}$$

$$N_{ik}^0 = -\ddot{k}_{12}\ddot{f}_{10}, \quad N_{ki}^0 = -\ddot{k}_{22}\ddot{f}_{10} + \ddot{f}_{20} \tag{53}$$

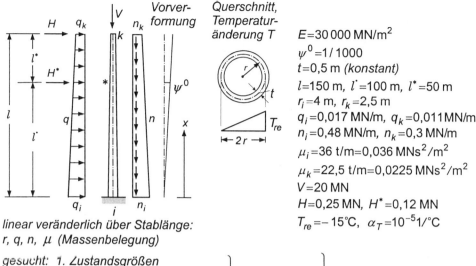

linear veränderlich über Stablänge:
r, q, n, μ (Massenbelegung)

$E=30\,000$ MN/m^2
$\psi^0=1/1000$
$t=0,5$ m *(konstant)*
$l=150$ m, $l^{\cdot}=100$ m, $l^{*}=50$ m
$r_i=4$ m, $r_k=2,5$ m
$q_i=0,017$ MN/m, $q_k=0,011$ MN/m
$n_i=0,48$ MN/m, $n_k=0,3$ MN/m
$\mu_i=36$ t/m$=0,036$ MNs^2/m^2
$\mu_k=22,5$ t/m$=0,0225$ MNs^2/m^2
$V=20$ MN
$H=0,25$ MN, $H^{*}=0,12$ MN
$T_{re}=-15$°C, $\alpha_T=10^{-5}1/$°C

gesucht:
1. Zustandsgrößen
2. Verzweigungslastfaktor η_{Ki} } statischer Fall
3. kleinste Eigenfrequenz
} nach Theorie II. Ordnung

Bild 4. Zahlenbeispiel.

Das weitere Vorgehen – Übergang zur globalen Darstellung, Formulierung der Gleichgewichtsbedingungen für alle freien Knoten des Systems – erfolgt in der beim Verschiebungsgrößenverfahren üblichen Form.

12 ZAHLENBEISPIEL

Bild 4 zeigt die Aufgabenstellung mit den gegebenen und gesuchten Größen. Es wird (auch bei der Berechnung der kleinsten Eigenfrequenz) Theorie II. Ordnung angewendet. Berücksichtigt werden M- und N- Verformungen.
Es gilt: $S=0$, $\gamma=1$, $v=0$, $k=0$, $k_x=0$, $\bar{k}=0$ für den statischen Fall und $\bar{k}=-\mu\omega^2$ für den Fall der Eigenschwingung. Die verwendeten Einheiten sind m, MN und s.

12.1 1. Aufgabe: Zustandsgrößen (statischer Fall)

Einwirkungen: q und n linear, N^{II} und $\bar{\varphi}^V=N^{\mathrm{II}}\psi^0$ quadratisch, $\Delta\varepsilon^e$ und $\varepsilon^e=-\Delta\varepsilon^e/2$ konstant
Systemgrößen: r und $D=EA=E2\pi tr$ linear, $B=EI=E\pi t(r^3+l^2/4)$ kubisch
$\rightarrow \bar{\kappa}^e=\Delta s^e B/(2r)$ quadratisch, $\bar{\varepsilon}^e=D\varepsilon^e$ linear

Queranteile
$\eta_0=0$, $\eta_1=-N^{\mathrm{II}'}$ linear, $\eta_2=B''-N^{\mathrm{II}}$ quadratisch, $\eta_3=2B'$ quadratisch, $\eta_4=B$ kubisch $\longrightarrow$ Lösung der Differentialgleichung für $x=l$

$$
L_{ki}=\begin{bmatrix}
1 & 156,804 & 8874,12 & 1082286 & w_p \\
0 & 1,22080 & 75,3055 & 27346,2 & w_p' \\
0 & 6,09168\cdot10^{-3} & -0,968410 & 565,806 & w_p'' \\
0 & 1,45343\cdot10^{-4} & -0,0440249 & 10,0807 & w_p''' \\
0 & 0 & 0 & 0 & 1
\end{bmatrix}
$$

143

$$\begin{bmatrix} w_p \\ w_p' \\ w_p'' \\ w_p''' \end{bmatrix} = \begin{bmatrix} 15{,}4482 & 509{,}379 \\ 0{,}511671 & 20{,}6694 \\ 0{,}0145357 & 0{,}737868 \\ 3{,}61217\cdot 10^{-4} & 0{,}0233677 \end{bmatrix} \cdot \begin{bmatrix} 0{,}0181869 \\ -4{,}12\cdot 10^{-5} \end{bmatrix} = \begin{bmatrix} 0{,}259968 \\ 8{,}45411\cdot 10^{-3} \\ 2{,}33958\cdot 10^{-4} \\ 5{,}60666\cdot 10^{-6} \end{bmatrix}$$

$$\boldsymbol{P}_k = \begin{bmatrix} 1 & 0 & 0 & 0 & \vdots & 0 \\ 0 & 1 & 0 & 0 & \vdots & 0 \\ 0 & 0 & \text{-}743674 & 0 & \vdots & 22{,}3102 \\ 0 & \text{-}20\,8865{,}18 & \text{-}743674 & \vdots & \text{-}0{,}196715 \\ 0 & 0 & 0 & 0 & \vdots & 1 \end{bmatrix} \qquad \boldsymbol{P}_i = \begin{bmatrix} 1 & 0 & 0 & 0 & \vdots & 0 \\ 0 & 1 & 0 & 0 & \vdots & 0 \\ 0 & 0 & \text{-}3027710 & 0 & \vdots & 56{,}7696 \\ 0 & \text{-}78{,}5 & 22648{,}9 & \text{-}3027710 & \vdots & \text{-}0{,}361243 \\ 0 & 0 & 0 & 0 & \vdots & 1 \end{bmatrix}$$

Übertragungsbeziehung mit der Matrix $\dot{\boldsymbol{F}}_{ki} = \boldsymbol{P}_k \cdot \boldsymbol{L}_{ki} \cdot (\boldsymbol{P}_i)^{-1}$

$$\begin{bmatrix} w_k \\ \varphi_k \\ M_k \\ R_k \\ 1 \end{bmatrix} = \begin{bmatrix} 1 & 128{,}743 & -5{,}60497\cdot 10^{-3} & -0{,}357460 & \vdots & 0{,}451575 \\ 0 & 0{,}511789 & -9{,}24361\cdot 10^{-5} & -9{,}03197\cdot 10^{-3} & \vdots & 0{,}0106063 \\ 0 & 6379{,}29 & 0{,}801743 & 138{,}975 & \vdots & -152{,}929 \\ 0 & 0 & 0 & 1 & \vdots & -2{,}47 \\ 0 & 0 & 0 & 0 & \vdots & 1 \end{bmatrix} \cdot \begin{bmatrix} w_i \\ \varphi_i \\ M_i \\ R_i \\ 1 \end{bmatrix}$$

Die Lastspalte enthält auch den Einfluß von H^*, wofür gemäß (48) die 4. Spalte der Matrix $\dot{\boldsymbol{F}}_{x*} = \dot{\boldsymbol{F}}_{k*}$ benötigt wird.

Mit $w_i = 0$, $\varphi_i = 0$, $M_k = 0$ und $R_k = 0$ liefert die 4. Zeile der Übertragungsbeziehung $R_i = 2{,}47\,\text{MN}$ und dann die 3. Zeile $M_i = -237{,}406\,\text{MNm}$. Beliebige weitere Zustandsgrößen ergeben sich danach aus $\dot{\boldsymbol{Z}}_x = \dot{\boldsymbol{F}}_{xi} \cdot \dot{\boldsymbol{Z}}_i$, Q jedoch aus (39).

Längsanteile

$\eta_0 = 0$, $\eta_1 = D'$ konstant, $\eta_2 = D$ linear $\longrightarrow$ Lösung der Differentialgleichung

$c_0 = 1$, $c_0' = 0$, $c_1 = 188{,}001$, $c_1' = 1{,}6$, $b_2 = 0{,}0403208$, $b_2' = 0{,}00063662$, $b_3 = 2{,}09585$, $b_3' = 0{,}0477465$

Übertragungsbeziehung $\qquad \begin{bmatrix} u_k \\ N_k \\ 1 \end{bmatrix} = \begin{bmatrix} 1 & 4{,}98689\cdot 10^{-4} & \vdots & 5{,}58896\cdot 10^{-3} \\ 0 & 1 & \vdots & 58{,}5 \\ 0 & 0 & \vdots & 1 \end{bmatrix} \cdot \begin{bmatrix} u_i \\ N_i \\ 1 \end{bmatrix}$

Mit $u_i = 0$ und $N_k = -20\,\text{MN}$ liefert die 2. Zeile $N_i = -78{,}5\,\text{MN}$. Beliebige weitere Zustandsgrößen erhält man dann aus $\ddot{\boldsymbol{Z}}_x = \ddot{\boldsymbol{F}}_{xi} \cdot \ddot{\boldsymbol{Z}}_i$.

Für x = 0, 50, 100 und 150 m ergeben sich folgende Zustandsgrößen:

$x[\text{m}]$	$u[\text{m}]$	$\varphi \cdot 10^3$	$M[\text{MNm}]$	$R[\text{MN}]$	$Q[\text{MN}]$	$u[\text{mm}]$	$N[\text{MN}]$
0	0	0	−237,406	2,47	2,5485	0	−78,5
50	0,116216	4,5251	−123,611	1,67	1,97941	−13,2072	−56,0
100	0,436039	8,0591	−41,304	$\begin{cases} 0{,}97 \\ 0{,}85 \end{cases}$	$\begin{cases} 1{,}30066 \\ 1{,}18066 \end{cases}$	−24,4400	−36,5
150	0,899301	10,2422	0	0	0,224844	−33,5582	−20,0

12.2 2. Aufgabe: Verzweigungslastfaktor η_{Ki}

Es wird das homogene Problem untersucht, bei dem (außer N^{II}) keine Einwirkungen vorhanden sind. Aus der Bestimmungsgleichung $\dot{f}_{33}\, M_i = 0$ folgt die Bedingung $\dot{f}_{33} = 0$ und daraus $\eta_{Ki} = 6{,}59766$.

12. 3 *3. Aufgabe: kleinste Eigenfrequenz (nach Theorie II. Ordnung)*

Im Gegensatz zum statischen Fall ist hier $\eta_0 = \bar{k} = -\mu\omega^2$ linear, wobei ω der gesuchte Eigenwert ist.

Die 3. und 4. Zeile der Übertragungsbeziehung $\dot{\boldsymbol{Z}}_k = \dot{\boldsymbol{F}}_{ki} \cdot \dot{\boldsymbol{Z}}_i$ ergeben

$$\begin{bmatrix} M_k \\ R_k \end{bmatrix} = \begin{bmatrix} \dot{f}_{33} & \dot{f}_{34} \\ \dot{f}_{43} & \dot{f}_{44} \end{bmatrix} \cdot \begin{bmatrix} M_i \\ R_i \end{bmatrix} = \boldsymbol{0} \;\longrightarrow\; \dot{f}_{33}\,\dot{f}_{44} - \dot{f}_{34}\,\dot{f}_{43} = 0$$

Man erhält $\omega = 1{,}40209\,\text{s}^{-1}$ und $f = \omega/(2\pi) = 0{,}22315\,\text{Hz}$.

Baustatik-Baupraxis 7, Meskouris (Hrsg.) © 1999 Balkema, Rotterdam, ISBN 90 5809 044 2

SPanCad for computational concrete design

Johan Blaauwendraad
Civil Engineering and Geosciences, Technische Universiteit Delft, Netherlands

Pierre C.J. Hoogenboom
Civil Engineering, University of Tokyo, Japan

ABSTRACT: SPanCad is a PC-oriented design tool for shear-walls and D-regions in beams of structural concrete. The program is based on just two elements: a stringer (straight bar) and a panel (rectangular or quadrilateral). The design is done in three distinct steps: The first one is full elastic, the second non-linear one accounts for cracking of concrete and yielding of panel reinforcement whilst the stringer reinforcement is still kept elastic and the final third one is a full non-linear simulation of the structure. Validation of the method is shown and a design example is made.

1. WHY SPanCad

This paper regards the design of shear walls and beams of a complicated geometry. In international design circles for structural concrete one meanwhile is used to the distinction between B-regions and D-regions. B-regions are the parts of a structure in which the classic beam theory applies and for which we can think in terms of the familiar bending moments and shear forces (*B*ending). On this subject we have plenty of knowledge. The remaining part of the structure exists of D-regions in which the fore-mentioned classic state is disturbed (*D*isturbance). Examples are corner connections between beams and columns, zones around holes in the web of a beam, dented beam ends, and so on. In case a shear wall has a somewhat arbitrary shape it even has to be considered as one large D-region. The design software SPanCad has been set up for the design of such D-regions. It is based on AutoCad for its drafting functions

1.1 *Alternative for Strut-and-Tie Method and Finite Element Method*

In the existing design practice two methods have already received acceptation. Either one uses the strut-and-tie method or the finite element method. The big advantage of the strut-and-tie-method is its simplicity and transparency. The force transfer to the supports is clear and the details can be designed safely. However it is a complication that a different strut-and-tie scheme is optimal for different loading cases and load combinations. The complication becomes even worse if load reversals must be considered.

If one applies the finite element method it is being done elastically and a post-processing program can be used which determines the wanted reinforcement automatically. This method is fast and simple and one can easily take into consideration several load cases and combinations, however not the most economic reinforcement may be found. You will do find that with the strut-and-tie method, but that method also has its drawbacks.

We already mentioned the dependency on the load combinations. Apart of that, questions can be raised in case of statically undetermined structures. Then several different strut-and-tie schemes can be applied and one can run into debates with certifying authorities, which one should be chosen. Also the question quickly arises how to control the crack-widths in the serviceability state. It occurs that structural designers who intend to apply the strut-and-tie method start making an elastic finite element analysis to understand the directions of the principal compression and tensile stresses. That can be a substantial support. Gradually even programs come at disposal of structural designers, which take into account the real stiffness of the struts and ties and permit to compute displacements.

1.2 SPanCad

This introduction brings us naturally to the program SPanCad. The aim of this new software is to offer an alternative design tool, which combines a number of advantages and releases a number of draw-backs. It aims for:
- applicability in an early stage of the design process,
- for PC environment, under Windows, ready while you wait,
- the same model for elastic state and failure state,
- the same model for different load combinations,
- for shear walls, (deep) beams and cellular structures,
- information about crack-widths and displacements,
- interactive design tool; the designer is on the lead.

2. HOW DOES SPanCad DO. HOW TO APPLY IT

The program SPanCad is based on a special type of element method. In the standard finite element method it is practice to apply a mesh as fine as possible, but SPanCad is made to apply the coarsest mesh for a given geometry. This has been reached by feeding much concrete mechanics intelligence into the elements. The second special feature of SPanCad is the type of elements. Only two types exist, a stringer element (straight bar) and a panel element (rectangle or quadrilateral). This results from an observation of several structural designs for shear walls and D-regions in beams. It is noticed that main reinforcement always occurs in bundles to carry tensile bands in walls and beams and around holes (tensile stringers in SPanCad). Between those stringers wall parts occur in which distributed mesh reinforcement is applied (panels in SPanCad). This paper will focus on the potentials of SPanCAD. For the theory we refer to the doctoral thesis of Hoogenboom (1998).

2.1 Designing in three steps. Step one: Elastic analysis

The structural design is made in three steps. The first one is an elastic approach. In this step we have chosen to carry all normal forces in the stringers only and to carry all shear in the panels.

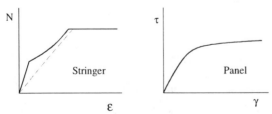

Figure 1. Non-linear behaviour of stringers and panels in SPanCad

The method is based on a perfect equilibrium state in which the panels carry constant shear and the normal forces in the stringers vary linearly. This is fine for the elastic phase and SPanCad will always start so. For this first step it does not matter so much which cross-sections are assigned to the stringers. It appears that a first rough guess is sufficient for the purpose. We can just use experience and rules of thumbs. The panels have the wall thickness. The elastic analysis is made for all load combinations. The results achieved in this way are a first indication for the determination of the reinforcement in the tensile stringers and the mesh reinforcement in the panels. No reinforcement in panels is needed outside tension regions.

Now we can prepare for the second step, a non-linear analysis in which we will account for cracking of the tensile stringers and cracking and yielding in the panels. In this second step it is necessary to extend the stress state in the panels to shear ánd normal stresses otherwise the crack-widths can not be determined correctly. For this purpose the dilation of the panel must be described correctly and therefore the stress state must be enriched. The non-linear characteristics for the stringers and panels are graphically shown in figure 1. The stringer behaviour is based on the Eurocode and the panel behaviour on the modified compression field theory as was developed in Toronto University.

Now in this non-linear step it does matter that we input the correct cross-sections of the stringers. In compressed stringers the cross-section determines the compressive stress which has to be compared with the ultimate design strength and in tensile stringers the assigned concrete area determines the contribution of the concrete to the tension-stiffness of the stringer. For this the result from the elastic step is used as a first estimate.

2.2 Second step: Non-linear

All input quantities being determined now and fed into the program, we can start the non-linear run. The non-linear analysis is successively made for each load combination. The engineer can follow the progress of the analysis on the screen where a load-displacement graph is being drawn. The load is controlled by a load factor on the vertical axis, which starts with zero and has at least to reach the value 1 at failure. The displacement is on the horizontal axis. Which displacement should be considered is a decision of the designer. Because we now allow for cracks and yielding the graph will not be a linear one anymore. One thing we do not allow for in this step: yielding of the main reinforcement in tensile stringers. We found that this decision increased the robustness of the design tool remarkably. In case a tensile stringer would reach its tensile yield strength SPanCad will artificially extend the cracked branch in the force-strain diagram of the stringer (figure 1). From the analysis results it will become clear whether or not the ultimate tensile strength of a stringer has been surpassed for any of the load combinations and the designing engineer has to increase the reinforcement. He immediately also knows to which extent. He also can inspect the crack-widths and react adequately with reinforcement adaptations if needed. Due to redistribution of stresses and the enriched capacity of the panels in this second step it also may occur that the reinforcement in a tensile stringer can be reduced, however it is the decision of the engineer whether or not to make use of this possibility. He may be happy to have some reserve capacity and leave it as it is if he does not like to strip the structure up to the bone.

2.3 Third step: Final simulation

All decisions made on basis of the analysis results of the second step must be inputted into SPanCad and then the final step can be started. In this final simulation no restriction on the occurrence of non-linear responses does exist anymore. If everything has been done well the result of this analysis will satisfy the structural designer and the job is finished. If he is not content with some details he may decide to restart either a new step 2 or directly a new final step 3 for further improvement.

It appears that SPanCad, if applied in this way, is a robust and fast program. The elastic analysis is done more or less instantaneously as all elastic programs do and the non-linear analysis and final simulation only require a couple of minutes. In fact the time involved with the initial modelling of the structure and the professional decisions to be made by the engineer are determining for the duration of the design process.

The only thing still to be done is a check for the details. Particular attention must be paid to the anchoring of main reinforcement. At free edges the force in the stringers will be zero while we yet want to anchor them carefully.

3. VALIDATION OF SPanCad

3.1 *Classical cases*

SPanCad has been designed for complicated D-regions but it should do the right things if applied to the familiar classic B-regions. It may be clear that it easily does so. Figure 2 shows a simply supported statically determinate example. In the shown beam we have horizontal top stringers and bottom stringers to carry the bending moment (compression zone and tension zone) and panels in the web between the stringers to carry the shear force. Above the two supports and where the point load is introduced also vertical stringers are needed.

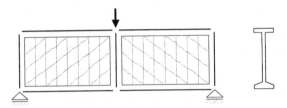

Figure 2. Simply supported beam modelled with SPanCad elements

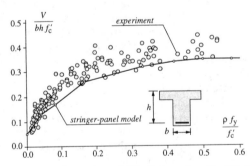

Figure 3.   Comparison of SPanCad results with 178 shear tests. Horizontally is depicted the degree of shear reinforcement and vertically the maximum shear capacity (Tests from Braestrup).

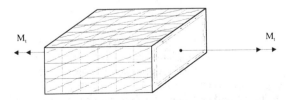

Figure 4. SPanCad can also be used for torsion in boxbeams

If the main reinforcement in the bottom stringer is determining the behaviour the structure will fail in bending. If the stirrups are determining, the beam will fail in shear. In that case SPanCad will produce inclined principal compressive stresses that are in good agreement with the predictions from the classic theory of plasticity (Nielsen, Braestrup). In figure 3 we show the comparison of the SPanCad results with 178 shear tests as were assembled by Braestrup. It is pleasant to understand that SPanCad produces safe values.

Shear is also the dominant phenomenon in cellular structures under torsion loading. Figure 4 shows an example of such types of structure. Again, SPanCad produces inclined cracks in accordance with the theory of plasticity for torsion in structural concrete and both the longitudinal reinforcement and the transverse reinforcement are in tension. This could not have come into being if the panels only would carry shear stresses, as is the case in the first elastic step.

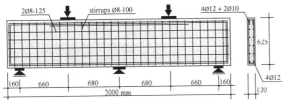

Figure 5. Continuous deep beam tested by Ashour in Cambridge University

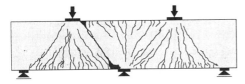

Figure 6. The failure crack zone in continuous deep beams typically goes from the middle support to one of the load platens

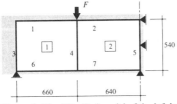

Figure 7. The SPanCad model of the left hand part of the deep beam of figure 5

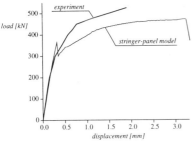

Figure 8. Load-displacement diagram for the deep beam. The agreement is within the engineer's accuracy.

151

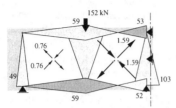 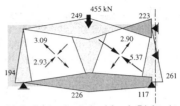

Figure 9. Force distribution in the stringer-panelmodel. Left: At elastic load level. Right: At ultimate load level. (Note that the scales are different). A huge redistribution of stresses results in a major change of force in the bottom stringer.

3.2 Experimental verification for a deep beam

Statically indeterminate deep beams get a lot of attention in the structural concrete society. We simulated an example that has been tested by Ashour in Cambridge University, UK. Figure 5 shows the structure and figure 6 the crack pattern at failure. Figure 7 is the SPanCad model for the left-hand part of the deep beam. Figure 8 shows the load-displacement diagram for the test and SPanCad. The failure load is computed with engineering accuracy. In figure 9 we can see the huge redistribution of forces which takes place between the elastic load level of 152 kN and 455 kN close to ultimate load. In figure 9 the magnitude of the stringer force is proportional to the width of the grey linearly varying lines. Dark grey is tensile, lighter grey is compression. The redistribution is in good accordance with what was seen in the test. In the middle of the panels the direction of the principal stresses are displayed.

4. DESIGN EXAMPLE

SPanCad will here be used to design a deep beam as shown in figure 10. This example has been published by Despot in his doctoral thesis on plastic optimisation at the ETH in Zürich. Figure

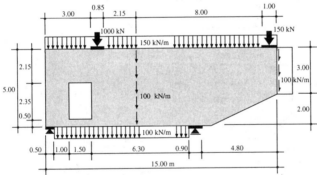

Figure 10. Design example of Despot in ETH Zürich. Shown are design loads for the ultimate limit state. Beam thickness is 250 mm.

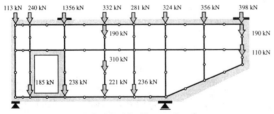

Figure 11. SPanCad model of the Despot deep beam.

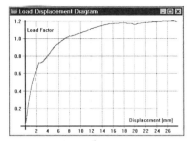

Figure 12. The load-displacement diagram of the deep beam. The displayed displacement is the vertical displacement of the top of the beam at the concentrated load just right of the hole.

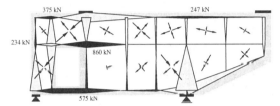

Figure 13. Stringer forces and principal stresses in panel middle for the ultimate limit state load. The principal stresses give an impression of the flow of forces through the structure.

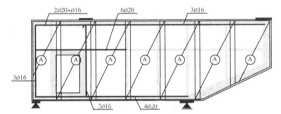

Figure 14. Final reinforcement layout. The panel reinforcement dominates by far the reinforcement in the stringers.

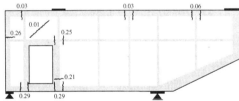

Figure 15. Cracks at serviceability state (70 % of ultimate limit state). Mainly cracks around the hole.

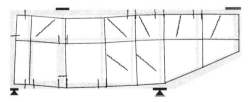

Figure 16. Cracks at ultimate limit state load. Cracks have spread out now and have to be counted in millimetres.

153

11 shows the SPanCad model used in this case. We will immediately display the final results after the third step of the design procedure, leaving out intermediate results. In figure 12 the load-displacement diagram is depicted. In fact the structure is too safe, because the load factor reaches 1.2 instead of the needed 1.0. Figure 13 shows the stringer forces and the directions of the principal stresses in the panel middle, which gives the designer a feeling for the flow of forces. The resulting reinforcement is seen in figure 14.

The development of the cracks is apparent from the figures 15 and 16. Figure 15 presents the crack pattern at the serviceability state at 70 % of the ultimate load. Cracks are only shown in the panel middle and the stringer ends. The crack-widths appear to be below 0.3 mm in the serviceability state and mainly occur around the hole in the wall. They distribute over a far larger area for the ultimate load in figure 16.

The total amount of reinforcement is dependent on the criterion, which is adopted for the minimum panel reinforcement. In the shown design the panel reinforcement has been assigned to all panels and is based on the criterion that the capacity of the reinforcement is equal to the tensile capacity of the concrete. This results in comparatively much panel reinforcement. If the panel reinforcement is reduced to about 60 percent of the tensile concrete capacity then the main reinforcement in the stringers will not increase much, so the total amount of panel and stringer reinforcement reduces substantially (from 1500 kg to about 1100 kg).

5. SUMMARY

The design tool SPanCad is PC-oriented software for the design of shear walls and D-regions in beam-type concrete structures. The program is a special type of element method with only two different elements: a stringer and a panel. The design is done in three distinct steps. The first one is a full linear one. On the basis of this analysis a first guess for the reinforcement is made and the concrete cross-section dimensions of the stringers are determined. The second step is a non-linear one with cracking and yielding in the panels and cracking in the stringers. At the end of this step the reinforcement is adjusted for reasons of strength and/or crack-width control. The third step is a final simulation to check if everything is fine. The method gives good results for B-regions in classic beam theory and has been calibrated against test results. An example is discussed to show the practical interest to structural designers.

6. REFERENCES

Ashour, A.F., "Tests of Reinforced Concrete Continuous Deep Beams", *ACI Structural Journal*, Vol. 94, No. 1, January-February 1997, pp. 3-12.

AutoCAD (Software), *Autodesk Corporation*, Version 13 for PCs c4a, Online (July 23, 1998) http://www.autodesk.com/, San Francisco.

Blaauwendraad, J., P.C.J. Hoogenboom, "Stringer Panel Model for Structural Concrete Design", *ACI Structural Journal*, V. 93, No. 3, May-June 1996, pp. 295-305.

Bræstrup, M.W., M.P. Nielsen and F. Bach, "Rational Analysis and Design of Stirrups in Reinforced Concrete Beams", *Technical University of Denmark*, Structural Research Laboratory, Report R 79, March 1977.

Despot, Z., "*Methode der finiten Elemente und Plastizitätstheorie zur Bemessung von Stahlbetonscheiben*", (Finite Element Method and Plasticity Theory for Dimensioning of Reinforced Concrete Disks), Institut für Baustatik und Konstruktion, ETH Zürich, IBK Bericht Nr. 215, Birkhäuser Verlag, Basel, 1995, (In German).

Eurocode, "Common Unified Rules for Concrete Structures", ENV 1992-1-1:1991, pp. 171-174.

Hoogenboom, P.C.J., "Discrete Elements and Nonlinearity in Design of Structural Concrete Walls", doctoral thesis, TU Delft, 1998.

Nielsen, M.P., "*Limit Analysis and Concrete Plasticity*", ISBN 0 13 536623 2, Prentice-Hall, London, 1984.

Vecchio F.J., M.P. Collins, "The Modified Compression-Field Theory for Reinforced Concrete Elements Subjected to Shear", *ACI Journal*, V. 83, No. 2, March-April 1986, pp. 219-231.

Baustatik-Baupraxis 7, Meskouris (Hrsg.) © 1999 Balkema, Rotterdam, ISBN 90 5809 044 2

Nachweiskonzepte für versteifte Kreiszylinderschalen im internationalen Vergleich – Sind unsere Normen zu konservativ?

H. Rothert & S. Barlag
Institut für Statik, Universität Hannover, Deutschland

U. Jäppelt
Windels, Timm und Morgen, Beratende Ingenieure im Bauwesen, Hamburg, Deutschland

ZUSAMMENFASSUNG: Zahlreiche experimentelle Untersuchungen haben es ermöglicht, auf der Basis der linearen Stabilitätstheorie Konzepte zur Bemessung versteifter Flächentragwerke im Bauwesen zu entwickeln. In der DASt-Richtlinie 017 sind z.B. Verfahren angegeben, mit denen, die im vorliegenden Beitrag untersuchten versteiften Kreiszylinderschalen auf relativ einfachem Wege berechnet werden können. Auch die internationale Normung (z.B. ECCS, ASME-Code, DnV) enthält Bemessungshinweise für versteifte Strukturen. Diese Bemessungsvorschläge beruhen auf Annahmen, die naturgemäß auf der sicheren Seite liegen, aber häufig die Frage provozieren, ob die Ergebnisse nicht zu konservativ und die Konstruktion nicht unnötig unwirtschaftlich wird. Mit Hilfe von Computerprogrammen können heute Beullasten sowohl von unversteiften als auch von versteiften Schalen unter Berücksichtigung ihres nichtlinearen Strukturverhaltens und ihres wirklichen nichtelastischen Werkstoffverhaltens berechnet werden. Dabei sind jedoch Schalenbeulversuche weiterhin notwendig, um Referenzergebnisse für die entwickelten Verfahren bzw. Rechenprogramme zu liefern. Beide Vorgehensweisen scheiden aber für den in der Praxis durchzuführenden Beulsicherheitsnachweis in der Regel aus, da sie für übliche Bauwerke (noch) zu kostspielig sind. Im vorliegenden Beitrag werden die nationale und einige internationale Nachweisverfahren einer kritischen Prüfung unterzogen, inwiefern sie den konkurrierenden Anforderungen an Sicherheit und Wirtschaftlichkeit genügen. Als Referenzergebnisse dienen neuere Versuche sowie ein experimentell abgesichertes Finite–Elemente–Programm, das am Institut für Statik in Hannover entwickelt wurde.

1 EINLEITUNG

Die derzeitigen Sicherheitskonzepte gehen im allgemeinen von einem charakteristischen Wert der Einwirkung (die äußere Beanspruchung) aus, der dem charakteristischen Wert des Widerstandes (die maximal aufnehmbare Belastung des Tragwerkes) gegenübergestellt wird. Durch statistisch ermittelte und durch Versuche abgesicherte Sicherheitsfaktoren γ_F werden diese beiden Werte gegeneinander abgegrenzt.

Die maximal aufnehmbare Belastung der unversteiften oder versteiften Schalentragwerke wurde bisher mit dem aus dem Flugzeugbau stammenden "α" –Verfahren berechnet. Mit Hilfe des empirisch ermittelten Abminderungsfaktor "α" erfolgt hierbei die Verknüpfung der idealen elastische Beulspannung der perfekten Kreiszylinderschale σ_{ki}, die im allgemeinen auf Grundlage der Donnellschen Theorie flach gekrümmter Schalen berechnet wird, mit der elastischen Grenzbeulspannung der realen imperfekten Struktur $\sigma_{u,el}$. Für den im Bauwesen wichtigen Bereich des plastischen Beulens ist in einer zweiten Stufe eine weitere

Abminderung auf die reale Beulspannung σ_u erforderlich. Prinzipiell gleichartig sind in diesem Zusammenhang die folgenden Regelwerke aufgebaut:

- ECCS- European Recommendations No. 56 [7],
- DnV-Rules for the Design Construction and Inspection of Offshore Structures [5],
- ASME-Code; Boiler and Pressure Vessels Code - Section III [1].

Eine alternative Möglichkeit der Approximation durch nur einen Kurvenzug kann nach Einführung eines Schlankheitsparameters $\bar{\lambda}_s = \sqrt{\sigma_F/\sigma_{ki}}$ erreicht werden, bei der die Fließgrenze als Bezugsgröße herangezogen wird. In der DASt-Richtlinie 017 [3] wurde diese Vorgehensweise eingeführt. Mit Hilfe des Schlankheitsparameters läßt sich ein Faktor κ bestimmen, der die Fließgrenze auf die reale Axialbeulmembrankraft F_u abmindert. Bei den abmindernden κ–Kurven wird in Anlehnung an die DIN 18800, Teil 4 unterschieden zwischen sehr (κ_2) und normal imperfektionsempfindlichen (κ_1) Zylinderschalen.

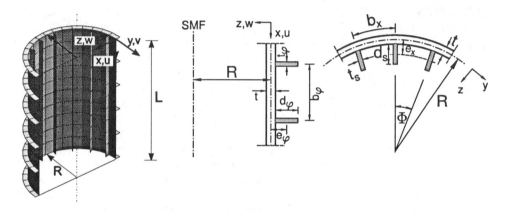

Abbildung 1: Geometrie der exzentrisch versteiften Kreiszylinderschale

Die Nachweise der unterschiedlichen Richtlinien müssen zahlreiche Parameter, die das Trag– und Beulverhalten längsversteifter Kreiszylinderschalen beeinflussen, berücksichtigen. In folgender Auflistung sind die wesentlichen Einflußfaktoren im Überblick dargestellt (siehe auch Abbildung 1):

- die Schalengeometrie (R/t–, L/R–Verhältnis),
- die Versteifung bezüglich Form, Lage (zentrisch, exzentrisch, innen oder außen) und Anzahl,
- das Werkstoffverhalten,
- die Imperfektionen (geometrische und strukturelle),
- die Randbedingungen,
- Last– und Lagerexzentrizitäten,
- Art der Lasteinleitung.

2 NATIONALE UND INTERNATIONALE REGELWERKE

Eine ausführliche Darstellung der bisher genannten sowie weiterer Regelwerke wird z.B. von Beedle in [2] gegeben. Die meisten dieser Normungen sind jedoch für spezielle Anwendungsbereiche entworfen und können nur eingeschränkt für das Bauwesen bzw. den konventionellen Stahlbau empfohlen werden.

Eine Gegenüberstellung internationaler Richtlinien sowie deren unterschiedliche Erfassung möglicher Instabilitätsformen versteifter Kreiszylinderschalen ist in Tabelle 1 zusammengestellt.

Tabelle 1: Internationale Normen für längsversteifte Kreiszylinderschalen unter Axiallast

Staat/Norm,Richtlinie		entwickelt für					Anwendungsbereich						
		1)	2)	3)	4)	5)	a)	b)	c)	d)	e)	f)	g)
West-Europa													
	ECCS	×	×	×	—	—	×	×	×	×	×	×	×
Norwegen	DnV	—	—	—	—	×	×	—	×	×	—	—	—
Bundesrep.	DASt 017	×	×	—	—	—	×	—	×	×	×	×	—
DDR	TGL 13503 82						×	—	—	—	×	—	—
Ost-Europa													
Ungarn	MI 04.184 78						×	×	—	×	—	×	—
CSSR	CSN 73 1401 84						×	—	—	×	·	—	—
UDSSR	SNiP II-23-81-82						×	—	—	—	—	—	—
Nord-Amerika													
	ASME N284 80	—	×	—	×	—	×	×	×	×	—	×	—
	API RP2A 89						×	×	×	×	—	×	—
Australien													
	AISC 83						×	×	—	×	—	—	—

1) den allgemeinen Stahlbau	a) Lokales Schalenfeldbeulen
2) den Behälterbau	b) Paneelversagen
3) den meerestechnischen Ingenieurbau	c) Globales Schalenbeulen
4) den kerntechnischen Ingenieurbau	d) Lokales Steifenversagen
5) Offshore-Konstruktionen	e) Begrenzung der max. Imperfektion
	f) Einfluß der Schalenlänge
	g) Diagramme zur Vorbemessung

2.1 Nachweis gegen lokales Beulen

In den untersuchten Normen DASt 017, ECCS, ASME und DnV werden Abmessungsverhältnisse vorgegeben, bei deren Einhaltung eine lokales Versagen der Steifen ausgeschlossen werden kann.

Bei dem Nachweis gegen lokales Teilschalenfeldbeulen wird in den Richtlinien ASME, ECCS und DASt 017 zunächst die ideale lokale Beulspannung $\sigma_{xi,lok}$ auf Grundlage der klassischen idealen Beulspannung der isotropen perfekten Kreiszylinderschale bestimmt und durch den Faktor C_x, der in den jeweiligen Richtlinien unter Berücksichtigung verschiedener Voraussetzungen berechnet wird, abgemindert:

$$\sigma_{xi,lok} = C_x \; 0.605 \; E \; \frac{t}{R}. \tag{1}$$

Ein maßgebender Unterschied zwischen den Richtlinien liegt im wesentlichen in der Bestimmung dieses Abminderungsfaktors (siehe Abbildung 2).

In der DASt-Richtlinie wird über den Beiwert C_x näherungsweise eine Randlagerung des Schalenfeldes durch die Versteifung und die Anzahl der vorhandenen Längssteifen n_s be-

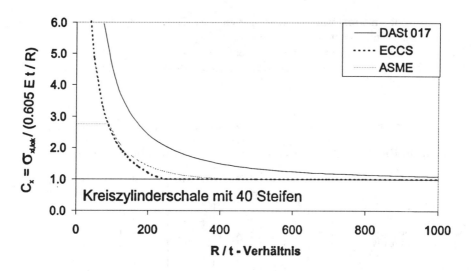

Abbildung 2: Abminderungsfaktor C_x in Abhängigkeit vom R/t - Verhältnis

rücksichtigt. Die ECCS - Recommendations unterscheiden bei der Berechnung die Grenz-fälle isotrope Kreiszylinderschale und versteifte Platte. Während bei dem ersten Nachweis die Längslagerung der Schalenfelder unberücksichtigt bleibt, wird beim zweiten der laststei-gernde Effekt der Schalenkrümmung vernachlässigt. Beide Nachweise liegen vom Ansatz her auf der sicheren Seite, so daß der größere Wert als maßgebend angenommen wird.

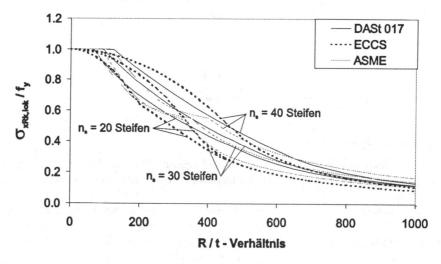

Abbildung 3: Lokale Beulspannungen in Abhängigkeit von R/t und unter Variation der Steifenanzahl n_s

In der DnV wird als Basisformel zur Berechnung von $\sigma_{xi,lok}$ die ideale elastische Beulspan-nung der perfekten ebenen Platte herangezogen:

$$\sigma_{xi,lok} = C_x \, \frac{\pi^2 E}{12(1 - \nu^2)} \left(\frac{t}{b_x} \right)^2. \tag{2}$$

158

Je nach Art der Belastung, des Versteifungsgrades und der mitwirkenden Breite des Teilschalenfeldes wird diese mit einem Abminderungsfaktor C_x auf die ideale elastische lokale Beulspannung der versteiften Kreiszylinderschale abgemindert.

2.2 Nachweis gegen globales Beulen

Bei der Berechnung der idealen globalen Beulspannung $\sigma_{xi,glob}$ des perfekten Kreiszylinders unterscheiden sich die untersuchten Normen ASME, ECCS und DASt 017 nur geringfügig durch die verwendeten verschiedenen "Verschmierungs"-Theorien und der differierenden Berechnung der mitwirkenden Schalenwandbreite (siehe Düsing [6]). Ermittelt wird $\sigma_{xi,glob}$ auf Basis der linearen Beultheorie der "verschmiert" orthotropen Schale bei gleichzeitiger Iteration der mitwirkenden Schalenwandbreite und Variation der Beulwellenzahlen m, Anzahl der Längshalbwellen, und n, Anzahl der Umfangsvollwellen. Im Rahmen der zugrundegelegten Theorie flacher Schalen soll die kritische Umfangsvollwellenzahl n größer oder gleich 4 sein und die Anzahl der Längssteifen größer oder gleich dem 3.5-fachen Wert der kritischen Umfangsbeulwellenzahl.

In der DnV berechnet sich die ideale globale Beulspannung, wie auch beim lokalen Beulen, aus der idealen elastischen Beulspannung für versteifte Platten, die mit einen Abminderungsfaktor C_x behaftet die ideale, elastische globale Beulspannung der versteiften Kreiszylinderschale ergibt.

Ein Auftreten von interaktiven Beulphänomenen wird in keiner der untersuchten Normen explizit durch einen gesonderten Nachweis ausgeschlossen, sondern beim Nachweis gegen globales Beulen unter Einbeziehung der wirksamen Schalenwandbreite berücksichtigt.

3 EXPERIMENTELL ERMITTELTE BEULLASTEN UND IHRE EINGLIEDERUNG IN DIE NORMEN

3.1 Darstellung des Beulverhaltens versteifter Kreiszylinderschalen anhand von experimentellen Auswertungen

Um einen Überblick über das Beulverhalten versteifter Kreiszylinderschalen zu bekommen, sind in dieser Arbeit Versuchsreihen an Stahlzylindern mit Rechtecksteifen (zusammengetragen in [6] und [8]) ausgewertet worden. Im Vergleich zu Versuchen an unversteiften Kreiszylindern liegt jedoch nur eine relativ geringe Anzahl an experimentellen Ergebnissen für versteifte Schalen, die für den baupraktischen Bereich relevant sind, vor.

Um den Versteifungsgrad einer Struktur zu erfassen, wird in den Normen eine "Verschmierung" der Steifenfläche auf die Schalenhautdicke vorgeschlagen. In Abbildung 4 wird die experimentell ermittelte Versagenslast σ_{exp} mit der idealen klassischen Beulspannung $\sigma_{ki,unv}^{kl}$, bei der die "verschmierte" Wanddicke t_m berücksichtigt wurde, in Abhängigkeit vom R / t – Verhältnis verglichen:

$$\sigma_{ki,unv}^{kl} - 0.605 \; E \; t_m/R \qquad \text{mit} \qquad t_m = t + A_{st}/b. \tag{3}$$

Es ist erkennbar, daß $\sigma_{ki,unv}^{kl}$ trotz Berücksichtigung der verschmierten Wanddicke bei lokal beulenden, also weit-versteiften Kreiszylindern weit auf der sicheren Seite liegt (Abweichungen zwischen 40 % und 80 %). Bei der Bestimmung der Versagenslast global beulender, also eng-versteifter Zylinder mit Hilfe von $\sigma_{ki,unv}^{kl}$ treten immer noch Abweichungen von ± 40 % gegenüber experimentell ermittelten Beullasten auf.

Die Abweichungen lassen sich durch die fehlende Erfassung des Versteifungseffektes infolge einer exzentrischen Anordnung der Steifen bei Verwendung der verschmierten Wanddicke erklären. Ebenso kann aufgrund fehlender Versuchsdokumentation keine Aussage über die

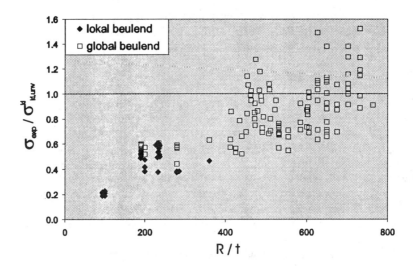

Abbildung 4: Auf $\sigma_{ki,unv}^{kl}$ bezogene experimentelle Beulspannung in Abhängigkeit von R/t

Größe geometrischer bzw. struktureller Imperfektionen, die die Versagenslast maßgeblich beeinflußen, getroffen werden.

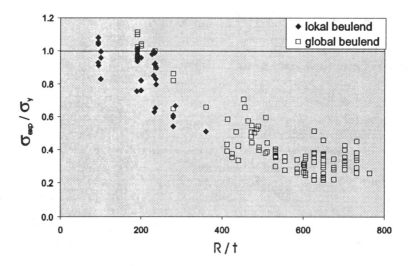

Abbildung 5: Auf die Fließgrenze bezogene experimentelle Beulspannung in Abhängigkeit von R/t

In Abbildung 5 ist die auf die Fließgrenze bezogene, experimentell ermittelte Beullast in Abhängigkeit von der Querschnittsschlankheit aufgetragen. Dickwandige, also Zylinder mit kleinem R/t – Verhältnis versagen eher im elasto-plastischen Bereich, während die Versagenslast dünnwandiger Zylinder weit unterhalb der Fließgrenze liegt.

Bei der Betrachtung von nur einem Einflußparameter, hier R/t, liegt eine breite Streuung der Ergebnisse vor (siehe Abbildung 4 und 5). Zum einen liegt die Ursache für die Streubreite darin begründet, daß der Einfluß der entscheidenen Parameter und deren Interaktion

160

miteinander nicht auf einfach darstellbare Weise erfaßt werden kann. In einzelnen Versuchsreihen oder Darstellungen ist es nicht möglich, alle Parameter zu untersuchen und deren
Abhängigkeiten untereinander zu erfassen. Zum anderen sind viele der in der Vergangenheit
durchgeführten Versuche nicht in Hinblick auf die im Bauwesen relevanten dickwandigen
Strukturen, die überwiegend im elastoplastischen Bereich beulen, ausgerichtet gewesen. Die
maßgebenden Parameter für elastoplastisches Beulen, wie z. B. die Bestimmung der Fließgrenze und der Kennwerte der Spannungs-Dehnungs-Linie wurden dabei nicht einheitlich
behandelt (siehe dazu Düsing [6] und Schulz [14]).

3.2 Vergleich der Richtlinien unter Berücksichtigung experimenteller Ergebnisse

In Abbildung 6 und 7 werden die untersuchten Richtlinien ECCS, ASME, DASt 017 und
DnV in Hinblick auf die Genauigkeit ihrer maßgebenenden Bemessungsspannungen miteinander verglichen.

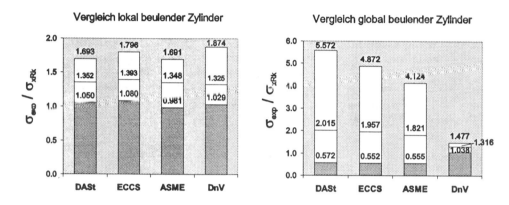

Abbildung 6: Vergleich von Vorhersage und Versuch

Die Bemessung nach der DnV kann dabei nur bedingt in die Auswertung mit einbezogen
werden, da in dieser Richtlinie nur innen versteifte Kreiszylinder berücksichtigt werden
können. Aufgetragen ist jeweils für die unterschiedlichen Normen

- der Minimalwert,
- der Maximalwert und
- der Mittelwert

des Verhältnisses der experimentellen Beulspannung σ_{exp} zur maßgebenden Bemessungs-
spannung, die im folgenden in Anlehnung an die DASt-Richtlinie 017 mit σ_{xRk} bezeichnet
wird. Dabei ist σ_{xRk} der kleinere Wert aus der Berechnung von lokaler und globaler Be-
messungsbeulspannung der jeweiligen Norm. Es wurden 136 versteifte Kreiszylinder ausgewertet, davon sind

- 35 im Versuch lokal gebeult und
- 101 im Versuch global gebeult,
- 84 im elastischen Bereich versagend und
- 52 im elasto-plastischen Bereich versagend.

Die Normen ASME, ECCS und DASt-Richtlinie weisen einen unterschiedlich großen Streu-
bereich (Spanne zwischen Minimal- und Maximalwert) auf, sind aber in den betrachteten
Versagensformen (lokal und global beulend) und den Versagenbereichen (elastisch und ela-
stoplastisch) als zuverlässig bis konservativ einzustufen.

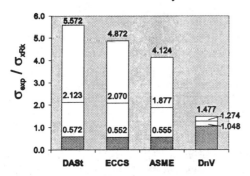
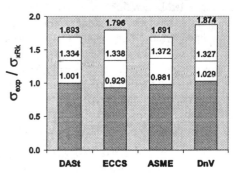

Abbildung 7: Vergleich von Vorhersage und Versuch

Bei der Auswertung muß berücksichtigt werden, daß es vergleichsweise wenige Zylinder gibt, die lokal beulen. Anhand von Abbildung 6 ist jedoch erkennbar, daß die DASt-Richtlinie und die ECCS bei lokal beulenden Zylindern mit allen Bemessungsspannungen auf der sicheren Seite liegt. Die durchschnittliche Abweichungen der global beulenden und der im elastischen Bereich versagenden Zylinder liegt erheblich höher als die der lokal beulenden bzw. im elastoplastischen Bereich versagenden Kreiszylinderschalen (siehe Tabelle 2). Das kann zum einen daran liegen, daß in vielen Fällen die Versagensform der Zylinder

Tabelle 2: Auf die Versuchsergebnisse bezogenen mittleren Abweichungen $\alpha_\emptyset = \frac{\sigma_{exp} - \sigma_{xRk}}{\sigma_{exp}}$ der Bemessungslasten

		Versagensform		Versagensbereich	
	gesamt	lokal beulend	global beulend	elastisch	elastoplastisch
DASt 017	36.62 %	24.60 %	40.79 %	43.64 %	23.76 %
ECCS	35.45 %	26.18 %	38.67 %	42.14 %	23.19 %
ASME	35.22 %	30.09 %	37.15 %	38.22 %	30.05 %
DnV	22.54 %	22.26 %	22.94 %	20.15 %	22.84 %

und die Interaktion der einzelnen Beulformen nicht richtig von den Normen erfaßt werden. Auch ist unklar, ob bei der Dokumentation der Versuche die Beulformen richtig wiedergegeben wurden. Zudem sind die "Verschmierungs"konzepte und die Abminderungsfaktoren der einzelnen Normen zum Teil sehr konservativ. Werden die Kreiszylinder untersucht, deren Bemessungsspannungen sehr weit auf der sicheren bzw. unsicheren Seite liegen, so ist erkennbar, daß die ECCS-Recommendations und die DASt-Richtlinie dieselben Zylinder ähnlich konservativ bzw. nicht-konservativ einstuft, während der ASME-Code andere Zylinder als "Ausreißer" betrachtet.

4 NUMERISCHER BEULSICHERHEITSNACHWEIS

In dem Entwurf der DASt–Richtlinie 017 ist erstmalig die numerische Berechnung der Beulwiderstände beliebiger Schalen vorgesehen. Dabei werden vier mögliche Berechnungs-

Tabelle 3: Konzepte zum numerischen Nachweis der Beulsicherheit nach der DASt-Richtlinie 017(E)

Modellierung des Werkstoffes	Modellierung der Geometrie	
	perfekt	imperfekt
elastisch	Modell I	Modell III(a)
elastoplastisch	Modell II	Modell III(b)

konzepte vorgestellt, die stufenweise von der geometrisch und physikalisch linearen Berechnung bis hin zur vollständigen nichtlinearen Beulanalyse aufeinander aufgebaut sind (siehe Tabelle 3).

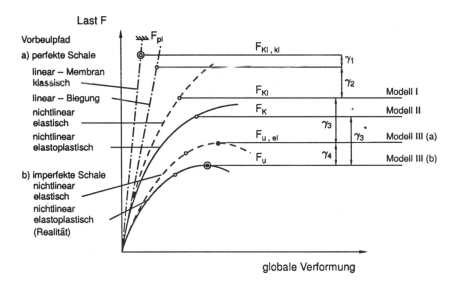

Abbildung 8: Schematische Darstellung der numerischen Konzepte (nach Schmidt [13])

Einen Überblick über die vier Nachweiskonzepte wird mit Abbildung 8 in Anlehnung an Schmidt [13] gegeben.

Mit dem Ziel, eine möglichst "ökonomische" Struktur zu erhalten, werden in der Phase der Tragwerksplanung oft Variantenuntersuchungen durchgeführt. Dementsprechend zahlt es sich aus, ein gleichermaßen effizientes und robustes wie in der Praxis leicht handzuhabendes Berechnungsmodell zur Verfügung zu haben. Zu berücksichtigen ist hierbei neben dem eigentlichen Berechnungsaufwand auch der Diskretisierungsaufwand, der oft einen erheblichen Anteil der gesamten Berechnung ausmacht. Das hier verwendete mechanische Berechnungsmodell und die theoretischen Hintergründe sind von den Autoren in [9], [10] und [12] schon ausführlich behandelt worden, so daß auf eine weitere Darstellung verzichtet wird.

Aus Wirtschaftlichkeitsgründen werden bei Finite-Element-Berechnungen in der Regel kleinstmögliche Ersatzsysteme gewählt. Diese Teilsysteme sollen das Tragverhalten der

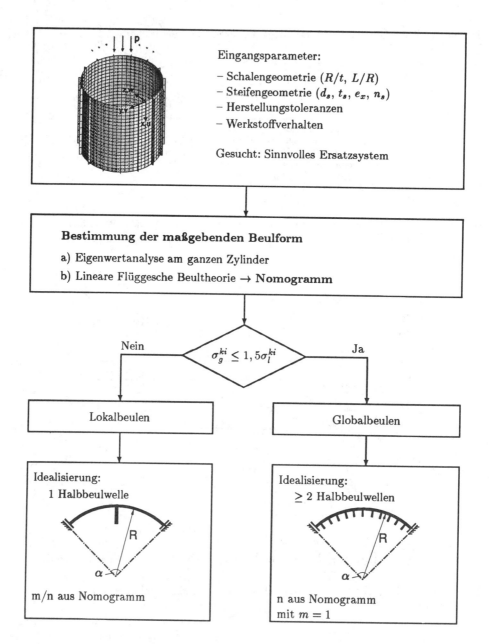

Abbildung 9: Idealisierungskonzept

gesamten Struktur wiedergeben oder es zumindest im Rahmen der Theorie bestmöglichst approximieren. Ein Kriterium für die Wahl eines geeigneten Teilsystems ist das kritische Beulmuster im Verzweigungspunkt (siehe auch [8] und [11]).

In Abbildung 9 ist das Vorgehen für eine Finite–Element–Idealisierung längsversteifter Zylinder dargestellt. Zur Bestimmung der Beulart (lokal oder global) wurde das von Walker/Sridharan [15] angegebene Kriterium verwendet. Hierbei ist σ_g^{ki} die globale Beulspannung des orthotropen Zylinders und σ_l^{ki} die zugehörige lokale Beulspannung, die näherungsweise an der unversteiften Kreiszylinderschale oder an einem Paneel bestimmt wird.

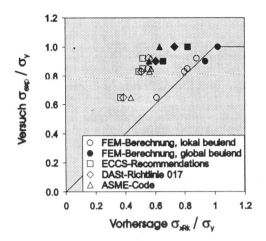

Die Ermittlung der Beulspannungen σ_g^{ki} und σ_l^{ki} sowie die Bestimmung der maßgebenden Beulform kann entweder mit einer Eigenwertanalyse am vollständigen Zylinder numerisch erfolgen oder aber über die analytische Lösung der Beulbedingung nach Flügge, dargestellt z. B. in Form eines Nomogrammes (siehe [8], [12] und [15]).

Die Gegenüberstellung der Ergebnisse in Abbildung 10 zeigt, daß die experimentellen Versagenslasten mit dem Finite - Element - Modell nahezu exakt vorhergesagt werden können. Der Traglastunterschied zum Versuchswert beträgt zwischen 2% und 6%. Die realen Beulspannungen nach der Vorhersage der Richtlinien ECCS, ASME und DASt–Richtlinie 017 zeigen dagegen Abweichungen bis zu 40 %. Ein weiterer

Abbildung 10: Vergleich der bezogenen Beulspannungen von Vorhersage und Versuch nach Normungen und FEM-Berechnung

Vorteil der Schalenbeuluntersuchung mit Hilfe der Finiten Elemente ist es, umfangreiche Parameterstudien durchführen zu können, die die experimentellen Versuchsergebnisse ergänzen.

5 SCHLUßBEMERKUNG

Anhand von Vergleichen mit Versuchsergebnissen ist gezeigt worden, daß die maßgebenden Beullasten der untersuchten nationalen und internationalen Richtlinien, die nach den, auf der linearen Stabilitätstheorie basierenden Bemessungshinweisen berechnet wurden, innerhalb vorgegebener Abmessungsverhältnisse als sicher, aber auch als konservativ einzustufen sind.

Vergleichsberechnungen mit dem verwendeten Finite-Element-Modell und dem vorgeschlagenen numerischen Idealisierungskonzept haben gezeigt, daß die experimentellen Versagenslasten nahezu exakt vorhergesagt und so versteifte Flächentragwerke mit beliebigen Abmessungsverhältnissen unter Berücksichtigung von elastoplastischen Materialverhalten effizient bemessen werden können. Ein Nachteil der numerischen Bemessung liegt in dem hohen Zeitaufwand, der bisher benötigt wird, um die nötige Genauigkeit bezüglich der Diskretisierung zu erreichen und um die Ergebnisse auf ihre Gültigkeit zu überprüfen. Es ist jedoch gezeigt worden, daß die FEM sowohl Versuche als auch gewisse überkonservative Normenvorgaben bereichsweise ersetzen kann.

6 LITERATUR

[1] ASME-CODE: *ASME: Boiler and pressure vessels code - Section III, Code Case N - 284, New York*, 1980.

[2] BEEDLE, L. S.: *Stability of Metal Structures- a World View*. Structural Stability Research Council, Bethlehem, Pennsylvania 18015, USA, 1991.

[3] DAST 017: *Deutscher Ausschuß für Stahlbau: Richtlinie 017 - Entwurf, Beulsicherheitsnachweise für Schalen, spezielle Fälle*, 1992.

[4] DIN18800 : *Deutsches Institut für Normung e. V.: Stahlbauten, Stabilitätsfälle, Schalenbeulen (Teil 4)*, November 1990.

[5] DNV: *Det norske Veritas: Rules for the Design Construction and Inspection of Offshore Structures, Appendix C, Shell Structures*, 1982.

[6] DÜSING, H.: *Stabilität längsversteifter stählerner Kreiszylinderschalen unter zentrischem Axialdruck - Theoretische Grundlagen und baupraktischer Beulsicherheitsnachweis*. Dissertation, Universität Essen, 1994.

[7] ECCS: *Buckling of Steel Shells - European Recommendations No. 56, 4. Auflage*, 1967.

[8] JÄPPELT, U.: *Elastisch-plastisches Stabilitätsversagen dünnwandiger versteifter Kreiszylinderschalen unter Axiallast*. Dissertation, Mitteilungen des Instituts für Statik, Universität Hannover, 1997.

[9] JÄPPELT, U., N. GEBBEKEN und H. ROTHERT: *Novel aspects in finite element modelling of stiffened Shells*. In: *Symposium on Nonlinear Analysis and Design for Shell and Spatial Structures, SEIKEN-IASS*, Tokyo, Oktober 1993, 35–44.

[10] JÄPPELT, U. und H. ROTHERT: *Stability analysis of stiffened plates and shells*. In: ABEL, J. F., J. W. LEONHARD und C. U. PENALBA (Herausgeber): *Proceedings of the IASS-ASCE International Symposium*. American Society of Civil Engineering, April 1994.

[11] JÄPPELT, U. und H. ROTHERT: *Nonlinear stability analysis using a new stiffener element*. In: STURE, S. (Herausgeber): *10.Th Conference of Engineering Mechanics Vol. 1*. American Society of Civil Engineering, Mai 1995, 663–666.

[12] ROTHERT, H. und U. JÄPPELT: *Zur Tragfähigkeit axial belasteter längsversteifter Kreiszylinderschalen - Wie konservativ sind die entsprechenden Normen?* Der Bauingenieur 73 H. 6, (1998) 292–298.

[13] SCHMIDT, H.: *Towards recommendations for shell stability design by means of numerically determined buckling loads*. In: JULLIEN, J. F. (Herausgeber): *Buckling of shell structures, on land, in the sea and in the air*. Elsevier Applied Science, New York, (1991), 508–519.

[14] SCHULZ, U.: *Die Stabilität von Zylinderschalen im plastisch–elastischen Beulbereich*. Technischer Bericht Folge 4 H. 9, Universität Fridericiana Karlsruhe, Versuchsanstalt für Stahl, Holz und Steine, 1984.

[15] URRUTIA-GALICIA, J.L., H. ROTHERT und U. JÄPPELT: *Stability analysis of axially compressed circular cylindrical shells*. Excepted for publication in CSME Transactions, Canada, September 1998.

[16] WALKER, A. C. und S. SRIDHARAN: *Analysis of the behaviour of axially compressed stringer–stiffened cylindrical shells*. Proc. Instn. Civ. Engrs. Part 2 Vol. 69, (1980) 447–472.

Baustatik-Baupraxis 7, Meskouris (Hrsg.) © 1999 Balkema, Rotterdam, ISBN 90 5809 044 2

Erstellung von Bauwerk/Bodenmodellen für komplexe Flächengründungen

Peter-Andreas von Wolffersdorff
Ed. Züblin AG, Technisches Büro Tiefbau, Stuttgart, Deutschland

Stefan Kimmich
RIB Bausoftware GmbH, Abt. RIBTEC®, Stuttgart, Deutschland

ZUSAMMENFASSUNG: Die Ausführung von Flächengründungen kann erhebliche wirtschaftliche Vorteile mit sich bringen. Als arbeitstechnische Vorteile können der einfache Aushub und der Wegfall von Schalungskosten oder zeitaufwendigen Pfahlgründungen aufgeführt werden. Unter Umständen kann die Bodenplatte auch zur Abdichtung herangezogen werden. Setzungsunterschiede sowie örtliche Fehlstellen im Baugrund werden ausgeglichen.

Bei einer wirklichkeitsnahen Abbildung der Baugrundverhältnisse entstehen jedoch komplexe Berechnungsmodelle, wobei die Wechselwirkung zwischen Bauwerk und Boden eine entscheidende Rolle spielt. Die Steifigkeitsverhältnisse Boden, Platte und evtl. auch des Überbaus müssen in der Berechnung berücksichtigt sein. Anhand von ausgeführten Bauwerken wird der Einsatz des Halbraumverfahrens mit finiten Elementen dargestellt. Die Vorgehensweise bei der Modellbildung und der Berechnung wird beschrieben. Besonderer Wert wird auf die Auswertung und Interpretation der Ergebnisse sowie deren Verwendung bei der Bemessung der Bodenplatten gelegt.

1 EINFÜHRUNG

Für die Berechnung von ebenen Plattensystemen hat sich die Methode der finiten Elemente längst durchgesetzt. Auch bei komplexen Systemen werden immer häufiger finite Faltwerkelemente für dreidimensionale Bauwerkmodelle eingesetzt. Deshalb sollte auch die Berechnung von Flächengründungen nach dem Halbraumverfahren auf diese Techniken aufsetzen. Diese Verfahren können auch schwierige Verhältnisse, wie z.B. unregelmäßig aufgebauter Baugrund, unterschiedliche Bauwerksformen, gegenseitige Beeinflussung mehrerer Bauwerke oder verschiedene Belastungen wirklichkeitsnah abbilden.

2 GRUNDLAGEN

Das im folgenden beschriebene Halbraumverfahren erfaßt sowohl die Bodenplatte bzw. das aufgehende Bauwerk mit Balken-, Platten- und Faltwerkelementen als auch den Boden mit Volumenelementen. Nur wenige Parameter genügen, um bei Bedarf das Bodenmodell anzupassen oder zu verfeinern. Der Modellierungsaufwand bleibt selbst bei komplizierten Schichtaufbauten gering, so daß dieses Verfahren auch für komplexe Bauwerke angewandt werden kann.

2.1 Halbraumverfahren

Für das Gesamtsystem Bauwerk-Boden wird ein vollständiges finite Elementemodell aufgebaut. Der Baugrund wird als elastisch-isotroper Halbraum angenommen und ausgehend von einer ebenen Beschreibung in der Gründungssohle durch finite Volumenelemente modelliert. Dabei kommen Volumenelemente zum Einsatz, welche mit den verwendeten Platten- und Faltwerkselementen kompatibel sind (Bild 1). Die Berechnung erfolgt nach derselben Verfahrensweise wie bei gewöhnlichen Plattensystemen. Als Ergebnisse fallen beim Volumenelement die Verschiebungen und Spannungen an, welche direkt die Setzungsmulde und die Lastausbreitung im Baugrund wiedergeben. Dieses Verfahren zeichnet sich insbesondere durch folgende Leistungsmerkmale aus:

- geringer Modellierungsaufwand durch einfache 2D-Eingabe für das 3D-Bodenmodell,
- direkte Beschreibung beliebiger Bodenschichten z.B. über Bohrprofile,
- automatische Vernetzung der Gründungssohle (2D) und des Baugrunds (3D),
- erweitertes Bodenmodell anstatt Verwendung von infiniten Elementen,
- beliebige Bauwerksformen und Lastkonzentrationen sowie Überlagerung der Ergebnisse.

Aus diesen Gründen ist das Halbraumverfahren für die Lösung unterschiedlicher Problemstellungen, bei denen die Bauwerk-Boden-Interaktion eine wichtige Rolle spielt, geeignet.

2.2 Bauwerk-Bodenmodellierung

Das Modell des unendlichen Halbraums gliedert sich in drei Stufen (Bild 2)

1. Gründungsbereich
2. Abklingbereich der Setzungsmulde
3. Übergangsbereich in den unendlichen Halbraum

Der dritte Bereich, der die noch ins Unendliche gehenden Einflüsse widerspiegelt, kann in vielen Fällen aber auch unberücksichtigt bleiben. Der Gründungsbereich entspricht den eingegebenen Plattenflächen und wird mit drei- und vierknotigen finiten Flächenelementen vernetzt.

Der Abklingbereich wird durch eine zweite Fläche, die den Gründungsbereich vollständig einbettet, festgelegt. Er liegt ebenfalls an der Geländeoberkante. Ist ein Abklingbereich durch Definition einer Bodenschichtung für diese Fläche aktiv, so werden auch für den eingeschlossenen Gründungsbereich automatisch finite Volumenelemente gemäß der eingegebenen Schichtung generiert. Der Abklingbereich sollte so angelegt werden, daß am äußeren Rand die Setzungsmulde weitgehend abgeklungen ist.

Der Übergangsbereich in den unendlichen Halbraum kann nach zwei Modellierungstypen automatisch generiert werden (Bild 3). Der Typ „Halbkugel" mit dem Radius R erfaßt eine un-

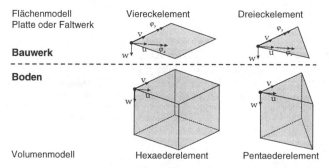

Bild 1: Finite Elemente für Flächen- und Volumenmodell

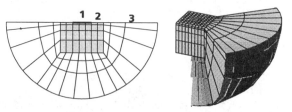

Bild 2: Modellierungsbereiche bei Bauwerk-Bodenmodellen

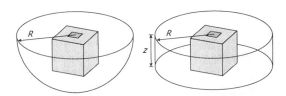

Bild 3: Halbkugel- und Zylindermodell für den Übergangsbereich

endliche Ausdehnung des Bodenmodells in alle Richtungen und eignet sich vor allem für bindige Böden. Bei einem in der Tiefe z anstehendem Felshorizont eignet sich der Typ „Zylinder" mit Radius R besser.

2.3 Nachweise im Baugrund

Die Setzungsmulde ergibt sich beim Halbraumverfahren direkt aus den Verformungen der verwendeten Volumenelemente des Bodenmodells.

Die Bodenpressungen ergeben sich aus den Kontaktspannungen und den Flächenanteilen der angrenzenden Elemente zwischen den Flächen- und Volumenelementen. Sie nähern sich je nach Elementeinteilung an den Plattenrändern den aus der Theorie bekannten unendlich großen Werten an. Für den Vergleich mit zulässigen Bodenpressungen, deren Gültigkeit bei komplexen Gründungssystemen fraglich ist, sollten möglichst nicht die schnell abklingenden Randpressungen gewählt werden.

Zweckmäßiger ist es, einen Grundbruchnachweis zu führen, wie er auch beim Überschreiten der zulässigen Bodenpressungen verlangt wird. Hierzu wird der Baugrund auf Plastifizieren gemäß der Fließfunktion nach Mohr-Coulomb überprüft (Bild 4). Der Grundbruchnachweis ist dann erbracht, wenn entweder keine Plastifizierungen auftreten oder aber Bereiche mit Plastifizierungen nur lokal auftreten. Die Nachgiebigkeit des Bodens an diesen Stellen sollte das Gesamttragverhalten nur unwesentlich beeinflussen. Andernfalls müßte eine nichtlineare Berechnung mit elasto-plastischen Materialverhalten durchgeführt werden.

2.4 Sonderfälle

Sind mehrere unterschiedliche Gründungen innerhalb des Abklingbereichs vorhanden, können mit dem Halbraumverfahren gegenseitige Mitnahmesetzungen berücksichtigt werden. Die Ergebnisse enthalten dann automatisch den Einfluß einer überlagerten Lastausbreitung im Boden. Durch zusammengesetzte Abklingbereiche mit unterschiedlichen Eigenschaften lassen sich auch Verwerfungen und verschiedene Gründungstiefen im Boden modellieren.

Jeder Bodenschicht kann die Eigenschaft „keine Zugspannungsübertragung zwischen Bodenplatte und Baugrund" zugewiesen werden. In diesem Fall werden zwischen Bodenplatte und Gründung Koppelelemente erzeugt, welche mittels eines nichtlinearen Iterationsverfahrens den Kontakt zwischen Bauwerk und Boden lösen.

$$F = \frac{\sigma_1 - \sigma_3}{2} + \frac{\sigma_1 + \sigma_3}{2} \sin \varphi - c \cdot \cos \varphi$$

c — Kohäsion

φ — innerer Reibungswinkel

$\sigma_3 < \sigma_2 < \sigma_1$ — Hauptspannungen

$F < 0$: elastisches Materialverhalten

$F = 0$: Fließbedingung erfüllt, Plastifizierungen treten auf

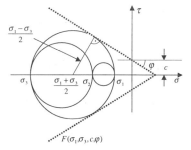

Bild 4: Fließfunktion nach Mohr-Coulomb für Grundbruchnachweis

169

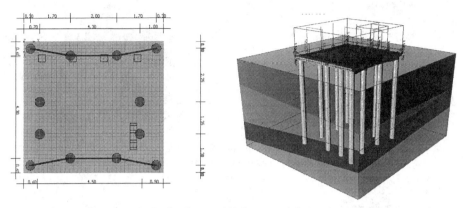

Bild 5: Abmessungen der Bodenplatte und Volumenmodell des Abklingbereichs

2.5 Anwendungsgrenzen

Das hier vorgestellte Halbraumverfahren setzt voraus, daß Gründungssohlen und Abklingbereiche in einer Ebene liegen. Derzeit kann eine Plastizierung im Boden nicht erfaßt werden. Die verwendeten Volumenelemente können jedoch für eine materiell-nichtlineare Formulierung jederzeit erweitert werden. Abschließend sei darauf hingewiesen, daß die Volumenmodelle maßvoll auf die jeweils verfügbare Rechnerkapazität abgestimmt werden sollten.

3 MODELLIERUNG EINER PFAHL-PLATTENGRÜNDUNG

Die Sanierung bzw. Modernisierung von bestehenden Gebäuden ist häufig mit einer geänderten Nutzung verbunden, die auch erhebliche Lasterhöhungen mit sich bringen kann. Oft wird die Tragfähigkeit der bestehenden Gründung überschritten und Lasten müssen tiefer in den Baugrund, z.B. über eine kombinierte Pfahl-Plattengündung, abgetragen werden. Umfangreiche Voruntersuchungen des anstehenden Baugrunds, ausgeklügelte Rechenmodelle und eine baubegleitende Meßüberwachung der Setzungen garantieren den Erfolg und die Sicherheit einer solchen Baumaßnahme.

Ein Beispiel hierfür ist die Modernisierung von Häusern aus der Gründerzeit in der Leipziger Vorstadt, deren gründungstechnische Planung dem Sachverständigen für Grundbau Dr.-Ing. H.—J. Gotthoff und deren Ausführung der Bauunternehmung Dr. Schäfer Spezialtiefbau aus Leipzig übertragen wurde.

3.1 Bauwerk/Bodenmodell mit FEM

Das Baugrundgutachten und Vorberechnungen zeigten eindeutig, daß die bestehende Gründung keine erhöhte Belastung in den Baugrund abtragen kann. Um die Setzungsdifferenzen für die denkmalgeschützten Bauwerke in einer zulässigen Größenordnung zu halten, wurde unter den lastintensiven Gebäudeteilen eine Abfangungskonstruktion angeordnet. Über zwölf Pfähle mit einem Durchmesser von 40 cm werden die Lasten aus der Abfangung und aus konzentrierten Überbaulasten auf die Bodenplatte in den Baugrund übertragen (Bild 5).

Für die Ermittlung der Setzungen wurde das Halbraumverfahren eingesetzt. Zunächst wurde der Gründungsbereich als Platte mit den Randträgern für die Lastabfangung definiert. Die Pfähle wurden in zwei Varianten modelliert:

Variante 1: Einzelfedern ersetzen das System Pfahl-Boden,
Variante 2: Stabelemente mit Kreisquerschnitt ersetzen das System Pfahl-Boden

Über den Gründungsbereich wurde dann die Fläche für den Abklingbereich gelegt, welche den gesamten Bodenaufbau über drei Bohrprofile an unterschiedlichen Stellen im Gelände festlegt. Der Bodenaufbau besteht aus den folgenden drei Bodenschichten mit unterschiedlicher Mächtigkeit (Bild 5):

- Auelehm (ca. 2,5 m), $E = 3\,MN/m^2$, $v = 0,35$
- Flußschotter mit ergiebigen Grundwasserströmungen (12 m), $E = 80\,MN/m^2$, $v = 0,32$
- Sand bzw. Braunkohle (ca. 5 m)), $E = 90\,MN/m^2$, $v = 0,30$

In den o.g. Modellen wurden die Pfähle mit 5 m und 7 m Länge berücksichtigt. Der Übergangsbereich wurde mit dem halbkugelförmigen Volumenmodell mit einem Radius von $R = 15\,m$ angegeben (Bild 6).

3.2 Ergebnisauswertung

Für die kombinierte Pfahl-Plattengründung stellt sich eine relativ gleichmäßige Setzungsmulde ein (Bild 6). Die Setzungen liegen zwischen 5 mm und 8 mm, so daß die Setzungsdifferenzen weit unter dem geforderten Maß von 1,1 cm bleiben.

Die sehr geringen Bodenspannungen von maximal 12,32 kN/m² in der Gründungssohle weisen daraufhin, daß der Hauptanteil der Überbaulasten durch Pfähle aufgenommen wird. Die berechneten Pfahllasten sind ebenfalls kleiner als die zulässigen Pfahllasten.

3.3 Bemessung

Für die Bemessung der Pfähle wurden die überlagerten Pfahlkräfte herangezogen (Bild 7). Die Abfangung wurde als Stahlbetonbalken auf Biegung und Schub bemessen.

4 KOMPLEXES PLATTENSYSTEM

Bei komplexen Gründungssystemen mit mehreren Teilgründungen, die Lasten sowohl auf unterschiedliche Weise als auch in verschiedenen Tiefen in den Boden abtragen (z.B. Bodenplatten, Steifenfundamente, Pfähle), ist es in der Regel nicht möglich, die Setzungsverträglichkeit des Gesamtsystems mit konventionellen Setzungsberechnungen zu untersuchen.

Für den Neubau des Wohnstiftes am See in Friedrichshafen war die Setzungsverträglichkeit des Gründungskonzeptes nachzuweisen. Der unterirdische Teil des Neubaus ist eine kreisrunde

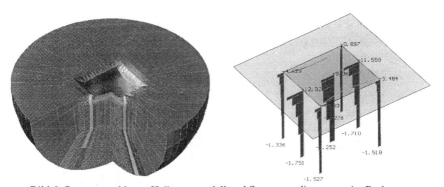

Bild 6: Setzungsmulde am Halbraummodell und Spannungsdiagramme im Boden

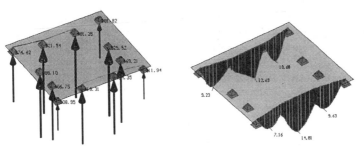

Bild 7: Maximale Pfahlkräfte und Biegebemessung der Abfangungskonstruktion

171

Tiefgarage mit 4½ Untergeschossen. Die beiden oberirdischen 5 geschossigen Gebäude sind rechtwinklig zueinander angeordnet und liegen nur teilweise über der Tiefgarage. Nur ein Teil der Tiefgarage wird überbaut. Gründungstechnisch läßt sich die Gesamtkonstruktion wie folgt unterteilen:

- Der nicht überbaute Teil der Tiefgarage wird in einer Tiefe von ca. 17 m auf ein System von Einzelfundamenten gegründet (Bild 8 linker Teil).
- Der überbaute Teil der Tiefgarage wird in einer Tiefe von ca. 16 m auf eine 60 cm dicke Bodenplatte gegründet (Bild 8 rechter Teil, Bild 9). An der Trennwand zum nicht überbauten Teil wird die Plattengründung mit einem ca. 4 m breiten und ca. 1 m dicken Streifenfundament unterlegt.
- Die außerhalb der Tiefgarage liegenden Gebäudeteile werden auf Bohrpfählen mit einer Länge von maximal 13 m gegründet.

Die runde Außenwand der Tiefgarage wurde als 1m dicke Schlitzwand hergestellt (Bild 9). Die Tiefe der Schlitzwand beträgt ca. 30 m, d.h. die Unterkante der Schlitzwand liegt ca. 14 m unter der Gründungssohle der Einbauten für die Tiefgarage.

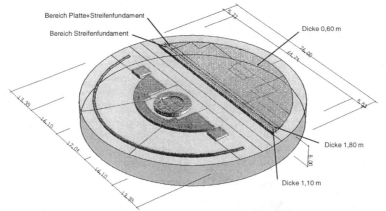

Bild 8: Zylindermodell für die Gründungen innerhalb der Schlitzwand

Bild 9: Blick auf Schlitzwand und Gründungsplatte des überbauten Teils der Tiefgarage

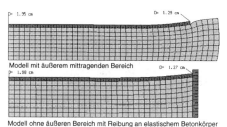

Modell mit äußerem mittragenden Bereich

Modell ohne äußeren Bereich mit Reibung an elastischem Betonkörper

Bild 10: Rotationssysmmetrische Vergleichsberechnungen

4.1 Bauwerk/Bodenmodelle mit FEM

Zunächst wurde das gesamte System der Gründungselemente unter Berücksichtigung der unterschiedlichen Plattendicken mit dem Halbraumverfahren modelliert (Bild 8). Der Baugrund (Geschiebemergel) unter und zwischen den einzelnen Gründungselementen sowie der äußere Übergangsbereich wurde als zylindrisches Volumenmodell mit einer Dicke von 8m angenommen. Wegen der zu erwartenden großen Aushubentlastung wurde der Wiederbelastungsmodul $E_s = 50\,\text{MN/m}^2$ des Geschiebmergels angesetzt ($E = 40\,\text{MN/m}^2$, $\nu = 0{,}33$).

Mit dem Halbraumverfahren kann die Interaktion zwischen Boden und der tiefer reichenden Schlitzwand nicht modelliert werden. Statt dessen wurde ein ca. 5 m breiter äußerer mittragender Bodenbereich angenommen. Zwei rotationssymmetrische Vergleichsberechnungen mit einer den Überbaulasten entsprechenden Flächenlast von $110\,\text{kN/m}^2$ zeigen, daß bei gleichem Bodenmodell unterhalb einer 60 cm dicken Stahlbetonplatte die Setzungsmulde mit einem mittragenden äußeren elastischen Bodenbereich und die Setzungsmulde mit Reibung an einem elastischen Betonkörper sehr gut übereinstimmen (Bild 10).

Es war nachzuweisen, daß die höheren Lasten auf den überbauten Teil nicht zu Mitnahmesetzungen im nicht überbauten Teil innerhalb der Schlitzwand führen. Zu diesem Zweck sind zwei weitere FE-Modelle erstellt worden. Sie sind Teilsysteme des o.g. Gesamtsystems und ergeben sich aus einer symmetrischen Teilung zwischen überbautem und nicht überbautem Teil (Bild 11).

Ein viertes FE-Modell wurde schließlich für die Stahlbetonbemessung der Gründungsplatte des überbauten Teils der Tiefgarage benötigt. Im Unterschied zu den FE-Modellen für die Untersuchung der Setzungsverträglichkeit wurde die Geometrie der Bodenplatte (wie z.B. Fahrstuhlunterfahrten, Plattenverdickungen, Aussparungen) detaillierter erfaßt (Bild 12). Anstatt der Mo-

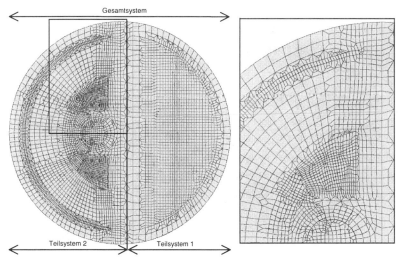

Bild 11: FE-Netz für die Setzungsberechnung im Gesamtsystems; Definition der beiden Teilsysteme

173

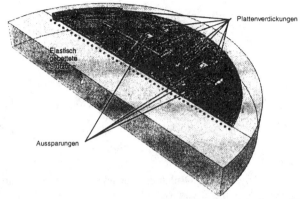

Bild 12: FE-Modell für die Stahlbetonbemessung der Bodenplatte (überbauter Teil der Tiefgarage)

dellierung des Streifenfundamentes mit unterschiedlichen Plattendicken (Bild 8) wurde entlang der Trennwand zum nicht überbauten Teil eine elastische Bettung (Bild 12) angenommen.

4.2   Auswertung der Setzungsberechnungen

Zur Untersuchung der gegenseitigen Beeinflussung der Setzungsmulden des überbauten und nicht überbauten Teils der Tiefgarage wurden Setzungsberechnungen anhand des Gesamtsystems und anhand der beiden Teilsysteme durchgeführt. Dabei sind die setzungsrelevanten Lasten (ständige Lasten sowie 33% Verkehrslasten) aus den Überbauten über der Gründungssohle angesetzt worden. Der Vergleich der Setzungen des Gesamtsystems (Bild 13) und der Setzungen der Teilsysteme ergab übereinstimmende Setzungsmulden, d.h. eine gegenseitige Beeinflussung der Setzungsmulden wurde nicht festgestellt. So konnte gezeigt werden, daß Mitnahmesetzungen im nichtüberbauten Teil nicht zu erwarten sind.

Außerdem war nachzuweisen, daß der oberirdischer Gebäudeteil über der Tiefgarage mit dem auf Bohrpfählen gegründeten Gebäudeteil setzungsverträglich ist. Es wurde dabei angenommen, daß nach Fertigstellung der Tiefgarage die Bauwerkssetzungen Oberkante Erdgeschoßdecke vollständig eingetreten sind. Für die Setzungsverträglichkeit des oberirdischen Bauwerkes wurden daher nur Berechnungen anhand des „Teilsystems 2" mit den setzungsrelevanten Lastanteilen, die aus oberirdischen Konstruktion resultieren, durchgeführt. Die Berechnungen ergaben

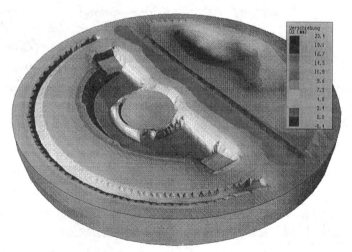

Bild 13: Setzungsmulde des gesamten Gründungssystems

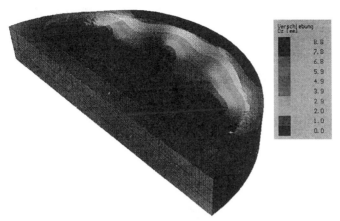

Bild 14: Setzungsmulde des Teilsystems 2 infolge der setzungsrelevanten oberirdischen Lastanteile

eine maximale Setzung von 9 mm (Bild 14) und eine maximale Schiefstellung von 1/820. Die geforderte Setzungsdifferenz 1/500 wurde rechnerisch somit eingehalten.

4.3 Bemessung

In allen Setzungsberechnungen für die Bodenplatte des überbauten Teils der Tiefgarage ergaben sich Setzungsmulden, deren Zentrum nicht in Plattenmitte, sondern am oberen Rand im setzungskritischen Bereich an der Schlitzwand lag. Deswegen wurde dort die Gründungsplatte von 60 cm auf 1,00 m verstärkt (Bild 12). Für die Ermittlung der für die Stahlbetonbemessung maßgebenden Schnittkräfte wurden zwei Lastfälle aus den Überbaulasten Oberkante Gründungsplatte und dem Lastfall aus Verkehrslast von 3,5 kN/m² überlagert. Weitere Verstärkungen in der Gründungsplatte waren unter den Einzellasten und den zum Teil hohen Linienlasten notwendig.

5 SCHLUSSBEMERKUNGEN

Das vorgestellte Halbraumverfahren ergänzt die in der Praxis etablierten Berechnungsverfahren mit finiten Elementen für eine ganzheitliche Erfasssung von Bauwerk-Bodenmodellen. Die direkte grafisch interaktive Bearbeitung des Baugrundmodells an der Geländeoberkante, verbunden mit einer vollständig automatischen Vernetzung des Gesamtsystems Bauwerk-Baugrund erlaubt eine übersichtliche und durchgängige Arbeitsweise. Die verwendeten Beispiele zeigen, daß auch komplizierte Fälle sicher behandelt werden können. Durch die verfügbaren Kontrollen läßt sich die Modellbildung gezielt überprüfen. Gleichzeitig erlauben die integrierten Nachweise für die Setzungen, die Beanspruchung des Bodens und die Bemessung der Bauteile eine effiziente und wirtschaftliche Bearbeitung von unterschiedlichen Gründungsproblemen.

6 LITERATUR

Graßhoff, H.; Kany, M. (1992): Berechnung von Flächengründungen; in Grundbau-Taschenbuch, 4. Aufl., Teil 3, Smoltczyk, U.; Hrsgb., Ernst & Sohn Verlag für Architektur und technische Wissenschaften, Berlin.

Loos, W.; Graßhoff, H. (1963): Kleine Baugrundlehre, Verlagsgesellschaft R. Müller, Köln-Braunsfeld.

Ramm, E. (1994): Finite Elemente für Tragwerksberechnungen, Vorlesungsmanuskript Wintersemester 1994/95, Institut für Baustatik, Universität Stuttgart.

TRIMAS® Ebene Platten, Band 1, 5. Aufl. März 1997, RIB-Bausoftware GmbH, Stuttgart

Baustatik-Baupraxis 7, Meskouris (Hrsg.) © 1999 Balkema, Rotterdam, ISBN 90 5809 044 2

Punktgestützte Gläser als tragende Konstruktion

E. Ramm
Institut für Baustatik, Universität Stuttgart und DELTA-X, Deutschland

A. Burmeister
DELTA-X, Ingenieurgesellschaft, Stuttgart, Deutschland

KURZFASSUNG: Der Wunsch nach mehr Transparenz hat zum verstärkten Einsatz von punktgestützten Gläsern geführt. Hinzu kommt der Trend, dem Glassystem auch eine hauptlastabtragende Wirkung zuzuweisen. Die ohnehin schon sensiblen Eigenschaften des spröden Materials Glas sind wegen erhöhter Spannungskonzentrationen an den Stützstellen besonders angesprochen. Der Beitrag schildert die Anforderungen an das Glassystem und an die notwendigen Nachweise zur Tragfähigkeit. Anhand ausgewählter Beispiele werden die konstruktiven und mechanischen Aspekte der Punkthalterungen behandelt und die Haupttragsysteme von Fassadenverglasungen diskutiert. Schließlich werden ausgeführte Projekte geschildert, an denen die Autoren als Tragwerksplaner beteiligt waren.

1. DER TREND ZUR TRANSPARENZ

In der Architektur der letzten Jahre ist eine Tendenz zu erhöhter Transparenz wahrzunehmen; die vielen Atrium–Einhausungen und Glasfassaden sind Zeichen für diese Entwicklung. Dabei ist das Ziel zu erkennen, andere Materialien nur noch als filigrane Stützkonstruktionen einzusetzen und Glas auch als lastabtragende Strukturkomponente einzusetzen, Bild 1. Im Extremfall entsteht eine Nur–Glas–Konstruktion. Dieser Trend zur Transparenz führt einmal dazu, Glasscheiben nur noch an Punkten zu stützen. Zum anderen wird dem Glassystem häufig eine Haupttragwirkung als Scheibe bzw. Membran zugewiesen; es entsteht konstruktiver Glasbau (Ramm, Burmeister 1997), (Wörner et al. 1998).

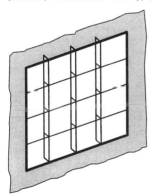

Längssteifen ("Schwerter")   Hinterspannungen   vorgespanntes Seilsystem ("Tennisschläger")

Bild 1: Seitliche Aussteifung

2. DIE PROBLEMATIK "PUNKTSTÜTZUNG" – ANFORDERUNGEN

Durch die Punktstützung erfordern die besonderen Eigenschaften von Glas erhöhte Aufmerksamkeit bei Konstruktion und Nachweis: Glas als extrem spröder Werkstoff verliert bei Erreichen von Grenzspannungen seine Tragfähigkeit; im Gegensatz zu duktilen Werkstoffen wie Stahl oder Stahlbeton können Glassysteme selten "umlagern". Anders ausgedrückt: Es kommt auf die genaue Höhe der Spannungen an. Diese Eigenschaft fällt nun bei Punktstützungen zusammen mit hohen Spannungskonzentrationen, die dann in der Regel maßgebend für die Dimensionierung werden. Mit dem mehr oder weniger thermisch vorgespannten Einscheibensicherheitsglas (ESG) bzw. dem teilvorgespannten Glas (TVG) liegen gegenüber dem reinen Floatglas vergütete Gläser mit höheren Biegefestigkeiten vor (Amstock 1997), auch wird der lokale Spannungszustand an den Stützungen positiv beeinflußt. Die Ermittlung des lokalen Vorspannungzustands im Lochbereich ist übrigens Gegenstand augenblicklicher Forschung.

Aus dieser Situation erwachsen einige Hauptforderungen an das Glassystem und seinen Nachweis zur Tragfähigkeit:

- Spannungskonzentrationen sind so gering wie möglich zu halten; hieraus folgen die Anforderungen an die Konstruktion der Punkthalterungen (Exzentrizitäten, Einspannwirkungen, Gelenkbedingungen). Idealerweise werden durch Gelenkanordnungen keine oder nur geringe Momente in die Gläser eingeleitet; dies läßt sich in reiner Form nicht immer erreichen.

- Zwänge aus Temperaturbeanspruchungen und ungenügende Fertigungstoleranzen sind möglichst zu vermeiden. Die hieraus abgeleitete Forderung nach einer statisch bestimmten Lagerung läßt sich in der Regel nicht ganz erfüllen. So wird man eine Rechteckscheibe mindestens an vier Punkten lagern.

- Konzentrierten statischen und dynamischen Belastungen (Aufprall, Schläge) ist besondere Aufmerksamkeit zu widmen, da sie extrem verletzlich sein können.

- Harte Lagerungen sind durch elastische Zwischenelemente zu vermeiden, um Spannungsspitzen auszuschließen (Techen 1997).

- Die Nachweise haben den lokalen Spannungszustand sehr genau abzubilden; hierzu gehört eine 3D–Detailmodellierung (Bild 2) ebenso wie eine Berechnung des Gesamtsystems, um die Steifigkeit des stützenden Systems (z.B. Unterspannung) zu berücksichtigen. Sonst übliche grobe Idealisierungen zur Erfassung des globalen Tragverhaltens sind hier unbrauchbar. Es ist hier besonders unsinnig, unzulängliche Spannungsberechnungen über zusätzliche Sicherheiten abzudecken. Gegebenenfalls sind geometrische Nichtlinearitäten von Scheibe und Unterkonstruktion zu berücksichtigen.

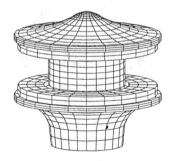 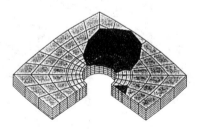

Bild 2: Idealisierung eines Punkthalters – Maximale Hauptspannungen im Glas

- Mehr noch als für Konstruktionen aus "klassischen" Werkstoffen ist für die Nachweise ein probabilistisches Sicherheitskonzept zugrunde zu legen (Wörner 1998).

- Bei Bruch ist eine in Höhe und Dauer festzulegende Resttragfähigkeit zu garantieren; dies gilt für das Gesamtsystem als auch für die Einzelscheibe. Hierzu werden Verbund– bzw. Verbundsicherheitsgläser eingesetzt (VG bzw. VSG), die mit klaren, hochfesten Polymer–Zwischenfolien ausgestattet sind. Der Ausfall von Teilsystemen, z.B. einer Glasscheibe, darf nicht zum Versagen der gesamten Konstruktion führen ("fail safe"); dies ist insbesondere dann von Bedeutung, wenn dem Glas tragende Funktionen zugewiesen werden. Ausfallszenarien gehören zum festen Bestandteil der Dimensionierung.

3. PUNKTHALTER

Zu unterscheiden sind Punkthalter ohne und mit Bohrungen im Glas; eine Auswahl ist in Bild 3 angegeben.

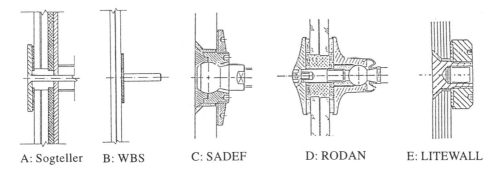

A: Sogteller   B: WBS   C: SADEF   D: RODAN   E: LITEWALL

Bild 3: Punkthalter ohne (A, B) und mit Bohrungen (C, D, E)

Die Lösung A stellt den Übergang von einer linienförmigen Lagerung (an der Innenseite) für Winddruck zu einer Punktstützung (an der Außenseite) über Glasfugen gehaltene Stahlplatten für Windsog dar. An Gebäudeecken sind aufgrund höherer Soglasten entweder dickere oder kleinere Glastafeln erforderlich. Beim System B wird die Tafel durch innen auflaminierte Edelstahlbleche und daran angeschweißte Bolzen gehalten, so daß die Außenansicht ungestört ist. Bei beiden Systemen wird das Eigengewicht über die horizontalen Glasfugen durch Klotzungen abgetragen.

Halterungen mit Bohrungen sind für Einfach– (ESG, VSG) als auch Isolierverglasungen verfügbar (Burmeister 1998 b). Die Achsabstände der Bohrungen von den Glaskanten liegen zwischen 100 und 300 mm; bei gesenkten Ausführungen ist auf Versatzfreiheit zwischen konischem und zylindrischem Teil zu achten. Bei VSG können Versätze der Bohrungen in den Einzelscheiben entstehen. Auch auf die Notwendigkeit von Montagetoleranzen in Bohrung und Halter zur Vermeidung von Zwängen ist hinzuweisen. Auf jeden Fall ist direkter Stahl–Glas–Kontakt durch weiche Schichten (Verguß, Scheiben usw.) zu vermeiden. Glasbündige (C, E) sind von beidseitig mit Klemmtellern (D) versehenen Systemen zu unterscheiden. Unter statischen Gesichtspunkten ist zwischen gelenkigen und elastischen bzw. biegesteifen Haltern zu differenzieren. Das in der Tafelebene liegende Gelenk des Systems C ist zwar aus Sicht der Statik vorteilhaft, aber nicht so günstig bei Zwängen wie z.B. Montageungenauigkeiten.

179

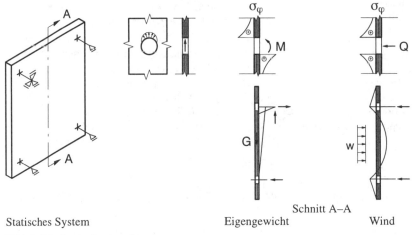

Statisches System   Eigengewicht   Wind

Schnitt A–A

Bild 4: Mechanische Aspekte

4. PUNKTGESTÜTZTE FASSADENVERGLASUNG – MECHANISCHE ASPEKTE

Eigengewicht, Wind und bei absturzsichernder Verglasung Anprall–Lasten und gegebenenfalls Zwänge aus Temperatur, Montage und Verformungen der Unterkonstruktion sind die wesentlichen Lastfälle für die Glastafel in der Fassade. Zur Vermeidung dieser Zwangsbeanspruchungen ist eine möglichst statisch bestimmte Lagerung anzustreben.

Bild 4 zeigt den Fall einer exzentrischen Vierpunktstützung mit der minimalen und damit für Zwangslastfälle günstigsten Lagerbedingung an den Gelenkstellen der Halter. Das Bild zeigt, schematisch als Balken vereinfacht, die Biegemomentenverläufe im Glas infolge Eigengewicht und Wind sowie die resultierenden Lochleibungsspannungen aus Eigengewicht und die Umfangsspannungen σ_φ aus der Einleitung von Querkräften und Momenten am Bohrungsrand. Während die Radialspannungen bei glasnormalen Belastungen am Rand verschwinden, sind die Umfangsspannungen maximal, klingen aber sehr schnell ab. Ihre Verteilung ist abhängig von der lokalen Situation des Punkthalters (Burmeister 1998 a,b).

Tatsächlich wird von diesem quasi–statisch bestimmten Idealfall abgewichen, z.B. durch eine mehrfache Querlagerung (je nach Plattengröße vier, sechs usw.), durch exzentrische Halterung mit Rahmenwirkung, bei Systemen mit Gelenken in der Mittelfläche der Glastafelebene und durch die konstruktive Anbindung an die Unterkonstruktion. Dabei sind durch konstruktive Maßnahmen Justiermöglichkeiten zur Anpassung an Fertigungsungenauigkeiten im Glas und der Unterkonstruktion vorzusehen. Verformungen der Unterkonstruktion haben bei weichen Tragstrukturen (z.B. Deformationen > 1/300 der Fassadenhöhe) einen Einfluß. Auf wechselnde Steifigkeiten, z.B. bei lokalen Abstützungen an steifen Einbauten, ist besonders zu achten. Die Interaktion von Glas und Tragstruktur ist durch ein kombiniertes, gegebenenfalls geometrisch nichtlineares Berechnungsmodell zu berücksichtigen.

5. FASSADEN–TRAGKONSTRUKTIONEN

5.1 *Haupttragsystem*

In Bild 1 sind die drei Hauptstützkonstruktionen dargestellt mit Queraussteifungen durch Längssteifen, Hinterspannungen bzw. vorgespannte Seilnetze. Membranbeanspruchungen können gegebenenfalls durch die Glastafeln selbst übertragen werden. Längssteifen aus Stahl bzw. vorzugsweise Glas ("Schwerter") sowie Hinterspannungen sind bei Sog gegen Kippen zu stabilisieren; für Winddruck kann die Glasfassade selbst diese Funktion übernehmen. Vorgespannte Seilnetze sind aber besonders weich (große Verformungen) und benötigen Anschlußbauteile zur Aufnahme der beachtlichen Vorspannkräfte.

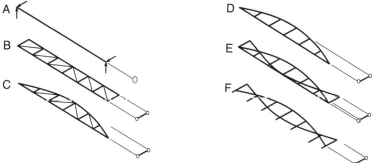

Bild 5: Tragwerkslösungen (sinngemäß für vertikale Träger)

In Bild 5 sind verschiedene Konstruktionen aufgeführt, die sowohl als Haupt– als auch als Nebenträger der Fassade in Frage kommen.

Walzprofile (A) wirken relativ schwer; alternativ können parallelgurtige (B) bzw. der Momentenlinie folgende Fachwerk– (C) oder Rahmenträger (D) eingesetzt werden. Der doppelt hinterspannte Träger (E) besteht aus einem glasparallelen Rohr, Abspannungen aus Zugstäben oder Seilen mit geringem Querschnitt und Pfosten mit Kreisrohrquerschnitten. Durch "Kurzschluß" durch das glasparallele Rohr können die Lagerreaktionen auf Eigengewicht und Wind beschränkt werden; dies bietet Vorteile bei der Montage und hält die Anschlußbauteile frei von nennenswerten Vorspannkräften. Dieser Vorteil entfällt bei der Variante F, die durch den Wegfall des glasparallelen Tragelementes transparenter wirkt und sich für Systeme ohne Nebenträger anbietet.

5.2 *Fassadenverglasung*

Die Glastafeln stützen sich auf der Haupttragkonstruktion durch Punktlager ab. Große Spannweiten werden durch Zusatzlager oder durch Hinterspannungen unterstützt; im letzten Fall kann die Glastafel die Längskräfte aus der Vorspannung übernehmen.

Exemplarisch sind in Bild 6 für ein horizontal/vertikal gespanntes Haupt–/Nebenträgersystem verschiedene Stützungsvarianten skizziert.

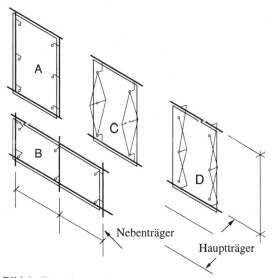

Bild 6: Fassadenverglasung – Stützungsvarianten

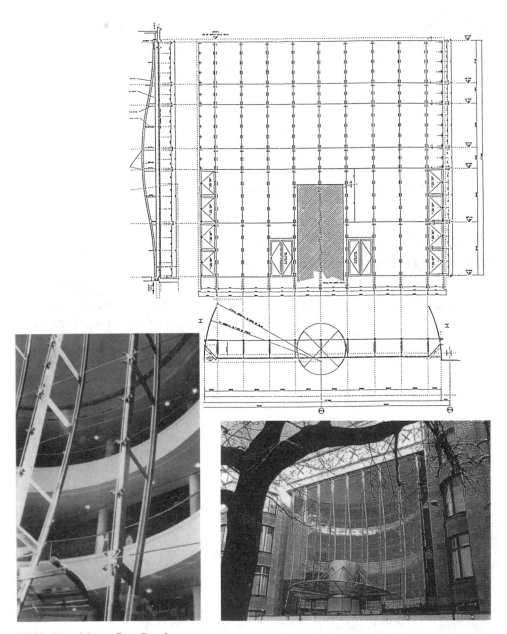

Bild 7: Marylebone Gate, London

Fall A zeigt über vertikal gespannte Nebenträger punktgelagerte Scheiben, die bis zu 2 m breit und 4 m hoch sein können. Die Anzahl der Punkthalter richtet sich nach deren lokalen statischen Eigenschaften und nach dem realisierten statischen System der Tafel. Diese vertikal angeordneten Glastafeln bieten im Unterschied zu den horizontal gespannten Gläsern, Fall B, den Vorteil gleichartiger Punkthalterkonsolen.

Wird der Abstand der Hauptträger auf die Glasbreite reduziert, kann auf Nebenträger verzichtet werden. Alternativ kommen hinterspannte Glastafeln in Frage, entweder in der beidseitigen, symmetrischen Variante C oder nur mit der innenseitigen Unterspannung D. Fall C kann vormontiert werden, Fall D hat den Vorteil bei der Reinigung der Außenfläche.

Bild 8: Stadtteilzentrum Kirchberg, Luxemburg

183

6. AUSGEFÜHRTE PROJEKTE

In Bild 7 ist die Fassade des Marylebone Gate, London, gezeigt, welche mit dem System LITEWALL.-Mono realisiert wurde. Es handelt sich um eine Lösung ohne Nebenträger. Die Hauptträger spannen über die gesamte Fassadenhöhe und sind selbst nicht ausreichend kippsicher. Für die Stabilisierung wurde das Glas herangezogen. Die Stabilisierungslasten werden an den vertikalen Fassaden–Rändern abgesetzt. Eine Stabilisierung der Unter–konstruktion durch das Glas ist nur in Verbindung mit statisch unbestimmt gelagerten Glastafeln möglich. Sie werden damit sensibler gegen Zwangsbelastungen. Die Bean–spruchungszustände werden bei derartigen Konstruktionen insgesamt komplexer, sind aber mit adäquaten finiten Element–Analysen – wenn auch nicht mit geringem Aufwand – zuverlässig zu ermitteln.

Für die nach außen geneigte Fassade (H/B = 23/17 m) des "Stadtteilzentrums Kirchberg" in Luxemburg (Bild 8) sollte eine möglichst filigrane Konstruktion realisiert werden. Die an die Verglasung angrenzenden Tragwerksteile waren nicht geeignet, nennenswerte Vorspann– oder Zugkräfte aufzunehmen. Vor diesem Hintergrund wurden horizontale zweifach hinterspannte Fassadenträger ausgeführt, welche aus glasparallelen Kreisrohrprofilen und RODAN–Zugstäben hergestellt wurden. Vertikal orientierte Zugstäbe übernehmen das Eigengewicht der Horizontalträger und stabilisieren diese. Über Konsolen, die an die Horizontalträger angeschlossen wurden, konnten die auf der Innen– und Außenseite hinterspannten Glastafeln der Abmessungen h/b = 3600/2100 mm mit Glasdicken von 10 bzw. 12 mm angebunden werden. Die für die Glas–Unterspannung notwendigen Spreizen wurden ebenfalls mit RODAN–Klemmhaltern ($\oslash$ 50 mm) angelenkt. Aus Stabilitätsgründen wurde dieser Anschluß als elastische Einspannung ausgeführt.

7. STAND DER TECHNIK

Glas hat sich als konstruktiver Werkstoff, gerade auch bei Punktstützungen, durchgesetzt. Dennoch bleibt er aus gestalterischer und konstruktiver Sicht ein sensibler Werkstoff. Konzepte für Tragsicherheitsnachweise liegen im Prinzip vor; sie erfordern allerdings mehr Hintergrundkenntnisse als üblich. Die Zukunft wird bei Konstruktion, aber auch beim Nach–weiskonzept weitere Verfeinerungen bringen. So wird man sich bemühen, die Modellierung noch realitätsnäher vorzunehmen, z.B. bei der Erfassung des Vorspannzustands an den Löchern, der Verbundwirkung von VSG, der Resttragfähigkeit oder des Lastfalls eines dynamischen Aufpralls.

LITERATURVERZEICHNIS

Amstock, J.S. *Handbook of Glass in Construction*. McGraw Hill.

Burmeister, A. 1998a. Konzentrierte Lasteinleitung im konstruktiven Glasbau. *Münchener Fachseminar/Workshop: Glas im konstruktiven Ingenieurbau*, FH München 1998.

Burmeister, A. 1998b. Punktgelagerte Fassaden–Konstruktionen. *Darmstädter Statik–Seminar: Glas im Bauwesen – Architektur und Konstruktion*. TU Darmstadt, Institut für Statik, Bericht Nr. 13, 1998.

Ramm, E., Burmeister, A. 1997. Glass as Structure. *Proceedings on Shell & Spatial Structures. Design, Construction, Performance & Economics* of Int. Ass. of Shell and Spatial Structures (IASS), Singapore 1997, 81–91.

Rice, P., Dutton, H. 1995. *Structural Glass*. 2nd edition, E & FN Spon.

Techen, H. 1997. *Fügetechnik für den konstruktiven Glasbau*. Dissertation Nr. 11, TU Darmstadt, Institut für Statik.

J.–D. Wörner. 1998. Sicherheitskonzepte für tragende Glaskonstruktionen. *Glaskon '98*, Bauzentrum München, April 1998.

J.–D. Wörner, Pfeifer, R., Schneider, J., Shen X. 1998. Konstruktiver Glasbau, Grundlagen, Bemessung und Konstruktion. *Bautechnik* 75 (1998), 280–293.

Baustatik-Baupraxis 7, Meskouris (Hrsg.) © 1999 Balkema, Rotterdam, ISBN 90 5809 044 2

'Quasistatische' Pfadverfolgung als Werkzeug der Kollapsanalyse

W. Schneider & R. Thiele
Institut für Statik und Dynamik der Tragstrukturen, Universität Leipzig, Deutschland

ZUSAMMENFASSUNG: Zur Beurteilung des Tragverhaltens nichtlinearer Systeme bedient man sich innerhalb der FE-Berechnungsverfahren inkrementell-iterativer Pfadverfolgungsalgorithmen, mit denen üblicherweise eine Abfolge statischer Gleichgewichtszustände ermittelt wird. Das Versagen realer Strukturen vollzieht sich aber nicht in der Aufeinanderfolge statischer Gleichgewichtszustände, sondern als dynamischer Prozeß. Zur wirklichkeitsnäheren Beschreibung des Tragverhaltens realer Strukturen in der Umgebung von Versagenspunkten wird eine „quasistatische" Pfadverfolgung vorgeschlagen, d.h. eine Analyse mit sehr geringer Belastungsgeschwindigkeit, bei der die Trägheitskräfte berücksichtigt werden. Die Leistungsfähigkeit quasistatischer Kollapsanalysen wird beispielhaft verdeutlicht. Es wird gezeigt, dass die quasistatische Pfadverfolgung Aussagen zum Kollapsverhalten von Tragstrukturen gestattet, die über die Resultate statischer Pfadverfolgung hinausgehen und z.T. von diesen abweichen.

1 EINFÜHRUNG

Der Anstrengungszustand eines Tragwerkes kann nur in wenigen einfachen Fällen explizit als Funktion der äußeren Belastung angegeben werden. Die Ursache dafür liegt zum einen in den nichtlinearen Beziehungen zwischen äußeren und inneren mechanischen Zustandsvariablen und zum anderen in den am Rand des Tragwerkes vorliegenden Zwangsbedingungen. Zwar kann man mit Hilfe der kinematischen und konstitutiven Beziehungen direkt angeben, welche äußere Belastung mit einem gegebenen Verformungszustand im Gleichgewicht steht. Die umgekehrte und für die Beurteilung des Tragverhaltens eigentlich interessierende Aufgabe ist aber i.allg. nur iterativ lösbar. Will man die Lösungskonvergenz verbessern bzw. in vielen Fällen überhaupt erst ermöglichen, muss die Last außerdem inkrementell aufgebracht werden. Beim Vorliegen elastisch-plastischen Materialverhaltens ist dies sogar zwingend erforderlich, weil die Lösung in diesem Fall pfadabhängig ist. Innerhalb der FE-Berechnungsverfahren wird deshalb die implizite nichtlineare Gesamtsteifigkeitsbeziehung in der Umgebung eines als bekannt vorausgesetzten Gleichgewichtszustandes linearisiert, mit Hilfe des damit entstehenden Gleichungssystems ein Verformungsinkrement zu einem aufgebrachten Lastinkrement ermittelt und schließlich die Ungleichgewichtskräfte durch Last- und/oder Verformungskorrektur iterativ vermindert, um einen nächsten Gleichgewichtszustand zu erhalten. Bei dieser inkrementell-iterativen Pfadverfolgung betrachtet man eine Aufeinanderfolge statischer Gleichgewichtszustände. Es werden dabei keine Trägheitskräfte berücksichtigt, da bei der als unendlich langsam angenommenen Belastung keine Beschleunigungen geweckt werden. Diese Vorgehensweise wird bei der statischen Pfadverfolgung auch über Durchschlagspunkte hinaus beibehalten, in deren Umgebung es keine Gleichgewichtszustände mit gleichem oder höherem Lastniveau gibt. Will man auch im Nachbeulbereich statische Gleichgewichtszustände betrachten, hat das zur Konsequenz, dass man hier nicht mehr den Grenzfall realer Belastungsvorgänge - die unendlich langsam verlaufende Belastung - annehmen darf, sondern eine Entlastung vornehmen muss. Inwieweit man mit dieser Vorgehensweise das Tragverhalten realer Strukturen in der Umgebung von Versagenspunkten zutreffend beurteilt, soll im folgenden diskutiert werden. Die Fragestellung soll zunächst am klassischen Durchschlags-problem des ebenen Zweibocks dargestellt werden. Daraus schlussfolgernd wird die Methode der „quasistatischen" Pfadverfolgung erläutert, deren Leistungsfähigkeit schließlich an einem komplexen Beispiel demonstriert wird.

2 QUASISTATISCHE PFADVERFOLGUNG BEIM EBENEN ZWEIBOCK

Bereits beim klassischen Ein-Freiheitsgrad-Durchschlagsystem, dem ebenen symmetrischen Zweibock mit Vertikallast, horizontaler Fesselung und Ausschluss von Stabbiegung, können wesentliche Aspekte der Problemstellung verdeutlicht werden.

Bild 1 gibt zunächst den bekannten statischen Last-Verformungs-Pfad wieder. Voraussetzung dafür, dass auch die instabilen Gleichgewichtszustände zwischen Durchschlagspunkt und Nachbeul-minimum in der dargestellten Weise durchlaufen werden ist, dass nicht die Last, sondern die äußere Weggröße eingeprägt wird und dass diese Einprägung unendlich langsam erfolgt, so dass keine Systembeschleunigungen bewirkt werden. Diese Voraussetzungen sind bei realen Belastungsprozessen praktisch nie erfüllt. Infolge eines wirklichkeitsnah modellierten Belastungsvorganges, bei

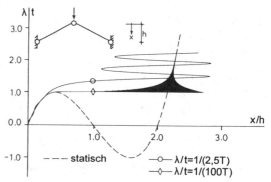

Bild 1 Stat. Last-Verformungs-Pfad u. dyn. Zeit-Verformungs-Pfade; Zweibock mit Vertikallast, ideal-elast.

dem der Eintrag der Kraftgröße in endlicher Zeit erfolgt, wird im System ein dynamischer Antwortprozess hervorgerufen. Bild 1 zeigt neben dem statischen Pfad die Systemantwort für zwei Belastungsvorgänge mit unterschiedlicher, jeweils konstanter Belastungsgeschwindigkeit. Je geringer der Lastgradient ausfällt, umso mehr folgt das System dem statischen Gleichgewichts-pfad, aber in beiden Fällen nur bis zum Versagenspunkt. Beim Erreichen des statischen Durch-schlagspunktes tritt unabhängig von der Belastungsgeschwindigkeit kinetisches Durchschlagen ein, ein Prozess der mit erheblichen Beschleunigungen verbunden ist und durch die Steifigkeits- und Massenverhältnisse des Systems bestimmt wird, dagegen nahezu unabhängig vom Last-gradienten verläuft. Die Belastung ist in Bild 1 auf die Durchschlagslast normiert, die Zeitachsen der zeitvarianten Belastungsvorgänge auf das jeweils erreichte Lastniveau bezogen.

Den Grenzfall realer Belastungsvorgänge bildet eine Belastung mit solch niedriger Geschwin-digkeit, dass die Trägheitskräfte bis zum Erreichen des ersten Durchschlagspunktes gegen Null gehen und deshalb der Zeit-Verformungs-Pfad bis dorthin mit dem der statischen Belastung zusammenfällt, wenn man statt der Zeit das erreichte Lastniveau anträgt. Ein solcher zeitabhängi-ger Prozess wird im folgenden als quasistatisch bezeichnet, die Ermittlung der zugehörigen Systemantwort als *quasistatische Pfadverfolgung* (vgl. den Belastungsprozess mit dem Gradien-ten 1/(100T) in Bild 1). Welche Belastungsgeschwindigkeit als ausreichend gering angesehen werden kann, bestimmt sich in Bezug auf die größte (angeregte) Eigenschwingzeit des Systems. Ist der Lastgradient zu groß, weicht der auf das erreichte Lastniveau normierte Zeit-Verformungs-Pfad zum einen auch im Vorbeulbereich vom statischen Last-Verformungs-Pfad ab. Zum anderen setzt infolge der Systemträgheit eine merkliche Beschleunigung erst deutlich oberhalb des Lastniveaus der Durchschlagslast ein (vgl. den Pfad mit dem Gradienten 1/(2,5T)).

Da es im vorliegenden Fall des ebenen Zweibocks im Nachbeulbereich stabile Bereiche mit höherem Lastniveau als dem der Durchschlagslast gibt, ist die Systemtragfähigkeit beim Erreichen des Instabilitätsspunktes noch nicht erschöpft. Wie aus Bild 1 ersichtlich ist, erfolgen nach dem kinetischen Durchschlagen Schwingungen um die neue Gleichgewichtslage. Diese klingen infolge der vorhandenen Dämpfung ab, so dass der quasistatische Pfad wieder mit dem statischen zusammenfällt.

Es soll nochmals betont werden, dass bei einer quasistatischen Pfadverfolgung die Trägheitskräfte nicht unterdrückt, sondern berücksichtigt werden, denn sie bestimmen maßgeblich die Systemantwort *nach* Erreichen des Durchschlagspunktes. Das plötzliche Ansteigen der Geschwindigkeit erlaubt die Identifizierung von Durchschlagspunkten, deren Abklingen die Annahme, dass die Systemtragfähigkeit noch nicht erschöpft ist, es sich also nicht um einen globalen, sondern um einen lokalen Durchschlagspunkt handelt. Will man das Systemversagen wirklichkeitsnah beschreiben, muss man die statische Analyse durch eine quasistatische ergänzen.

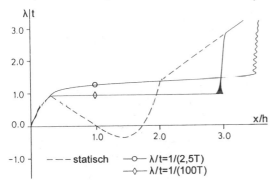

Bild 2 Stat. Last-Verformungs-Pfad u. dyn. Zeit-Verformungs-Pfade; Zweibock mit Vertikallast, ideal-elast.-ideal-plast.

Das ist besonders erforderlich, wenn man materielle Nichtlinearitäten einbezieht. Bild 2 gibt die Systemantwort bei gleichen Belastungsregimen wie in Bild 1 wieder, jetzt aber unter der Voraussetzung ideal-elastisch-ideal-plastischen Werkstoffverhaltens. Die Fließgrenze ist hierbei so angesetzt, dass sie von den elastischen Spannungen bereits vor Erreichen der elastischen Durchschlagslast überschritten wird, welche auch in Bild 2 durch den Lastfaktor $\lambda=1,0$ gekennzeichnet ist. Im statischen Pfad bilden sich deshalb neben Bereichen elastischen Materialverhaltens ein Bereich des Druck- und einer des Zugplastizierens der Stäbe aus, jeweils gekennzeichnet durch einen Knick im Pfadverlauf. Besonders instruktiv ist das dynamische Nachbeulverhalten: Die einsetzenden Schwingungen erfolgen jetzt nicht mehr um die stabile Gleichgewichtslage des statischen Nachbeulpfades. Auch bei sehr kleinem Lastgradienten fallen statischer und quasistatischer Pfad in stabilen Nachbeulbereichen nicht zusammen! Die Ursache für diesen Tatbestand ist darin zu suchen, dass die Systemantwort bei Berücksichtigung elastisch-plastischen Materialverhaltens pfadabhängig ist und zur Dissipation der beim Durchschlagen akkumulierten kinetischen Energie zusätzliche, über die statischen hinausgehende Verformungen erfolgen.

3 QUASISTATISCHE PFADVERFOLGUNG BEI DER WINDBELASTETEN SCHLANKEN KREISZYLINDERSCHALE

Aus dem im vorigen Abschnitt dargestellten Durchschlagsverhalten des ebenen Zweibocks muss man schlussfolgern, dass das Nachbeulverhalten mit einer statischen Analyse nicht immer zutreffend beschrieben werden kann. Eine ergänzende quasistatische Pfadverfolgung macht sich besonders bei Durchschlagsvorgängen erforderlich, die maßgeblich durch materielle Nichtlinearitäten bestimmt sind. Über den bereits beim Zweibock vorliegenden Grund der Dissipation kinetischer Energie ist bei komplexeren Systemen noch ein weiterer Grund für die Differenz zwischen statischem und quasistatischem Nachbeulpfad verantwortlich: Auf dem statischen Pfad erfolgen im Gegensatz zum quasistatischen Pfad elastische Entlastungen, in deren Folge Lastumlagerungen auftreten können, wie sie sich beim realen Belastungsprozess nicht einstellen.

Um die Anwendung der vorgeschlagenen quasistatischen Pfadverfolgung zu verdeutlichen, wird das Tragverhalten einer schlanken, dünnwandigen, windbelasteten stählernen Kreiszylinder-

187

schale analysiert. Bei diesen Schalen sind drei unterschiedliche Versagensformen zu beobachten (Schneider et al. 1999). Neben den Versagensmustern des leeseitigen Fußbeulens und des leeseitigen Einknickens, die die Erschöpfung der Systemtragfähigkeit charakterisieren, erfolgt für gewisse Geometrieparameter zunächst luvseitiges Einbeulen in der oberen Schalenhälfte, ehe eine der beiden genannten globalen Versagensformen einsetzt. Aus diesem Geometriebereich ist die vorgestellte, am Kopf und in halber Schalenhöhe ringversteifte Beispielschale gewählt, zum einen, um die Identifizierung lokaler und globaler Instabilitätspunkte darstellen zu können, zum anderen aber, weil Schalen aus diesem Bereich bei der statischen Pfadverfolgung wegen dicht nebeneinanderliegender lokaler Durchschlagspunkte besondere Schwierigkeiten bereiten.

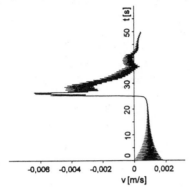

Bild 3 Ausschnitt aus dem Zeit-Geschwindigkeits-Pfad für die Verschiebung in Windrichtung bei x=1,0h, quasistat. Belastung mit Lastgrad. 0,002/s; h=50m, h/r=20, r/t=300, Ringst. bei 1,0h und 0,5h; T_1=0,525s

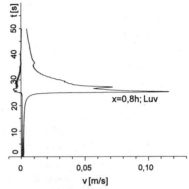

Bild 4 Ausschnitt aus dem Zeit-Geschwindigkeits-Pfad für die Verschiebungen in Windrichtung bei x=1,0h u. x=0,8h (Luv); quasistat. Belastung mit Lastgrad. 0,002/s; h=50m, h/r=20, r/t=300, Ringst. bei 1,0h und 0,5h; T_1=0,525s

Bild 3 zeigt den Zeit-Geschwindigkeits-Verlauf des ringversteiften Schalenkopfes bevor das globale Systemversagen einsetzt. Die Belastungsgeschwindigkeit ist mit $1/(950T_1)$ sehr klein gewählt, wobei durch den normierten Lastfaktor NLF=1,0 die elastische Grenzlast bei Bemessung nach der Stabtheorie gekennzeichnet ist. Wegen der mit dem geringen Lastgradienten verbundenen hohen Zahl der erforderlichen Zeitschritte, ist die quasistatische Analyse aufgesetzt auf den statisch stabilen Gleichgewichtszustand beim Lastfaktor NLF=0,80. Nach Abklingen des geringen Einschwingvorganges zeigt sich ein lokaler Durchschlagsprozess, der im Zeit-Geschwindigkeits-Pfad durch einen plötzlichen, später wieder abklingenden Geschwindigkeitssprung gekennzeichnet ist. Die Verhältnisse am Kopf sind aber nur eine Folge des sich bei ca. 80% der Schalenhöhe vollziehenden bugseitigen Ein-

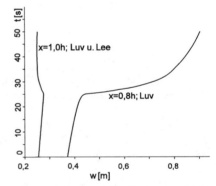

Bild 5 Ausschnitt aus dem Zeit-Verformungs-Pfad für die Verschiebungen in Windrichtung bei x=1,0h u. x=0,8h (Luv); quasistat. Belastung mit Lastgrad. 0,002/s; h=50m, h/r=20, r/t=300, Ringst. bei 1,0h und 0,5h; T_1=0,525s

beulens, wie Bild 4 an Hand der Geschwindigkeit eines Punktes am Anströmmeridian in dieser Höhe zeigt. Zum Vergleich ist dort der Zeit-Geschwindigkeits-Pfad für die Kopfverschiebungen aus Bild 3 nochmals eingetragen. Bild 3 und Bild 4 unterstreicht, dass sich lokale Durchschlagsprozesse in abgeschwächter Form auch in den Pfaden entfernter Punkte niederschlagen. Bild 5 verdeutlicht das lokale Durchschlagsphänomen durch den abrupten Richtungswechsel der Zeit-

Verformungs-Pfade, Bild 6 durch das zugehörige Beulmuster.

In Bild 7 wird der Belastungsprozess bis zum Systemkollaps verfolgt. Diese Darstellung verdeutlicht einerseits die Unterschiede zwischen statischer und quasistatischer Pfadverfolgung sowie andererseits die Auswirkung der Belastungsgeschwindigkeit. Im Gegensatz zum oben dargestellten Durchschlagproblem des Zweibocks mit elastisch-plastischem Materialverhalten fallen hier die Verformungen aus den luvseitigen lokalen Beulvorgängen mit steigender Belastungsgeschwindigkeit geringer aus. Ursache für dieses gegensätzliche Verhalten ist, dass sich das luvseitige Beulen mit geringen Geschwindigkeiten vollzieht und sich dieses Beulmuster bei höherer Belastungsgeschwindigkeit nicht voll ausbilden kann, bevor der Systemkollaps einsetzt. Berücksichtigt man das Zeitverhalten des natürlichen Windes, muss man konstatieren, dass die Amplitude der luvseitigen Beulen durch eine statische Analyse überschätzt wird.

Das globale Versagen selbst wird ausgelöst durch die Herausbildung einer heckseitigen plastischen Wulst am Schalenfuß, wodurch quasi ein Fließgelenk entsteht, um das die gesamte Schale kippt (Bild 8). Geschwindigkeiten und Verformungen wachsen jetzt rasch an. Der Systemkollaps ist unumkehrbar.

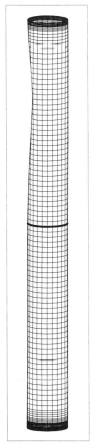

Bild 6 Verformungen (nicht überhöht) der gesamten Kreiszylinderschale bei t=50s, NLF= 0,90; Ansicht senkrecht zur Windrichtung; quasistat. Belastung mit Lastgrad. 0,002/s h=50m, h/r=20, r/t=300, Ringst. bei 1,0h und 0,5h; T_1=0,525s

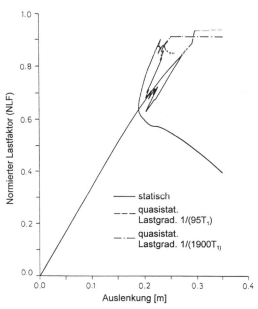

Bild 7 Stat. und quasistat. Last-Verformungs-Pfade für die Kopfverschiebung; h=50m, h/r=20, r/t=300, Ringst. bei 1,0h und 0,5h; T_1=0,525s

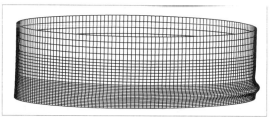

Bild 8 Verformungen (nicht überhöht) des 0,03h hohen Fußbereiches bei t=56s, NLF= 0,91; Ansicht senkrecht zur Windrichtung; quasistat. Belastung mit Lastgrad. 0,002/s; h=50m, h/r=20, r/t=300, Ringst. bei 1,0h und 0,5h; T_1=0,525s

Es muss darauf verwiesen werden, dass die quasistatische Analyse nicht nur wie im vorgestellten Beispiel mit Vorteil angewendet werden kann, wenn es zunächst zu lokalen Durchschlagsvorgängen kommt. Sie gestattet auch inhaltlich neue, z.T. von denen der statische Analyse abweichende Aussagen, wenn sich das Versagen ausschließlich als globales Durchschlagen vollzieht (Schneider & Thiele 1998). Wie bereits das Beispiel des ebenen Zweibocks gezeigt hat, gibt eine statische Analyse nur sichere Aussagen über die Initialversagensform am ersten Durchschlagspunkt, nicht aber über die Versagensmuster im fernen Nachbeulbereich.

4 ERGÄNZENDE HINWEISE ZUR QUASISTATISCHEN PFADVERFOLGUNG

Bereits beim Durchschlagsproblem des Zweibocks wurde festgestellt, dass die Zeit bis zum Erreichen des Lastniveaus der ersten Instabilitätslast groß sein muss gegenüber der größten (angeregten) Eigenschwingzeit des Systems, die obere Schranke des Lastgradienten einer quasistatischen Analyse also eine tragwerksspezifische Größe ist. Bedenkt man, dass andererseits das maximale Zeitinkrement von der kleinsten (aufzulösenden) Eigenfrequenz bestimmt wird, ergeben sich oft beträchtliche erforderliche Zeitschrittzahlen, was hohe Anforderungen an die Rechenleistung stellt. Begrenzen kann man den erforderlichen Aufwand, indem man die quasistatische Pfadverfolgung auf einen mit einer statischen Analyse ermittelten Gleichgewichtszustand aufsetzt, der ausreichend weit vom ersten Durchschlagspunkt entfernt ist, so dass der Einschwingvorgang bis dorthin abgeklungen ist.

Wegen der unvermeidlichen Streuungen in Lasten, Geometrien und Materialkennwerten, aber auch wegen des Einflusses der Randstörungen vollzieht sich das Versagen in realen Tragwerken fast ausschließlich als Durchschlagsprozess. Aus diesem Grund wurde auch in diesem Beitrag das Hauptaugenmerk auf diesen Versagenstyp gelegt. Liegt durch Idealisierungen der Modellbildung ein echtes Verzweigungsproblem vor, wird dieses bei der quasistatischen Analyse mit den üblichen Pfadverfolgungsmethoden nicht angezeigt, da die Koeffizientenmatrix des linearisierten Gleichungssystems unter Berücksichtigung der Trägheitskräfte bei kleinen Zeitschritten positiv definit bleibt. Es wird also jeweils der Primärpfad durchlaufen. Wenn sich das Vorzeichen der Determinante der zugeordneten Steifigkeitsmatrix ändert, ohne dass ein Beschleunigungsprozess einsetzt, wurde bei der quasistatischen Pfadverfolgung ein Verzweigungspunkt „überfahren".

Eine andere als die hier vorgestellte und nur für eine begrenzte Problemklasse geeignete Methode prägt statt der äußeren Kraft- eine äußere Weggröße quasistatisch ein (Schweizerhof et al. 1988). Während die quasistatische Aufbringung äußerer Kraftgrößen immer möglich ist, kann diese nur dann durch die Einprägung äußerer Weggrößen ersetzt werden, wenn bestimmte Bedingungen für deren Eintragungsort und den Verlauf der Antwortgrößen im Nachbeulbereich erfüllt sind. Diese Voraussetzungen sind im dargestellten Beispiel der windbelasteten Schalen nicht gegeben. Sind sie dagegen gewährleistet, kann das Verfahren mit Erfolg angewendet werden, um Konvergenzschwierigkeiten im Nachbeulbereich zu umgehen und den statischen Pfad „nachzuzeichnen". Diese weggesteuerte Pfadverfolgung beinhaltet allerdings Lasterniedrigungen im Nachbeulbereich und bewirkt deshalb einen anderen kinetischen Prozess als den hier dargestellten.

LITERATUR

Schneider, W. & Thiele, R. 1998. Kollapsanalyse quasistatisch windbelasteter schlanker stählerner Kreiszylinderschalen. *Finite Elemente in der Baupraxis - Modellierung, Berechnung und Konstruktion - FEM'98*: 501-510. Berlin: Ernst&Sohn.

Schneider, W., Bohm, S. & Thiele, R. 1999. Failure Modes of Slender Wind-Loaded Cylindrical Shells. *Fourth Int. Conf. on Steel and Aluminium Structures - ICSAS'99*. Espoo (in Vorbereitung).

Schweizerhof, K., Hauptmann, R., Knebel, K., Raabe, M. & Rottner, Th. 1998. Statische und dynamische FE-Stabilitätsuntersuchungen an Siloschalen mit ungleichförmiger Schüttgutfüllung. *Finite Elemente in der Baupraxis - Modellierung, Berechnung und Konstruktion - FEM'98*: 287-306. Berlin: Ernst&Sohn.

Baustatik-Baupraxis 7, Meskouris (Hrsg.) © 1999 Balkema, Rotterdam, ISBN 90 5809 044 2

Bemessung stählerner Kamine als Schalentragwerke – Bilanz und Entwicklungstendenzen

R.Thiele & W.Schneider
Institut für Statik und Dynamik der Tragstrukturen, Universität Leipzig, Deutschland

ZUSAMMENFASSUNG: Seit der Neufassung der Vorschrift zur Bemessung stählerner Kamine DIN 4133 im Jahre 1991 sind weitere Erkenntnisse insbesondere zum Schalentragverhalten unter quasistatischer Windbelastung gewonnen worden, die differenziertere Aussagen zur Bemessung gestatten. Der Beitrag gibt zunächst einen Überblick zu Ergebnissen numerischer Analysen im Hinblick auf die Bewertung von Tragreserven, das Kollapsverhalten und die Wirkung von Ringsteifen. Es wird dabei verdeutlicht, dass verbesserte nichtlineare FE-Methoden substantiell neue Aussagen zum Tragverhalten ermöglichen. Des weiteren wird auf die Transformation dieser Ergebnisse in normungsrelevante Aussagen eingegangen. Abschließend werden aktuelle Forschungsvorhaben vorgestellt, bei denen der derzeitige Kenntnisstand noch keine Überführung in Bemessungsregeln erlaubt.

1 STAND DER FORSCHUNG

Den häufigen Anwendungsfällen schlanker dünnwandiger windbelasteter Kreiszylinderschalen steht die Tatsache gegenüber, dass deren reale Tragfähigkeit bisher weitgehend ungeklärt ist. So enthalten weder die ECCS-Recommendations "Buckling of Steel Shells" (ECCS 4.6, 1988) noch die entsprechende deutsche Norm (DIN 4133, 1991) Aussagen zu diesem Stabilitätsfall, so dass man sich mit konservativen Näherungsannahmen behelfen muss.

Zunächst war man sich aber der Notwendigkeit nicht bewusst, windbelastete Kamine als Schalentragwerke zu bemessen. Noch vor wenigen Jahrzehnten ging man davon aus, dass die Schnittkräfte in Meridianrichtung bei den vorliegenden schlanken Strukturen nach der Balkenbiegetheorie bestimmt werden können. (DIN 4133, 1973) trifft diesbezüglich keine Einschränkungen.

Experimentelle Arbeiten zur realen Beanspruchbarkeit schlanker stählerner *windbelasteter* Schalen scheiden praktisch aus. Die Forschungsanstrengungen konzentrieren sich so auf die theoretische Analyse der Problematik (Schneider & Thiele 1998a). Analytische Lösungen des zugeordneten Systems partieller Differentialgleichungen erfordern die Fourier-Zerlegung der mechanischen Variablen und können nur geschlossen angegeben werden, wenn man Nichtlinearitäten sowie von höherer Ordnung kleine Größen vernachlässigt (Duddeck & Niemann 1976).

Höhere Harmonische in der Umfangsbelastung haben starken Einfluss auf die Meridiankräfte. Gegenüber der Membrantheorie gestattet die Semimembrantheorie relevante Einblicke in das lineare mechanische Verhalten windbelasteter Schalen, indem sie den Einfluss der Querschnittsovalisierung verdeutlicht und zudem unterstreicht, dass die Berechnung der Schnittgrößen nach der Stabtheorie erheblich auf der unsicheren Seite liegen kann (Greiner 1983; Pecknold 1989).

Die stürmische Entwicklung sowohl der numerischen Methoden der Strukturmechanik als auch der Computertechnik ermöglichten in den vergangenen 15 Jahren Fortschritte bei der Analyse des Tragverhaltens windbelasteter schlanker Schalen. Eibl und Curbach stellen Ergebnisse linearer FE-Analysen vor und vergleichen diese mit den Lösungen der Membrantheorie (Eibl & Curbach 1984). Peil und Nölle beziehen erstmals werkstoffliche Nichtlinearitäten ein (Peil & Nölle 1988). Geometrische Nichtlinearitäten und die Wirkung der Randstörmomente sind dabei nicht in Ansatz gebracht. Im Ergebnis ihrer Untersuchungen wird zum einen ein Geometriebereich abgegrenzt, in dem für den Tragsicherheitsnachweis die unveränderten Schnittgrößen der Stabtheorie verwendet werden dürfen. Zum anderen werden über diesen Bereich hinausgehend Anpassungsfaktoren angegeben, mit denen die Schnittgrößen nach der linearen Schalenbiegetheorie zu modifizieren sind, um den Einfluss von Nichtlinearitäten zu berücksichtigen. Diese Vorschläge sind eingegangen in die Norm zur Bemessung stählerner Kamine DIN 4133. Keine Regelungen enthält diese Vorschrift zu Schalen mit abgestufter Wanddicke. Ebenso werden keine einschränkenden Aussagen zur Wirkung von Aussteifungen getroffen. Zum Beulnachweis verweist DIN 4133 auf DIN 18800 T4, die keinen genormten Lastfall für die Windbeanspruchung schlanker Schalen enthält, so dass auf den Lastfall „in Umfangsrichtung sinusförmig veränderliche Axiallast aus Rohrbiegung" zurückgegriffen werden muss.

Strukturmechanische Analysen, die geometrische Nichtlinearitäten berücksichtigen, erfolgten durch Esslinger und Poblotzki (Esslinger & Poblotzki 1992), solche, die sowohl physikalische als auch geometrische Nichtlinearitäten in Ansatz bringen, durch Greiner und Derler (Greiner & Derler 1995), allerdings in beiden Fällen beschränkt auf Schlankheiten h/r<15. In diesem Geometriebereich sind materielle Nichtlinearitäten nur von marginalem Einfluss auf das Instabilitätsverhalten. Der Versagensmechanismus unterscheidet sich grundsätzlich von demjenigen schlankerer Schalen.

Vollständig nichtlineare FE-Analysen mittels des Programmsystems FEMAS für Schalen mit Schlankheiten h/r>15 wurden von den Verfassern erstmals 1995 vorgestellt (Schneider & Thiele 1995a, Schneider & Thiele 1995b). Genauere Angaben zur strukturmechanischen Modellierung finden sich in (Schneider & Thiele 1998a). Das Versagen der schlanken windbelasteten Schalen ist durch das Zusammenwirken geometrischer und physikalischer Nichtlinearitäten gekennzeichnet. Der plastische Durchschlagsvorgang ist mit einem markanten Tragfähigkeitsabfall verbunden, wodurch zunächst keine statische Pfadverfolgung in den Nachbeulbereich hinein gelang. Erst nachdem die Pfadverfolgungsalgorithmen verbessert wurden (Schneider 1997), konnten die Indifferenzpunkte überwunden werden. Die ersten Instabiliten dünnwandiger Strukturen, die zunächst als Verzweigungsphänomene elastischen Beulens angesehen wurden (Schneider & Thiele 1997) stellen lokale Durchschlagspunkte im Präkollapsbereich dar (Schneider et al. 1999). Ergänzende quasistatische Kollapsanalysen verifizieren und vertiefen die Resultate der statischen Untersuchungen (Schneider & Thiele 1995a, Schneider & Thiele 1998b). Das Tragverhalten schlanker perfekter stählerner Schalen mit einheitlicher Wanddicke im Geometriebereich h/r>15 und r/t<400 kann als prinzipiell geklärt angesehen werden. Handlungsbedarf besteht noch bei der Überführung der Resultate in Bemessungsregeln.

2 STRUKTURANALYSEN DER SCHALE MIT EINHEITLICHER WANDDICKE

2.1 *Schalenparameter und lineare Analysen des Tragverhaltens*

Ermittelt man den Anstrengungszustand unter einer Windumfangsdruckverteilung gem. DIN 1055 T4 nach einer Schalentheorie, ergeben sich je nach Geometrie erhebliche Abweichungen von den Verhältnissen der Stabtheorie. Ursache für die Differenzen ist die Querschnittsovalisierung infolge des $\cos2\varphi$-Anteiles im Windumfangsdruck, die zunächst mit Biegebeanspruchung in Ringrichtung verbunden ist. Wird die Querschnittsovalisierung behindert, wie das an der Einspannung oder infolge von Ringsteifen der Fall ist, verringern sich die Ringmomente, und es entstehen zusätzliche Meridiankräfte, die - im Gegensatz zu Ringkräften und Meridianmomenten aus den geometrischen Zwangsbedingungen am Rand - über die Schalenhöhe nur langsam abklin-

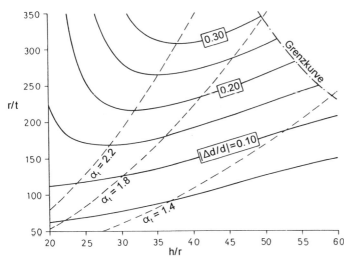

Bild 1 Maximale Querschnittsovalisierung der am Kopf ausgesteiften windbelasteten Kreiszylinderschale beim normierten Lastfaktor NLF=1,0 in Abhängigkeit von h/r und r/t, lin. Schalenbiegetheorie

gen ("Long-Wave-Soluti-on" der Semimembran-theorie).

Bild 1 zeigt die Ovalisie-rung in Abhängigkeit von der Geometrie für die am Kopf ausgesteifte Schale beim normierten Lastfaktor NLF=1,0, durch den die elastische Grenzlast der Stabtheorie gekennzeichnet wird. Der Anstrengungszu-stand wird hier ebenso wie in den Voruntersu-chungen zu DIN 4133 (Peil & Nölle 1988) zu-nächst nach der linearen Schalenbiegetheorie dar-gestellt. Bild 1 entnimmt man den mit fallender

Schlankheit steigenden Einfluß von Ringsteifen auf die Querschnittsverformung und damit auf die Schnittreaktionen in Ring- und Meridianrichtung. Oberhalb der in Bild 1 markierten Grenzkurve ist der Spannungsnachweis bereits bei der Windlast der niedrigsten Windzone gem. DIN 4133 und Bemessung nach der Stabtheorie nicht mehr erfüllt.

Aus der behinderten Querschnittsverformung im Einspannquerschnitt resultieren im unteren Schalenbereich der unausgesteiften Schale erhebliche Zugmeridiankräfte an Luv und Lee sowie Druckkräfte an den Flanken, während im oberen Schalenbereich jeweils geringe Meridiankräfte

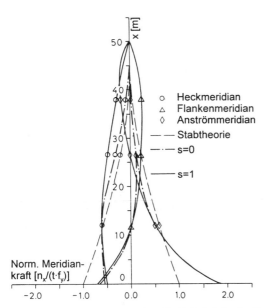

Bild 2 Meridiankraftverteilung über die Zylinderhöhe für die unausgesteifte (s=0) und die am Kopf ausgesteifte (s=1) Schale beim normierten Lastfaktor NLF=1,0, lin. Scha-lenbiegetheorie; h/r=30, r/t=123, α_t=1,80

umgekehrten Vorzeichens auftreten. Diese Beanspruchungen überlagern sich mit den aus der Stabbiegung resultierenden, so dass sich im wesentlichen die Druckspannungen am Lee gegenüber dem Stab verringern und die Zugspannungen am Luv vergrö-ßern, was in Bild 2 für eine Beispielschale (h=50m, r=1,67m, t=13,6mm) dargestellt ist. Die maximalen Druckkräfte verschie-ben sich für α_t>1,6 im Einspannquer-schnitt vom Heck zu den Flanken.

Durch die Wirkung einer Kopfsteife, die an realen Strukturen immer vorhanden ist, verändern sich die Meridiankräfte in-folge des cos2φ-Windanteiles in markanter Weise. Die größten Druckkräfte treten hier zwar immer noch im Einspannquerschnitt auf. Beträchtliche Druckkräfte entstehen jetzt aber auch im oberen Schalenbereich an Luv und Lee (Bild 2). Berücksichtigt man die entscheidende Bedeutung der Druckspannungen für das Stabilitätsverhal-ten, kann man aus Bild 2 für die am Kopf ausgesteifte Schale auf drei beulgefährdete

Bereiche schließen: den direkten Fußbereich, den Heckbereich in der unteren Schalenhälfte und den Anströmbereich in der oberen Schalenhälfte.

Im geometrischen Übergangsbereich zwischen Stab und Schale empfiehlt es sich nach einem Vorschlag in (Peil & Nölle 1988), die windbelasteten Strukturen durch die Abweichungen der Meridiankräfte von den Verhältnissen der Stabtheorie zu kennzeichnen. Diese Differenzen nehmen mit steigender Dünnwandigkeit r/t und fallender Schlankheit h/r zu. Nach (Schneider & Thiele 1995a) ergibt sich für das Verhältnis α_t der Meridiankraft im Einspannquerschnitt am Anströmmeridian gem. linearer Schalenbiegetheorie zu jener gem. Stabtheorie die empirische Formel

$$\alpha_t = 1 + 5{,}88 \frac{r/t}{(h/r)^2} \qquad (1)$$

Bemerkenswert ist, dass unterschiedliche Geometrien mit gleichen Abweichungen der Meridiankräfte am Anströmmeridian im Einspannquerschnitt auch gleiche Abweichungen über den Querschnitt und die Höhe haben, so dass sich dieser Faktor gut zur Charakterisierung des mechanischen Verhaltens verschiedener geometrischer Strukturen eignet.

2.2 Nichtlineare Analysen des Tragverhaltens der am Kopf ausgesteiften Schale

Geometrisch und physikalisch nichtlineare Strukturanalysen unter Berücksichtigung der Wirkung der Randstörmomente zeigen, dass das Tragverhalten bis zum ersten Instabilitätspunkt weitgehend von α_t abhängig ist. Dagegen wird das Instabilitätsverhalten von weiteren Parametern wie Querschnittsovalisierung und Abklinglänge der Randstörmomente bestimmt. Je nach Geometrie finden maßgebende Beulvorgänge in allen drei o.g. Bereichen maximaler Meridiandruckspannungen statt (Schneider & Thiele 1998a; Schneider & Thiele 1998c; Schneider et al. 1999). Bild 3 zeigt die Abgrenzung der Versagensbereiche in Abhängigkeit von Schlankheit und Dünnwandigkeit, wobei sich beiderseits der Bereichsgrenzen Übergangsgebiete zwischen den Formen ausbilden. Die Hauptversagensform ist durch die Ausbildung einer leeseitigen Wulst direkt über dem Einspannquerschnitt gekennzeichnet, einem sog. Elefantenfußbeulmuster. Sobald die Fließbedingung im Fußbereich am Heck erreicht ist, verfügt die Schale im Gegensatz zum Stab über keine Tragreserven mehr, sondern kollabiert durch plastisches Durchschlagen. Sehr schlanke, dünnwandige Schalen knicken dagegen in der unteren Zylinderhälfte ein, bevor die erstgenannte Versagensart einsetzen kann. Es handelt sich hierbei nicht um Stabknicken, das sich unter Erhalt der Querschnittsform vollzieht, sondern um eine Schaleninstabilität, die durch leeseitiges Einbeulen initiiert wird. Bei gedrungeneren dünnwandigen Schalen kommt es schließlich zunächst zu luvseitigen Beulvorgängen in der oberen Zylinderhälfte, ehe bei weiterer Belastung eine der beiden beschriebenen Kollapsarten einsetzt. Diese luvseitigen Beulvorgänge markieren den Übergang zu dem bisher untersuchten Umfangsbeulen von windbelasteten

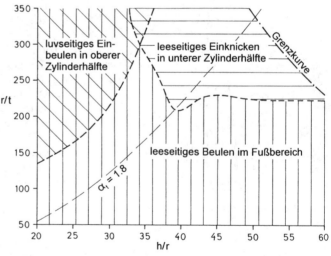

Bild 3   Abgrenzung der maßgebenden Versagensarten des nur am Kopf ausgesteiften windbelasteten Kreiszylinders in Abhängigkeit von h/r und r/t

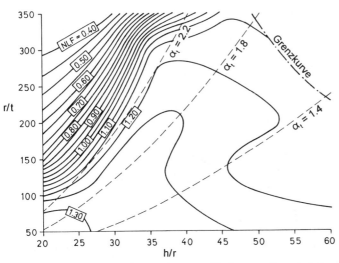

Bild 4 Normierte Versagenslastfaktoren des nur am Kopf ausgesteiften windbelasteten Kreiszylinders in Abhängigkeit von h/r und r/t

Kreiszylinderschalen mit h/r<15 (Greiner & Derler 1995).

Bild 4 gibt die normierten Versagenslastfaktoren in Abhängigkeit von h/r und r/t für die am Kopf ringversteifte windbelastete Kreiszylinderschale an. In die Darstellung gehen alle drei beschriebenen Versagensformen ein, so dass sich eine scheinbare Unregelmäßigkeit der Isodynen ergibt.

2.3 Auswirkung weiterer Ringsteifen

Zur Untersuchung der Auswirkung von Ringsteifen auf das Tragverhalten werden diese in Abhängigkeit von ihrer Anzahl s angeordnet für s=1 bei 1,0h, für s=2 bei 1,0h und 0,5h, für s=3 bei 1,0h, 0,6h und 0,3h, für s=4 bei 1,0h, 0,6h, 0,3h und 0,1h. Infolge der erzwungenen Querschnittstreue nähert sich die Meridiankraftverteilung mit zunehmendem Aussteifungsgrad derjenigen der Stabtheorie an. Damit sinken die maximalen Zugkräfte, und die plastizierten Zonen am Anströmmeridian verringern sich (Bild 5). Die zunächst naheliegende Vermutung, dass sich bei zusätzlichen Aussteifungen infolge des geringeren Einflusses von Nichtlinearitäten die Versagenslasten erhöhen, bestätigt sich nicht. Bild 6 macht deutlich, dass die Instabilitätslasten im Übergangsbereich Stab-Schale durch eine weitere Ringsteife bei 0,5h sinken. Erst im Geometriebereich mit ausgeprägtem Schalentragverhalten ($\alpha_t > 2,3$) wirken sich zusätzliche Versteifungen tragfähigkeitssteigernd aus. Für alle durch DIN 4133 für die Berechnung nach der Stabtheorie zugelassenen Geometrien stellt die nur am Kopf ausgesteifte windbeanspruchte Schale nicht den ungünstigsten Grenzfall dar. Diese paradoxe Wirkung zusätzlicher Aussteifungen wird von den Beulsicherheitsnachweisen bisher nicht erfasst. Das überraschende Verhalten wird verständlich,

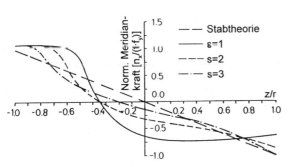

Bild 5 Meridinakraftverteilung im Einspannquerschnitt beim normierten Lastfaktor NLF=1,0 für unterschiedliche Ringsteifenzahl s; nichtlin. Schalenbiegetheorie; h/r=30, r/t=123, $\alpha_t=1,80$

wenn man die für das Instabilitätsverhalten maßgebenden maximalen Druckkräfte betrachtet. Die Auswirkung der Annäherung an die Verhältnisse der Stabtheorie durch zusätzliche Aussteifungen ist hierfür je nach Geometriebereich entgegengesetzt. Für $\alpha_t < 2,3$ sind die maximalen Druckkräfte kleiner als diejenigen der Stabtheorie. Deshalb bewirken hier zusätzliche Ringsteifen eine Erhöhung der Druckkräfte (vgl. Bild 5) und damit eine Verringerung der Versagenslasten. Im Bereich mit $\alpha_t > 2,3$ findet man dagegen die ent-

gegengesetzten Verhält-
nisse.

Bild 6 zeigt weiterhin, dass
die Isolinien gleicher Versagenslasten gleichmäßiger
verlaufen als diejenigen für
die lediglich am Kopf ausgesteifte Schale. Verur-
sacht wird dies dadurch,
dass bei der zweifach ausgesteiften Schale heckseitiges Einknicken und luvseitiges Einbeulen nur noch in
kleinen Randgebieten des
dargestellten Geometrie-
bereiches zu beobachten
ist, so dass das Versagen
nahezu im gesamten Geo-
metriebereich durch eine
Versagensform, die des
heckseitigen Beulens im Fußbereich, charakterisiert ist.

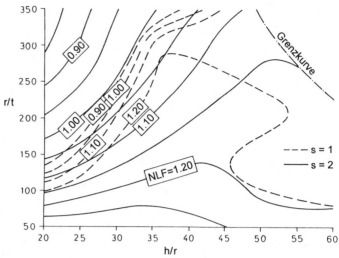

Bild 6   Normierte Versagenslastfaktoren des windbelasteten Kreiszylinders mit
unterschiedlicher Ringsteifenzahl s in Abhängigkeit von h/r und r/t

3   ÜBERFÜHRUNG DER RESULTATE IN BEMESSUNGSREGELN

Berücksichtigt man den hohen numerischen Aufwand und die für die Untersuchung von Schalen-
tragwerken erforderlichen Erfahrungen, wird deutlich, dass die im vorigen Abschnitt vorgestellten
Strukturanalysen aufbereitet in die Entwurfspraxis des Ingenieurs Eingang finden müssen. Bei der
Transformation der gewonnenen Resultate nichtlinearer Untersuchungen in Bemessungsregeln
konfliktieren die Anforderungen nach Bemessung auf möglichst einheitlichem Sicherheitsniveau
und nach einfacher Handhabbarkeit. Da bisher nur das Tragverhalten *perfekter* schlanker windbelasteter Schalen geklärt werden konnte, steht die differenzierte Beurteilung der Systemtragfähigkeit realer, d.h. imperfekter windbelasteter Schalen derzeit noch aus. Der Nachweis gegen
Versagen erfolgt deshalb gegenwärtig zweistufig: DIN 4133 regelt die anzunehmenden maximalen
Schnittgrößen perfekter schlanker windbelasteter Kreiszylinderschalen, der Beulsicherheitsnachweis ist mit diesen Beanspruchungen nach DIN18800 T4 zu führen, wobei damit der Einfluss
möglicher Imperfektionen einbezogen ist. Da DIN 18800 T4 den Stabilitätsfall der windbelasteten
schlanken Schale nicht enthält, muss auf andere genormte Lastfälle zurückgegriffen werden. Das
setzt voraus, dass die Systemtragfähigkeit durch einen spannungsorientierten Beulsicherheitsnachweis zutreffend beurteilt werden kann, dass also die Kenntnis der maximalen Schnittgrößen in
lokalen Bereichen ausreichend ist, um Aussagen zum Instabilitätsverhalten der gesamten Struktur
zu treffen. Die nichtlinearen Analysen zeigen, dass diese Voraussetzung nicht uneingeschränkt
zutreffend ist.

DIN 4133 läßt im gesamten Geometriebereich eine modifizierte Ermittlung der Meridiankräfte
nach einer linearen Schalentheorie zu. In einem begrenzten Bereich dürfen außerdem die unveränderten Schnittgrößen der Stabtheorie verwendet werden. Die Anpassungsfaktoren für die
inneren Kraftgrößen der linearen Schalenbiegetheorie sind auf der Grundlage physikalisch
nichtlinearer, aber geometrisch linearer FE-Analysen gewonnen worden (Peil & Nölle 1988).
Daraus resultieren Lastfaktoren, bis zu denen unter Berücksichtigung möglicher plastischer
Umlagerungen die maximale Druckspannung der Stabtheorie - im ungünstigsten Fall die Streckgrenze - noch nicht erreicht werden soll. Stellt man diesen Faktoren die aus vollständig nichtlinearen Analysen gewonnenen Lastfaktoren gegenüber, bei denen die maximale Druckspannung

der Stabtheorie erreicht wird, zeigt sich, dass es für jeden Aussteifungsgrad Geometriebereiche gibt, bei denen die gegenwärtigen Regelungen aus DIN 4133 zur Schnittgrößenermittlung auf der unsicheren Seite liegen (Schneider & Thiele 1998a). Hieran verdeutlicht sich die generelle Schwierigkeit, von den Ergebnissen nur teilweise nichtlinearer Analysen auf die Resultate vollständig nichtlinearer Untersuchungen zu extrapolieren.

Um die Inkonsistenzen bei der Schnittgrößenermittlung zwischen den Regelungen aus DIN 4133 und den Ergebnissen der vollständig nichtlinearen Strukturanalysen zu beseitigen, wurde von den Verfassern ein Vorschlag unterbreitet, im gesamten Geometriebereich auf die Schnittgrößen der Stabtheorie zurückzugreifen und diese mit einem Anpassungsfaktor k nach Gl. (2) zu vergrößern (Schneider & Thiele 1998a).

$$k = 0{,}50 + 2{,}94 \frac{r/t}{(h/r)^2} \geq 1 \qquad (2)$$

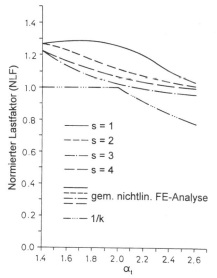

Bild 7 Faktor 1/k gem. Änderungsvorschlag und norm. Lastfaktoren, bei denen in Abhängigkeit vom Aussteifungsgrad und α_t die Streckgrenze am Heckmeridian erreicht wird bei nichtlin. FE-Analyse, h/r=30

Mit diesem Vorschlag werden nicht nur die Unsicherheiten in der Schnittgrößenermittlung abgeändert, sondern auch der Berechnungsgang wesentlich vereinfacht, weil im gesamten Geometriebereich auf die inneren Kraftgrößen der Stabtheorie zurückgegriffen werden darf. Der Faktor k ist so gewählt, dass für $\alpha_t \leq 2{,}0$ die unveränderten Größen der Stabtheorie angesetzt werden dürfen und dass für $0 < \lambda \leq 1$ die wirklichen Meridianmembrandruckspannungen beim normierten Lastfaktor NLF=λ/k für jeden Aussteifungsgrad kleiner als diejenigen der Stabtheorie bei NLF=λ sind. Wie Bild 7 am Beispiel der Schlankheit h/r=30 deutlich macht, erfolgt mit dem Änderungsvorschlag keine quantifizierte Berücksichtigung des Aussteifungsgrades. Für unterschiedlich ausgesteifte Kamine werden die Schnittgrößen mit verschiedenen Sicherheiten ermittelt. Das unterschiedliche Sicherheitsniveau bei der Bemessung wird durch den Beulsicherheitsnachweis nach DIN 18800 T4 noch verstärkt, der für alle Geometrien eine tragfähigkeitssteigernde Wirkung von Aussteifungen unterstellt.

4 FORSCHUNGSVORHABEN

4.1 *Beanspruchung in Ringrichtung*

Für die anzunehmenden Beanspruchung in Ringrichtung sind in DIN 4133 Schnittgrößen angegeben, die aus der Untersuchung unendlich langer Kreiszylinderschalen resultieren. Für die am Fuß eingespannte und am Kopf ausgesteifte Schale liegen diese Werte stark auf der sicheren Seite, da sich die Beanspruchung in Ringrichtung deutlich verringert, wenn die Querschnittsovalisierung behindert wird. Außerdem geht die gegenwärtige Vorschrift davon aus, dass der Einfluss der Ringbeanspruchung auf den Tragsicherheitsnachweis mit der Dünnwandigkeit steigt. Für r/t<160 braucht die Beanspruchung in Ringrichtung nicht berücksichtigt zu werden, da sie hier als vernachlässigbar gegenüber den Meridianbeanspruchungen angesehen wird. Erste eigene Untersuchungen zeigen, dass diese Annahme nicht generell zutreffend ist.

Setzt man die aus den maximalen Ringmomenten resultierenden Biegespannungen ins Verhältnis zu den maximalen Meridianmembranspannungen, ergibt sich keine alleinige Abhängigkeit von r/t. Bild 8 stellt das Verhältnis dieser Spannungen nach der linearen Schalenbiegetheorie am Beispiel der unausgesteiften Schale dar. Man erkennt, dass die maximale Biegespannung in Ringrichtung für r/t=160 je nach Schlankheit größer oder kleiner ausfallen kann als die maximale Meridianmembranspannung. An einem Änderungsvorschlag für die anzusetzende Beanspruchung in Ringrichtung wird z.Z. gearbeitet.

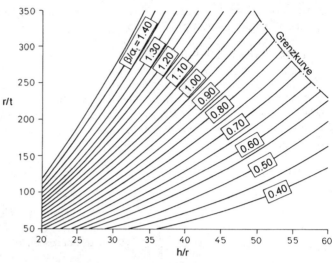

Bild 8 Verhältnis der max. Ringbiegespannung zur max. Meridianmembranspannung beim unausgesteiften windbelasteten Kreiszylinder in Abhängigkeit von h/r und r/t, lin. Schalenbiegetheorie

4.2 Schalen mit abgestufter Wanddicke

Windbelastete, am Fuß eingespannte schlanke Kreiszylinderschalen werden aus Gründen der Wirtschaftlichkeit oft mit nach oben abnehmender Wanddicke ausgeführt. Im Gegensatz zum häufigen Einsatz steht die Tatsache, dass DIN 4133 keine Bemessungsregeln für diesen Konstruktionstyp enthält. Lediglich für gedrungenere Schalen, bei denen Beulen in Ringrichtung maßgebend wird und die deshalb näherungsweise auf den Lastfall eines konstanten Ersatzumfangsdruckes zurückgeführt werden können (Greiner 1981), existieren in DIN 18800 T4 Bemessungsrichtlinien. Um für die untersuchten schlanken Schalen, bei denen Beulen in Meridianrichtung ausschlaggebend wird, quantitative Aussagen zur Auswirkung von Wanddickenabstufungen treffen zu können, fehlt derzeit das "normungsfähige Wissen", so dass konservative Näherungsannahmen getroffen werden müssen. Da sich die Abweichungen zu den Verhältnissen der Stabtheorie bei gleicher Schlankheit h/r mit zunehmender Dünnwandigkeit r/t verstärken, fallen die Abweichungen zu den Meridianspannungen der Stabtheorie bei der Schale mit abgestufter Wand-

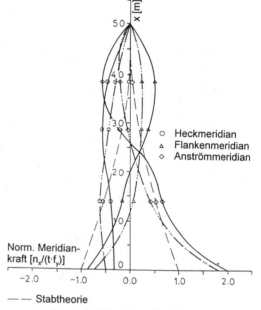

- - - Stabtheorie

- · — · unabgestufte Wanddicke, lin. Schalenbiegeth.

——— bei x=25m abgestufte Wanddicke, lin. Schalenbiegeth.

Bild 9 Meridiankraftverteilung über die Zylinderhöhe beim normierten Lastfaktor NLF=1,0 für die Schale mit abgestufter und unabgestufter Wanddicke, lineare Schalenbiegetheorie, h/r=30, r/t=123, r/t_u=123, r/t_o=246, Kopfringsteife

dicke größer aus, so dass die am unabgestuften Kamin erzielten Ergebnisse den günstigsten Grenzfall darstellen.

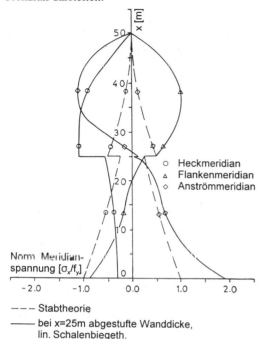

○ Heckmeridian
△ Flankenmeridian
◇ Anströmmeridian

Norm. Meridian-
spannung $[\sigma_x/f_y]$

--- Stabtheorie

—— bei x=25m abgestufte Wanddicke,
lin. Schalenbiegeth.

Bild 10 Meridianmembranspannungsverteilung über die Zylinderhöhe beim normierten Lastfaktor NLF=1,0 für die Schale mit abgestufter Wanddicke, lineare Schalenbiegetheorie, h/r=30, r/t=123, r/t_u=123, r/t_o=246, Kopfringsteife

Bild 9 und 10 verdeutlicht diese Aussage an der bereits vorgestellten Beispielschale mit einheitlicher Wanddicke, der eine Schale mit bei 0,5h abgestufter Wanddicke gegenübergestellt wird. In der unteren Hälfte wird die Wanddicke t_u=13,6mm beibehalten, in der oberen Hälfte, in der nach der Stabtheorie das maximale Moment 25% des Fußmomentes beträgt, wird die Wanddicke t_o = 0,5 t_u = 6,8mm gewählt. Der Stoß wird als Stumpfstoß modelliert und nicht mit einer zusätzlichen Ringsteife versehen.

Bild 9 belegt, dass mit der ausgeprägteren Ovalisierung größere Zusatzmeridiankräfte verbunden sind. Der Meridiankraftverlauf der Schale mit abgestufter Wanddicke weicht wesentlich stärker von demjenigen der Stabtheorie ab als derjenige der Schale mit einheitlicher Wanddicke. Die Meridiankraftüberhöhung im Einspannquerschnitt am Anströmmeridian erhöht sich für die hier betrachtete Schale mit Kopfringsteife auf 2,01. Noch deutlicher als am Schalenfuß fallen die Differenzen im oberen Bereich mit geringerer Wanddicke aus. Die größte Meridianzugkraft in der oberen Zylinderhälfte beträgt beim abgestuften Kamin das 2,20-fache der größten nach der Stabtheorie berechneten Meridianzugkraft in diesem Bereich. Betrachtet man nicht die Meridiankräfte, sondern die Meridianspannungen (Bild 10) zeigt sich, dass der obere Bereich von einem Spannungszustand beherrscht wird, der einem Eigenspannungszustand vergleichbar ist und bis in den Bereich des Materialfließens reicht. Im Gegensatz zum Fußbereich erreichen hier die Meridiandruckkräfte gleiche Größe wie die Meridianzugkräfte, so dass die obere Schalenhälfte extrem beulgefährdet ist, was eine Beulanalyse mit den nach der Stabtheorie ermittelten Schnittgrößen in dieser Schärfe nicht vermuten lassen würde. Näherungsannahmen, die auf der linearen Extrapolation der bei den Schalen mit einheitlicher Wanddicke beobachteten Abweichungen zu den Verhältnissen der Stabtheorie basieren, bewegen sich auf der unsicheren Seite.

Nichtlineare Testuntersuchungen (Schneider & Bohm 1998a) zeigen, dass sich mit den veränderten inneren Kräften auch das Tragverhalten qualitativ ändern kann. Die vorgestellte Beispielschale mit abgestufter Wanddicke versagt nicht mehr in einer der oben für die Schale mit einheitlicher Wanddicke dargestellten Kollapsformen, sondern durch heckseitiges Beulen im Stoßbereich, wodurch sich dort quasi ein Fließgelenk ausbildet, um das die obere Schalenhälfte kippt.

Um gesicherte technische Bemessungsregeln für die windbelastete schlanke Kreiszylinderschale mit abgestufter Wanddicke zu erarbeiten, werden gegenwärtig Geometrien und Abstufungsverhältnisse in einem großen Parameterfächer untersucht.

4.3 Beulsicherheitsnachweis

DIN 18800 T4 enthält den Stabilitätsfall der windbelasteten schlanken Schale nicht, so dass zum Nachweis von deren Beulsicherheit auf andere genormte Stabilitätsfälle zurückgegriffen werden muß. Dieses Vorgehen bewirkt, dass das spezifische Schalentragverhalten, wie es sich unter Windbelastung einstellt, nur unzureichend berücksichtigt werden kann. Weiter oben wurde bereits darauf hingewiesen, dass die tragfähigkeitsmindernde Wirkung zusätzlicher Ringversteifungen für $\alpha_t < 2{,}3$ von den Schalenbeulvorschriften gegenwärtig nicht erfasst wird. Nicht nur der Lastfall der axial gedrückten Schale unterscheidet sich stark von dem der windbelasteten Schale, sondern auch der genormte Lastfall "in Umfangsrichtung sinusförmig veränderliche Axiallast aus Rohrbiegung". Insbesondere stellt sich im Fall der querkraftbelasteten Kragschale mit sinusförmig verteilten Meridiankräften, wie sie sich ausbilden, wenn der Lasteintrag nicht über den Umfang, sondern über aussteifende Traglieder erfolgt, eine wesentlich geringere Querschnittsovalisierung ein, was mit einer deutlich abweichenden Verteilung von Ringbiegemomenten und Meridiankräften verbunden ist. Das ist auch die Ursache dafür, dass dort weder das Kollapsmuster des luvseitigen Einbeulens noch das des heckseitigen Einknickens beobachtet werden kann (Speicher & Saal 1998). Schließlich zeigen Versuche für den die Belastung durch Wind besser annähernden Lastfall der Rohrbiegung eine geringere Imperfektionsempfindlichkeit als für den Fall des gleichmäßigen Axialdruckes (Speicher & Saal 1998). Diese Reserve darf gegenwärtig nicht angesetzt werden. Die dargestellten Ursachen führen in ihrer Summe dazu, dass der Beulsicherheitsnachweis windbelasteter schlanker Schalen gegenwärtig nur eine grobe Näherung darstellt und Kamine unterschiedlicher Geometrien und Aussteifungen auf verschiedenem Sicherheitsniveau bemessen werden. Wünschenswert wäre deshalb ein gesonderter Lastfall Wind auch für schlanke Schalen in den Schalenbeulvorschriften, um nicht nur die Schnittgrößen, sondern auch die Systemtragfähigkeit auf der Grundlage nichtlinearer Analysen differenzierter bewerten zu können.

Dafür fehlt aber gegenwärtig das „normungsfähige Wissen", denn zur Systemantwort windbelasteter *imperfekter* Schalen mit h/r>15 liegen bisher weder experimentelle noch theoretische Ergebnisse vor. Trotz gegebener Notwendigkeit diesbezüglicher Forschungen hätte deren Inangriffnahme keine Aussichten auf Erfolg gehabt, solange das Instabilitätsverhalten der perfekten Schalen noch nicht ausreichend geklärt war. Nachdem es gelungen ist, das Tragverhalten perfekter schlanker windbelasteter Schalen zu erkunden, sollen in weiterführenden Forschungen Aussagen zur Tragfähigkeit realer Strukturen gewonnen werden. Für den hier *nicht* vorliegenden Fall, dass die Instabilität hauptsächlich durch geometrische Nichtlinearitäten verursacht wird, haben sich Imperfektionsmuster, wie sie sich aus einer Eigenwertanalyse auf dem Vorbeulpfad ergeben, als geeignet erwiesen. Sind jedoch Einflüsse aus physikalischen Nichtlinearitäten maßgeblich, so liegt das bei der Vorbeulanalyse vorausgesetzte statische System in der Umgebung des Versagenspunktes nicht mehr vor, und die eigenformaffinen Imperfektionen stellen' i.allg. nicht den ungünstigsten Fall dar.

Als wesentlich aussichtsreicher als die Aufbringung vorbeuleigenformaffiner Imperfektionsmuster scheint bei den hier vorliegenden, durch Materialplastizierungen bestimmten

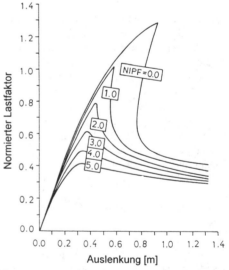

Bild 11 Last-Verformungs-Pfade des Schalenkopfes in Abhängigkeit von der normierten Vorbeultiefe, NIPF=$t_v/(0.04\sqrt{(rt)})$ einer 0,25m hohen Ringbeule zwischen x=0.125m u. x=0.375m; h=50m, h/r=30, r/t=123, α_t=1,80, Kopfringsteife

Durchschlagsproblemen die Verwendung kollapsaffiner Imperfektionsansätze (Schneider & Bohm 1988b). Letztere spiegeln im Gegensatz zu den erstgenannten Mustern sowohl die geometrischen · als auch die materiellen Nichtlinearitäten, die sich auf dem Lösungspfad einstellen, wider. Sie sind deshalb auch nicht abhängig von einer speziellen Kollapsform, sondern gestatten es, für alle in Bild 3 angegebenen Bereiche unterschiedlicher Versagensformen Imperfektionsmuster nach gleichen Grundsätzen zu ermitteln.

Bild 11 zeigt für die Basisschale am Beispiel der Last-Verformungs-Pfade der Kopfauslenkung den Einfluß einer Imperfektion in der Form einer rotationssymmetrischen Fußwulst. Die gewählte Imperfektionsform entspricht dem doppeltsymmetrischen Anteil des Kollapsmusters der perfekten Schale, wodurch eine imperfektionsbedingte Schiefstellung der Schale vermieden wird (Schneider & Thiele 1997). Die Vorbeultiefe t_v ist für diese Voruntersuchung normiert auf den Wert gem. DIN 18800 T4 $t_v=0,04\sqrt{(rt)}$.

LITERATUR

ECCS 4.6, 1988. *Buckling of Steel Shells*. Brussels: ECCS-TWG 8.4.

DIN 1055 T4, 1986. *Lastannahmen für Bauten, Verkehrslasten, Windlasten bei nicht schwingungsanfälligen Bauwerken*. Berlin: NABau im DIN e.V..

DIN 4133, 1973. *Schornsteine aus Stahl*. Berlin: FNA Bauwesen im DNA.

DIN 4133, 1991. *Schornsteine aus Stahl*. Berlin: NABau im DIN e.V..

DIN 18800 T4, 1990. *Stahlbauten, Stabilitätsfälle, Schalenbeulen*. Berlin: NABau im DIN e.V..

Duddeck, H. & Niemann, H. 1976. *Kreiszylindrische Behälter - Tabellen und Rechenprogramme für allgemeine Lastfälle*. Berlin: Ernst & Sohn.

Eibl, J. & Curbach, M. 1984. Randschnittkräfte auskragender zylindrischer Bauwerke unter Windlast. *Bautechnik* 61: 275-279.

Esslinger, M.& Poblotzki, G. 1992. Beulen unter Winddruck. *Stahlbau* 61: 21-26.

Greiner, R. 1981. Zum Beulnachweis von Zylinderschalen unter Winddruck bei abgestuftem Wanddickenverlauf, *Stahlbau* 50: 176-179.

Greiner, R. 1983. Zur ingenieurmäßigen Berechnung und Konstruktion zylindrischer Behälter aus Stahl unter allgemeiner Belastung. *Stahlbauseminar FH Biberach*: 7-51.

Greiner, R. & Derler, P. 1995. Effect of Imperfections on Wind-Loaded Cylindrical Shells. *Thin-Walled Structures* 23: 271-281.

Pecknold, D.A. 1989. Load Transfer Mechanisms in Wind-Loaded Cylinders,. *J. of Eng. Mech.* Vol. 115: 2353-2367.

Peil, U. & Nölle, H. 1988. Zur Frage der Schalenwirkung bei dünnwandigen, zylindrischen Stahlschornsteinen. *Bauingenieur* 63: 51-56

Schneider, W. & Thiele, R.1995a. Beitrag zur nichtlinearen FE-Analyse der Tragreserven von nach DIN 4133 bemessenen stählernen Kaminen. *Finite Elemente in der Baupraxis - Modellierung, Berechnung und Konstruktion - FEM'95*: 233-242. Berlin: Ernst&Sohn.

Schneider, W. & Thiele, R. 1995b. The Stress and Strain State in the Base Area of Wind-Loaded Steel Chimneys. *Proc. 5th ISOPE-Conf. Vol.IV*: 104-108. The Hague.

Schneider, W. 1997. Verbesserung der Pfadverfolgungsalgorithmen für plastische Durchschlagsprobleme mit abruptem Abfall des Tragvermögens. *Leipzig Ann. Civ. Eng. Rep.* 2: 413-427.

Schneider, W. & Thiele, R. 1997. Stability of Slender Wind-Loaded Cylindrical Steel Shells. *Proc. Int. Coll. on Stability and Ductility of Steel Structures, Vol I*: 419-426, Nagoya.

Schneider, W. & Bohm, S. 1988a. Tragverhalten schlanker windbelasteter Kreiszylinderschalen mit abgestufter Wanddicke. *Leipzig Ann. Civ. Eng. Rep.* 3: 375-390.

Schneider, W. & Bohm, S. 1998b: Imperfektionsannahmen für quasistatisch windbelastete schlanke stählerne Kreiszylinderschalen. *Leipzig Ann. Civ. Eng. Rep.* 3: 391-406.

Schneider, W. & Thiele, R. 1998a. Tragfähigkeit schlanker windbelasteter Kreiszylinderschalen. *Stahlbau* 67: 434-441.

Schneider, W. & Thiele, R. 1998b. Kollapsanalyse quasistatisch windbelasteter schlanker stählerner Kreiszylinderschalen. *Finite Elemente in der Baupraxis - Modellierung, Berechnung und Konstruktion - FEM'98*: 501-510. Berlin: Ernst&Sohn.

Schneider, W. & Thiele, R. 1998c. Eine unerwartete Versagensform bei schlanken windbelasteten Kreiszylinderschalen. *Stahlbau* 67: 870-875.

Schneider, W., Bohm, S. & Thiele, R. 1999. Failure Modes of Slender Wind-Loaded Cylindrical Shells. *Fourth Int. Conf. on Steel and Aluminium Structures - ICSAS'99*. Espoo (in Vorbereitung).

Speicher, G. & Saal, H. 1998. Beulen biegebeanspruchter, langer Kreiszylinderschalen aus Stahl - Versuch, Theorie und Bemessung. *Stahlbau* 67: 443-451.

Baustatik-Baupraxis 7, Meskouris (Hrsg.) © 1999 Balkema, Rotterdam, ISBN 90 5809 044 2

Bemessung und Optimierung modularer Stabwerke am Beispiel von Hochregalanlagen

C. Ebenau & G. Thierauf
Lehrstuhl für Baumechanik/Baustatik, Universität GH Essen, Deutschland

ZUSAMMENFASSUNG: Modulare Stabwerke, zum Beispiel Hochregalanlagen, Fassaden-gerüstsysteme oder systematisierte Raumfachwerke sind schlanke, druckbeanspruchte Stabwerke. Als Grundlage für ein Konzept zur Kostenoptimierung wurde ein integriertes Programmsystem entwickelt, bestehend aus einem Preprozessing zur Systembeschreibung als räumliches Finite-Elemente-Modell sowie Modulen für die vollständig nichtlineare Berechnung der Schnittgrößen und Systemverformungen, das automatisierte Führen aller baustatisch erforderlichen Nachweise und die Kostenoptimierung. Der Beul- und Spannungsnachweis der dünnwandigen Profile wird mit Abminderungsfaktoren geführt, die sich aus den idealen Beulspannungen berechnen lassen.

Die Optimierungsvariablen der Kostenoptimierung modularer Stabwerke sind beispielsweise Profilquerschnitte oder Parameter der Systemgeometrie und Topologie. Es handelt sich um gemischt ganzzahlige Optimierungsprobleme. Die Lösung erfolgt mittels Evolutionsstrategien in Kombination mit Verfahren der nichtlinearen mathematischen Programmierung.

1 EINLEITUNG

Modulare Stabwerke aus metallischen Werkstoffen zeichnen sich durch einen Aufbau aus vorgefertigten Einzelbauteilen, den Modulen aus. Sie werden auf der Baustelle montiert, wobei die Anzahl unterschiedlicher Bauteile meist gering ist. Die Verbindungen sind demontierbar. Grundzüge der Geometrie des Tragwerks werden häufig durch fest an den Bauteilen angebrachte Verbindungsmittel vorbestimmt. In der Baupraxis sind modulare Stabwerke heute weit verbreitet. Beispiele sind Traggerüste, Fassadengerüstsysteme, modulare Raumfachwerke oder Regalsysteme für die Lagertechnik.

Die Vielfalt realisierter Regalanlagen erstreckt sich von kleinen, einzeln stehenden Regalen bis zu voll automatisierten Hochregalanlagen mit Bauhöhen von mehr als 30 m. Stählerne Hochregallager, auf die sich die Ausführungen beschränken, sind zwar nicht primär dazu bestimmt, später wieder demontiert zu werden und die Bauteile einer neuen Verwendung zuzuführen, dennoch sind die Verbindungen zumeist als Steck-, Einhänge- oder einfache Schraubenverbindungen ausgebildet. Dies ermöglicht eine schnelle Montierbarkeit und eine flexible Nutzung der Regalanlage. Um eine Montierbarkeit auch mit den in der Praxis unvermeidbaren Systemimperfektionen garantieren zu können, müssen Toleranzmaße vorgehalten werden oder geeignete Paßstücke zur Verfügung stehen. Diese Anforderungen führen zu Verbindungsmitteln, die ein nichtstarres Tragverhalten besitzen und deren Nachgiebigkeit (Lose, Schlupf) oder nichtlineare Federsteifigkeiten in den statischen Berechnungen zu berücksichtigen sind.

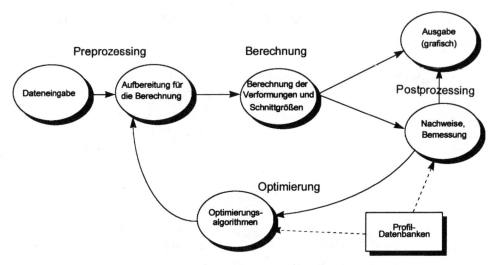

Abb. 1:   Zusammenwirken der Module in einem Programmsystem zur Bemessung und Optimierung modularer Stabwerke.

Die Aufgabe von Verfahren zur Kostenminimierung ist es, unter Einhaltung aller Bedingungen, die sich aus den Anforderungen nach ausreichender Sicherheit und Gebrauchstauglichkeit ergeben, eine möglichst kostengünstige Konstruktion zu finden. Das Gewicht der Konstruktion hat entscheidenden Einfluß nicht nur auf die Herstellungskosten sondern auch auf die Transport-, Montage- und Demontagekosten. Dies stellt einen besonderen Anreiz für die Optimierung dar. Zudem werden die Konstruktionen häufig in sehr großen Stückzahlen gefertigt.

Das beschriebene Programmsystem gliedert sich in die Module Preprozessing, Berechnung, Postprozessing und Optimierung (Abb. 1). Zwischen den einzelnen Modulen ist eine Interaktion und ein Datenaustausch erforderlich. Das Preprozessing stellt die erforderlichen Daten für die Berechnung, die Nachweise und die Optimierung zur Verfügung. Die graphische Darstellung im Postprozessing verarbeitet alle relevanten Ergebnisse.

Die Berechnung der Beanspruchungen erfolgt an einem räumlichen Strukturmodell, das alle geometrischen Nichtlinearitäten beinhaltet. Zum Nachweis der Beulsicherheit kaltgeformter, dünnwandiger Profile wird ein Datenbank basiertes Nachweiskonzept vorgestellt. Für die Optimierungsprobleme werden Evolutionsstrategien in Verbindung mit einem Gradientenverfahren verwendet.

2 NACHWEISKONZEPT

Wesentlicher Bestandteil einer für die Baupraxis relevanten Kostenoptimierung ist ein geschlossenes Nachweiskonzept. Optimierte Konstruktionen werden tendenziell schlanker bzw. dünnwandiger und damit empfindlicher für Stabilitätsversagen oder lokales Beulen. Insbesondere die Nachweise gegen Knicken, Biegedrillknicken und lokales Beulen müssen vom verwendeten Programmpaket unter Einbeziehung von Imperfektionen und Nichtlinearitäten für das gesamte System automatisiert geführt werden.

Grundlage der baustatischen Nachweise sind die an einem räumlichen FE-Modell nach vollständig nichtlinearer Theorie ermittelten Schnittgrößen. Hierin sind bereits eingeschlossen die Berechnung des Gleichgewichts am verformten System unter γ_F-fachen Lasten, die geometrische Steifigkeitsmatrix einschließlich des Anteils für Biegedrillknicken, System- und Bauteilimperfektionen entsprechend den Normen und Schlupf sowie nichtlineares Verhalten der

Verbindungsmittel. Mit den ermittelten Schnittgrößen kann der elastische Spannungsnachweis auf Querschnittsebene nach linearer Biegetheorie geführt werden. Die Nachweise für globale Stabilität, Biegeknicken und Biegedrillknicken sind damit geführt, wenn die Stäbe des Tragwerks ausreichend fein in Balkenelemente unterteilt sind. Für Fachwerkstäbe mit Druckbeanspruchung, die im Berechnungsprogramm nicht unterteilt werden, wird im Nachweisprogramm ein Nachweis mit dem Ersatzstabverfahren wahlweise nach DIN 18800, T.2 (1990) oder EC 3 (1993) geführt.

Der Nachweis der dünnwandigen, kaltgeformten Profile unter Berücksichtigung lokalen Beulens erfolgt als elastischer Spannungsnachweis an jedem Stabelement im System. Grundlage ist das Berechnungsmodell der wirksamen Breite. Mit zunehmender Schlankheit der Teilflächen eines Querschnitts wird das Tragverhalten durch örtliches Beulen von Querschnittsteilen im Bereich der Druck- bzw. Biegedruckspannungen beeinflußt. Nach dem Ausbeulen einzelner Querschnittsbereiche existiert ein stabiler Nachbeulbereich, der eine weitere Laststeigerung zuläßt (DASt 1988). Die nichtlineare Spannungsverteilung mit Spannungskonzentrationen an den Längsrändern wird idealisiert durch das von v. Karmann entwickelte Berechnungsmodell der wirksamen Breite. Das Modell ergibt sich aus der Bedingung gleicher Tragfähigkeit des wirklichen Plattenstreifens der Breite b_p bei Erreichen der idealen Beulspannung σ_{ki} und der des wirksamen Plattenstreifens der Breite b_{eff} bei Erreichen einer konstanten Druckspannung σ_D.

Wenn σ_D höchstens die Streckgrenze $f_{y,d}$ erreicht, ergibt sich:

$$\frac{b_{eff}}{b_p} = \sqrt{\frac{\sigma_{ki}}{f_{y,k}}} \tag{1}$$

Der Ansatz (1) geht von ideal ebenen Teilflächen aus. Die wirksame Breite wird aufgrund von unvermeidbaren Imperfektionen weiter reduziert. Dies führt zum halbempirischen Ansatz nach Winter:

$$\frac{b_{eff}}{b_p} = \sqrt{\frac{\sigma_{ki}}{f_{y,k}}}\left(1 - 0.22\sqrt{\frac{\sigma_{ki}}{f_{y,k}}}\right) \tag{2}$$

oder mit dem Abminderungsfaktor κ im Spannungsnachweis:

$$\kappa = \frac{b_{eff}}{b_p} = \frac{1}{\lambda_p}\left(1 - 0.22\frac{1}{\lambda_p}\right), \quad \kappa \leq 1 \qquad \text{mit } \lambda_p = \sqrt{\frac{f_{y,k}}{\sigma_{ki}}} \tag{3}$$

In Abhängigkeit der Querschnittsgeometrie, des Schnittgrößenzustands, der Stablänge und der Randbedingungen an den Stabenden werden mit der Finite-Streifen-Methode (FSM) (Cheung 1976) die ideale Beulspannung und daraus mit (3) der Abminderungsfaktor κ berechnet. Durch Berechnen der idealen Beulspannung σ_{ki} mit der FSM können Rundungen und beliebige Winkel zwischen den Profilstreifen erfaßt werden. Mit den bekannten Näherungsverfahren nach DIN 18800, T. 2 oder DASt-Ri 016 sind solche Effekte nur unzureichend zu erfassen. Die Verschiebung des Schwerpunktes durch die Änderung der wirksamen Breiten einzelner Querschnittsteile und die daraus resultierende Spannungsänderung über den Gesamtquerschnitt muß ebenfalls berücksichtigt werden (Dobelmann 1997).

Für jeden Profilpunkt i an allen dünnwandigen Balkenelementen im Tragwerk wird unter Berücksichtigung des Abminderungsfaktors κ die Normalspannung, die Schubspannung und

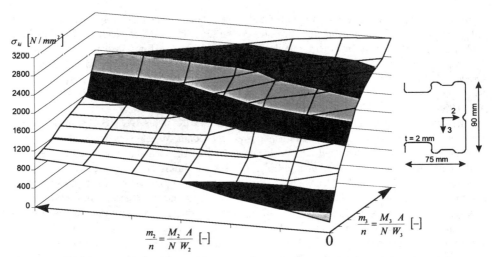

Abb. 2:   Beulspannung eines dünnwandigen Profils unter Berücksichtigung der Interaktion der Schnittgrößen.

die Vergleichsspannung berechnet und der um den Sicherheitsbeiwert der Widerstände γ_M verminderten Fließgrenze $f_{y,k}$ gegenübergestellt.

Abb. 2 zeigt den Verlauf der idealen Beulspannung für ein Hutprofil in Abhängigkeit der Schnittgrößeninteraktion. Da die ideale Beulspannung nicht von den absoluten Werten der Schnittgrößen abhängt sondern nur von deren Verhältnis zueinander, sind die auf die Normalkraft bezogenen Momente um die Hauptachsen auf den Abszissen aufgetragen.

Da der Abminderungsfaktor κ kleiner als 1,0 sein muß, sind nur Beulspannungen interessant, die eine bezogene Schlankheit

$$\lambda_p = \sqrt{\frac{f_{y,k}}{\sigma_{ki}}} > 0,6732 \qquad (4)$$

liefern.

Die Berechnung der idealen Beulspannung muß für jedes einzelne Stabelement mit dünnwandigem Querschnitt für jede Lastkombination einzeln erfolgen, um den Nachweis gegen lokales Beulen führen zu können. Dies würde zu einer sehr großen Anzahl von Berechnungen mit der FSM führen. Um dies zu vermeiden, wurde eine Datenbank angelegt, in der für die verwendeten Profile neben den Querschnittswerten auch die idealen Beulspannungen getrennt für Belastung durch reine Normalkraft und Biegemomente um die beiden Hauptachsen für 8 Stablängen im bauüblichen Verwendungsbereich gespeichert werden. Sowohl über die Stablänge als auch für die Interaktion der Schnittgrößen kann die ideale Beulspannung linear interpoliert werden.

3 KOSTENOPTIMIERUNG

3.1 Problemstellung

Die Kostenoptimierung modularer Stabwerke ist mathematisch auf ein beschränktes, nichtlineares Optimierungsproblem mit kontinuierlichen und diskreten Variablen zurückzuführen.

Mathematisch läßt sich jedes gemischt diskrete Optimierungsproblem als Minimierungsaufgabe in der folgenden Form ausdrücken:

Minimiere die Zielfunktion

$$\min \; f(\underline{x}, \underline{d}) \qquad\qquad \underline{x} \in \Re^{n_x}, \; \underline{d} \in N^{n_d} \qquad\qquad (5)$$

in den Schranken der kontinuierlichen Entwurfsvariablen

$$x_j^u \le x_j \le x_j^o \qquad\qquad j = 1, \ldots, n_x \qquad\qquad (6)$$

und für eine vorgegebene Anzahl Werte der diskreten Entwurfsvariablen

$$1 \le d_k \le d_k^o \qquad\qquad k = 1, \ldots, n_d \qquad\qquad (7)$$

mit den Gleichheitsrestriktionen

$$g_i(\underline{x}, \underline{d}) = 0 \qquad\qquad i = 1, \ldots, m_e \qquad\qquad (8)$$

und den Ungleichheitsrestriktionen

$$g_i(\underline{x}, \underline{d}) \ge 0 \qquad\qquad i = m_e + 1, \ldots, m \; . \qquad\qquad (9)$$

mit $\qquad n_x :$ Anzahl der kontinuierlichen Entwurfsvariablen

$\qquad\qquad n_d :$ Anzahl der diskreten Entwurfsvariablen

$\qquad\qquad m_e :$ Anzahl der Gleichheitsrestriktionen

$\qquad\qquad m \; :$ Anzahl aller Restriktionen

Die ganzzahligen positiven Variablen d_k sind nicht identisch mit den diskreten Entwurfsvariablen, sondern stehen als „Zeiger" auf diskrete Werte D_k aus einer Menge M_k.

$$D_{jk} = D_{jk}(d_k) \in M_k \qquad\qquad k = 1, \ldots, n_d \; . \qquad\qquad (10)$$

Die Beschränkung von d_k auf den Bereich der natürlichen Zahlen stellt keine Einschränkung der Allgemeingültigkeit der Formulierung dar, sondern erleichtert lediglich die programmtechnische Realisierung der Optimierungsaufgabe.

Die Zielfunktion der Optimierungsaufgabe sind die Baukosten, die in grober Näherung vom Konstruktionsgewicht der verwendeten Materialien abhängen. Erheblichen Einfluß auf die Konstruktionskosten hat die Diversität der eingesetzten Baumodule. So besteht ein Konstruktionsziel für modulare Bauwerke darin, die Anzahl unterschiedlicher Bauelemente so gering wie möglich zu halten.

Die Kostenoptimierung von modularen Stabwerken führt zu gemischt diskret-kontinuierlichen Optimierungsaufgaben. Beispiele für kontinuierliche Variablen sind geometrische Abmessungen, wenn diese nicht durch eine Rasterung möglicher Verbindungspunkte diskret vorgegeben sind. Typische diskrete Variablen sind Querschnitte und Materialgüten, die in Abhängigkeit der Lagerbestände oder der lieferbaren Profile aus einer vorgegebenen Wertemenge gewählt werden können. Topologievariablen, die nur den Wert 0 oder 1 annehmen können, beschreiben das Vorhandensein oder Nichtvorhandensein eines Konstruktionselementes.

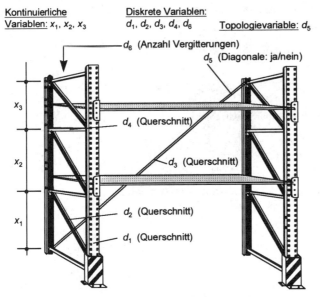

Kontinuierliche
Variablen: x_1, x_2, x_3

Diskrete Variablen:
d_1, d_2, d_3, d_4, d_6 Topologievariable: d_5

d_6 (Anzahl Vergitterungen)

d_5 (Diagonale: ja/nein)

x_3

d_4 (Querschnitt)

x_2

d_3 (Querschnitt)

d_2 (Querschnitt)

x_1

d_1 (Querschnitt)

Abb. 3:   Mögliche Optimierungsvariablen eines Fachbodenregals (Ausschnitt) - kontinuierliche, diskrete und Topologievariablen.

Sie können den diskreten Variablen $\underline{d}$ zugeordnet werden. Ihre Wertemenge besteht aus $M_{Topo} = \{0; 1\}$.

Die Anzahl möglicher Optimierungsvariablen eines modularen Stabwerks ist meist stark beschränkt, da bestimmte Rastermaße, die sich aus der geplanten betrieblichen Funktionalität oder aus Vorgaben des Montage- oder Fertigungsablaufs ergeben, einzuhalten sind. So sind das Stützenraster und andere wichtige Systemmaße häufig vorgegeben und entfallen damit als Variablen für die Kostenoptimierung. Abb. 3 zeigt einige mögliche Optimierungsvariablen $\underline{x}$ und $\underline{d}$ eines Fachbodenregals.

Für jeden Variablenvektor $(\underline{x}, \underline{d})$ muß überprüft werden, ob die Restriktionen $g(\underline{x}, \underline{d})$ erfüllt sind. Durch die Restriktionen können geometrische Zusammenhänge, die Abhängigkeiten der Optimierungsvariablen bedingen, ausgedrückt werden. Auch sind die baustatisch erforderlichen Nachweise eine wesentliche Restriktion, deren Überprüfung eine Berechnung der Beanspruchungen und der Beanspruchbarkeiten voraussetzt.

Nichtlinearitäten und Unstetigkeitsstellen sind sowohl in der Zielfunktion als auch in den Restriktionen enthalten. Die Kostenfunktion kann in erster Näherung als linear abhängig vom Gewicht und damit der Querschnittsfläche der Profile angenommen werden. Unstetigkeitsstellen treten auf, wenn unterschiedliche Materialgüten verwendet werden. Auch sind die Beanspruchbarbeiten eines Profils in der Regel nicht proportional zu seiner Querschnittsfläche. Die Auswirkungen topologischer Variablen auf Zielfunktion und Restriktionen birgt weitere Unstetigkeitsstellen. Die Beanspruchungen werden durch eine nichtlineare FE-Berechnung ermittelt, was für schlanke druckbeanspruchte Stabwerke gerade im Grenzbereich der Tragfähigkeit starke Nichtlinearitäten beinhaltet. Die sprunghaften Auswirkungen diskreter und topologischer Variablen stellen hohe Anforderungen an die eingesetzten Optimierungsverfahren. Grundsätzlich muß bezüglich der Optimierungsaufgabe (5)-(9) von Nichtkonvexität ausgegangen werden. Das bedeutet, daß neben dem globalen Optimum $(\underline{x}_{opt}, \underline{d}_{opt})$ weitere lokale Optima existieren können.

Eine weitere Schwierigkeit bei der Lösung der Optimierungsaufgabe ist, daß die Dimensionen der Variablenvektoren $\underline{x}$ und $\underline{d}$ veränderlich sind. So definiert bei dem in Abb. 3 gezeigten Beispiel die Variable d_s die Anzahl variabler Vergitterungsabstände und die Querschnittsvariable d_t ist nur im Zustand $d_t=1$ vorhanden. Das Problem der variablen Dimension von $\underline{x}$ führt zu Schwierigkeiten bei der Anwendung von Standard-Algorithmen und muß in der programmtechnischen Umsetzung des Optimierungsverfahrens berücksichtigt werden.

Im Rahmen der vorgestellten Arbeit werden zwei Lösungsverfahren verwendet und deren kombinierte Anwendung für die beschriebene Problemstellung untersucht. Das Konzept basiert auf der Aufteilung in diskrete und kontinuierliche Variablen. Der diskrete Problemteil wird mit Hilfe der Evolutionsstrategien (ES) gelöst, während die Teilprobleme kontinuierlicher Variablen mit Verfahren der Sequentiellen Quadratischen Programmierung (SQP) gelöst werden.

3.2 Evolutionsstrategien

Bei den Evolutionsstrategien (ES) handelt es sich um stochastische Suchmethoden, die ähnlich der biologischen Evolution von einem Startpunkt ausgehend eine bessere Lösung entwickeln. Ausgehend von einer Population einzelner Individuen bilden in der Natur beobachtbare Prinzipien der Reproduktion und Selektion die Grundlage dieser Verfahren, die sich für unterschiedlichste Aufgaben als leistungsfähig und robust erwiesen haben (Schwefel 1995), (Rechenberg 1994).

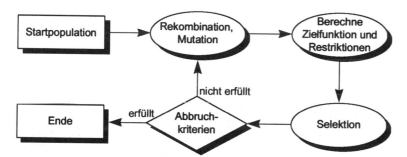

Abb. 4: Grundschema der Evolutionsstrategien.

Das Grundschema einer ($\mu \dotplus \lambda$)-ES besteht aus dem Initialisieren einer Startpopulation mit μ Individuen, dem Bilden λ neuer Individuen durch Rekombination und Mutation, dem Berechnen des Zielfunktionswertes und dem Überprüfen der Restriktionen als Grundlage der Selektion der μ besten Individuen für die nächste Elterngeneration und dem Überprüfen von Abbruchkriterien (Abb. 4). Eine wesentliche Eigenschaft der ES ist, daß sie auf die Berechnung von Gradienten verzichten. Die zielgerichtete Suche erfolgt ausgehend von einer Population unterschiedlicher Variablenvektoren ausschließlich durch eine Qualitätsbewertung einzelner Vektoren. Die Beschleunigung der Konvergenz erfolgt durch Bevorzugung erfolgversprechender Regionen im Variablenraum.

Der Start der ES mit einer Anzahl μ zufällig im Variablenraum verteilter Individuen beinhaltet die Wahrscheinlichkeit, daß wenigstens ein Individuum in der Nähe des globalen Optimums liegt und dieses sich im Verlauf des Optimierungsprozesses durchsetzt. Die Wahrscheinlichkeit, bei einer Zielfunktion mit mehreren lokalen Optima das globale zu erreichen, wächst mit der Populationsgröße μ.

Ein Nachteil der ES ist die relativ hohe Anzahl von Individuen, die zur Lösung des Problems erzeugt werden müssen. Insbesondere die Überprüfung der Restriktionen ist mit einem erheblichen numerischen Aufwand verbunden, so daß in dem vorgestellten Verfahren versucht wird, die Anzahl dieser Berechnungen so gering wie möglich zu halten.

Im Rahmen der Selektion ist eine Berechnung der Zielfunktion und Überprüfung der Restriktionen erforderlich. Der Selektionsmechanismus der $(\mu + \lambda)$-ES bildet die neue Generation aus den besten Individuen der Gesamtmenge von Eltern und Nachkommen. Gute Individuen können so über mehrere Generationen erhalten bleiben. Die Adaptation der Mutations-Schrittweiten kann bei dieser Art der Selektion zu Problemen führen, da ein Individuum mit relativ gutem Zielfunktionswert aber einer sehr ungünstigen Mutationsschrittweite nur schlechte Nachkommen erzeugt und selber nicht aus der Population entfernt wird.

Als Variante der $(\mu + \lambda)$-ES wird hier die $(\mu + 1)$-ES angewendet. Dies bedeutet, daß für jedes durch Rekombination und Mutation generierte Individuum unmittelbar die Selektion entscheidet, ob das Individuum in die Population aufgenommen wird. Diese Variante führt zu einer Beschleunigung des Lösungsfortschritts, da verbesserte Individuen direkt der Elterngeneration zugute kommen. Die Verwaltung der Individuen wird vereinfacht, da eine Zwischenspeicherung der Nachkommengeneration entfällt. Erweiterungen sind bei dieser Variante für die Definition der Abbruchkriterien erforderlich. Bei einer Parallelisierung des Verfahrens durch Aufteilen der Berechnungen einzelner Individuen auf die Prozessoren entfallen Wartezeiten.

Um die Anzahl der rechenintensiven nichtlinearen FE-Berechnungen auf ein Minimum zu reduzieren, wird der in Abb. 5 dargestellte Selektionsmechanismus verwendet. Führt ein neues Individuum nicht zu einer Verbesserung der Zielfunktion, wird keine Überprüfung der baustatischen Nachweise durchgeführt. Die vollständige nichtlineare Berechnung erfolgt nur, wenn der Nachweis mit linear ermittelten Schnittgrößen erfolgreich war.

Das Abbruchkriterium entscheidet, wann die Optimumsuche beendet wird. Bei den stochastischen Suchverfahren soll das gefundene Optimum mit einer ausreichend hohen Wahrscheinlichkeit und Genauigkeit das globale Optimum des Problems approximieren. In der Praxis ist aber schon eine deutliche Verbesserung des ursprünglichen Entwurfs als Erfolg des Optimierungsverfahrens zu werten.

Während zu Beginn der Optimierung die Vektoren der Entwurfsvariablen gleichmäßig über den Entwurfsraum verteilt sind, nimmt ihr Abstand untereinander mit fortschreitender Annäherung an ein Optimum ab. Aus dieser Erfahrung läßt sich ein Konvergenzkriterium entwickeln, das auf dem Unterschied zwischen dem Bestwert und dem Mittelwert der Zielfunktionswerte einer Population basiert und bei Cai & Thierauf (1995) ausführlich dargestellt ist. Dieses Kriterium ist für die verwendete $(\mu+1)$-ES besonders gut geeignet. Es werden keine Informationen aus vorhergehenden Generationen benötigt.

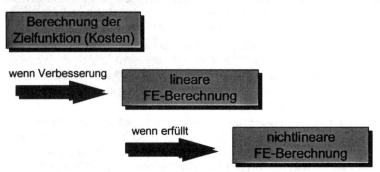

Abb. 5:   Überprüfen der Fitness eines Individuums.

3.3 Kombination von ES mit Verfahren der Sequentiellen Quadratischen Programmierung

Zur Lösung von beschränkten nichtlinearen Optimierungsaufgaben mit kontinuierlichen Variablen haben sich Verfahren der SQP als Standardverfahren durchgesetzt (Schittkowski 1992). Der Grundgedanke des Verfahrens basiert auf der Entwicklung von Zielfunktion und Nebenbedingungen des Optimierungsproblems in Taylor-Reihen, die für die Zielfunktion nach dem quadratischen Glied und für die Nebenbedingungen nach dem linearen Glied abgebrochen wird. Die benötigten Gradienten können numerisch über Vorwärtsdifferenzen berechnet werden. Zur Funktion des verwendeten Algorithmus wird auf Schittkowski (1985/86) verwiesen.

Durch Kombination der ES mit Verfahren der SQP werden die Vorteile beider Verfahren genutzt und einzelne Nachteile kompensiert. Die Behandlung von diskreten Variablen mit ES ist mit nur geringen Modifikationen möglich. Durch die stochastisch bedingte Unschärfe des Iterationsverlaufs gelingt es Unstetigkeitsstellen des Optimierungsproblems zu überspringen. Bei der Kombination beider Verfahren wird die ES als übergeordnete Strategie verwendet, die den Algorithmus der SQP für Teilprobleme mit kontinuierlichen Variablen iterativ aufruft.

4 BEISPIEL

Mit dem beschriebenen Verfahren wird ein 16 m hohes Palettenregal optimiert (Abb. 6). Die Stützen sollen aus einer Reihe kaltgeformter dünnwandiger Hutprofile ($f_{y,t}$ = 350 N/mm^2) gewählt werden, die Vergitterung besteht aus gewalzten L-Profilen und als Riegel werden Standard-Walzprofile mit I-Querschnitt aus St 37-2 oder St 52-2 verwendet. Zu berücksichtigen ist eine federnde Einspannung der Riegel in die Stützen, die aus einer Einhängeverbindung resultiert. Am Fußpunkt wird in Abhängigkeit des gewählten Stützenprofils und der vertikalen Auflagerkraft eine Teileinspannung um die globale Y-Achse angenommen. Die Belastung besteht aus vertikalen Streckenlasten 11,31 kN/m auf den unteren acht Ebenen und 3,9 kN/m auf den vier oberen Ebenen des Regals. Die horizontalen Ersatzlasten aus Schiefstellung werden mit 1/300 der vertikalen Last jeweils in Längs- und Querrichtung angenommen.

Die Zielfunktion setzt sich aus dem Gewicht und der Materialgüte der Bauteile sowie aus der Anzahl und Art benötigter Verbindungsmittel zusammen. Optimierungsvariablen sind die verwendeten Profile, die Anzahl und Abstände der Vergitterungen der Stützen sowie mögliche

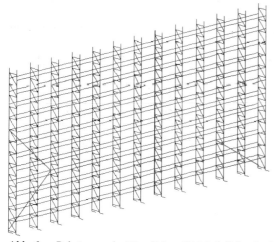

Abb. 6: Palettenregal - Räumliches FE-Modell für die Optimierung.

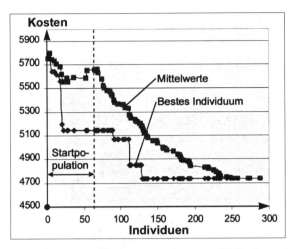

Abb. 7: Iterationsverlauf für Bestwert und Mittelwert der Population.

Diagonalen. Die Abstände zwischen den Stützen und die Höhen der Lagerfächer sind fest vorgegeben. Die Populationsgröße wurde für dieses Beispiel zu 15 Individuen gewählt.

Mit dem Optimierungsverfahren gelingt es, die Ausgangskosten in Höhe von 5753 Kosteneinheiten auf 4734 zu reduzieren (17,7 % Ersparnis). Es wurden insgesamt 288 Individuen erzeugt, aber nur 51 lineare und 86 nichtlineare Berechnungen der baustatischen Nachweise durchgeführt. Der Iterationsverlauf ist für das aktuell beste Individuum und den Mittelwert der Population in Abb. 7 dargestellt.

5 LITERATUR

Cai, J. & G. Thierauf 1995. Evolution Strategies in Engineering Optimization. *Eng. Opt.* 29: 177-199.

Eurocode 3 1993. Bemessung und Konstruktion von Stahlbauten. Teil 1-1: Allgemeine Bemessungs-regeln, Bemessungregeln für den Hochbau.- April 1993. European Committee for Standardization, Brussels.

Cheung, Y. K. 1976. *Finite Strip Method in Structural Analysis.* New York: Pergamon.

DASt 1988. DASt-Richtlinie 016: Bemessung und konstruktive Gestaltung von Tragwerken aus dünn-wandigen kaltgeformten Bauteilen. Deutscher Ausschuß für Stahlbau, Köln.

Deutsches Institut für Normung 1990. DIN 18800 - Teil 2: Stahlbauten, Stabilitätsfälle, Knicken von Stäben und Stabwerken.

Dobelmann, B. 1997. *Beitrag zur Optimierung dünnwandiger, kaltgeformter Profile.* Dissertation, Universität GH Essen.

Rechenberg, I. 1994. *Evolutionsstrategie '94.* Werkstatt Bionik und Evolutionstechnik, Band 1, Stuttgart: Frommann-Holzboog Verlag.

Schittkowski, K. 1985/86. NLPQL: A Fortran Subroutine solving constrained nonlinear programming problems. *Annals of Operations Research* 5: 485-500.

Schittkowski, K. 1992. Solving nonlinear programming problems with very many constraints. *Optimiza-tion* 25 (2-3): 179-196.

Schwefel, H.-P. 1995. *Evolution and Optimum Seeking.* New York: J. Wiley & Sons, Inc.

Baustatik-Baupraxis 7, Meskouris (Hrsg.) © 1999 Balkema, Rotterdam, ISBN 90 5809 044 2

Bemessung und Kostenoptimierung von Stahlbetontragwerken

C. Butenweg & G. Thierauf
Lehrstuhl für Baumechanik/Baustatik, Universität-GH Essen, Deutschland

ZUSAMMENFASSUNG: Es wird ein Konzept für die optimale Bemessung allgemeiner Stahlbetonkonstruktionen vorgestellt, in das die Normenkonzepte der DIN 1045 und des EC 2 integriert sind. Das Verfahren basiert auf der Kopplung eines Finite-Elemente-Programmsystems mit Optimierungsverfahren der nichtlinearen mathematischen Programmierung. Das Optimierungskriterium ist die Minimierung der Gesamtkosten des Tragwerks unter Berücksichtigung der spezifischen Kosten für Beton, Bewehrungsstahl und Schalung. In einer ersten Stufe der Optimierung werden die Querschnittabmessungen auf Tragwerksebene variiert, in einer zweiten Stufe wird die Bewehrung auf Querschnittebene elementweise ermittelt. Die Effektivität des Optimierungsverfahrens wird durch die Parallelisierung der zeitintensiven Gradientenberechnungen entscheidend verbessert. Die Umsetzung der Parallelisierung erfolgt mit der parallelen Programmbibliothek MPI. Berechnungsbeispiele aus der Praxis demonstrieren die Einsatzfähigkeit und Effizienz des vorgestellten Konzepts.

1 EINLEITUNG

In der heutigen Bauindustrie findet eine zunehmende Automatisierung der Berechnung und Bemessung von Stahlbetontragwerken statt. Die in CAD-Systemen vorliegenden Bauwerksinformationen werden von Finite-Element-Programmen übernommen, mit denen eine Tragwerksanalyse durchgeführt wird. Auf der Basis der Berechnungsergebnisse erfolgt die Bemessung nach den aktuell gültigen Normen. Die erforderliche Bewehrungsmenge ist nach der Bemessung für jede Stelle des Tragwerks bekannt. Mit diesen Informationen kann die Bewehrung bereichsweise sehr genau abgestuft werden. Besonders beim Einsatz von Schweißrobotern, die die Bewehrungsinformationen punktweise umsetzen, ist eine wirtschaftliche Bewehrungsführung möglich. Auch die Herstellung von Betonfertigteilen in großer Stückzahl wird durch die detaillierten Bewehrungsinformationen kostengünstiger.

Die Anwendung der nach EC 2 (1991) möglichen nichtlinearen Berechnungsverfahren bei der Tragwerksbemessung sind in der Praxis noch nicht sinnvoll, da diese zu zeitintensiv sind, und die notwendigen Lastfallkombinationen nicht nach dem Superpositionsprinzip gebildet werden können. Aus diesem Grund wird der Einsatz nichtlinearer Methoden in naher Zukunft auf Sonderfälle wie die Berechnung von Tragwerksreserven vorgeschädigter Konstruktionen oder die Simulation von Schädigungsprozessen beschränkt bleiben (Krätzig et al. 1995).

Im folgenden werden zunächst die Grundlagen der verwendeten Bemessungsalgorithmen, der Zweistufenoptimierung und der parallelen Gradientenberechnung vorgestellt. Anschließend werden die Berechnungsergebnisse für praktische Anwendungen präsentiert.

2 BEMESSUNGSALGORITHMEN

Die hier vorgestellten Bemessungsalgorithmen sind in das Programmsystem B&B (Thierauf 1992) implementiert worden. Ein wichtiger Aspekt der entwickelten Algorithmen ist die flexible Anwendbarkeit auf unterschiedliche Normenkonzepte. Dieser Aspekt ist durch die Umsetzung der theoretischen Grundlagen anstelle der Bemessungstafeln aus den Normen gewährleistet. Im folgenden wird die Anwendung der Algorithmen auf die DIN 1045 (1988) und den EC 2 (1991) vorgestellt. Die Schnittgrößen für die Bemessung werden nach der Elastizitätstheorie ermittelt.

2.1 Bemessung von Balkenelementen

Die Bemessung von Balkenelementen erfolgt durch die Lösung eines Optimierungsproblems mit der Methode der „Sequentiellen Quadratischen Programmierung" (SQP) (Schittkowski 1982). Die Optimierungsvariablen sind die Bewehrungsquerschnitte, und die Zielfunktion ist die Minimierung der Bewehrung des betrachteten Querschnitts (Booz 1985):

$$\min\left\{ Z(\underline{v}_2) = \sum_{j=1}^{n} A_{Sj} \right\} \text{ mit: } \underline{v}_2^T = \left[\underline{v}_1^T, A_{S1}, A_{S2}, ..., A_{Sn} \right], \ \underline{v}_1^T = \left[\varepsilon_{c_1}, \varepsilon_{s_2}, \delta_2 \right] \tag{1}$$

Der Vektor $\underline{v}_1^T$ beschreibt die lineare Dehnungsverteilung in Abb. 1 mit der minimalen Beton-dehnung ε_{c_1}, der maximalen Stahldehnung ε_{s_2} und dem Winkel δ_2 zwischen der Dehnungs-nullinie und dem resultierenden Biegemoment. Der Vektor $\underline{v}_2^T$ beinhaltet die Optimierungs-variablen mit den n Bewehrungsquerschnitten A_{Sj}.

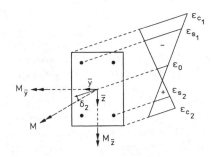

$$\varepsilon_{c_1}^- \leq \varepsilon_{c_1} \leq \varepsilon_{c_1}^+$$

$$\varepsilon_{s_2}^- \leq \varepsilon_{s_2} \leq \varepsilon_{s_2}^+$$

$$-\pi \leq \delta_2 \leq \pi$$

mit:

$\varepsilon_{c_1}^{\pm}$: Grenzen der Betondehnung,

$\varepsilon_{s_2}^{\pm}$: Grenzen der Stahldehnung.

Abb. 1:   Momente und Dehnungen

Die Nebenbedingungen des Optimierungsproblems resultieren aus der verwendeten Norm und dem Gleichgewicht zwischen den inneren und äußeren Kräften. Die oberen und unteren Grenzen der in Abb. 1 dargestellten Dehnungen ergeben sich aus den Materialgesetzen für Bewehrungsstahl und Beton. Die variablen Bewehrungsquerschnitte werden entsprechend der Norm durch einen minimalen und maximalen Bewehrungsgrad begrenzt. Das Gleichgewicht zwischen den inneren Kräften mit dem Index i und Bruchschnittgrößen mit dem Index u wird beschrieben durch:

$$g_1(\underline{v}_2) = N^u(\underline{v}_2) - f(\underline{v}_1) \, N^i = 0 \qquad\qquad (2)$$

$$g_2(\underline{v}_2) = M_y^u(\underline{v}_2) - f(\underline{v}_1) \, M_y^i = 0 \qquad\qquad (3)$$

$$g_3(\underline{v}_2) = M_z^u(\underline{v}_2) - f(\underline{v}_1) \, M_z^i = 0 \qquad\qquad (4)$$

Der Sicherheitkoeffizient $f(v_1)$ ist in der DIN 1045 abhängig von der maximalen Stahldehnung. Für den EC 2 ergibt sich der Faktor aus den anzusetzenden Teilsicherheitsbeiwerten. Die Bruchschnittgrößen werden durch Gaußintegration der Stahlspannungen und der Betonspannungen über den Querschnitt berechnet. Es können somit beliebige Materialgesetze und Querschnittsflächen verwendet werden. Eine weitere Nebenbedingung stellt die Überprüfung der maximalen Schubspannungen dar. Im Falle einer Überschreitung wird die notwendige Schubbewehrung berechnet. Eine vollständige Beschreibung der Nebenbedingungen kann (Butenweg & Thierauf 1998) entnommen werden. Nach der Lösung des Optimierungsproblems ist der Querschnitt für die vorhandene Schnittkraftkombination und die verwendete Norm optimal bemessen.

2.2 Bemessung von Flächenelementen

Die Bemessung von Flächenelementen mit linear elastisch ermittelten Schnittgrößen beinhaltet Probleme, da es sich bei der Finite-Element Lösung um eine mit Fehlern behaftete Approximation handelt. Das Gleichgewicht ist nur in Integralform und nicht punktweise erfüllt. Zudem ergeben sich durch die Anwendung der Elastizitätstheorie und ungenaue Modellbildung unrealistische Spannungskonzentrationen, die nicht ausbewehrt werden dürfen. Für die Qualitätsverbesserung der Ergebnisse werden durch einen a posteriori Fehlerschätzer (Zienkewicz & Zhu 1985, 1993) die kritischen Tragwerksbereiche bestimmt. In den Bereichen werden dann für die Bemessung an Stelle der elementweise berechneten Schnittgrößen integrale Werte der Schnittgrößen berechnet. Die verwendeten Elemente müssen bei diesem Vorgehen in gleichen Integrationsbereichen invariante Ergebnisgrößen unabhängig von der Netzdichte liefern (Tompert 1998). Zusätzlich werden auf Elementebene gemittelte Schnittkräfte berechnet. Diese werden aus den Elementknotenkräften über die Berechnung von verallgemeinerten Schnittgrößen ermittelt. Die direkt aus den Knotenverschiebungen ermittelten Elementknotenkräfte erfüllen das Gleichgewicht mit den äußeren Kräften exakt und eignen sich sehr gut als Bemessungsgrundlage (Despot 1995), (Steffen 1996).

2.2.1 Bemessung von Scheibenelementen

Die Bemessung nach DIN 1045 wird mit Hilfe des Verfahrens von Baumann (1972) durchgeführt. Die Herleitung der Bemessungsgleichungen für den EC 2 erfolgt durch die Formulierung von Gleichgewichtsbedingungen an einem fiktiven Fachwerkmodell unter Berücksichtigung der Verträglichkeitsbedingungen der Verzerrungen. Die Zugstreben dieses Modells sind die Bewehrungsscharen, die Druckstreben bilden sich unter dem Winkel der Druckstrebenneigung Θ im Beton aus. Die Bemessung basiert auf der Druckfeldtheorie, die davon ausgeht, daß sich im Bereich der Bruchlast die optimalen Druckstrebenneigungen einstellen. In Abb. 2 sind Scheibenelemente mit Membrankräften und Bewehrungseinlagen dargestellt.
Wenn die Richtungen des orthogonalen Bewehrungsnetzes und des lokalen Elementkoordinatensystems nicht übereinstimmen, müssen die Scheibenkräfte in Richtung des

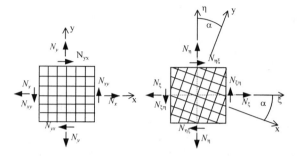

Abb. 2   Membrankräfte und Stahleinlagen

orthogonalen Bewehrungsnetzes transformiert werden. Mit den Schnittgrößen N_x, N_y und N_{xy} aus den äußeren Lasten, den Bewehrungskräften N_{sx}, N_{sy} und der Druckstrebenkraft N_c ergeben sich für den gerissenen Zustand II folgende Gleichungen:

$$N_{sx} = N_x + N_{xy} \tan(\theta) \tag{5}$$

$$N_{sy} = N_y + N_{xy} \cot(\theta) \tag{6}$$

$$N_c = -\frac{N_{xy}}{\cos(\theta)\sin(\theta)} \tag{7}$$

mit: $\theta \neq 0, \quad \theta \neq \pi/2$

Die minimale Bewehrung ergibt sich abhängig von dem Schnittgrößenzustand mit Hilfe von vier Bemessungsfällen (Grasser et al. 1993). Die vorhandenen Betonspannungen müssen kleiner als die zulässigen Spannungen sein. Die aufnehmbare Betondruckspannung kann der jeweils verwendeten Norm entnommen werden.

2.2.2 Bemessung von Platten- und Schalenelementen

Die Bemessung nach DIN 1045 erfolgt wie für die Scheibenelemente nach dem Verfahren von Baumann (1972). Für den EC 2 wird im folgenden ein Verfahren basierend auf Lourenco & Figueras (1993) vorgestellt, das die freie Wahl der Betondruckstreben im EC 2 für eine wirtschaftlichere Bemessung ausnutzt. Der Schnittgrößenzustand in einem allgemeinen Schalenelement wird durch Membrankräfte, Plattenbiegemomente und Querkräfte beschrieben. Die Grundlage des Verfahrens bildet die Aufteilung des Querschnitts in drei Schichten. Das Modell wird als Dreischichtmodell (Model Code 1990) bezeichnet. Für die Bemessung müssen die einwirkenden Schnittgrößen, wie in Abb. 3 dargestellt, auf die drei Schichten aufgeteilt werden. Die Querkräfte werden von der Kernschicht aufgenommen, die auf Schubtragfähigkeit nachgewiesen werden muß. Die Membrankräfte werden je zur Hälfte und die Momente entsprechend dem inneren Hebelarm h_c den äußeren Scheiben zugeordnet.

Das Verfahren geht von einem orthogonalen Bewehrungsnetz in der oberen und unteren Lage aus und basiert auf der iterativen Lösung eines unterbestimmten Gleichungssystems aus Gleichgewichts- und Geometriebedingungen. Die veränderlichen Variablen in dem Iterationsverfahren sind die Winkel der Betondruckstreben der äußeren Scheiben. Diese sind unabhängig voneinander und werden solange variiert bis die Bewehrung minimal ist. Durch die Variation

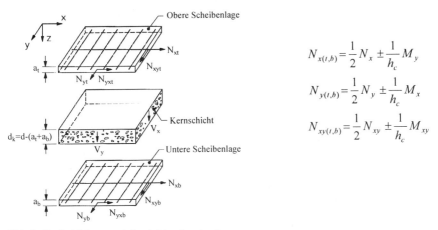

$$N_{x(t,b)} = \frac{1}{2} N_x \pm \frac{1}{h_c} M_y$$

$$N_{y(t,b)} = \frac{1}{2} N_y \pm \frac{1}{h_c} M_x$$

$$N_{xy(t,b)} = \frac{1}{2} N_{xy} \pm \frac{1}{h_c} M_{xy}$$

Abb. 3: Dreischichtenmodell mit Membrankräften $N_{x(t,b)}$, $N_{y(t,b)}$, $N_{xy(t,b)}$

der Druckstreben ändern sich in jedem Iterationsschritt die Scheibendicken a_t und a_b, die wiederum Einfluß auf die Kräfteaufteilung in dem Dreischichtenmodell haben. Nach Konvergenz des Iterationsverfahrens wird die notwendige Zugbewehrung in den Scheiben, analog wie in Abschnitt 2.2.1 beschrieben, unter voller Ausnutzung der Betondruckfestigkeit ermittelt. Das Mitwirken einer möglichen Druckbewehrung wird hierbei nicht angesetzt. Innerhalb des Iterationsverfahrens werden vier Bemessungsfälle unterschieden (Lourenco & Figueras 1993).

Der in der Praxis selten vorkommende Fall der Überschreitung der Betondruckfestigkeit wird durch die Anordnung einer Druckbewehrung abgedeckt. Die mit einer Näherung für den inneren Hebelarm berechnete Druckbewehrung wird in Richtung der aussteifenden Betondruckkraft angeordnet.

In Bereichen von großen Querkräften infolge flächenhafter Lasteinwirkung ist ein Schubversagen des Kernquerschnitts möglich (Marti 1990). In diesem Fall muß die Längsbewehrung die Horizontalkomponente der Querkraftresultierenden aufnehmen. Es erfolgt eine erneute Biegebemessung mit einer anschließenden Schubbemessung unter Berücksichtigung der geänderten Längsbewehrung.

3 FORMULIERUNG DER OPTIMIERUNGSAUFGABE

Für die Optimierung von Stahlbetonkonstruktionen ist es sinnvoll, eine Minimierung der Gesamtkosten durchzuführen. Der Vektor der Optimierungsvariablen $\underline{x}$ setzt sich aus den Querschnittabmessungen des Betons $\underline{x}_c$ und den Bewehrungsquerschnitten $\underline{x}_s$ zusammen. Die Optimierung besteht aus zwei Stufen: In der ersten Stufe werden die Querschnittsabmessungen auf Tragwerksebene variiert. In der zweiten Stufe wird elementweise die optimale Bemessung auf Querschnittsebene mit konstanten Betonabmessungen durchgeführt (Booz 1985). Die Bemessung wird mit den im Abschnitt 2 vorgestellten Verfahren durchgeführt. Die Finiten Elemente des Tragwerks sind Bemessungsgruppen zugeordnet. Elemente einer Gruppe haben die gleichen Abmessungen und Bewehrungsgehalte. Jeder Gruppe werden die spezifischen Kostenfaktoren k_i^1 und k_i^2 zugeordnet. Die Faktoren geben das Verhältnis der Bewehrungs- und der Schalungkosten zu den Betonkosten an. Mit dem Betonvolumen V_j, dem Volumen des

Bewehrungsstahls V_j^s und der Schalungsfläche A_j^f eines Elementes kann die Zielfunktion für nq Bemessungsgruppen und ne^i Elemente, die der Bemessungsgruppe i zugeordnet sind, formuliert werden:

$$\min\left\{ Z(\underline{x}) = \sum_{i=1}^{nq} \sum_{j=1}^{ne^i} \left[V_j(\underline{x}) + \left(k_i^1 - 1\right) V_j^s(\underline{x}) + k_i^2 A_j^f(\underline{x}) \right] \right\} \qquad (8)$$

Die Nebenbedingungen des Optimierungsproblems ergeben sich aus den oberen und unteren Grenzen der variablen Querschnittsabmessungen, den konstruktiven und logischen Rand-bedingungen, den zulässigen Schubspannungen und dem zulässigen Bewehrungsgrad. Die Anzahl der Nebenbedingungen kann durch die Suche der maßgebenden Nebenbedingungen über alle Lastfälle und alle Berechnungspunkte der Bemessungsgruppen reduziert werden.

Das Optimierungsproblem wird mit dem Verfahren der „Sequentiellen Quadratischen Programmierung" (SQP) (Schittkowski 1982) gelöst. In jedem Iterationsschritt erfordert die Benutzung des SQP-Verfahrens die Berechnung der Gradienten der Zielfunktion und der Nebenbedingungen auf Tragwerksebene. Die Gradienten werden über Vorwärtsdifferenzen berechnet. Für die numerische Gradientenberechnung in jede Richtung ist eine erneute Finite-Element-Berechnung und Bemessung notwendig.

Die Berechnung der Gradienten ist sehr zeitaufwendig und für jede Richtung unabhängig. Deshalb werden die Gradientenberechnungen auf einzelne Prozessoren verteilt. Auf jedem Prozessor werden die Gradienten der Zielfunktion und der Nebenbedingungen in einer Richtung bestimmt. Für die Parallelisierung ist die Programmbibliothek MPI (1996) verwendet worden.

4 BERECHNUNGSBEISPIELE

4.1 Scheibensystem

Für das in Abb. 4 dargestellte Scheibensystem (Lourenco & Figueras 1995) wird eine Kostenminimierung durchgeführt. Das System ist in 6 Bemessungsgruppen eingeteilt. Die Optimierungsvariablen der Flächenelemente sind die Querschnittdicke sowie die obere und untere Bewehrung in zwei Richtungen. Für die Gruppen 1 bis 5 sind die unteren und oberen Grenzen der Querschnittabmessungen 0,15 m und 0,35 m. Für die Gruppe 6 sind die Grenzen 0,25 m und 0,50 m. Durch Gleichheitsnebenbedingungen werden den Gruppen 1 bis 5 gleiche Querschnittdicken zugewiesen. Die Bemessung erfolgt nach EC 2.

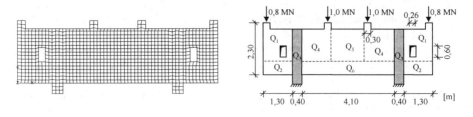

Abb. 4: Geometrie, Randbedingungen und Finite-Element-Modell mit Bemessungsgruppen

Das Optimierungsproblem wurde für zwei Kostenfaktoren von Stahl zu Beton unter Vernachlässigung der Schalungskosten gelöst. Für den Kostenfaktor 30 ergab sich nach 13 Iterationen für die Gruppen 1 bis 5 eine Querschnittdicke von 0,184 *m* und für die Gruppe 6 von 0,393 *m*. Der Kostenfaktor 50 lieferte nach 12 Iterationen eine Querschnittdicke von 0,212 *m* für die Gruppen 1 bis 5 und von 0,420 *m* für die Gruppe 6. Das Ergebnis zeigt den vom Optimierungsverfahren richtig erfaßten Einfluß höherer Stahlkosten auf die optimale Querschnittdicke.

4.2 Treppenlauf mit Podesten

Für den in Abb. 5 dargestellten Treppenlauf mit Podesten (Booz 1985) wird eine Kostenminimierung mit der parallelen Gradientenberechnung durchgeführt. Das Finite-Element-System besteht aus Faltwerkelementen mit exzentrisch angeschlossenen Randbalken im Bereich des oberen Podests. Das System ist in 10 Bemessungsgruppen für die Flächenelemente und 2 Bemessungsgruppen für die Balkenelemente eingeteilt. Die Optimierungsvariablen der Flächenelemente sind die Querschnittdicke sowie die obere und untere Bewehrung in zwei Richtungen. Die Optimierungsvariablen der Randbalken sind die Höhe x_h und die Breite x_b des Querschnitts, sowie die obere und untere Bewehrung. Durch Gleichheitsnebenbedingungen werden für die Bemessungsgruppen der Podeste und Treppenläufe gleiche Querschnitthöhen und für die Randbalken gleiche Höhen und Breiten definiert. Die oberen und unteren Grenzen der Querschnittabmessungen können der Tabelle 1 entnommen werden. Die Bemessung erfolgt nach DIN 1045. Der Kostenfaktor von Stahl zu Beton ist 50 und die Schalungskosten wurden vernachlässigt.

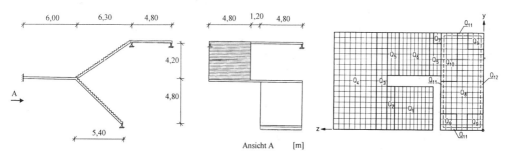

Abb. 5: Geometrie, Randbedingungen und Finite-Element-Modell mit Bemessungsgruppen

Das Optimierungsproblem wurde mit dem Startvektor $\underline{x}^u$ der unteren und mit dem Startvektor $\underline{x}^o$ der oberen Grenzen der Querschnittdicken gelöst. Für beide Startvektoren ergab sich nach 9 Iterationen die gleiche optimale Lösung $\underline{x}^{opt}$.

Tabelle 1: Startvektoren $\underline{x}^u$, $\underline{x}^o$ und optimale Lösung $\underline{x}^{opt}$

	$x^1 = x^2$	$x^3 = x^4$	$x^5 = x^6 = x^7$	$x^8 = x^9 = x^{10}$	$x_b^{11} = x_b^{12}$	$x_h^{11} = x_h^{12}$
$\underline{x}^u$ [m]	0,150	0,150	0,150	0,150	0,200	0,200
$\underline{x}^{opt}$ [m]	0,150	0,187	0,271	0,186	0,200	0,386
$\underline{x}^o$ [m]	0,300	0,300	0,300	0,300	0,400	0,400

Der Speedup auf einer RS/6000 IBM SP/AIX (IBM 1997) mit 8 eingesetzten Prozessoren (Power2 SC 120 MHz) betrug 4,7.

5 ZUSAMMENFASSUNG

Die Bemessung von allgemeinen Stahlbetontragwerken mit der Finite-Element-Methode kann mit den hier vorgestellten Bemessungsverfahren für Balken-, Scheiben-, Platten- und Schalentragwerke durchgeführt werden. Die Bemessung wird im Anschluß an die Finite-Element-Analyse durchgeführt und die vorgestellten Algorithmen lassen sich ohne Probleme auch an andere FE-Programme koppeln. Die Stahlbetonoptimierung setzt sich aus einem übergeordneten Optimierungsproblem auf Strukturebene und einer optimalen Bemessung auf Querschnittebene zusammen. Mit dem vorgestellten Parallelisierungskonzept sind die notwendigen Gradientenberechnungen effektiv durchzuführen. Nach der Optimierung ist die Stahlbetonstruktur unter der Berücksichtigung der spezifischen Kosten für Stahl, Beton und Schalung wirtschaftlich bemessen.

6 LITERATUR

Baumann, Th. 1972. Zur Frage der Netzbewehrung von Flächentragwerken. Der Bauingenieur 47. Springer-Verlag: 367-377.

Booz, W. 1985. Zweistufenoptimierung von Stahlbetontragwerken mit Hilfe der sequentiellen quadratischen Programmierung. Dissertation. Essen: Universität GH-Essen.

Butenweg, C., Thierauf, G. 1998. Optimum design of reinforced concrete structures. The Fourth International Conference on Computational Structures Technology, Edinburgh, Scotland. "Advances in computational structural mechanics", CIVIL-COMP PRESS, UK: 447-458.

Despot, Z. 1995. Methode der finiten Elemente und der Plastizitätstheorie zur Bemessung von Stahlbetonscheiben. Dissertation. IBK Bericht Nr. 215. Zürich: Birkhäuser Verlag.

DIN 1045 1988. Beton und Stahlbeton - Bemessung und Ausführung, Berlin: Beuth Verlag.

Eurocode 2. 1991 Design of concrete structures. Comitée Europeén de Normalization.

Grasser, E., Kupfer, H., Pratsch, G., Feix, J. 1993. Bemessung von Stahlbeton- und Spannbetonbauteilen nach EC 2 für Biegung, Längskraft, Querkraft und Torsion. Beton-Kalender. Berlin: Ernst & Sohn.

IBM 1997. MHPCC, SP Parallel Programming Workshop, IBM SP Hardware/Software Overview. www-Adresse: http://www.mhpcc.edu/training/workshop/html/ibmhwsw/ibmhwsw.html

Krätzig, W.B., Meskouris, K., Harte, R., Zahlten, W., Schnütgen, B. 1995. Nichtlineare Analysen von Stahlbeton-Flächentragwerken gemäß Eurocode 2. Bauingenieur 70. Heft2: 47-53.

Lourenco, P. B., Figueras, J. A. 1993. Automatic Design Of Reinforcement In Concrete Plates and Shells. Engineering Computations. Vol. 10. Pineridge Press Ltd: 519-541.

Lourenco, P. B., Figueras, J. A. 1995. Solution For The Design Of Reinforced Concrete Plates And Shells. Journal Of Structural Engineering, May 1995. ASCE: 815-823.

Marti, P. 1990. Design of Concrete Slabs for Transverse Shear. ACI Structural Journal No. 87: 180-190.

Model Code. 1990. Comité Euro-International du Beton (CEB): CEB-FIB Model Code, Final Draft, Paris: Bull. d'Inform. 203, 204, 205.

MPI 2 1996. "MPI: Extensions to the message passing interface", ftp-adress: ftp://ftp.mcs.anl.gov/pub/mpi/misc/mpi2-report.ps.Z.

Schittkowski, K. 1982. Theory, implementation, and test of a nonlinear programming algorithm. Optimization methods in structural design. Euromech-Colloquium 164. University Siegen: 157-161.

Steffen, P. 1996. Elastoplastische Bemessung von Stahlbetonplatten mittels Finiter Bemessungselemente und linearer Optimierung. IBK Bericht Nr. 220. Zürich: Birkhäuser Verlag.

Thierauf, G. et al. 1998. Benutzerhandbuch B&B: Programmsystem zur Berechnung und Bemessung allgemeiner Tragwerke, Universität-Gesamthochschule-Essen, Fachbereich Bauwesen.

Tompert,K. 1998. Probleme beim Aufstellen und Prüfen von FE-Berechnungen. Sicherheitsrisiken bei der Tragwerksmodellierung. 8. Dresdener Baustatik-Seminar: 101-135.

Zienkewicz, O.C., Zhu, J.Z. 1987. A simple error error estimator and adaptive procedure for practical engineering analysis. International Journal for Numerical Methods in Engineering, VOL. 24: 337-357.

Zienkewicz, O.C., Zhu, J.Z. 1995. Error estimates and adaptive refinement for plate bending problems. International Journal for Numerical Methods in Engineering. VOL. 28: 2839-2853.

Baustatik-Baupraxis 7, Meskouris (Hrsg.) © 1999 Balkema, Rotterdam, ISBN 90 5809 044 2

Ein ganzheitliches Berechnungskonzept zur realitätsnahen Erfassung komplexer Brückenstrukturen

M. Ducke, U. Eckstein, M. Graffmann & U. Montag
Krätzig und Partner, Ingenieurgesellschaft für Bautechnik mbH, Bochum, Deutschland

KURZFASSUNG: Der vorliegende Beitrag stellt ein Berechnungskonzept vor, welches bei der statischen Nachweisführung der Eisenbahnbrücken des im Bau befindlichen Lehrter Bahnhofs in Berlin zur Anwendung kommt. Der außergewöhnliche Entwurf der Eisenbahnüberführung mit einem massiven Betonüberbau und einem filigranen Unterbau aus runden Stahlstützen mit Fuß- und Kopfteilen aus Stahlguß wird mit einem FE-Berechnungsmodell beschrieben, das die Interaktion zwischen Überbau, Stützen und Gründung wirklichkeitsnah erfaßt. Die Bewehrungsermittlung für die Überbauten – sowohl für schlaff bewehrte Bereiche als auch für den Vorspannbereich – soll möglichst präzise und automatisch mit Hilfe desselben Modells erfolgen. Unter genauer Berücksichtigung der Lastangaben resultiert ein Berechnungskonzept, welches den genannten Anforderungen standhält. Die Vorteile, aber auch die Nachteile des Modells sind Gegenstand des vorliegenden Beitrags.

1 EINLEITUNG

Der Komplexität moderner Brückenbauwerke scheinen die üblicherweise verwendeten Berechnungsmodelle oft nicht angemessen. Tragwerksberechnungen basieren in vielen Fällen noch auf der Vorgehensweise, das Brückenbauwerk in Einzelbauteile zu zerlegen und mit unterschiedlichen Teilmodellen zu behandeln. Das erscheint, auch vor dem Hintergrund ständig wachsender Rechnerleistung, oft nicht mehr zeitgemäß. Dies gilt zum Beispiel auch für die gängige Praxis, flächenhafte Brückenüberbauten mit Balkenmodellen zu berechnen.

Der vorliegende Beitrag stellt ein ganzheitliches Berechnungskonzept vor, welches auf der Basis eines einzigen FE-Modells die Berechnung des Gesamtbauwerks erlaubt. Damit wird neben der Zustandsgrößenberechnung für alle Bauteile auch die Bemessung von Stahlbetonbauteilen bis hin zum Nachweis zur Beschränkung der Rißbreite und Schwingbreite durchgeführt.

Die Anwendung dieses Berechnungskonzeptes wird am Beispiel der Eisenbahnüberführung des neuen Lehrter Bahnhofs in Berlin demonstriert.

Das verwendete Finite-Element-Modell umfaßt Baugrund, Fundamente, Stahl- bzw. Gußstahlunterkonstruktion sowie den Stahl- bzw. Spannbetonüberbau. Besonderheiten sind unter anderem die Modellierung des plattenbalkenartigen Überbaus durch exzentrische, vorspannbare Schalenelemente, die sequentielle Erfassung unterschiedlicher Bettungsmoduli zur Simulation statischer und dynamischer Beanspruchungen, die Berücksichtigung des Anspannens und der Interaktion zwischen vorgespannten Stahlverbänden zur Aufnahme von Horizontallasten sowie die Einbindung unterschiedlicher statischer Systeme bei der Herstellung des Spannbetonüberbaus. Eine weitere Besonderheit ist die Simulation komplexer Lastzustände durch die beliebige Kombination von Grund- und Extremlastfällen, bei der auch Abhängigkeiten zwischen unterschiedlichen Bauteilen erfaßt werden.

2 BESCHREIBUNG DES BAUWERKS

Nördlich des Regierungsviertels der Bundeshauptstadt Berlin wird an der Stelle des im Krieg zerstörten alten Lehrter Bahnhofs der neue Lehrter Bahnhof errichtet. Während der alte, im Jahre 1871 fertiggestellte, Bahnhof ein Kopfbahnhof war, werden sich im neuen Bahnhof zwei durchgehende Strecken kreuzen. Die in Nord-Süd-Richtung verlaufende Fern- und Regionalbahn mit 8 Gleisen liegt 15 m unter der Erde, die Ost-West-Trasse der Stadtbahn mit 6 Gleisen für Fern-, Regional- und S-Bahn liegt 9 m über der Erde. Der neue Lehrter Bahnhof wird der größte Kreuzungsbahnhof Europas sein.

Die überirdische Trasse der Stadtbahn verläuft über 4 parallele Brückenzüge. Die Gesamtlänge der neuen Brücken im Bahnhofsbereich beträgt ca. 440 m, die größte Gesamtbreite ca. 70 m. In diesem Bereich werden 15 mehrfeldrige, im Grundriß gekrümmte Brücken errichtet. Die Anzahl der Felder variiert zwischen 4 und 10, die Feldweiten betragen zwischen 6 m und 29 m. Im westlichen Bereich sind die Brücken flach bzw. auf den Wänden eines kreuzenden Bundesstraßentunnels der B 96 gegründet. Die Stahlbetonüberbauten - zweistegige Plattenbalken mit gewölbeartiger Untersicht - werden von paarweise angeordneten Stahlrohrstützen getragen, die Fuß- und Kopfpunkte aus Stahlguß besitzen. Brems-, Anfahr- Flieh- und Windkräfte werden durch vorgespannte Kreuzverbände zwischen den Stützen aufgenommen. Im Osten liegen die Überbauten auf Stahlbetonstützen des Bahnhofsgebäudes. Im Kreuzungsbereich mit der Nord-Süd-Trasse werden die hier vorgespannten Überbauten von 22 m hohen Stahlstützen getragen, die aus jeweils vier Rohren bestehen und sich oben baumartig aufweiten. Neben dem Zugverkehr müssen die Brücken auch die Bahnsteige sowie ein Glasdach tragen, das mit einer Spannweite von bis zu 70 m die Gesamtbreite der 4 Brückenzüge überspannt und, einschließlich des auf der im Osten angrenzenden Humboldthafenbrücke stehenden Teils, ca. 450 m lang ist. Die Bilder 1 und 2 zeigen Schnitte durch die Brückenbauwerke im „normalen" Bahnhofsbereich und im Kreuzungsbereich mit der Nord-Süd-Trasse.

Erwähnenswerte statische Besonderheiten des Bauwerks sind z.B. die Spannanker, welche die Flansche der Stützenfüße und -köpfe mit dem Stahlbeton verbinden und an den Stützenfüßen nicht in Verbund gelegt werden, um Setzungsunterschiede ausgleichen zu können. Zur Vermeidung von relativen Horizontalverschiebungen innerhalb eines Brückenstranges werden an den Querfugen Horizontalkraftkopplungen angeordnet. Die Kopplungskonstruktion bestehen aus Stahlbetondornen und zangenartigen Konsolen zwischen denen Gleitlager angeordnet sind.

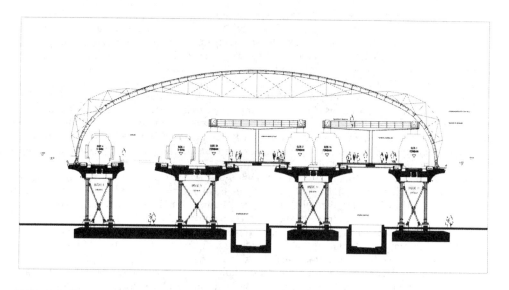

Bild 1: Schnitt durch die Eisenbahnüberführung an Achse 29

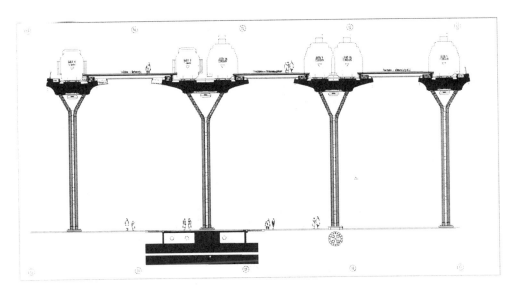

Bild 2: Schnitt durch die Eisenbahnüberführung an Achse 06

Beteiligte:
Bauherr   **DB**Project GmbH Knoten Berlin
Entwurf   **gmp** von Gerkan · Marg und Partner architekten hamburg berlin
Vorstatik   Schlaich Bergermann und Partner Stuttgart
Ausführung   ARGE Lehrter Bahnhof Los 1.4 (Strabag, Oevermann und andere)
Genehmigungsplanung   Krätzig & Partner GmbH Bochum
Ausführungsplanung   Emch+Berger GmbH Bern Berlin

3 BESCHREIBUNG DER DISKRETISIERUNG UND DES ELEMENTMODELLS

Grundsätzliches Ziel bei der Wahl des Berechnungsmodells war, möglichst das gesamte Bauwerk wirklichkeitsnah mit einem integralen Finite-Element-Modell zu erfassen. Dieses Ziel wurde mit einem Modell je Brückenbauwerk erreicht, das Baugrund, Fundamente, Stützen und Diagonalen sowie den Überbau umfaßt (siehe Bild 3). Die Interaktion zwischen den einzelnen Brückenbauwerken infolge ihrer Verbindung über gemeinsame Fundamente und Horizontalkraftkopplungen wurde durch Federn realisiert.

Die numerische Simulation des Verformungs- und Spannungsverhaltens des Tragwerkes erfolgt mit Hilfe des Finite-Element-Systems FEMAS 2000 (Beem 1996), welches durch das Ingenieurbüro Krätzig & Partner in Zusammenarbeit mit dem Institut für Statik und Dynamik der Ruhr-Universität Bochum entwickelt wurde.

Das Modell liefert die für die statischen Nachweise benötigten Zustandsgrößen (Schnittgrößen und Verformungen). Die Nachweise der einzelnen Bauteile - Auflagerscheibe, Fundamente, Stützen und Diagonalen, Überbau, etc. - werden unterschiedlich geführt. Während die Fundamente sowie Stützen und Diagonalen klassisch nachgewiesen werden, erfolgen die Nachweise zur erforderlichen Bewehrung und zur Rißbreitenbeschränkung sowie die Schwingbreitennachweise der Überbauten mit dem Gesamtmodell unter Verwendung eines speziellen Programmbausteins.

Die Überbauten werden mit exzentrischen Flächenelementen, die auf einer Reisner-Mindlin-Schubverzerrungstheorie basieren, diskretisiert. Diese Elemente werden in bezug auf die Mit-

223

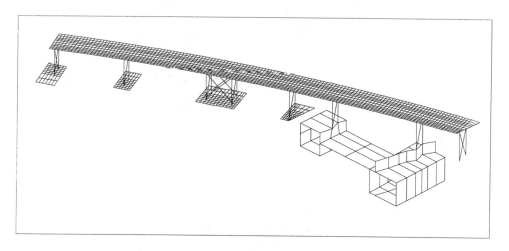

Bild 3: Brücke 8 mit B 96-Tunnel – Finite-Element-Modell

telfläche des Gesamtquerschnitts senkrecht zu ihrer Mittelfläche verschoben und ermöglichen so eine wirklichkeitsnahe Beschreibung der Querschnittsform und deren Verformungs- und Spannungsverhaltens. Dabei werden zur Diskretisierung in Querrichtung ca. 10 Elemente verwendet. Die Diskretisierung in Längsrichtung erfolgt so, daß die Elementlänge ca. 1 m beträgt. Die Stege des Plattenbalkens werden mit jeweils 2 Elementen in Querrichtung abgebildet, so daß die Stützen an die jeweils mittlere Knotenreihe angeschlossen werden können. Die Abbildung der Grundrißgeometrie erfolgt feldweise mit Hilfe eines quadratischen Polynoms, welches direkt durch die Stützenkoordinaten sowie die Entwurfsradien der Gleise festgelegt wird. Der Winkel zur Normalen des quadratischen Polynoms kann sich in Längsrichtung linear verändern. Ebenso ist eine lineare Veränderung der Breite möglich. Die Stützenkoordinaten werden in Landeskoordinaten eingegeben (Söldnernetz 88, Berlin).

Die konstanten Elementdicken werden mit Hilfe eines Querschnittswerteprogramms aus den gewölbten Querschnittsverläufen des Entwurfs so ermittelt, daß die Trägheitsmomente und Querschnittsflächen praktisch gleich sind. Das über die Oberkante Rohfahrbahn hinausgehende Glasdachgesims wird bei der Ermittlung der Querschnittswerte berücksichtigt, das Geländergesims sowie die Kabelkanäle werden nur als Last angesetzt. Die veränderlichen Elementbreiten und Elementdicken werden linear zwischen den einzelnen Querschnitten interpoliert.

Die Steifigkeit der Flächenelemente wird durch die Angabe des Elastizitätsmoduls und der Querdehnzahl des verwendeten Betons festgelegt. Darüber hinaus können die einzelnen Terme des Elastizitätstensors modifiziert werden, d.h. Dehn- und Schubsteifigkeit sowie Biege- und Drillsteifigkeit können richtungsabhängig reduziert werden. Zur pauschalen Berücksichtigung des Steifigkeitsabfalls infolge Rißbildung (Simulation des Zustands II) werden in Abstimmung mit Prüfingenieur beim schlaffen Beton die Biegesteifigkeit auf 65% und die Drillsteifigkeit auf 50% der Werte des Zustands I abgemindert. Im vorgespannten Bereich des Teilbereichs I wird die Steifigkeit nicht reduziert.

Die Diskretisierung der Stützen erfolgt mit Balkenelementen, vorhandene Gelenke werden durch Kondensation der Freiheitsgrade der Balkenelemente eingeführt. Die Stützensteifigkeiten werden konstant vorgegeben, eine Aufdickung durch die Gußfertigteile wird zur Ermittlung der Schnittgrößen nicht berücksichtigt.

Die Diagonalen werden mit je einem Element abgebildet. Dabei wird im Rahmen der numerischen Simulation die gegenseitige Beeinflussung der Diagonalen durch den gemeinsamen mittleren Knotenpunkt sowie die Aufweitung der Diagonalen an den Anschlußpunkten zur Schnittgrößenbestimmung nicht berücksichtigt. Für die vor Inbetriebnahme wirkenden ständigen Lasten (außer Bahnsteige und Glasdach) werden die Diagonalen als nicht vorhanden unterstellt.

Zur exakten Abbildung der Stützen- und Diagonalenlängen und der Neigungswinkel der Diagonalen sind Koppelelemente zwischen den Endpunkten der Stahlteile (Stützenflansche und Diagonalenankerplatten) und den Mittelflächen der Überbauten und Fundamente notwendig. Dazu werden in der Berechnung sehr steife Balkenelemente eingesetzt; der Elastizitätsmodul wird gegenüber den normalen Balkenelementen mit dem Faktor 10000 multipliziert. Die Lage der Koppelelemente bestimmen die Strecken

- Mittelfläche Überbau - Unterkante Überbau
- Stützenfuß - Schnittpunkt Stütze / Diagonale
- Diagonalenfuß - Schnittpunkt Stütze / Diagonale
- Schnittpunkt Stütze / Diagonale - Mittelfläche Fundament

Die Fundamente werden mit kontinuierlich vertikal und horizontal gebetteten Flächenelementen diskretisiert. Die Grundrißabmessungen werden entsprechend dem Entwurf unter Berücksichtigung der statisch erforderlichen Änderungen angesetzt. Für die vertikale und horizontale Bettung durch den Baugrund werden in Abstimmung mit Prüfingenieur die Mittelwerte der Angaben des Baugrundgutachters angesetzt. Die Steifigkeiten der Fundamente selbst werden aus den oben genannten Gründen auf 65% der Biegesteifigkeit und 50% der Drillsteifigkeit reduziert.

Dort, wo Stützen- und Diagonalenfußpunkte auf anderen Bauwerken stehen (z.B. Tiefgarage) bzw. die Brückenhauptträger direkt aufgelagert sind (z.B. auf den Stahlbetonwänden und stützen des Fernbahnhofs im Teilbereich I), werden die von den Tragwerksplanern dieser Bauwerke bereitgestellten Federkennwerte angesetzt. Lediglich die Bauwerke für den Straßentunnel der Bundesstraße B 96 werden aufgrund einer Prüferforderung ebenfalls grob diskretisiert und mit in die Berechnungsmodelle einbezogen. Das Bild 3 zeigt das FE-Modell des eingleisigen Brückenbauwerks 08 mit der Diskretisierung des Tunnelsegments.

4 MODELLSUPERPOSITION UND LASTSIMULATION

Die Vorgehensweise im Programmsystem erlaubt für jedes Brückenbauwerk das getrennte Vorhalten von tragwerks- und lastbezogenen Eingabefiles, die erst zum Zeitpunkt der Berechnung problemabhängig miteinander kombiniert werden. Damit gelingen u. a. die Verwendung statischer und dynamischer Bodensteifigkeiten je nach Art der einwirkenden Lasten, die Simulation des schrittweisen Anspannens der Verbandsdiagonalen und der bereichsweisen Vorspannung des Überbaus.

Die Lastsituation für die Brückenbauwerke ist komplex. Zunächst sind die üblichen Lasten wie Eigengewicht und Ausbaulasten, Schwinden und Kriechen, Vorspannung der Überbauten, Eisenbahnverkehrslasten (inklusive Flieh-, Anfahr- und Bremskräfte), Windlasten, Seitenstoß- und Entgleisungslasten sowie Zwangslasten aus Temperaturbeanspruchung, wahrscheinlichen und möglichen Baugrundbewegungen und Lagerwechsel gemäß DS 804 zu berücksichtigen. Eine zusätzliche Belastung erfahren die Brücken durch die Eigen- und Verkehrslasten der aufliegenden Bahnsteige, wobei alternativ auch deren ein- oder beidseitige Abwesenheit unter vollem Betrieb zu erfassen ist. Desweiteren werden die Randbrücken durch die zum Teil von den Verformungen der Brücke selbst abhängigen Lagerkräfte der aufstehenden Binder des Glasdachs beansprucht. Zur Wahrung der Gebrauchstauglichkeit des Überbaus muß eine gegenseitige Verschiebung der Überbauten in den Fugen zweier in Längsrichtung hintereinander liegender Brücken mittels einer Horizontalkraftkopplung ausgeschlossen werden. Durch diese Kopplung werden zusätzliche Kräfte in die Brücke eingeleitet, die getrennt nach der verursachenden Einwirkung vorab zu ermitteln sind. Da Druckkräfte in den Verbandsdiagonalen und Zugkräfte in den Gelenklagern der Stützen nicht zugelassen sind, müssen die Verbandsdiagonalen mit einer Kraft V_0 vorgespannt sein. Wegen der im Brückenbauwerk vorhandenen gegenseitigen Beeinflussung der Kräfte in den Diagonalen gelingt die Bestimmung der zur Darstellung von V_0 notwendigen äquivalenten Temperaturbeanspruchungen und der den Zustand V_0 im Rahmen des Anspannvorgangs erzeugenden Spannkräfte V_i nur als Lösung von linearen Gleichungssystemen. Dabei ist zu beachten, daß die Reihenfolge der Diagonalen während des Anspannens nicht beliebig ist.

Zur Umsetzung der einwirkenden Lasten im FE-Modell stehen als Lastarten Volumen-, Flächen- und Linienlasten, gleichförmige und ungleichförmige Temperaturänderungen sowie vorgegebene Knotenweggrößen zur Verfügung. Die Vorspannung der Überbauten wird in den Flächenelementen durch eine im Element konstant verlaufende exzentrische Vorspannkraft beschrieben. Das Schwinden der Betonbauteile sowie die Vorspannung der Diagonalen wird durch eine äquivalente Änderung der Mittelflächentemperatur simuliert.

5 SCHNITTGRÖßENBERECHNUNG UND -EXTREMIERUNG

Das Programm liefert in der üblichen Weise Verformungen und Schnittkräfte für die Stabelemente, während bei den Schalenelementen die Referenzfläche des Gesamtquerschnitts oder des Elements als Bezugsebene gewählt werden kann. Bei der Extremierung von Verformungs- und Schnittgrößen kann zwischen einer unabhängigen und einer abhängigen Extremierung unterschieden werden. Bei der unabhängigen Extremierung werden ausgewählte Größen für Orte im FE-Modell unabhängig voneinander extremiert und die jeweilig zugehörigen Größen des Ortes angegeben. Bei der abhängigen Extremierung werden die Extrema einer Leitgröße an einem Ort und die zu diesem Zustand gehörigen Größen an beliebigen anderen Orten des FE-Modells berechnet. Letztere Vorgehensweise ist insbesondere für die Bestimmung von Lastzuständen in den Gründungen der Brücken sinnvoll.

Die Extremierung von Verformungs- und Schnittgrößen erfolgt schrittweise ausgehend von einem Satz von Grundlastfällen. Damit wird eine Übersichtlichkeit der lastbezogenen Datenstruktur und die Verfügbarkeit von Zwischenergebnissen gewährleistet. Die zur Extremierung ausgewählten Grund- und/oder Extremlastfälle (als Ergebnis eines vorherigen Extremierungsschrittes) können zu Gruppen mit den Eigenschaften ständige Lasten, nicht ständige Lasten und einander sich ausschließende nicht ständige Lasten zusammengefaßt werden.

6 BEMESSUNG, RIßBREITENBESCHRÄNKUNG, SCHWINGBREITENNACHWEISE

Ziel der Bemessung ist es, durch die Vorgabe einer geeigneten Bewehrung die Tragfähigkeit, die Dauerhaftigkeit und die Gebrauchstauglichkeit sicherzustellen.

Für die Bemessung des Überbaus werden 5 Bemessungslastfälle erzeugt, in welche die Teillastfälle mit einem den Normen entsprechenden Teilsicherheitsbeiwert eingebunden werden. Jeder dieser Bemessungslastfälle setzt sich aus 16 Extremlastfällen zusammen, in welchen jeweils eine der acht Schalenschnittgrößen minimal bzw. maximal und die anderen zugehörig ermittelt werden. Durch dieses Vorgehen wird erreicht, daß das gesamte Beanspruchungsspektrum mit hoher Wahrscheinlichkeit abgedeckt wird. Um aus den Schalenschnittgrößen Bewehrungsmengen ermitteln zu können, insbesondere zur Interpretation der Schubkräfte in der Plattenebene und der Drillmomente, müssen durch eine Transformation Bemessungsschnittgrößen bestimmt werden. Da die Schalenschnittgrößen in den Hauptrichtungen des Brückenbauwerks verlaufen, vereinfacht sich die Transformation auf das Bewehrungsnetz zu folgender Vorschrift (Leonhardt 1975):

$$n_{1B} = n_{11} + |n_{12}|$$

$$n_{2B} = n_{22} + |n_{12}|$$

$$m_{1B} = m_{11} + \text{sign}(m_{11}) \cdot |m_{12}|$$

$$m_{2B} = m_{22} + \text{sign}(m_{22}) \cdot |m_{12}|$$

Für diese Schnittgrößenkombinationen erfolgt eine Biegebemessung nach den üblichen Verfahren. Die Schubbemessung wird getrennt für die beiden Richtungen durchgeführt, wobei für die spätere Konstruktion die ermittelten Bewehrungen zusammengefaßt werden. Da die Brückenbauwerke für volle Schubdeckung ausgelegt werden, ist dieses Vorgehen ohne Einschränkung möglich.

Um die Dauerhaftigkeit des Bauwerks zu gewährleisten, müssen die Spannungsdoppelamplituden sowohl in der Biege- als auch in der Schubbewehrung beschränkt werden. Die Schwingbreiten werden als Differenz aus den minimalen und maximalen Spannungen unter ständiger und häufig wechselnder Last ermittelt. Wird die zulässige Schwingbreite überschritten, muß die Bewehrung so erhöht werden, daß der Grenzwert eingehalten wird. Da die Spannungsermittlung im Zustand II erfolgen sollte, kann die Bewehrungsermittlung nur iterativ erfolgen, was durch einen in FEMAS integrierten Baustein realisiert wird.

Um sowohl die Dauerhaftigkeit sicherzustellen als auch die optisch wahrnehmbare Rißbildung gering zu halten, wird der Rechenwert der Rißbreiten auf $w_{cal} = 0{,}25$ mm beschränkt. Für die Rißbreitenbeschränkung werden 3 Gebrauchslastfälle erzeugt, in denen die rißwirksamen Teillastfälle mit ihrer Auftretenswahrscheinlichkeit entsprechenden Teilsicherheitsbeiwerten berücksichtigt werden. Die Rißbreitenberechnung erfolgt nach (Schießl 1988) mit einem in FEMAS integrierten Modul, welches iterativ die Bewehrung erhöht, wenn die zulässige Rißbreite überschritten wird. Diese Erhöhung bezieht je nach Exzentrizität der Beanspruchung entweder nur die Bewehrung auf der Zugseite oder auch die abliegende Bewehrung ein. Dank der heutigen Rechnerleistung können diese mehrfach iterativen Prozesse der Spannungsberechnung und Bewehrungsermittlung mit geringem Zeitaufwand bewältigt werden.

Bei allen Untersuchungen des Überbaus zeigen sich die Stärken des Plattenmodells, da die Bewehrung in ca. 10 Stellen des Querschnitts ermittelt wird und damit eine genauere Anordnung über den Querschnitt ermöglicht wird. Vor allem die Nachweise im Gebrauchszustand berücksichtigen Querschnittsstellen, die bei einem Balkenmodell nicht erfaßt werden können.

7 VERGLEICHENDE ERGEBNISBEWERTUNG

Die Vorteile eines integralen Gesamtmodells, das Gründung, Unter- und Überbau umfaßt und Schnittgrößen, Verformungen sowie Bemessungsergebnisse liefert, sind offensichtlich und müssen hier nicht erörtert werden. Dagegen sollte der Unterschied zur klassischen Vorgehensweise unter Verwendung von Balkenmodellen näher betrachtet werden. Zu diesem Zweck werden im folgenden die Berechnungsergebnisse des Flächenmodells mit denen eines Balkenmodells verglichen.

Beide Modellierungsvarianten liefern zwangsläufig unterschiedliche Ergebnisse. Zum einen erzeugt das Flächenmodell eine größere Menge an Ergebnisdaten als das Balkenmodell, was von der Elementunterteilung in Querrichtung abhängt.

Zum anderen ergeben sich unterschiedliche Schnittgrößentypen, wie beispielsweise Drillmomente, die den Torsionsmomenten bei Balkenmodellen zuzuordnen sind, oder in der Plattenebene wirkende Schubkräfte. Durch die Umlage der Drillmomente auf die Biegemomente erhöht sich die Längs- und Querbewehrung und eine explizite Torsionsbewehrung kann entfallen. Insbesondere bei der vorliegenden Form des zweistegigen Plattenbalkens, bei dem die „Platten" am Anschnitt die gleiche Dicke wie die Stege haben und sich erst mit zunehmender Entfernung vom Steg gewölbeartig verdünnen, wäre beispielsweise die Anordnung einer Torsions-Längsbewehrung im Steg unsinnig.

Schließlich unterscheiden sich die Modellierungsvarianten auch durch die Ergebnisse selbst. Während sich beispielsweise die Querverteilung der Längsbewehrung über der Stütze bei dem Flächenmodell direkt ergibt, muß die Bewehrung aus dem Balkenmodell entsprechend den Vorschriften für mittragende Plattenbreiten verteilt werden. Die auf den Gesamtquerschnitt bezogene Längsbewehrung ist ansonsten bei beiden Modellen in den Bereichen gleich, in denen die Hauptrichtung der Kräfte und Biegemomente mit der Brückenrichtung übereinstimmt. Deutlich unterschiedliche Ergebnisse erhält man für die Querrichtung. Das Flächenmodell liefert kontinuierlich über die Brückenlängsrichtung verteilte Ergebnisse, während das Balkenmodell mit diskreten Querträgern arbeitet und daher auch nur punktuell Werte liefert, die über die Brückenlänge zu verteilen sind. Schließlich berechnet das Flächenmodell auch die Querkräfte und die Schubbewehrung für die Querrichtung, was beim Balkenmodell naturgemäß nicht möglich ist.

Ein weiterer Vorteil des Flächenmodells ist auch, daß Verformungen direkt für die Stellen angegeben werden können, wo sie benötigt werden. Das hat im vorliegenden Fall die Kontrolle der einzuhaltenden Abstände zwischen den auf den Brücken gelagerten Bahnsteigen und dem Lichtraumprofil beträchtlich erleichtert sowie die unmittelbare Angabe der Setzungen der Binderfußpunkte des Glasdaches ermöglicht.

Ein gewisser Nachteil des Flächenmodells ist neben der großen Datenmenge sicherlich die Tatsache, daß wegen der exzentrisch angeordneten Flächenelemente eine reine Biegebeanspruchung zu Biegemomenten und Normalkräften in den Querschnittsteilen führt, die bei Integration über den Gesamtquerschnitt verschwinden. Beides erschwert für Modellunkundige die Ergebniskontrolle.

8 ZUSAMMENFASSUNG

Komplexe Tragwerke mit möglichst wenigen und im Idealfall mit nur einem Berechnungsmodell zu erfassen, ist ein erstrebenswertes Ziel. Nur so lassen sich Interaktionen zwischen Bauteilen hinreichend genau berücksichtigen, wie z.B. im vorliegenden Fall der Einfluß der Fundamente auf Stützen und Überbau. Falls notwendig kann für spezielle lokale Nachweise auf verfeinerte Detailmodelle zurückgegriffen werden, die ihre Beanspruchungen aber aus dem Gesamtmodell übernehmen sollten.

Der Vergleich zwischen Balken- und Flächenmodell fällt im vorliegenden Fall zugunsten des Flächenmodells aus. Mit diesem Berechnungsmodell lassen sich die Steifigkeitsverhältnisse wirklichkeitsnäher abbilden als mit dem Balkenmodell. Zusätzliche Überlegungen zum Ansatz der diskreten Querverbindungen zwischen den Längsträgern können entfallen. Auch die Beteiligung der Kragplatten am Längstragverhalten wird durch das Flächenmodell korrekt erfaßt. Weitere Vorteile hat das Flächenmodell bei der Berücksichtigung von Lasten, die dort angesetzt werden können, wo sie wirken und nicht auf Balkenachsen transformiert werden müssen. Die Anfälligkeit gegenüber Modellierungsfehlern ist daher beim Flächenmodell geringer als beim Balkenmodell. Die einer schnellen Ergebniskontrolle entgegenstehende große Datenmenge kann durch rechnergestützte Nachbearbeitung und grafische Darstellung auf einen überschaubaren und leicht prüfbaren Umfang gebracht werden.

LITERATUR

Beem, H.; Könke, C.; Montag, U.; Zahlten, W. 1996. FEMAS2000 - User´s Manual - Finite Element Moduln of Arbitrary Structures, Institut für Statik und Dynamik, Ruhr-Universität Bochum

Leonhardt, F. 1975. Vorlesungen über Massivbau, Teil 2, Springer-Verlag Berlin Heidelberg New York

Schießl, P 1988. Grundlagen der Neuregelung zur Beschränkung der Rißbreite in, Heft 400 Deutscher Ausschuß für Stahlbeton, Beuth Verlag Berlin/Köln

Baustatik-Baupraxis 7, Meskouris (Hrsg.) © 1999 Balkema, Rotterdam, ISBN 90 5809 044 2

Fuzzy-Methoden zur Beurteilung der Sicherheit von Stahlbetontragwerken

B. Möller, M. Beer, W. Graf & R. Schneider
Lehrstuhl für Statik, Technische Universität Dresden, Deutschland

ZUSAMMENFASSUNG: Die Berechnung des Sicherheitsniveaus von Tragwerken setzt umfangreiche Informationen über die Tragwerks- und Belastungsparameter voraus. Oft liegen aber keine ausreichend statistisch gesicherten Daten vor, die Aussagen der stochastischen Sicherheitsmodelle sind deshalb nicht kritikfrei. Im Beitrag werden zwei neue Konzepte zur Verarbeitung nichtstochastischer und stochastisch unzureichend erfaßbarer Unschärfen vorgestellt. Grundlage sind die Possibility-Theorie und die Theorie der Fuzzy-Zufallszahlen. Eine possibilistische Sicherheitsbeurteilung (Konzept 1) führt auf den Vergleich der vorhandenen mit einer zulässigen Versagensmöglichkeit, ein fuzzy-probabilistisches Vorgehen (Konzept 2) liefert eine unscharfe Versagenswahrscheinlichkeit bzw. einen unscharfen Sicherheitsindex. Die einzuhaltenden Sicherheitsniveaus orientieren sich bei beiden Konzepten an den Vorgaben für den Sicherheitsindex *erf_β* im EC1. Die verwendete deterministische Grundlösung ist eine (physikalisch und geometrisch nichtlineare) numerische Simulation von weitgehend beliebigen ebenen Stahlbeton-Stabtragwerken bei Einsatz eines neuen M-N-Q-Interaktionsmodelles. Das Vorgehen gemäß Konzept 1 wird an einem eben wirkenden Rahmen demonstriert.

1 EINFÜHRUNG

Die Sicherheit von Bauwerken kann nur dann verläßlich beurteilt werden, wenn Unschärfen in den Eingangsparametern der Tragwerksanalyse zutreffend erfaßt werden. Dazu stehen verschiedene unscharfe Maße zur Verfügung, die entsprechend den Charakteristika der Unschärfen ausgewählt werden müssen. Neben probabilistischen Vorgehensweisen werden die Fuzzy-Modellierung, die Theorie der Fuzzy-Zufallszahlen und die Methode des convex modeling zur Sicherheitsbeurteilung eingesetzt.

Bei Sicherheitsbeurteilungen auf probabilistischer Basis wird die Unschärfe "Zufälligkeit" der Eingangsgrößen mit Hilfe der mathematischen Statistik beschrieben und verarbeitet z.B. (Spaethe 1987). Probabilistische Näherungslösungen gemäß Zuverlässigkeitstheorie I. Ordnung (FORM) und II. Ordnung (SORM) liefern den Sicherheitsindex β (und die zugehörige Versagenswahrscheinlichkeit P_f) als Maß für die Zuverlässigkeit des Tragwerkes. Die Sicherheitsbeurteilung von ebenen Stahlbeton-Stabtragwerken mit Level-2-Methoden wird z.B. in (Möller, Graf & Schneider 1998) und (Möller, Beer, Graf, Schneider & Stransky 1998) beschrieben. Die aufwendigeren Level-3-Methoden liefern die probabilistisch "exakte" Lösung für die Versagenswahrscheinlichkeit P_f. Die

Berechnung erfolgt durch analytische oder numerische Integration der Verbundwahrscheinlichkeitsdichtefunktion über den Versagensbereich oder mit Hilfe von Simulationsverfahren (z.B. Monte-Carlo-Simulation).

Liegen Eingangsdaten nur in begrenztem Umfang vor, dann können die Unschärfen der statistischen Informationen bestenfalls mit unscharfen Wahrscheinlichkeitsverteilungsfunktionen mit zufälligen Parametern beschrieben werden z.B. (Ganesan 1996), oder die Verteilungen werden mit Hilfe des Bayesschen Theorems abgeschätzt z.B. (Stange 1977).

Mit probabilistischen Methoden wird die Unschärfe "Zufälligkeit" beschrieben und verarbeitet; "Fuzziness" und "Fuzzy-Zufälligkeit" lassen sich jedoch nicht erfassen. Deshalb wird nach alternativen Möglichkeiten zur Beschreibung von Unschärfen gesucht. Dabei wird der Gedanke der sogenannten "Toolbox-Philosophie" verfolgt: Die prinzipielle Strategie zur Lösung eines Problems wird durch das Problem selbst bestimmt z.B. (Hung 1997). Ziel der alternativen Modellierungen ist es, die probabilistische Vorgehensweise so zu ergänzen, daß Unschärfen in ihrer natürlichen Form (Charakteristik) besser erfaßt werden können.

Informationsdefizite bei unscharfen Eingangsgrößen treten insbesondere bei bestehenden Bauwerken auf; die Sicherheitsbeurteilung ist hier eine Einzelfalluntersuchung. Dafür sind individuelle Abschätzungen der unscharfen Größen durch Experten notwendig. Eine Sicherheitsbeurteilung mit Hilfe der Possibility-Theorie (Konzept 1) oder der Theorie der Fuzzy-Zufallszahlen (Konzept 2) wird als Alternative zu den stochastischen Methoden gesehen.

2 KONZEPT 1: POSSIBILISTISCHE SICHERHEITSBEURTEILUNG

Die possibilistische Sicherheitsbeurteilung umfaßt die Berechnung der vorhandenen Versagensmöglichkeit, die Vorgabe des einzuhaltenden Sicherheitsniveaus, die Ableitung einer zulässigen Versagensmöglichkeit und den Sicherheitsnachweis.

Für die Sicherheitsbeurteilung sind die Eingangsparameter $\tilde{x}_i$ auszuwählen, die mit Unschärfe behaftet sind. Zur Fuzzifizierung werden die Unschärfen mit Hilfe "bewerteter Intervalle" mathematisch beschrieben, Grundlage ist die Fuzzy-Set-Theorie. Die erhaltenen Zugehörigkeitsfunktionen $\mu(\tilde{x}_i)$ der Fuzzy-Eingangsgrößen lassen sich als Möglichkeitsdichtefunktionen interpretieren. Das unscharfe Maß Möglichkeit ist Ausdruck dafür, mit welchem Anteil der Wert x aus der Grundmenge X zur Teilmenge $A_k \subseteq X$ gehört. Die Zugehörigkeitsfunktion $\mu_{Ak}(x)$ der Fuzzy-Menge A_k dient als Bewertungsfunktion. Die Bewertung besitzt sowohl objektiven als auch subjektiven Charakter.

Die Verknüpfung der Fuzzy-Eingangsgrößen entsprechend dem kartesischen Produkt führt auf einen unscharfen Eingangsraum. Interaktionsbeziehungen zwischen den Eingangsgrößen können berücksichtigt werden. Die Abbildung des unscharfen Eingangsraumes auf den Ergebnisraum erfolgt auf der Basis des Erweiterungsprinzips. Für die numerische Abarbeitung der Fuzzy-Analyse ist die α-Level-Optimierung vorteilhaft. Spezielle mathematische Eigenschaften des deterministischen Abbildungsoperators lassen sich dabei ausnutzen (Möller 1997). Für allgemeine Abbildungen sind Optimierungsstrategien anzuwenden. Als geeignet hat sich eine Modifikation der Evolutionsmethode erwiesen. Die unscharfen Ergebnisgrößen $\tilde{z}_j$ der Fuzzy-Tragwerksanalyse können defuzzifiziert werden oder als Ausgangspunkt für die possibilistische Sicherheitsbeurteilung dienen.

Die Grenzzustände der Tragfähigkeit oder Gebrauchstauglichkeit werden durch (explizite oder implizite) Versagensfunktionen $\pi(z_j)$ charakterisiert. Sie beschreiben die Möglichkeit des Versagens in Abhängigkeit von der Größe des Ergebnisparameters z_j. Die Gegenüberstellung der Versagensfunktion $\pi(z_j)$ und der tatsächlich vorhandenen unscharfen Ergebnisgröße $\tilde{z}_j$ liefert die vorhandene

Versagensmöglichkeit $vorh\_\Pi_{fj}$ für den betrachteten j-ten Grenzzustand

$$vorh\_\Pi_{fj} = \sup_{z_j \in Z_j} \min\left(\mu(z_j), \pi(z_j)\right) \tag{1}$$

Zu $vorh\_\Pi_{fj}$ gehört der Lösungspunkt $\mathbf{x}_L$ im Raum der Eingangsgrößen.

Der Sicherheitsnachweis erfolgt für jeden Grenzzustand j (der Index j wird nachfolgend weggelassen) durch Vergleich der vorhandenen mit einer zulässigen Versagensmöglichkeit

$$vorh\_\Pi_f \leq zul\_\Pi_f \tag{2}$$

Für die Größen der zulässigen Versagensmöglichkeiten zul_Π_f gibt es gegenwärtig keine anerkannten Konventionen. Ein Verfahren zur Berechnung von zul_Π_f wird in (Möller, Beer, Graf & Hoffmann 1999) vorgestellt. Ausgehend von einzuhaltenden Sicherheitsniveaus, die in Normen (z.B. Forderungen des EC1 für den Sicherheitsindex erf_β) vorgeschrieben werden, lassen sich zulässige Versagensmöglichkeiten ableiten. Der Vergleich von erf_β mit den Ergebnissen der possibilistischen Berechnung $vorh\_\Pi_f$ und $\mathbf{x}_L$ auf dem Niveau der Zuverlässigkeitstheorie I. Ordnung liefert die gesuchten Werte zul_Π_f.

Bei Monotonie des Abbildungsoperators der Fuzzy-Tragwerksanalyse sind die Auftretensmöglichkeiten $\Pi(\mathbf{x}_{iL})$ mit $vorh\_\Pi_f$ bekannt

$$\Pi(\mathbf{x}_{iL}) = \mu(\mathbf{x}_{iL}) = vorh\_\Pi_f \quad ; i = 1,...,n \tag{3}$$

Die Wahrscheinlichkeiten, mit denen die Eingangsgrößen x_i auf der "Versagensseite" des Lösungspunktes $\mathbf{x}_L$ liegen, werden als Fuzzy-Größen abgeschätzt. Diese Fuzzy-Wahrscheinlichkeiten $\tilde{F}(\mathbf{x}_{iL})$ entsprechen - gemäß den Definitionen der stochastischen Methoden - Funktionswerten von Wahrscheinlichkeitsverteilungsfunktionen. Informationen zu Verlauf, Parametern oder Art dieser Funktionen werden dafür nicht benötigt. Die probabilistische Transformationsvorschrift zwischen dem Originalraum (x-Raum) der Basisvariablen und dem Raum der normierten (Gaußschen) Normalverteilung (Standardraum, y-Raum) wird um das Zugehörigkeitsmaß μ erweitert. Im y-Raum wird der unscharfe Lösungspunkt $\tilde{\mathbf{y}}_L$ ermittelt:

$$x \,\tilde{=}\, \tilde{F}(x) \rightarrow \Phi^{NN}(\tilde{y}) \rightarrow \tilde{y} \tag{4}$$

Für den "Abstand" zwischen $\Pi(x_i)$ und $F(x_i)$ wird die Funktion $\tilde{b}(x_i)$ eingeführt.

$$\tilde{b}(x_i) = \frac{vorh\_\Pi_f}{\tilde{F}(x_i)} \quad ; i = 1,...,n \tag{5}$$

Am Lösungspunkt lassen sich die $\tilde{b}(x_{iL})$ mit den geschätzten Fuzzy-Wahrscheinlichkeiten $\tilde{F}(x_{iL})$ berechnen. Der weitere Verlauf der Funktionen $\tilde{b}(x_i)$ bleibt unbekannt.

Der Lösungspunkt $\mathbf{x}_L$ charakterisiert diejenige Kombination von Eingangsparametern, für die die Möglichkeit des Versagens am größten ist. Er befindet sich auf der Grenzzustandsfunktion $g(\mathbf{x}) = 0$, die sich bei der hier eingesetzten nichtlinearen Tragwerksanalyse nicht explizit angeben läßt. Wegen der unscharfen Transformationsvorschrift Gl. (4) wird im y-Raum eine Fuzzy-Grenzzustandsfunktion $\tilde{h}(\mathbf{y}) = 0$ erhalten. Diese wird in $\tilde{\mathbf{y}}_L$ numerisch linearisiert. Dazu werden die Verhältnisse zwischen den Unschärfen (z.B. Entropiemaße oder Streuungen) der Eingangsparameter $\tilde{x}_i$ ermittelt oder als Fuzzy-Größen abgeschätzt. Die Unschärfen selbst können unbekannt bleiben. Der kürzeste Abstand der linearisierten unscharfen Grenzzustandsfunktion $\tilde{l}(\mathbf{y}) = 0$ vom Punkt $\mathbf{y} = \mathbf{0}$ wird als unscharfer zugeordneter Sicherheitsindex $\tilde{\beta}$ bezeichnet.

Wird nun ein erforderlicher Sicherheitsindex erf_β vorgegeben, kann im Standardraum ein unscharfer zulässiger Lösungspunkt $zul\_\tilde{y}_L$ berechnet werden. Die Auftretenswahrscheinlichkeiten am zulässigen Lösungspunkt $\tilde{F}(zul\_\tilde{x}_{iL})$ ergeben sich aus Gl. (4) mit inverser Transformationsrichtung. Unter der Voraussetzung, daß die Verhältnisse $\tilde{b}(x_i)$ am vorhandenen und zulässigen Lösungspunkt gleich groß sind

$$\tilde{b}(zul\_\tilde{x}_{iL}) = \tilde{b}(x_{iL}) \tag{6}$$

lassen sich die zulässigen Auftretensmöglichkeiten der Eingangsgrößen ermitteln.

$$\tilde{\Pi}(zul\_\tilde{x}_{iL}) = \tilde{b}(zul\_\tilde{x}_{iL}) \cdot \tilde{F}(zul\_\tilde{x}_{iL}) \quad ; i = 1,...,n \tag{7}$$

Die Beurteilung der Tragreserven kann optimistisch oder pessimistisch erfolgen. Die Möglichkeitsverteilungsfunktion $\pi(zul\_\Pi_f)$ der unscharfen zulässigen Versagensmöglichkeit $zul\_\tilde{\Pi}_f$ ergibt sich bei pessimistischer Beurteilung aus

$$\pi(zul\_\Pi_f) = \bigvee_{i=1,...,n} \pi(\Pi(zul\_\tilde{x}_{iL})) = \sup_{i=1,...,n} \pi(\Pi(zul\_\tilde{x}_{iL})) \tag{8}$$

Mit $zul\_\tilde{\Pi}_f$ als unscharfe Größe geht der Nachweis Gl. (2) in eine unscharfe Relation über. Ergebnis des Vergleiches von vorhandener und zulässiger Versagensmöglichkeit ist die Möglichkeit für die Nichterfüllung des Nachweises

$$\Pi(zul\_\tilde{\Pi}_f < vorh\_\Pi_f) = \pi(zul\_\Pi_f = vorh\_\Pi_f) \tag{9}$$

Wird ein Maximalwert für die Möglichkeit $\Pi(zul\_\tilde{\Pi}_f < vorh\_\Pi_f)$ vorgegeben, können eine scharfe zulässige Versagensmöglichkeit berechnet

$$zul\_\Pi_f(\Pi(zul\_\tilde{\Pi}_f < vorh\_\Pi_f)) = \min_{\pi(zul\_\Pi_f) > \Pi(zul\_\tilde{\Pi}_f < vorh\_\Pi_f)} zul\_\Pi_f \tag{10}$$

und der Nachweis nach Gl. (2) geführt werden.

3   ZUR DETERMINISTISCHEN GRUNDLÖSUNG

Sicherheitsbeurteilungen auf probabilistischer oder possibilistischer Basis liefern nur dann zuverlässige Aussagen über die Tragsicherheit von Bauwerken, wenn die numerische Simulation des Tragverhaltens die Realität wirklichkeitsnah erfaßt. Als deterministische Grundlösung (Abbildungsoperator) wird ein vorhandener geometrisch und physikalisch nichtlinearer Analysealgorithmus für ebene Stahlbeton-Stabtragwerke eingesetzt (Müller, Graf, Schneider & Stanoev 1996).

Die numerische Simulation basiert auf der vollständigen Deformationsmethode mit Integration des Differentialgleichungssystems im Stab. Die geometrischen Nichtlinearitäten werden durch die Mitnahme der quadratischen Terme in den Verzerrungs-Verschiebungs-Abhängigkeiten und die Auswertung des Gleichgewichts am deformierten differentialen Stabelement (Theorie II. Ordnung, große Verschiebungen) berücksichtigt. Physikalische Nichtlinearitäten - wie Rißentwicklung, hysteretisches Materialverhalten, tension stiffening, Verfestigungseffekte, Kontaktkräfte beim Schließen der Risse, viskoses Langzeitverhalten und Materialschädigungseffekte - werden im Schichtenmodell mit Hilfe einaxialer nichtlinearer Stoffgesetze erfaßt. Die Interaktionsbeziehungen zwischen Normalkraft, Querkraft und Moment werden am Querschnitt (bei Gültigkeit der Hypothese vom

Ebenbleiben der Querschnitte) berücksichtigt. Im Gesamtablauf werden Lastprozesse inkrementell-iterativ abgearbeitet. Dabei können wahlweise eine modifizierte Newton-Raphson-Iteration oder Pfadverfolgungsalgorithmen eingesetzt werden. Eine detaillierte Beschreibung des verwendeten deterministischen Grundmodelles ist in (Möller, Graf & Schneider 1998) enthalten.

4   BEISPIEL

Für den eben wirkenden Stahlbetonrahmen nach Abb. 1 wurde eine possibilistische Sicherheitsbeur-teilung gemäß Konzept 1 durchgeführt. Versagenskriterium war globales Systemversagen. Die deterministische Analyse (Grundlösung) erfolgte geometrisch und physikalisch nichtlinear (Stoff-gesetze nach Oetes mit tension stiffening). Das System wurde mit drei Stäben zu je 50 Integrations-abschnitten modelliert, die Querschnitte wurden jeweils in 60 Schichten unterteilt. Der simulierte Lastprozeß setzt sich aus der Eigenlast, der Horizontallast P_H, den vertikalen Knotenlasten P_V und der Linienlast p zusammen. Mit dem Lastfaktor v wurden P_V und p gleichzeitig inkrementell bis zum Systemversagen gesteigert.

Unscharfe Eingangsgrößen waren der Lastfaktor $\tilde{v}$ und die Einspanngrade $\tilde{k}_\varphi$. Sie wurden als Fuzzy-Dreieckzahlen $\tilde{v} = <550; 590; 670>\%$ und $\tilde{k}_\varphi = <5000; 9000; 13000> \text{kNm/rad}$ modelliert, s. Abb. 1.

Als unscharfe Ergebnisgrößen wurden die Horizontalverschiebung des Knotens 3 $\tilde{v}_H(3)$ und die Versagenslast (in Form des Lastfaktors $\tilde{v}_{g+p}$) gewählt. Zum Vergleich wurden die (quasi-scharfe)

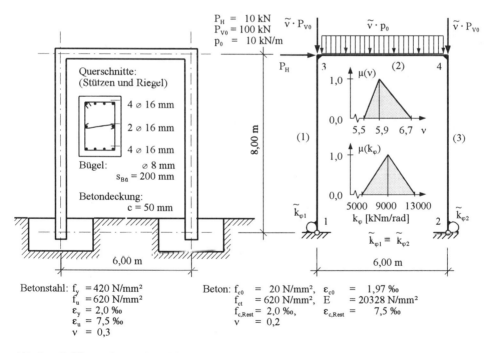

Betonstahl: f_y = 420 N/mm²
$ f_u$ = 620 N/mm²
$ \varepsilon_y$ = 2,0 ‰
$ \varepsilon_u$ = 7,5 ‰
$ v$ = 0,3

Beton: f_{c0} = 20 N/mm², ε_{c0} = 1,97 ‰
$ f_{ct}$ = 620 N/mm², E = 20328 N/mm²
$ f_{c,Rest}$ = 2,0 ‰, $\varepsilon_{c,Rest}$ = 7,5 ‰
$ v$ = 0,2

Abb. 1   Stahlbetonrahmen (eben wirkend), Tragwerk, Querschnitte, Werkstoffe, statisches System mit Belastung, Fuzzy-Eingangsgrößen: unscharfer Einspanngrad $\tilde{k}_\varphi$, unscharfer Laststeigerungsfaktor $\tilde{v}$

Versagenslast v_p bei ausschließlicher Berücksichtigung der physikalischen Nichtlinearitäten und die Fuzzy-Versagenslast $\tilde{v}_g$ bei ausschließlicher Berücksichtigung der geometrischen Nichtlinearitäten berechnet. Die vorhandene Versagensmöglichkeit $vorh\_\Pi_f$ und der Lösungspunkt x_L können aus der Gegenüberstellung der Fuzzy-Eingangsgröße $\tilde{v}$ und des Fuzzy-Ergebnisses $\tilde{v}_{g+p}$ oder aus dem Fuzzy-Ergebnis für $\tilde{v}_H(3)$ ermittelt werden, s. Abb. 2.

Am Lösungspunkt x_L wurden die Funktionswerte der Wahrscheinlichkeitsverteilungsfunktionen für die Eingangsgrößen geschätzt. Diese Fuzzy-Wahrscheinlichkeiten $\tilde{F}(x_{iL})$ gehen als Fuzzy-Dreieckzahlen $\tilde{F}(v_L) = <5\cdot10^{-5}; 10^{-4}; 2\cdot10^{-4}>$ und $\tilde{F}(k_{\varphi L}) = <10^{-5}; 7\cdot10^{-4}; 3\cdot10^{-4}>$ in die Sicherheitsbeurteilung ein. Das Verhältnis der Unschärfen der $\tilde{x}_i$ zueinander wurde als Fuzzy-Dreieckzahl $\tilde{U}(k_\varphi) : \tilde{U}(v) = <3,846; 10; 21,429>$kNm/(rad·%) geschätzt. Das einzuhaltende Sicherheitsniveau wurde gemäß EC1 mit $erf\_\beta = 3,8$ festgelegt. Die pessimistische Beurteilung der Tragreserven lieferte die in Abb. 2 dargestellte unscharfe zulässige Versagensmöglichkeit $zul\_\tilde{\Pi}_f$. Hier wurde gefordert, daß die Möglichkeit für die Nichterfüllung des Sicherheitsnachweises gemäß Gl. (9) gleich Null ist. Der Nachweis der Tragsicherheit ist erfüllt:

$$vorh\_\Pi_f = 0,144 < 0,177 = zul\_\Pi_f \qquad (11)$$

Die stochastische Analyse mit FORM und der deterministischen Grundlösung nach Abschnitt 3 lieferte den Sicherheitsindex $\beta = 4,66$. Eingesetzt wurden - trotz der unzureichenden Daten - für v eine Extremwertverteilung vom Ex-max-Typ I ($\overline{x} = 5,9$; $\sigma_x = 0,11$) und für k_φ eine logarithmische Normalverteilung ($\overline{x} = 9000$; $\sigma_x = 1350$; $x_0 = 2000$ kNm/rad).

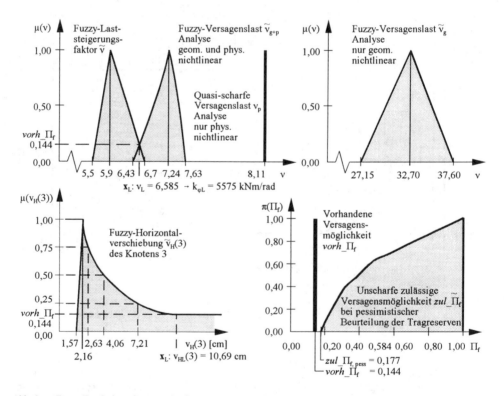

Abb. 2   Fuzzy-Ergebnisgrößen: unscharfe Versagenslasten $\tilde{v}_{g+p}$ und $\tilde{v}_g$, quasi-scharfe Versagenslast $\tilde{v}_p$, unscharfe Knotenverschiebung $\tilde{v}_H(3)$; vorhandene und zulässige Versagensmöglichkeit $vorh\_\Pi_f$ und zul_Π_f

Oft sind Eingangsgrößen durch "Zufälligkeit" gekennzeichnet, und die Aussagen zu deren Auftretenswahrscheinlichkeiten, d.h. ihre Wahrscheinlichkeitsverteilungsfunktionen, sind zusätzlich mit nichtstochastischen Unschärfen ("Fuzziness") behaftet. Dies gilt insbesondere für Belastungsgrößen und für die "Randbereiche" der Verteilungsfunktionen.

Der Verlauf der Verteilungsfunktionen in den "Randbereichen" beeinflußt die Versagenswahrscheinlichkeit wesentlich. Die Nichtbeachtung der "Fuzziness" in diesen "Randbereichen" vermittelt den Eindruck von Exaktheit.

Die mathematische Grundlage für die gleichzeitige Erfassung der Unschärfen "Zufälligkeit" und "Fuzziness" bildet die Theorie der Fuzzy-Zufallszahlen z.B. (Liu, Qiao & Wang 1997). Ausgehend von der Zuverlässigkeitstheorie I. Ordnung (FORM) kann eine Fuzzy-Zuverlässigkeitstheorie I. Ordnung (FFORM = Fuzzy First Order Reliability Method) entwickelt werden. Mit FFORM gelingt es, die Unschärfen in den Sicherheitsaussagen zu quantifizieren.

Die Beschreibung der unscharfen Eingangsparameter als Fuzzy-Zufallszahlen führt auf unscharfe Wahrscheinlichkeitsdichte-, Wahrscheinlichkeitsverteilungs- und Grenzzustandsfunktionen und auf Fuzzy-Größen für die Versagenswahrscheinlichkeit und den Sicherheitsindex, s. Abb 3 Bei Datenunschärfe ergeben sich Verteilungsfunktionen mit Fuzzy-Parametern oder unscharfe Mischverteilungen. In diese können auch subjektive Bewertungen durch Experten eingehen. Die

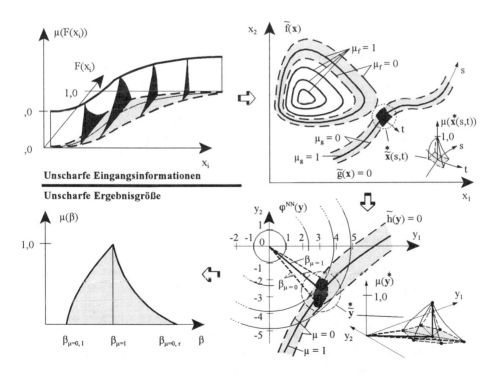

Abb. 3   x-Raum: Fuzzy-Verteilungs-, Fuzzy-Verbunddichte- und Fuzzy-Grenzzustandsfunktion, Fuzzy-Bemessungspunkt; y-Raum: Fuzzy-Grenzzustandsfunktion, Fuzzy-Bemessungspunkt und Fuzzy-Sicherheitsindex

Zugehörigkeit verschiedener scharfer Verteilungsfunktionen zur Mischverteilung wird mit Hilfe von Fuzzy-Parametern oder Fuzzy-Funktionen bewertet. Modellunschärfen führen auf Fuzzy-Grenzzustandsfunktionen im x-Raum.

Entsprechend dem Vorgehen der Zuverlässigkeitstheorie I. Ordnung wird der Sicherheitsindex β im y-Raum berechnet. Die Transformation der Fuzzy-Zufallsvariablen $\tilde{X}$ in den y-Raum erfolgt analog zu Gl. (4), wobei hier alle Punkte des x-Raumes berücksichtigt werden. Die Standard-Normalverteilung ist dabei stets scharf, die transformierte Grenzzustandsfunktion $\tilde{h}(y) = 0$ unscharf.

Fuzzy-Sicherheitsindex und unscharfer Bemessungspunkt im y-Raum können nach dem Erweiterungsprinzip berechnet werden. Numerisch vorteilhafter ist die Anwendung der α-Diskretisierung und die Formulierung des im Erweiterungsprinzip enthaltenen Max-Min-Operators als Optimierungsproblem. Funktionswert der Zielfunktion ist der Sicherheitsindex (bzw. die Versagenswahrscheinlichkeit); als Optimierungsziele werden die extremalen Größen für jeden α-cut gesucht.

Der Abbildungsoperator ist jetzt der Algorithmus der Zuverlässigkeitstheorie I. Ordnung in Verbindung mit der im Abschnitt 3 beschriebenen deterministischen Grundlösung. Möglich ist die Behandlung nicht normalverteilter Zufallsvariablen und nichtlinearer Grenzzustandsfunktionen. Ein Prinzipbeispiel zum Vorgehen der FFORM ist in (Möller & Beer 1998) enthalten.

Das Forschungsvorhaben wurde durch die Deutsche Forschungsgemeinschaft (DFG) gefördert. Die Autoren danken für die finanzielle Unterstützung.

6   LITERATUR

Ganesan, R. 1996. Probabilistic Analysis of Non-Self-Adjoint Mechanical Systems with Uncertain Parameters. *Int. J. Solids Structures*, Vol. 33, No. 5, S. 675-688

Hung T. Nguyen 1997. Fuzzy sets and probability. *Fuzzy Sets and Systems* 90, S. 129-132

Liu Yubin, Qiao Zhong & Wang Guangyuan 1997. Fuzzy random reliability of structures based on fuzzy random variables. *Fuzzy Sets and Systems* 86, S. 345-355

Möller, B. 1997. Fuzzy-Modellierung in der Baustatik. *Bauingenieur*. Vol. 72(2), S. 75-84

Möller, B.& Beer, M. 1998. Safety Assessment using Fuzzy Theory. *Proc. of the 1998 Int. Computing Congress in Civil Engineering*. ASCE, Annual Convention, Boston, S. 756-759

Möller, B., Beer, M., Graf, W.& Hoffmann, A. erscheint 1999. Possibility Theory Based Safety Assessment. *Computer-Aided Civil and Infrastructure Engineering*. Special Issue on Fuzzy Modeling, Malden, Oxford: Blackwell Publishers

Möller, B., Beer, M., Graf, W., Schneider, R.& Stransky, W. 1998. Zur Beurteilung der Sicherheitsaussage stochastischer Methoden. 2. Dresdner Baustatik-Seminar, Berichte, *Sicherheitsrisiken bei der Tragwerksmodellierung*, Lehrstuhl für Statik, TU Dresden, S. 19-41

Möller, B., Graf, W.& Schneider, R. 1998. *Zuverlässigkeitsanalyse erster Ordnung für ebene Stahlbeton-Stabtragwerke auf der Basis einen (neuen) kontinuierlichen M-N-Q-Interaktionsmodelles*. Abschlußbericht zum DFG-Vorhaben, Lehrstuhl für Statik, TU Dresden

Müller, H., Graf, W., Schneider, R.& Stanoev, E. 1996. Zum nichtlinearen mechanischen Verhalten von seilvorgespannten Stahlbeton-Stabtragwerken, *Berichte Baustatik-Baupraxis 6*, Weimar

Spaethe, G. 1987. *Die Sicherheit tragender Baukonstruktionen*. Berlin: Verlag f. Bauwesen (1992 Berlin, Heidelberg, New York: Springer-Verlag)

Stange, K. 1977. *Bayes-Verfahren, Schätz- und Testverfahren bei Berücksichtigung von Vorinformationen*, Berlin, Heidelberg, New York: Springer-Verlag

Baustatik-Baupraxis 7, Meskouris (Hrsg.) © 1999 Balkema, Rotterdam, ISBN 90 5809 044 2

Plattentragwerke aus Stahlbeton – Anwendung verschiedener nichtlinearer Nachweisverfahren

U. Wittek & R. Meiswinkel
Lehrstuhl für Baustatik, Universität Kaiserslautern, Deutschland

ZUSAMMENFASSUNG: Die Bemessung von Stahlbetonplatten setzt eine möglichst wirklichkeitsnahe Einschätzung des Tragverhaltens voraus, um die Anforderungen an die Standsicherheit und Gebrauchstauglichkeit in optimaler Weise zu gewährleisten. Hierzu bieten sich Berechnungen unter Berücksichtigung des nichtlinearen Stahlbetonverhaltens an. Diese nichtlinearen Berechnungen lassen sich in verschiedene nichtlineare Nachweisverfahren einbinden, die zum Beispiel auf dem EC 2 oder auf dem Neu-Entwurf der DIN 1045 basieren. In dem Beitrag werden baupraktisch relevante Anwendungen dieser Nachweisverfahren für Stahlbetonplatten dargelegt und deren Auswirkungen auf die Bemessung aufgezeigt.

1 WIRKLICHKEITSNAHES TRAGVERHALTEN VON PLATTEN

1.1 *Tragfähigkeiten von Platten - Vergleich Platte/Stab*

Stahlbetonplatten finden eine sehr häufige Anwendung in Form von Fundament- und Deckenplatten des Hoch- und Industriebaus. Als ebene flächenhafte Tragwerkskonstruktionen zeichnen sie sich im Vergleich zu Stabtragwerken durch ihre relativ hohen Tragfähigkeitskapazitäten aus. Diese resultieren sowohl aus der zweiaxialen Lastabtragungsmöglichkeit als auch aus dem zweiaxialen Stahlbetonverhalten und führen dazu, daß mit dem Versagen auf Querschnittsebene - Betonbruch oder Stahlfließen - bei weitem noch nicht das Versagen des Gesamtsystems erreicht ist.

Es existieren unterschiedliche Tragfähigkeitskapazitäten von Stab- und Flächentragwerken aufgrund der unterschiedlichen Kopplungsmöglichkeiten der Schnittgrößen, welche durch die Gleichgewichtsbedingungen und die Spannungs-Dehnungsbeziehungen im Stoffgesetz vorliegen. Bei einer linearen Stoffgesetzannahme ergeben sich für Vertikallasten mit reiner Biegebeanspruchung nur Momentenbeziehungen. Sie sind bei der Platte mit ihren beiden Tragrichtungen, x- und y-Richtung, durch die Verknüpfung der verschiedenen Biegemomente, bzw. der beiden Hauptdehnungen, gekennzeichnet. Im Rahmen einer wirklichkeitsnahen Betrachtung mit nichtlinearer Stahlbetonmodellierung führt die auftretende Rißbildung bei den Platten im allgemeinen dazu, daß sich durch das Verschieben der Spannungs-Nullinie ein zweiaxiales Druckgewölbe ausbildet und so zusätzlich zu der Biegebeanspruchung eine Membranbeanspruchung (Scheibenwirkung) aktiviert wird (Meiswinkel 1999).

Eine Aktivierung von Membrankräften kann auch bei Stabtragwerken auftreten, setzt aber statisch unbestimmte Systeme mit entsprechenden Randbedingungen voraus und ist deutlich schwächer ausgeprägt als bei den Platten, da diese einen wesentlich höheren Grad an möglichen Schnittgrößenkopplungen aufweisen und damit auch größere Tragfähigkeitskapazitäten besitzen. Im Hinblick auf eine möglichst optimale Gewährleistung der Entwurfsanforderungen - Anforderungen an die Standsicherheit und Gebrauchstauglichkeit eines Tragwerks - erscheint es daher insbesondere bei Stahlbetonplatten angebracht, wirklichkeitsnahe Stahlbetonmodelle für die Entwurfsanalysen anzuwenden, um diese Tragfähigkeitskapazitäten zu erfassen.

1.2 *Zweiaxiale Stahlbetonmodellierung*

Zur wirklichkeitsnahen Analyse von Stahlbetonplatten lassen sich zweiaxiale, nichtlinear elastische Stahlbetonmodelle verwenden, die auf einem verschmierten Rißkonzept basieren und für die notwendige Querschnittsintegration ein Schichtenmodell berücksichtigen (Grote 1992). Dieses Schichtenmodell, das sich aus Stahlschichten mit einaxialen Stahlstoffgesetzen und aus Betonschichten mit zweiaxialen Beton-Stoffgesetzen zusammensetzt, repräsentiert ein „rotating crack model", das die unterschiedlichen Rißrichtungen je Schicht erfaßt.

Dem zweiaxialen Beton-Stoffgesetz liegen nichtlinear elastische Spannungs-Dehnungs-Beziehungen zugrunde, die für einen gegebenen Dehnungszustand ε_{xx}, ε_{yy}, ε_{xx} die zugehörigen Spannungen σ_{xx}, σ_{yy}, σ_{xy} in Abhängigkeit des jeweiligen Hauptspannungsverhältnisses liefern (Bild 1). Die hierbei anzuwendenden Hauptspannungs-Dehnungs-Beziehungen unterscheiden zwischen dem nichtlinearen Verhalten des ungerissenen Betons, dem Erreichen von Versagenszuständen - Betonbruch, Betonzugversagen - sowie dem Verhalten nach dem Betonversagen. Im Unterschied zu dem Betondruckversagen, bei dem die starke Gefügezerstörung kaum weitere Spannungsübertragungen mehr zuläßt, können im Fall des Betonzugversagens noch Spannungen zwischen den Rissen übertragen werden, insbesondere in den bewehrten Bereichen, wo dieser Mitwirkungseffekt als Tension-Stiffening-Effekt bezeichnet wird.

Zur Erfassung des Tension-Stiffening-Effekts lassen sich im zweiaxialen Fall für jede Hauptrichtung einaxiale Betonspannungs-Dehnungs-Beziehungen verwenden, die vereinfacht als abfallende Gerade approximiert werden können (Bild 1). Diese einaxialen Beziehungen, die sich durch eine vorteilhafte numerische Anwendung auszeichnen, basieren auf den einaxialen Stahlspannungs-Dehnungs-Beziehungen der DIN 1045 E 2/97 (DIN 1045 1997).

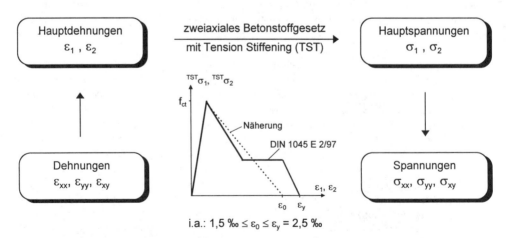

Bild 1 Nichtlinear elastisches Stahlbetonmodell für Platten

2 BEMESSUNG MIT NICHTLINEAREN STRUKTURANALYSEN

2.1 *Nichtlineare Strukturanalysen im Vergleich mit anderen Verfahren*

Zur Gewährleistung der Standsicherheit und Gebrauchstauglichkeit von Stahlbetontragwerken sind entsprechend der neuen Normengeneration des EC 2 (Eurocode 2 1992) und DIN 1045 E 2/97 (DIN 1045 1997, Zilch, Staller, Rogge 1997) der Grenzzustand der Tragfähigkeit (GZT: Vermeidung des Tragwerkeinsturzes) und der Grenzzustand der Gebrauchstauglichkeit (GZG: Verformungs-, Rißbreiten- und Spannungsbegrenzung) nachzuweisen. Hierzu stehen für die Strukturanalyse von Stahlbetonplatten folgende vier Verfahren zur Verfügung:

1. Nichtlineare Elastizitätstheorie:
   - GZT und GZG / Theorie 1. und 2. Ordnung

2. Lineare Elastizitätstheorie <u>ohne</u> Umlagerung:
   - GZT und GZG / eingeschränkt für Theorie 2. Ordnung

3. Lineare Elastizitätstheorie <u>mit</u> Umlagerung:
   - nur GZT / Nachweis ausreichender Verformungsfähigkeiten

4. Plastizitätstheorie (z. B. Bruchlinientheorie):
   - nur GZT / Nachweis ausreichender Verformungsfähigkeiten

Es ist auffallend, daß für den GZG nur die beiden ersten Verfahren anwendbar sind und daß eine uneingeschränkte Theorie 2. Ordnung-Betrachtung nur im Rahmen der nichtlinearen Elastizitätstheorie möglich ist. Damit stellte die nichtlineare Elastizitätstheorie mit der wirklichkeitsnahen Stahlbetonmodellierung das einzige allgemeingültige Verfahren zur Strukturanalyse dar. Allerdings erfordert die Verwendung nichtlinear ermittelter Strukturantworten zur Bemessung spezielle Nachweisverfahren, die auf unterschiedlichen Sicherheitskonzepten basieren können.

2.2 *Nichtlineare Nachweisverfahren nach EC 2 und DIN 1045 E 2/97*

Für den Nachweis des GZT mit wirklichkeitsnahen Strukturanalysen liegen dem EC 2 und der DIN 1045 E 2/97 verschiedene Sicherheitskonzepte zugrunde: EC 2 mit einem lokalen Sicherheitskonzept und DIN 1045 E 2/97 mit einem globalen Sicherheitskonzept (Bild 2).

Das lokale Sicherheitskonzept des EC 2 sieht eine Querschnittsbemessung mit nichtlinear ermittelten Schnittgrößen vor. Hierbei werden aber zwei unterschiedliche Stoffgesetze verwendet: ein Stoffgesetz mit Material-Mittelwerten zur Schnittgrößenermittlung und ein anderes mit sicherheitsreduzierten Fraktil-Werten (Design-Werte) zur Querschnittsbemessung. Ein weiterer Nachteil besteht darin, daß die Tragfähigkeitskapazitäten von Platten unterschätzt werden, da mit dem Querschnittsversagen ein Versagen des Gesamtsystems unterstellt wird.

Beide Nachteile werden bei einem globalen Sicherheitskonzept vermieden (Eibl, Schmidt-Hurtienne 1995). So fordert das Konzept der DIN 1045 E 2/97 die Einhaltung einer globalen Tragwerkssicherheit von $\gamma_R = 1{,}3$ gegenüber den Einwirkungskombinationen des GZT, das bedeutet, für $\gamma_R = 1{,}3$ müssen ein stabiler Gleichgewichtszustand vorliegen und die Grenzdehnungen des Betons ($\varepsilon_{cu} = -3{,}5$ ‰) und des Stahls ($\varepsilon_{smu} \approx 10$ ‰ bis 20 ‰, abhängig vom Bewehrungsgrad) eingehalten werden. Dieser Traglastnachweis erfordert sicherheitsbehaftete Materialgrößen, die als Material-Rechenwerte f_{cR} und f_{yR} die jeweiligen Materialsicherheiten

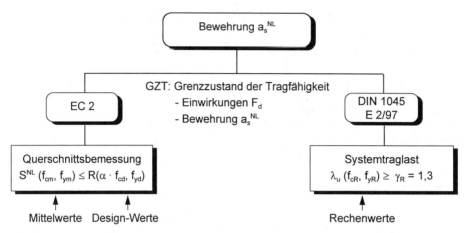

Bild 2   Nichtlineare Nachweisverfahren nach EC 2 und DIN 1045 E 2/97 (GZT)

des Betons und des Stahls berücksichtigen (γ_C = 1,5, γ_S =1,15). Jedoch ist bei dieser Stoffgesetzannahme zu bedenken, daß in DIN 1045 E 2/97 nur Angaben zu einaxialen Stoffgesetzen zu finden sind. Für zweiaxiale Beanspruchungen bei Platten müssen zweiaxiale Stoffgesetze mit entsprechenden Material-Rechenwerten verwendet werden (siehe Abschnitt 1.2).

Die Anwendung der nichtlinearen Nachweisverfahren mit den verschiedenen Sicherheitskonzepten ist für eine vorhandene Bewehrung vorgesehen und führt nicht direkt zu der erforderlichen Bewehrung, da im nichtlinearen Fall die Schnittgrößen und die Traglasten jeweils von der im Tragwerk vorhandenen Bewehrung abhängen. Eine explizite Bewehrungsermittlung erfordert spezielle iterative Vorgehensweisen. Derartige Iterationskonzepte liegen vor und lassen sich praktikabel einsetzen, wie z. B. die Schnittgrößeniteration mit dem lokalen Sicherheitskonzept des EC 2 oder die verschiedenen Varianten der Traglast-Iterationen mit dem globalen Sicherheitskonzept von DIN 1045 E 2/97 (Geißler, Meiswinkel, Wittek 1998).

3 ANWENDUNG NICHTLINEARER NACHWEISVERFAHREN

Die zuvor beschriebenen nichtlinearen Nachweisverfahren nach EC 2 und DIN 1045 E 2/97 sollen an einem konkreten Plattenbeispiel angewendet werden, um deren Auswirkungen auf eine gewählte Bewehrungsfestlegung zu erläutern und gleichzeitig die Phänomenologie des wirklichkeitsnahen Tragverhaltens derartiger Platten zu verdeutlichen.

Als Anwendungsbeispiel liegt eine zweifeldrige Platte vor, deren Systemgrößen (Geometrie, Werkstoff und Belastung) im Bild 3 angegeben sind. Die nichtlinearen Strukturanalysen zur wirklichkeitsnahen Tragwerksmodellierung werden mit dem FE-Programm ROSHE3 (Wittek, Meiswinkel 1997) unter Verwendung von 4-Knoten-Scheiben-/Plattenelementen (4x12 = 48 Freiheitsgrade, kubische Ansätze für die Verformungen u_x, u_y und w) durchgeführt. Für die FE-Diskretisierung werden unter Ausnutzung der Symmetrie für jede Feldhälfte, Feld 1 und 2, jeweils 160 Elemente gewählt. Die für die nichtlinearen Untersuchungen notwendige Bewehrungsanordnung in x- und y-Richtung ist wie folgt festgelegt: Feldbewehrung $a_{s,F}$ als untere Bewehrung in der gesamten Platte, Stützbewehrung $a_{s,St}$ als obere Bewehrung im Stützbereich (3,7 m $\leq$ x $\leq$ 7,3 m) und Eckbewehrung $a_{s,E}$ = $a_{s,F}$ als untere und obere Bewehrung im Eckbereich (x, y $\leq$ 1,65 m und x $\geq$ 9,35 m, y $\leq$ 1,65 m).

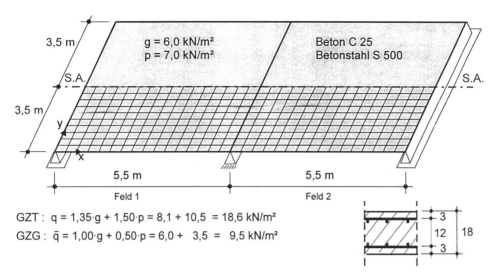

$$\text{GZT}: \quad q = 1{,}35 \cdot g + 1{,}50 \cdot p = 8{,}1 + 10{,}5 = 18{,}6 \text{ kN/m}^2$$
$$\text{GZG}: \quad \bar{q} = 1{,}00 \cdot g + 0{,}50 \cdot p = 6{,}0 + 3{,}5 = 9{,}5 \text{ kN/m}^2$$

Bild 3 Zweifeldrige Hochbauplatte (System und Belastung)

Zur Untersuchung der Einwirkungskombinationen des GZT sind die folgenden Fälle zu unterscheiden:

- Lastfall „Vollast": $q = 18{,}6$ kN/m^2 im Feld 1 und 2,
- Lastfall „Teillast": $q = 18{,}6$ kN/m^2 im Feld 1 und $q' = 8{,}1$ kN/m^2 im Feld 2.

Als Ergebnis einer linearen Berechnung erhält man die bemessungsrelevanten Schnittgrößen S^L (Bild 4: $m_{x,St} = -57{,}1$ kNm/m, $m_{x,F} = 30{,}5$ kNm/m), und anschließende Querschnittsbemessungen führen zu der Bewehrung $a_{s,E} = a_{s,F} = 4{,}79$ cm^2/m und $a_{s,St} = 9{,}82$ cm^2/m als gewählte Bewehrung. Die lineare Tragwerksmodellierung, die diese Bewehrung liefert, unterschätzt die Tragfähigkeitskapazitäten der Platte, so daß eine Reduzierung der Bewehrung möglich ist. Für eine willkürliche Reduzierung auf $a_{s,red}$ (Bild 4: ca. 66% von $a_{s,St}$ und ca. 87% von $a_{s,F}$) wäre diese reduzierte Bewehrung mit nichtlinearen Verfahren nachzuweisen.

Für die Anwendung des nichtlinearen Nachweisverfahrens des EC 2 sind die Schnittgrößen beider Laststellungen, „Vollast" und „Teillast", mit einem wirklichkeitsnahen Tragwerksmodell, das die Bewehrung $a_{s,red}$ und die Material-Mittelwerte berücksichtigt, zu berechnen. Diese Untersuchungen ergeben im Vergleich zur linearen Lösung geringere bemessungsrelevante Biegemomente, insbesondere geringere Stützmomente ($m_{x,St} = -41{,}2$ kNm/m). Gleichzeitig treten Membran-Druckkräfte auf, die im linearen Fall nicht vorhanden sind. Diese Unterschiede beruhen auf der unterschiedlichen Steifigkeitsverteilung in der Platte, die durch das ungleichmäßige Aufreißen der Stahlbetonplatte hervorgerufen wird und die zu den für diesen Plattentyp signifikanten Rißbildern führt (Bild 4). Eine anschließende Querschnittsbemessung mit den nichtlinear ermittelten Schnittgrößen zeigt, daß die reduzierte Bewehrung $a_{s,red}$ ausreicht, da erf $a_{s,F} = 4{,}20$ cm^2/m $\approx 4{,}19$ cm^2/m und erf $a_{s,St} = 6{,}24$ cm^2/m $< 6{,}54$ cm^2/m.
Alternativ läßt sich auch das globale Sicherheitskonzept von DIN 1045 E 2/97 anwenden, um die reduzierte Bewehrung $a_{s,red}$ nachzuweisen. Hierzu sind für die beiden Laststellungen, „Vollast" und „Teillast", Traglastanalysen unter Verwendung der rechnerischen Betondruckfestigkeit f_{cR} und Stahlfließspannung f_{yR} durchzuführen. Entsprechend DIN 1045 E 2/97 werden für den Elastizitätsmodul und die Betonzugfestigkeit Mittelwerte herangezogen.

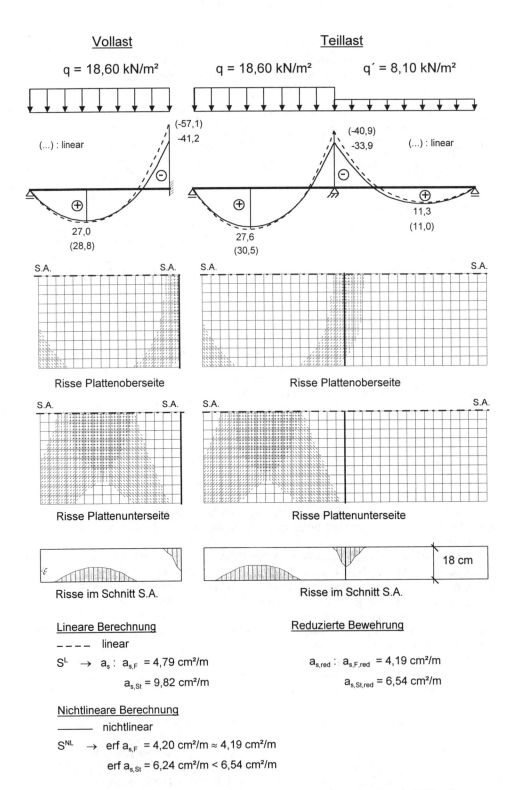

Vollast

Teillast

q = 18,60 kN/m²

q = 18,60 kN/m²   q´ = 8,10 kN/m²

(-57,1)
-41,2

(...) : linear

(-40,9)
-33,9

(...) : linear

27,0
(28,8)

27,6
(30,5)

11,3
(11,0)

S.A.   S.A.

S.A.   S.A.

Risse Plattenoberseite

Risse Plattenoberseite

S.A.   S.A.

S.A.   S.A.

Risse Plattenunterseite

Risse Plattenunterseite

18 cm

Risse im Schnitt S.A.

Risse im Schnitt S.A.

Lineare Berechnung

---- linear

S^L → a_s : $a_{s,F}$ = 4,79 cm²/m

$a_{s,St}$ = 9,82 cm²/m

Reduzierte Bewehrung

$a_{s,red}$: $a_{s,F,red}$ = 4,19 cm²/m

$a_{s,St,red}$ = 6,54 cm²/m

Nichtlineare Berechnung

—— nichtlinear

S^{NL} → erf $a_{s,F}$ = 4,20 cm²/m ≈ 4,19 cm²/m

erf $a_{s,St}$ = 6,24 cm²/m < 6,54 cm²/m

Bild 4 Schnittgrößen und Risseverteilungen für die Lastfälle „Vollast" und „Teillast"

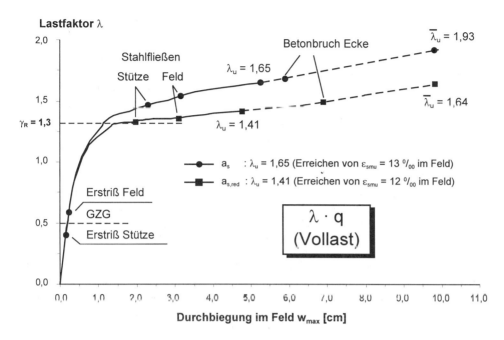

Bild 5 Nachweis der Tragwerkssicherheiten für a_S und $a_{S,red}$

Als Ergebnis der Traglastanalysen erhält man Last-Verformungskurven, wie im Bild 5 für das System mit „Vollast" mit den beiden Bewehrungsalternativen a_S und $a_{S,red}$ angegeben. In beiden Fällen liegt der gleiche Versagensmechanismus vor: Das nichtlineare Tragverhalten setzt mit den ersten Rissen im Stütz- und Feldbereich ein und führt nachfolgend auf relativ hohem Lastniveau zum Stahlfließen in diesen Bereichen; anschließend ergibt sich eine Beanspruchungsumlagerung, die zu einem Betonbruch im Eckbereich führt und schließlich die Systemversagenslast erreicht, bei der kein Gleichgewichtszustand mehr möglich ist. Diese jeweilige Systemversagenslast, $\overline{\lambda}_u = 1{,}93$ für a_S und $\overline{\lambda}_u = 1{,}64$ für $a_{S,red}$, repräsentiert aber nicht die nach DIN 1045 E 2/97 definierte Systemtraglast, da schon zuvor bei einer geringeren Laststufe die jeweils maßgebende Stahlgrenzdehnung ε_{smu} überschritten worden ist.

Für die nichtreduzierte Bewehrung a_S wird $\varepsilon_{smu} = 13$ ‰ im Feld bei $\lambda_u = 1{,}65$ und für die reduzierte Bewehrung $a_{S,red}$ wird $\varepsilon_{smu} = 12$ ‰ im Feld schon bei $\lambda_u = 1{,}41$ erreicht. Beide λ_u-Werte überschreiten den Grenzwert $\gamma_R = 1{,}3$, wobei im Vergleich erwartungsgemäß das System mit a_S deutlich höhere Tragfähigkeiten aufweist. Mit der Traglast $\lambda_u = 1{,}41$ als vorhandene Sicherheit ist insbesondere für die reduzierte Bewehrung $a_{S,red}$ die nach DIN 1045 E 2/97 erforderliche Sicherheit nachgewiesen. Diese Sicherheit bezogen auf den Lastfall „Vollast" wird auch nicht durch den Lastfall „Teillast" unterschritten, da die Traglastanalyse des Systems mit „Teillast" zu einer Traglast $\lambda_u = 1{,}49 > 1{,}41$ führt.

Die Anwendung beider nichtlinearer Nachweisverfahren haben gezeigt, daß für eine reduzierte Bewehrung ausreichende Sicherheiten vorliegen. Zusätzlich zu diesen Nachweisverfahren des GZT sind ergänzend die Gebrauchstauglichkeitsnachweise für den GZG zu führen, die lediglich lineare Modelle erfordern, da sich das Lastniveau des GZG noch im linearen Beanspruchungsbereich befindet (Bild 5). So läßt sich abschließend mit linearen Berechnungen zeigen, daß die zulässigen Spannungen, Rißweiten und Verformungen eingehalten werden können.

4 ZUSAMMENFASSUNG UND AUSBLICK

Mit nichtlinearen Strukturanalysen auf der Basis wirklichkeitsnaher Stahlbetonmodelle bieten sich alternative Berechnungsverfahren an, die insbesondere für die innerlich statisch unbestimmten Plattentragwerke geeignet erscheinen, um die Ergebnisse der wirklichkeitsnahen Tragwerksbeanspruchungen für einen sicheren, dauerhaften und gleichzeitig auch wirtschaftlichen Tragwerksentwurf zu nutzen. Diese nichtlinearen Entwurfsanalysen lassen sich sowohl bei den Gebrauchstauglichkeitsnachweisen als auch bei den Tragfähigkeitsnachweisen einsetzen. Für die Tragfähigkeitsnachweise liegen unterschiedliche Methoden vor: Querschnittsnachweis (lokales Sicherheitskonzept) und Nachweis des Gesamtsystems (globales Sicherheitskonzept). Der letztgenannte erscheint als der konsequentere der beiden Nachweisverfahren, da er nur ein einziges Stoffgesetz für Tragwerksanalyse und Bemessung benutzt und zusätzlich die Tragfähigkeitskapazitäten besser erfaßt. Derartige Traglastnachweise werden als nichtlineare Verfahren die Normenentwicklung weiter prägen, so daß entsprechende Modifikationen und Ergänzungen zu erwarten sind, insbesondere bezüglich zweiaxialer Stoffgesetzangaben.

Eine zuverlässige Anwendung dieser nichtlinearen Nachweisverfahren erfordert eine sorgfältige Beachtung der Modellierungsannahmen für die nichtlinearen Strukturanalysen. So sind im Hinblick auf die Aktivierung von Membrankräften die angenommenen Lagerungsbedingungen, wie z.B. Horizontallager, konstruktiv zu gewährleisten, und unter Umständen ist auch das Langzeitverhalten des Betons (Kriechen, Schwinden) zu berücksichtigen, um die Membrandruckkräfte konservativ abzuschätzen.

LITERATUR

DIN 1045 Entwurf 2/97 1997. *Tragwerke aus Beton, Stahlbeton und Spannbeton - Bemessung und Konstruktion*, Deutscher Ausschuß für Stahlbeton, Berlin

DIN V 18932 (DIN V ENV 1992-1-1) Ausgabe 6/92. *Eurocode 2: „Planung von Stahlbeton- und Spannbetontragwerken. Teil 1: Grundlagen und Anwendungsregeln für den Hochbau"*, Deutscher Ausschuß für Stahlbeton, Berlin

Eibl, J. & Schmidt-Hurtienne, B. 1995. Grundlagen für ein neues Sicherheitskonzept. *Bautechnik 72*, Heft 8

Geißler, M., Meiswinkel, R. & Wittek, U. 1998. Nichtlineare FE-Modellierung für die Stahlbetonbemessung nach EC 2 und DIN 1045 E 2/97. *Tagung FEM '98 „Finite Elemente in der Baupraxis / Darmstadt*. Ernst und Sohn

Grote, K. 1992. *Theorie und Anwendung geometrisch und physikalisch nichtlinearer Algorithmen auf Flächentragwerke aus Stahlbeton*. Bericht 1/92, Baustatik, Univers. Kaiserslautern

Meiswinkel, R. 1999. *Entwurf von Stahlbeton-Flächentragwerken unter Berücksichtigung wirklichkeitsnaher Strukturanalysen*. Bericht 1/99, Baustatik, Universität Kaiserslautern

Wittek, U. & Meiswinkel, R. 1997. *Handbücher zu dem FE-Programm ROSHE3*. Baustatik, Universität Kaiserslautern

Zilch, K., Staller, M. & Rogge, A. 1997. Bemessung und Konstruktion von Tragwerken aus Beton, Stahlbeton und Spannbeton nach DIN 1045-1. *Bauingenieur 72*

Baustatik Baupraxis 7, Meskouris (Hrsg.) © 1999 Balkema, Rotterdam, ISBN 90 5809 044 2

Computergestützter Trag- und Lagesicherheitsnachweis von 'beweglichen Stahltragwerken'

M. Kühne
Fachgebiet Stahlbau, FH Wiesbaden, Deutschland

ABSTRACT: Es wird eine computergestützte Vorgehensweise zum Nachweis der Gebrauchs-tauglichkeit beweglicher Stahltragwerke vorgestellt. Sie beinhaltet den Aufbau von Tragwerks-modellen aus vordefinierten Subsystemen, die Abbildung der Massen der Struktur mit Massen-fällen sowie die Beschreibung der möglichen Lasten und Lastkombinationen mit Hilfe von Logiklastfällen. Die Abbildung nichtlinearer Elemente sowie stellungsübergreifende Nach-weise nach verschiedenen Normen werden beschrieben.

1 EINLEITUNG

Bewegliche Stahltragwerke, wie sie insbesondere in der Fördertechnik, aber auch im Bereich der fliegenden Bauten (z.B. Karussells, Riesenräder u. ä.) vorkommen, zeichnen sich durch eine Reihe von Besonderheiten aus:
- komplexe räumliche Tragwerksstrukturen
- eine große Anzahl unterschiedlicher äußerer Lasten und (Beschleunigungs-)lasten aus Arbeitsbewegungen, die sich gegenseitig überlagern können
- häufig mehrere nachzuweisende Tragwerksstellungen
- die Notwendigkeit von Betriebsfestigkeitsnachweisen nach unterschiedlichen Normen
- Standsicherheitsaspekte unter Berücksichtigung von Systemen veränderlicher Gliederung

Der computergestützte Nachweis solcher Tragwerke erfordert eine die Bearbeitung großer Mengen von Daten, die übersichtlich eingegeben und dokumentiert werden müssen. Es ist wünschenswert, die Resultate komplexer Nachweise in verschiedenen Detaillierungsgraden übersichtlich darstellen zu können.

Im Folgenden wird ein computergestütztes Vorgehen beschrieben, das aufgrund der zuvor genannten Anforderungen für den praktischen Einsatz entwickelt wurde. Eine ausführlichere Darstellung findet sich in (Kühne & Kohlhas 1997).

2 AUFBAU DER TRAGWERKSMODELLE

Modelle können entweder elementar aus einzelnen Stabelementen oder aus vordefinierten Sub-systemen zusammengesetzt werden.

2.1 Aufbau der Modelle aus einzelnen Stäben

Tragwerksmodelle können zunächst aus einzelnen Stabelementen aufgebaut werden. Mit Stab ist hierbei der räumlich belastbare Stab (Balken) gemeint. Dabei ist die räumliche Lage jedes Stabelementes einzeln zu beschreiben. Die Lage des lokalen Stabkoordinatensystems wird durch die Eingabe eines zusätzlichen Vektors definiert. Dem Element ist außerdem ein Material und ein Querschnitt zuzuweisen. Dabei können sowohl Normprofile als auch aus Blechen und Halbzeugen aufgebaute Kastenträger abgebildet werden, wie sie in der Fördertechnik häufig verwendet werden. Mit der letzteren Querschnittsmodellierung können auch konische Querschnittsverläufe (Kühne 1984) abgebildet werden.

Allen Querschnittstypen ist gemeinsam, daß sie vordefinierte Spannungsnachweispunkte besitzen, deren Einheitsspannungen (Spannungen aus Schnittgrößen = 1) vorberechnet sind. Diese Eigenschaft ist die Voraussetzung dafür, daß für solchermaßen modellierte Systeme später leicht Spannungs- und Betriebsfestigkeitsnachweise geführt werden können.

Die Tragwerksstruktur und die Querschnittsbelegung können aus CAD-Programmen über geeignete Schnittstellen (DSTV - Produktschnittstelle Stahlbau oder einfache DXF-Schnittstelle) übernommen werden.

2.2 Bauteilbibliotheken aus Subsystemen

Beim elementaren Aufbau der Modelle von Tragwerken aus einzelnen Stäben bleiben die Möglichkeiten der häufig gegebenen abgrenzbaren zeichnungs- oder normteilorientierten Strukturen des Tragwerkes zum Nachteil des Bearbeitungsaufwandes ungenutzt. Daher wird zweckmäßigerweise die mit Hilfe von Stabelementen beschriebene Tragwerksstruktur in Baugruppen und Unterbaugruppen zerlegt, die in Bibliotheken abgelegt werden können. Jede Baugruppe, im folgenden Subsystem genannt, kann aus Stäben und/oder weiteren Subsystemen bestehen.

Die topologische Anordnung der Subsysteme entspricht einer hierarchischen Baumstruktur (analog der Verzeichnisstruktur eines Computers). Jedes Subsystem besitzt ein eigenes Subsystemkoordinatensystem. Das oberste Subsystem wird im Inertialkoordinatensystem orientiert. Die Lage der folgenden Subsysteme wird relativ zum übergeordneten Subsystem durch einen Vektor und eine Drehmatrix (drei Euler-Winkel) beschrieben. Die Anzahl der Subsysteme und Subsystemebenen ist nicht begrenzt. Der Turmdrehkran in Bild 1 ist in zwei Ebenen von Subsystemen untergliedert.

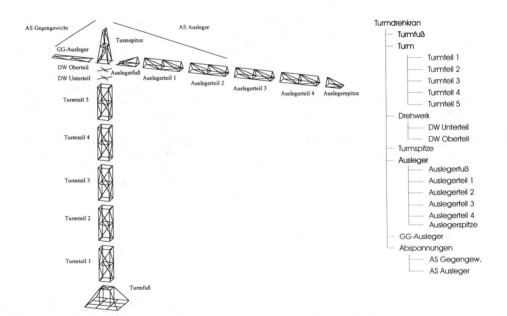

Bild 1. Gliederung eines Turmdrehkranes in Subsysteme

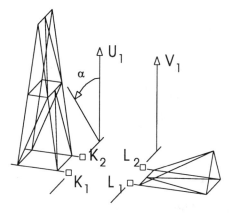

$$K_1 = L_1$$
$$K_2 = L_2$$
$$\overline{K_1 K_2} \times U_1 \,\|\, \overline{L_1 L_2} \times V_1$$

α -> Wippen des Auslegers

Bild 2. Verbindung mit einem Hilfsvektor

Die physikalische Verbindung von Subsystemen kann unabhängig vom topologischen Aufbau des Subsystembaums festgelegt werden.

Mehrere Knoten innerhalb eines Subsystemes können zu einem Anschluß zusammengefaßt werden. Durch Zuordnung von zwei kompatiblen Anschlüssen (bezüglich Anzahl und räumlicher Lage der jeweiligen Knoten zueinander) wird eine physikalische Verbindung definiert.

Besteht ein Anschluß aus weniger als drei Knoten, so ist für die eindeutige Definition der Lage die zusätzliche Eingabe eines bzw. zweier Hilfsvektoren erforderlich. Diese Vektoren werden im jeweiligen Subsystemkoordinatensystem beschrieben. Ihre Veränderung ermöglicht bereits einfache kinematische Verstellungen wie z.B. das Wippen oder Drehen eines Auslegers (Bild 2).

Subsysteme oder ganze Subsystemäste können sowohl innerhalb eines Systemes kopiert und verschoben, als auch aus anderen Systemen (Bauteilbibliotheken) importiert werden. Dies ermöglicht den schnellen Aufbau von Systemen aus vorhandenen Komponenten. Diese können nachträglich um individuell erzeugte Objekte ergänzt werden.

2.3 Massenfälle

Für die verschiedenen Konfigurationen, Stellungen und Betriebszustände eines bewegten Tragwerkes während des Transportes, der Montage und der Nutzung ist die Massenverteilung hinreichend genau zu modellieren. Dabei sind ständige und veränderliche Massenanteile zu berücksichtigen.

Analog zu den bekannten "Lastfällen" können deshalb "Massenfälle" definiert werden. Ein immer vorhandener Massenfall "Ständige Masse" umfaßt die unmittelbar den Stäben und Knoten zuzuordnenden Massen (Nettomassenbelegung aus Querschnittsfläche*Materialdichte, Knotenmassen, beliebig verteilte Stabmassen). Diese Massenanteile werden bei Import und Kopie von Subsystemen berücksichtigt.

Veränderliche Massen können in weiteren Grundmassenfällen als Knotenmassen, Stabmassen und Stabmassefaktoren abgebildet werden. Grundmassenfälle können in Kombinationsmassenfällen mit Faktoren gewichtet zusammengefaßt werden.

Massenfälle werden eingesetzt, um
- im Betrag veränderliche Massen zu beschreiben: z.B. Gegengewichte und Hubmassen
- stellungsabhängige Massen zu definieren: z.B. eine als Punktmasse abgebildete Laufkatze
- Massen baugruppenweise zu verwalten: z.B. elektrische- oder Maschinenausrüstung, Laufstege und Geländer
- belastende und entlastende Bereiche für die Ermittlung der Standsicherheit zu beschreiben

3 ELASTOSTATISCHES BERECHNUNGSMODELL

3.1 Lasten

Die an der massen- und querschnittsbelegten Struktur angreifenden unabhängigen Einwirkungen werden in Grundlastfällen zusammengefaßt. Außer den im einzelnen zu beschreibenden Knotenlasten, Stablasten und Stabvorformen können Seillasten, Bewegungslasten und Windlasten generiert werden, die durch wenige Parameter zu beschreiben sind.

Seillasten werden durch Festlegung von Knotenreihenfolge, Einscherung und Betrag definiert. Bewegungslasten sind Trägheitskräfte, die infolge Erdbeschleunigung (Eigengewicht), translatorischer und rotatorischer Beschleunigung bzw. rotatorischer Geschwindigkeit wirken. Für jede unabhängige Bewegung ist ein Massenfall sowie Betrag und Richtung (bzw. Drehachse) der Momentanwerte der Beschleunigung und Geschwindigkeit vorzugeben oder aus einer starrkörperkinetischen Berechnung zu übernehmen.

Einwirkungen, die gleichzeitig wirken, können, wie allgemein üblich, in Kombinationslastfällen zusammengefaßt werden.

3.2 Logiklastfälle

Im bewegten Stahlbau treten vielfältige Einwirkungen wie z.B. Belastungen aus Bewegungen, Nutzlasten, Wind in Betrieb, Sturm außer Betrieb, Pufferkräfte, Erdbebenlasten usw. auf. Aus den mit Teilsicherheitsbeiwerten und dynamischen Faktoren versehenen Einwirkungen sind, unterschiedlich nach Berechnungsnorm und Betriebsweise, die maßgebenden Beanspruchungen zu ermitteln.

Eine nach Plausibilitätsüberlegungen durchgeführte Kombination von Einwirkungen oder einfache max/min-Bildung stellt nicht immer sicher, daß wirklich alle ungünstigsten Beanspruchungen erfaßt werden. Deshalb werden alle möglichen Kombinationen mit Hilfe von Logiklastfällen beschrieben.

Ein Logiklastfall (LLF) wird durch folgende Parameter beschrieben:
- von den eingehenden Grundlastfällen (GLF) oder Kombinationslastfällen (KLF) wirkt/wirken: "Einer", "Einer oder keiner", "Alle", "Alle möglichen Kombinationen"
- ein Faktor für jeden eingehenden Lastfall z.B. Teilsicherheitsbeiwerte, Dynamikfaktoren, Wichtungsfaktoren für Einheitslastfälle
- Wirkungsrichtung ein- oder beidseitig (+/-) für jeden eingehenden Lastfall z.B. +/- Kranfahren oder +/- Katzfahren

Logiklastfälle können beliebig tief geschachtelt werden.

Beispiel:

Die nach DIN 18800 (DIN 18800 1990), Teil 1, Element (710) - (716) zu bildenden Kombinationen können mit Logiklastfällen folgendermaßen abgebildet werden:

Ständige Einwirkungen G_k:

$\gamma_f = 1,35$ generell,
$\gamma_f = 1,00$ berücksichtigt, daß ständige Einwirkungen die Beanspruchungen verringern können

LLF Std_Einwirkungen = 1,35 * GLF G_k , 1,00 * GLF G_k - "Einer"

Berücksichtigung aller veränderlichen Einwirkungen $Q_{i,k}$, $\gamma_f = 1,50$, $\psi = 0,90$:

LLF alle_Qi = 1,50 * 0,90 * (LLF Q_1 ... LLF Q_i ... LLF Q_n) i = 1,n - "Alle möglichen Kombinationen"

Berücksichtigung jeweils einer veränderlichen Einwirkung Q_{ik}, $\gamma_f = 1{,}50$:

LLF ein_Qi = 1,50 * (LLF Q_1 ... LLF Q_i ... LLF Q_n)   i = 1,n   - "Einer"

Die veränderlichen Einwirkungen Q_i sind in der Regel selbst bereits Logiklastfälle, da sie im Sinne der DIN 18800 einer Einwirkung entsprechen und die möglichen Kombinationen enthalten, die zu den jeweils ungünstigsten Beanspruchungen führen. Eine solche Einwirkung ist z.B. eine Verkehrslast, die unabhängig voneinander in den verschiedenen Feldern eines Mehrfeldträgers auftreten kann:

LLF Q_1 = (GLF Q_{11} ... GLF Q_{1i} ... GLF Q_{1n})   i = 1,n   - "Alle möglichen Kombinationen"

Die veränderlichen Einwirkungen werden in einem Logiklastfall zusammengefaßt und anschließend mit der ständigen Einwirkung zu den für den Nachweis der Tragsicherheit relevanten Kombinationen verknüpft:

LLF Ver_Einwirkungen = LLF alle_Qi , LLF ein_Qi   - "Einer oder keiner"
LLF Tragsicherheit = LLF Std_Einwirkungen , LLF Ver_Einwirkungen   - "Alle"

3.3 Stellungen des Tragwerkes

Bei der Bemessung von Krantragwerken können für verschiedene Baugruppen unterschiedliche Stellungen des Tragwerkes und unterschiedliche Einwirkungszustände maßgebend werden.

Lassen sich die Baugruppen, deren Stellung sich verändert, als Massenfälle abbilden, so können sie innerhalb einer elastostatischen Berechnung berücksichtigt werden.

Sind diese Baugruppen hingegen Bestandteil der mechanischen Struktur, so werden Berechnungsmodelle in einer Stellung eingegeben und nachträglich kinematisch in andere Berechnungsstellungen bewegt (Bild 3). Bei diesem Vorgehen ist pro Stellung eine elastostatische Berechnung erforderlich. Die Ergebnisse werden dabei zusätzlich mit einer Stellungsnummer versehen, so daß Schnittgrößen und Verformungen aus gleichen Lastfällen aber unterschiedlichen Stellungen unterschieden und damit gemeinsam ausgewertet werden können. Lastfälle unterschiedlicher Stellungen werden dabei mit "Einer" verknüpft.

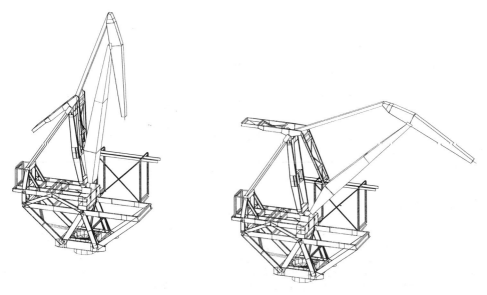

Bild 3. Stellungen eines Doppellenkerwippdrehkranes

3.4 Halbelemente

Bilineare Elemente, die in Richtung eines Freiheitsgrades nur Kräfte größer oder kleiner einer Grenzkraft übertragen, werden als Halbelemente definiert. Ihr Verhalten entspricht einem idealisiert elastisch-plastischen Werkstoffverhalten.

Typische Beispiele für Halbelemente sind Seile, die nur Zugkräfte, Laufräder oder Abstützungen, die nur Druckkräfte und Hydraulikpuffer, die nur bestimmte Grenzkräfte übertragen können.

Jede Lastkombination wird zunächst ohne Berücksichtigung der Grenzkräfte der Halbelemente berechnet. Die Halbelemente werden hierbei als lineare Balkenelemente abgebildet. An jedem Halbelement wird eine Einheitsvorform in Richtung des betreffenden Freiheitsgrades aufgebracht. Nach der elastostatischen Berechnung werden durch Wichtung und Überlagerung der Einheitsvorformen die Kräftebedingungen für alle Halbelemente erfüllt. Die Korrektur erfolgt durch iterative Lösung eines Ungleichungssystems.

Im Kraft-Verschiebungsgesetz wird zusätzlich zu den bekannten Klassen 1 (Verschiebungen unbekannt, Kräfte bekannt) und 2 (Verschiebungen bekannt, Kräfte unbekannt) eine neue Klasse 3 für die Halbelemente eingeführt:

$$\begin{bmatrix} f^1 \\ f^2 \\ f^3 \end{bmatrix} = \begin{bmatrix} K^{11} & K^{12} & K^{13} \\ K^{21} & K^{22} & K^{23} \\ K^{31} & K^{32} & K^{33} \end{bmatrix} \cdot \begin{bmatrix} q^1 \\ q^2 \\ q^3 \end{bmatrix} \tag{1}$$

Damit lassen sich die unbekannten Kräfte und Verschiebungen mit den folgenden Gleichungen berechnen:

$$q^1 = \left(K^{11}\right)^{-1} \cdot \left(f^1 - K^{12} \cdot q^2 - K^{13} \cdot q^3\right) \tag{2}$$

$$f^2 = K^{21} \cdot q^1 + K^{22} \cdot q^2 + K^{23} \cdot q^3 \tag{3}$$

$$q^3 = \left(K^{33}\right)^{-1} \cdot \left(f^3 - K^{31} \cdot q^1 - K^{32} \cdot q^2\right) \tag{4}$$

$$Det\left(K^{11}, K^{33}\right) \neq 0$$

Die unbekannten Verschiebungen der Klasse 1 bzw. die Kräfte der Klasse 2 lassen sich berechnen. Zur vollständigen Lösung des Systems muß für die Halbelemente der Klasse 3 das untenstehende Ungleichungssystem gelöst werden:

$$\sum_{ij} K_{ij} \cdot q_j + f_i \leq (bzw. \geq) G_i \tag{5}$$

G entspricht dabei der Grenzkraft, f der auftretenden äußeren Kraft und q der zusätzlich aufzubringenden Verschiebung, mit der die äußeren Kräfte wieder der Grenzkraft angeglichen werden.

4 AUSWERTUNG

Bei der Auswertung werden alle sich infolge der Logiklastfälle ergebenden Belastungskombinationen stellungsübergreifend berücksichtigt. Dabei wird für jede Kombination der aktuelle Zustand des Systemes veränderlicher Gliederung bestimmt, indem das Ungleichungssystem für die Halbelemente gelöst wird. Für jede Schnittstelle bzw. jeden Spannungsnachweispunkt werden dann die maßgebenden Größen und die zugehörige Lastkombination ermittelt.

Die im Bauingenieurwesen übliche max-/min-Bildung auf Schnittgrößenebene, bei der Schnittgrößen entweder immer oder nur bei Vergrößerung der Werte addiert werden, ist in diesem Konzept als Untermenge enthalten.

4.1 Extremwertsuche auf der Basis von Logiklastfällen

Die Auswertung von Logiklastfällen kann zunächst auf Schnittgrößen-, Spannungs- oder Verformungsebene erfolgen.

Für eine Extremwertsuche auf Spannungsebene sind folgende Parameter festzulegen:
- die zu extremierende Größe (Vergleichsspannung, Normalspannung, Schubspannung)
- die Art der Extremierung (Maximum, Minimum, maximaler Betrag)
- die nachzuweisenden Schnittstellen
- die zu berücksichtigenden Spannungsnachweispunkte auf den Querschnitten
- die auszugebenden Resultate (Extremwert pro Punkt/Schnittstelle/Stab/Tragwerk, alle Werte)
- die Liste der nachzuweisenden Stäbe
- die zu berücksichtigenden (Logik-)lastfälle mit den zugeordneten Stellungen

Eine Auswertung auf Schnittgrößenebene ist dann interessant, wenn für einen Nachweis Beanspruchbarkeiten in Form von Grenzkräften oder Grenzschnittgrößen vorliegen oder wenn Momenten- oder Querkraftdeckungslinien ermittelt werden sollen.

4.2 Nachweise

Ein Nachweis wird allgemein in der Form $S_d / R_d < 1$ geführt. Die Beanspruchungen S_d sind in der Regel Spannungen, Schnittgrößen, Kräfte und Verformungen sowie daraus mittels Formeln (z.B. Interaktionen) abgeleitete Größen. Beispielhaft seien hier die für den Kranbau relevanten Normen DIN 15018 (DIN 15018 1984) und prEN 13001 (prEN 13001 1998) angeführt.

Nachweise nach DIN 15018 :

Der Spannungsnachweis erfolgt nach der Methode der zulässigen Spannungen.

Beim Betriebsfestigkeitsnachweis werden die einzelnen Bauteile des Tragwerks in Beanspruchungsgruppen (B1....B6) eingestuft, die über eine Zuordnung von Spannungsspielbereichen und idealisierten Spannungskollektiven oder aus der Erfahrung heraus festgelegt werden. Weiterhin wird jedem Spannungsnachweispunkt ein Kerbfall (W0...W2, K0...K4) und jedem Bauteil ein Material zugeordnet. Damit kann in Abhängigkeit von der Beanspruchungsgruppe, dem Kerbfall und dem Material zul $\sigma_{D(\kappa=-1)}$ berechnet werden.

Das Grenzspannungsverhältnis berechnet sich zu:

$$\kappa_\sigma = \frac{\min \sigma}{\max \sigma}, \quad \kappa_\tau = \frac{\min \tau}{\max \tau} \tag{6}$$

Zulässige mittelspannungsabhängige Spannungen nach dem Smith-Diagramm (beispielhaft für σ für den Zugwechselbereich):

$$zul\,\sigma_{Dz(\kappa)} = \frac{5}{3 - 2 \cdot \kappa} \cdot zul\,\sigma_{D(-1)} \tag{7}$$

Es werden die Nachweise für σ, für τ und für die zusammengesetzten Beanspruchungen geführt.

Nachweise nach prEN 13001 (Kransicherheit, Teile 1,2 und 3) :

Der Spannungsnachweis erfolgt, wie auch beim Eurocode 3 und der DIN 18800, nach der Methode der Grenzlasten.

Der Betriebsfestigkeitsnachweis wird, ebenfalls wie beim Eurocode 3, nach dem mittelspannungsunabhängigen $\Delta\sigma$-Konzept. vorgeschlagen.

Nachweis, exemplarisch für σ:

$$\Delta\sigma_{s,d} \le \sigma_{R,d} = \frac{\Delta\sigma_c}{\gamma_{Mf} \cdot \sqrt[m]{s}} \tag{8}$$

Hierbei bedeuten:

$\Delta\sigma_{s,d}$	Spannungsamplitude max σ – min σ
$\Delta\sigma_c$	Wert der Spannungsamplitude in Abhängigkeit von Kerbfall und Nahtgüte
γ_{Mf}	Teilsicherheitsbeiwert, abhängig von der Bauteilschadenstoleranz und der Zugänglichkeit
s	Faktor zwischen 0,008 und 4,0, abhängig von der für das jeweilige Bauteil berechneten oder festgelegten Spannungsspielklasse S0...S9
m	Steigung der Wöhlerlinie, m = 5,0 für Grundmaterial, m = 3,0 für geschweißte Bauteile

5   ZUSAMMENFASSUNG UND AUSBLICK

Das hier vorgestellte Vorgehen hat sich im mehrjährigen Einsatz durch qualilifizierte Ingenieure in der Praxis bewährt. Die Bearbeitungszeit komplexer Systeme hat sich reduziert. Gleichzeitig ist durch die Möglichkeit einer differenzierteren Betrachtung der Einwirkungen die Sicherheit und die Wirtschaftlichkeit bei der Bemessung gestiegen.

Die in den neuen internationalen und europäischen Normen enthaltenen Nachweise werden kontinuierlich ergänzt. Die CAD-Kopplung wird besonders in Hinblick auf Blechkonstruktionen weiterentwickelt.

REFERENCES

Kühne, M. & Kohlhas, G. 1997. Zum computergestützten Trag- und Lagesicherheitsnachweis an Krantragwerksmodellen aus stabförmigen Elementen. *Der Stahlbau* (66), Heft 8, 517-523

Kühne, M. 1984. KRASTA - Berücksichtigung konischer Stäbe bei der Berechnung räumlicher Stabtragwerke. *Der Stahlbau* (53), Heft 5, 156-158

DIN 18800. 1990. *Stahlbauten, Bemessung und Konstruktion.* Teil 1

DIN 15018. 1984. *Krane, Grundsätze für Stahltragwerke.* Teil 1-3

Future prEN 13001-3.1. 1998. *Crane safety – Design general – Proof calculation to prevent mechanical hazards by design.*

Baustatik-Baupraxis 7, Meskouris (Hrsg.) © 1999 Balkema, Rotterdam, ISBN 90 5809 044 2

Storm surge barrier Ramspol

N. H. Rövekamp
Hollandsche Beton- en Waterbouw, Engineering Department, Gouda, Netherlands

ABSTRACT: To protect West Overijssel against flooding due to high water at the IJsselmeer and Ketelmeer an inflatable rubber dam has been designed and is at this moment under construction. This dam will then be the largest barrier of its kind ever built. Since the size of this project is unique, 3D hydraulic model studies have been carried out to verify the dynamic behaviour of the rubber dam during inflation, operation and deflation.

For the strength of the barrier, a rubber body reinforced with an aramid fabric has been developed. Due to the size, new material and unique application it has been concluded that the applicable design standards could not be used. To verify the capacity of the reinforced rubber body a large number of tests were conducted, supported by complex finite element calculations.

From a hydraulic point of view it is concluded that the application of a rubber dam as a storm surge barrier under extreme hydraulic conditions is feasible. After modifications of the geometry, it is also concluded that the capacity of the aramid reinforced rubber body is sufficient to withstand the stresses, introduced by the hydraulic load and local stress concentrations.

1 INTRODUCTION

To protect West Overijssel, a province in The Netherlands, against flooding due to high water at the IJsselmeer and Ketelmeer a storm surge barrier has been designed and is at this moment under construction. The barrier consists of three inflatable rubber dams, which are connected by dikes. (see Figure 1).

The Local Water Authority 'Waterschap Salland' granted the design and construction of the barrier to the Dutch contractor 'Hollandsche Beton- en Waterbouw' (HBW). The design and fabrication of the rubber bodies is subcontracted to Bridgestone, Japan. During the design and construction the Local Water Authority is represented by the Dutch Public Works Department (RWS).

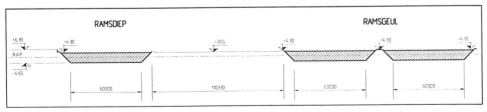

Figure 1. Longitudinal cross-section of the barrier

The size and application of a rubber dam as storm surge barrier is unique. The hydraulic conditions and required safety level are severe compared to existing rubber dams. Therefore the feasibility of the project has been verified with 3D physical model studies and tests to determine the capacity of the applied material.

In chapter 2 first a general description is given regarding the design of the barrier. In the same chapter a brief explanation is given about the performance of the barrier during the different stages of operation based on the above mentioned hydraulic model studies.

Due to the increased forces in the rubber body, as a result of the size and extreme conditions, the design could not revert to proven materials applied for existing dams. A rubber body reinforced with aramid fibres has been developed for this purpose. In chapter 3 an overview is given of all relevant aspects related to the design of such a rubber body.

2 DESIGN OF THE INFLATABLE STORM SURGE BARRIER RAMSPOL

For the total closure three identical dams will be installed with dimensions of 75 m long, 13 m wide and a design height of 8.35 m. The design height has been based on extreme hydraulic circumstances with a probability of occurrence of once every 10,000 years. With these dimensions it will be the largest barrier of its kind ever built.

Traditionally, most inflatable dams are filled completely with air or completely with water. For the Ramspol Barrier a combination of air and water as an inflation medium is applied. This has been done to minimise the dimensions of the rubber body and the concrete sill and at the same time to optimise the inflation and deflation system of the dam.

2.1 *Inflation of the barrier*

When the water level has reached the alarm level (NAP+0.5 m; NAP = datum) the water pipes, which connect the inner side of the barrier with the upstream water level, are opened. At the same time the air valves on both sides of the barrier are opened and air is blown in by the compressors. As a result the air pressure inside the dam increases to 0.1~0.2 bar. The increase in pressure causes the parts above the abutments to rise above the water level like pillows.

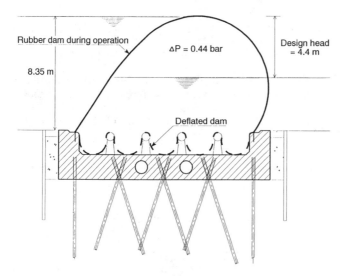

Figure 2. Cross-section of the inflatable dam

At the same time the water flows in freely due to the water head difference and increased volume. Due to the inflow of the water the sheet comes slowly out of the recess and moves to the downstream side where it rests on the bottom and forms a broad crested weir. This in combination with the pillows causes a contraction of the flow behind the dam.

Meanwhile the dam is further filled with air and water and a so-called V-notch is formed in the middle. Eventually the dam rises above the water level, which causes the volume of the dam to increase. At that moment the barrier has closed off the stream and the hinterland is protected from the storm surge. From that moment the filling with air continues for a while until the air pressure has reached the required level (0.2~0.3 bar).

2.2 *Behaviour of the dam during operation*

Directly after inflation the water head difference will be relatively low (< 1 m). In that case also a low air pressure of 0.2~0.3 bar is required. When the water level is rising to the level as shown in Figure 2, the barrier deforms more to the downstream side. Due to the decreased volume the air pressure will increase automatically to the required level of 0.44 bar.

The inflated barrier also has to withstand dynamic wave loads on top of the static load caused by the water head difference and internal air pressure. Due to the wave loading the barrier responds by variation of its shape, while the internal air pressure fluctuates correspondingly. In addition, and this is a complicating factor, the water inside the dam responds in a sloshing mode.

In order to examine this dynamic response, 3D physical model studies were conducted at Delft Hydraulics. It was found that the barrier responded passively on the waves in a 'swaying' mode with frequency equal to the wave frequency (≈ 0.25 Hz). No real dynamic amplifications were observed (Jongeling, 1997).

Other conclusions were that the wave induced forces in the membrane, measured at the clamping line, were different at both sides of the dam. This is contradiction to the static situation where the forces are almost equal over the circumference of the membrane. Another remarkable aspect was the significant effect of the tension stiffness of the applied sheet. The dynamic amplitude of the upstream membrane force more than doubled when the tension stiffness EA was increased from 19,000 to 89,000 kN/m[1] (prototype values).

2.3 *Deflation of the barrier*

When after a storm the water level is reduced, the barrier will be opened again by means of deflation. To ensure complete deflation and safe storage when not in use, a corrugated floor configuration with rotating bars has been designed. In the hydraulic model the process of putting away the sheet in the bottom recess has been studied.

At the beginning of the deflation process the air valves are opened immediately after the start of the water pumps. The pillows on the abutments shrink slowly and in the centre of the dam a notch is formed, where water starts overflowing. The barrier settles further and the mid section sinks below the water surface until it lays on the bottom at the downstream side. From this moment the sheet has to be redistributed over the five troughs.

In first instance the sheet is for the greater part sucked into the first trough seen from the downstream side (see Figure 3). Subsequently redistribution of the sheet across the recess takes place, but in the final situation only the first two troughs are fully filled, while the sheet in the last three has no contact with the floor. During the model tests sometimes a large fold remained in the first trough, but in all cases the fold stayed well below the top of the concrete sill.

Besides the hydraulic model tests a calculation method was developed for the deflation phase. The distribution of the rubber sheet over the five troughs could be calculated very well with the help of three equilibrium equations and the geometrical boundary conditions (dimensions, height and distance of the rollers). From this calculation model it was found that the bearing friction of the rollers determined *how* the sheet is redistributed and the friction between the sheet and the bottom *if* the sheet can be redistributed.

255

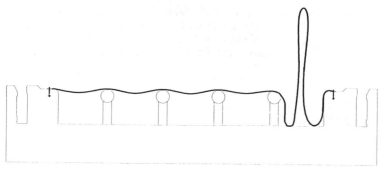

Figure 3. Position of the rubber sheet during deflation

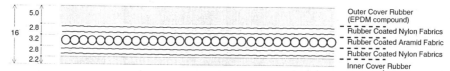

Figure 4. Rubber sheet reinforced with an aramid fabric

3 DESIGN OF THE RUBBER SHEET

In general an inflatable dam is made of rubber coated fabric. The fabric, which is normally made of nylon, gives the dam the strength to withstand the tensile force caused by the internal pressure of the dam and the external water pressure. The rubber plays the role of maintaining the air and water tightness of the rubber dam and of protecting the fabric.

Due to the increased forces in the rubber body the design for the Ramspol project could not revert to proven materials applied for existing dams. A rubber body reinforced with an aramid fabric has been developed for this purpose. The rubber body consists of one layer of aramid fabric and four layers of nylon fabric for the forces in warp and longitudinal direction respectively. On both sides, the inner and outside, the fabric is protected with a layer of rubber. The total thickness of the rubber body is 16 mm as can be seen in Figure 4.

The average initial strength of this rubber sheet in the direction of the aramid is approximately 1,960 kN/m^1. Due to the different materials, the rubber body is an extremely orthotrope material. The material properties in warp and longitudinal direction differ quit a lot (all values apply to a width of one meter):

- Tension stiffness in warp (aramid) direction: EA_{warp} = 30,000 to 50,000 kN/m^1;
- Tension stiffness in longitudinal (nylon) direction: EA_{long} = 2,100 kN/m^1;
- Bending stiffness in all directions: EI = 10 Nm^2/m^1;
- Shear modules: G = 105 kN/m^1.

3.1 *Design practice for 'normal' inflatable rubber dams*

In 1995 it was reported that there are approximately 2,000 inflatable rubber dams constructed in the world (Dakshina, 1995). They are applied in the USA, Norway, Australia and other countries, the majority however, approximately 1,800, is installed in Japan. This is probably also the reason why only the Japanese have a design manual for this type of structure.

According to the Japanese Standard the initial design tensile strength should be 8 times the static load, calculated for a two dimensional cross-section. This general safety factor covers all material aspects like ageing, fatigue, etc. and additional loadings caused by earthquake, dynamic wave load, etc.

To what extend this standard could also be applied for the rubber sheet reinforced with aramid was questioned. Not only due to the application of a new material, but also due to the application of a rubber dam as storm surge barrier and the scale of the project. During the design of the barrier it was investigated what kind of factor is required for a rubber barrier reinforced with aramid.

3.2 Design considerations for the aramid sheet

During the tender design the strength of the rubber sheet was based on the above mentioned overall safety factor of 8. During the detailed engineering this was verified by means of model tests and additional calculations. The evaluated aspects can be more or less divided into three categories:

1. Material factors to take into account the deterioration of the aramid;
2. General partial safety factors to meet the required probability of failure;
3. Load factors like the dynamic loading and stress concentrations.

The last two categories are more or less related to the overall design and depend on the geometry, fill medium and required level of safety. The first category is related to the behaviour of the material aramid, embedded in the rubber body. Based on earlier studies (Breen, 1996) the following relevant material related aspects were selected and evaluated:

- Creep;
- Water absorption;
- Ageing;
- Fatigue;
- Clamping effect.

To take the combined effect of above aspects into account, a representative test has been conducted which included all aspects at the same time; A fully saturated sample of the rubber sheet was clamped in the clamping system (see Figure 5) and artificially aged in a water tank at 70°C during 500 hours to represent the design life of 25 years.

After the aging a fatigue load was applied, representative for 25 years, with the rubber sheet still in the clamp. In addition to this a fatigue load at a higher load level was applied to represent the extreme design storm conditions. At the end of the test the sample was taken out

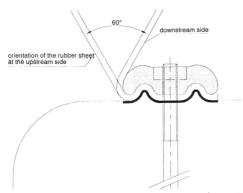

Figure 5. Applied clamp system to connect the rubber sheet to the foundation

of the clamp and the remaining capacity was determined (during the last test series the remaining capacity was determined with the rubber sheet still in the clamp).

Since this test is performed many times with different load levels, clamping structures, sheet orientation, etc., it is difficult to give one general conclusion for the rubber sheet reinforced with aramid. Therefore first the load levels are discussed in the following section before in section 3.4 an overall conclusion is given.

3.3 Design load for the rubber sheet

By means of a semi-probabilistic design method (similar to the Eurocode) the design water levels have been determined given the required probability of failure of 10^{-5}/year for the rubber sheet. This resulted in an upstream water level of 7,65 m, with a corresponding head across the barrier of 3.25 m and an internal air pressure of 0.37 bar. With the help of a differential model the corresponding static membrane force F_{static} in a two dimensional cross-section has been calculated which is equal to 200 kN/m.

Due to extreme wave loading, as shortly discussed in section 2.2, the total load is increased to 340 kN/m at the upstream side. At the downstream side the total load is limited to 230 kN/m. When the dynamic loading is expressed as a factor to the static load (similar to the Japanese standard), this does result in dynamic coefficient of 1.7 and 1.15, for the upstream and downstream side respectively.

The above loadings are applicable for the horizontal section. But as can be seen from Figure 1, the transition between the horizontal section and the dikes are formed by abutments on both sides with a slope of 1:1. Due to geometrical reasons (which are not further discussed in this paper) the sheet has to be folded on the abutment over a length of approximately 2 m as shown in Figure 6.

Such a complex geometry could no longer be calculated with a two dimensional model. For this purpose the finite element program MARC was employed. Due to the applied geometry of the Single Fold and the material characteristics of the rubber sheet, this was quit a challenge. An example of such a calculation is given in Figure 7.

From these calculations it was found that in the area of the so-called Single Fold the load is not distributed equally over the three layers. In fact, some parts of the rubber sheet do not contribute at all. Other parts attract a lot of tension towards a relative small location. This result is mainly introduced by the relatively high tension stiffness of the aramid reinforced rubber sheet in warp direction in combination with the complex geometry.

Preliminary calculations showed that the stresses along the clamping line could vary between 0 and 6 times the calculated stress at the horizontal section (i.e. from 0 to 1,200 kN/m for the static situation). Together with the dynamic load and material factors for ageing, etc., the rubber sheet would fail with such high stress concentrations.

On most locations, however, the stresses could be reduced considerable, by relatively small geometric modifications. Finally a geometry was found where the stress concentrations for the

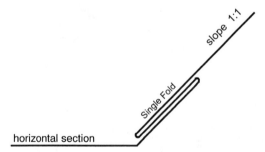

Figure 6. Sketch of clamping line at the lower corner of the abutment

258

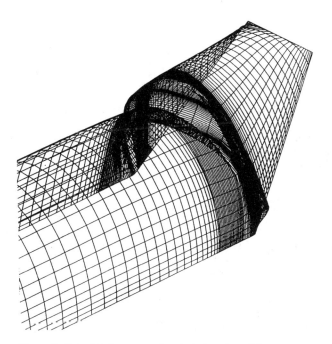

Figure 7. Calculated geometry for the inflated condition

upstream side are not higher than 2.2 and 3.0 for the downstream side (where the stress concentration factor is defined as the local stress divided by the membrane force at the horizontal section). The tests, as described in the previous section, showed that these stress concentrations could be handled by the rubber sheet with aramid reinforcement.

3.4 Conclusion on the capacity of the rubber sheet with aramid

The relative simple approach with one general safety factor of 8, as prescribed in the Japanese Standard, is for the Ramspol Storm Surge Barrier not suitable. A better approach for this kind of constructions would be:

$$\frac{R_{init}}{\gamma_R \cdot \gamma_{mat}} > \gamma_{dyn} \cdot SCF \cdot F_{stat} \tag{1}$$

Where:

F_{stat}	=	static membrane force for a two dimensional cross-section	[N/m]
R_{init}	=	initial strength of the rubber sheet	[N/m]
SCF	=	stress concentration factor	[-]
γ_{dyn}	=	dynamic factor as defined in section 3.3	[-]
γ_{mat}	=	a factor which includes all material related aspects as mentioned in section 3.2	[-]
γ_R	=	partial safety factor (not discussed in this paper)	[-]

For the Ramspol project, with a rubber sheet reinforced with aramid, it was found that the material factor γ_{mat} is in the order of 1.5 to 2.2, depending on the applied load level. The dynamic factor is equal to 1.7 and 1.15 for the upstream and downstream side respectively. With these factors there is still sufficient margin for the stress concentrations as calculated by MARC.

4 CONCLUSIONS

From a hydraulic point of view it is concluded that the application of a rubber dam as a storm surge barrier under extreme hydraulic conditions is feasible. During inflation, operation and deflation, the rubber sheet could be controlled very well and no unexpected or undesirable phenomena were observed.

Due to the unique size of the barrier, and the application of a new material, relatively high local stresses occurred in the rubber sheet. With the help of relatively small geometric modifications, these stress concentrations could be brought back to an acceptable level.

Based on the performed hydraulic model tests, finite element calculations and tests on the reinforced rubber sheet, it is also concluded that the application of aramid as reinforcement is feasible for the storm surge barrier Ramspol.

REFERENCES

Breen, J., 1996, *Sterktedoek voor balgstuw, phase 1 to 9*, BU3.96/xxxxx/JB, TNO Kunststoffen en Rubber Instituut, Delft

Dakshina, C.M., Reddy, J.N., Plaut, R.H., 1995, *Three-Dimensional Vibrations of Inflatable Dams*, Thin Walled Structures, Vol. 21, No. 4, p. 291-306

Jongeling, T.H.G., 1997, *Balgkering Ramspol - Functioneren van de kering in gebruiksomstandigheden*, Report on scale model study, WL | DELFT HYDRAULICS, Q2258-A, December 1997 (in Dutch)

The Japanese Institute of Irrigation and Drainage, 1989, *Engineering Manual for irrigation & Drainage*, Headworks

Baustatik-Baupraxis 7, Meskouris (Hrsg.) © 1999 Balkema, Rotterdam, ISBN 90 5809 044 2

Textilbeton – Stand der Entwicklung und Tendenzen

J. Hegger
Lehrstuhl und Institut für Massivbau, RWTH Aachen, Deutschland

H. R. Sasse
Lehrstuhl für Baustoffkunde und Institut für Bauforschung, RWTH Aachen, Deutschland

B. Wulfhorst
Lehrstuhl und Institut für Textiltechnik, RWTH Aachen, Deutschland

ABSTRACT: In jüngster Zeit ist mit dem textilbewehrten Feinbeton ein neuartiger Verbundbaustoff in das Interesse von Forschern und industriellen Entwicklungsabteilungen gerückt. Hauptvoraussetzung für die entstehende neue Technologie waren Entwicklungen im Textilmaschinenbau, die es künftig ermöglichen werden, komplexe zwei- und dreidimensionale Textilgewebe herzustellen, die sich als Betonbewehrung eignen. Im folgenden wird kurz der Stand auf dem Gebiet der Werkstoffentwicklung dargestellt.

1 EINLEITUNG

Derzeit wird an der Weitereintwicklung von dreidimensionalen Strukturtextilien gearbeitet, um diese für die Bewehrung von dünnwandigen, beliebig profilierten Betonbauteilen zu verwenden. Im Gegensatz zu den bewußt sehr kompakt gestalteten Verstärkungstextilien für Faserverbundkunststoffe mit polymerer Matrix ist bei den textilen Bewehrungen für zementgebundene Matrizes eine sehr viel „offenmaschigere" Struktur der Textilien erforderlich. Aus wirtschaftlichen Gründen sollen die Textilstrukturen nur in Bauteilquerschnitten angeordnet werden, in denen Zugkräfte zu übertragen sind, druckbeanspruchte Bereiche und Zonen geringer mechanischer Beanspruchung sollen weitgehend frei von Textilien bleiben.

Die Vorteile des textilbewehrten Betons sind folgende:
- Gegenüber Stahlbeton können wesentlich dünnwandigere Bauteile hergestellt werden, da die aus Gründen der Stahlkorrosion erforderliche mehrere Zentimeter dicke Betondeckschicht entfällt
- anders als statistisch verteilte Kurzfasern lassen sich die kraftaufnehmenden Fäden der Textilstruktur gezielt im Querschnitt anordnen. Eine örtliche Konzentrierung von kraftaufnehmenden Fäden ist möglich
- gegenüber faserverstärkten Kunststoffen ist die zementgebundene Matrix deutlich preisgünstiger und ihr E-Modul liegt wesentlich höher.

2 FILAMENTE UND GARNE

Glasfasern werden in Kombination mit Nieder-pH-Wert-Betonen seit über zwanzig Jahren angewendet. Modifizierungen an Filamentoberflächen zur Verbesserung der Verbundeigenschaften sind vor allem aus dem Bereich der glasfaserverstärkten Kunststoffe bekannt. Es konnte jedoch auch für den Bereich von zementgebundener Matrix gezeigt werden, daß eine Ausrüstung von Glasfilamenten mit einer Silicastaubslurry das Kristallwachstum im Zementstein in unmittelbarer Nähe des Filaments und die damit verbundene Schädigung des Bewehrungsmaterials deutlich verringert /Bentur (1966)/. Bei polymeren Textilien sind Filament- bzw. Garnbeschichtungen oder -modifizierungen auf Polymerbasis einer niedermolekularen Schlichte hinsichtlich der Beständigkeit in Matrizes mit hohen pH-Werten überlegen; im Idealfall wird die Garnstabilität einzig durch die Polymerstabilität bestimmt. Studien zur Alkalibeständigkeit verschiedener Polymersysteme geben Hinweise für die Formulierung von voraussichtlich langzeitwirksamen Beschichtungssystemen und Oberflächenmodifizierungen /Haken (1992)/. Systematische Untersuchungen hinsichtlich der Eignung und Optimierung polymerer Fasermaterialien fehlen bisher völlig.

Die Bewehrung von Betonen stellt an die verwendeten Textilien, und damit auch an die Garne, völlig neue Anforderungen. Da die praktische Verwendung von Textilbewehrungen für Matrizes mit Mikrorissen im Belastungszustand neu ist, wurden bisher außer Rovings oder Zwirnen /Molloy (1995)/ noch keine speziellen Garne für dieses Anwendungsfeld entwickelt.

Die Eignung von Textilien als Bewehrung für zementgebundene Bauteile wird nur dann ausreichend verbessert, wenn es gelingt, neue, auf die Verwendung als textile Bewehrung abgestimmte Garne zu entwickeln, die eine dauerhafte auf die Matrix abgestimmte Bewehrungswirkung erzielen, wobei die textiltechnische Verarbeitbarkeit gesichert sein muß. Die dauerhafte Bewehrungswirkung hängt zum einen von der Resistenz der Fasern gegenüber mechanischen und medialen Belastungen ab und zum anderen von der Anbindung der Garne zur Matrix, dem Verbund.

3 TEXTILHERSTELLUNG

Für die Herstellung von textilen Betonbewehrungen wurden bisher versuchsweise die folgenden Techniken eingesetzt:
- Drehergewebe mit mindestens zwei nebeneinander liegenden Kettfäden, die einander umschlingen und nicht nur parallel nebeneinander liegen
- multiaxiale Gelege mit guter Drapierbarkeit sowie variabler Anzahl und Orientierung der Fadenlagen
- dreidimensionale Rotationsgeflechte
- Abstandstextilien in Form von Abstandsgeweben oder Abstandsgewirken mit parallel zueinander angeordneten Deckflächen, die durch Pol- oder Plüschfäden miteinander verbunden sind und konstantem Abstand der Deckflächen im gesamten Textil
- Rundgewirke in Form von Schläuchen mit gestreckten Verstärkungsfäden.

Für alle genannten Textilien müssen die bisher üblichen Textilmaschinen so verändert werden, daß die vom Bauwesen an die textile Bewehrung gestellten Forderungen technischer und wirtschaftlicher Art erfüllt werden. Hierzu ist u. a. die Entwicklung einer Steuer- und Regeltechnik für Fadenart, Garnmenge, Orientierung im Quer- und Längsschnitt nach den Vorgaben des Bauingenieurs erforderlich. Problematisch ist auch die Schädigung von Filamenten und Garnen bei der Garnherstellung, der Textilherstellung und bei der Bauteilherstellung.

4 FEINBETON

An die Eigenschaften des Feinbetons im frischen, im erhärtenden und erhärteten Zustand werden zahlreiche Anforderungen gestellt, die bei herkömmlichen Zementbetonen keine wesentliche Bedeutung haben. Hierzu gehören:
- auf die neuartigen Schalungsgeometrien, die feinmaschigen Bewehrungsstrukturen und eine spezielle fabrikmäßige Fertigung abgestimmte Verarbeitungseigenschaften
- sehr hohe Grünstandsfestigkeiten
- hohe Frühfestigkeiten
- chemische Verträglichkeit mit der Textilbewehrung.

Daneben müssen die üblichen Kenngrößen wie E-Modul, Schwinden, Kriechen, Bruchdehnung und Gasdurchlässigkeit in bestimmten Grenzen einstellbar sein. Die Forderungen bedingen neuartige Mischungszusammenstellungen unter zielgerichteter Berücksichtigung von Bindemittelart, Zusatzstoffen, Zusatzmitteln, Zuschlagart und Sieblinie.

Die unzureichende Beständigkeit auch der AR-Glasfasern im hochalkalischen Milieu der Zementsteinmatrix (pH-Werte zwischen 13 und 14 im unkarbonatisierten Zementstein) führt über längere Zeiträume zu einem Abfall der Festigkeiten und einer Verringerung der Verformungsfähigkeit des Bauteils.

Die mechanische Schädigung der Glasfaseroberfläche durch Calciumhydroxid scheint der dominante Mechanismus der Alterung zu sein, während der korrosive Angriff durch die Alkalien in der Porenlösung auf die AR-Glasfasern erst zu einem vergleichsweise späten Zeitpunkt, nachdem bereits die Versprödung des faserbewehrten Bauteils durch das Aufwachsen einer dichten Schicht aus Hydrationsprodukten eingetreten ist, zum Tragen kommt /Stucke (1976), Bentur (1986)/.

In der Literatur wird über verschiedene Ansätze zur Erhöhung der Beständigkeit der Glasfasern im alkalischen Zementstein berichtet. Diese lassen sich prinzipiell in drei Kategorien einteilen:
a) Modifizierung der chemischen Zusammensetzung der Glasfaser
b) Absenken des pH-Wertes der Porenlösung im Zementstein
c) Modifizierung der Glasoberfläche zur Erhöhung der Alkalibeständigkeit.

Angaben zu den Wirkungsmechanismen enthalten u. a. /Dannheim (1988), Yilmaz (1992), Singh (1985), Bentur (1987)/.

Durch den Einsatz von Silicastaub werden sowohl die mechanische Beanspruchung der Filamente durch die Verminderung des Anteils an grobkristallinem $Ca(OH)_2$ auf der Faseroberfläche infolge der puzzolanischen Reaktion des Silicastaubes reduziert, als auch der lösende Angriff auf das Netzwerk des Glases durch die deutliche Abnahme der OH- und Alkali-Ionenkonzentration in der Porenlösung verringert. Darüber hinaus erhöht sich die Verbundfestigkeit zwischen Filament und Matrix durch die Reduktion der Porosität in der Kontaktzone infolge der Bildung von CSH-Phasen durch die puzzolanische Reaktion des Silicastaubes.

5 VERBUNDWERKSTOFF

Die Modellierung des mechanischen Verhaltens von faserverstärkten Verbundwerkstoffen unter Berücksichtigung ihrer Mikrostruktur und der Interaktion der verschiedenen Schädigungsmechanismen hat in den letzten Jahren aus theoretischer und praktischer Sicht an Bedeutung gewonnen. Grundlegende Probleme der Schädigungsmechanik von faserverstärkten Verbundwerkstoffen sind vor allem für Keramikmatrixkomposits zum großen Teil befriedigend geklärt /Evans (1998)/, für den Bereich des zementgebundenen Textilbetons fehlen derartige Grundlagenuntersuchungen jedoch.

Für den textilbewehrten Beton ergeben sich gegenüber den Verbundwerkstoffen Stahlbeton und faserverstärkte Kunststoffe neue Fragestellungen. Die Zugbruchdehnung der hydraulisch gebundenen Matrix mit $\varepsilon \approx 0,15$ ‰ ist im Verhältnis zu den üblichen polymeren Matrizes gering, somit muß von einer gerissenen Matrix ausgegangen werden. Das Textil muß demnach die Fähigkeit besitzen, eine sich einstellende Verschiebung der Rißufer zu ermöglichen ohne selbst zu reißen. Wie diese Verschiebewege bewältigt werden, ist letztlich von den Eigenschaften und der geometrischen Anordnung der Bewehrung (Textil- bzw. Garnkennwerte) abhängig. Hier ergibt sich der Unterschied zum Stahlbeton, da einerseits beim Textilbeton sowohl das E-Modulverhältnis zwischen Beton und Garn als auch das Verhältnis von Verbundfestigkeit bzw. Adhäsionsfestigkeit zu Garnzugfestigkeit mitunter deutlich größer sind, und andererseits das Garn bzw. Filamentbündel über den Querschnitt nicht mehr als homogen angesehen werden kann, somit auch dort Reibungsverbundanteile enthalten sind. In /Balaguru (1992)/ ist der Sachstand für Fasern aus Stahl, Glas, Carbon und Polymeren zusammenfassend dargestellt. Außerdem existieren in der Literatur /z. B. Cozenca (1995)/ analytische Modelle, die eine Grundlage bieten, um aus Versuchsdaten verwertbare Verbundgesetze formulieren zu können.

Insgesamt läßt sich aus der Literatur folgender Sachstand kurz zusammenfassen:
- „Pull-out"-Versuche sind als Prüftechnik zur Ermittlung der Verbundspannungs-Verschiebungscharakteristik für Textilbeton am besten geeignet. Für die so erhaltenen Meßdaten existieren analytische Modelle zur Formulierung der Grundgesetze des Verbundes.
- Die Mechanismen, die dem Versagen des Verbundes beim Textilbeton zugrunde liegen können, sind grundsätzlich bekannt, jedoch noch nicht systematisch untersucht.
- Grundlegende Kenntnisse zur Verbundspannungs-Verschiebungscharakteristik unter Dauerbeanspruchung für textilbewehrten Beton existieren nicht.

Die Rißbildung eines Stahlbetonbauteils wird wesentlich von der Verbundwirkung der Bewehrung, der Betonzugfestigkeit, dem Bewehrungsgrad, der Bewehrungsverteilung und der Zugspannungsverteilung unmittelbar vor der Rißbildung beeinflußt. Da sich diese Parameter bei textilbewehrtem Beton ändern, können die bekannten Modelle zur Beschreibung der Rißbildung nicht übertragen werden.

Die für Kurzfasern mit einer Länge von 3 bis 50 mm abgeleiteten Modelle für das Rißbildungs-Verbundverhalten sind für Textilbeton nicht zutreffend, da hier nicht eine zufällige zwei- oder dreidimensionale Verteilung der Fasern vorliegt, sondern die Faserstränge entsprechend der Beanspruchung planmäßig in vorgegebenen Richtungen verlaufen.

In der Literatur werden zum Verbundverhalten von textiler Bewehrung in einer Zementsteinmatrix bisher lediglich Aussagen auf der Grundlage von Tastversuchen getroffen. Im Forschungskreis „Textilbewehrter Beton" des Deutschen Beton Vereins stellen erste Versuche /Rößler (1996), Curbach (1997), Hegger (1998)/ den Anfang zur systematischen Erforschung der Eigenschaften von Textilbeton dar.

6 BAUTEILVERHALTEN

In den letzten Jahren wurden einige Tastuntersuchungen zum Tragverhalten von textilbewehrtem Beton durchgeführt / Rößler (1996), Curbach (1997), Hegger (1998), Wulfhorst (1996)/. Die dabei verwendeten Bauteile waren hinsichtlich Bewehrungsart, Bewehrungsführung und Feinbetoneigenschaften nicht optimiert. Trotzdem wurden Ergebnisse erzielt, die erkennen lassen, daß die grundsätzliche Konzeption, Beton mit textilen Strukturen zu bewehren, erfolgversprechend ist.

Die Dauerhaftigkeit textilbewehrter Betone wurde bisher nur in geringem Umfang untersucht /Venta (1995)/. Die Aktivitäten sind bisher auf die Verbesserung mechanischer Kurzzeiteigenschaften (Biege- Schub- Schlagfestigkeit) und die Herstellungstechnologie konzentriert. Da für Textilbetone dieselben Verstärkungsstoffe wie für Faserbetone verwendet werden, können die dort gemachten Erfahrungen bezüglich des chemischen oder physikalischen Angriffs auf die Filamente bzw. Garne eines Textils weitgehend auf den textilbewehrten Beton übertragen werden. Anders als die Kurzfaser wird das Filament bzw. Garn jedoch beim textilen Herstellungsprozeß beansprucht, woraus sich schadensauslösende Schwachstellen ergeben können. Auch werden die aus vielen Fasern bestehenden Garne durch den umhüllenden Beton anders als die Einzelfasern beansprucht.

7 BAUTEILHERSTELLUNG

Im Gegensatz zu faserverstärkten Polymeren ist der Feinbeton ein heterogenes Feststoffgemisch, das sich beim Durchströmen von Bewehrungsmaterialien schnell entmischen kann. Faservolumenanteile und homogene Faserbenetzungen, wie sie von faserverstärkten Polymeren bekannt sind, können daher mit Beton als Matrix nur bedingt erzielt werden. Zur Erhöhung der Tragfähigkeit von textilbewehrten Bauteilen ist jedoch ein hoher Volumenanteil von Bewehrungsgarnen im Bereich der Zugzone mit einem optimierten Rißbildungsverlauf in der Matrix wünschenswert, maschinentechnisch jedoch schwierig zu realisieren. Der Einsatz von Bewehrungsgarnen als Verstärkungsmaterial im Betonbau wird im entscheidenen Maße dadurch beeinflußt, ob es gelingt, eine möglichst große Anzahl von Verstärkungsfilamenten in wirtschaftlichen Fertigungsprozessen in die Zugzonen der Bauteile einzubringen.

Während der kurzfaserverstärkte Feinbeton besonders in den USA und Japan eine Vielzahl von Einsatzgebieten erobert hat, beschäftigen sich nur wenige Firmen und Forschungseinrichtungen mit der Verarbeitung faserbewehrter Betonmaterialien. Typische Bauteile der Fertigteilindustrie, die Filamentgarne nutzen, sind integrierte Schalungen, Asbstandhalter, Boden- und Deckenteile, Röhren, Abflußrinnen, Kabelverbinder und Trennwände. Produktionsanlagen zur automatisierten Herstellung von Produkten aus faserverstärktem Beton sind industriell bisher nur zur Herstellung von Plattenwaren bekannt, überwiegend erfolgt die Herstellung manuell /Meyer (1991), Fürstenberg (1995), N.N. (1994), Vittone (1995)/.

LITERATUR

Balaguru, P. N.; Shah, S. P. 1992: Fiber-Reinforced Cement Composites, New York: McGraw-Hill

Bentur, A. 1986: Mechanisms of Potential Embrittlement and Strength Loss of Glass Fibre Reinforced Cement Composites. - In: Proceedings of Durability of Glass Fibre Reinforced Concrete Symposium (Diamond, S. (Ed.)), Prestressed Concrete Institute, Chicago, S. 109-123

Bentur, A.; Diamond, S. 1987: Direct incorporation of silica fume into glass fibre strands as a means for developing GFRC composites of improved durability. - In: International Journal of Cement Composites and Lightweight Concrete 9, Nr. 3, S. 127-135

Bentur, A.; Odler, I. 1966: Development and nature of interfacial microstructure. - In: Interfacial Transition Zone in Concrete, Maso, J. C. (Ed.), RILEM Report 11, E&FN Spon, London

Cosenza, E.; Manfredi, G.; Realfonzo, R. 1995: Analytical Modelling of Bond between FRP Reinforcing Bars and Concrete. London: E&FN Spon, 1995. - In: Non-Metallic (FRP) Reinforcement for Concrete Structures. Proceedings of the Second International RILEM Symposium, Ghent, 23-25 August 1995, (Taerwe, L.- Ed.)), S. 164-171

Curbach, M. 1997: Verwendung von technischen Textilien im Betonbau. - In: Bauen mit Textilien, Sonderheft zur Techtextil, Berlin

Dannheim, H. 1988: Erhöhung der Dauerhaftigkeit von Glasfasern in Zement. Karlsruhe: Institut für Massivbau und Baustofftechnologie. - In: Dauerhaftigkeit nichtmetallischer anorganischer Baustoffe. Abschlußkolloquium des Forschungsschwerpunktprogramms der DFG, Karlsruhe, 4./5. Okt. 1988, S. 1-8

Evans, A. G.; Marshall, D. B. 1998: The mechanical behavior of ceramic matrix composites, Acta metal. Vol. 37, No. 10, S. 2567-2583

Fürstenberg, H. 1995: Eine runde Sache - Integrierte Schalungen aus Glasfaserbeton. Sonderdruck aus Beton 45, H. 11, Beton Verlag GmbH

Haken, J. K. 1992: The degradative analysis of reactive coating resins. - In: Progress in Organic Coatings, 21, S. 111

Hegger, J.; Döinghaus, P.; Will, N. 1998: Glasfasertextilien als Bewehrung in Betonbauteilen, Bauen mit Textilien, 1. Jahrgang, Heft 3

Meyer, A. 1991: Wellcrete and Advanced Technology for Economic Production of High-Quality Fibrous Concrete Products. Concrete Precasting Plant and Technology, Issue 8

Molloy, H. J. et al. 1995: Thin concrete panels produced with AR-glass chopped strand and scrim, 20th Biennial International Congress GRC95, The Glassfibre Reinforced Cement Association, Strasbourg, France, 9th-11th October 1995

N.N. 1994: Firmenschrift der Firma IVW Industrie Verbundwerkstoffe Düsseldorf

Rößler, G.; Kleist, A.; Schneider, M.; Bischoff, Th. 1996: Textile Reinforcements - Fit for Use in Civil Engineering. - In: Tex Comp - The Third International Symposium, New Textiles for Composites, Aachen, December 9th-11th, 1996

Singh, BH.; Majumdar, A. J. 1985: The Effect of PFA Addition on the Properties of GRC. - In: International Journal of Cement Composites and Lightweight Concrete 7, Nr. 1, S. 3-10

Stucke, M. J.; Majumdar, A. J. 1976: Microstructure of Glass Fibre Reinforced Cement Composites. - In: Journal of Materials Science 11, S. 1019-1030

Venta, G. J.; Cornelius, B. J.; Hemmings, R. T. 1995: Development of a New Non-Woven Glass Fiber Scrim Reinforcement. - In: Concrete International 17, Nr.1, S. 66-71

Votrone, A. 1995: Industrial Development of the Reinforcement of Cement; Based Products with Fibrillated Polypropylene, Firmenschrift Montedison Group

Wulfhorst, B.; Bischoff, T.; Offermann, P.; Franzke, G. 1996: Verwirkte Verstärkungsgelege für das textile Bauen, Forschungsbericht des Instituts für Textiltechnik der RWTH Aachen und des Instituts für Bekleidungstechnik der Technischen Universität Dresden

Yilmaz, V. T.; Glasser, F. P. 1992: Effect of Silica Fume Addition on the Durability of Alkali-Resistant Glass Fibre in Cement Matrices. Detroit: American Concrete Institute, ACI SP-132 - In: Fly Ash, Silica Fume, Slag, and Natural Pozzolanes in Concrete. Proceedings Forth International Conference, Istanbul, May 1992 (Malhotra, V. M. (Ed.)), Vol. 2, S. 1151-1166

Baustatik-Baupraxis 7, Meskouris (Hrsg.) © 1999 Balkema, Rotterdam, ISBN 90 5809 044 2

Textilbewehrter Beton – Aspekte aus Theorie und Praxis

M. Curbach
Lehrstuhl für Massivbau, Institut für Tragwerke und Baustoffe, Technische Universität Dresden, Deutschland

B. Zastrau
Lehrstuhl für Mechanik, Institut für Baumechanik und Bauinformatik, Technische Universität Dresden, Deutschland

ABSTRACT: Seit einigen Jahren ist erkennbar, daß durch die Verwendung von Glas-, Carbon- und Kunststoffasern in textilen Strukturen innovative Bewehrungen im Massivbau entstehen können. Wesentliche Voraussetzung hierfür sind die Sicherstellung der Haltbarkeit der Glasfasern im Beton und die wirtschaftliche Herstellbarkeit von beanspruchungsgerechten Gewirken. Die Entwicklung der letzten Jahre an der TU Dresden und an der RWTH Aachen lassen erwarten, daß beide Voraussetzungen in naher Zukunft als erfüllt angesehen werden können.

1 EINLEITUNG

So alt wie das Bauen selbst ist auch der Wunsch nach optimalem Einsatz der Materialien. Dies gilt sowohl für die alten Baustoffe Stein und Holz als auch für Baustoffe wie Beton und Stahl. Da es für eine einzelne Bauaufgabe häufig nicht einen einzelnen optimalen Baustoff gibt, besteht die Möglichkeit, die mit unterschiedlichen Eigenschaften versehenen Materialien so zu kombinieren, daß durch diese Kombination ein Optimum erreicht wird.

Im Bauwesen wird eine große Zahl von zusammengesetzten Baustoffen (englisch: composites) verwendet, bei denen sich das resultierende Materialverhalten oft deutlich von dem der Ausgangswerkstoffe unterscheidet.

Die Tradition der Kombination von Werkstoffen geht sehr weit zurück. Bei einem geschichtlichen Rückblick stellt man fest, daß schon in der Antike faserähnliche Werkstoffe zur Verstärkung von spröden Materialien verwendet wurden. So wurde beispielsweise Stroh zur Lehmziegelverstärkung beigemischt, aber es wurden auch zur Bewehrung von Putz z. B. Pferdehaare verwendet.

Ein modernes Beispiel ist der Stahlbeton, bei dem sich in nahezu idealer Weise die unterschiedlichen Festigkeitseigenschaften mit den chemischen und physikalischen Eigenschaften des Betons zum Schutz des Stahles verbinden. Die guten Verbundeigenschaften und der gleiche Temperaturausdehnungskoeffizient ergänzen die Vorteile dieser Baustoffkombination.

Trotz der Vorteile der Kombination von Beton und Stahl wurde in der Vergangenheit immer wieder nach alternativen Kombinationsmöglichkeiten gesucht, wobei der Ersatzwerkstoff für den Stahl ebenfalls die Zugspannungen der Konstruktion aufnehmen soll, gleichzeitig aber zusätzliche Vorteile angestrebt werden. Ein in diesem Zusammenhang oft gewünschter Vorteil ist eine Verringerung der Mindestabmessungen von Betonkonstruktionen, wobei dies nur dann möglich ist, wenn das Material zur Aufnahme der Zugspannungen nicht korrosionsempfindlich ist. Der zögerliche Einsatz derartiger nichtmetallischer Werkstoffe wird nach Reinhardt (Reinhardt 1996) auf den höheren Preis und noch zu geringe baupraktische Erfahrungen zurückgeführt. Langzeitversuche zeigen jedoch, daß der Einsatz nichtmetallischer Werkstoffe für Bewehrung und Vorspannung von Beton möglich und vorteilhaft ist.

Neben zahlreichen anderen Versuchen hat sich als Schwerpunkt der Einsatz von alkaliresistentem Glas (AR-Glas) und Carbonfasern herausgebildet. Bereits seit vielen Jahren werden z. B. Kurzglasfasern aus AR-Glas im Betonbau eingesetzt, um eine höhere Biegezugfestigkeit zu erreichen. Zu diesem Thema gibt es bereits umfangreiche Literatur (Reinhardt 1992, Naaman 1996, Taerwe 1995) einschließlich Bemessungsvorschlägen (Fachvereinigung Faserbeton e. V. 1994).

Bei Verwendung von Endlos-Glasfasern wird die Herstellung von sogenannten Geweben möglich, bei denen zwei senkrecht zueinander stehende Fadensysteme durch Verkreuzungen zu einer textilen Fläche verbunden sind. Das wesentliche Merkmal von Geweben besteht darin, daß die einzelnen Fasern nicht völlig gestreckt, sondern gewellt liegen. An der North Carolina State University in den USA wurde ein neues, dreidimensionales Webverfahren entwickelt, das diese Fadenwellung ausschaltet (Mohamed 1992, Mohamed 1995). Aber auch diese „Gewebe" behalten den Nachteil, daß nur zwei senkrecht zueinander stehende Faserrichtungen vorhanden sind.

Völlig neu ist dagegen die Möglichkeit, textile Strukturen mit AR-Glasfasern, Carbonfasern oder Polypropylenfasern herzustellen, bei denen die Fasern zwar gestreckt in einer Ebene – zweidimensional –, aber in mehreren Richtungen – mehraxial „geschichtet" – eingearbeitet werden. Dadurch ergeben sich im Bauwesen neue Einsatzmöglichkeiten sowohl bei der Herstellung dünnwandiger Betonbauteile als auch zur Verstärkung und Instandsetzung von Baukonstruktionen.

Da im Gegensatz zu Kurzfasern mit ihrer beliebigen Ausrichtung im Beton die textilen Fasern beanspruchungsgerecht eingelegt werden, ist bedeutend weniger Bewehrungsmaterial zur Erzielung des gleichen Effekts erforderlich. Damit steigt die Erwartung, daß das bisher häufig genannte Argument eines höheren Preises an Bedeutung verliert.

Ein Beispiel für diese textilen Strukturen mit Glasfasern ist in Bild 1 zu sehen. Die Kombination dieser textilen Strukturen mit Beton eröffnet nun völlig neue Anwendungsfelder.

Forschung zur Entwicklung spezieller textiler Verfahren und angepaßter Textilmaschinen zur Herstellung textiler Halbzeuge mit Langfasern werden in Deutschland vor allem am Institut für Textiltechnik der RWTH Aachen, an den Deutschen Instituten für Textil- und Faserforschung in Denkendorf und am Institut für Textil- und Bekleidungstechnik der TU Dresden betrieben.

Es liegt nahe, diese neuen textilen Konstruktionen auf ihre Anwendbarkeit in Betonbauteilen zu prüfen. Dabei ist die Anwendung sowohl in neuen Bauteilen denkbar wie z. B. mittragenden Schalungselementen, aber auch die Anwendung im Rahmen von Instandsetzungsarbeiten oder Verstärkungen.

Bild 1: Beispiel für eine textile Struktur

2 VERSUCHSERGEBNISSE

2.1 Biegeträger

Für eine erste Beurteilung des Verhaltens alkaliresistenter Glasfaserkonstruktionen zur Bewehrung von Mörtel bzw. Beton wurden am Institut für Tragwerke und Baustoffe der Technischen Universität Dresden Versuche an Hohlkörperbalken durchgeführt.

Die Hohlkörper hatten eine Länge von 65 cm und eine Querschnittsfläche von 14×14 cm^2, wobei die Wanddicke 2 cm betrug. Die Balken wurden gemäß Bild 2 als Einfeldträger gelagert, wobei die Spannweite 60 cm betrug. Die Belastung erfolgte in den Drittelspunkten durch zwei Einzellasten. In der Biegezugzone befanden sich gemäß Bild 3 drei Lagen der textilen Konstruktion, in den Stegen und in der Druckplatte befand sich je eine Lage.

Besonders interessant ist das Kraft-Verformungs-Verhalten der mit einer textilen Konstruktion verstärkten Balken beim Vergleich mit den parallel hergestellten Balken, die konventionell konstruiert waren.

In Bild 4 sind die Kraft-Verformungs-Kurven eines unbewehrten Balkens, eines mit Kurzfasern bewehrten Balkens und eines mit einer textilen Konstruktion bewehrten Balkens zusammen dargestellt. Der unbewehrte Balken versagt erwartungsgemäß spröde bei einer Last von 10,2 kN durch Überschreiten der Zugfestigkeit des Betons. Der mit einem Volumenanteil von 3 % Kurzfasern bewehrte Balken zeigt bis zu einer Last von ca. 20 kN ein nahezu lineares Verhalten und versagt schließlich bei einer Last von 25,9 kN, wobei der Abfall der Steifigkeit den Erwartungen entspricht.

Weitaus duktiler verhält sich dagegen der mit textilen Strukturen bewehrte Balken. Zum einen beträgt die maximal aufgetretene Durchbiegung etwa das fünffache des mit Kurzfasern bewehrten Balkens, zum anderen muß beachtet werden, daß der Fasergehalt des textilbewehrten Balkens mit 0,65 Vol.-% nur etwa die Hälfte des Fasergehalts bei dem Balken mit Kurzfasern entspricht. Damit wird deutlich, daß trotz einer beträchtlichen Verringerung des Glasgehalts die Eigenschaften erheblich besser werden.

Mit diesen ersten Tastversuchen konnte die Erwartung einer erfolgreichen Verwendung von textilen Konstruktionen im Beton bereits bestätigt werden. Es bleiben aber noch zahlreiche Fragen, insbesondere zu den Ursachen für die Duktilität, zum Einfluß der Schrägschüsse und zum Verbundverhalten zwischen Beton und textiler Konstruktion offen. Es ist zu erwarten, daß bei Optimierung der Zusammensetzung der textilen Konstruktion ein weiterer Zuwachs an positiven Eigenschaften dieses neuen Hochleistungsverbundwerkstoffes „Textilbewehrter Beton" auftritt.

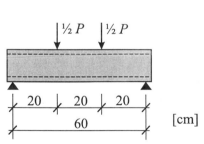

Bild 2: Versuchsaufbau der kastenförmigen Balken

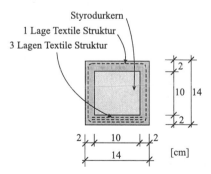

Bild 3: Querschnitt der Hohlkörper; 3 Lagen von textilen Strukturen auf der zugbeanspruchten Seite

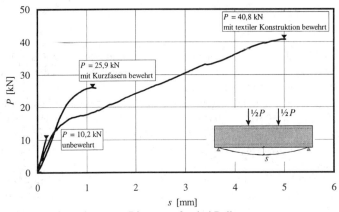

Bild 4: Kraft-Verformungs-Diagramm für drei Balken

2.2 Dehnkörper

Zur Bestimmung des Zugspannungs-Dehungs-Verhaltens werden einaxiale Zugversuche an Scheiben aus textilbewehrtem Beton durchgeführt. Die Herstellung der Prüfkörper erfolgte in einfachen Formen mit der Technik des Handlaminierens. Beton und vorgetränktes Textil wurden dabei lagenweise eingebracht.

Aus einer Platte wurden bis zu 10 Prüfkörper ausgeschnitten, gestörte Randzonen wurden dabei entfernt und beeinflußten die Messung nicht. Das Entschalen erfolgte nach zwei Tagen, es schloß sich eine fünftätige Unterwasserlagerung und eine 21 Tage dauernde Normlagerung bei 20 °C und 65 % Luftfeuchte an. Die Prüfung erfolgte im Alter von 28 Tagen.

Erste Versuchsserien sind bereits durchgeführt worden. Der Versuchsaufbau ist in Bild 5 festgehalten. Die gleichmäßige Einleitung der Prüflast wird durch flächig aufgeklebte Stahlplatten gewährleistet. Die Messung erfolgte im dehnungsgesteuerten Zugversuch mit vier induktiven Wegaufnehmern innerhalb eines Meßbereiches von 200 mm Länge. Diese Meßdaten können zusammen mit der aufgezeichneten Prüflast zu Spannungs-Dehnungs-Linien für die Scheibenmittelebene verarbeitet werden. Damit kann das Tragverhalten des textilbewehrten Betons hinsichtlich quantitativer und qualitativer Auswirkungen der untersuchten Parameter beschrieben werden.

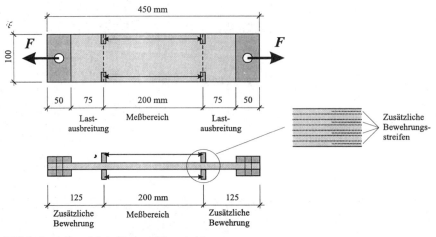

Bild 5: Ansicht und Schnitt eines Versuchskörpers

270

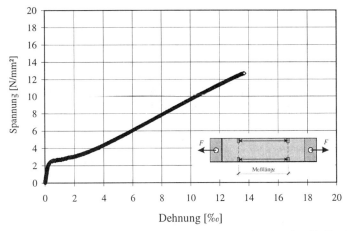

Bild 6: Spannungs-Dehnungs-Diagramm für den Verbundwerkstoff „Textilbewehrter Beton" (Glasfasergarn NEG AR H-340 V, Feinheit 650 tex, Fasergehalt ca. 1,44 Vol.-%)

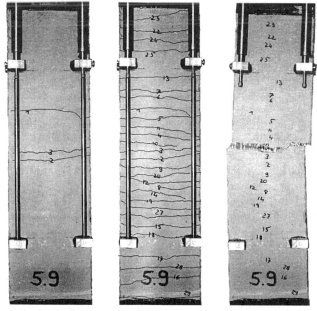

Bild 7: Entwicklung des Rißbildes. Einzelrisse, abgeschlossenes Rißbild, Bruch; Meßbasis für die sichtbaren induktiven Wegaufnehmer: 200 mm

Ein Ergebnis dieser Versuche ist exemplarisch in Bild 6 dargestellt. Man erkennt deutlich die Parallelen zum Verhalten von Stahlbeton. Bis zum Erreichen der Zugfestigkeit wird die Steifigkeit im wesentlichen durch den Beton bestimmt (Zustand I). Mit dem Entstehen der ersten Risse nimmt die Steifigkeit deutlich ab. Später strebt der Gradient der Spannungs-Dehnungs-Linie einer Geraden entgegen, durch die das abgeschlossene Rißbild gekennzeichnet ist. Diese Phase wird im Stahlbeton als Zustand IIb bezeichnet. Es ist deutlich zu erkennen, daß die ansteigende Gerade parallel zu einer durch den Ursprung gehenden Geraden verläuft. Dies kann als Indiz dafür gewertet werden, daß es auch bei textilbewehrtem Beton eine Mitwirkung des Betons zwischen den

271

Rissen gibt (englisch: tension stiffening).

Der Bruch erfolgt spröd und wird durch progressives Versagen der Glasfasern eingeleitet, so daß es keinen Anteil in diesem Diagramm gibt, der mit dem Fließen der Stahlbewehrung verglichen werden kann. Bei textilbewehrtem Beton ist damit davon auszugehen, daß ein Zustand III nicht existiert.

In Bild 7 sind die Rißbilder in drei verschiedenen Belastungsstufen wiedergegeben. Man erkennt deutlich die kleinen Rißabstände in der Größenordnung von 10 mm, die sich beim abgeschlossenen Rißbild (Mitte) einstellen.

3 KONTINUUMSMECHANISCHE UNTERSUCHUNGEN AM VERBUNDMATERIAL TEXTILBEWEHRTER BETON

3.1 Grundlegende Anmerkungen zur Modellbildung

Gemäß der zuvor getroffenen Feststellung, daß die Kombination der beiden Einzelwerkstoffe deutlich andere Materialeigenschaften aufweist als die bloße „gemittelte" Eigenschaft der beiden Komponenten, sollen hier ein paar Überlegungen zu den notwendigen Entwicklungsschritten und einige einführende numerische Ergebnisse wiedergegeben werden.

Aus der Sichtweise der Kontinuumsmechanik verändert die Kombination der Einzelwerkstoffe die Steifigkeit des Verbundwerkstoffs. Auch wenn am Ende Bruchlastuntersuchungen stehen müssen, ist zuvor das linear elastische Materialverhalten sachgerecht abzubilden, um das beginnende Reißen korrekt prognostizieren zu können. Die dargestellten Bilder lassen eine Verwandschaft zu Laminaten erkennen. Hierfür ist die Theorie, insbesondere begründet durch Anwendungen im Maschinenbau und in der Luft- und Raumfahrt, weit entwickelt. Exemplarisch sei auf die Lehrbücher von Altenbach et al. (Altenbach 1996) und Bergmann (Bergmann 1992) sowie auf die Dissertation von Dorninger (Dorninger 1989) verwiesen. Hier wird vorausgesetzt, daß gemäß Bild 8 der Aufbau des Materials durch Stapeln entweder von Matrixmaterial oder unidirektional verstärkten Schichten unterschiedlicher Orientierung (UD-Schichten) vorgenommen wird.

Eine einzelne Schicht wird dann als orthotropes Material aufgefasst. Während die Steifigkeit in Faserrichtung über Mischungsregeln angemessen abgebildet wird, können in dazu senkrechter Richtung nach den unterschiedlichen Approximationsvorschriften für die hier verwendete Materialkombination mit $E_f/E_B \approx 5$ und einem Bewehrungsanteil von nur 3 % Unterschiede in der Veränderung des Steifigkeitszuwachses von mehr als 50 % festgestellt werden. Dagegen ist der absolute Zuwachs von ca. 3 % (bestimmt durch eine FE-Berechnung) im Vergleich zu ca. 12 % in Längsrichtung ohnehin als klein zu bezeichnen. Andererseits bestimmen auch geringere Unterschiede bei einer multidirektionalen Anordnung nach einer Transformation in das gemeinsame Koordinatensystem die auszurechnenden maximalen Spannungen merklich. Zumindest für eine lineare Theorie könnte man nach Bestimmung der den Orthotropierichtungen entsprechenden Elastizitätsmoduli und den entsprechenden Querdehnzahlen die genäherten Werkstoffeigenschaften einer Einzelschicht angeben und durch „Stapeln" für ein geschichtetes Material angeben. Für weitere Details zur Theorie von Laminaten sei auf die Literatur verwiesen. Es muß jedoch darauf hingewiesen werden, daß gesicherte Aussagen über dazu senkrechte Richtungen nur numerisch erzielbar sind.

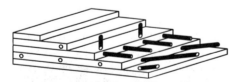

Bild 8: Typischer Materialaufbau für ein fünf-
schichtiges Laminat

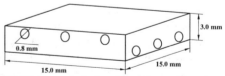

Bild 9: Exemplarische Darstellung für einen
zweilagig bewehrten Textilbeton

Die Betrachtung von Bild 9 mit den größenmäßig für einen Bewehrungsgehalt von ca. 3 % pro Schicht annähernd korrekt wiedergegebenen Abmessungen macht jedoch deutlich, daß die für eine Homogenisierung notwendige Annahme einer ausreichend gleichmäßigen Materialverteilung nicht erfüllt ist, beziehungsweise daß aus einer verschmierten Berechnung nicht ausreichend genau auf die innere Beanspruchung geschlossen werden kann.

Ein anderer Zugang zur Beschreibung des verstärkten Materials basiert auf der Potentialformulierung faserverstärkten Materials (Spencer 1980). Diese Formulierung folgt der Invariantentheorie für das Kontinuum. Dabei läßt sich die spezifische innere Energie mittels des Greenschen Verzerrungstensors $\underline{C}$ und einer angenommenen Richtung $\vec{a}_0$ für die Richtung der Fasern über folgende Invarianten

$$I_1 = tr(\underline{C}),\ I_2 = 1/2((tr(\underline{C}))^2 - tr(\underline{C}^2)),\ I_3 = \det\underline{C},\ I_4 = \vec{a}_0 \cdot \underline{C} \cdot \vec{a}_0,\ I_5 = \vec{a}_0 \cdot \underline{C}^2 \cdot \vec{a}_0 \tag{1}$$

zu

$$w(\underline{C}, \vec{a}_0 \otimes \vec{a}_0) = w(I_1, I_2, I_3, I_4, I_5) = \sum c_j I_j \tag{2}$$

angeben. Zu den Cauchyspannungen gelangt man schließlich in üblicher Weise durch Differentiation von (2) nach den Verzerrungen und Multiplikation mit dem Deformationsgradienten. Die fünf Konstanten repräsentieren dabei die linear elastischen Materialeigenschaften. In Ergänzung der angegebenen Beziehungen existieren Erweiterungen für mehr als eine Fadenrichtung. Da dieser Zugang naturgemäß nicht die Anordnung der Fasern in Lagen berücksichtigt, ist fraglich, inwieweit damit Aussagen über lokale, den Matrix- und Faserbruch initiierende Spannungsspitzen möglich werden.

3.2 Finite-Element-Modellierung einer repräsentativen Zelle aus textilbewehrtem Feinbeton

Für die Einstiegsberechnung werden entsprechend den zuvor gemachten Anmerkungen beide Materialien als linear elastisch und isotrop vorausgesetzt. Abweichend vom wirklichen Fadnaufbau wird dieser als einzelner zylindrischer Körper modelliert. Wegen des Aufbaus des Fadens aus einer Vielzahl einzelner Filamente wird im Hinblick auf die vorherrschende Zugbeanspruchung allerdings die Querdehnzahl der Glasfaser reduziert. Die verwendeten elastischen Daten sind im einzelnen für den Beton: $E_B = 13$ GPa, $\nu = 0,2$ und für die Glasfaser: $E_f = 74$ GPa, $\nu_B = 0,05$. Mit Rücksicht auf die gewählten Abmessungen wird ein Element mit je drei Fäden in beiden Richtungen als ausreichend angesehen. Zur Vermeidung von singulären Spannungsverläufen wurde abweichend von der realen Verlegung die Einzelschicht so eingerichtet, daß die Fasern grundsätzlich von Matrixmaterial umhüllt bleiben.

Wegen der komplexen geometrischen Verhältnisse von multiaxial verstärkten Bauteilen und wegen der im späteren Stadium zu berücksichtigenden Nichtlinearitäten kann nur eine Finite Element Betrachtungsweise eingesetzt werden. Mit Rücksicht auf die notwendige Elementierungsfeinheit geschieht dies auf der Grundlage des Programmpaketes IDEAS. Das Bild 10 stellt die Diskretisierung einer repräsentativen Zelle und das Detail für den Kreuzungsbereich zweier Fasern mit Elementverdichtung dar. Die Feinheit der ausgeführten Elementierung betrug wegen der Notwendigkeit einer genaueren Erfassung des Spannungszustands an der Oberfläche und in der Nähe der Oberfläche der Fasern, hier werden die Risse im Beton initiiert werden, etwa 9 000 Knoten bei etwa 49 000 Tetraederelementen.

3.3 Numerische Ergebnisse

Für die Berechnung unter Normalkraftbeanspruchung wurde ein Volumenausschnitt mit je drei Fasern in beiden Koordinatenrichtungen eingeführt. Bild 11 stellt exemplarisch für den Lastfall zweiaxialen Zug die gewählten Verschiebungsvorgaben dar.

273

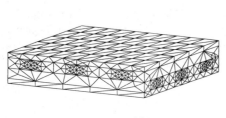
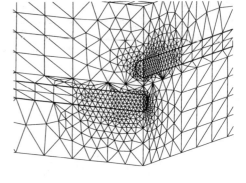

| (a) Gesamtansicht | (b) Detailansicht für einen Schnitt in den Symmetrieebenen |

Bild 10: Diskretisierung einer repräsentativen Zelle

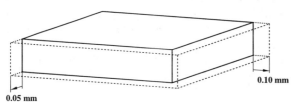

0.10 mm

0.05 mm

Bild 11: Belastungsvorgabe für eine zweiaxiale Zugbeanspruchung

Zur Beurteilung der Ungleichmäßigkeit des sich einstellenden Spannungszustandes sei auf Bild 12 verwiesen. Trotz der Vorgabe eines größeren Abstandes zwischen den Fasern ergeben sich signifikante Unterschiede in den v. Mises-Spannungen an der Oberfläche der Fasern und, in Bild 12b erkennbar, in den dazwischen befindlichen Betonkörpern. Bei einer Verlegung mit Berührung der einzelnen Fasern untereinander, wie entsprechend Bild 1 zu erwarten, ist mit wesentlich größeren Anhebungen der Vergleichsspannungen und damit mit einem beginnenden Aufreißen zu rechnen. Ohne eine Berücksichtigung des Bruchverhaltens des Feinbetons sind hierfür detailliertere Untersuchungen bedeutungslos.

Weitere Diskretisierungen für multidirektional bewehrten Textilbeton wurden ausgeführt. Wegen einer bislang nicht erfolgten systematischen Untersuchung von verschiedenen Bewehrungsvarianten lohnen sich an dieser Stelle jedoch noch keine verallgemeinernden Aussagen. Weiterhin liegen erste Erfahrungen zum Auszugverhalten von Einzelfilamenten aus einem Filamentbündel unter Berücksichtigung von coulombscher Haftung untereinander vor. Hierzu und zur Entwicklung von Versagensmodellen für mehraxial beanspruchten Textilbeton müssen als nächstes intensivste Anstrengungen unternommen werden.

4 AUSBLICK

Durch die Verwendung von textilen Konstruktionen mit eingearbeiteten Glasfasern ergeben sich eine Reihe neuer Möglichkeiten. In allen Fällen, in denen die Betonabmessungen nur deshalb so groß sind, um den Bewehrungsstahl vor Korrosion zu schützen, können dünnere oder schlankere, vor allem aber leichtere Elemente aus textilbewehrtem Beton verwendet werden. Dies beginnt bei Fensterstürzen und hört bei mittragenden Schalungen für Platten noch lange nicht auf.

Die Verwendung textiler Konstruktionen kommt auch überall dort in Frage, wo eine Beeinflussung des Magnetfeldes durch eingelegte Stahlbewehrung vermieden werden muß, wie z. B. in

274

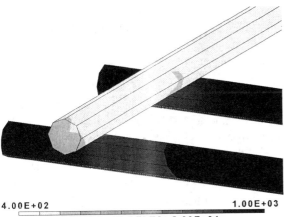

4.00E+02   1.00E+03

LEVELS: 12 DELTA: 5.00E+01

(a) Fasern

1.50E+02   3.00E+02

LEVELS: 12 DELTA: 1.25E+01

(b) Betonkörper zwischen den Fasern

Bild 12: Darstellung der von Mises-Spannungen an der Oberfläche einer Faser

Krankenhäusern in Räumen mit Computertomographen.

Ein weiteres Einsatzgebiet ergibt sich, wie die durchgeführten Versuche gezeigt haben, bei der Instandsetzung und Verstärkung von vorhandenen Bauwerken. Die textilen Konstruktionen zeichnen sich dabei insbesondere durch ihr geringes Gewicht und damit leichte Verarbeitbarkeit aus.

Gleichzeitig muß aber festgestellt werden, daß einer unmittelbaren Anwendung noch umfangreiche Forschungsarbeiten vorausgehen müssen. Hier können nur einige Punkte des zukünftigen Forschungsbedarfes angeschnitten werden. Ein wichtiges Thema stellen dabei die Verbundeigenschaften der textilen Konstruktionen im Beton dar. Die Größe und die Lage der Schrägschüsse scheinen dabei eine herausragende Rolle zu spielen. Beim Einsatz von textilen Konstruktionen bei der Sanierung sind eine Reihe herstellungstechnischer Probleme zu lösen, die sich sowohl auf den Verbund zwischen alter und neuer Schicht beziehen als auch auf den Verbund zwischen textiler Konstruktion und verwendetem Feinbeton.

Wie oben angedeutet, sind auch hinsichtlich der verwendeten Materialien weitere Forschungen unerläßlich. Dabei geht es sowohl um den Nachweis der Dauerhaftigkeit des Glases in Beton – Stichwort Alkaliresistenz – als auch um eine Optimierung der Zementmatrix als Umhüllung der textilen Konstruktion, wobei hier sowohl die Dauerhaftigkeit als auch Herstellungsfragen im Mittelpunkt stehen.

Die Chancen des neuen Materials rechtfertigen eine möglichst schnelle und intensive Erforschung der Grundlagen dieses Hochleistungsverbundwerkstoffes, so daß die praktische Umsetzung möglichst schnell erfolgen kann

5 DANKSAGUNG

Diese Arbeit wurde teilweise von der Arbeitsgemeinschaft Industrieller Forschungsvereinigungen „Otto von Guericke" e. V. (AiF) unterstützt und wurde am Institut für Tragwerke und Baustoffe sowie am Institut für Baumechanik und Bauinformatik der TU Dresden durchgeführt. Die Autoren bedanken sich bei Prof. Offermann und Dr. Franzke vom Institut für Textil- und Bekleidungstechnik und bei Herrn Dipl.-Ing. Rainer Hempel vom Institut für Tragwerke und Baustoffe, die zum Erfolg der Versuchsdurchführung wesentlich beigetragen haben. Weiterhin sind unter aktiver Mitwirkung von Herrn Dipl.-Ing. Juri Jarewski die meisten numerischen Berechnungen entstanden. Allen sei an dieser Stelle ausdrücklich Dank gesagt.

6 LITERATUR

Altenbach, H.; Altenbach, J.; Rikards, R.: *Einführung in die Mechanik der Laminat- und Sandwichtragwerke.* Stuttgart: Deutscher Verlag für Grundstoffindustrie, 1996

Bergmann, H. W.: *Konstruktionsgrundlagen für Faserverbundbauteile.* Berlin: Springer-Verlag, 1992

Dorninger, K.: *Entwicklung von nichtlinearen FE-Algorithmen zur Berechnung von Schalenkonstruktionen aus Faserverbundstoffen.* Fortschr.-Ber. VDI Reihe 18 Nr. 65. Düsseldorf: VDI-Verlag, 1989

Fachvereinigung Faserbeton e. V.: *Glasfaserbeton: Konstruieren und Bemessen.* Düsseldorf: Beton-Verlag, 1994

Mohamed, M. H.; Bilisik, A. K.: *Multi-Layer Three-Dimensional Fabric and Method of Producing.* US-Patent 5.465.760, 14.11.1995

Mohamed, M. H.; Zhang, Z.: *Method of Forming Variable Cross-sectional Shaped Three-Dimensional Fabrics.* US-Patent 5.085.252, 4.2.1992

Naaman, A. E.; Reinhardt, H.-W. (Hrsg.): *High Performance Fiber Reinforced Cement Composites 2 (HPFRCC2).* London: E & FN Spon, 1996

Reinhardt, H.-W.: Möglichkeiten und Grenzen organischer und mineralischer Bewehrung für Beton. *Das Bauzentrum* 44 (1996), Heft 1, S. 94–98

Reinhardt, H.-W.; Naaman, A. E. (Hrsg.): *High Performance Fiber Reinforced Cement Composites.* London: E & FN Spon, 1992

Taerwe, L. (Hrsg.): *Non-metallic (FRP) Reinforcement for Concrete Structures.* London: E & FN Spon, 1995

Spencer, A. J. M.: The formulation of constitutive equations in continuummodels of fibre-reinforced composites. In: Kröner, E.; Anthony, K.-H.: *Continuum Models of Discrete Systems (CMDS3).* Waterloo: University of Waterloo Press, 1980

Baustatik-Baupraxis 7, Meskouris (Hrsg.) © 1999 Balkema, Rotterdam, ISBN 90 5809 044 2

Erhöhung des Tragvermögens von Stahlbetonstrukturen durch aufgeklebte Faser-Verbundwerkstoffe

Chr. Mayrhofer & K. Thoma
Fraunhofer-Institut für Kurzzeitdynamik, Ernst-Mach-Institut, Freiburg, Deutschland

KURZFASSUNG: Geklebte Faserverstärkungen führen bei statisch beanspruchten Stahlbetonbalken zu einer Erhöhung der Tragfähigkeit, die das 2fache des unverstärkten Balkens beträgt. Werden Faserverbundaufbauten gewählt, die ein stufenartiges Versagen der Fasern zur Folge haben, wird durch das damit verbundene höhere Energieaufnahmevermögen die aufnehmbare Belastung bei Stoßvorgängen um das mehr als 4fache erhöht. Faserverbund-Anordnungen sind deswegen bei dynamischen Belastungsvorgängen besonders effektiv.

1 EINFÜHRUNG

Verstärkungen durch nachträglich aufgeklebte Faser-Kunststoff-Verbundwerkstoffe FKV sind im Bauwesen vor allem für zu sanierende Brückenbauwerke von Bedeutung. Auch für Anwendungen im Mauerwerksbau bei Erdbebenbelastungen liegen Versuchsergebnisse vor. Vor allem hochfeste Lamellen aus mit Kohlestoffaser verstärktem Kunststoff CFK können durch den hohen E-Modul bereits bei geringen Verformungen erhebliche Lasten übernehmen. Die guten Verbundeigenschaften bewirken eine Reduktion der mittleren Rißbreiten. Außerdem zeigen mit CFK verstärkte Konstruktionen ein hervorragendes Ermüdungsverhalten. Aus der Literatur folgt, daß mit FKV-Verstärkungen das Tragvermögen bei Biegebeanspruchungen beachtlich ansteigen kann. Dies gilt für die bislang vorwiegend untersuchten statischen Belastungsvorgänge. Die dabei im elastischen Bereich liegenden Beanspruchungen lassen keine Aussagen auf das Nachbruchverhalten zu. Ebenso unbekannt ist das Verhalten bei extrem dynamischen Belastungssituationen wie z. B. bei Stoßvorgängen oder infolge von Druckstoßwellen.

Ziel der Untersuchungen war, das Nachbruchverhalten bzw. die Zunahme des Arbeitsvermögens infolge FKV zu ermitteln sowie die Eigenschaften bei Stoßbelastungen. Für die Tragverhaltensweisen „Biegung" und „Schub" wurden unterschiedlich stark bewehrte Stahlbetonbalken betrachtet, die mit verschiedenen Fasermaterialien und Faseraufbauten verstärkt waren. Zur Anwendung kamen verschiedene Klebetechniken.

2 VERSUCHSBESCHREIBUNG

Verstärkungsmaterialien waren Kohlestoffasern CF, Glasfasern GF und Aramidfasern AF. Alle Fasertypen haben ausgezeichnete Eigenschaften hinsichtlich Festigkeit, Ermüdung und Korrosion. Die Zugfestigkeit der Kohlestoffaserbänder (UD, Flächengewicht 125 g/m²) betrug ca.

$$\sigma_{CF} = 3000 \text{ Mpa}$$

bei einer Bruchdehnung von 1 % bis 2 %. Zur Erzielung größerer Balkenverformungen wurden Glasfaserbänder verwendet (UD, 220 g/m²), die gegenüber CF einen um ca. 1/3 kleineren E-Modul aufweisen. Die Zugfestigkeit liegt im Bereich von CF ($\sigma_{CF} \cong \sigma_{GF}$) und die Bruchdehnung bei 3 % bis 4 %.

Um das Nachbruchverhalten zu verbessern, d. h. um einen Zuwachs des „Softening-Anteils" zu erreichen, sind Flechtschläuche aus Aramid (8408T) eingesetzt worden. Diese AF-Schläuche wurden mit CF-Bändern kombiniert (Abb. 1), damit ein stufenartiges Versagen eintritt (zuerst CF, dann AF). Die hohen Bruchdehnungen mit Aramidfasergeweben unter 45° Orientierung zeigt die Abb. 2.

Bei den Schubverstärkungen sind zusätzlich FKV-Bänder aufgeklebt worden (T 300, 160 g/m²).

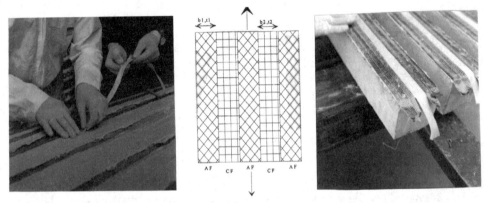

Abb. 1: Anordnung der Laminatstreifen

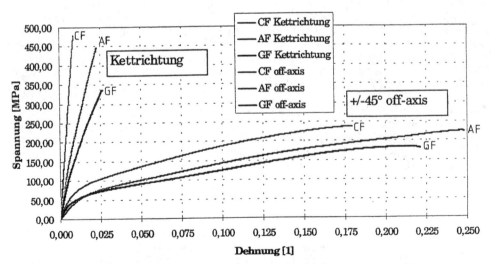

Abb. 2: Zugversuche an GF, CF und AF Gewebelaminaten mit Polyamidmatrix
in Kettrichtung und in ± 45° zur Kett- bzw. Schußrichtung
(Institut für Verbundwerkstoffe IVW, Kaiserslautern)

Das Aufkleben der Faser erfolgte mit einem „bauüblichen" Verfahren (Klebung – A), bei dem die sandgestrahlte Betonoberfläche verspachtelt (SK 41), in die Spachtelmasse die Faser eingedrückt, mit Harz (JHS 93) und Härter getränkt und abschließend nochmals verspachtelt wird.

Um für die Stoßbelastung einen besonders innigen Verbund zu realisieren, wurde eine am Institut für Verbundwerkstoffe, Kaiserslautern entwickelte Vakuumtechnik verwendet. Dabei unterbleibt eine Verspachtelung des Balkens. Mittels Unterdruck wird ein Harz-/Härter-Gemisch durch die Faser in die Betonoberfläche gepreßt (Klebung – B).

Zur Erzielung eines Biegemechanismus sind schwach bewehrte Stahlbetonbalken (2Ø4 mm, $\mu = 0.3$ %) erstellt worden und zum Erzeugen eines Schubbruches extrem stark bewehrte Balken (3Ø12 mm, $\mu = 4$ %). Die Druckfestigkeit des Betons betrug

$$\beta_w = 35 \text{ N/mm}^2,$$

die Zugfestigkeit des Baustahls

$$\sigma_e = 700 \text{ N/mm}^2.$$

Für eine Erhöhung des Biegewiderstandes sind auf der Balkenunterseite die verschiedenen Fasermaterialien bzw. Faserkombinationen aufgebracht worden. Die Schubtragfähigkeitssteigerung erfolgte durch Faserverstärkungen an den Seiten und z. T. zusätzlich auf der Balkenunterseite (Abb. 3).

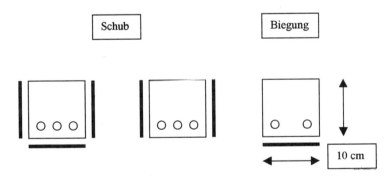

Abb. 3: Faserverstärkung – Balkenquerschnitt

Die Tabelle 1 zeigt die Versuchsmatrix. Insgesamt wurden 40 Balken untersucht.

Tab. 1: Versuchsmatrix – Faserverstärkungen

		Faserverstärkung				
		CF	GF	4CF + 1AF	2 CF + 2 AF	FKV
Biegung	Klebung - A	x	x	x	x	
	Klebung - B			x	x	
Schub	Klebung - A					
	Klebung - B	x		x		x

3 ERGEBNISSE

3.1 Biegetragverhalten

3.1.1 Statische Belastung

Hierzu liegen Versuchsergebnisse zu den Klebetechniken A und B vor sowie für die Faser-
werkstoffe CF, GF und AF.

3.1.1.1 Klebung – A

Das statische Last-Verformungsverhalten der mit der „bauüblichen" Klebetechnik verstärkten Stahlbetonbalken zeigt die Abb. 4. Die Bezugsgröße ist ein nicht verstärkter Stahlbetonbalken mit der Bezeichnung RC. Im Vergleich dazu führt die Verstärkung mit Glasfaser-
oder Kohlestoffbändern zu einem Anstieg der aufnehmenden Belastung um 60 %. Das
Formänderungsvermögen nimmt entsprechend dem Lastanstieg zu. Darüber hinausgehende Zuwächse an Verformungsarbeit sind mit diesen Faserwerkstoffen nicht zu beobachten.

Eine signifikante Erhöhung der Verformungsarbeit wird mit dem gestaffelten Faseraufbau
erreicht (4CF + 1AF oder 2CF + 2AF). Videoaufnehmen belegen, daß nach dem Erreichen
der maximalen Belastung zunächst die Kohlestoffaserbänder reißen, danach ein Ablösen
des Aramidschlauches erfolgt und dadurch das Reißen der Baustahlbewehrung eintritt.

Der Faserverbund aus Kohlestoffaser und Aramidfaser führt im Vergleich zu konventio-
nellem Stahlbeton zu einer Erhöhung der Last um 130 %. Der Zuwachs am Formänderungsvermögen ist demgegenüber weitaus größer.

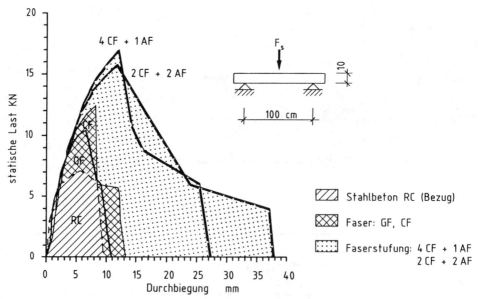

Abb. 4: Statisches Last-Verformungsverhalten biegebeanspruchter Balken
mit nachträglicher Faserverstärkung (Klebung – A)

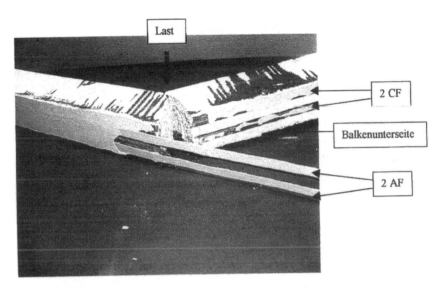

Abb. 5:Bruchverhalten eines biegebeanspruchten Stahlbetonbalkens
mit Faserverstärkungen

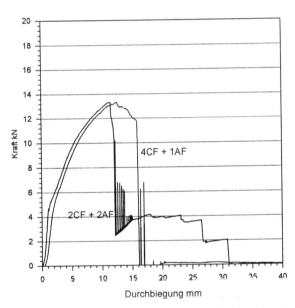

Abb. 6: Statisches Last-Verformungsverhalten biegebeanspruchter Balken
mit nachträglicher Faserverstärkung (Klebung – B).

Das Bruchversagen wird durch die Faserverstärkung nicht beeinflußt, d. h., daß der bei
schwach bewehrten Balkenkonstruktionen übliche Biegeriß in Balkenmitte erhalten bleibt
(Abb. 5).

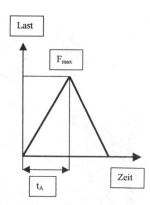

Abb. 7: Stoßbelastung (Prüfmaschine, Druckzeitverlauf)

3.1.1.2 *Klebung – B*

Um ein Ablösen des Aramidschlauches zu verhindern (Abb. 5) wurde die Vakuumtechnik eingesetzt. Trotz dieses erhöhten Applikationsaufwandes konnte auch mit diesem Verfahren ein vorzeitiges Ablösen nicht vermieden werden. Die sehr großen Verformungen sind vom Trägermaterial (Harz) offensichtlich nicht aufnehmbar. Infolgedessen wird mit dieser Befestigungsmethode keine Verbesserung des Tragvermögens erzielt (Abb. 6).

3.1.2 *Dynamische Belastung*

Bei einer Belastungsgeschwindigkeit von 5 m/s sind die Versuchskörper mit einer Einzellast in Balkenmitte stoßartig beaufschlagt worden. Als Belastungsprofil der servohydraulischen Prüfmaschine wurde ein dreiecksförmiger Verlauf gewählt. Damit ergaben sich Lastanstiegszeiten von $t_A = 0{,}75$ ms bis $1{,}0$ ms. Die gesamte Einwirkdauer der Belastungsdauer betrug $1{,}5$ ms bis $2{,}0$ ms.

In mehreren Belastungsstufen wurde die dynamische Beanspruchung solange erhöht, bis Bruch eintrat. Bei den unverstärkten Stahlbetonbalken betrug

$$F_{max}^{RC} = 15 \text{ kN}.$$

Die Faserverstärkungen mit CF und GF hatten eine maximale Stoßlast von

$$F_{max}^{CF,GF} = 30 \text{ kN}$$

zur Folge und mit Faserverbund (2CF + 2AF oder 4CF+1AF) wurde

$$F_{max}^{CF+AF} = 70 \text{ kN}$$

erreicht. Damit steigt bei Faserverbundaufbauten die dynamische Tragfähigkeit um das mehr als 4fache an. Diese Zuwachsrate ist auf das verbesserte Nachbruchverhalten bzw. das große Energieaufnahmevermögen zurückzuführen (Abb. 4).

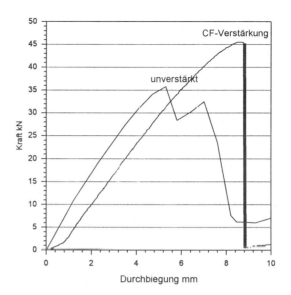

Abb. 9: Schubtragfähigkeit mit und ohne Faserverstärkung

Abb. 8: Bruchverhalten des unverstärkten Balkens

Die unterschiedlichen Klebetechniken (A, B) hatten bei den Stoßbelastungen ebenfalls keinen Einfluß auf die aufnehmbare Belastung oder das Bruchverhalten. Das infolge der plötzlichen Lastaufbringung bei dynamischen Vorgängen befürchtete Abplatzen der Faserbänder trat nicht ein.

3.2   Schub

3.2.1   Statische Belastung

Zur Erhöhung der Schubfestigkeit wurden die Balkenlängsseiten mit Kohlestoffasern (CF, FKV) und Aramidfaserbändern verstärkt. Angewendet wurde die Vakuumklebetechnik.

Unabhängig von der Verstärkungsart (CF, FKV, 4CF + 1AF) erhält man eine Laststeigerung gegenüber der Stahlbetonausführung von 25 %(F_{RC} = 37 kN, $F_{CF,AF,FKV}$ = 46 kN). Das durch den hohen Bewehrungsanteil von μ = 4 % verursachte spröde Verhalten wird durch die Faser nicht verändert (gleiche Durchbiegungen), wohl aber die Versagensart. Das explosionsartige Versagen der unverstärkten Balken (Abb. 8) war bei der Faserverstärkung moderater; es gab keine Betonabplatzungen, sondern nur Risse in den Faserbändern.

3.2.2   Dynamische Belastung

Bei einer Belastungsgeschwindigkeit von 5 m/s und einer Lasteinwirkungsdauer von 2 ms ist vom unverstärkten und faserverstärkten Balken ungefähr die gleiche Last von

$$F_{max} = 80 \text{ kN}$$

aufgenommen worden. Das war aufgrund der statischen Last-Verformungskennlinien, mit einer nur geringfügigen Zunahme der Maximallast, aber nicht erfolgten Erhöhung des Energieaufnahmevermögens zu erwarten. In diesem Extrembereich bezüglich des Bewehrungsgrades führt die Faserverstärkung zu keiner weiteren Steigerung der Tragfähigkeit.

4 ZUSAMMENFASSUNG

Faserverbundaufbauten mit Faseranordnungen unterschiedlicher Festigkeit und Dehnungsverhalten führen zu einem stufenweisen Versagen mit der Maßgabe eines vergrößerten „Softening-Anteils". Durch das erhöhte Formänderungsvermögen können damit verstärkte Stahlbetonkonstruktionen sehr hohe dynamische Beanspruchungen aufnehmen. Aufgrund des äußerst günstigen Verhaltens von Faserverbundwerkstoffen bei extremen dynamischen Belastungen wird dieser Werkstoff zukünftig für flächenhafte Verstärkungen von Wänden untersucht, die mit Druckstoßwellen beaufschlagt werden.

5 LITERATUR

M. Deuring, 1993, Verstärken von Stahlbeton mit gespannten Faserverbundwerkstoffen, Bericht Nr. 224, EMPA; CH-8600 Dübendorf

A. Dehn, Aug. 1998, Nachträgliche Verstärkung von Mauerwerk mit Faser-Kunststoff-Verbunden, IVW-Bericht 98-052, Institut für Verbundwerkstoffe, Universität Kaiserslautern

C.C. Chamis, P.K. Gotsis, 10/30/97, Laminate Analogy for Composites Enhanced Concrete Structures, NASA Lewis Research Center, Cleveland, Ohio

Baustatik-Baupraxis 7, Meskouris (Hrsg.) © 1999 Balkema, Rotterdam, ISBN 90 5809 044 2

High performance concrete structures – Experience and risk analysis

Anders Henrichsen
Dansk Beton Teknik A/S, Hellerup, Denmark

ABSTRACT: Concrete production methods and material compositions have changed radically during the last few decades. This change has partly been driven by a globally recognised crisis in concrete durability and partly by the need to justify large investments in e.g. the infrastructure by predictions of very long service lives of these structures.
Based on observation of recently constructed major structures it is probable that the general approach toward High Performance does not always yield the expected results.
The paper addresses topics like increased production robustness of concretes and introduction of risk assessment analysis in the construction planning phase.

1. INTRODUCTION

Construction industry has during the past decade been criticised for not demonstrating the same productivity improvements as other major industries in the Industrial countries.
In fact, the productivity of construction has stagnated entirely since the late 1960's if measured on gross domestic product at factor cost per person employed in the sector.
During the same period of time other industries like e.g. general trade, automobile and steel industries have increased their productivity to more than double, as illustrated in fig. 1 below

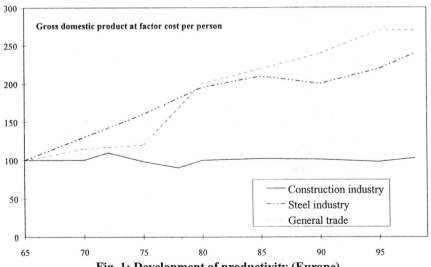

Fig. 1; Development of productivity (Europe).

The increased focus on introducing High Performance Technologies and Materials may be interpreted as the reply to this challenge by the Construction Industry.

It seems, however, that in several of the applications the High Performance level is not achieved in the structures.

Modern concrete structures are usually characterised by high volume of obstacles and high concreting lifts. Heavy steel reinforcement, ducts for post-tensioning strands and cooling/heating pipes all create a rather congested space in which the concrete shall be placed and consolidated; often by unskilled-skilled labourers who cannot see what is happening in the darkness of the moulds.

The concrete is usually pumped in place; discontinuous pump operations and high pumping pressures, e.g. exceeding 150 bars are commonly experienced.

Vibration is carried out using internal poker vibrators with diameters ranging from 50 mm to 120 mm. Frequencies of vibration are in the range of 100 Hz to 250 Hz.

It is rarely seen that concrete in general is vibrated too little; Overvibration does not show by sight in the structure.

However, this strive for good looking surfaces and smooth concrete without honeycombs is one of the major causes for deficiencies in durability performance which is expected to materialise in many structures long before their 100 years birthday.

International journals document an increasing concern in regard to the quality of hyper sensitive concretes, i.e. concretes with rapidly changing rheological properties, particularly when exposed to rough pumping and extensive overvibration.

Researchers in Japan were the first to recognise the quality risks related with the new generation of concretes placed in complicated civil engineering structures, maintaining requirements of conventional appearance of the concrete surfaces.

The concern of Japanese researchers was soon shared by their colleagues in the rest of the world.

When concrete is **pumped** under high pressure, at least two changes may appear to the 'good' concrete of the laboratory.

i) The entrained air void structure will be partly or even completely absorbed in the water of the paste due to the pressure. When pressure is normalised at the placing of concrete this air will be released again but usually not with the same high specific surface.

ii) When concrete with an unstable composition of the paste phase is exposed to differential pressures, such as those appearing during pumping of concrete, the paste will segregate: Water will bleed in an internal segregation process and the solid particles of the paste will agglomerate.

This is a phenomenon which is also experienced by the injection industry, e.g. grouting ducts and injection of soils.

Mathematical/physical models for the microstability of cementitious pastes exposed to differential pressure are, at present, under development. Until results of this research is available 'trial and error' seems to be the only way to design microstability.

When concrete is **compacted** this process is influenced by the previous handling; The air void structure which, due to the high pressure pumping has changed characteristics towards larger bubbles will be driven out of the concrete by vibration.

If, in addition hereto, the rheology of the concrete is changed, for instance due to a delay in concrete supply, a short break-down in the concrete pump or other impacts on the concreting, it may have severe consequences:

Pumping pressure must be increased to handle the stiffer concrete. Internal segregation will prevail and all air voids will certainly be destroyed.

The results is a sudden change in concrete quality which will be noticed by the labourers during concreting and, indeed, by everyone when the forms are stripped.

What is seldom observed is the internal damage which most HPC structures expose due to this harsh treatment.

It is believed that these problems can only be overcome by further R&D combining two different approaches;

i) Development of durable compositions which are characterised by production robustness.

ii) Introduction of Risk Assessment as an integrated part of concrete construction.

In the following sections an analysis of present concrete quality based on petrographic examination is presented together with a proposal for introduction of Risk Assessment as a planning tool for the construction process.

2. PETROGRAPHIC ASSESSMENT OF HIGH PERFORMANCE CONCRETE STRUCTURES

One way to assess the quality of concrete in the structures is by analysing cored samples of concrete.

It is becoming increasingly common to apply petrographic analysis on such samples in addition to the more directly related performance testing of properties like freeze-thaw resistance, chloride permeability and coefficient of diffusion.

Petrographic analyses of concrete may be performed on macro- as well as micro level. The most reliable assessment method is based on fluorescence examination of impregnated samples which may consist of either polished cut sections or thin sections.

Other types of analysis document the quality of the air void structure, e.g. in accordance with ASTM C457 or the related European Standards.

During production of a structure, the concrete material is exposed to impacts from transportation, placing and consolidation. At the same time, the concrete itself undergoes changes due to the curing process of the binder and possible chemical reactions between the cement reaction products and the admixtures.

It is not unusual that the perfect, well performing concrete from the laboratory specimens cannot be recognised when samples taken in the structures are analysed. The difference could be in the microstructure, in the air void structure or in the macroscopical appearance of the concrete. It is obvious, that something happens during construction which differs significantly from the regime of the laboratory.

The loss of air content and the degradation of the spacing factor due to pumping and vibration are wellknown phenomena. Still, it frequently appears that air void structures in high performance concretes are inadequate.

On casting the concrete it is essential to introduce the compaction energy needed for making the concrete/cement paste flow. This assures both a dense packing and an adequate internal bonding between constituents of the concrete. However, it is of utmost importance that the amount of energy is restricted in order to retain a stable structure of the concrete and, thus, prevent the constituents from segregating. A given concrete composition may not achieve the needed flow without at the same time causing segregation. Other concrete compositions may give rise to segregations, e.g. internal bleeding at even the slightest action.

The mix design and the age from time of mixing, define the flow and compaction characteristics of a concrete and are, indeed, related to the problems described in the following. Furthermore, the flow characteristics are also dependent on the homogeneity of the concrete at the time of use. Even greater changes in the quality of concrete may appear when concrete, which has lost its true plasticity, is exposed to vibration or disturbance from mechanical impacts during early hardening exposing semi-plastic behaviour.

Moderate and high slump concretes are used in various structures such as walls, columns, pylons, decks, etc. The compaction equipment used is most often poker vibrators, functioning at high frequencies. For moderate and high slump concretes insufficient compaction mainly involves the formation of bodies of entrapped air at surfaces being cast against formwork. The defects are most often a cosmetic problem but may be of importance in respect to protection of reinforcement if the general thickness of the cover layer is diminished.

The compaction around the rebars and the general bonding between concrete and rebars may be of low quality, if the concrete is insufficiently compacted. The defects are seen as irregular cavities along the rebars with a length of 3-50 mm dependent on e.g. degree of compaction. Porous construction joints may be expected to pose problems to service lifetime in reinforced structures as well.

The compaction of medium and high slump concretes by use of poker vibrators is often extended beyond the limit necessary for the proper consolidation of the concrete material and result in segregation of the concrete causing:
- settling of coarse aggregates
- micro bleeding in the paste
- porosities at grains and densified paste between grains
- larger bleeding structures, i.e. porous areas of local very high w/c-ratio
- porous bands with high w/c-ratio along rebars.

The segregations involve settling of coarse aggregates leading to increased paste content in the stone depleted region. The content of coarse aggregate may vary from 20 vol.% in the depleted upper zone to 60 vol.% in the enriched lower zone. The upper depleted zone has an increased content of paste and will, thus, have increased shrinkage on hydration and tendency to crack formation. Such cracks may form map patterns and will typically be 0.01-0.5 mm wide, appearing perpendicular to the surface.

Micro bleeding in the paste due to excessive vibration will cause the water to be pressed out of the paste and placed along sand grains and stones. Consequently, the paste between the sand grains will be densified due to closer spacing of cement grains. The hardened paste may achieve local differences in capillary porosity corresponding to differences in equivalent w/c-ratio of 0.20-0.30.

With intensified vibration the internal structure of the concrete will form larger, highly porous volumes below stones due to bleeding. These volumes equal the size of the coarse aggregates in a layer of 0.5-2.0 mm thickness. The porous volumes may well form partly interconnecting bands in the concrete.

Large, interconnecting porous volumes may be formed along and below horizontally placed rebars and surrounding the vertical rebars. The cement paste may be highly porous in distance of 5-20 mm from the rebars. Especially, when the vibrators are placed on the reinforcement during vibration, defects like these may develop.

In air entrained concretes the air void system may be ruined by excessive poker vibration forming an inhomogeneous air void system where the single air voids clump into agglomerates that may collapse into air inclusions. These may, in term, be vibrated out of the concrete. Eventually, the air content of the concrete will be lowered. Due to demands for low permeability and high strength it has become general practise to specify low capillary porosity of the cement paste. This is achieved by lowering the w/c-ratio by adding silica fume or other pozzolans. These approaches, demand the use of superplasticizers.

It is believed, that the amounts of superplasticizer used for High Performance Concrete with high slump are directly involved in the formation of several types of defects, e.g. low quality air void systems and lack of cement hydration.

A crucial parameter for highly plasticized concretes is the pronounced rate of loss of workability experienced in the fresh concrete. The extensive use of plasticizers, which is a part of the modern HPC concept, leads to an incompatibility between 'flowability' of the paste and the setting time. Actually, many concretes show a geotechnical (soil mechanical) behaviour in the most critical part of its curing life, i.e. from say one hour after casting when all flow properties are lost until ten hours, when the paste gains some strength (setting). Any impact on these concretes, when true plasticity is lost, will introduce plastic defects unlikely to heal. Such impacts may be introduced in several ways:

- On revibrating earlier placed, already settled 'crunchy' layers of concrete in order to secure well compacted joints. The defects comprise plastic cracks in the paste and along the aggregate 0.01 - 0.1 mm wide and paste separations involving locally reduced hydration of cement grains.
- In slipformed walls, if the speed of formwork lifting exceeds the capability of the placed concrete to sustain itself. The defects introduced may be paste separations and plastic, mainly surface, parallel cracks 0.01 - 0.2 mm wide. The cracks may be concentrated in the outer parts of the wall
- In slipformed walls if the formwork imposes too high friction at the lifts.
- If the concrete is cast on a sloping bottom form or in bottom plates without top formwork, if cast in-one with walls.

Above are described some types of flaws which are frequently appearing in modern high performance structures, e.g. in major bridges or tunnels, high rise buildings and off-shore platform structures.

The non-conformance in relation to expectations may be summarised as follows:

- Reduced air content
- Increased spacing factor
- Macro segregation
- In-homogenous cement paste with interconnecting porosities
- Systematic (oriented) plastic cracking in the microstructure
- Severe debonding to reinforcement

Of these deficiencies only the non-conformance of the air void structure is generally identified and accepted as problematic in regard to durability. The other types of flaws are not described in international literature and are often considered to be without significant impact on the durability. Recent research does, however, indicate that properties like freeze-thaw resistance and chloride permeability may be reduced as mush as an order of magnitude in samples where such phenomena appear compared with results from testing of laboratory produced samples.

As an illustration of the above reflections it may be mentioned that at the time of writing, the contractor constructing the bridge between Sweden and Denmark have issued a press release stating that one of the approach spans of the bridge has not met the criteria for frost resistance. Whether this is due to phenomena as described above is unknown to the author.

3. APPROACHING A RISK ASSESSMENT TOOL FOR CONSTRUCTION MANAGEMENT

3.1 Introduction

Risk Management is based on the assumption that risks in construction may be identified assessed and quantified. Experience from Australia, Canada and Japan seems to indicate that this is possible and the work carried out has been the basis for a first draft for an ISO Standard in the field.

Basically risk management has the following main objectives:

- to reduce the number and volume of cost increasing incidents
- to optimise the data basis available for risk management decisions on design, materials and methods to be applied during the entire construction process.

As it appears, risk management is not only linked to the work of the contractor but applies to the entire process covering the idea phase, a possible political decision, the feasibility phase, design, construction and use.

Risk Management does not mean that all risks may be avoided. But it does mean that all identified risk elements are analysed and evaluated and that contingency measures may be introduced to reduce the level of unacceptable risks or even that a given project will be fundamentally changed or abandoned completely. In other words; the uncertainty has become limited to a certain level.

3.2 Basic concepts for risk management during construction.

In an aim of presenting the concept of risk management as clearly as possible, only the actual construction process is dealt with in the following and only productivity or economical issues are addressed. This is by no means an indication that this area is the most feasible for targeting productivity increments. But the construction companies are , indeed, belonging to a group of industries which is publicly abused of low productivity development.
The risk management provides a system which is constantly on-going and perpetually improving its efficiency and reliability.

This may be illustrated in fig. 2 below:

Fig. 2; Illustration of some elements of risk management and its iterative character.

The meaning or definition of each of the processes indicated is presented in the following:

Company Strategy: Risk
Even through only a few construction companies operate a systematic and targeted risk management system there is in any company a certain attitude towards the concept of risks. Some companies can accept large economical risks but consider e.g. environmental impact risks as completely unacceptable. Others may rank risk of industrial injuries or occupational risks lower than economical risks.
Thus, each company must translate its own policy in regard to risk into a company risk management strategy which set out guidelines for identification of risk areas, risk consequences and acceptable probability.

Definition of Project/Scope
Each risk management plan shall be based on the company risk strategy and a clear definition of the scope.

This includes a definition of the physical project or segment to be dealt with and which risk consequences should be dealt with e.g. risks related to productivity, cash-flow, time schedule, environment a.o.

At the present state-of-the-art it seems advisable not to integrate all elements of a company risk strategy in one scope of work.

Risk Areas

These areas should represent areas of events which will or may appear independent of each other.

Such areas might be: Weather conditions, equipment break-down, production flaws, accidents, criminality, fire, design errors, environmental impact, resource availability, public supplies, authorities, etc.

Risk events and frequency

This term covers all undesirable impacts on the construction process which may be caused by unfavourable developments in the above mentioned risk areas.

The character of the events and their probable frequency shall be analysed and quantified. As this will most likely be based on experience it is of importance for any risk management system that feed-back is established by proper recording of events on site.

Risk consequence

The consequences of a certain event must be quantified in the planning stage of the risk management. If this is done, the level of risk for a given event may be expressed as the mathematical product of consequence x frequency.

As for the frequency of events, the consequences can only be a subjective assessment unless a reliable database has been established, based on previous risk management records.

Risk assessment and contingencies

In its simplest form, the risk assessment is performed as a multiplication of frequency and consequence and the result is assessed against the company strategy. Such an assessment might be presented in a table as shown below:

Example of a risk assessment					
Consequential costs per event	Disastrous	Critical	Serious	Of some importance	Small
Frequency: events per project/year	> 0.5 mio ECU	0.1-0.5 mio. ECU	0.05-0.1 mia. ECU	0.01-0.05 mia. ECU	<10.000 ECU
Frequent >10	not acceptable	not acceptable	not acceptable	undesirable	undesirable
Expected 1-10	not acceptable	not acceptable	undesirable	undesirable	acceptable
Possible 0.1-1	not acceptable	undesirable	undesirable	acceptable	acceptable
Seldom 0.01-0.1	undesirable	undesirable	acceptable	acceptable	insignificant
Almost never <0.01	undesirable	acceptable	acceptable	insignificant	insignificant

Based on an evaluation like the one illustrated above, the possible contingency measures can be decided upon.

Such measures may be of an informative nature (management, client or both) or be related to change of construction principles, methods, materials or equipment.

Change in design or time schedule may also be considered.

Costs of the contingency measures should be estimated and compared with risk assessment costs as a basis for decision of implementation in the project.

Similar assessment principles may be introduced in situations where a direct cost/benefit analysis cannot be established.

Reliable assessment of risk frequency and consequence

In the previous section a brief illustration of a risk management system has been given. This system has several weaknesses of which the necessity of establishing values for risk frequency and consequences are the most disturbing.

As only very few construction companies, if any at all, have assess to the required risk data, it may seem as though implementation of a risk management system with the objective of improving the productivity of the European construction industry would be rather far off.

In the fields of planning and management it is, however, quite common that you are forced to make decisions and assess consequences as an estimate on an uncertain basis. Previously when such estimates were available and only varied slightly from case to case these estimations were usually correct and needed little corrections. In a fast changing environment as is the conditions of the construction industry of today, where decisions must be taken faster an matters which are often more complex, the need for a management tool has been recognised.

Planning and decision procedures, based on the Bayes statistical evaluation principles have, therefore, been developed and implemented in the construction industry during the last decades. The procedures introduce a subjective estimate of the most likely outcome of a given act. Through our education we have all been taught that such an estimate should result in just one result. The new approach suggests that the outcome of the assessment should rather be a triple estimate giving the extreme case values in addition to the most probable value of a given event - all on a subjective basis. The extreme case values should be such unrealistic estimates that the estimator is fully convinced that the values represent situations: 'this cannot be worse' or 'this cannot be better'.

Through such a process it is possible to establish the following 'statistical' parameters: Mean value, standard deviation and variance.

A more detailed introduction to the Bayes statistical approach and the so-called 'method of successive approximation' is not the topic of this paper.

The tool has been used over the last 10-15 years and has proven its ability to transform wild guesses into 'certainty -to a certain level'.

4. CONCLUSIONS AND RECOMMENDATIONS

The productivity of the construction industry in Europe is too low. This is a fact which is recognised by most leaders in this industrial sector. It is also believed that an improvement of say 5-10% in reduction of construction costs should be achievable if more industrialised methods are implemented. Increments of this magnitude does, however, not bridge the gap between construction and the industrial areas.

It should, therefore, be a target for the industry as such to address this challenge and seek improvements in all phases of the construction including the political decisions, the design and the use during service. But, of course, also during construction.

It should be of concern that arbitration claims often reach 50% of the contract value and that structures build during the last 20 years to last for more than 100 years without significant repair need repairs or rehabilitation in the near future.

Analyses clearly indicate that this situation is caused by relatively few incidents which could and should have been foreseen. Large environmental and economical disasters in Norway and Sweden (tunnels), reduced lifetime expectations for several major infrastructural projects in Northern Europe and substantial claims (e.g. The Great Belt Link, DK) are examples of this. Most of these unfortunate events could have been avoided provided that risk management had been applied and proper contingencies installed.

As an example of a contingency which is emerging by itself so to speak is the new material technology development in Europe of self-compacting, self-levelling concretes.

These materials are so robust that once they are fully developed, a majority of the risks and deficiencies which are today present in modern concrete structures may be eliminated.

Such a development may contribute significantly to the increase of productivity in Europe and at the same time enhance the competitiveness of the European construction industry abroad.

A condition for this development is, however, that our standards are transformed from the present prescription level to real performance based requirements which will allow for innovative approaches to meet the challenge of reducing risk and improve productivity.

Baustatik-Baupraxis 7, Meskouris (Hrsg.) © 1999 Balkema, Rotterdam, ISBN 90 5809 044 2

Modellierungsprinzipien von Beton

Wilfried B. Krätzig, Dimitar Mančevski & Rainer Pölling
Lehrstuhl für Statik und Dynamik, Ruhr-Universität Bochum, Deutschland

ZUSAMMENFASSUNG: Während die DIN 1045/07.88 linear-elastische Schnittgrößenberechnungen und eine Berücksichtigung der nichtlinearen Werkstoffeigenschaften von Stahlbeton lediglich bei der Querschnittsbemessung vorsieht, erlaubt der EC 2/06.92 und der DIN1045-Gelbdruck ausdrücklich die Verwendung physikalisch-nichtlinearer Methoden auch zur Ermittlung der Schnittgrößen bzw. Spannungen. Beide Vorschriften enthalten jedoch bis auf die Angabe einer einaxialen, „idealisierten Spannungsdehnungslinie" keine genauere Information über die werkstoffliche Nichtlinearität von Beton. Daher werden in diesem Aufsatz, aufbauend auf experimentellen Erkenntnissen, unterschiedliche elasto-plastische Materialmodelle und elasto-plastische Materialmodelle mit Schädigungsanteil, die mehrdimensional formuliert sind, vorgestellt. Sie erlauben neben einer nichtlinearen Berechnung auch Simulationen bis zum Bruchzustand.

Diese Betonmaterialmodelle sind für den Einbau in ein FE-Programm geeignet. In naher Zukunft werden FE-Programmsysteme für nichtlineare Tragwerksanalysen im Massivbau verfügbar sein und insbesondere Entwurfsingenieure sollten Kenntnisse über deren Modellumfang besitzen.

1 VERSUCHSWIRKLICHKEITEN ALS GRUNDLAGE

1.1 *Weggesteuerte einachsige Versuche*

Schon der einfache, einaxiale, weggesteuerte Druckversuch unter monoton ansteigender Beanspruchung, wie er regelmäßig bei Betonproben durchgeführt wird (Abb. 1), offenbart das stark nichtlineare Spannungsdehnungs-Verhalten von Beton. Diese Nichtlinearitäten werden im Druckbereich im wesentlichen durch das Entstehen, Wachsen und Vereinigen von Mikrorissen zwischen Zuschlag und Mörtelmatrix hervorgerufen.

Die gleichen Versuche mit hochfesten Betonen, die ebenfalls in Abb. 1 aufgenommen sind, zeigen, daß höhere Festigkeit immer auch mit größerer Sprödigkeit verbunden ist. Im Nachbruchbereich fällt daher die Spannungsdehnungslinie steiler ab, und die Bruchenergie nimmt nicht im gleichen Maße wie die Festigkeit zu.

Mikrorisse können sich bei Entlastung teilweise wieder schließen. Aus dieser Tatsache ergibt sich, daß bei Entlastung eine Abnahme der ursprünglich vorhandenen Steifigkeit beobachtet werden muß, was erstmals in (Sinha, Gerstle und Tulin 1964, vgl. Abb. 2a) nachgewiesen wurde und auch von neueren Untersuchungen gestützt wird (Bahn und Hsu 1998, vgl. Abb. 2b). Bemerkenswert ist, daß bei zyklischer Beanspruchung die Einhüllende relativ gut mit dem gewöhnlichen weggesteuerten Versuch übereinstimmt.

1.2 *Mehrachsige Versuche*

Die bekanntesten Ergebnisse mehrachsiger Versuche sind sicherlich die zweiachsigen Versagenskurven nach (Kupfer und Hilsdorf 1969), wiedergegeben in Abb. 3. An dieser Stelle sei auf die Experimente von (Schickert und Winkler 1977) sowie (Launay und Gachon 1970) als dreiaxia-

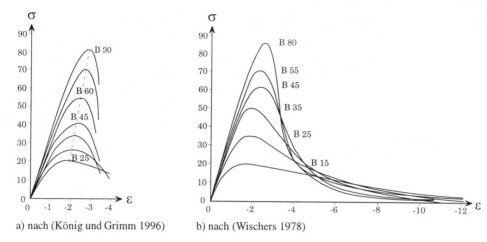

a) nach (König und Grimm 1996)   b) nach (Wischers 1978)

Abbildung 1: Einachsiger Druckversuch mit Betonen unterschiedlicher Festigkeit

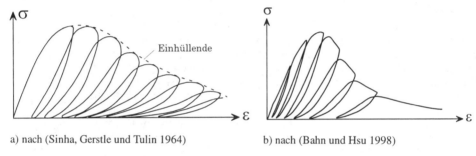

a) nach (Sinha, Gerstle und Tulin 1964)   b) nach (Bahn und Hsu 1998)

Abbildung 2: Zyklische Druckversuche aus der Literatur

le Versagensversuche hingewiesen. Solche Versagenskurven müssen von jedem Werkstoffgesetz wiedergegeben werden können, das für die Berechnung von Strukturen mit mehrachsigen Spannungszuständen eingesetzt werden soll. Der Abb. 3b läßt sich weiterhin entnehmen, daß sich die heute baupraktisch üblichen Betone, abhängig vom Spannungszustand, in einem Spektrum von quasi-spröde bei einachsiger Zugeinwirkung bis zu quasi-duktil bei dreiachsiger Druckbelastung verhalten.

2   NORMENINTERPRETATION

In der geltenden deutschen Norm zur Bemessung und Ausführung von Stahlbeton DIN 1045/07.88 wird gemäß Abb.4 das nichtlineare Stoffverhalten von Beton lediglich dadurch berücksichtigt, daß die zulässigen Querschnittsbeanspruchbarkeiten bei der Biegebemessung auf Grundlage einer nichtlinearen Spannungsdehnungslinie (Parabel-Rechteckdiagramm in Abb.4) ermittelt werden. Die Schnittgrößen selbst werden mittels der linearen Elastizitätstheorie berechnet. Biegemomente in balkenartigen Strukturen dürfen jedoch in engen Grenzen umgelagert werden, ein sehr fragwürdiges nichtlineares Vorgehen.

In dieser Hinsicht stellt der EC 2 (EUROCODE 2 1992) eine Weiterentwicklung dar. Ausdrücklich werden nichtlineare Analysen zur Ermittlung der inneren Kraftgrößen zwecks größerer Modellnähe zugelassen. Leider sucht man im EC 2 ein nichtlineares Werkstoffgesetz vergebens und findet stattdessen lediglich eine einaxiale „idealisierte Spannungsdehnungslinie". Diese kann selbstverständlich lediglich für die Berechnung von Strukturen verwendet werden, in denen vorwiegend einachsige Spannungszustände auftreten. Das Modell wird unbrauchbar, wenn

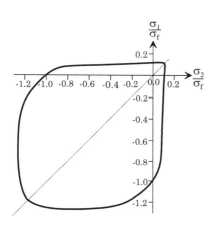

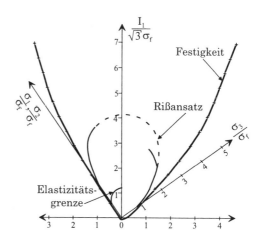

a) Versuche nach (Kupfer und Hilsdorf 1969)

b) Dreiachsiges Versagen nach (Launay und Gachon 1970)

Abbildung 3: Mehrachsige Versagenszustände

es zu Entlastungen innerhalb der Struktur kommt, denn über das Verhalten des Betons bei Entlastung enthält die Spannungsdehnungslinie sowie der gesamte EC 2 keine Information. Solche Entlastungen innerhalb einer Struktur sind aber immer gegenwärtig, sobald es zu nichtlinearen Spannungsumlagerungen kommt.

Besonders bei platten- oder schalenartigen Strukturen, für die eine einachsige Spannungs-dehnungsbeziehung natürlich unzureichend ist, spielen Spannungsumlagerungen auch im Betondruckbereich eine große Rolle. Gerade für solche Tragwerke ist somit eine Berechnung unter Berücksichtigung des nichtlinearen Werkstoffverhaltens von Beton besonders wichtig. Folglich müssen für die nichtlineare Analyse allgemeiner Stahlbetonstrukturen mehrdimensional formulierte Materialgesetze zur Verfügung stehen, die auch bei Entlastung das Materialverhalten von Beton wirklichkeitnah wiedergeben können. Im folgenden werden Modelle verschiedener Modellklassen beschrieben, die den o.a. Anforderungen unterschiedlich gut entsprechen.

3 ELASTO-PLASTISCHE BETONMODELLE

Das nichtlineare Verformungsverhalten von Beton kann in erster Näherung durch ein elasto-plastisches Modell erfaßt werden, wie es in den Grundlagenbüchern (Hofstetter und Mang 1995; Chen 1994) beschrieben ist. Damit können Be- und Entlastungspfade in unterschiedlicher Weise beschrieben werden.

Die Plastizitätstheorie ist ursprünglich für metallische Werkstoffe entwickelt und später auf die Beschreibung von Betonen übertragen worden. Für Betone gelten jedoch die Energiepostulate (Drucker-Postulat, Prinzip maximaler plastischer Dissipation) keineswegs in so strenger Weise wie für Metalle. Beispielsweise zeigt Beton gemäß Abb. 1 ein ausgeprägtes Softening-Verhalten nach Erreichen seiner Maximallast, was dem Druckerschen Postulat ($\dot{\sigma}\dot{\varepsilon}^{pl} \geq 0$) widerspricht.

Deshalb kann werkstoffmechanisch eine verzerrungsbasierte Formulierung der Plastizitätstheorie, bei der die Fließfläche in Verzerrungsgrößen angegeben wird, grundsätzlich genauso sinnvoll wie eine spannungsbasierte Formulierung sein. Diese unterschiedlichen Formulierungsarten sind in Tabelle 1 dargestellt. Vorteil einer verzerrungsbasierten Formulierung ist ihr vorteilhafter Einsatz innerhalb eines inkrementell-iterativen Weggrößenverfahrens, siehe z.B. (Pfefferkorn 1995). Deshalb wird dieser verzerrungsbasierten Formulierung im nächsten Abschnitt besondere Aufmerksamkeit gewidmet.

Zuvor aber sollen noch Spezialformen der spannungsbasierten Plastizitätstheorie erläutert werden, die durch eine spezielle Wahl der Fließfläche und der Verfestigungsregeln dem Materialver-

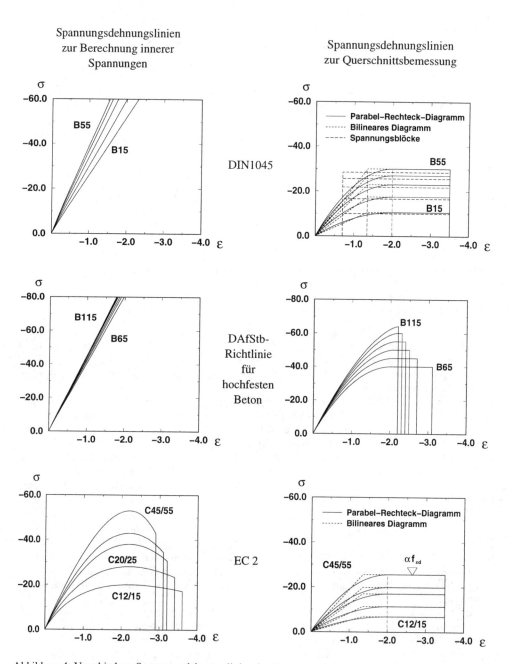

Abbildung 4: Verschiedene Spannungsdehnungslinien der Normenwerke

halten von Beton wirklichkeitsnah angepaßt worden sind.

3.1 Fließfläche vom Drucker-Prager-Typ

Die Erweiterung der klassischen von Mises-Fließfläche ist als Fließfläche vom Drucker-Prager-Typ (Chen 1994) bekannt. Hier wird der Tatsache Rechnung getragen, daß das Verhalten des Betons von der hydrostatischen Komponente der Spannungen abhängig ist. Diese Komponente

Tabelle 1: Grundelemente der spannungs– und verzerrungsbasierten Plastizitätstheorie

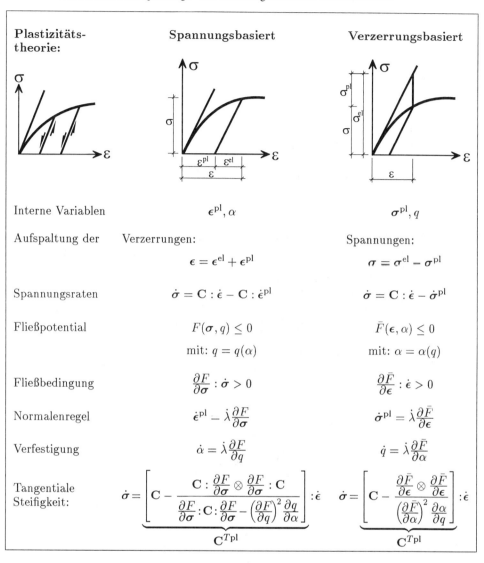

Plastizitäts-theorie:	Spannungsbasiert	Verzerrungsbasiert
Interne Variablen	ϵ^{pl}, α	σ^{pl}, q
Aufspaltung der	Verzerrungen: $$\epsilon = \epsilon^{el} + \epsilon^{pl}$$	Spannungen: $$\sigma = \sigma^{el} - \sigma^{pl}$$
Spannungsraten	$\dot{\sigma} = \mathbf{C} : \dot{\epsilon} - \mathbf{C} : \dot{\epsilon}^{pl}$	$\dot{\sigma} = \mathbf{C} : \dot{\epsilon} - \dot{\sigma}^{pl}$
Fließpotential	$F(\sigma, q) \leq 0$ mit: $q = q(\alpha)$	$\bar{F}(\epsilon, \alpha) \leq 0$ mit: $\alpha = \alpha(q)$
Fließbedingung	$\dfrac{\partial F}{\partial \sigma} : \dot{\sigma} > 0$	$\dfrac{\partial \bar{F}}{\partial \epsilon} : \dot{\epsilon} > 0$
Normalenregel	$\dot{\epsilon}^{pl} = \dot{\lambda}\dfrac{\partial F}{\partial \sigma}$	$\dot{\sigma}^{pl} = \dot{\lambda}\dfrac{\partial \bar{F}}{\partial \epsilon}$
Verfestigung	$\dot{\alpha} = \dot{\lambda}\dfrac{\partial F}{\partial q}$	$\dot{q} = \dot{\lambda}\dfrac{\partial \bar{F}}{\partial \alpha}$
Tangentiale Steifigkeit:	$\dot{\sigma} = \underbrace{\left[\mathbf{C} - \dfrac{\mathbf{C} : \frac{\partial F}{\partial \sigma} \otimes \frac{\partial F}{\partial \sigma} : \mathbf{C}}{\frac{\partial F}{\partial \sigma} : \mathbf{C} : \frac{\partial F}{\partial \sigma} - \left(\frac{\partial F}{\partial q}\right)^2 \frac{\partial q}{\partial \alpha}}\right]}_{\mathbf{C}^{Tpl}} : \dot{\epsilon}$	$\dot{\sigma} = \underbrace{\left[\mathbf{C} - \dfrac{\frac{\partial \bar{F}}{\partial \epsilon} \otimes \frac{\partial \bar{F}}{\partial \epsilon}}{\left(\frac{\partial \bar{F}}{\partial \alpha}\right)^2 \frac{\partial \alpha}{\partial q}}\right]}_{\mathbf{C}^{Tpl}} : \dot{\epsilon}$

der Spannungen steuert ebenfalls die bereits erwähnte unterschiedliche Duktilität des Materials. Die Fließfläche wird in der Form

$$f(\sigma) = \eta I_1 + \sqrt{J_2} - k \tag{1}$$

eingeführt. In (1) sind I_1 und J_2 die erste bzw. zweite Invariante des Spannungstensors, η und k sind Konstanten. Für $\eta = 0$ entsteht hieraus die für Stahl sehr oft verwendete von Mises-Fließfläche als Spezialfall. Die Fließfläche weist Ecken (nicht-glatte Normalenübergänge) auf, in denen der Vektor des plastischen Fließens nicht eindeutig definiert ist und Sonderverfahren zur algorithmischen Behandlung bedarf (Simo, Kennedy und Govindjee 1993). Ein großer Nachteil dieses Modells ist das unbegrenzte Ansteigen der Festigkeit mit ansteigendem hydrostatischen Druck, was durch das Cap-Modell beseitigt wird.

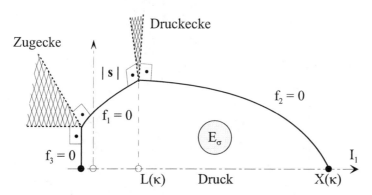

Abbildung 5: Fließfläche des Cap-Modells

3.2 Cap-Modell der Plastizitätstheorie

Dieses Modell ist ursprünglich von (DiMaggio und Sandler 1971) zur Analyse von Geomaterialien aufgestellt worden. Die Formulierung der Fließfläche ist mehrmals modifiziert worden, zuletzt von (Hofstetter, Simo und Taylor 1993), um es dem Return-Mapping-Algorithmus zugänglich zu machen, Es ist ebenfalls in dem durch die erste Invariante und die Norm des Deviators aufgespannten Spannungsraum formuliert. Diese Spannungsmaße sind orthogonal zueinander und werden für quasi-spröde Materialien oft angewendet. Die Fließfläche setzt sich aus drei Teilflächen zusammen, die auf nicht glatte Weise den elastischen Bereich abgrenzen (Druck positiv).

Neben den drei Teilbereichen ergeben sich noch zwei zusätzliche Kantenbereiche, in welchen gegebenenfalls die Spannungsaktualisierung und der konsistente Tangentenoperator berechnet werden (Abb. 5). Die drei Teilflächen f_1, f_2, f_3 lauten

$$f_1(\boldsymbol{\sigma}) = |\mathbf{s}| - F_e(I_1) \qquad f_t \leq I_1 \leq \kappa \quad , \tag{2}$$

$$f_2(\boldsymbol{\sigma}, \kappa) = F_c(|\mathbf{s}|, \kappa) - F_e(\kappa) \qquad \kappa < I_1 \leq X(\kappa) \quad , \tag{3}$$

$$f_3(I_1, \kappa_t) = f_t(\kappa_t) - I_1 \qquad I_1 = f_t(\kappa_t) \quad . \tag{4}$$

Die Versagenskurve stellt ein abgewandeltes Drucker-Prager-Kriterium dar. Wie aus den Versuchen von Launay (Abb. 3) ersichtlich, steigt die Festigkeit des Betons mit wachsendem hydrostatischen Druck, begrenzt durch eine Kappe, die sich mit der Zunahme der plastischen volumetrischen Dehnungen öffnet. Das Öffnen der Kappe wird durch die volumetrischen plastischen Dehnungen bzw. den Verfestigungsparameter κ gesteuert

$$\dot{\bar{\epsilon}}_v^p = \begin{cases} \dot{\bar{I}}_1^p & \dot{\bar{I}}_1^p > 0 \\ 0 & \text{sonst} \end{cases} \tag{5}$$

$$\bar{\epsilon}_v^p = W[1 - e^{-DX(\kappa)}]. \tag{6}$$

Die Materialparameter W, D sind aus hydrostatischen Versuchen zu bestimmen. Hierin besteht die qualitative Verbesserung der Modellierung. Der Zuwachs an Festigkeit ist nicht mehr unbegrenzt wie beim Drucker-Pragerschen Modell, sondern durch die Kappe gemäß Experimenten begrenzt. Auf der Zugseite wird der aufnehmbare Zug durch ein hydrostatisches Zugkriterium festgelegt, wiederum durch Experimente verifiziert. In (2)–(4) sind die folgenden skalarwertigen Funktionen

$$F_e(I_1) = \alpha - \lambda e^{-\beta I_1} + \theta I_1 \tag{7}$$

$$F_c(|\mathbf{s}|, I_1, \kappa) = \sqrt{(|\mathbf{s}|)^2 + \frac{1}{R^2}[I_1 - L(\kappa)]^2} \tag{8}$$

$$L(\kappa) = <\kappa> = \begin{cases} \kappa & \kappa > 0 \\ 0 & \kappa \leq 0 \end{cases} \qquad (9)$$

$$X(\kappa) = \kappa + RF_e(\kappa) \qquad (10)$$

verwendet worden. Angaben zu den Materialparametern $\alpha, \beta, \lambda, \Theta, \kappa_0, R, W, D$ sowie weitere Details dieses Modells findet der interessierte Leser in (Mančevski 1998).

Ein wesentlicher Nachteil aller elasto-plastischen Modelle ist der Entlastungspfad, der modellgerecht, aber nicht wirklichkeitsgemäß parallel zur Anfangssteifigkeit definiert sein muß. Somit können typische Phänomene für zyklische Belastung von Beton nicht widergegeben werden. Dazu bedarf es einer zusätzlichen Schädigungskomponente, die im folgenden Abschnitt dargestellt wird.

4 ELASTO-PLASTISCHE SCHÄDIGUNGSMODELLE FÜR BETON

Bei dieser Modellklasse wird die elasto-plastische Theorie um eine Schädigungskomponente ergänzt, wodurch Entlastungspfade wirklichkeitsnäher wiedergegeben werden können. In der Schädigungskomponente werden nämlich Inelastizitäten des Werkstoffverhaltens nicht auf eine Zunahme irreversibler, plastischer Verformungen zurückgeführt, sondern auf eine Reduktion der Materialsteifigkeit, durch das Wachsen von Mikrorissen.

Genau dies ist der Unterschied zur Plastizitätstheorie. Anstelle einer plastischen Verzerrung ϵ^{pl} bzw. plastischen Spannung σ^{pl} wird der Einfachheit halber der Steifigkeitstensor selbst als interne Variable gewählt. In Tabelle 2 sind die Grundelemente dieser Schädigungstheorie analog zu Tabelle 1 dargestellt, wiederum jeweils spannungs– und verzerrungsbasiert.

Erstmals eingeführt wurde eine derartige Schädigungstheorie von (Dougill 1976) unter dem Namen „Progressive-Fracturing-Theory". Später konnte in (Krätzig und Pölling 1998) gezeigt werden, daß diese Theorie mit der verzerrungsbasierten Kontinuumsschädigungstheorie in Tabelle 2 identisch ist.

Da zyklische Experimente (vgl. Abb. 2) darauf hindeuten, daß bei Beton sowohl plastische als auch schädigende Deformationen auftreten, müssen die Plastizitäts- und Kontinuumschädigungstheorie in geeigneter Form miteinander kombiniert werden. In früheren Arbeiten (Bažant und Kim 1979; Yazdani und Schreyer 1990) ist die plastische Komponente spannungs- und die schädigende Komponente verzerrungsbasiert gekoppelt worden, da die Theorien ursprünglich in genau diesen Formulierungen entwickelt wurden. Dies führt zu aufwendigen und komplexen Theorien, mit zu vielen Materialparametern, die sich einer anschaulichen Interpretation entziehen.

Deshalb ist in (Krätzig und Pölling 1998) erstmals eine verzerrungsbasierte Kombination beider Theorien vorgestellt worden, die durch einen einzigen ingenieurmäßigen Materialparameter „β" zwischen plastischen und schädigenden Verzerrungen unterscheidet. Die Spannungsraten werden wie folgt definiert:

$$\dot{\sigma} = \mathbf{C} : \dot{\epsilon} + \underbrace{\dot{\mathbf{C}}}_{-2\beta\dot{\lambda}\frac{\partial\bar{\Phi}}{\partial(\epsilon\otimes\epsilon)}} : \epsilon - \underbrace{\dot{\sigma}^{\mathrm{pl}}}_{(1-\beta)\dot{\lambda}\frac{\partial\bar{\Phi}}{\partial\epsilon}} \qquad (11)$$

Diese Kombination der Theorien besitzt folgende Vorteile:

- Das Werkstoffgesetz enthält wenige Materialparamter, die aber alle ingenieurmäßig interpretiert werden können.
- Innerhalb eines inkrementell-iterativen Weggrößenverfahrens kann die Integration des in Raten formulierten Werkstoffgesetzes daher besonders effizient durchgeführt werden.

Da das nichtlineare Spannungs-Dehnungsverhalten in diesem Modell im wesentlichen von der Ver-/Entfestigungsfunktion $\alpha(q)$ (vgl. Tabellen 1, 2) bestimmt wird, kann man diese Funktion auch stets so wählen, daß eindimensional eine bestimmte vorgegebene Spannungsdehnungslinie durch das Modell wiedergegeben wird.

Das Resultat einer solchen Vorgehensweise ist in Abb. 6 für einen normalfesten Beton dargestellt. Man erkennt, daß Spannungsdehnungslinien der Normen durchaus als Spezialfall in

Tabelle 2: Grundelemente der spannungs– und verzerrungsbasierten Kontinuumschädigungstheorie

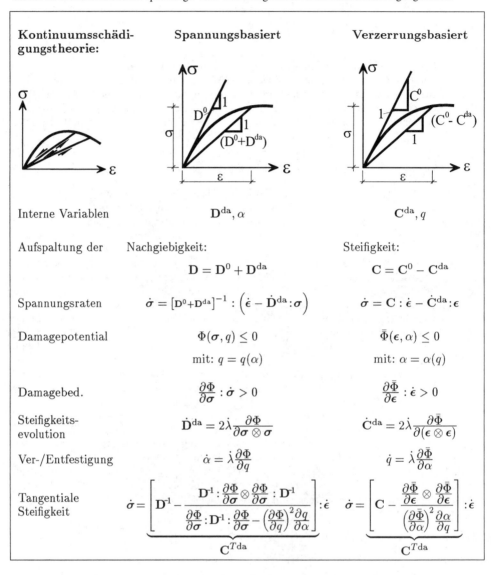

Kontinuumsschädigungstheorie:	Spannungsbasiert	Verzerrungsbasiert
Interne Variablen	$\mathbf{D}^{da}, \alpha$	$\mathbf{C}^{da}, q$
Aufspaltung der	Nachgiebigkeit: $$\mathbf{D} = \mathbf{D}^0 + \mathbf{D}^{da}$$	Steifigkeit: $$\mathbf{C} = \mathbf{C}^0 - \mathbf{C}^{da}$$
Spannungsraten	$\dot{\sigma} = \left[\mathbf{D}^0 + \mathbf{D}^{da}\right]^{-1} : \left(\dot{\epsilon} - \dot{\mathbf{D}}^{da} : \sigma\right)$	$\dot{\sigma} = \mathbf{C} : \dot{\epsilon} - \dot{\mathbf{C}}^{da} : \epsilon$
Damagepotential	$\Phi(\sigma, q) \le 0$ mit: $q = q(\alpha)$	$\bar{\Phi}(\epsilon, \alpha) \le 0$ mit: $\alpha = \alpha(q)$
Damagebed.	$\dfrac{\partial \Phi}{\partial \sigma} : \dot{\sigma} > 0$	$\dfrac{\partial \bar{\Phi}}{\partial \epsilon} : \dot{\epsilon} > 0$
Steifigkeitsevolution	$\dot{\mathbf{D}}^{da} = 2\dot{\lambda}\dfrac{\partial \Phi}{\partial \sigma \otimes \sigma}$	$\dot{\mathbf{C}}^{da} = 2\dot{\lambda}\dfrac{\partial \bar{\Phi}}{\partial (\epsilon \otimes \epsilon)}$
Ver-/Entfestigung	$\dot{\alpha} = \dot{\lambda}\dfrac{\partial \Phi}{\partial q}$	$\dot{q} = \dot{\lambda}\dfrac{\partial \bar{\Phi}}{\partial \alpha}$
Tangentiale Steifigkeit	$\dot{\sigma} = \underbrace{\left[\mathbf{D}^{-1} - \dfrac{\mathbf{D}^{-1} : \frac{\partial \Phi}{\partial \sigma} \otimes \frac{\partial \Phi}{\partial \sigma} : \mathbf{D}^{-1}}{\frac{\partial \Phi}{\partial \sigma} : \mathbf{D}^{-1} : \frac{\partial \Phi}{\partial \sigma} - \left(\frac{\partial \Phi}{\partial q}\right)^2 \frac{\partial q}{\partial \alpha}}\right]}_{\mathbf{C}^{T da}} : \dot{\epsilon}$	$\dot{\sigma} = \underbrace{\left[\mathbf{C} - \dfrac{\frac{\partial \bar{\Phi}}{\partial \epsilon} \otimes \frac{\partial \bar{\Phi}}{\partial \epsilon}}{\left(\frac{\partial \bar{\Phi}}{\partial \alpha}\right)^2 \frac{\partial \alpha}{\partial q}}\right]}_{\mathbf{C}^{T da}} : \dot{\epsilon}$

einem solchen Materialgesetz enthalten sein können, darüberhinaus aber auch bei mehrachsigen Spannungszuständen das Verformungs– und Versagensverhalten wirklichkeitsnah wiedergegeben werden kann. Auch das zyklische Verhalten wird zutreffend beschrieben.

5 SCHLUßFOLGERUNGEN

Die von den Normen angegebenen uniaxialen Spannungsdehnungslinien für Beton reichen für die physikalisch nichtlineare Berechnung von Tragwerken aus Stahlbeton allein nicht aus. Benötigt werden mehrachsig formulierte Werkstoffgesetze. Solche können der Modellklasse der elastoplastischen Theorien entnommen werden, noch geeigneter sind aber elasto-plastische Kontinuumschädigungstheorien, da sie zyklisches Verhalten wirklichkeitsnäher erfassen können.

Materialparameter					
E-Modul	E	21.373 MPa	Querkontraktion	ν	0.18
Bruchdehnung	ϵ^f	-2.68 ‰	Bruchspannung	σ^f	-26.50 MPa
spez. Bruchenergie	G_{fA}	0.017 Nm/mm^2	Parameter zu Berücksichtigung		
char. Längenmaß	l_{eq}	0.10m	volumetrischer Dehnungsanteile	η	0.10
Damageparameter	β	0.75			

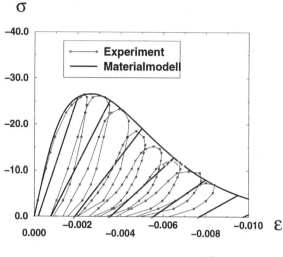

a) Vergleich der vorgestellten elasto-plastischen Kontinuumsschädigungstheorie mit den Versuchen von (Sinha, Gerstle und Tulin 1964)

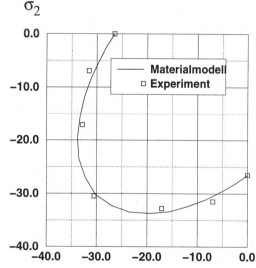

b) Vergleich der vorgestellten elasto-plastischen Kontinuumsschädigungstheorie mit den biaxialen Versuchen von (Kupfer 1973)

Abbildung 6: Ergebnisse einer kombiniert elasto-plastischen Kontinuumschädigungstheorie

DANKSAGUNG

Die Autoren danken der Deutschen Forschungsgemeinschaft für die finanzielle Förderung im Rahmen des Sonderforschungsbereichs 398 „Lebensdauerorientierte Entwurfskonzepte" sowie der Alexander-von-Humboldt-Stiftung für die Unterstützung im Rahmen eines Max-Planck-Forschungspreises.

LITERATUR

Bahn, B.Y. und C.-T.T. Hsu (1998). Stress-strain behavior of concrete under cyclic loading. *ACI Material Journal 95*(2), 178–193.

Bažant, Z.P. und S.S. Kim (1979). Plastic-fracturing theory for concrete. *Journal of Engineering Mechanics (ASCE) 105*(3), 407–428.

Chen, W.F. (1994). *Constitutive Equations for Engineering Materials - Part II: Plasticity and Modeling.* Amsterdam: Elsevier.

Curbach, M. und T. Hampel (1998). Festigkeit von Hochleistungsbeton unter mehraxialer Beanspruchung. In *Leipziger Massivbau-Seminar*(7), Leipzig, 73–92. Universität Leipzig: Institut für Massivbau.

DAfStb (1995, August). Richtlinie für hochfesten Beton – Ergänzung zu DIN 1045/07.88 für die Festigkeitsklassen B65–B115.

DiMaggio, F.L. und I.S. Sandler (1971). Material models for granular soils. *Journal of Engineering Mechanics Division (ASCE) 97*(EM3), 935–950.

DIN 1045 (1988, Juli). Beton und Stahlbeton – Bemessung und Ausführung.

Dougill, J.W. (1976). On stable progressively fracturing solids. *Journal of Applied Mathematics and Physics 27*, 423–437.

Eibl, J. und G. Ivanyi (1976). Studie zum Trag- und Verformungsverhalten von Stahlbeton. Heft 260, DAfStb, Berlin.

EUROCODE 2 (1992, Juni). Planung von Stahlbeton- und Spannbetontragwerken.

Hofstetter, G. und H.A. Mang (1995). *Computational Mechanics of Reinforced and Prestressed Concrete Structures.* Braunschweig: Vieweg.

Hofstetter, G., J.C. Simo und R.L. Taylor (1993). A modified cap model: Closest point solution algorithms. *Computers & Structures 46*, 203–214.

König, G. und R. Grimm (1996). Hochleistungsbeton. In *Betonkalender II*, 441–546. Berlin: Ernst & Sohn.

Krätzig, W.B. und R. Pölling (1998). Elasto-plastic damage-theories and elato-plastic fracturing-theories – a comparison. *Computational Materials Science.* Im Druck.

Kupfer, H. (1973). Das Verhalten des Betons unter mehrachsiger Kurzzeitbelastung unter besonderer Berücksichtigung der zweiachsigen Belastung. Heft 229, DAfStb, Berlin.

Kupfer, H. und H.K. Hilsdorf (1969). Behavior of concrete under biaxial stresses. *ACI 66*, 656–666.

Launay, P. und H. Gachon (1970). Strain and ultimate strength of concrete under triaxial stress. *ACI Material Journal SP-34*, 269–282.

Mančevski, D. (1998). *Nichtlineare Analyse von Stahlbetonkonstruktionen mit konsistenten Simulationsalgorithmen.* Promotionsschrift, Ruhr-Universität Bochum, Bochum.

Pfefferkorn, G. (1995, Februar). *Zur nichtlinearen Berechnung von Stahlbetonplatten mit finiten Elementen.* Habilitationsschrift, Universität Weimar.

Reinhardt, H.-W. und R. Koch (1998). Hochfester Beton unter Teilflächenbelastung. *Beton- und Stahlbeton 93*, 182–188.

Schickert, G. und H. Winkler (1977). Versuchsergebnisse zur Festigkeit und Verformung von Beton bei mehraxialer Druckbeanspruchung. Heft 277, DAfStb, Berlin.

Simo, J.C., J.G. Kennedy und S. Govindjee (1993). Non-smooth multisurface plasticity and viscoplasticity, loading/unloading conditions and numerical algorithms. *International Journal of Numerical Methods in Engineering 26*, 2161–2185.

Sinha, B.P., K.H. Gerstle und L.G. Tulin (1964). Stress-strain relations for concrete under cyclic loading. *ACI Material Journal 61*, 195–210.

Wischers, G. (1978). Aufnahme und Auswirkungen von Druckbeanspruchungen auf Beton. *Betontechnische Berichte 19*, 31–56.

Yazdani, S. und H.L. Schreyer (1990). Combined plasticity and damage mechanics model for plain concrete. *Journal of Engineering Mechanics (ASCE) 116*(7), 1435–1450.

Baustatik-Baupraxis 7, Meskouris (Hrsg.) © 1999 Balkema, Rotterdam, ISBN 90 5809 044 2

Ertüchtigung von Stahlbetonplatten durch faserverstärkte Kunststoffe – Versuche und FE-Rechnungen

M. Hörmann, H. Menrath & E. Ramm
Institut für Baustatik, Universität Stuttgart, Deutschland

F. Seible
Division of Structural Engineering, University of California, San Diego, Calif., USA

KURZFASSUNG: Die vorliegende Arbeit befaßt sich mit der nachträglichen Verstärkung von Stahlbetonplatten und der numerischen Berechnung ihrer Tragfähigkeit. Das Verstärkungssystem besteht hierbei aus faserbewehrten Kunststoffen, die zunehmend im Bauwesen an Bedeutung gewinnen z.B. textilbewehrte Betonröhren, nachträgliche Verstärkungen, Spannkabel in Schrägseilbrücken, gesamte Brücken. Die hier verwendeten faserbewehrten oder faserverstärkten Kunststoffe sind aus Carbonfasern in Epoxy–Matrix oder Glasfasern in Vinylester–Matrix zusammengesetzt. Zur Untersuchung des Tragverhaltens von verstärkten Stahlbetonplatten wurden diese mit verschiedenen Verstärkungssystemen versehen und getestet. Eine im Anschluß durchgeführte, nichtlineare Finite Element Untersuchung gibt Aufschluß über die Modellierung und die Vorhersagbarkeit des Tragverhaltens einer nachträglich verstärkten Stahlbetonplatte.

1 EINLEITUNG

Nachträgliche Verstärkungen von Stahlbetonkonstruktionen mit auf der Zugseite angebrachten Stahlplatten sind Stand der Technik und wurden schon häufig eingesetzt. In den letzten Jahren wird zunehmend angestrebt, die Stahlplatten durch faserverstärkte Kunststoffe (FVK) zu ersetzen, da diese sehr leicht und vor allem korrosionsbeständig sind. Das mechanische Verhalten von faserverstärkten Kunststoffen, hier nun Carbonfasern (CFVK), ist bis zum Versagen linear elastisch mit anschließendem sprödem Versagen (fehlende Duktilität der CFVK). Das Bauteilverhalten und der Versagensmode von Stahlbetonkonstruktionen wird somit nachhaltig durch die Anbringung von CFVK geändert. So können verstärkte Konstruktionen ohne Vorwarnung durch Zugversagen des CFVK oder durch Abschälen der Verstärkungslamelle vom Beton spröde versagen.

Zur genaueren Untersuchung dieses Verhaltens wurde an der University of California at San Diego eine Versuchsserie mit 13 skalierten und einer originalen Stahlbetonplatte durchgeführt. Die Platten wurden mit CFVK Lamellen, CFVK Geweben und mit gespritzten Glasfasern in unterschiedlicher Ausführung verstärkt und weisen somit nicht nur verschiedene Versagenslasten, sondern auch Versagensarten auf, siehe Hörmann (1997).

Darüberhinaus wurden an der Universität Stuttgart Finite Element (FE) Untersuchungen durchgeführt, in der die balkenähnlichen Stahlbetonplatten mit 9–knotigen, voll integrierten Scheibenelementen als ebenes Modell diskretisiert wurden. Für den Beton wurde ein nichtlineares, entfestigendes Materialmodell eingesetzt. Die Bewehrung wurde mit perfektem Verbund und elastoplastischem, verfestigendem Materialmodell modelliert.

2 VERSUCHSKÖRPER UND VERSUCHSERGEBNISSE

Die getesteten Stahlbetonplatten hatten Abmessungen von 2.29 m x 0.48 m mit einer Dicke von 0.1 m. Die Bewehrung bestand aus drei #3 Typ 60 (A_s=71 mm^2; Fließspannung $f_y \approx$ 60 ksi=414

MPa) Bewehrungsstäben im Abstand von 0.20 m, Hörmann (1997). Die Versuchskörper wurden in einem Drei–Punkt Biegeversuch, mit einer mittigen Linienlast von 0.36 m Länge und 51 mm Breite, getestet. Der Abstand zwischen Plattenrand und Beginn der Linienlast betrug somit 0.06 m auf beiden Seiten. Die Spannweite zwischen den halbkreisförmigen, gelenkigen Linienauflagern betrug 2.04 m bei einer Auflagerlänge von 0.36 m.

Sieben Platten wurden mit je zwei Sika CarboDur® CFVK Lamellen (Breite 50 mm) in unterschiedlicher Ausführung der Klebstoffstärke, Verbundlänge und Gesamtlänge der Lamellen verstärkt. Drei weitere Platten wurden mit SCCI (Structural Composite Construction Incooperation) Carbonfaser Gewebe in unterschiedlicher Menge von Carbonfasern pro Fläche und unterschiedlicher Anzahl Schichten verstärkt. Darüberhinaus wurde ein neuartiges Verfahren zum Aufspritzen von geschnittenen Glasfasern an einer Platte getestet. Die letzten beiden Stahlbetonplatten blieben unverstärkt und dienten als Vergleich (Referenzplatten), Hörmann (1997).

Alle Verstärkungssysteme zeigten einen laststeigernden Einfluß bei gleichzeitigem Rückgang der maximalen Verschiebungen (Übergang von duktilem zu sprödem Bauteilversagen), siehe Bild 1 für ausgewählte Platten.

Alle mit *Sika CarboDur® Lamellen verstärkten Platten* (mit Ausnahme des Exemplars mit der kürzesten Lamelle) versagten durch Abschälen der Lamellen vom Beton, welches in der Mitte der Platte initiiert wurde und sich zu einem Ende der Lamellen hin fortsetzte (horizontales Schubversagen des Betons). In allen Fällen versagte die oberste Schicht des Beton und nicht die Klebstoffschicht. Am Ende der Lamelle wechselte die Versagensfront vom Beton in die matrixreiche, oberste Schicht der Lamelle und verursachte somit eine Delamination. Das Abschälen der Lamelle erfolgte bei einer Zugdehnung der Lamelle von 0.65 %, was ungefähr der Hälfte der maximalen Dehnung der Lamelle und der maximale Dehnung des Klebstoffes entspricht. Dies deutet darauf hin, daß das Abschälen der Lamellen durch ein Zugversagen des Klebstoffes hervorgerufen wurde. Beim Versagen des Klebstoffes wird nicht nur die im Klebstoff selbst gespeicherte Energie frei, sondern die gesamte Bruchenergie der Plattenbreite, welches dann ein horizontales Schubversagen im Beton auslöst. Im Fall der kurzen Sika CarboDur® Lamellen erfolgte das Versagen durch Bildung eines Fließgelenkes am Ende der Lamelle, begleitet durch ein Querkraftversagen der Stahlbetonplatte infolge massiver Rißöffnung und Einschnürung der Betondruckzone.

Im Gegensatz dazu zeigten alle *gewebeverstärkten Platten* kein Abschälen als primäres Versagen auf und versagten je nach Menge des aufgebrachten Verstärkungsmaterials infolge Zugbruch des Gewebes oder Querkraftversagen der Platte. Die Verstärkung mit einer Schicht von 0.33 kg/m^2 Carbongewebe (C11) führte zu einem Zugversagen des Gewebes unterhalb der Linienlast, während die beiden anderen teilweise Faserbrüche und ein Abschälen der Lamelle bei Erreichen der Querkrafttragfähigkeit aufwiesen. Darüberhinaus war das Gewebe in der Lage, Risse

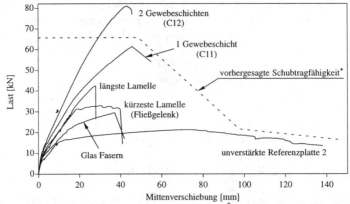

Bild 1: Lastverschiebungskurven ausgewählter Platten;[*]nach Priestley M.J.N., Seible F., Calvi G.M. 1996

besser zu überbrücken und einen gleichmäßigen Schubspannungsverlauf an der Grenzschicht Beton–Klebstoff zu erzeugen.

Die *glasfaserverstärkte Stahlbetonplatte* zeigte anfänglich ein duktileres Verhalten als die anderen Verstärkungssysteme (Bild 1), versagte aber letztlich spröde in der Verstärkungsschicht unterhalb der Linienlast.

3 FINITE ELEMENT UNTERSUCHUNGEN

Zur Durchführung der FE Untersuchungen werden die Stahlbetonplatten in einem zwei–dimensionalen (2D) Entwurfsraum modelliert d.h. die Platten werden als balkenähnliche Strukturen idealisiert. Geometrisch lineares Verhalten wird vorausgesetzt. Das zur Modellierung des Stahlbeton benutzte Materialmodell wurde von Menrath *et al.* (1998) entwickelt und wird im folgenden kurz beschrieben. Das Hauptaugenmerk bei der Entwicklung des vorliegenden Modells liegt darin, ein nicht zu komplexes und immer noch praxisorientiertes Materialmodell für Stahlbeton, mit relativ geringer Anzahl an Materialparametern, zu erhalten.

3.1 Materialmodell für bewehrten Beton

Das konstitutive Gesetz für Stahlbeton vereinigt mehrere Aspekte, die für die Modellierung des Betons, die Bewehrung und das 'Tension Stiffening' als sogenannte Interaktionsspannung allgemein anerkannt sind. Der Beton wird dabei durch eine entfestigende Plastizität beschrieben, mit den Bruchenergien G_f und G_c im Zug und Druck als Kontrollparameter. Das Modell wurde aus Feenstra's 2D Modell (Feenstra 1993, Feenstra und De Borst 1995, Feenstra und De Borst 1996) um ein drei–dimensionales, kombiniertes Fließkriterium erweitert.

Die kombinierte Fließfunktion wird durch vier Parameter mit zwei Drucker–Prager (DP) Funktionen and einer Kugelkappe (Φ_4) beschrieben (Bild 2). Die einzelnen Fließfunktionen sind von der ersten Invariante I_1 des Spannungstensors $\boldsymbol{\sigma}$, dem Betrag der deviatorischen Spannungen $\mathbf{S}$ und den internen Schädigungsparametern κ_i abhängig.

Die erste Drucker–Prager Fließfunktion (Φ_1) kontrolliert die Zugspannungen und die gemischten Regionen im Hauptspannungsraum, während die zweite Fläche (Φ_2) die Druckregionen kontrolliert. Eine Kugelkappe (Φ_4) beschränkt die hydrostatischen Druckspannungen. Der invertierte Kegel (Φ_3) wird benötigt, um die Situation an der Spitze der Fließfunktion numerisch zu kontrollieren.

Die vier Parameter $f_{ct,m}$, f_c, γ_1 und γ_2 definieren die Form der Drucker–Prager Fließfunktionen Φ_1 und Φ_2. Sie können im 2D Sonderfall anschaulich im Hauptspannungsraum identifiziert werden (Bild 3). Hierbei wird γ_1 als Parameter zur Anpassung der Fließfunktion Φ_1 benötigt. Er wird an Versuchen von Kollegger (1988) kalibriert und zu 3.0 gewählt. Ein Vergleich mit den experimentellen Ergebnissen von Kupfer und Gerstle (1973) führt zu einem γ_2 von 1.2. Die Parameter $f_{ct,m}$ und f_c können als Festigkeiten anhand des Eurocode 2 (1992) Regelwerkes ermittelt werden.

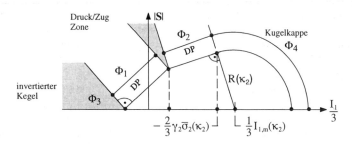

Bild 2: Zwei–Invarianten Modell (3D Erweiterung)

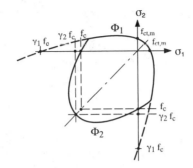

Bild 3: Drucker–Prager Fließflächen Φ_1 und Φ_2 im 2D Hauptspannungsraum

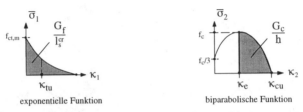

Bild 4: Vergleichsspannungs–Dehnungs–Diagramme

Die Vergleichsspannungs–Vergleichsdehnungs–Beziehung in der Zugregion ($\overline{\sigma}_1-\kappa_1$) wird durch eine exponentielle Funktion approximiert und berücksichtigt dabei den mittleren Rißabstand l_s^{cr} oder die equivalente Elementlänge. Ist der mittlere Rißabstand l_s^{cr} größer als die Finite Elementlänge, wird in diesem Fall die equivalente Elementlänge in der Rechnung benutzt. In der Druckregion wird die Spannungs–Dehnungs–Beziehung ($\overline{\sigma}_2-\kappa_2$) durch ein ver– und entfestigendes Modell beschrieben. Dieses ist durch eine biparabolische Funktion über die zugehörigen Vergleichswerte der Spannungen und Dehnungen definiert. Zur Beschreibung werden zwei zusätzliche, interne Parameter für die Zug– und Druckzone, G_f und G_c, benötigt (Bild 4).

Zwischen Bewehrungsstab und Beton wird perfekter Verbund angenommen. Die Mitwirkung des Beton zwischen den Rissen ('Tension–Stiffening') wird als zusätzliche Spannung in Richtung des Bewehrungsstabes angesetzt. Die konstitutiven Gleichungen für die Bewehrung beruhen auf einem 1D elastoplastischen, verfestigenden Modell, welches identisch mit dem von Feenstra (1973) ist.

3.2 Vergleich FE–Rechnungen und Versuchsergebnisse

Die Platten werden mit voll–integrierten 9–knotigen Scheibenelementen als ebener Spannungszustand diskretisiert. Zehn Finite Elemente werden in Dickenrichtung bei drei verschiedenen FE–Netzen in Längsrichtung angesetzt, nämlich 10x20 (grobes Netz 1), 10x40 (Netz 2) und 10x80 (feines Netz 3). Die Bewehrung wird über drei Elemente in der Höhe verteilt um, große Steifigkeitsunterschiede in den einzelnen Elementen zu vermeiden. Aufgrund der verteilten Bewehrung (VB) ist das Bruchverhalten der modellierten Struktur gleichmäßiger und Lastspitzenwerte am Übergang zwischen gerissenem Zustand und Fließen des Stahls können vermieden werden (Bild 6).

Die Materialparameter wie Zugfestigkeit, E–Modul, Bruchenergien des Betons und E–Modul und Verfestigungsmodul des Stahls, werden anhand des Eurocodes 2 (1992) und des CEB–FIP Model Code 1990 gewählt. Die Zugfestigkeit f_t wurde dabei zu 2.0 MN/m^2, die Bruchenergien des Betons für Zug G_f zu 0.13 kN/m und für Druck G_c zu 500 kN/m gesetzt. Der E–Modul für Beton E_c wird mit 30000 MN/m^2 und die Druckfestigkeit f_c mit 33.16 MN/m^2 (aus Druckversuch) angenommen. Der E–Modul des Stahls E_s wird zu 200000 MN/m^2, der Verfestigungsmodul E_h zu 10000 MN/m^2 und die Zugfestigkeit zu 478 MN/m^2 gesetzt. Um die unbekannten

Materialparameter f_t und G_f anzupassen, wurden diese in einer Voruntersuchung im Bereich von 0.0 bis 3.3 MN/m^2 und 0.02 bis 0.25 kN/m variiert.

Die Verstärkungsmaterialien werden mit perfektem Verbund zum Beton und ohne Klebstoffschicht mit einem Element über die Dicke modelliert. Das Werkstoffverhalten kann mit einem 1D elastoplastischen, entfestigenden Modell (negativer Verfestigungsmodul E_h) beschrieben werden, wenn lediglich ein kurzer Abschnitt der Entfestigung berechnet wird (Bild 5). Da bei CFVK–verstärkten Konstruktionen im Regelfall ein schlagartiges Versagen vorausgesetzt werden kann, wird der Versagenspunkt der Struktur durch den Beginn der Entfestigung bestimmt.

Die Berechnung der *Referenzplatten* weist mit diesem 2D–Modell ein zu steifes Verhalten im Vergleich zu den beobachteten Lastverschiebungskurven auf (Bild 6). Beim Fließen der Bewehrung wird die zu einer bestimmten Verschiebung gehörige Belastung in der Berechnung mit Netz 1 und verteilter Bewehrung (VB) um ca. 30 % überschätzt. Eine Berechnung mit Netz 2 und realistischer Bruchenergie G_f=0.13 kN/m führt zu einer zusätzlichen Überschätzung um 17 %. Andererseits treffen beide Berechnungen ungefähr die gleiche maximale Versagenslast. Aufgrund eines größeren inneren Hebelarms ist der dritte Teil der Lastverschiebungskurve bei verteilter Bewehrung (VB) steifer als bei konzentrierter Bewehrung (KB). Der Grund für diese Abweichungen liegt in der zweidimensionalen Modellierung der Platte. Wie schon erwähnt, ist der Lasteinleitungsbalken kürzer als die Plattenbreite. Somit beteiligen sich die Randbewehrungsstäbe der Stahlbetonplatte nicht im gleichen Maße an der Lastabtragung wie der mittlere Bewehrungsstab. Dies kann sogar soweit gehen, daß ein Durchstanzproblem entsteht. Zusätzlich resultiert aus der vorhandenen Querbewehrung der Platte eine Querzugbeanspruchung und somit ein flächiges Lastabtragungsverhalten. Das einfache 2D FE Modell ist nicht in der Lage diese Effekte abzubilden und führt somit zu einem zu steifen Verhalten der Stahlbetonplatte.

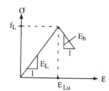

Bild 5: Spannungs–Dehnungs–Diagramm für Verstärkungsmaterial

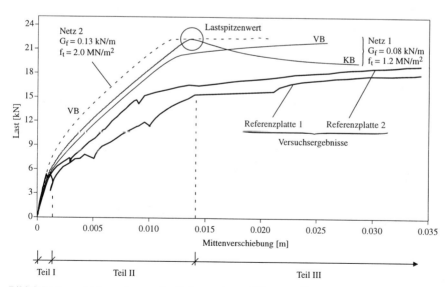

Bild 6: Lastverschiebungskurven der Referenzplatten; VB = verteilte Bewehrung über 3 Elemente in der Höhe; KB = konzentrierte Bewehrung über 1 Element in der Höhe

Die Berechungen der *Sika CarboDur® verstärkten Platten*, Bild 7, weisen ebenfalls steifere Lastverschiebungskurven als die Versuchsergebnisse auf. Zum einen liegt dies an der nicht richtigen Annahmen eines vollständigen Verbundes zwischen Lamelle und Beton, da die Versuchsergebnisse ein Abschälen der Lamelle aufzeigten, welches von der Mitte her beginnt. Dadurch wird die Steifigkeit der verstärkten Platte vor allem im Teil II und III der Lastverschiebungskurven reduziert, was zu einem weicherem Verhalten in diesen Teilen führt. Zum anderen ist das Verstärkungsmaterial nicht gleichmäßig über der Plattenbreite verteilt und überdeckt diese lediglich auf 20 %. Dadurch müssen die Lamellen wesentlich größere Risse als im Fall von vollflächigen Verstärkungen überbrücken. Desweiteren ziehen die Lamellen durch ihre hohe Steifigkeit Kräfte an und führen somit zu einem dreidimensionalen Spannungszustand in der Umgebung der Lamelle. Somit weichen die mit dem einfachen 2D Modell berechneten Lastverschiebungskurven ebenfalls noch von den Versuchsergebnissen ab (Bild 7). Daher sollte die lamellenverstärkte Stahlbetonplatte mit einem 3D Modell berechnet werden.

Der Beginn des Abschälens der Lamelle wurde durch eine Ersatzzugfestigkeit modelliert, die mit 0.65 % des E–Modul der Lamelle angesetzt wurde. Dieser Wert entspricht ungefähr der maximalen Zugdehnung des Klebstoffes, bei der auch das Versagen der Verstärkung im Versuch festgestellt wurde. Um den Fortlauf des Abschälens zu simulieren, wurde ein negativer Verfestigungsmodul für die Lamellen gewählt. Die maximale Verschiebung wird gut angenähert, während die maximale Last um ca. 18 % überschritten wird.

Der Einfluß der Variation der Bruchenergie G_f auf die Steigung der Lastverschiebungskurven ist klein. Die Differenz der maximalen Lasten beträgt ca. 2.1 %.

Die Nachrechnungen der *SCCI Carbon gewebeverstärkten Platte* (Bild 8) weisen eine sehr gute Übereinstimmung mit den Versuchsergebnissen auf. Die Ursache hierfür liegt in der Tatsache, daß das Gewebe die volle Plattenbreite überdeckt und somit Risse im Beton vollständig überbrückt. Durch die vollflächige und gleichmäßige Verteilung des Verstärkungsmaterials entsteht ein nahezu gleichmäßiger Spannungszustand über die Plattenbreite, der somit ein 2D FE Modell zur Berechnung rechtfertigt. Der Einfluß der verminderten Mitwirkung der Randbewehrungsstäbe tritt bei dieser Verstärkungsmaßnahme nicht so stark in Erscheinung wie es bei den Referenzplatten der Fall ist. Zum einen wird durch die größere Belastbarkeit der Gewebebahn gegenüber der Bewehrung dieser Einfluß überspielt, zum anderen werden die Randbewehrungsstäbe durch die Gewebeverstärkung auf ganzer Breite stärker zur Lastabtragung herangezogen.

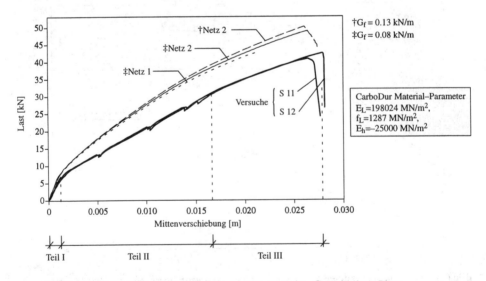

Bild 7: Lastverschiebungskurven der Sika CarboDur® verstärkten Platte

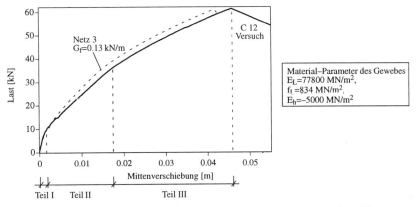

Bild 8: Lastverschiebungskurven der SCCI Carbon gewebeverstärkten Platte

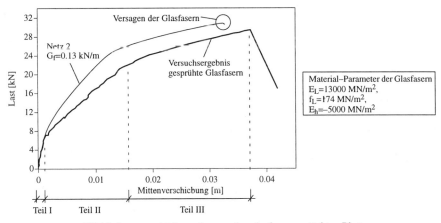

Bild 9: Lastverschiebungskurven der glasfaserverstärkten Platte

Die aus einem einaxialen Zugversuch ermittelte maximale Zugfestigkeit f_L des Carbonfaser–Gewebes gibt den Versagensbeginn des Gewebes wieder, während ein negativer Verfestigungsmodul E_h das Versagen selbst simuliert.

Die Berechnung der *glasfaserverstärkten Platte* führt im Vergleich zu den Versuchsergebnissen auf eine etwas steifere Lastverschiebungskurve. Die in einem einaxialen Zugversuch ermittelte Zugfestigkeit wurde auch hier als Versagensbeginn verwendet. Die berechnete Versagenslast weicht um ca. 4.8 %, die dazugehörige Verschiebung um ca. 12.9 % von den Werten der Versuchsergebnisse ab.

4   ZUSAMMENFASSUNG

Aus den Versuchsergebnissen wurde ersichtlich, daß alle Verstärkungssysteme die Tragfähigkeit der Stahlbetonplatte erhöhen, aber andererseits das ursprünglich duktile Verhalten in ein sprödes Versagen übergeht. Alle *Sika CarboDur® verstärkten Platten* (mit Ausnahme der Platte mit den kürzesten Lamellen) versagten durch ein in der Mitte an einem Biegeriß ausgelöstes Abschälen der Lamellen. Die Lamellendehnungen bei Versagen lassen erkennen, daß sie nur zur Hälfte ausgenutzt waren. Durch die Verwendung eines Verankerungssystems am Ende der Lamellen könnten diese besser ausgenutzt werden. Dabei sollte die Verankerung ebenfalls aus FVK bestehen, um den

Vorteil der Korrosionsbeständigkeit zu wahren. Darüberhinaus sollten die Abstände zwischen den einzelnen FVK Lamellen ähnlich denen einer Stahlbewehrung sein (Maximalabstand). Da diese Aspekte die Materialausnutzung und die Materialkosten beeinflussen, müssen sie bei der Bemessung einer effizienten, nachträglichen Verstärkung berücksichtigt werden.

Alle *SCCI gewebeverstärkten Stahlbetonplatten* versagten nicht durch Abschälen des Verstärkungsmaterials, sondern durch Zugversagen der Carbonfasern oder durch Querkraftversagen bei Überschreitung der Querkrafttragfähigkeit. Darüberhinaus war das Gewebe in der Lage Risse zu überbrücken und einen gleichmäßigeren Schubspannungsverlauf an der Grenzschicht Beton–Klebstoff zu erzeugen.

Die *glasfaserverstärkte Platte* verdeutlicht zum einen die einfache Anwendung der Sprühtechnik und zum anderen das mechanisch, duktilere Verhalten der Glasfasern.

Die FE Rechnung der *SCCI gewebeverstärkten Stahlbetonplatte* weist eine sehr gute Übereinstimmung mit den Versuchsergebnissen auf (Bild 8). Neben der genauen Vorhersage des Zugversagens des Gewebes wird auch die Erstrißlast der Betonplatte gut getroffen. Durch die vollflächige Verteilung des Verstärkungsmaterials entsteht ein über die Breite gleichartiger Spannungszustand in der Platte; ein 2D FE Modell ist somit vertretbar.

Die FE Ergebnisse der *Sika CarboDur® verstärkten Betonplatte* weichen von den Versuchsergebnissen ab (Bild 7). Die Erstrißlast wird gut vorhergesagt, während Teil II und III der Lastverschiebungskurve, aufgrund des einsetzenden Abschälens der Lamelle, überschätzt werden. Da das Versagen dieses Verstärkungssystems durch die Klebstoffschicht ausgelöst wird, sollte diese in einem FE Modell berücksichtigt werden. Zur Modellierung des 'Interface' können sogenannte Interface–Elemente, wie sie schon von der Modellierung des nichtlinearen Verhaltens von Stahlverbundkonstruktionen bekannt sind (Menrath *et al.* 1998), eingesetzt werden. Um den exakten Versagensmode und die Spannungskonzentrationen an den Lamellen und Rissen abbilden zu können, sollte ein 3D FE Model benutzt werden.

LITERATURVERZEICHNIS

1. CEB–FIP – Model code 1990. Bulletin d'information CEB.

2. Eurocode 2 1992 – *Planung von Stahlbeton– und Spannbetontragwerken* – DIN V 18932 (10.91); DIN ENV 1992–1–1 (06.92)

3. Feenstra, P.H. 1993 *Computational Aspects of Biaxial Stress in Plain and Reinforced Concrete* Ph.D. Dissertation, Delft University of Technology Press, Delft.

4. Feenstra, P.H., De Borst, R. 1995 A Plasticity Model and Algorithm for Mode–I Cracking in Concrete. *International Journal for Numerical Methods in Engineering*, Vol. **38**, 2509–2529.

5. Feenstra, P.H., De Borst, R. 1996 A Composite Plasticity Model for Concrete. *International Journal for Solids & Structures*, Vol. **33**, 707–730.

6. Hörmann, M. 1997 *Post Strengthening of Concrete Structures by Externally Bonded Fiber Reinforced Polymers (Diplomarbeit)*, Institut für Baustatik, Universität Stuttgart, Stuttgart (in Zusammenarbeit mit der University of California at San Diego, UCSD, USA).

7. Kollegger, J. 1988 *Ein Materialmodell für die Berechnung von Stahlbetontragwerken* Ph.D. Dissertation, Gesamthochschule–Universität Kassel, Kassel.

8. Kupfer, H.B. and Gerstle, K.H. 1973 Behavior of concrete under biaxial stress, *Jour. Eng. Mech. Div. ASCE EM4*, pp. 853–866.

9. Menrath, H., Haufe, A., Ramm, E. 1998 A Model for Composite Steel–Concrete Structures, in *Proceedings of the EURO-C 1998 Conference on Computational Modelling of Concrete Structures/Badgastein/Austria*, (R. de Borst, N. Bicanic, H. Mang, G. Meschke; eds.), A. A. Balkema Publishers, Rotterdam, Volume 1, pp. 33–42.

10. Priestley, M.J.N., Seible, F., Calvi, F.M. 1996 *Seismic Design and Retrofit of Bridges*. John Wiley, New York.

Baustatik-Baupraxis 7, Meskouris (Hrsg.) © 1999 Balkema, Rotterdam, ISBN 90 5809 044 2

Nichtlineare Analysen von Stahlbetonschalen als Schädigungsprävention

R. Harte
Statik und Dynamik der Tragwerke, Bergische Universität-GH Wuppertal, Deutschland

KURZFASSUNG. Bekannlich werden Tragwerke für die Neuwertphase dimensioniert. Im Laufe ihrer Nutzung bilden sich jedoch Schädigungsprozesse wie Ermüdung, Korrosion, Risse, die das Tragverhalten erheblich beeinflussen können. Die rechnerische Simulation derartiger Schädigungen und damit die Kenntnis des Langzeitverhaltens von Tragwerken ermöglichen fundierte Lebensdauerabschätzungen sowie die Bereitstellung präventiver Maßnahmen zur Gewährleistung von Dauerhaftigkeit und Funktionserhalt. Dies ist allerdings verbunden mit einem immer noch hohen Aufwand - sowohl bei der Herleitung der theoretischen Grundlagen und der Entwicklung der Rechenverfahren als auch bei deren Anwendung auf konkrete Bauwerke.

Am Beispiel von projektierten Naturzugkühltürmen im rheinischen Braunkohlerevier, die mit einer Höhe von 200 m und Reingaseinleitung in Hochlage von etwa 50 m weltweit neue Dimensionen erreichen und damit den bisherigen Erfahrungsbereich verlassen, soll die Notwendigkeit eines derartig hohen Aufwandes dokumentiert werden.

1 EINLEITUNG

In den vergangenen Jahrzehnten wurden erhebliche Anstrengungen zur Entwicklung physikalisch nichtlinearer Berechnungsverfahren unternommen und dabei beachtliche Fortschritte erzielt. Demgegenüber blieb die Anwendung derartiger Verfahren in der Bemessungspraxis deutlich hinter den Erwartungen zurück. Gründe hierfür sind neben dem immer noch hohen Aufwand an Rechenkapazität insbesondere Unsicherheiten bei der Modellierung des mechanischen Tragverhaltens des stark inhomogenen Werkstoffs Stahlbeton und deren Berücksichtigung in einem widerspruchsfreien Sicherheitskonzept.

Die DIN 1045 als Bemessungsnorm für Stahlbeton hat bereits in ihrer 1972-Ausgabe, die in diesem Bereich der derzeit gültigen 1988-Fassung entspricht, die nichtlineare Modellierung des Stahlbetons als wirklichkeitsnahe Erfassung seines Tragverhaltens erkannt und die Ermittlung der Schnittgrößen mit linearen Verfahren nur im Sinne einer Näherung zugelassen (DIN 1045, Ziff. 15.1.2 Abs. 2):

> „Die Schnittgrößen statisch unbestimmter Tragwerke sind nach Verfahren zu berechnen, die auf der Elastizitätstheorie beruhen, wobei im allgemeinen die Querschnittswerte nach Zustand I mit oder ohne Einschluß des 10fachen Stahlquerschnitts verwendet werden dürfen."

Damit waren schon damals nichtlineare Rechenverfahren ausdrücklich zum Regelfall erklärt, wenngleich Anwendungshinweise völlig fehlten und die denkbaren Möglichkeiten den Vätern der DIN 1045 nicht in vollem Umfang bewußt gewesen sein dürften.

Erstmals in der CEB/FIP-Mustervorschrift des Jahres 1978, dann im EC2 und schließlich im aktuellen Entwurf der DIN 1045-1 von 1997 (E DIN 1045-1 1997) finden sich konkretere Angaben zur nichtlinearen Tragwerksmodellierung und zu deren Anwendungsgrenzen. Man hat nämlich mittlerweile nicht allein positive Erfahrungen gewonnen, sondern ist sich auch der

Gefahren deutlicher bewußt geworden. So ermöglicht die im Baujargon häufig als „Schläue des Materials" gepriesene Umlagerungsfähigkeit in Stahlbeton-Flächentragwerken bei Rißbildung zwar die Erfüllung der Standsicherheit, kann aber gleichzeitig die Gebrauchsfähigkeit des Tragwerks stark einschränken, wenn zum Beispiel Lasteinwirkungen mit signifikanten Zwangbeanspruchungen zusammentreffen oder durch Rißbildung teilgeschädigte Strukturen erheblichen chemischen Belastungen unterworfen werden. Dann wäre langzeitig auch die Standsicherheit gefährdet.

Zudem können die mechanisch fundierten Modellgesetze der rasanten Weiterentwicklung des Werkstoffs Beton zu Leichbetonen, hochfesten Betonen, hochfesten Leichtbetonen, kunststoffmodifizierten und glasmodifizierten Betonen mit vielfältigen Kombinationsmöglichkeiten von Zuschlagstoffen, Zuschlagmitteln und Bindemitteln nur begrenzt folgen. Die geradezu unendliche Varianz bei der Entwicklung hochfester Betone wie auch fehlende Erkenntnisse zu deren Langzeitverhalten führten schließlich dazu, daß im Anhang zum Entwurf der DIN 1045-1 (E DIN 1045-1 1997) die Anwendung nichtlinearer Rechentechniken für die Ermittlung der Schnittgrößen ausgeschlossen werden, d.h. Tragreserven durch Umlagerung dürfen derzeit rechnerisch nicht aktiviert werden. Nichtlineare Verfahren sind bei hochfesten Betonen ausschließlich für Nachweise im Grenzzustand der Gebrauchstauglichkeit zugelassen.

Damit stellt sich die Frage, ob der hohe Aufwand der Herleitung und Anwendung nichtlinearer Rechenverfahren überhaupt noch gerechtfertigt ist. Nach Meinung des Verfassers darf diese Frage nicht vorrangig aus der Sicht der Wirtschaftlichkeit, d.h. der Materialeinsparung bei der Bemessung der Neuwertphase gesehen werden, sondern eher aus der Sicht eines gesicherten Funktionserhaltes während der gewünschten Lebensdauer des Bauwerks. Ziele nichtlinearer Schädigungsanalysen müssen daher sein:

• Die Steigerung der Dauerhaftigkeit zur Vermeidung frühzeitiger Alterung und Sanierungsbedürftigkeit,
• die Gewährleistung des Funktionserhalts durch verläßliche, wirklichkeitsnahe Nachweisverfahren im Sinne einer Risikoprävention sowie
• fundierte Lebensdauerabschätzungen als Kriterium für die Werterhaltung eines Bauwerks.

Damit ist der Aufwand nichtlinearer Techniken aus Sicht des Verfassers eindeutig gerechtfertigt. Es ist unabdingbar, das langzeitige Schädigungsverhalten kühner Tragstrukturen rechnerisch zu prognostizieren, um schwerwiegenden progressiven Schädigungen bis zum Verlust der Gebrauchstauglichkeit oder gar der Tragfähigkeit wirksam begegnen zu können.

Dies soll am Beispiel einer neuen Generation von Kühlturmschalen dokumentiert werden. Der vorliegende Beitrag wird sich mit den bereits realisierten Kühlturmneubauten der *VEAG-Kraftwerke Boxberg und Lippendorf* mit 176 bzw. 175 m Schalenhöhe sowie mit dem derzeit im Bau befindlichen Kühlturm des *RWE-Kraftwerkes Niederaußem, Block K* befassen, der mit 200 m Höhe der mit Abstand größte Naturzug-Kühlturm der Welt sein wird und damit den heutigen Erfahrungsbereich national wie international verläßt.

2 NEUE KÜHLTURMGENERATIONEN

2.1 Optimierung der Schalenform

Bild 1 zeigt den Prototypen eines 200 m - Kühlturms, wie er ursprünglich für die Erneuerung des *RWE-Kraftwerkes Frimmersdorf* (Busch 1998) konzipiert wurde und derzeit für das *RWE-Kraftwerk Niederaußem* realisiert wird. Er weist in weiten Bereichen Schalendicken von 21 bis 27 cm auf. Die Außen- und Innenflächen einer derartigen Kühlturmschale überschreiten jeweils eine Fläche von 60.000 m^2, was mehr als 10 Fußballfeldern entspricht.

Kühlturmbauwerke solcher Größe sind nicht allein eine rechnerische Extrapolation kleinerer Türme, da sie vergleichsweise weniger Beton, aber mehr Bewehrungsstahl enthalten. Daher kommen der Ermittlung der Windbelastung und dem Zuschnitt der Schalenform größere Bedeutung zu, um das Tragverhalten besser beherrschen und akkumulative Schädigungsprozesse begrenzen zu können. Von besonderer Bedeutung ist dabei, daß die Eigenfrequenzen des Kühlturms mit zunehmender Höhe sinken, und hierdurch dem Windspektrum energiereichere Anteile entzogen werden.

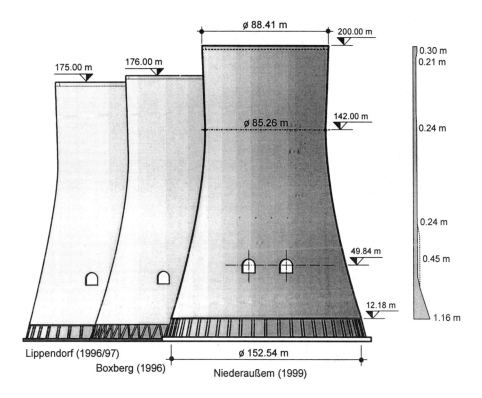

Bild 1: Neue Kühlturmgenerationen

In Bild 2 sind Ergebnisse von Optimierungsberechnungen für die Kühlerschale Boxberg wiedergegeben (Eckstein 1998). Dabei wurden die kühltechnisch nicht verbindlichen Parameter Taillenhöhe und Neigung des unteren Schalenrandes variiert im Hinblick auf Minimierung der massenrelevanten Meridiankraft N22 und auf günstiges Schwingungs- und Stabilitätsverhalten. Drei Varianten wurden gegenübergestellt.

Auf den ersten Blick wird der Leser je nach individuellem ästhetischen Empfinden eher zu der schlanken, schlotartigen Variante I oder zu der gedrungenen, bodenständigen Variante III tendieren. Jedoch erscheinen die Unterschiede zunächst unbedeutend. Ein Blick auf die Tabelle in Bild 2 verdeutlicht jedoch gravierende Unterschiede. Beulsicherheit und Eigenfrequenz der gedrungenen Variante III sinken deutlich gegenüber der schlanken Variante, die Meridiankraft N22 aus der Lastkombination Eigengewicht g + 1,75-fachem Wind w steigt. Bild 3 verdeutlicht diese Unterschiede der Meridiankraft N22 der Varianten I und III, die in entsprechenden Meridianbewehrungsgraden resultieren und damit auf wirtschaftliches oder unwirtschaftliches Abtragungsverhalten der Windbelastung hinweisen.

Insgesamt kann festgestellt werden, daß bestmögliches Schalentragverhalten dann erreicht wird, wenn die Meridiankrümmung vom unteren Schalenrand zur Taille kontinuierlich zunimmt und sich oberhalb der Taille ohne drastische Änderung fortsetzt. Eine derart homogen gekrümmte Schalenfläche ist die in Bild 2 dargestellte Variante I, die sich vom Tragverhalten und von der Wirtschaftlichkeit als optimal erwiesen hat.

Ähnliche Optimierungsberechnungen wurden auch für die 200m - Kühlerschale Niederaußem durchgeführt und führten zu der in Bild 1 wiedergegebenen Schalenform (Busch 1998).

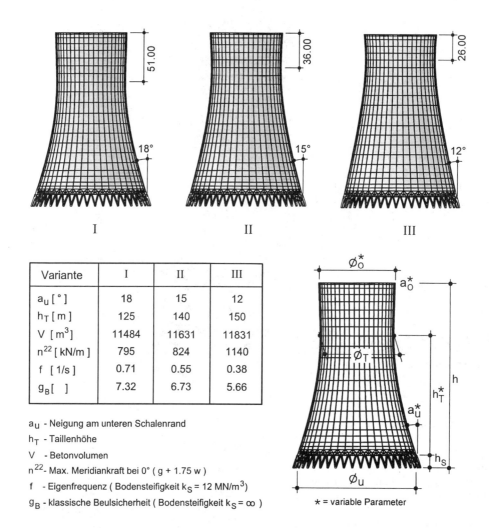

Variante	I	II	III
a_u [°]	18	15	12
h_T [m]	125	140	150
V [m³]	11484	11631	11831
n^{22} [kN/m]	795	824	1140
f [1/s]	0.71	0.55	0.38
g_B [ ]	7.32	6.73	5.66

a_u - Neigung am unteren Schalenrand

h_T - Taillenhöhe

V - Betonvolumen

n^{22}- Max. Meridiankraft bei 0° (g + 1.75 w)

f - Eigenfrequenz (Bodensteifigkeit k_S = 12 MN/m³)

g_B - klassische Beulsicherheit (Bodensteifigkeit k_S = ∞)

★ = variable Parameter

Bild 2: Parameter-Variation zur Optimierung der Schalenform des 176m-Turms

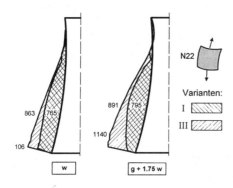

Bild 3: Meridiankraft N22 [kN/m] für Varianten der Meridiangeometrie des 176m-Turms

316

2.2 Schädigungsverhalten bei Windbeanspruchung

Vermeintlich könnte hier der Eindruck entstehen, mit höheren Bewehrungsgraden aus der statischen Bemessung ließen sich Nachteile einer willkürlich gewählten Schalenform kompensieren und damit Tragsicherheit und Gebrauchsfähigkeit erreichen. Dieser Schluß wäre jedoch weit gefehlt, wie die vergleichende nichtlineare Analyse verdeutlicht. In Bild 4 sind die Rißschädigungen der Varianten I und III für die Lastkombinationen g + 1,3w und g + 1,5w gegenübergestellt. Ungünstigeres Lastabtragungsverhalten mit größeren Schnittkräften führt zwangsläufig zu höheren Beanspruchungen des Betonquerschnitts mit frühzeitigeren Rißschädigungen.

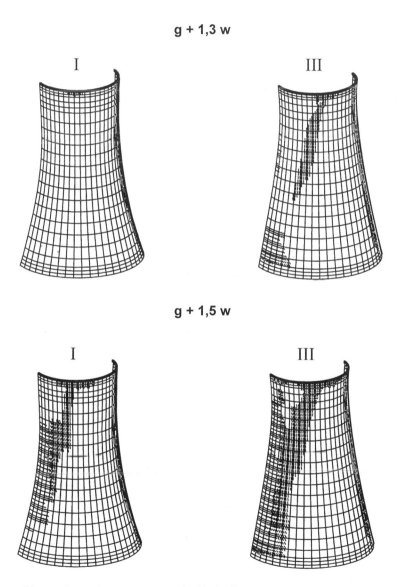

Bild 4: Varianten des 176m-Turms mit Rißschädigungen

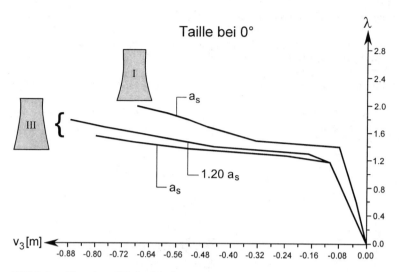

Bild 5: Lastfaktor λ und Normalverformungen v_3 infolge Lastkombination g + λw beim 176m-Turm

Fazit: Während die nicht optimierte Schale bereits bei Stürmen mittlerer Intensität Schädigungen erhält, die im Laufe der Lebensdauer aufgrund der größeren Auftretenswahrscheinlichkeit dieser Stürme progressiv kummulieren, wird die optimierte Schale lange Zeit rissefrei oder zumindest rißarm bleiben und erst bei Stürmen höherer Intensität signifikante Schäden aufweisen.

Bild 5 verdeutlicht dieses Verhalten anhand des Last-Verformungs-Diagramms im Anströmmeridian in Taillenhöhe. Die optimierte Variante I weist ein höheres Rißniveau und eine höhere Traglast auf als Variante III bei gleicher Bewehrung a_s. Es leuchtet ein, daß auch ein um 20% erhöhter Bewehrungsgrad das Rißniveau der Variante III nicht anheben kann, und auch die Traglast erreicht das Niveau der optimierten Variante nicht.

3 MASSNAHMEN GEGEN PROGRESSIVES SCHÄDIGUNGSVERHALTEN

3.1 Nichtlineare Tragfähigkeitsanalyse

Neben dem reinen Standsicherheitsnachweis gewinnt zunehmend der Aspekt Dauerhaftigkeit und Lebensdauer an Bedeutung. Hierbei steht nicht die Ertragbarkeit von Grenzlastzuständen, die mit einer gewissen Überschreitungswahrscheinlichkeit eintreten, im Vordergrund, sondern die Frage, ob und wann die Akkumulation von Schädigungen, die jede für sich unkritisch sind, Gebrauchstauglichkeit und Standsicherheit unzulässig beeinträchtigen.

Schädigungsakkumulation ist ein nichtlinearer, zeitabhängiger Prozeß, der mit den gängigen statischen Berechnungstechniken nicht erfaßt werden kann. Stattdessen sind nichtlineare numerische Simulationsmodelle erforderlich, die unter Berücksichtigung des wahren Lastprozesses sowie realistischer Materialmodelle für Stahlbeton das Tragverhalten des Kühlturmes wirklichkeitsnah abbilden. Derartige Verfahren stellen trotz großer Fortschritte in den letzten Jahren immer noch einen Gegenstand der Forschung dar (Geißler 1998, Krätzig 1998, Zilch 1998).

Die vorangegangenen Berechnungen wurden mittels des doppelt gekrümmten, geschichteten Stahlbeton-Schalenelementes nach (Zahlten 1990) mit den dort angegebenen nichtlinearen Simulationsmodellen erzielt. Dabei berücksichtigt das verwendete Materialmodell für Stahlbeton
• nichtlineares Spannungs-Dehnungs-Verhalten des ungerissenen Betons unter Druckbeanspruchung,

- Zugrißbildung nach Überschreiten der Zugfestigkeit,
- Fließen des Bewehrungsstahls, und
- nichtlineare Verbundeigenschaften

als Hauptursachen inelastischen Werkstoffverhaltens.

Bei einer nichtlinearen Tragfähigkeitsanalyse wird eine normenmäßig vorgegebene Lastfall-kombination über einen Lastfaktor λ imkrementell so lange gesteigert, bis numerisches Versagen eintritt. Für die Lastgeschichte $p(\lambda) = g + \lambda w$ zeigte Bild 5 exemplarisch das Last-Verformungs-Diagramm der Normalverschiebung v_3 in der Taille im Anströmmeridian sowie Bild 4 die Entwicklung der Risse bei zwei ausgesuchten Lastniveaus. Man erkennt deutlich den Steifigkeitsverlust durch Zugrißbildung und kann anhand der Rißbilder Schwachstellen und Versagensmechanismen identifizieren. Die Auswirkungen modifizierter Bewehrungsvertei-lungen lassen sich studieren, so daß durch iterative Anwendung des Rechenmodells ein gleichmä-ßiges Sicherheitsniveau bei optimaler Ausnutzung der Baustoffe erreicht werden kann.

3.2 Dynamisches Tragverhalten bei Schädigungsakkumulation

Der durch Schädigung hervorgerufene Steifigkeitsverlust bewirkt nicht nur größere Verschie-bungen, sondern auch einen Abfall der Eigenfrequenzen. Das wiederum kann dazu führen, daß das Tragwerk mehr Energie aus dem Windlastprozeß absorbiert, welches weitere Schädigung nach sich zieht und schließlich in einem Rückkopplungsprozeß in Systemversagen mündet. Die Initiierung eines derartigen Versagensprozesses ist auf jeden Fall zu vermeiden. Um die Wech-selwirkung von dynamischem Antwortverhalten und Schädigungsakkumulation besser verste-hen zu können, werden aktuell Untersuchungen in zwei Richtungen unternommen:
- Quantifizierung der Abhängigkeit der Eigenfrequenzen vom aktuellen Schädigungszustand,
- Abbildung des Lastprozesses als multi-korrelierter stochastischer Prozeß.

Bild 6 zeigt vergleichend Ergebnisse von Eigenschwingungsanalysen für den 176m-Kühlturm Boxberg (Harte 1998) und den projektierten 200m-Kühlturm (Krätzig 1998). Zu-nächst fällt im Neuwertzustand beider Türme die deutlich niedrigere Eigenfrequenz des 200m-Turms auf, im wesentlichen verursacht durch die nicht proportional zur Masse anwachsende Biegesteifigkeit der Schale. Zusätzlichen Einfluß hat die Stützung des 200m-Turms auf Radial-pfeilern auf Einzelfundamenten, wie am ursprünglichen Standort Frimmersdorf vorgesehen. Diese Stützung ist erheblich verformungsempfindlicher als die klassisch mit V-Stützen gelager-te 176-m Schale in Boxberg.

Im weiteren Verlauf der Berechnung ist die Abhängigkeit der ersten Eigenfrequenzen vom Lastfaktor λ und damit vom Schädigungszustand der Schale erkennbar. Es ist ein drastischer Frequenzabfall in dem Augenblick zu beobachten, in dem sich größere Rißstrukturen herausbil-den, für beide Kühlerschalen etwa bei einem Lastfaktor $\lambda = 1.4$. Das ursprünglich globale drei-wellige Schwingungsmuster geht in eine lokale Form über, in der primär der geschädigte Teil schwingt und damit bevorzugt Energie absorbiert. Obwohl Vorschädigungen aus Temperatur-beanspruchung und früheren Stürmen, die die starke Lokalisierung verhindern würden, hier nicht berücksichtigt sind, zeigen diese Simulationen dennoch, daß in der Nähe des Grenzzu-standes eine wesentliche Änderung des Schwingungsverhaltens zu beobachten ist. Diese Vor-schädigungen würden noch einen zusätzlichen Abfall der Eigenfrequenz bewirken.

Die den statischen Ersatzlasten zugrundeliegenden Böen-Reaktionsfaktoren und dynami-schen Überhöhungsfaktoren eines quasi-statischen Ansatzes der Windbelastung setzen lineares Systemverhalten voraus. Wenn sich die Eigenfrequenzen ändern, gelten diese Lastannahmen nur noch bedingt. Die Auswirkungen der Schädigungen lassen sich anhand der spektralen Dichtefunktion des Windes in Bild 7 veranschaulichen. Der schädigungsbedingte Abfall der 1. Eigenfrequenz führt das hochabgestimmte dynamische System näher an die Bereiche größerer und energiereicherer dynamischer Erregung heran. Die Kühlerschale wird damit stärker bean-sprucht als durch die quasi-statischen Windlastannahmen der BTR (VGB 1977) erfaßt wird. Damit wäre ein progressiver Schädigungsprozeß kaum noch aufzuhalten.

Wird die Annahme statischer Ersatzlasten jedoch fallengelassen, so kann bei korrekter Ab-bildung des zeitveränderlichen Windlastprozesses die Energieaufnahme des Kühlturms zu je-

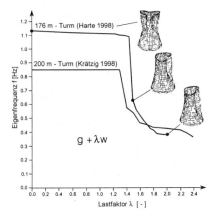

Bild 6: Abhängigkeit der Eigenfrequenzen
von der Schädigung durch Wind

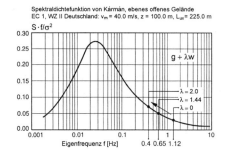

Bild 7: Abhängigkeit der Ordinaten des Wind-
spektrums von den lastabhängigen
Eigenfrequenzen des 176-m Turms

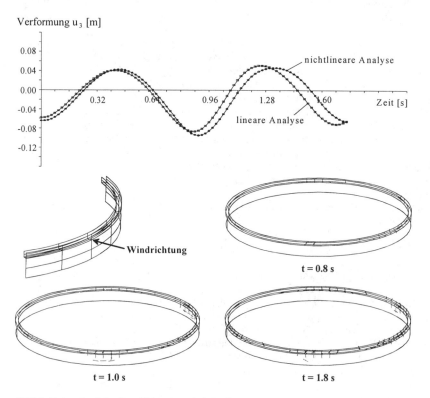

Bild 8: Zeitverlauf der Durchbiegung mit Schädigung am oberen Rand

dem Zeitpunkt entsprechend dem aktuellen Schädigungszustand modelliert werden. Hierfür
wird die Druckverteilung auf der Kühlturmschale knotenweise durch Zeitverläufe abgebildet.
Die einzelnen Zeitverläufe werden mittels autoregressiver Filtertechniken so generiert
(Zahlten1997), daß räumliche Korrelationseigenschaften und spektrale Verteilung den in der

Natur bzw. im Windkanal gemessenen entsprechen. In einer dynamischen Zeitverlaufsberechnung kann dann die Tragwerksantwort im Prinzip mit beliebiger Genauigkeit - abhängig vom verwendeten Strukturmodell - bestimmt werden. Bild 8 zeigt die Zeitverläufe einer Verschiebungsgröße einer linearen und nichtlinearen Rechnung sowie die allmähliche Schädigungsakkumulation am oberen Rand (Harte 1998).

Diese Ergebnisse bestätigen die allgemeine Erfahrung, daß Rißschädigungen vom oberen Randglied in die Schale hineingetragen werden. Da seine große Steifigkeit Ringzugbeanspruchungen anzieht, die rechnerisch bereits bei etwa 50% des Bemessungswindes die Betonzugfestigkeit überschreiten, sind frühzeitige Beeinträchtigungen des Neuwertzustandes nicht zu vermeiden.

Diese Erkenntnis führte bei der Projektierung des 200m-Turms zu der konstruktiven Maßnahme, das obere Randglied durch eine teilweise Ringvorspannung im Sinne der DIN 4227 Teil 2 derart vorzuspannen, daß das Erstrißniveau in Bereiche höherer Windintensität verlagert wird. Mit dieser vergleichsweise geringfügigen Maßnahme läßt sich die Wahrscheinlichkeit frühzeitiger Rißentstehung deutlich senken und demzufolge die Tragfähigkeit und Dauerhaftigkeit nachhaltig steigern - ein direktes qualitätssteigerndes Resultat einer nichtlinearen Schädigungsanalyse.

4 SCHLUSSBEMERKUNGEN

Schädigungen von Stahlbetonschalen können deren Gebrauchsfähigkeit und dauerhafte Standsicherheit nachhaltig beeinträchtigen, insbesondere dann, wenn dynamische, chemische oder thermische Beanspruchungen den Schädigungsprozeß kummulativ beschleunigen. Am Beispiel großer Naturzugkühltürme konnte gezeigt werden, daß rechnerische Simulationen des nichtlinearen Tragverhaltens die Wahl geeigneter präventiver Maßnahmen ermöglichen können. Dies wäre übertragbar auf vergleichbare, dynamisch beanspruchte Strukturen - wie Stahlbeton-Schornsteine, Schleuderbetonmasten von Windkraftanlagen u.ä. - und auf thermisch und chemisch beanspruchte Behälterbauwerke - wie Silos, Faulbehälter und Tanks. Hiermit ist aus Sicht des Verfassers der große Aufwand sowohl bei der Erforschung der werkstofflichen Grundlagen und deren numerischer Umsetzung wie auch bei der Anwendung der Simulationstechniken in der Entwurfspraxis schlanker Schalenstrukturen gerechtfertigt.

Die vorgestellten Forschungs- und Entwicklungsarbeiten erfolgten im Verbund an den Hochschuleinrichtungen der RWTH Aachen, der Ruhr-Universität Bochum und der Bergischen Universität Wuppertal, teilweise unterstützt durch Mittel des Ministeriums für Wissenschaft und Forschung NW, der Deutschen Forschungsgemeinschaft, der Europäischen Union sowie der RWE Energie AG, Essen.

LITERATUR

E DIN 1045-1 1997: *Tragwerke aus Beton, Stahlbeton und Spannbeton. Teil 1: Bemessung und Konstruktion.* Entwurf 1997-02. Berlin: Beuth

Eckstein,U., Nunier,F.-J. 1996. Cooling tower Boxberg - Special aspects of design and construction. *4th Int. Symposium on Natural Draught Cooling Towers Kaiserlautern 29.-31. März 1996.* 19-25. Rotterdam: Balkema

Busch,D., Harte,R., Niemann,H.-J. 1998. Study of a proposed 200m high natural draught cooling tower at power plant Frimmersdorf/Germany. *J. Engng. Struct.* 19: 920-927.

Geißler,M., Meiswinkel,R., Wittek,U. 1998: Nichtlineare FE-Modellierung für die Stahlbetonbemessung nach EC2 und DIN 1045 E 2/97. *Tagung FEM '98 Darmstadt, 5.-6.März 1998*: 161-170. Berlin: Ernst

Harte,R., Krätzig,W.B., Zahlten,W. 1998. Neue Dimension beim Bau von Naturzugkühltürmen. *10. Int. VGB-Konferenz „Forschung in der Kraftwerkstechnik" Essen, 11.-12. Febr. 1998.*

Krätzig,W.B., Noh,S.Y. 1998. Computersimulation progressiver Schädigungsprozesse von Stahlbetonkonstruktionen. *Tagung FEM '98 Darmstadt, 5.-6.März 1998*: 123-132. Berlin: Ernst

VGB 1977. *BTR-Bautechnik bei Kühltürmen*. VGB-R 610 U, Ausg. 1997.Essen: VGB

Zahlten,W. 1990. Ein Beitrag zur physikalisch und geometrisch nichtlinearen Computeranalyse allgemeiner Stahlbetonschalen. *Tech.-Wiss. Mittlng 90-2* Ruhr-Universität Bochum.

Zahlten,W., Borri.C. 1997. Time-domain simulation of the nonlinear response of cooling tower shells subjected to stochastic wind loading. *J. Engng. Struct.* 19.

Zilch,K., Penka,E., Schneider,R. 1998: Nichtlineare Berechnungen im Massivbau - Material-modelle und Sicherheitskonzepte. *Tagung FEM '98 Darmstadt, 5.-6.März 1998*: 1-12. Berlin: Ernst

Baustatik-Baupraxis 7, Meskouris (Hrsg.) © 1999 Balkema, Rotterdam, ISBN 90 5809 044 2

3D-Analyse beliebiger Schalenstrukturen zur schädigungs-orientierten Simulation von Spannungskonzentrationen

U. Hanskötter & Y. Basar
Lehrstuhl für Statik und Dynamik, Ruhr-Universität Bochum, Deutschland

ZUSAMMENFASSUNG: In diesem Beitrag wird die Formulierung eines isoparametrischen, vierknotigen Schalenelementes mit Rotationsvariablen unter Verwendung hyperelastischer Werkstoffmodelle vorgestellt. Zur Simulation komplexer Spannungsverteilungen über die Dicke kommt eine Mehrschichtenkinematik zur Anwendung. Von Vorteil erweist sich dabei die Transformation des Schalenelementes in ein gleichwertiges Volumenelement. Um den numerischen Aufwand solch komplexer Analysen in Grenzen zu halten, werden h-adaptive Simulationsstrategien zur Netzverfeinerung in Schalendickenrichtung verwendet. Zur numerischen Umsetzung der adaptiven Strategien werden diskrete Übergangsbedingungen für hängende Knoten formuliert.

1 EINFÜHRUNG

In der Umgebung von Schädigungen weisen die Spannungen bei Schalenstrukturen eine komplexe Verteilung über die Schalendicke auf. Dieses trifft um so mehr zu, wenn die Struktur aus Schichten mit unterschiedlichen Festigkeitseigenschaften besteht oder auch geschädigte Schichten aufweist. Ebenso erfordern geometrische Diskontinuitäten eine besonders präzise FE-Simulation, da bereits unter Betriebslasten an diesen Stellen hohe Biegespannungen aktiviert werden, die beim Auftreten von Überbeanspruchungen Schädigungen initiieren können.

Hinsichtlich der Analyse von Schädigungsmechanismen weisen die klassischen finiten Schalenelementmodelle schwerwiegende Nachteile auf:

- Sie lassen teilweise nur konstante Schubspannungen über die Dicke zu, und sie unterdrücken transversale Normalspannungen vollständig.
- Sie lassen die direkte Einarbeitung von 3D konstitutiven Beziehungen nicht zu und bieten auch keine Flexibilität bei der Wahl der Werkstoffmodelle.

Sie entziehen sich somit einer wirklichkeitsnahen Simulation von Schädigungseffekten in Schalenstrukturen. Um nun die Nachteile klassischer Schalenelemente zu beseitigen, wurden finite Schalenelemente entwickelt,

- die durch einen höherwertigeren Verschiebungsansatz in Dickenrichtung transversale Verzerrungsanteile und damit transversale Normal- und Schubspannungen zulassen,
- die durch die einheitliche Berücksichtigung unterschiedlicher Verzerrungsmaße und durch eine numerische Integration über die Schalendicke eine direkte Einarbeitung von beliebigen 3D konstitutiven Beziehungen ermöglichen und
- die durch Anwendung einer Mehrschichtenkinematik sprunghaft veränderliche Materialeigenschaften über die Dicke erfassen und somit beliebig komplexe Spannungsverteilungen in Dickenrichtung präzise simulieren können.

Diese Schalenelemente müssen numerisch stabile Ergebnisse liefern. Dieses erfordert die Beseitigung von *Locking*-Effekten. Durch den Anschluß an adaptive Simulationsstrategien ist sodann die Effizienz von Schädigungsanalysen beliebiger Schalenstrukturen zu steigern.

2 SCHALENELEMENTMODELL

2.1 *Approximation des Schalenkontinuums in Dickenrichtung*

Zur Formulierung des Schalenelementmodells wird mit der Beschreibung des Schalenkontinuums begonnen. Dabei wird der Ortsvektor des unverformten Schalenkontinuums hinsichtlich der Dickenkoordinate θ^3 linear approximiert.

$$X = \overset{0}{X} + \theta^3 \overset{1}{X} \qquad \text{mit} \quad \overset{0}{X}(\theta^\alpha): \quad \text{Ortsvektor zur unverformten Referenzfläche} \qquad (1)$$

$$\overset{1}{X}(\theta^\alpha): \quad \text{Direktor der unverformten Referenzfläche } \overset{1}{X} = D$$

Der Direktor der unverformten Referenzfläche zeigt in θ^3-Richtung, und er unterliegt der Einheitslängenbedingung $D \cdot D = 1$, womit sich die Zahl der unabhängigen Parameter für den Direktor der unverformten Referenzfläche auf zwei reduziert. Die Referenzfläche ist für $-0.5H \leq \theta^3 \leq 0.5H$, wenn H die Dicke der Schale ist, mit der Schalenmittelfläche identisch. Die unverformte Schale wird durch fünf Modellparameter beschrieben. Es sei erwähnt, daß der Direktor nicht senkrecht zur unverformten Referenzfläche stehen muß (Bild 1).

Der Ortsvektor des verformten Schalenkontinuums wird durch einen quadratischen Ansatz in θ^3-Richtung in der Form

$$x = \overset{0}{x} + \theta^3 \overset{1}{x} + (\theta^3)^2 \overset{2}{x} \qquad \text{mit} \quad \overset{0}{x}(\theta^\alpha): \quad \text{Ortsvektor zur verformten Referenzfläche} \qquad (2)$$

$$\overset{1}{x}(\theta^\alpha): \quad \text{Linearer Direktor der verformten Referenzfläche}$$

$$\overset{2}{x}(\theta^\alpha): \quad \text{Quadratischer Direktor der verformten Referenzfläche}$$

approximiert. Unabhängige Parameter im Falle einer rotationsvariablenfreien Formulierung sind somit drei Vektoren, die jeweils abhängig von den Koordinaten der Referenzfläche sind. Der Index über den Variablen gibt die Ordnung der betreffenden Variable in den Potenzreihen (1) und (2) an.

Ein weiteres Schalenmodell ergibt sich aus (2), wenn der quadratische Direktor, der zur Beschreibung höherwertiger Verschiebungen dient, vernachlässigt wird. Zur Beseitigung von POISSON-*Locking* aufgrund des dann nur linearen Ansatzes in Dickenrichtung sind *Enhanced Assumed Strain* Konzepte nach (Büchter, Ramm & Roehl 1994, Betsch & Stein 1995) unvermeidbar.

2.2 *Parametrisierung des Direktors und unabhängige Variablen des Schalenmodells*

Um die numerisch empfindlichen, transversalen Dehnungen von den finiten Rotationen zu entkoppeln, kann der lineare Anteil des Ortsvektors multiplikativ zerlegt werden:

$$\overset{1}{x} = \lambda d \qquad \text{mit} \quad d = sin(\psi_1) \cdot cos(\psi_2) i_1 + sin(\psi_1) \cdot sin(\psi_2) i_2 + cos(\psi_1) i_3 \, . \qquad (3)$$

Hierin beschreibt λ eine konstante Streckung der Schale in Richtung des Direktors d, der somit reinen rotatorischen Bewegungen und infolgedessen der Nebenbedingung $d \cdot d = 1$ unterliegt. Eine *a priori* Erfüllung der zitierten Bedingung kann durch die Parametrisierung des Direktors mittels der EULER-Winkel ψ_β nach (Ramm 1976) erfolgen (Bild 2).

Der gewählte quadratische Ansatz (2) für das verformte Schalenkontinuum gestattet mit (3) eine *locking*-freie Berücksichtigung von transversalen Dehnungen (Basar & Ding 1994, 1995, 1996). Die neun unabhängigen unbekannten Parameter des Schalenmodells sind mit

$\overset{0}{x}{}^i(\theta^\alpha)$: die Koordinaten der verformten Referenzfläche,

$\lambda \, (\theta^\alpha)$: die konstante Dickenänderung,

$\psi_\beta(\theta^\alpha)$: die EULER-Winkel und

$\overset{2}{x}{}^i(\theta^\alpha)$: die Koordinaten zur Berücksichtigung von Verschiebungen höherer Ordnung.

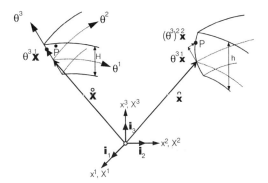

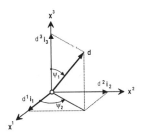

Bild 1. Kinematische Variablen des unverformten und verformten Schalenkontinuums	Bild 2. Parametrisierung des Direktors mittels der EULER-Winkel ψ_β

2.3 Der rechte CAUCHY-GREEN-Tensor als Basisvariable für beliebige Verzerrungsmaße

Mit den gewählten Ansätzen (1) und (2) ergeben sich die Basisvektoren aus den partiellen Ableitungen der Ortsvektoren für die unverformte und für die verformte Konfiguration:

$$G_i = \frac{\partial X}{\partial \theta^i} \;\Rightarrow\; G_\alpha = \overset{0}{X},_\alpha + \theta^3 D,_\alpha \;;\; g_i = \frac{\partial x}{\partial \theta^i} \;\Rightarrow\; g_\alpha = \overset{0}{x},_\alpha + \theta^3 (\lambda d),_\alpha + (\theta^3)^2 \overset{2}{x},_\alpha \tag{4}$$

$$G_3 = D \qquad\qquad\qquad g_3 = (\lambda d) + 2\theta^3 \overset{2}{x} .$$

Die Metrik der unverformten Konfiguration ist mit den Skalarprodukten der Basisvektoren der unverformten Konfiguration beschrieben:

$$G = (G_i \cdot G_j)\, G^i \otimes G^j \quad \text{mit} \quad G_{ij} = \begin{bmatrix} G_{\alpha\beta} & G_{\alpha 3} \\ G_{3\beta} & G_{33} \end{bmatrix} = \begin{bmatrix} \sum_{n=0}^{2} (\theta^3)^n \overset{n}{G}_{\alpha\beta} & \sum_{n=0}^{1} (\theta^3)^n \overset{n}{G}_{\alpha 3} \\ \sum_{n=0}^{1} (\theta^3)^n \overset{n}{G}_{3\beta} & \sum_{n=0}^{0} (\theta^3)^n \overset{n}{G}_{33} \end{bmatrix} . \tag{5}$$

Die Skalarprodukte der Basisvektoren der verformten Konfiguration entsprechen den Komponenten des rechten CAUCHY-GREEN-Tensors C, wobei im Rahmen einer Schalentheorie Terme höherer Ordnung vernachlässigt werden können.

$$C = (g_i \cdot g_j)\, G^i \otimes G^j \quad \text{mit} \quad C_{ij} = \begin{bmatrix} C_{\alpha\beta} & C_{\alpha 3} \\ C_{3\beta} & C_{33} \end{bmatrix} = \begin{bmatrix} \sum_{n=0}^{2} (\theta^3)^n \overset{n}{C}_{\alpha\beta} & \sum_{n=0}^{1} (\theta^3)^n \overset{n}{C}_{\alpha 3} \\ \sum_{n=0}^{1} (\theta^3)^n \overset{n}{C}_{3\beta} & \sum_{n=0}^{1} (\theta^3)^n \overset{n}{C}_{33} \end{bmatrix} . \tag{6}$$

Die so ermittelten Tensoren C und G können als Basisvariablen für unterschiedliche materielle Verzerrungsmaße E^m verwendet werden:

$$E^m = \frac{1}{m}(C^{m/2} - G) . \tag{7}$$

Der GREEN-LAGRANGE-Verzerrungstensor ergibt sich als Sonderfall für $m = 2$.

2.4 Materialmodellierung und Linearisierung des Prinzips der virtuellen Arbeiten

Der GREEN-LAGRANGE-Verzerrungstensor E geht beispielsweise direkt in das hyperelastische ST.VENANT/KIRCHHOFF Werkstoffmodell mit der inneren Energiedichtefunktion W ein:

$$W = W(E) = \tfrac{1}{2}\kappa trE + \mu tr(devE)^2 \ . \tag{8}$$

Hierin sind κ und μ die Materialparameter der Werkstoffmodells. Die PIOLA-KIRCHHOFF-Spannungen zweiter Art S sind als konjugiertes Spannungsmaß den Verzerrungen E zugeordnet, wobei im vorliegenden Fall die Kopplung über einen vierstufigen Materialtensor M erfolgt:

$$S = \frac{\partial W}{\partial E} = M{:}E \ . \tag{9}$$

Mit Hilfe der Formänderungsenergiedichte W läßt sich das Prinzip der virtuellen Arbeiten als Basis für die FE-Formulierung wie folgt angeben:

$$\delta A = \delta A_i + \delta A_a = 0 \quad \text{mit} \quad \delta A_i = -\iiint_\Omega \delta E{:}S \, d\Omega \ . \tag{10}$$

$$\delta A_a = +\iiint_\Omega \delta u{:}P \, d\Omega + \iint_\Gamma \delta u{:}P \, d\Gamma$$

Die konsistente Linearisierung des Prinzips liefert die tangentiale Steifigkeitsmatrix und den Vektor der Ungleichgewichtskräfte. Eine numerische Integration auch über die Schalendicke garantiert dabei die direkte Anbindung von 3D konstitutiven Beziehungen.

2.5 Finite Element Diskretisierung und Gewährleistung der numerischen Stabilität

Für die unabhängigen Parameter werden im Rahmen einer isoparametrischen Schalenelement-entwicklung bilineare Ansätze gewählt (Tafel 1). Um *Shearlocking* aufgrund der bilinearen Ansätze für die Referenzfläche zu vermeiden, wird das Assumed-Strain-Konzept nach (Dvorkin & Bathe 1984) angesetzt. Hierbei werden die in Dickenrichtung konstanten Anteile der transversalen Schubverzerrungskomponenten mit geeigneten Ansätzen über die Referenzfläche interpoliert und in den Kollokationspunkten ausgewertet.

Das Ergebnis ist ein vierknotiges, 9-parametriges Schalenelement mit Rotationsvariablen. Die 36 Freiheitsgrade beziehen sich dabei auf die Referenzfläche. Pro Knoten sind dies drei Verschiebungs-freiheitsgrade, zwei Rotationsvariablen und vier Parameter für die transversalen Verzerrungen bzw. Verschiebungskomponenten höherer Ordnung (Bild 3).

Tafel 1. Ansätze für ein vierknotiges, isoparametrisches Schalenelement

Isoparametrisches finite Element mit 4 Knoten	Bilineare Ansatzfunktionen	Assumed-Strain-Konzept. (nach Dvorkin & Bathe 1984)
• Knotenpunkte ■ Auswertungspunkte der Schubverzerrungen	$N_1 = (1-\xi^1)(1-\xi^2)$ $N_2 = \xi^1(1-\xi^2)$ $N_3 = \xi^1\xi^2$ $N_4 = (1-\xi^1)\xi^2$	$\overset{0}{E}_{13} = \xi^2\,\overset{0}{E}^A_{13} + (1-\xi^2)\overset{0}{E}^C_{13}$ $\overset{0}{E}_{23} = \xi^1\,\overset{0}{E}^D_{23} + (1-\xi^1)\overset{0}{E}^B_{23}$

3 MEHRSCHICHTENKINEMATIK

3.1 Berücksichtigung der Mehrschichtenkinematik auf Elementebene

Um beliebig komplexe Spannungsverteilungen über die Dicke möglichst präzise simulieren zu können, wird eine Mehrschichtenkinematik verwendet. Die Mehrschichtenkinematik entsteht durch schichtweise Anwendung der vorgestellten Schalenkinematik in Dickenrichtung (Basar & Ding 1997). Hierbei werden C^0-Kontinuitäten der Verschiebungsfelder zwischen den einzelnen Schichten L - 1 und L für die unverformte als auch für die verformte Konfiguration gefordert:

$$X_L (\theta_L^3 = -\tfrac{1}{2} H_L) = X_{L-1} (\theta_{L-1}^3 = \tfrac{1}{2} H_{L-1})$$
$$x_L (\theta_L^3 = -\tfrac{1}{2} H_L) = x_{L-1} (\theta_{L-1}^3 = \tfrac{1}{2} H_{L-1}) \quad . \tag{11}$$

Der unverformte und der verformte Ortsvektor der L-ten Schicht ergeben sich sodann rekursiv aus dem unverformten und verformten Ortsvektor der L - 1-ten Schicht:

$$X_L = X_{L-1} + \tfrac{1}{2} H_{L-1} \overset{1}{X}_{L-1} + \tfrac{1}{2} H_L \overset{1}{X}_L + \theta_L^3 \overset{1}{X}_L \tag{12}$$
$$x_L = x_{L-1} + \tfrac{1}{2} H_{L-1} \overset{1}{x}_{L-1} + \tfrac{1}{2} H_L \overset{1}{x}_L + \theta_L^3 \overset{1}{x}_L + \tfrac{1}{4} H_{L-1}^2 \overset{2}{x}_{L-1} - \tfrac{1}{4} H_L^2 \overset{2}{x}_L + (\theta_L^3)^2 \overset{2}{x}_L \quad .$$

Mit jeder Schicht steigt die Anzahl der unabhängigen Parameter der Mehrschichten-Multidirektor-Schalenelemente, die es erlauben, Verläufe der Zustandsvariablen in jeder gewünschten Genauigkeit zu approximieren. Diese Vorgehensweise hat jedoch den Nachteil, daß die Elementansätze mit zunehmender Schichtanzahl komplexer werden, daß die Anzahl der Elementfreiheitsgrade mit jeder Schicht steigt und daß die Elementmatrizen voll besetzt sind. Ebenso erweist sich dieses Vorgehen für den Anschluß an adaptive Methoden als nicht zweckmäßig.

3.2 Berücksichtigung der Mehrschichtenkinematik auf Systemebene

Die Nachteile, die bei Berücksichtigung der Mehrschichtenkinematik auf Elementebene entstehen, lassen sich durch die Überführung des beschriebenen Schalenelementes in ein Volumenelement beseitigen. Hierbei werden die auf eine Referenzfläche bezogenen, kinematischen Variablen in echte Verschiebungsvariablen transformiert (Bild 4). Das zu transformierende Verschiebungsfeld ergibt sich aus der Differenz des verformten und unverformten Ortsvektors:

$$u = x - X = \overset{0}{x} - \overset{0}{X} + \theta^3 (\overset{1}{x} - \overset{1}{X}) + (\theta^3)^2 \overset{2}{x} \quad . \tag{13}$$

Die korrespondierende Transformation erfolgt in zwei Schritten. Als erstes werden die EULER-Winkel und der Dickenparameter in Direktorkomponenten erster Ordnung transformiert. Daran anschließend erfolgt die Überführung der kinematischen Variablen in Verschiebungsparameter δu:

$$\delta u = \frac{\partial u}{\partial \overset{0}{x}} \delta \overset{0}{x} + \frac{\partial u}{\partial \overset{1}{x}} \delta \overset{1}{x} + \frac{\partial u}{\partial \overset{2}{x}} \delta \overset{2}{x} \quad \text{mit} \quad \delta \overset{1}{x} = \frac{\partial \overset{1}{x}}{\partial \psi_\beta} \delta \psi_\beta + \frac{\partial \overset{1}{x}}{\partial \lambda} \delta \lambda \quad . \tag{14}$$

Diese Vorgehensweise hat den Vorteil, daß die Knotenvariablen echte Verschiebungen sind und somit die Formulierung von Randbedingungen und Übergangsbedingungen sehr anschaulich ist. Der einzige Nachteil liegt darin, daß sich durch die Transformation auf Verschiebungsparameter, die in den äußeren Schalenlaibungen definiert sind, die Konditionierung der Elementmatrizen bei sehr dünnen Schalen verschlechtert.

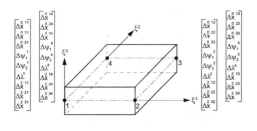
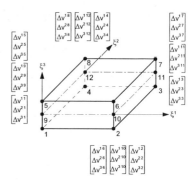

Bild 3. Freiheitsgrade des
9-parametrigen Multidirektorschalenelementes

Bild 4. Freiheitsgrade des
12-knotigen 3D-Multidirektorelementes

4 ADAPTIVE NETZVERFEINERUNG

4.1 *h-adaptive Verfeinerungsstrategien*

Da es sich bei einer Diskretisierung mit Multidirektorelementen um eine 3D Diskretisierung handelt, ist ohne die Anwendung adaptiver Strategien der numerische Aufwand für die Berechnung realer Schalenstrukturen enorm hoch. Daher werden an dieser Stelle h-adaptive Strategien zur Netzverfeinerung vorgestellt. Bei h-adaptiven Strategien muß zwischen den Gebieten der feineren und der gröberen Vernetzung eine Verbindung unter der Bedingung geschaffen werden, daß das Verschiebungsfeld stetig ist. Zum einen kann ein Übergangsbereich mit verzerrten Elementen neu vernetzt werden. Das setzt eine Unempfindlichkeit der Elemente gegenüber vorgegebenen Netzverzerrungen voraus. Zum anderen können Übergangselemente oder Übergangsbedingungen für hängende Knoten für die Netzanpassung verwendet werden.

4.2 *Herleitung von Übergangselementen*

Bei der Herleitung von Übergangselementen (Bild 5 oben) wird die Übergangsbedingung

$$N = u_l - u_r = 0 \,, \tag{15}$$

die aus den gegenüberliegenden Verschiebungsfeldern entlang der aufeinander treffenden Oberflächen besteht, als Nebenbedingung mit einem Straffaktor p in das Prinzip der virtuellen Arbeiten (10) eingeführt:

$$\delta A_n = \delta(pN^T N)=0 \,. \tag{16}$$

Dies hat zur Folge, daß die Übergangsbedingung (15) in einer schwachen Form erfüllt wird. Schwierigkeiten bereitet zudem die Wahl des Straffaktors p, was dazu führen kann, daß eine Konvergenz der Ergebnisse nicht unbedingt gewährleistet ist.

4.3 *Formulierung von diskreten Übergangsbedingungen*

Eine effektivere Möglichkeit bietet die Formulierung von diskreten Übergangsbedingungen für Knotenfreiwerte. Wenn nämlich, wie im vorliegenden Fall, auf den gegenüberliegenden Seiten Elemente mit denselben Ansatzfunktionen gewählt werden, ist es möglich, die Knotenfreiwerte der Seite mit der feineren Unterteilung als abhängige zu definieren (Bild 5 unten).

328

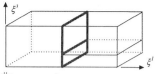
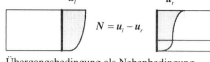

Übergangselement

$$N = u_l - u_r$$

Übergangsbedingung als Nebenbedingung

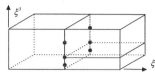
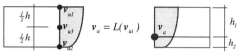

Hängende Knoten

$$v_a = L(v_{ui})$$

Diskrete Übergangsbedingungen für hängende Knoten

Bild 5. Übergangselement bzw. diskrete Übergangsbedingungen für hängende Knoten

Es ergeben sich für die abhängigen Knotenfreiwerte Linearkombinationen von den unabhängigen Knotenfreiwerten der gegenüberliegenden Seite. Für die Netzverfeinerung in Dickenrichtung sehen die Linearkombinationen wie folgt aus:

$$v_a = \frac{h_2}{h}\frac{h_2 - h_1}{h}v_{u1} + \frac{h_1}{h}\frac{h_1 - h_2}{h}v_{u2} + 4\frac{h_1}{h}\frac{h_2}{h}v_{u3} \ . \tag{17}$$

Sämtliche diskreten Übergangsbedingungen, die bei der Neuvernetzung der Struktur entstehen, können so über eine Transformationsbeziehung

$$v = T \cdot v_u \ \text{mit} \ T = T(\, L(v_{ui}) \,) \tag{18}$$

direkt in der Systemgleichung zur Elimination der abhängigen Systemfreiheitsgrade v_a berücksichtigt werden:

$$T^T K T v_u = T^T P_u \ . \tag{19}$$

Es verbleiben nur die unabhängigen Systemfreiheitsgrade v_u in der Systemgleichung. Die Übergangsbedingung gemäß (15) wird ohne numerische Schwierigkeiten jederzeit exakt erfüllt.

5 BEISPIEL

Als Beispiel ist eine Zylinderschale mit einem Dickensprung unter Innendruck angeführt (Bild 6). Diskretisiert wurde mit 3D-Multidirektorelementen. Zur Sprungstelle wurde das Netz in θ^I-Richtung mit $n = 30$ Unterteilungen und einem Faktor $f = 0.8$ geometrisch verdichtet. In Dicken-

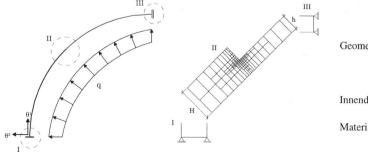

Geometrie: R=10000mm
                      H=50mm
                      h=25mm

Innendruck: $q=1\text{N/mm}^2$

Materialdaten: $E=210000\text{N/mm}^2$
                      v=0.2

Bild 6.   Infinite Zylinderschale mit einem Dickensprung bei $\theta^I = 45°$

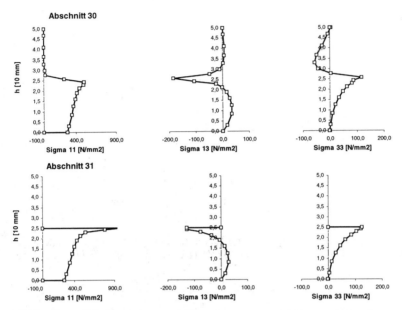

Bild 7. Biege-, Schub- und transversale Normalspannungen an der geometrischen Sprungstelle

richtung θ^3 wurde adaptiv verfeinert. In Bild 7 sind die Spannungsverläufe in den Elementmitten der Abschnitte 30 (links) und 31 (rechts) der Sprungstelle dargestellt. Deutlich zu erkennen sind die singulären Spannungsverläufe in der Nähe der Sprungstelle. Der Vergleich mit analytischen Lösungen zeigt, daß die 3D Multidirektorelemente in der Lage sind, derartig komplexe Spannungsverläufe über die Dicke auch in dünnen Schalenstrukturen zu simulieren. Kontrollparameter für die adaptive Vernetzung waren bekannte Spannungsverläufe, die Auswertung eines globalen Fehlers in der Energienorm und die Überprüfung des lokalen Gleichgewichts. Anzustreben ist die Auswertung eines anisotropen Fehlerschätzers wie beispielsweise vorgestellt in (Stein & Ohnimus 1997), um weiterhin den numerischen Aufwand zu reduzieren.

DANKSAGUNG: Die Arbeiten hierzu entstanden im Teilprojekt B3 des SFB 398 der Ruhr-Universität Bochum. Die Autoren danken der DFG für die finanzielle Unterstützung.

LITERATUR

BASAR, Y. AND DING, Y. (1994): The consideration of transversal normal strains in the finite-rotation shell analysis, PD-Vol. 64-8.2, *Engineering Systems Design and Analysis*, Volume **8** (B), ASME.

BASAR, Y. AND DING, Y. (1995): Interlaminar stress analysis of composites: layer-wise shell finite elements including transverse strains. *Composite Eng.*, **5**, pp. 485-499.

BASAR, Y AND DING, Y. (1996): Finite element analysis of hyperelastic thin shells with large strains, *Comp. Mech.* **18**, pp. 200-214.

BASAR, Y., DING, Y. (1997): Shear deformation models for large-strain shell analysis, *Int. J. Sol. Struct.* **34**, pp. 1687-1708.

BETSCH, P. AND STEIN, E. (1995): An assumed strain approach avoiding artificial thickness straining for a non-linear 4-node shell element, *Comm. Num. Meth. Eng.* **11**, pp. 899-909.

BÜCHTER, N., RAMM, E. AND ROEHL, D. (1994): Three-dimensional extension of non-linear shell formulation based on the enhanced assumed strain concept, *Int. J. Num. Meth. Eng.* **37**, pp. 2551-2568.

DVORKIN, E.N. AND BATHE, K.-J. (1984): A continuum mechanics based four-node shell element for general non-linear analysis, *Eng. Comp.* **1**, 77-88.

RAMM, E. (1976): *Geometrisch nichtlineare Elastostatik und finite Elemente*, Habilitation, Institut für Baustatik der Universität Stuttgart, Bericht Nr. 76-2.

STEIN, E. AND OHNIMUS, S. (1997): Coupled model- and solution-adaptivity in the finite-element method. *Comput. Methods. Appl. Mech. Engng.*, **150**, pp. 327-350.

Baustatik-Baupraxis 7, Meskouris (Hrsg.) © 1999 Balkema, Rotterdam, ISBN 90 5809 044 2

Ein lebensdauerorientiertes Bemessungskonzept für schädigungstolerante Stahlbeton-Strukturen

Y.S. Petryna & S.-Y. Noh
Lehrstuhl für Statik und Dynamik, Ruhr-Universität Bochum, Deutschland

ZUSAMMENFASSUNG: Es wird ein schädigungsorientiertes Konzept zur Ermittlung der Lebensdauer von Tragwerken vorgestellt. Im Gegensatz zu normenseits üblichen, vereinfachten Vorgehensweisen wird die Lebensdauer aufgrund einer auf die Lebenszeit bezogenen Zuverlässigkeitsanalyse ermittelt. Danach wird die geforderte Strukturlebensdauer durch die gezielte Rückwärtskalibrierung der Teilsicherheitsbeiwerte im vorgeschlagenen Bemessungskonzept berücksichtigt. So sollen gleiche Bauelemente von Tragwerken mit unterschiedlicher Lebensdauer auch differenziert bemessen werden. Die entsprechende Bemessungsprozedur wird getestet und mit heutigen Normenprozeduren verglichen. An Hand von Stahlbetonkonstruktionen wird der Einfluß von Schädigungen und Deteriorationen auf die Strukturlebensdauer untersucht und bei der Bemessung berücksichtigt. Das dargestellte Konzept wird mit einem Beispiel aus dem Konstruktiven Ingenieurbau belegt.

1 EINFÜHRUNG

Zur Zeit führt man viele Diskussionen über Inkonsistenzen neuer deutscher und europäischer Normen bezüglich der Bemessung von Stahlbetontragwerken. Formal wird eine nichtlineare Analyse zugrundegelegt, die Reserven der Tragfähigkeit besser abbilden kann. Ihre Einführung in die Praxis wird jedoch nicht konsequent realisiert. Die Verwendung zweier verschiedene Stoffgesetze, eines ideal elastischen zur Schnittgrößenermittlung und anschließend eines zweiten, nichtlinearen zur Bemessung des gleichen Querschnitts, wird oft kritisiert (Betonkalender 1996). Dabei wird häufig ohne Grund der Grenzzustand des gesamten Tragwerks mit dem Versagen des einzelnen Querschnitts verknüpft. Praktische Erfahrungen zeigen jedoch, daß das nichtlineare Strukturverhalten unter Berücksichtigung der Spannungsumlagerungen zu wesentlich anderen quantitativen bzw. qualitativen Versagenszuständen führen kann (Krätzig & Noh 1998, Geißler, Meiswinkel & Wittek 1998). Durch eine konsequente Anwendung nichtlinearer Analysen im Stahlbetonbau bemüht man sich, den Weg zu neuen Sicherheits- und Bemessungskonzepten zu finden (Eibl & Schmidt-Hurtienne 1995).

Ein zweiter prinzipieller Widerspruch der Normen bleibt jedoch wegen seiner Kompliziertheit oft außerhalb der Kritik. Er besteht darin, daß eine Klassifikation der Tragwerke bezüglich ihrer Lebensdauer in den Normenanforderungen in keine entsprechende Entwurfsprozedur umgesetzt wird. Derzeitige Sicherheitsbeiwerte sollen lediglich statistische Streuungen und Ungenauigkeiten von Struktur- und Lastparametern abdecken. Ihr Wirkungsbereich erstreckt sich aber nicht auf Schädigungs-, Alterungs- bzw. Deteriorationsphänomene, die die Lebens- bzw. Nutzungsdauer der Tragwerke begrenzen. Dieses Problem versucht man im Rahmen von sogenannten lebensdauerorientierten Entwurfskonzepten („durability design concepts") zu lösen, die allerdings noch weiterer Begründung, Entwicklung und Implementierung bedürfen (Schuëller 1990, RILEM 1996, SFB 398).

2 LEBENSDAUERORIENTIERTES BEMESSUNGSKONZEPT

2.1 *Nachweisformat der Zuverlässigkeit*

Bemessungskonzepte von Eurocode 2 und DIN 1045 basieren auf sogenannten Grenzzuständen, wobei man Grenzzustände der Tragfähigkeit sowie der Gebrauchstauglichkeit unterscheidet. Grenzzustände definiert man in Form von Grenzzustandsfunktionen durch Vergleich des Bemessungswertes der Beanspruchung S_d mit dem entsprechenden Wert der Beanspruchbarkeit R_d :

$$R_d \geq S_d \, . \tag{1}$$

Der Abstand beider Größen, welcher die Sicherheitsanforderungen gewährleistet, wird nach DIN 1045 durch den globalen Sicherheitsbeiwert γ festgelegt, was bei einem linearen Zusammenhang zwischen Einwirkungen und Auswirkungen zur folgenden Grenzzustandsgleichung führt:

$$Z = R_d - \gamma \cdot S_d = 0 \, . \tag{2}$$

S_d und R_d kann man als Nennwerte maximaler Beanspruchung S_{max} bzw. minimaler Beanspruchbarkeit R_{min} auffassen (Bild 1). Der globale Sicherheitsfaktor γ soll pauschal alle, mit den Einwirkungen, Baustoffkennwerten und dem gewählten Bemessungsmodell behafteten Unsicherheiten abdecken. Dieser Beiwert wurde aus langer praktischer Erfahrung deterministisch, d.h. ohne Rückgriff auf stochastische Verfahren der Sicherheitstheorie, zwischen 1.75 und 2.1 festgelegt.

Der wesentliche Unterschied im Nachweisformat der Eurocodes besteht darin, daß die zuvor genannten Unsicherheiten nicht durch einen globalen Beiwert, sondern durch unterschiedliche Teilsicherheitsbeiwerte abgedeckt werden. Diese werden aufgrund von statistischen Versagenswahrscheinlichkeitsanalysen hergeleitet (Betonkalender 1996).

Beide Typen der Sicherheitskonzepten sind jedoch nicht in der Lage, Schädigungen und Deteriorationen während der Strukturlebensdauer zu berücksichtigen und die dadurch verursachte Sicherheitsabnahme abzudecken. Dieser grundsätzliche Aspekt wird den Gegenstand der vorliegenden Arbeit bilden. Aus Vereinfachungsgründen wird das Nachweisformat der geltenden DIN 1045 mit einem globalen Sicherheitsbeiwert verfolgt, was ohne großen Aufwand auf Eurocodes übertragen werden kann.

Will man statistische Streuungen und Ungenauigkeiten der Einwirkungs- und Widerstandsparameter heranziehen, dann betrachtet man die Beanspruchung und Beanspruchbarkeit als Zufallsvariablen und schätzt das Erreichen des Grenzzustands propabilistisch mit Hilfe der folgenden Versagenswahrscheinlichkeit ab:

$$p_f = p \left\{ Z = R - S \leq 0 \right\} \tag{3}$$

Setzt man voraus, daß die Basisvariablen voneinander statistisch unabhängig und normalverteilt sind, ergibt sich der Sicherheitsindex β als Maß der „probabilistischen" Entfernung des Zustands vom Versagen:

$$\beta = \frac{m_Z}{\sigma_Z} = \frac{m_R - m_S}{\sqrt{\sigma_R^2 + \sigma_S^2}} \, , \tag{4}$$

wobei m den Mittelwert und σ die Standardabweichung der Verteilungsfunktion einer entsprechenden Zufallsvariable bezeichnet. Abhängig von den möglichen Versagensfolgen im Hinblick auf öffentliche Sicherheit und wirtschaftliche Auswirkungen werden in Normen die Grenzwerte der Versagenswahrscheinlichkeit bzw. des Sicherheitsindexes festgelegt (Beton-

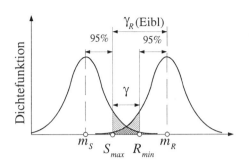

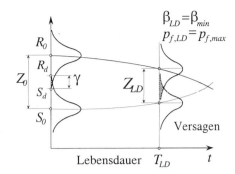

Bild 1. Nachweisformat der Zuverlässigkeit   Bild 2. Zuverlässigkeit und Lebensdauer

kalender 1996):

- für die Tragfähigkeit $\beta = 4.7$ oder $p_f = 10^{-6}$;
- für die Gebrauchstauglichkeit $\beta = 3.0$ oder $p_f = 10^{-3}$.

An dieser Stelle soll darauf hingewiesen werden, daß man solche Sicherheitsanforderungen normenseits bisher lediglich an den Tragwerksneuzustand koppelt.

2.2 Schädigung und Lebensdauer

Entgegen dem derzeitigen Normenkonzept der „ewigen Jugend" (Krätzig & Noh 1998) wird die Lebensdauer von Tragwerken durch unterschiedliche Schädigungs- und Deteriorationsprozesse praktisch begrenzt. Für Stahlbetonstrukturen unterscheidet man zwischen mechanischen, biologischen, chemischen und physikalischen Degradierungsphänomenen, deren ausführliche Klassifikation sowie entsprechende mathematische Modelle man u.a. in (RILEM 1996) findet.

Die Lebensdauer von Tragwerken, die Schädigungen und Deteriorationen ausgesetzt sind, kann man auf unterschiedlichen Ebenen untersuchen. Auf der Materialebene beschreibt man üblicherweise Schädigungen chemischer und biologischer Art und ermittelt die Zeit bis zum kritischen Werkstoffzustand. Auf der Elementebene werden hauptsächlich Phänomene physikalischer Art untersucht, und die Zeit bis zum lokalen Versagen wird als Lebensdauer definiert (z.B. Ermüdung des Querschnitts). Eine globale Aussage über die Lebensdauer des gesamten Tragwerks kann lediglich mittels einer Zuverlässigkeitsanalyse auf der Strukturebene korrekt erfolgen. Dafür stehen z.Z. moderne probabilistische Verfahren zur Verfügung, deren Grundlagen man beispielsweise in (Schuëller 1997), Implementierung in (COSSAN 1996, SLANG 1998) und Anwendung zu Stahlbetonstrukturen in (Krätzig & Petryna 1998) finden kann.

Führt man solche Analysen für eine Reihe der Zeitabschnitte über die Lebensdauer durch, so gewinnt man die im Bild 2 angegebene Reduktion der Beanspruchbarkeit und dadurch die entsprechende Abminderung der Struktursicherheit. Quantitativ kann diese Abnahme mittels einer Erhöhung der Versagenswahrscheinlichkeit bzw. einer Reduzierung des Sicherheitsindexes abgeschätzt werden. Überschreitet die Versagenswahrscheinlichkeit bzw. der Sicherheitsindex den maximal bzw. minimal zulässigen Wert (Bild 2), so ergibt sich ein „probabilistischer" Grenzzustand, welcher die theoretische Lebensdauer bestimmt:

$$T_{LD} = t_i \left\langle p_f > p_{f,max} \,\middle|\, \beta < \beta_{min} \right\rangle. \tag{5}$$

Aus Platzmangel unterbleibt die Beschreibung der technischen Prozedur für die Lebensdauerermittlung schädigungstoleranter Strukturen, für Details sei auf (SFB 398) verwiesen.

Zur numerische Illustration wird in der vorliegenden Arbeit lediglich der Einfluß der Stahlkorrosion auf die Strukturlebensdauer dargestellt, die Anwendung anderer Deteriorationsmodelle soll der Präsentation überlassen werden. Dabei bleibt die Allgemeingültigkeit des vorgeschlagenen Bemessungskonzeptes vollständig erhalten.

Korrosion des Stahls charakterisiert man durch die Initialisierungszeit t_0 und die Korrosionsrate k_S. Ein entsprechendes Abnahmegesetz der effektiven Querschnittsfläche der Bewehrung unter einseitigem Korrosionsangriff wird aus (Enright & Frangopol 1996) übernommen (Bild 3):

$$A_S(t) = A_0 \cdot g_S(t); \qquad g_S(t) = 1 - \frac{\theta}{\pi} + \frac{1}{\pi} \sin\theta \cos\theta; \qquad \theta = arccos(1 - \frac{2k_S t}{d_0}), \qquad (6)$$

wobei $A_S(t)$ die Querschnittsfläche der Bewehrung, $g_S(t)$ die Abnahmefunktion, d_0 der Anfangsdurchmesser der Bewehrungsstäbe und t die Zeit bezeichnet.

Eine so reduzierte Bewehrung zeigt sich in der Abnahme der Tragfähigkeit sowie in der Begrenzung der Strukturlebensdauer und soll bei der Bemessung entsprechend dem unten beschriebenen Konzept berücksichtigt werden.

2.3 Neues Bemessungskonzept

Im Hinblick auf die Lebensdauer findet man in neueren Normen neben bekannten Anforderungen, z.B. 100 Jahre bei Brücken, nur geringe Fortschritte. In den Eurocodes wird versucht, die Abnahme der Sicherheit durch reduzierte Werte des Sicherheitsindexes am Ende der theoretischen Nutzungsdauer zu charakterisieren (Betonkalender 1996). Praktisch leitet man diese Werte eher aus positiven Erfahrungen mit langlebigen Bauten her. Wie man die geforderte Nutzungsdauer schon beim Entwurf und bei der Bemessung berücksichtigen kann, bleibt aber konzeptionell unklar. Im Nachfolgenden werden die theoretischen Grundlagen eines neuen Bemessungskonzeptes vorgestellt.

Normenkonform wird die folgende Beanspruchbarkeit im Neuzustand bei der Bemessung einer Stahlbetonstruktur zugrundegelegt (Bild 2):

$$R_d = \gamma \cdot S_d. \qquad (7)$$

Im vorgeschlagenen neuen Konzept soll dagegen bei der Bemessung vom Endzustand des Tragwerks ausgegangen werden, welcher den Sicherheitsanforderungen am Ende der Lebensdauer entspricht. Solche Anforderungen werden in den neuen Normen aufgrund Untersuchungen an existierenden zuverlässigen Altbauwerken eingeführt:

- für die Tragfähigkeit $\qquad \beta_{min} = 3.8$;
- für die Gebrauchstauglichkeit $\qquad \beta_{min} = 1.5$.

Ähnlich zu (7) kann man die erforderliche Beanspruchbarkeit im Endzustand somit folgendermaßen definieren (Bild 2):

$$R_{LD} = \gamma_{LD} \cdot S_{LD}, \qquad (8)$$

wobei $R_{LD} = R(t = T_{LD})$ und $S_{LD} = S(t = T_{LD})$ am Ende der Lebensdauer T_{LD} beschreibt. Der Sicherheitsfaktor γ_{LD} soll einen ausreichenden Abstand

$$Z_{LD} = R_{LD} - S_{LD} \qquad (9)$$

zwischen Ein- und Auswirkung gewährleisten, so daß der Sicherheitsindex gleich einem der oben angegebenen Werte wird, z.B. für normalverteilte Variablen:

$$\beta_{LD} = \frac{m_{R_{LD}} - m_{S_{LD}}}{\sqrt{\sigma_{R_{LD}}^2 + \sigma_{S_{LD}}^2}} = \beta_{min}. \qquad (10)$$

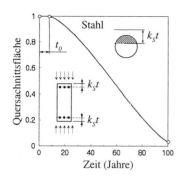

Bild 3. Korrosion des Stahls

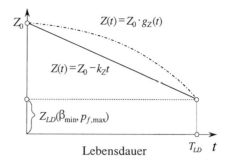

Bild 4. Lebensdauerorientierte Bemessung

Im Vergleich zum Neuzustand wird der Sicherheitsabstand zwischen der Beanspruchung und der Beanspruchbarkeit infolge Schädigungen immer geringer (Bild 4):

$$Z(t) = Z_0 \cdot g_Z(t) , \qquad (11)$$

wobei $Z_0 = R_0 - S_0$ den Abstand im Neuzustand und $g_Z(t)$ die Abnahmefunktion bezeichnet. Die letztere Funktion ermittelt man mittels einer über die Lebensdauer ausgeführten Zuverlässigkeitsanalyse, die im Bild 2 skizziert wurde. Im Endzustand bei $t = T_{LD}$ ergibt sich:

$$Z_{LD} = Z_0 \cdot g_{Z,LD} . \qquad (12)$$

Falls Z_{LD} aus (9) gemäß dem erforderlichen Endsicherheitsniveau (10) bestimmt wird, dann bestimmt sich der gesuchte Sicherheitsabstand im Neuzustand aus

$$Z_0 = \frac{Z_{LD}}{g_{Z,LD}} , \qquad (13)$$

welcher den für die Bemessung benötigten Widerstandswert im Neuzustand festlegt:

$$R_0 = S_0 + Z_0 . \qquad (14)$$

Wie aus (13) und (14) deutlich zu sehen ist, hängt der Bemessungswert R_0 implizit durch Z_0 von der Strukturlebensdauer ab. Setzt man ein lineares Schädigungsmodell und eine entsprechende lineare Abnahme des Widerstands voraus (Bild 4)

$$Z(t) = Z_0 - k_Z \cdot t , \qquad (15)$$

so ergibt sich ein expliziter Zusammenhang mit T_{LD} gemäß:

$$Z_0 = Z_{LD} + k_Z \cdot T_{LD} . \qquad (16)$$

In der üblichen Form der Bemessung erhält man somit den lebensdauerabhängigen Sicherheitsfaktor:

$$\gamma_0 = \frac{R_0}{S_0} = 1 + \frac{Z_0(T_{LD})}{S_0} . \qquad (17)$$

Damit können gleiche Elemente von Tragwerken mit unterschiedlicher Lebensdauer auch differenziert bemessen werden, um so den Widerspruch derzeitiger Normen zu beseitigen. Die Auswirkung des dargestellten Konzeptes auf die Bemessung wird mit dem nachfolgenden Beispiel gezeigt.

3 NUMERISCHES BEISPIEL

Zur Illustration des vorgeschlagenen Konzeptes wird ein Zweifeldträger (Bild 6) unter starkem Korrosionsangriff untersucht, bei dem Stahlversagen maßgebend ist. Seine Parameter wurden aus (Eibl & Schmidt-Hurtienne 1995) übernommen, um die dort gewonnenen Ergebnisse nichtlinearer Strukturanalysen mit den vorliegenden Ergebnissen vergleichen zu können und das dortige Sicherheitskonzept durch lebensdauerorientierte Elemente ergänzen zu können.

Nach dem Sicherheitskonzept von (Eibl & Schmidt-Hurtienne 1995) wird der Grenzzustand durch Vergleich der aktuellen und der erforderlichen Traglast definiert. Damit kann anstatt mehrerer Teilsicherheitsfaktoren lediglich ein globaler Sicherheitsbeiwert verwendet werden, der sich jedoch vom üblichen Wert aus (2) wesentlich unterscheidet. Dieser bestimmt nicht mehr den Abstand vom maximalen Fraktilwert der einwirkenden Last bis zum minimalen Fraktilwert des Tragwiderstands, sondern bis zum dessen Mittelwert (Bild 1). Wie in (Eibl & Schmidt-Hurtienne 1995) gezeigt wurde, wird eine solche Abminderung der statistischen Sicherheitsreserven durch genauere Modellierung der Tragfähigkeit mittels nichtlinearer Strukturanalyse vollständig ausgeglichen.

Alle vorliegenden deterministischen Berechnungen wurden im Rahmen der FEMAS-Software (Beem et al. 1996) durchgeführt, dessen Anwendbarkeit auf Stahlbetonstrukturen in einer ganzen Reihe von Veröffentlichungen (u.a. Krätzig & Petryna 1998) gezeigt wurde.

Die Werkstoffparameter sind in Tabelle 1 zusammengesetzt, die Geometrie- und Struktur-parameter im Bild 6.

Tabelle 1. Werkstoffparameter

Beton		Stahl	
f_{cm}	27.5 MN/m^2	f_{ym}	550 MN/m^2
f_{ctm}	2.6 MN/m^2	f_{tm}	594 MN/m^2
E_{cm}	30500 MN/m^2	E_s	200000 MN/m^2
ε_{cu}	3.3%	ε_{su}	50%

Mittels einer inkrementellen nichtlinearen FE-Analyse unter schrittweise gesteigerter Last kann man die im Bild 5 dargestellten Belastungskurven berechnen und dadurch die maximale Traglast der Struktur ermitteln. Kurve BC_0 im Bild 5 entspricht dem Neuzustand des Trägers und stimmt sehr gut überein mit Kurve BC_E aus (Eibl & Schmidt-Hurtienne 1995), die für Mittelwerte aller Zufallsvariablen berechnet wurde und daher den deterministischen Fall abbildet.

Die Schädigungsevolution bis zum Strukturversagen ist in beiden Feldmitten und über der Stütze von Beton-Zugrissen, vom Plastizieren der Bewehrung und anschließend vom Stahl-versagen über der Stütze bei der Last $q_0 = 75\,kN/m$ gekennzeichnet. Unter der Bedingung, daß das Stahlversagen den Grenzzustand bestimmt, wird die Korrosion des Stahls den größten Einfluß auf die Strukturlebensdauer besitzen.

Unter Anwendung von Korrosionsmodell (6) (Bild 3) mit der Initialisierungszeit $t_0 = 7\,Jahre$, der Korrosionsrate $k_S = 0.01\,cm/Jahr$ für Bewehrungsstäbe mit Durchmesser $d_0 = 20mm$ gewinnt man die Belastungskurven BC_{50} und BC_{75} (Bild 5) nach 50 bzw. 75 Jahren der Korrosion. Der im Bild 6 dargestellte Abfall der Traglast über die Lebensdauer zeigt klar den linearen Charakter und kann daher annäherungsweise durch das folgende Modell abgebildet werden:

$$q(t) = q_0 - k_q \cdot (t - 7), \tag{18}$$

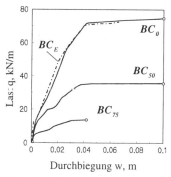

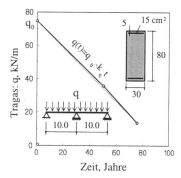

Bild 5. Nichtlineare Belastungskurven   Bild 6 Abnahme der Traglast infolge Korrosion

wobei $k_q = 0.8\,kN/(\,m \cdot Jahr\,)$ die Reduktionsrate bezeichnet.

Folgende statistische Parameter wurden aus (Eibl & Schmidt-Hurtienne 1995) übernommen bzw. nachgerechnet:

Mittelwert der Traglast im Neuzustand (FE-Berechnung)	$m_{R_0} = q_0 = 75\,kN/m$;
Mittelwert der Normenlast im Neuzustand	$m_S = 41\,kN/m$;
Standardabweichung der Traglast	$\sigma_R = 6\,kN/m$;
Standardabweichung der Normenlast	$\sigma_S = 4.1\,kN/m$.

Aus Vereinfachungsgründen wird angenommen, daß sowohl die Normenlast (m_S, σ_S) als auch die Streuung der Traglast (σ_R) über die Lebensdauer konstant bleibt. Damit folgt die Widerstandsabnahme quantitativ durch Abfall des Mittelwerts der Traglast (18), und die für die Bemessung erforderliche Traglast kann entsprechend berechnet werden:

$$q_0 = q_{LD} + k_q \cdot T_{LD} . \tag{19}$$

Die Traglast im Endzustand q_{LD} berechnet man aus der Sicherheitsbedingung (10), was zu folgendem Zusammenhang zwischen der Bemessungs-Traglast und der Lebensdauer führt:

$$q_0 = \beta_{\min} \sqrt{(\sigma_R^2 + \sigma_S^2)} + m_S + k_q \cdot T_{LD} . \tag{20}$$

In Tabelle 2 werden Ergebnisse der Sicherheitsanalyse für die Bemessung nach (Eibl & Schmidt-Hurtienne 1995) mit dem vorgeschlagenen Konzept verglichen. Aus der ersten Spalte erkennt man deutlich, daß der Zweifeldträger normengemäß richtig bemessen ist und den Sicherheitsanforderungen im Neuzustand ($\beta = 4.7$) vollständig entspricht. Jedoch bereits in 20 bis 30 Jahren wird er wahrscheinlich versagen, worauf der negative Sicherheitsindex für 50 Jahre hinweist.

Unter Anwendung des vorgeschlagenen, lebensdauerorientierten Bemessungskonzeptes geht man von einer erforderlichen Zuverlässigkeit im Endzustand von $\beta_{\min} = 3.8$ aus, in diesem

Tabelle 2. Vergleich der Bemessungskonzepte

Bemessung für den Neuzustand (Eibl & Schmidt-Hurtienne 1995)		Bemessung für T_{LD}=50 Jahre (dieser Arbeit)	
Neuzustand	Nach 50 Jahren	Neuzustand	Nach 50 Jahren
$q_0 = m_{R_0} = 75\,kN/m$	$m_{R_{50}} = 36\,kN/m$	$q_0 = m_{R_0} = 109\,kN/m$	$q_{50} = m_{R_{50}} = 69\,kN/m$
$m_{S_0} = 41\,kN/m$	$m_{S_{50}} = 41\,kN/m$	$m_{S_0} = 41\,kN/m$	$m_{S_{50}} = 41\,kN/m$
$\beta_0 = 4.7$	$\beta_{50} < 0$	$\beta_0 = 9.3$	$\beta_{50} = 3.8$
$\gamma_R = 1.3,$	$\gamma_0 = 1.8$	$\gamma_0 = 2.7$	$\gamma_{50} = 1.7$

337

Beispiel von einer Nutzungsdauer von 50 Jahren. Die davon nach (20) berechnete Bemessungs-Traglast im Neuzustand, der Sicherheitsindex und der Sicherheitsfaktor (Tabelle 2) überschreiten die Normenwerte um etwa 45 bis 100%, was natürlich von der angenommenen Korrosionsrate und der erforderlichen Lebensdauer bestimmt wird.

4 SCHLUßFOLGERUNG

- Ein neues, lebensdauerorientiertes Bemessungskonzept wurde vorgeschlagen, welches statt der üblichen Sicherheit im Neuzustand die „Endzustands-Sicherheit" zugrunde legt.
- Auf der Basis dieser Endzustands-Sicherheit ist eine Prozedur entwickelt worden, welche die erforderliche Strukturlebensdauer bereits beim Entwurf berücksichtigen kann.
- Das neue Konzept ist sowohl mit den Normen als auch mit Konzept von (Eibl & Schmidt-Hurtienne 1995) verglichen und mit einem Beispiel aus dem Konstruktiven Ingenieurbau belegt worden.

5 DANKSAGUNG

Diese Arbeiten wurden im Rahmen des Teilprojektes C1 des SFB 398 an der Ruhr-Universität Bochum durchgeführt. Die Autoren sind der Deutschen Forschungsgemeinschaft für die Finanzierung sehr dankbar.

6 LITERATUR

Beem, H. et al. 1996. *FEMAS-2000 Users Manual. Release 3.0*. Bochum, Germany: Institute for Statics and Dynamics, Ruhr-University Bochum.

Betonkalender 1996. *Betonkalender 1996, Teil 1*. Schriftleitung J. Eibl. Berlin: Ernst & Sohn.

COSSAN 1996. *COSSAN User's Manual, Stand-Alone Toolbox*. Ed. G.I. Schuëller, Innsbruck, Austria: Institute of Engineering Mechanics.

Eibl, J. & B. Schmidt-Hurtienne 1995. Grundlagen für ein neues Sicherheitskonzept. *Bautechnik*. 72(8): 501-506.

Enright, M.P. & D.M. Frangopol 1996. Reliability-based analysis of degrading reinforced concrete bridges. *Structural Reliability in Bridge Engineering*, Eds. Frangopol, D.M & G. Hearn: 257-263. New York: McGraw-Hill.

Geißler, M., Meiswinkel, R. & U. Wittek 1998. Nichtlineare FE-Modellierung für die Stahlbeton-bemessung nach EC 2 und DIN 1045 E 2/97. *Finite Elemente in der Baupraxis. Modellierung, Berechnung und Konstruktion*. Beiträge zur Tagung FEM'98 an der TU Darmstadt am 5. und 6. März 1998: 161-170. Berlin: Ernst & Sohn.

Krätzig, W.B. & S.-Y. Noh 1998. Über nichtlinear-progressive Schädigungsprozesse von Tragwerken. *Bauingenieur*. 73(6):267-273.

Krätzig, W.B. & Y.S. Petryna 1998. Probabilistic reliability analysis of concrete structures. *Proc. ESREL'98, Trondheim/Norway/16-19 June 1998*. Eds. Lydersen, S., Hansen, G.K. & H.A. Sandtorv.: 1007-1012. Rotterdam: Balkema.

RILEM 1996. *Durability design of concrete structures. Report of RILEM Technical Committee 130-CSL (14)*. Eds. Sarja, A & E. Vesikari. London: E & FN Spon.

Schuëller, G.I. 1990. Design for durability including deterioration and maintenance procedure. *Joint Committee for Structural Safety*, Zürich: IABSE-AIPC-IVBH. ETH.

Schuëller, G.I. 1997. Tragwerkszuverlässigkeit. *Der Ingenieurbau: Grundwissen. Bd. 8. Tragwerkszuver-lässigkeit. Einwirkungen*. Hrsg. G. Mehlhorn: 1-72. Berlin: Ernst & Sohn.

SFB 398. *SFB 398 Lebensdauerorientierte Entwurfskonzepte unter Schädigungs- und Deteriorations-aspekten. Arbeitsbericht 1996-1998*. Ruhr-Universität Bochum.

SLANG 1998. *Slang. The Structural Language. Version 3.4*. C. Bucher et al. Institute of Structural Mechanics, Bauhaus-University Weimar.

Baustatik-Baupraxis 7, Meskouris (Hrsg.) © 1999 Balkema, Rotterdam, ISBN 90 5809 044 2

Externe Vorspannung

J. Hegger, H. Cordes & J. U. Neuser
Lehrstuhl und Institut für Massivbau der RWTH Aachen, Deutschland

ZUSAMMENFASSUNG: Die externe Vorspannung mit Spanngliedern, die außerhalb des Betonquerschnitts aber innerhalb der Umhüllenden des Betontragwerks liegen, wird zukünftig als Regelbauweise für Spannbetonbrücken mit Kastenquerschnitten festgeschrieben. Ihre Vorteile ergeben sich aus der Inspizierbarkeit, Nachspannbarkeit und Auswechselbarkeit der Spannglieder sowie aus besseren Betonierbedingungen für die Stege durch den Wegfall von internen Hüllrohren. Die globale Berechnung derartiger Brücken kann mit den bekannten Berechnungsansätzen erfolgen. Dagegen sind bisher nicht alle Probleme bei der loaklen Einleitung der Spanngliedkräfte an den hochbeanspruchten Verankerungs- und Umlenkbereichen ausreichend abgeklärt. Sie betreffen sowohl die Stahlbetonkonstruktion als auch die dauerhafte Ausbildung der Spannglieder in diesen Bereichen. Am Institut für Massivbau der RWTH Aachen werden in mehreren Forschungsvorhaben Bemessungsmodelle und Optimierungsvorschläge für diese Konstruktionen erarbeitet.

1 ALLGEMEINES

Kaum ein anderes Thema im Massivbau wird derzeit so intensiv und kontrovers diskutiert wie die Einführung der externen Vorspannung als Regelbauweise für Spannbetonbrücken mit Kastenquerschnitten. Obwohl die Idee der externen Vorspannung in Deutschland schon 1936 mit der bekannten Bahnhofsbrücke Aue durch Dischinger erste Anwendung fand, wurden nach dem zweiten Weltkrieg fast ausschließlich Spannbetonbrücken mit nachträglichem Verbund gebaut.

In Deutschland sind erst zum Ende der achtziger Jahre einzelne Brücken mit externer Vorspannung erstellt worden (Talbrücken Berbke und Wintrop), während im Ausland zu diesem Zeitpunkt schon viele Projekte mit diesem Verfahren ausgeführt wurden, oftmals kombiniert mit der Segmentbauweise. Der Grund für die späte Anwendung in Deutschland ist zum einen in dem erreichten hohen technischen und wissenschaftlichen Standard der Vorspannung mit nachträglichem Verbund zu sehen, zum anderen waren in Deutschland lange die zulässigen Spannstahlspannungen auf $0{,}55\,\beta_z$ (DIN 4227, Teil 1), bzw. $0{,}70\,\beta_z$ (DIN 4227, Teil 6) beschränkt, so daß die Streckgrenze bei Spanngliedern ohne Verbund nicht ausgenutzt werden konnte. Erst in Verbindung mit Brückenbausanierungen und mit der Entwicklung im Ausland wurde die externe Vorspannung „neu entdeckt" und nunmehr zur Regelbauweise für Spannbetonbrücken mit Kastenquerschnitten erklärt (BMV 1998).

Die Vorteile der externen Vorspannung liegen in folgendem: hochwertiger, jederzeit überprüfbarer Korrosionsschutz auf gesamter Spanngliedlänge; Nachspannbarkeit und Austauschbarkeit der Spannglieder; geringe Dauerschwingbeanspruchung der Spannglieder; bessere Betonierbarkeit durch Wegfall von internen Hüllrohren; nahezu witterungsunabhängiger Einbau der Spannglieder; vereinfachte Rißbreitenkontrolle und verbesserte Robustheit durch höheren Betonstahlbedarf. Dem stehen allerdings auch einige Nachteile entgegen, wie z.B. geringerer Hebelarm der Vorspannung, fehlende Verbundreserven der nur an den Enden verankerten Spannglieder (Standfuß, Abel, Haveresch 1998).

Nachfolgend soll zunächst auf das Problem der hohen Beanspruchung für die Spannglieder an Umlenkstellen eingegangen werden, anschließend wird die Krafteinleitung der Vorspannkräfte in den Brückenüberbau an den Verankerungsstellen näher beleuchtet.

2 SPANNGLIEDER FÜR DIE EXTERNE VORSPANNUNG

Spannverfahren für die externe Vorspannung benötigen eine allgemeine bauaufsichtliche Zulassung. Für einige Spannverfahren, deren Aufbau auf freier Länge wie folgt charakterisiert wird
- Bündel von Monolitzen, im PE-Schutzrohr geführt, Hohlräume mit Zementmörtel verpreßt (Bild 1a),
- Bündel von Spanndrähten, im PE-Schutzrohr geführt, im Werk mit Korrosionsschutzmasse verfüllt, als komplettes Fertigspannglied ausgeliefert (Bild 1b),
- flache und damit stapelbare PE-Schutzrohre jeweils gefüllt mit 2 bis 4 Monolitzen (Bild 1c),

liegen deutsche Zulassungen bereits vor. Weitere Spannverfahren sind in der Entwicklung.

Im Ausland zeichnet sich derweil die Tendenz für eine vereinfachte Standardlösung mit folgendem Aufbau ab (Bild 1d): Bündel aus nackten Litzen im PE-Hüllrohr verlegt, an Umlenkstellen in vorgebogenen Stahlrohren geführt, vorgespannt und anschließend mit Zementmörtel verpreßt. Auf Nachspannbarkeit wird grundsätzlich verzichtet.

Problemzonen für das Spannglied stellen vor allem die Umlenkzonen dar, da hier große Umlenkpressungen auf die Schutzhüllen der Spannglieder wirken. Für ein Bündelspannglied aus Litzen, das z.B. in 4 Lagen geordnet über eine Umlenkstelle mit dem Radius R geführt wird, läßt sich aus den vorhandenen Spannkräften P der Einzellitzen mit der Gleichung $U = 4 \cdot P/R$ eine mittlere Umlenkkraft berechnen, die in der untersten Berührfläche zwischen Litze und Umhüllung übertragen wird. Von dieser fiktiven Umlenklast weichen die tatsächlichen örtlichen Umlenkkräfte erheblich ab. So erfolgt die Abtragung bei sehr dünner Ummantelung und bei quasi starrer Auflagerung in der Umlenkrinne nahezu punktuell im Abstand von ca. 4 cm und zwar dort, wo sich die verdrillten Einzeldrähte aufgrund des Litzenschlages jeweils in unterster Lage befinden.

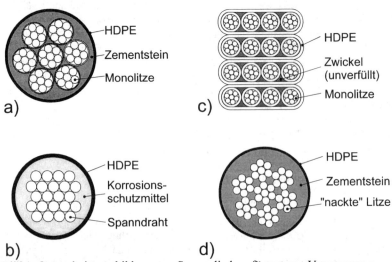

Bild 1: Querschnittsausbildung von Spanngliedern für externe Vorspannung

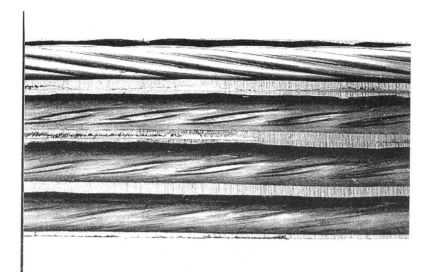

Bild 2: Eindrückungen im PE-Mantel von Monolitzen nach 104tägiger Standzeit unter Vorspannung (in oberer PE-Hülle eingelegter Litzenabschnitt)

Beim Vorspannen walken diese Tiefpunkte durch das plastische Material der Ummantelung mit der Folge von Abtragung und Verschleiß. Bei Unterbrechungen des Vorspannens, wie sie bei langen Spanngliedern erforderlich sind, treten sofort elastische und plastische Eindrückungen auf, die sich durch schnelle Kriechverformungen noch vergrößern. Unter den nahezu konstanten Umlenkkräften während der Nutzungsphase des Bauwerks prägen nur noch die tiefen Eindrückungen das Bild (Bild 2). Wie frühere eigene Untersuchungen gezeigt haben, klingen die Kriechvorgänge im Laufe weniger Monate vollständig ab (Trost, Cordes 1987), (Trost, Cordes 1988), (Trost, Cordes, Krause 1989).

Beeinflußbar sind die geschilderten Beanspruchungen und die beiden Verformungskomponenten (Abrieb/Verschleiß und Eindrückungen) einerseits durch die Umlenkradien und andererseits durch Wahl der Wanddicke bei Ummantelungen und Zwischenlagen. Besonders groß sind die Beanspruchungen und Verformungen an ungewollten Knicken in der Spanngliedführung, wie sie z.B. am Spanngliedausgang bei Umlenksätteln auftreten können. Hier sind besondere Maßnahmen erforderlich. Großmodellversuche bei Spanngliedherstellern und in Instituten sowie Beobachtungen auf Baustellen (u.a. Talbrücke Rümmecke) haben ergeben, daß beim Vorspannen nicht nur das Spannglied über die Umlenksättel gleitet, sondern daß auch die Ummantelung einen großen Teil der Bewegung mitmachen kann. Man spricht in diesem Fall von äußerer Gleitung, bleiben dagegen die Schutzhüllen liegen, von innerer Gleitung. Meist läßt sich beim Vorspannen eine Mischgleitung beobachten, bei der anfangs die innere und bei späteren Vorspannstufen die äußere Gleitung aufwirtt.

Es stellt sich die Frage, in wieweit äußere und innere Gleitungen Einfluß auf die Verformungen der Schutzmäntel und auf das Reibungsverhalten der Spannglieder haben. Bei innerer Gleitung sind mit großer Wahrscheinlichkeit Abrieb und Verschleiß größer als bei den mitwandernden Mänteln bei äußerer Gleitung. Bezüglich Tiefe der Eindrückungen, die wesentlich von Langzeitbeanspruchungen geprägt werden, besteht vermutlich kein großer Unterschied. Das Reibungsverhalten ergibt sich bei äußerer Gleitung im wesentlichen durch die Ausbildung der Gleitflächen und durch Anordnung von Gleitschichten; dabei läßt sich ohne weiteres ein Reibungsbeiwert im Bereich von $\mu = 0,08$ bis $0,10$ einhalten und sicherstellen. Wird dagegen die innere Reibung erzwungen, dann lassen sich bei großen Bündeln aus Monolitzen durchaus μ-Werte in der Größenordnung von $0,20$ bis $0,25$ beobachten.

Die Ermittlung der maßgebenden Reibungsbeiwerte für die Bauaufsichtliche Zulassung kann an Großmodellen im Labor erfolgen. Besser geeignet ist ein sogenannter Abhebeversuch auf der

Baustelle (Bild 3a). Ein solcher Lift-Off-Test entspricht im übrigen der Vorgehensweise bei nachträglich durchgeführten Kontrollmaßnahmen der Spanngliedkraft. Daß eine Bestimmung des Reibbeiwertes über Spannwegmessungen nicht die notwendige Genauigkeit aufweist, läßt Bild 3b erkennen. Allerdings ist die übliche Kontrollmaßnahme des Spannkraft-Spannweg-Vergleiches auch bei der Vorspannung externer Spannglieder unverzichtbar.

Angaben zum Spgl.Nr. 41 Ost, PTFE-Gleitfolie an Umlenkungen

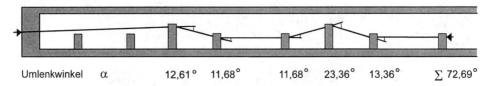

Umlenkwinkel α 12,61° 11,68° 11,68° 23,36° 13,36° $\sum$ 72,69°

a) Abhebeversuch am Festanker

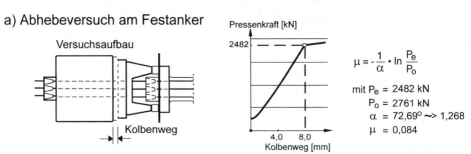

Pressenkraft [kN]

Versuchsaufbau

Kolbenweg

2482

4,0 8,0
Kolbenweg [mm]

$$\mu = -\frac{1}{\alpha} \cdot \ln \frac{P_e}{P_0}$$

mit P_e = 2482 kN
P_0 = 2761 kN
α = 72,69° ~> 1,268
μ = 0,084

b) Rechnerischer Spannkraftverlauf und Dehnweg

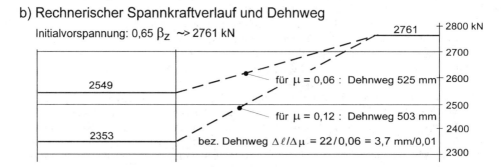

Initialvorspannung: 0,65 β_Z ~> 2761 kN

2761   2800 kN

2700

2549   2600

für μ = 0,06 : Dehnweg 525 mm

2500

für μ = 0,12 : Dehnweg 503 mm   2400

2353   2300

bez. Dehnweg $\Delta\ell / \Delta\mu$ = 22 / 0,06 = 3,7 mm/0,01

Bild 3: Reibungsmessungen an einem externen Spannglied der Talbrücke Rümmecke (Länge des Spanngliedes: 92,75 m)

3 KRAFTEINLEITUNG IN DEN ÜBERBAU

Die Ausbildung der Verankerungs- und Umlenkstellen ist vom Spanngliedverlauf abhängig. Spannglieder können entweder gerade oder umgelenkt geführt werden (Bild 4). In Deutschland kommen üblicherweise die Varianten (a) und (b) zur Anwendung. Die Varianten (c) und (d) scheiden normalerweise aus wirtschaftlichen Gründen aus, weil sie zu viele teure Umlenkstellen benötigen. Die Einleitung der Verankerungskräfte von 3000 kN pro Spannglied besitzt einen großen Einfluß auf die Verformungen der angrenzenden Bauteile, so daß eine möglichst versteifende Verankerungskonstruktion gewählt werden sollte (Bild 5).

Bei gerader Spanngliedführung, bei der viele Spannglieder verankert werden müssen, kann das Verankerungselement in Form einer Querträgerscheibe ausgebildet werden (Bild 6a). Die Vorteile liegen zum einen in der großen aussteifenden Wirkung, zum anderen in der großen zur

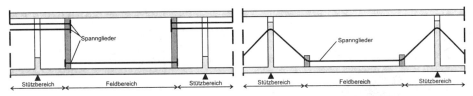

a) gestaffelte, gerade Spanngliedführung (keine Umlenkung erforderlich)

b) einfach umgelenkte Spanngliedführung

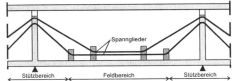

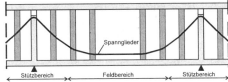

c) gestaffelte, einfach umgelenkte Spanngliedführung

d) mehrfach umgelenkte Spanngliedführung (semiparabolischer Verlauf)

Bild 4: Verschiedene Spanngliedführungen bei externer Vorspannung

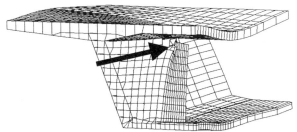

Bild 5: Verformungen eines Hohlkastens (halbes System) bei Krafteinleitung durch eine Lisene

Verfügung stehenden Fläche für Spanngliedverankerungen. Dies ist besonders wichtig, wenn die Spannglieder nicht durchlaufen, sondern feldweise verankert werden.

Nachteilig ist, daß die Schalung aufwendig ist und der Schalwagen der Fahrbahnplatte nicht horizontal verschoben werden kann. Außerdem wird der freie Raum im Hohlkasten stark verringert, was den Transport von z.B. schweren Spanngliedern oder Spannpressen behindert, insbesondere wenn Spannglieder im Feld über der Bodenplatte mittig geführt werden.

Bei umgelenkter Spanngliedführung bieten sich Lisenen an (Bild 6b). Sie benötigen weniger Platz und bieten Vorteile bei der Herstellung. Durch den Abstand zur Fahrbahnplatte kann die Schalung der Fahrbahnplatte abgesenkt und verfahren werden. Für die Herstellung der Lisenen ist es vorteilhaft, die Bewehrungskörbe vorzufertigen. Nachteilig, aber von geringerem Einfluß, ist der sich ergebende kleinere Hebelarm und die geringere Aussteifung des Querschnittes.

Zur Berechnung der Krafteinleitungsstellen werden verschiedene Modelle verwendet. Ein Stabwerkmodell, das aus Versuchen an der Universität von Texas in Austin hergeleitet wurde zeigt Bild 7a (Wollmann, Kreger, Roberts-Wollmann, Breen 1993). Bemerkenswert sind vor allem die schrägen Zugstreben in den Stirnflächen der Verankerung, die erhebliche bewehrungstechnische Schwierigkeiten verursachen. Vorteil dieses Modells ist die Anschaulichkeit und Einfachheit. Nachteilig ist, daß die unterschiedlichen Steifigkeiten von Steg und Bodenplatte, die Wirkung der Fahrbahnplatte sowie der Einfluß der Querbiegung nicht erfaßt wird.

Eine andere Stabwerkidealisierung für die Bemessung der Krafteinleitungslisenen, wie sie beispielsweise für Vorberechnungen zu der Talbrücke Rümmecke verwendet wurde (Thormählen + Peuckert), zeigt Bild 7b. In diesem System wird angenommen, daß die schräge Druckstrebe in

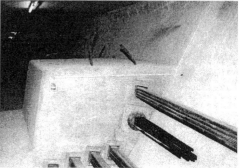

a) Talbrücke Berbke,
   Verankerung an Querträgerscheibe

b) Talbrücke Rümmecke,
   Verankerung an Lisenen

Bild 6: Verankerungen von externen Spanngliedern

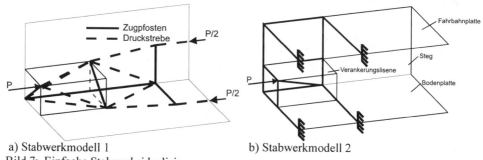

a) Stabwerkmodell 1

b) Stabwerkmodell 2

Bild 7: Einfache Stabwerksidealisierungen

die steife Ecke zwischen Bodenplatte und Steg fließt. Die notwendige Anschlußbewehrung ergibt sich aus dem Gleichgewicht am betrachteten Lasteinleitungspunkt. Die Druckstrebenkraft muß zu etwa einem Drittel vor die Lisene zurückgehängt werden, da sie im Steg bzw. der Bodenplatte vor der Krafteinleitung Zug erzeugt. Steg, Bodenplatte und Fahrbahnplatte sind mit den tatsächlichen Steifigkeiten zu berücksichtigen. Vorteil des Models ist, daß die unterschiedlichen Steifigkeiten berücksichtigt werden. Nachteilig ist, daß sich das Modell auf das Gebiet der Lisene beschränkt und die Platten- und Scheibenwirkung von Fahrbahn, Bodenplatte und Steg nicht vollständig mit erfaßt werden kann. Hier sind weitere konstruktive Regeln notwendig. Bei beiden gezeigten Modellen ist die Größe der Bewehrung abhängig von den angenommenen Geometrien. Es zeigt sich z.B., daß die Anschlußbewehrung zwischen Lisene und Steg fast linear abhängig von der angenommenen Länge der Druckstrebe bzw. Lisene ist (Bild 8).

Bei geringer Exzentrizität der Bewehrung geschieht die Kraftübertragung vorwiegend über Schub. Analog zu einem Druckgurtanschluß bei einem Plattenbalken können vereinfacht konstante Schubspannungen angenommen werden, die über ein 45° Fachwerk in den Steg und die Bodenplatte übertragen werden. Die angenommene konstante Schubspannungsverteilung wird sich in der Realität erst in einiger Entfernung von der Lasteinleitungsstelle ausbilden. Dies hat jedoch keinen Einfluß auf die Menge der erforderlichen Bewehrung, sondern nur auf die Lage. Vergleicht man das Schubmodell mit dem zweiten Stabwerkmodell (Konsolenmodell) in Bezug auf die erforderliche Anschlußbewehrung zum Steg, so zeigt sich, daß im Bereich kleiner Exzentrizitäten die erforderliche Bewehrung des Schubmodells größer ist, im Bereich großer Exzentrizitäten die Bewehrung des Konsolenmodells. Außerdem haben die Kurven eine gegenläufige Tendenz (Bild 9).

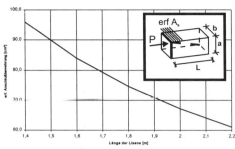

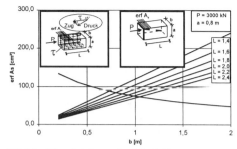

Bild 8: Erforderliche Anschlußbewehrung   Bild 9: Vergleich zweier Modelle

4 ZUSAMMENFASSUNG

Die externe Vorspannung ist zukünftig nach einer kurzen Übergangszeit als Regelbauweise für Spannbetonbrücken mit Hohlkastenquerschnitt vorgesehen. Die Brückenbauverwaltungen erwarten durch die einfachere Inspektion und falls erforderlich durch die Nachspannbarkeit und Auswechselbarkeit der Spannglieder niedrigere Wartungs- und Instandhaltungskosten. Während die globale Berechnung der Brücken mit externer Vorspannung mit den bekannten Rechenansätzen erfolgen kann, erfordert die Ausbildung und konstruktive Durchbildung der hochbewehrten Umlenk- und Verankerungskonstruktionen besondere Aufmerksamkeit. Sie stellen sowohl für den Kräfteverlauf in der Brücke als auch für den Korrosionsschutz der Spannglieder kritische Stellen dar, die genauer untersucht werden müssen.

Bei den Spanngliedern führt die konzentrierte Krafteinleitung an den Umlenkstellen zu komplexen Beanspruchungen an den dort vorhandenen, meist mehrschichtigen Schutzmänteln aus Kunststoffen. Bisher sind die Kenntnisse über das kurz- und langzeitige Materialverhalten von Kunststoffen unter diesen speziellen Einwirkungen noch sehr lückenhaft. Das Institut für Massivbau der RWTH Aachen (IMB) wird daher in diesem Bereich die notwendigen Parameteruntersuchungen an Kleinmodellen getrennt für die zwei Problemkreise Verschleiß bei Reibung und Verformung bei Querdruck durchführen.

Für die Krafteinleitung in den Brückenüberbau sind allgemeine Bemessungsregeln und optimierte und standardisierte Konstruktionen notwendig, damit die externe Vorspannung nicht einigen Spezialisten vorbehalten bleibt, sondern auch als Regelbauweise das Ziel von dauerhaften und wartungsarmen Brückenbauwerken erreicht. In einem weiteren Forschungsvorhaben am IMB werden daher derzeit Bemessungsmodelle und Optimierungsvorschläge für diese Konstruktionen erarbeitet.

5 LITERATUR

BMV 1998. Bundesministerium für Verkehr, Abteilung Straßenbau. Richtlinie für Betonbrücken mit externen Spanngliedern, Ausgabe 1998.

Standfuß, F.; Abel, M.; Haveresch, K.-H. 1998. Erläuterungen zur Richtlinie für Betonbrücken mit externen Spanngliedern. Beton- und Stahlbetonbau 93 (1998), Heft 9, S. 264–272, September 1998.

Trost, H.; Cordes, H. 1987. Einzelspannglied ohne Verbund; Kugeldruckhärten des PE-Mantels, Gleitfähigkeit der Litze u.a., Untersuchungsbericht, Institut für Massivbau, RWTH Aachen 1987.

Trost, H.; Cordes, H. 1988. Bericht über Kurz- und Langzeitversuche zum Dauerstandverhalten von PE-ummantelten Monolitzen unter Umlenkpressungen bei Normaltemperaturen und erhöhten Temperaturen. Bericht, Institut für Massivbau, RWTH Aachen, Oktober 1988.

Trost, H.; Cordes, H.; Krause, H.-J. 1989. Versuchsbericht über das Verformungsverhalten von PE-ummantelten Monolitzen unter konstanten Umlenkpressungen, Versuchsbericht, Institut für Massivbau, RWTH Aachen, November 1989.

Virlogeux, M. 1993. La conception et la construction des ponts à précontrainte extérieure au béton. In: La précontrainte extérieure, SETRA, Januar 1993, ISBN 2 903 248-48-6.

Wollmann, G.; Kreger, M.E.; Roberts-Wollmann, C.; Breen, J. 1993. External tendon anchorage in diapraghms and intermediate slab blisters. External prestressing in structures, Saint-Rémy-lès-Chevreuse, France, June 1993.

Baustatik-Baupraxis 7, Meskouris (Hrsg.) © 1999 Balkema, Rotterdam, ISBN 90 5809 044 2

Localisation of damage in reinforced concrete structures by dynamic system identification

G. De Roeck, M. Abdel Wahab, J. Maeck & B. Peeters
Department of Civil Engineering, Division of Structural Mechanics, KU Leuven, Belgium

ABSTRACT: Service loads, environmental and accidental actions may cause damage to constructions. Regular inspection and condition assessment of engineering structures are necessary so that early detection of any defect can be made before major repair costs. When the structural damage is small or it is in the interior of the system, its detection cannot be done visually. A useful more elaborate non-destructive evaluation tool is vibration monitoring. It relies on the fact that occurrence of damage or loss of integrity in a structural system leads to changes in the dynamic properties of the structure. In this paper, different techniques will be presented and compared to derive from experimentally determined modal characteristics of a reinforced concrete beam its dynamic bending stiffness. The degradation of stiffness, due to the cracking of the reinforced concrete, gives information on the position and intensity of the occurred damage.

1. INTRODUCTION

In the framework of developing a nondestructive vibration testing method for monitoring the structural integrity of constructions in civil engineering, it is important to be able to determine the dynamic stiffness in each section of the structures from measured modal characteristics. The damaged structure results in a dynamic stiffness reduction of the cracked sections (Doebling & al. 1996).

From the dynamic stiffnesses, one obtains directly an idea of the extension of the cracked zones in the structure. The dynamic stiffness reduction can also be associated with a degree of cracking in a particular zone. Determining the damage parameters from modal parameter shifts belongs to the group of inverse problems.

After a short description of the test set-up, the results of a sensitivity based updating technique is presented. The proposed updating technique uses measured eigenfrequencies since these are sensitive indicators of structural integrity (Salawu 1997). However methods using only eigenfrequencies cannot distinguish damage at symmetrical locations in a symmetric structure (Choy & al. 1995). For a damage pattern in a symmetric structure, also modeshape information is needed to localize uniquely the damage.

Besides this updating technique, also a direct stiffness calculation of the dynamic stiffness is presented based on the quotient of the modal bending moment to the corresponding modal curvature. Herein, besides experimental eigenfrequencies, also modeshapes are needed to calculate curvatures from.

2. STATIC AND DYNAMIC TEST PROGRAM

An experimental program has been set up to establish the relation between damage and changes of the dynamic system characteristics (Peeters & al. 1996). In the test program, concrete beams of 6 meter length are subjected to increasing static loads.

The longitudinal reinforcement consists of 6 rebars of 16 mm diameter, running the full length of the beam (Figure 1). Stirrups of diameter 8 mm are equally distributed along the beam length every 200 mm.

Different load patterns were applied (Figure 2):
- Beams (1,2): one point load in the middle of the beam (three-point bending test); supports at 1.2 m from the beam ends. This scenario produces a damage zone confined to a rather small central part of the beam.
- Beam (3): two symmetric point loads at a distance of 2 m (four-point bending test); supports at 0.15 m from the beam ends. A central zone of almost uniform damage intensity is produced by this scenario.
- Beam (4): in this case the beam is loaded by a non symmetric point load. In a first loading phase the supports are at 0.10 m and 3.90 m, the point load at 2.00 m from a beam end. After reaching about 50% of the ultimate load, the load and support positions are changed to a configuration which is the reflection around the beam mid plane. The scenario differs from the previous two by the presence of a non symmetric damage zone during the first phase and two damaged parts of different intensity during the second phase.
Table 1 summarizes the different static load steps.

In this paper the results of beam 3 will be used to compare two damage identification methods.

After each load step, dynamic measurements are carried out. To avoid the influence of not well defined boundary conditions on the modal parameters, a free-free dynamic test setup is used. The beams are hanged on flexible springs, as shown in Figure 3, and excited by means of an impulse hammer (PCB GK291B20). The responses are measured at every 20 cm on both sides of the beams using accelerometers PCB 338A35 and 338B35. A total of 62 responses in the vertical direction are registered in 7 series. Each series contains the accelerations of 8

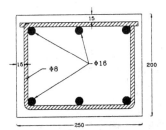

Figure 1. Cross section (dimensions in mm).

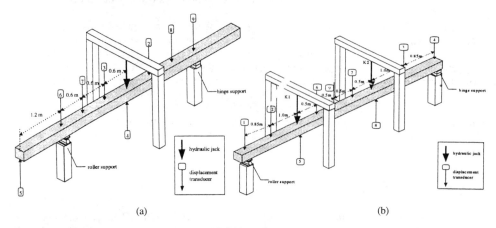

(a)   (b)

Figure 2. Static test configuration: (a) beams 1 and 2, (b) beam 3.

348

Table 1. Static load steps.

Load (kN)	Load step number						
	1	2	3	4	5	6	7
Beam 1	15.5	24.7	32.6	40.2	45.9	60.5	
Beam 2	8	15	24	32	40	50	56
Beam 3	4	6	12	18	24	26	
Beam 4 (1)	8	10	13	19	25		
Beam 4 (2)	8	10	13	19	25	35	53

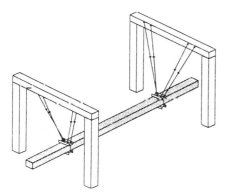

Figure 3. Dynamic test configuration.

roving points, the input force and the accelerations in two reference points. For each series, three hammer impact tests are performed.

The hammer tip is able to excite frequencies up to 1000Hz. The data is sampled at 5000Hz during the measurements. Before applying a system identification technique, the data is firstly pre-processed: the accelerations are derived from the electrical signal (V) using the accelerometers sensitivities and the data are filtered by a digital low pass filter (8th order Chebyshev type I, with a cut-off frequency of 1000 Hz) and resampled at 2500 Hz. The modal parameters of the beams, i.e. natural frequencies, damping ratios and mode shapes are extracted from the measured data using a time domain technique: stochastic subspace identification. The method is based on the development of a representative linear mathematical model of a dynamic system directly from the observed time series data. The resulting model, which provides an optimum representation of the system, can then be used to extract the required dynamic parameters. The theoretical background of the method is beyond the scope of this paper and can be found elsewhere (Van Overschee & De Moor 1996).

The first three bending modes and the first torsional mode are shown in Figure 4.

3. DAMAGE IDENTIFICATION BY UPDATING

The main goal of model updating is to achieve a good agreement between experimental and calculated numerical modal parameters by minimizing in an iterative manner the differences between numerical and experimental modal parameters. The resulting least-square problem is solved by the Gauss-Newton method.

Practical implementation of the Gauss-Newton method relies upon the application of the singular value decomposition. The Gauss-Newton equation is similar to the truncated Taylor series used in the penalty function method (Friswell & Mottershead 1995). The penalty

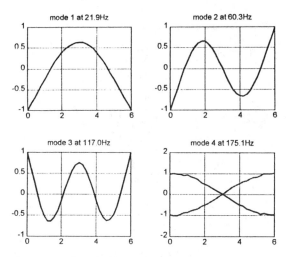

Figure 4. First four identified modeshapes.

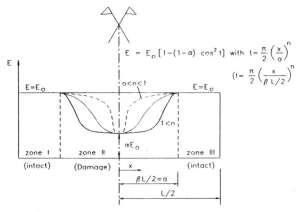

Figure 5. Damage Function.

function equation can be written in the following form:

$$S \; \delta\theta \; - \; \delta z = 0 \tag{1}$$

where z is the discrepancy between the measured modal data and the finite element solution, $\delta\theta$ is the perturbation in the unknown updating parameters and S is the Jacobian or sensitivity matrix containing the first derivative of the calculated modal parameters (z) with respect to the parameters (θ).

In order to detect damage along the beam length, one possibility is to choose the bending stiffnesses of each element in the finite element model as updating parameters. Expressing the damage as just a reduction of bending stiffness is of course only a first approximation of the complex stiffness degradation mechanism of reinforced concrete. Allowing an arbitrary change in bending stiffness of each beam element will result in a high computational time needed to calculate the sensitivity matrix. Besides, due to measurement and/or discretization errors a realistic damage pattern is not guaranteed if the bending stiffness of each element can vary independently. Moreover the occurrence of a lot of local minima necessitates the use of proper optimisation routines. Therefore it would be advantageous to build a function that can describe a damage pattern by only few representative parameters and has the flexibility to represent small as well as large damage zones. Assuming that the reduction in the bending stiffness can be simulated by a reduction of the E-modulus, the following function is proposed (Figure 5):

$$E = E_0 \left[1 - (1 - \alpha)\cos^2 t\right] \quad \text{with} \quad t = \frac{\pi}{2}\left(\frac{x}{\beta L/2}\right)^n \tag{2}$$

where β, α and n are the damage parameters. L is the beam length and x is the distance along the beam measured from the centre line. The proposed function is shown in Figure 5. The parameter β characterizes the relative length of the damaged zone. The third parameter is the power n which characterizes the variation of the E-modulus from the centre of the beam (x=0) to the end of the damaged zone (x=βL/2). If n is larger than 1, a flat damage pattern is produced, otherwise a steep pattern is obtained.

By using this proposed function, not only the updating parameters are reduced to three but also a realistic damage pattern is always guaranteed. It should be noted that a symmetric damage pattern is assumed since in the present application the beam is loaded symmetrically. It is of course easy to account for a non-symmetric damage pattern by assuming two different stiffness variations at the left and the right hand side of the centre line of the beam. In such a case, the number of updating parameters will be increased from 3 to 5 parameters α, (β_1, n_1) for the left-hand side and (β_2, n_2) for the right hand side.

It should be noted that in transferring the damage function to the finite element model β is used to calculate the number of damaged beam elements.

The updating algorithm is now applied to beam 3 at the different load steps (table 1). The natural frequencies of the first four bending modes are used as modal parameters (vector z) in the updating algorithm.

The three damage parameters β, α and n are considered as updating parameters (vector θ) making a 4×3 sensitivity matrix ([S]$_{4 \times 3}$). β converges to values less than 1.0 for the first three load steps indicating that the whole beam is not yet damaged. At load step 4, β reaches 1.0 already. α varies from 0.85 (15% damage) at step 1 up to 0.49 (51% damage) at step 6. n converges to values between 1.4 to 2.2. Figure 6 shows the evolution of damage along the beam length for the different load steps.

4. DIRECT STIFFNESS DETERMINATION

The direct stiffness calculation uses the experimental modeshapes in deriving the dynamic stiffness. The big advantage is that no numerical model is needed to obtain the dynamic stiffness distribution for statically determinated structures. For hyperstatic structures, the reaction forces and consequently the internal forces are dependent on the stiffness of the

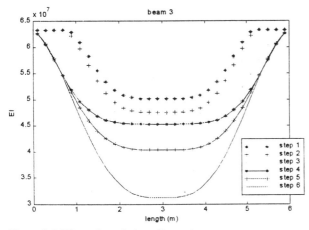

Figure 6. Stiffness degradation of beam 3.

structure. Therefore an iterative procedure is applied to a numerical model to find the EI distribution of the hyperstatic structure.

The method makes use of the basic relation that the dynamic bending stiffness in each section is equal to the bending moment in that section divided by the corresponding curvature. The eigenvalue problem for the undamped system can be written as:

$$K \varphi = \omega^2 M \varphi \tag{3}$$

in which K is the stiffness matrix, M the (analytical) mass matrix, φ the measured modeshape and ω the measured eigenpulsation. This can be seen as a pseudo static system: for each mode internal (section) forces are due to inertial forces which can be calculated as the product of local mass and local acceleration (= $\varphi^2.\omega$). A lumped mass matrix is used in (9). As the measurement mesh is rather dense, this is acceptable. Alternative is using the consistent mass matrix, which is not done in the present paper. The contribution of rotational inertia is proven to be negligible in the present case.

Because of the free-free set-up in the dynamic tests, the internal forces should be in static equilibrium. Due to measurement errors, this is not exactly the case. Therefore a Gram-Schmidt orthogonalization is applied to the experimental modeshapes. The corrected φ' can be calculated from:

$$x_1^T M \varphi' = 0 \quad ; \quad x_2^T M \varphi' = 0 \tag{4}$$

with $\varphi' = \varphi + a.x_1 + b.x_2$ and x_1, x_2 respectively the translational and rotational rigid body mode of the free beam. Equation (4) is in fact nothing else than imposing the total vertical and moment equilibrium of the inertial forces of the beam.

From (3), using the orthogonalized modeshape, the bending moment in each section can now be determined.

The next step in deriving the dynamic bending stiffness consists of the calculation of the curvatures along the beam for each modeshape. Direct calculation of curvatures from measured modeshapes, e.g. by using the central difference approximation, results in oscillating and inaccurate values.

A smoothing procedure accounting for the inherent inaccuracies of the measured modeshapes should be applied. Therefore a weighted residual penalty-based technique is adopted, quite similar to the finite element approach.

The beam is divided in a number of elements separated by nodes corresponding to the measurement points. Each node has 3 degrees of freedom: the modal displacement v_a, the rotation ψ and the curvature κ, which are approximated independently (Figure 7). Linear shape functions are used but also other interpolation functions are possible.

This is analogous to the Mindlin plate element, for which the rotations are approximated independently from the deflection.

The objective function, which has to be minimized, contains the difference between approximative and measured modeshapes. Two penalty terms are added to enforce continuity of rotations and curvatures in a mean, smeared way.

$$\pi = \int \frac{(v_a - \varphi_m)^2}{2} dx + \frac{\alpha L^{e2}}{2} \int (\psi - \frac{dv_a}{dx})^2 dx + \frac{\beta L^{e4}}{2} \int (\kappa - \frac{d\psi}{dx})^2 dx \quad \text{minimum} \tag{5}$$

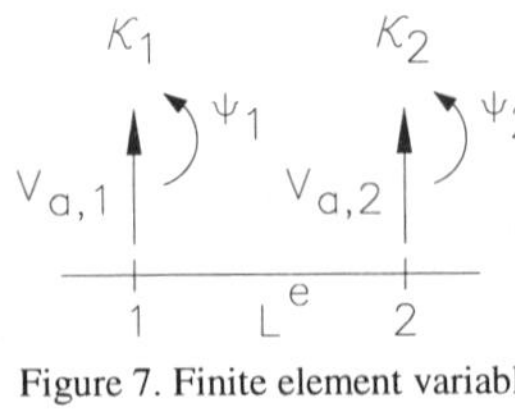

$$v_a = v_{a,1} N_1 + v_{a,2} N_2$$
$$\psi = \psi_1 N_1 + \psi_2 N_2$$
$$\kappa = \kappa_1 N_1 + \kappa_2 N_2$$

Figure 7. Finite element variables.

φ_m denotes the measured modeshape, and L^e is the length of a finite element. Elements are chosen in such way that nodes coincide with measurement points.

Advantages of this Mindlin approach are that directly curvatures are available, boundary conditions can be imposed easily (in this experimental set-up curvatures at the free beam ends have to be zero) and the approximated modal deflections have not to go through all measurement points. A drawback is the difficulty to choose appropriate penalty factors. Too high values cause locking of the system. Therefore alternatives with quadratic displacement, linear rotation and constant curvature interpolations have been studied.

In the following, α and β are chosen in such way that the median of the relative error on the modal deflections is 2-3%, which is a reasonable estimation of the anticipated measurement inaccuracy. Hence, every modeshape has its own penalty factors.

Figure 8 shows for the first modeshape the different finite element variables along the beam axis in the reference (undamaged) state. Figure 8a shows the approximated vs. the experimental modeshape (+), Figure 8b the relative error, Figure 8c and 8d the modal rotations and curvatures.

To obtain the dynamic bending stiffness for the reference state, one should calculate the bending moments. Figure 9 shows the results for the first bending mode. Figure 9a shows the

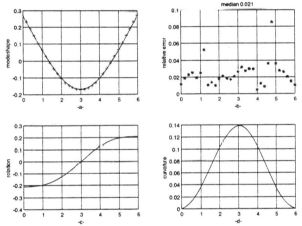

Figure 8. v_a vs. φ_m, relative error, ψ and κ for the first bending mode.

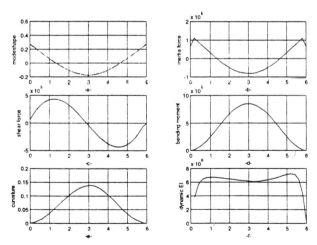

Figure 9. EI for the first bending mode.

353

measured and the (almost identical) orthogonalized modeshape, according to (4), plotted upon each other. Figure 9b shows the distributions of inertia forces according to (3) from which the modal shear forces and bending moments can be determined (Figure 9c & 9d). Dividing now the sectional bending moments by the modal curvatures (Figure 9e, from Figure 8d), one obtains the dynamic bending stiffness (Figure 9f).

From Figure 9 it can be noticed that at the sections of almost-zero moments (or almost-zero curvatures), the approximation for EI is not accurate anymore. Higher modes have even more sections with zero curvatures. Combining information of different modes can give a solution.

The Figures 8 and 9 dealt with the reference undamaged state without any static preload. The same can be done after each load step, to examine the dynamic (bending) stiffness degradation. The evolution of the dynamic bending stiffness through different loadsteps is shown in Figure 10 for the first two bending modes.

The beam zone from 2m to 4m is a zone of almost constant static bending moment, which should result in the same cracking and consequently the same dynamic stiffness. Due to the own weight of the beam the bending moments in the middle are slightly higher and so the reduction of the dynamic stiffness.

In Figure 11 the degraded dynamic bending stiffness in the mid section is plotted versus the bending moment of the preceeding static test, using updating as well as direct stiffness calculation results. The own weight is also accounted for in the moment calculation. Figure 9 shows that by the first loadstep, which causes already the first bending cracks, the stiffness is reduced with about 20%.

The stiffness degradation calculated from the direct stiffness method corresponds well with updating results.

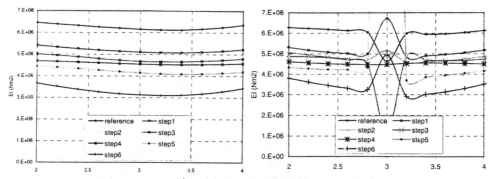

Figure 10. Dynamic stiffness degradation for the first two bending modes

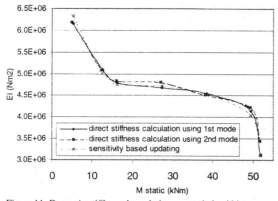

Figure 11. Dynamic stiffness degradation vs. static load history.

5. CONCLUSION

The present paper describes two techniques to calculate the stiffness degradation of a damaged reinforced concrete beam.

If the updating technique uses using only experimental eigenfrequencies, which can be cheaply acquired, this approach provides an inexpensive structural assessment technique. One accelerometer at a well-chosen location can provide the eigenfrequency information.

A drawback in that case is that no information is available on correspondence of the numerical to the experimental modeshapes. Another disadvantage of using only eigenfrequencies is that these are also sensitive to environmental influences (Abdel Wahab & De Roeck 1997). This means that a procedure is needed to separate the effects due to damage from those due to environmental changes. As mentioned earlier, to detect asymmetric damage in a symmetric structure in a unique manner, also modeshape information is necessary.

On the contrary, the direct stiffness calculation makes use of the experimental modeshapes to derive the dynamic stiffness from modal curvature calculation. The advantage of the latter method is that no numerical model is needed to obtain the dynamic stiffness distribution. However a rather dense measurement grid is necessary to be able to identify accurately the curvatures of the higher modes.

When results of the updating are compared to those from the direct stiffness method, it is noticed that both methods estimate a dynamic stiffness decrease of around 50% after the ultimate loadstep.

6. ACKNOWLEDGEMENTS

This work was carried out in the framework of FKFO-project No. G.0243.96, supported by the Belgium National Fund for Scientific Research.

REFERENCES

Abdel Wahab, M., G. De Roeck 1997. Effect of temperature on dynamic system parameters of a highway bridge. *Structural Engineering International*. 4: 266-270.

Choy, F.K., R. Liang, P. Xub 1995. Fault Identification of Beams on Elastic Foundation. *Computers and Geotechnics*. 17: 57-76.

Doebling, S.W., C.F. Farrar, M.B. Prime, D.W. Shevitz 1996. Damage identification and health monitoring of structural and mechanical systems from changes in their vibration characteristics: a literature review, *Research report LA-13070-MS, ESA-EA*. Los Alamos National Laboratory, Los Alamos, New Mexico.

Friswell, M.I. and J.E. Mottershead 1995. *Finite element model updating in structural dynamics*. Dordrecht: Kluwer Academic Publishers.

Peeters, B., M. Abdel Wahab, G. De Roeck, J. De Visscher., W.P. De Wilde, J.-M. Ndambi, J. Vantomme 1996. *Evaluation of Structural Damage by Dynamic System Identification*. Proceedings of ISMA21, Leuven, Belgium, 3: 1349 1361.

Salawu, O.S. 1997. Detection of structural damage through changes in frequency: a review. *Eng. Structures*. 19-9: 718-723.

Van Overschee P, & B. De Moor 1996. *Subspace identification for linear systems: theory-implementation-applications*. Dordrecht: Kluwer Academic Publishers.

Baustatik-Baupraxis 7, Meskouris (Hrsg.) © 1999 Balkema, Rotterdam, ISBN 90 5809 044 2

Zur Schädigung von Wandscheibenbauten unter Erdbebenbeanspruchung

U. Weitkemper & K. Meskouris
Lehrstuhl für Baustatik und Baudynamik, Rheinisch-Westfälische Technische Hochschule Aachen, Deutschland

ZUSAMMENFASSUNG: Moderne Konzepte zur Erdbebensicherung von Hochbauten erfordern immer genauere Kenntnisse des Verformungs- und Schädigungsverhaltens der zu bemessenden Struktur. In der vorliegenden Arbeit wird dieses Verhalten für Stahlbetonwände unter Erdbebenbeanspruchung mit Hilfe von zwei Modellen unterschiedlicher Komplexität untersucht. Im Mittelpunkt des Interesses steht dabei neben der Untersuchung des Wandverhaltens die Frage, inwieweit einfache Modelle eine Abschätzung der zu erwartenden Schäden erlauben. Als Grundlage für weitere Parameterstudien wird die Leistungsfähigkeit der gewählten Modelle durch Vergleichsrechnungen nachgewiesen.

1. EINFÜHRUNG

Bei der Erdbebensicherung von Hochbauten gewinnen der Nachweis der nichtlinearen Tragreserven einer Struktur sowie die Abschätzung zu erwartender Erdbebenschäden zunehmend an Bedeutung. Die bislang allgemein akzeptierte Bemessungsphilosophie unterscheidet im wesentlichen zwei Bemessungsfälle (Meskouris et al. 1997). Für ein Beben, mit dessen Eintreten während der Lebensdauer eines Gebäudes zu rechnen ist, werden geringe Schäden am Tragwerk akzeptiert. In dem sehr viel selteneren Fall eines Starkbebens, dessen Stärke an die am jeweiligen Standort maximal zu erwartende Intensität heranreicht, werden ausgedehnte Schäden am Bauwerk hingenommen, solange ein Kollaps sicher vermieden wird.

Diese Bemessungsphilosophie erfährt derzeit eine Erweiterung, bei der die zwei ursprünglichen Forderungen zur Vermeidung von Vermögensverlusten auf der einen und zum Personenschutz auf der anderen Seite weiter differenziert werden. Der Oberbegriff für Entwicklungen dieser Art ist das *Perfomance Based Seismic Design of Buildings*, das mit dem Begriff *Funktionsorientierte seismische Bemessung von Gebäuden* übersetzt werden kann. Zur Differenzierung der Tragwerkszustände im Bemessungfall werden hierbei Schädigungsstufen des Tragwerks eingeführt. Zur Definition dieser Schädigungsstufen sind Fragilitätskurven von Teilstrukturen des Gebäudes oder des gesamten Gebäudes zu bestimmen. Dabei beruht die Mehrzahl der derzeitigen Konzepte zur Definition dieser Schädigungsstufen auf verformungsbezogenen Ansätzen. Abbildung 1 zeigt die schematische Darstellung einer Fragilitätskurve (FEMA273 1996).

Erfolgt gleichzeitig eine Definition von Intensitätsstufen für Erdbeben gemäß ihrer Auftretenswahrscheinlichkeit, ergibt sich ein Bemessungskonzept durch die Kombination von Schädigungsstufen auf der einen und Erdbebenintensitätsstufen auf der anderen Seite. Die Anwendung dieses erweiterten Bemessungskonzeptes auf Wandscheibenbauten aus Stahlbeton erfordert eine genaue Kenntnis des Schädigungsverhaltens von Stahlbetonwänden unter

Erdbebenbeanspruchung, die in dieser Untersuchung mit Hilfe von zwei verschiedenen numerischen Modellen vertieft werden soll.

2. TRAG- UND VERFORMUNGSVERHALTEN VON STAHLBETONWÄNDEN

Die Aussteifung von Hochbauten gegenüber horizontalen Einwirkungen wie Wind und insbesondere Erdbeben mit Hilfe von Wandscheiben aus Stahlbeton ist eine für viele Bereiche Europas typische Bauweise. Dies gilt insbesondere für Gegenden mit einer mittleren Seismizität. Die Vergangenheit hat gezeigt, daß Erfahrungen, die in Gebieten mit sehr hoher Seismizität wie etwa Kalifornien, Neuseeland oder Japan gemacht wurden, nicht ohne weiteres auf die europäischen Verhältnisse übertragen werden können. Aus diesem Grund werden derzeit verschiedene experimentelle Untersuchungen an Stahlbetonwänden unter statisch-zyklischen sowie dynamischen Beanspruchungen durchgeführt (Bachmann et al. 1998, Mazars 1998), in denen das Trag- und Verformungsverhalten untersucht wird. Im Mittelpunkt des Interesses stehen dabei schlanke Wände mit rechteckigen Querschnitten.

Stahlbetonwände zeigen je nach Geometrie, Bewehrungsgrad und Belastung verschiedene Versagensmechanismen. Dabei ist die Gefahr eines Schubversagens bei rechteckigen Querschnitten und ausreichender Schubbewehrung eher gering. Typische Versagensformen für den genannten Wandtyp sind daher Biegedruck- bzw. Biegezugversagen und unter bestimmten Bedingungen auch ein Gleiten in der Sohlfuge.

3. BERECHNUNGSMODELLE

Zur Modellierung der Wände unter zyklischen Lasten werden zwei verschiedene Modelle unterschiedlicher Komplexität verwendet. Bei dem ersten Modell (im weiteren *Makromodell* genannt) handelt es sich um ein Federelement mit verschiedenen linearen und nichtlinearen Federn. Das zweite Modell (im weiteren *Mikromodell* genannt) ist ein typisches Schichtenelement mit Beton- und Stahlschichten. Das Makromodell eignet sich dabei eher zur Untersuchung kompletter Strukturen mit der Möglichkeit der Abschätzung von im Erdbebenfall zu erwartenden Schäden. Mit dem Mikromodell können dagegen die Beanspruchungen auf Materialpunktebene abgebildet werden, wobei die Modellierung eines vollständigen Tragwerks einen kaum zu vertretenden Aufwand bedeutet.

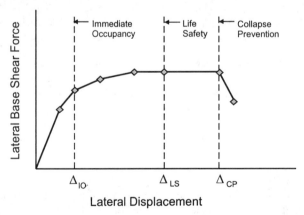

Abbildung 1: Fragilitätskurve einer Struktur

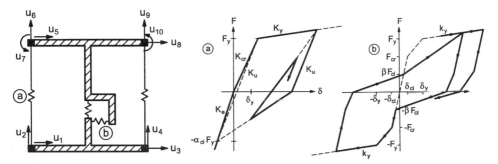

Abbildung 2: Makromodell und Hysteresegesetze

3.1 Makromodell

Bei diesem von LINDE (Linde 1993) entwickelten Element handelt es sich um eine Weiterentwicklung des klassischen Three-Vertical-Line-Elements (TVLEM) von KABEYASAWA et al. Das Element enthält drei Vertikalfedern zur Abbildung des Biege- und Normalkrafttragverhaltens sowie eine Horizontalfeder zur Modellierung des Schubtragverhaltens. Abbildung 2 zeigt das Element und die Hysteresegesetze für die Außenfedern und die Horizontalfeder.

Die Schädigung wird bei diesem Modell mit dem PARK/ANG-Indikator in seiner ursprünglichen Form auf Elementebene abgeschätzt (Park und Ang 1985). Danach gilt:

$$D = \frac{\theta_{max}}{\theta_u} + \frac{\beta}{M_y \theta_u} \int dE \qquad (1)$$

Hierin steht θ_u für die Bruchrotation und M_y für das Fließmoment des Querschnitts. θ_{max} ist die im Verlauf der Berechnung erreichte Maximalrotation und β ein empirischer Parameter, der etwa zwischen 0,05 und 0,25 liegt. In dem Integral werden die in dem betrachteten Abschnitt der Tragwand dissipierten Energien aufsummiert.

3.2 Mikromodell

Bei dem Mikromodell handelt es sich um ein ebenes Stahlbeton-Scheibenelement. Der Betonanteil wird durch eine Betonschicht modelliert, für die Bewehrung wird ein verschmiertes, einaxiales Modell mit einer horizontalen und einer vertikalen Bewehrungslage gewählt. Die mechanische Abbildung erfolgt mit einem isoparametrischen 12-Knoten-Scheibenelement des Serendipitytyps.

Das zyklische Werkstoffgesetz für den Betonstahl geht auf eine Arbeit von MEYER zurück, bei dem die Erstbelastungskurve in einen linearen, einen Fließ- und einen Verfestigungsbereich unterteilt wird. Bei der Wiederbelastungskurve nach der Spannungsumkehr wird die Ausrundung der Streckgrenze (BAUSCHINGER-Effekt) mit einem RAMBERG-OSGOOD-Ansatz und die zyklische Verfestigung mit einem Ansatz von MA, BERTERO und POPOV berücksichtigt (Meyer 1988). Vergleichsrechnungen zeigen, daß sich mit dem Modell gute Übereinstimmungen mit Versuchskurven erzielen lassen.

Das in dem Mikromodell verwendete zyklische Werkstoffgesetz für den Beton wurde von SITTIPUNT und WOOD speziell zur Untersuchung des zyklischen Verformungsverhaltens von Stahlbetonwänden entwickelt (Sittipunt und Wood 1993). Das Modell wurde mit der Vorgabe entwickelt, folgende in Versuchen an Wandscheiben gefundene Aspekte des Trag- und Verformungsverhaltens angemessen abzubilden:

- Der größte Teil der Risse, die sich bei der zyklischen Beanspruchung einer Wand bilden, verläuft senkrecht zu den Rissen, die sich im ersten Lastzyklus bilden.
- Die Richtungen der meisten Risse ändern sich im Verlauf der zyklischen Belastung nur sehr wenig.
- Die Schubverformungen sind im unteren Teil einer Wand konzentriert; ihre Richtung verläuft parallel zur unteren Einspannung der Wand.

Hierauf basierend wurde ein Ansatz mit verschmierten Rissen und fester Rißrichtung gewählt. Die Festlegung von Rißbeginn und Rißfortschritt geschieht mit Hilfe eines Haupt-spannungskriteriums, und die Richtungen von zwei Rissen an einem Integrationspunkt werden orthogonal zueinander angenommen. Da die üblichen Modelle mit fester Rißrichtung nicht in der Lage sind, die hohen Schubverformungen im unteren Teil der Wand angemessen abzubilden, werden die Schubverzerrungen vom globalen Verzerrungsvektor abgekoppelt und mit einem eigenen Hysteresegesetz behandelt. Diese Aufteilung der Verzerrungskomponenten verhindert ein vorzeitiges rechnerisches Versagen des Betons in Rißrichtung beim Auftreten großer Schubverzerrungen.

Die Querdehnung des Betons hat bei den betrachteten Wandtypen einen geringen Einfluß auf das globale Verhalten und wird für den gerissenen Beton zu null gesetzt. Der Tension-Stiffening-Effekt wird auf der Betonseite durch Modifikation der Tension-Softening-Kurve berücksichtigt. Abbildung 3 zeigt den zyklischen Verlauf der Betonspannungen auf der Zugseite nach der Rißbildung einschließlich der Compression-Stiffening-Kurve zur Modellierung des Schließens der Risse.

Bei dem zyklischen Modell für die Schubkomponente werden die Schubübertragung über die Rißufer hinweg und die Dübelwirkung der Bewehrung berücksichtigt. Abbildung 4 zeigt das Hysteresegesetz für die Schubkomponente. Die Parameter, die über die üblichen Material-kennwerte hinaus zur Definition der Hysteresebeziehungen für Normal- und Schubspannungen erforderlich sind, wurden durch Vergleichsrechnungen zu einer Serie von Wandversuchen bestimmt (Sittipunt und Wood 1993, Oesterle et al. 1975).

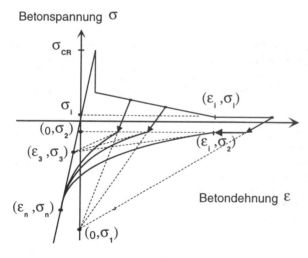

Abbildung 3: Zyklisches Betonverhalten auf der Zugseite

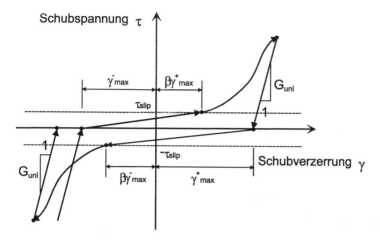

Abbildung 4: Hysteresegesetz für die Schubkomponente

4. VERGLEICHSRECHNUNGEN

Zur Verifikation beider Rechenmodelle vor anschließenden Parameterstudien werden u.a Vergleichsrechnungen zu Wandversuchen angestellt, die von der *Portland Cement Association* durchgeführt wurden (Oesterle et al. 1975). Ziel dieses gesamten Versuchsprogramms war es, Kenntnisse über das Kraft-Verformungsverhalten, die Duktilität, das Energiedissipationsvermögen sowie die Biege- und Schubtragfähigkeit von Stahlbetonwänden zu gewinnen. Innerhalb der Versuchsreihe wurden Bewehrungsgehalte, Normalkräfte, Belastungsverlauf und Betondruckfestigkeit variiert. Im folgenden werden einige Ergebnisse für Wand R1 dargestellt. Die Wand wurde im Versuch ohne Normalkraft getestet und verfügt über einen rechteckigen Querschnitt. Einzelheiten zu dem Versuch und den Modellen finden sich in Abbildung 5.

Die Abbildungen 6 und 7 zeigen die Kraft-Verschiebungsverläufe am Wandkopf in horizontaler Richtung, die sich mit dem Makro- und dem Mikromodell ergeben. Beim Mikromodell wurde keine Variation der Eingabeparameter gegenüber den Originalwerten vorgenommen. Das globale Verhalten wird mit beiden Modellen gut abgebildet. Dabei ist das Makromodell nicht in der Lage, den Festigkeitsabfall im Verlauf der zyklischen Beanspruchung abzubilden. Beim Mikromodell wird der Pinching-Effekt leicht unterschätzt, wie die ebenfalls dargestellte Umhüllende des Versuchsverlaufs zeigt.

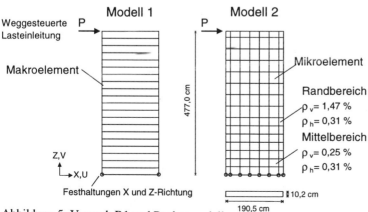

Abbildung 5: Versuch R1 und Rechenmodelle

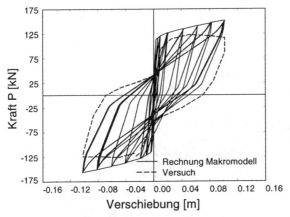

Abbildung 6: Kraft-Verschiebungsverlauf aus Berechnung mit dem Makromodell und Umhüllende aus zyklischem Wandversuch

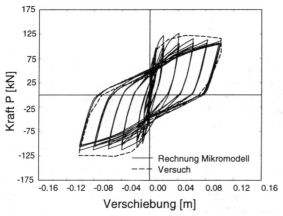

Abbildung 7: Kraft-Verschiebungsverlauf aus Berechnung mit dem Mikromodell und Umhüllende aus zyklischem Wandversuch

In Abbildung 8 ist die Beziehung zwischen der Kopfkraft und der rechnerischen Schubverzerrung im unteren Teil der Wand bis 1,90 Meter Höhe aus der Berechnung mit dem Mikromodell dargestellt. Die Kurve zeigt eine sehr gute Übereinstimmung mit den im Versuch gemessenen Werten.

5. ZUSAMMENFASSUNG UND AUSBLICK

Stahlbetonbetonwände werden häufig zur Aussteifung von Hochbauten gegenüber horizontalen Einwirkungen insbesondere infolge Erdbeben verwendet. Ihr nichtlineares Trag- und Verformungsverhalten wird derzeit in verschiedenen Versuchsreihen näher untersucht. Zudem erfordern moderne Konzepte zur Erdbebensicherung immer genauere Kenntnisse des Verformungs- und Versagensverhalten der Wände. Mit Hilfe von zwei unterschiedlich komplexen Modellen wird im vorliegenden Beitrag versucht, Trag- und Verformungsverhalten numerisch abzubilden. Erfolgreich durchgeführte Vergleichsrechnungen zeigen die Anwendbarkeit und Leistungsfähigkeit der Modelle, wobei das Makromodell naturgemäß weniger detaillierte Informationen zur Schädigung einer Wand liefert. In den laufenden Parameter-

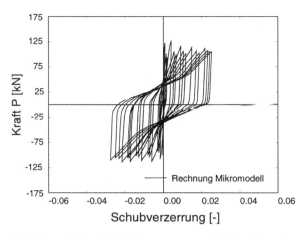

Abbildung 8: Kraft-Schubverzerrungsverlauf aus Berechnung mit dem Mikromodell

studien wird die Leistungsfähigkeit des Makromodells differenzierter untersucht. Zusätzlich erfolgen weitere numerische Untersuchungen zum Verhalten von Stahlbetonwänden mit Hilfe des dargestellten Mikromodells.

LITERATUR

BSSC. *FEMA273 – NEHRP Guidelines for the Seismic Evaluation of Buildings.* Ballot Version, developed by the Building Seismic Saftey Council for the Federal Emergency Management Agency, Washington, D.C., 1996.

Bachmann, H. , Dazio, A. und Lestuzzi, P. Developments in the Seismic Design of Buildings with RC Structural Walls. *11th European Conference on Earthquake Engineering, 4-8th September, Paris, France, 1998.*

European Committee for Standardization (CEN). Eurocode 8 – Design Provisions for Earthquake Resistance of Structures. *European prestandard ENV 1998-1-1/3, Brussels, 1998.*

Linde, P. Numerical Modelling and Capacity Design of Earthquake Resistant Reinforced Concrete Walls. *Bericht Nr. 200, Institut für Baustatik und Konstruktion, ETH Zürich, Birkhäuser Verlag, 1993.*

Mazars, J. French advanced research on structural walls – An overview on recent seismic programs. *11th European Conference on Earthquake Engineering, 4-8th September, Paris, France, 1998.*

Meskouris., K., Krätzig, W.B. und Weitkemper, U. Von der Kapazitätsbemessung zur schädigungsorientierten seismischen Sicherheitsanalyse. *In: Erdbebensicherung bestehender Bauwerke und aktuelle Fragen der Baudynamik, SIA Publikation Nr. D0145, S. 73-80, Zürich, 1997.*

Meyer, I.F. Ein werkstoffgerechtes Schädigungs- und Stababschnittselement für Stahlbeton unter zyklischer nichtlinearer Beanspruchung. *Technisch-Wissenschaftliche Mitteilung Nr. 88-4, Institut für konstruktiven Ingenieurbau, Ruhr-Universität Bochum, August, 1988.*

Oesterle, R.G., Fiorato, A.E., Johal, J.S., Carpenter, J.E., Russel, H.G. und Corley, W.G. Earthquake Resistant Structural Walls – Tests of Isolated Walls. *Report to National Science Foundation, Concrete Technology Laboratories, Portland Cement Association, Skokie, Illinois, October 1975.*

Park, Y.J. und Ang, A.H.S. Mechanistic seismic damage model for reinforced concrete. *Journal of Structural Engineering, ASCE. Vol. 111, No. ST4, 722-739, 1985.*

Sittipunt, C. und Wood, S.L. Finite Element Analysis of Reinforced Concrete Shear Walls. *Civil Engineering Studies, Structural Research Series No. 584, Department of Civil Engineering, University of Illinois at Urbana Champaign, December, 1993.*

Baustatik-Baupraxis 7, Meskouris (Hrsg.) © 1999 Balkema, Rotterdam, ISBN 90 5809 044 2

Glockenturmschwingung und -abstimmung der Grazer Schutzengelkirche

G. Zenkner & E. Handel
Zenkner und Handel, Ingenieurgemeinschaft für Bauwesen, Graz, Österreich

ABSTRACT: In der vorliegenden dynamischen Berechnung werden die Eigenschwingungen der Glocken mit den Eigenschwingungen des Turmes/Turmsystems verglichen. Durch Veränderung der Querschnitte der Verbandstäbe, wird versucht, eine optimale Abstimmung zu erreichen.
Der Glockenturm besteht aus einer halbkreisförmigen, prismatischen und einer davorgesetzten viertelkreisförmigen Betonschale wobei beide Baukörper durch eine Platte in 22 m Höhe verbunden sind. Es wurde sowohl das halbkreisförmige Einzelsystem als auch die Kombination der beiden Türme als Gesamtsystem betrachtet. Die Schwingungen des halbkreisförmigen Turmes sind einerseits Biegeschwingungen und andererseits Torsionsschwingungen. Erstere werden mittels eines einfachen Kragträgerersatzsystemes und einem ebenen Rahmenprogramm, letztere mittels eines Finite Element Modelles simuliert. Bei der Torsionsschwingung handelt es sich um gemischte Torsion, wobei die Differentialgleichung für Wölbkrafttorsion zum Vergleich am Ersatzsystem mittels der Zugstabanalogie gelöst wird.

1 BESCHREIBUNG DES SYSTEMS

1.1 Statisches System

Das Tragsystem des Glockenturms besteht aus einem halbkreisförmigen Zylinder mit einem Radius von 3.46 [m] und einer Höhe von 32.00 [m]. Die Deckenplatte des Kellergeschoßes befindet sich auf Kote 4.72 [m], die Glockenstube liegt zwischen Kote 22.00 [m] und 26.20 [m] und wird von zwei Betonplatten begrenzt. Dieser Zylinder ist im Bereich von 5.00 bis 21.50 [m] in der Achsenebene durch ein Fachwerk mit gekreuzten Diagonalen ausgesteift.

Diesem Zylinder ist ein zweiter, viertelkreisförmiger Zylinder mit einem Radius von 5.95 [m] und einer Höhe von 29.90 [m] vorgelagert. Beide Tragglieder, die eine Wanddicke von 0.30[m] aufweisen und mit B 30 ausgeführt

Bild 1: Glockenturm der Schutzengelkirche

werden, sind auf Kote 22.00 [m] mit einer Betonplatte verbunden. In der Glockenstube werden 4 Glocken mit einem Gewicht von 180 bis 600 [kg] mit 27 bis 35 Vollschwingungen pro Minute untergebracht.

1.2 Aufgabenstellung

Für den Glockenturm sind neben allen statischen Nachweisen auch noch dynamische Untersuchungen zu führen. Beim Entwurf von Glockentürmen ist die Konstruktion so zu wählen, daß eine Resonanzerscheinung mit großer Wahrscheinlichkeit vermieden wird. Von "Resonanz" spricht man, wenn die Eigenfrequenzen des Bauwerkes mit den Erregerfrequenzen der Glocken übereinstimmen. In diesem Fall verursachen relativ kleine Erregerkräfte große Schwingungsamplituden, die das Bauwerk zusätzlich beanspruchen.

Daraus folgt, daß die Konstruktion mit ihrer Steifigkeit und Massenbelegung auf die dynamische Beanspruchung abzustimmen ist. Diese "Verstimmung" ist um so größer, je mehr die Eigenfrequenz von der Erregerfrequenz abweicht. Diese Forderung soll vor allem für die erste und dritte harmonische Erregungsschwingung eingehalten werden.

Somit ist die Aufgabenstellung klar definiert: Ermittlung der ersten Eigenfrequenzen des Tragwerkes und, falls Resonanzgefahr besteht, Verstimmung des Systems durch konstruktive Maßnahmen. Bestimmt werden die Eigenfrequenzen der freien, ungedämpften harmonischen Schwingung. Hinsichtlich des zu verwendeten Rechenmodells sollte immer einfachen Modellen Vorrang gegeben werden, wenn sichergestellt werden kann, daß alle maßgebenden Einflüsse berücksichtigt werden. In diesem konkreten Fall wird gezeigt, daß, ausgehend von einem komplexeren Rechenmodell und den daraus erzielten Ergebnissen, ein reduziertes und vereinfachtes Modell zur Kontrolle benützt werden kann. Bei jeder Transformation der Realität in ein Modell müssen jedoch immer Annahmen und Vereinfachungen getroffen werden. Daraus entsteht die Forderung, durch Variation verschiedener Parameter, Grenzwerte bestimmen zu können.

1.3 Modellbildung

Der halbkreisförmige Zylinder stellt das Haupttragglied des Glockenturmes dar, zumal er mit dem zweiten viertelkreisförmigen Zylinder nicht kontinuierlich, sondern nur punktuell auf Kote 22.00 [m] verbunden ist. Daraus wurde folgende Modellbildung denkbar. :

Ermittlung der Eigenfrequenzen am Halbkreiszylinder mit der Annahme, daß der zweite Viertelkreiszylinder versteifenden und somit frequenzerhöhenden Einfluß bewirkt oder, daß durch konstruktive Maßnahmen beide Systeme entkoppelt werden.

Der Halbkreiszylinder kann als gedrungener Kragträger aufgefaßt werden. Somit ist die Berechnung an einem Ersatzträgersystem denkbar. Bei der Ermittlung der Querschnittswerte des halbkreisförmigen Betonprofils mit einem Verband wurde erkennbar, daß der Schubmittelpunkt M außerhalb des Querschnittes liegt. Die Verbindungslinie der Schubmittelpunkte stellt die natürliche Drehachse des Systems auf Torsionsschwingung dar. Das System ist eindeutig nicht nur auf Biegeschwingung, sondern auch auf Torsionsschwingungen zu untersuchen. Über das Verhältnis dieser Schwingungen zueinander kann von vornherein keine Aussage getroffen werden.

Für die Biegeschwingung eines Kragträgers mit seinen Steifigkeiten I_b und seiner Massenbelegung kann ein einfaches Ersatzsystem gefunden werden das mit einem ebenen Rahmenprogramm gelöst werden kann. Für die Torsionsschwingung stellt sich aber folgende Problematik. :

Der Querschnitt mit seinem Fachwerkverband wirkt auf "gemischter Torsion", neben der Drillsteifigkeit I_d ist noch eine maßgebende Wölbsteifigkeit I_ω vorhanden. In den ersten Überlegungen konnte kein Ersatzmodell gefunden werden, um dieses Tragverhalten zu simulieren.

Daraus folgte die Entscheidung, das System als räumliches Schalenmodell mit der Methode der "Finiten Elemente" abzubilden. Bei dieser Modellbildung sind alle Einflüsse erfaßbar. Ebenfalls sind etwaige Profilverformungen enthalten. Die Betonschale wurde mit ebenen Dreieckselementen, die Fachwerkstäbe als räumliche Rahmenstäbe ohne Biegesteifigkeit nachgebildet.

Bei der Berechnung wurde die Struktur abwechselnd auf Kote 0.00 [m] als auch auf Kote 4.72 [m] als eingespannt berücksichtigt. Schließlich wurde in weiteren Berechnungsserien die Gesamtstruktur unter Berücksichtigung der Viertelkreisschale untersucht.

1.4 Querschnittswerte

Für die oben erwähnte Ermittlung der Querschnittwerte für das Ersatzsystem wurde ein Programm verwendet, daß die Berechnung aller relevanten Kenngrößen für Profile ermöglicht, die aus dünnwandigen Einzelteilen aufgebaut sind. Der Halbkreiszylinder wird polygonal in einem Raster von 10° angenähert. Das Fachwerk ist in der Lage Schubkräfte zu übertragen, auf Normalkräfte ist es jedoch nicht in Rechnung zu stellen. Für die Bestimmung der Ersatzblechdicke t* stehen die entsprechenden Formeln aus der Literatur zur Verfügung. Bei der Berechnung wurde von "entfallenden" Druckdiagonalen ausgegangen. Die Flächen der Diagonalen wurden variiert um den versteifenden und eventuell frequenzerhöhenden Einfluß berücksichtigen zu können. Diese Flächenerhöhung erfolgte quadratisch und bezieht sich nur auf die Torsionssteifigkeiten, nicht aber auf die Biegesteifigkeit.

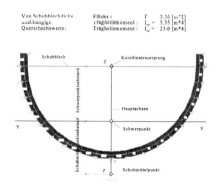

Bild 2: Querschnitt des Halbkreiszylinders

Tabelle 1: Querschnittswerte für den Halbkreiszylinder mit bzw. ohne Verband

Varianten Diagonalen	F_d [m²]	nF_d [m²]	t* [m]	e_s [m]	e_m [m]	I_d [m⁴]	I_w [m⁶]	I_p [m⁴]
offen	0.00	0.00	0.00	1.99	2.60	0.11	10.41	28.37
original	1.570E-3	10.99E-3	1.378E-3	1.99	2.56	0.38	10.27	28.37
4-fach	6.280E-3	43.96E-3	4.324E-3	1.99	2.50	0.96	10.00	28.37
16-fach	25.12E-3	175.8E-3	9.290E-3	1.99	2.39	1.90	9.56	28.37

F_d..... Fläche-Diagonalen e_s .... Schwerpunktabstand I_d .... Torsionsflächenmoment
n ..... E_{st} / E_b (n=7) e_m.... Schubmittelpunkt- I_w .... Wölbflächenmoment
t*..... Ersatzblechdicke abstand Ip.... polares Trägheitsmoment

Tabelle 2: Kennwerte der verwendeten Glocken für die Schutzengelkirche

Nr	Gewicht [kN]	Durchmesser [mm]	Vmax [kN]	Hmax [kN]	Vollschwin-gungen [S/min]	1.Frequenz [Hz]=[S/min]/60
1	6,00	1000	19,20	12,00	27-30	0,45-0,50
2	3,90	870	12,48	7,80	29-31	0,48-0,52
3	2,60	780	8,32	5,20	30-32	0,50-0,53
4	1,80	660	5,76	3,60	33-39	0,55-0,65

1.5 Installierte Glocken

Tabelle 1 zeigt die statischen und dynamischen Kennwerte der installierten Glocken. Die angege-ben Kräfte Vmax, Hmax treten bei einem Läutwinkel von 90° und bei geraden Jochen auf.

2 DYNAMISCHE BERECHNUNG - HALBKREISZYLINDER

2.1 System-Schale

Der Halbkreiszylinder wurde mit 912 Dreiecks-elementen abgebildet. Für den E-Modul des Be-tons wurde 30 000 [MN/m^2], für die Querdeh-nung $\mu = 0.2$ eingesetzt. Für die Fachwerkstäbe wurde ein E-Modul von 210000 [MN/m^2] und für den Schubmodul 80000 [MN/m^2] angenommen. Bei der Berechnung wurde lineares Materialver-halten vorausgesetzt.

Mit einer Betonmasse von 2,45 [to/m^3] ergibt sich unter Berücksichtigung der Betonplatten eine Gesamtmasse des Glockenturms von 290 [to]. Die Massen der Glocken wurden ebenfalls mitmo-delliert. In jedem der 514 Systemknoten werden 6 unbekannte Freiheitsgrade angesetzt (ausgenom-men die kinematischen Randbedingungen der Auflager), somit ergibt sich eine globale Steifig-keitsmatrix mit etwa 3000 Unbekannten.

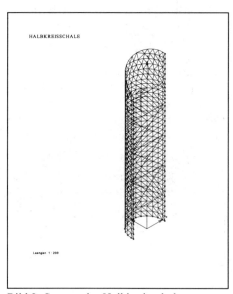

Bild 3: System der Halbkreisschale

2.2 Ergebnisse der Berechnung

Als Ergebnis der modalen Analyse stehen sowohl die Eigenfrequenzen f in [Hz], als auch die normierten Verformungsfiguren zur Verfügung. Im folgenden Diagramm sind die Ergebnisse der Berechnungsserien eingetragen. Die Biegeschwingungen des Turmes sind von der Variation der Fachwerkflächen unbeeinflußt. Sie liegen bei Einspannung des Turmes auf Kote 0.00 [m] im Bereich von 2.5 [Hz] und bei Einspannung auf Kote 4.72 [m] im Bereich von 3.5 [Hz].

Bezüglich der Drehschwingungen ist die Abhängigkeit der Frequenzen von den Fachwerkflächen deutlich erkennbar. Beim offenen Profil liegen diese Schwingungen mit 1.4 bzw. 1.8 [Hz] niedriger als die Biegeschwingungen. Mit Erhöhung der Flächen der Diagonalen und somit Vergrößerung der Torsionssteifigkeit ist ein Ansteigen der Frequenzen verbunden. Bei einer Vervierfachung der ursprünglichen Querschnitte liegen diese Torsionsschwingungen etwa im Bereich der Biegeschwingungen.

2.3 Abstimmung der Steifigkeiten

Für die Abstimmung des Turmes in Relation zu den Erregerfrequenzen der Glocken kann folgende Feststellung getroffen werden. Die erste Eigenfrequenz des Turmes sollte, unter Berücksichtigung eines Sicherheitsabstandes von 10 % bezogen auf den Maximalwert der 3. harmonischen Erregerfrequenz (1.95Hz) aller Glocken, über 2.2 [Hz] abgestimmt werden. Dies ist mit einer Verdopplung der Diagonalflächen auf 0.0032 [m²] möglich.

2.4 Graphische Darstellung der Ergebnisse

In den folgenden Abbildungen sind die Ergebnisse der Schalenberechnung dargestellt. Bezüglich der Verformung ist eine geringfügige Abweichung von der Symmetrie festzustellen. Der Grund dafür liegt in der unsymmetrischen Massenbelegung der Turmspitze.

Bei der Torsionsschwingung ist im Grundriß erkennbar, daß der Halbkreiszylinder um den Schubmittelpunkt schwingt. Bei der Biegeschwingung fällt der lineare Verlauf der Verformung über die Höhe auf. Der Turm stellt einen gedrungenen Baukörper dar, die Schubverformungen überwiegen.

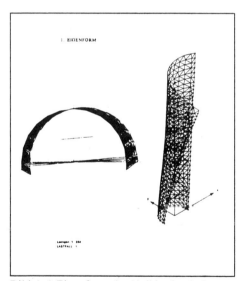
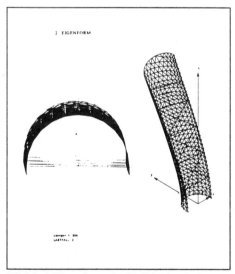

Bild 4: 1.Eigenform der Halbkreisschale   Bild 5: 2.Eigenform der Halbkreisschale

2.5 Biegeschwingung am Ersatzsystem

Die Methode der finiten Elemente stellt eine Näherungslösung dar. Daraus entsteht die Forderung, daß durch Variation der Netzteilung die Konvergenz der Ergebnisse zu überprüfen ist.

In diesem Fall wird eine andere Vorgangsweise beschritten, nämlich die Kontrolle der Ergebnisse an einem Ersatzsystem. Die Berechnung erfolgt mit einem Stabmodell, das System ist ein Kragträger. Die Steifigkeiten werden der Querschnittswertberechnung entnommen, als Massenbelegung werden sowohl Stabmassen als Produkt von Fläche und spezifischem Gewicht, als auch Knotenmassen (10,9to bzw. 12,5to), die den Betonplatten und Glocken entsprechen, eingesetzt.

Der Fußpunkt wurde jeweils auf Kote 0.00 [m] und 4.72 [m] als eingespannt angenommen. Die Ergebnisse der ersten Eigenfrequenz mit 2.4 [Hz] bzw. 3.4 [Hz] entsprechen denen aus der Schalenberechnung.

2.6 Torsionsschwingung am Ersatzsystem

Für die Torsionsschwingung ist das Ersatzmodell komplexer. Die Differentialgleichung der Schwingung auf Wölbkrafttorsion lautet. :

$$E \, I_w \frac{\partial^4 \chi}{\partial x^4} - G \, I_d \frac{\partial^2 \chi}{\partial x^2} + \varrho \, I_p \frac{\partial^2 \chi}{\partial t^2} = -m_T \, (m,t) \tag{1}$$

$E \, I_w$ bedeutet die Wölbsteifigkeit, $G \, I_d$ die Drillsteifigkeit, ϱ die Masse und I_p das polare Trägheitsmoment. Unter χ versteht man den Verdrehwinkel. Mit m_T bezeichnet man ein äußeres Drehmoment pro Einheit der Stablänge, für die harmonische und ungedämpfte Schwingung wird dieser Wert zu null.

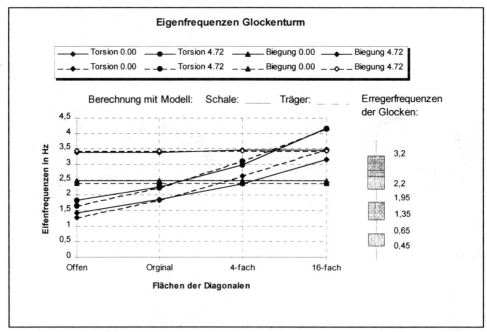

Bild 6: Ergebnisse für die Halbkreisschale und Ersatzsystem für Kote 0.00 und 4.72

Es bietet sich die Lösung mit der " Zugstabanalogie " an.

$$E\ I_b\ \frac{\partial^4\ w}{\partial\ x^4}\ -\ N\ \frac{\partial^2\ w}{\partial\ x^2}\ +\ \varrho\ F\ \frac{\partial^2\ w}{\partial\ t^2}\ =\ 0 \qquad (2)$$

Der Verdrehwinkel χ entspricht der Durchbiegung w und somit ist das Ersatzsystem definiert. Es erfolgt die Berechnung der Eigenfrequenzen an einem Kragträger, als Biegesteifigkeit wird die Wölbsteifigkeit eingesetzt. Zwischen Kote 4.72 [m] und 22.0 [m] also im Bereich des Fachwerkverbandes sind die Stäbe mit einer Zugkraft von $G\ I_d$ belastet. Als Massenbelegung wird das Produkt aus Masse und polarem Trägheitsmoment eingesetzt, wobei zu beachten ist, daß dieses Trägheitsmoment auf den Schubmittelpunkt zu beziehen ist (Satz von Steiner).

Tabelle 3: Querschnittswerte für das Ersatzsystem mit bzw. ohne Verband

Variante der Diagonalen	F_d [m^2]	I_p [m^4]	e_m [m]	$e_m^2\ F_d$ [m^4]	I_p^* [m^4]	m [to/m]	M [to]	$N = G\ I_d$ [kN m^2]
offen	0.00	28.37	2.60	24.07	52.44	128.5	84.23	1.320E6
original	1.570E-3	28.37	2.56	23.33	51.70	126.7	81.66	4.560E6
4-fach	6.280E-3	28.37	2.50	22.25	50.62	124.0	77.88	11.52E6
16-fach	25.12E-3	28.37	2.39	20.34	48.71	119.3	71.17	22.80E6

F_d..... Fläche-Diagonalen   m.... Stabmassen

Ip.... polares Trägheitsmoment Schwerpunkt   M.... Knotenmassen

I_p^*.... polares Trägheitsmoment Schubmittelpunkt   N.... Normalkraft (Zug)

2.7 Vergleich Ersatzsystem mit FE-Schalenberechnung

Vergleicht man nun die Ergebnisse aus dem Ersatzsystem mit den Ergebnissen der FE-Schalenberechnung, so ergeben sich nahezu idente Eigenfrequenzen für die Biege- und Torsionsschwingung (Bild 6).

3 DYNAMISCHE BERECHNUNG GESAMTSYSTEM

In einer abschließenden Berechnungsserie wurde das dynamische Verhalten des Gesamtsystems untersucht. Die Viertelkreisschale wurde mitmodelliert und auf Kote 22.0 [m] mit der Halbkreisschale verbunden. Die Struktur wird mit 1300 Dreieckselementen abgebildet, die Anzahl der Unbekannten erhöht sich auf 4300. Das dynamische Verhalten ändert sich grundsätzlich. Die Torsionsschwingung wird durch die vorgelagerte Viertelkreisschale behindert, die ersten beiden Eigenformen sind Biegeschwingungen. Die Hauptrichtungen der Schwingungsantworten liegen bei 130.0 [°] und 40.0 [°] und stehen somit orthogonal aufeinander. Erkennbar ist, daß die Eigen-

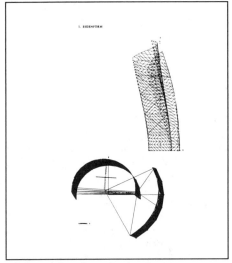

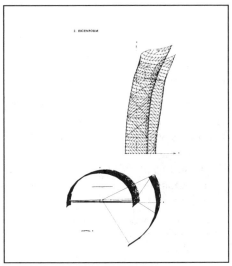

Bild 7: 1.Eigenform für das Gesamtsystem   Bild 8: 2.Eigenform für das Gesamtsystem

frequenzen nicht von den Flächen der Fachwerkdiagonalen abhängen. Die Eigenfrequenzen um die "schwache Achse" liegen zwischen 2.2 und 3.0 [Hz] und die um die "starke Achse" zwischen 3.8 und 4.7 [Hz] je nachdem, ob die Systeme auf Kote 0.00 [m] oder auf Kote 4.72 [m] eingespannt sind. Die folgenden Abbildungen zeigen die ersten beiden Eigenformen.

Beteiligte Firmen und Personen

Bauherr: Diözese Graz - Seckau
Architekt: Univ.Prof. DI. W. Hollomey, Graz
Bauaufsicht: Ingenieurbüro Eisner, Graz
Statik: DI. J. Wolfesberger, Graz
Dynamik: Büro Zenkner & Handel, Graz

Literatur

Kanya, J., 1968. *Glockentürme*.Wiesbaden und Berlin: Bauverlag
Schütz, K.G., 1994. Dynamische Beanspruchung von Glockentürmen. *Bauingenieur* 69: 211-217

Baustatik-Baupraxis 7, Meskouris (Hrsg.) © 1999 Balkema, Rotterdam, ISBN 90 5809 044 2

Nachweisführung und teilweise Neukonstruktion einer historischen Stahlbrücke für modernen ICE-Verkehr

Reinhild Schultz-Fölsing
Ingenieurgemeinschaft Schultz, Bochum, Deutschland

ABSTRACT: Für die Eisenbahnüberführung über die Spree am Bahnhof Friedrichstraße in Berlin wurde ein Konzept zur Erhaltung von zwei Bogentragwerken aus dem Jahre 1882 als funktionsfähiges und betriebssicheres Denkmal entwickelt. Die Belastungsgeschichte und die daraus resultierende Ermüdungssicherheit der Brücke bestimmten die angestrebte Nutzungsdauer. Dazu wurden die Tragsicherheits- und Ermüdungsnachweise gemäß DS 805 für den zu erwartenden Eisenbahnbetrieb unter Berücksichtigung der Materialeigenschaften des Schweißeisens geführt. Die neuen Tragwerksteile wurden in Form und Material so gewählt, daß ein optimales Zusammenwirken von alten und neuen Teilen gewährleistet und die Ansprüche des Denkmalschutzes erfüllt werden konnten.

1 EINLEITUNG

Die Spreebrücke am Bahnhof Friedrichstraße ist die älteste Eisenbahnbrücke der Berliner Stadtbahn. Im Rahmen der Stadtbahnsanierung in den Jahren 1994 bis 1998 wurde die Spreebrücke teilweise instandgesetzt und teilweise durch einen Neubau ersetzt.

In diesem Beitrag wird zunächst die Bedeutung der Spreebrücke innerhalb der Berliner Stadtbahn und ihre historische Entwicklung geschildert. Es werden dann die verschiedenen Sanierungsvorschläge sowie der ausgeführte Entwurf dargestellt, wobei sowohl die denkmalpflegerische wie auch betriebliche Aspekte beschrieben werden. Die Nachweise der Standsicherheit und Festigkeit wurden nach den geltenden Richtlinien der Deutschen Bahn AG, insbesondere der DS 804 und der DS 805, geführt. Abschließend werden einige interessante Aspekte der Konstruktion kurz aufgezeigt.

2 DIE BERLINER STADTBAHN

Die Berliner Stadtbahn war die bedeutendste Verkehrsader für die Stadtentwicklung Berlins zur modernen Großstadt. Die 1882 fertiggestellte viergleisige Eisenbahnstrecke bildete mit je einem Gleispaar für den Lokal- und Fernverkehr die Verbindung zwischen dem Osten und dem Westen der Stadt, vom Ostbahnhof, früher Schlesischer bzw. Hauptbahnhof, über den Bahnhof Zoologischer Garten zum Bahnhof Charlottenburg. Die sich quer durch die Stadt schlängelnde Viaduktstrecke führt über 731 gemauerte Bögen und zahlreiche Brücken. Die Stadtbahn wurde nur einmal – in den dreißiger Jahren – unter betrieblicher Stillegung grundlegend saniert. Sonstige Bauarbeiten waren aufgrund der starken Frequentierung der Strecke auf Ausbesserungen beschränkt.

In den Jahren 1994 bis 1998 wurde die Stadtbahn vollständig überholt. Es gab vielfältige Gründe für die Baumaßnahmen:
- Verschleiß bei den Brücken und Viadukten aufgrund jahrzehntelanger hoher Beanspruchung.

Bild 1: Ansicht der Spreebrücke nach dem Umbau 1936 (Fernbahnseite vom Reichstag aus)

- Korrosionsschäden, insbesondere Schäden durch Rauchgase an den Bahnsteighallen.
- Notwendige Erweiterungen für die steigende Zahl von Zügen und Reisenden.
- Neue Techniken und ihre Anforderungen an Strecke und Bauwerk, insbesondere die Elektrifizierung der Stadtbahn.
- Neben Kriegsschäden waren außerdem auch die Folgen der Teilung Deutschlands zu beseitigen.

Ein besonderes Beispiel für denkmalgerechte Sanierung und teilweise Neukonstruktion stellt die Spreebrücke am Bahnhof Friedrichstraße dar.

3   DIE SPREEBRÜCKE AM BAHNHOF FRIEDRICHSTRASSE

Die historische Entwicklung der Spreebrücke, die im folgenden kurz dargestellt wird, ist ein Spiegelbild der Geschichte der Stadtbahn. Aufgrund ihrer großen historischen Bedeutung kam es im Zuge der Stadtbahnsanierung zu einer Diskussion zwischen den Vertretern der Denkmalpflege und der Deutschen Bahn AG über Abriß oder möglichen Erhalt der Spreebrücke. Verschiedene Lösungen sowie der schließlich ausgeführte Entwurf werden beschrieben.

3.1 Historische Entwicklung

Bei der Spreebrücke handelt es sich um eine genietete Fachwerkbogenbrücke mit aufgeständerter Fahrbahn. Diese Konstruktion war typisch für Stützweiten über 20 m, die Spreebrücke weist bei einem maximalen Bogenstich von 5,43 m eine Spannweite von etwa 50 m auf. Die in einem Abstand von 5,55 m parallel nebeneinanderliegenden Bögen I bis VI wurden in den Jahren 1881/1882 aus Schweißeisen erbaut.

In den Jahren 1919 bis 1925 wurden die neuen Bögen VII und VIII zusammen mit der "kleinen" Bahnhofshalle für den S-Bahnverkehr ergänzt. Bei diesen Bögen handelt es sich – im Gegensatz zu den Fachwerkbögen I bis VI – um genietete Vollwandquerschnitte aus Stahl.

Die Ständer und die Fahrbahnplatte auf den Bögen I bis VI wurden 1936 aus Stahl St 37 erneuert. Dabei wurde der Abstand der Ständer untereinander verdoppelt, was zu einer veränderten Ansicht der Fernbahnseite führte.

Nach dem Zweiten Weltkrieg mußten auf der gesamten Stadtbahnstrecke Kriegsschäden beseitigt werden. Die Spreebrücke wies nur relativ geringe Zerstörungen, z. B. durch Granatsplit-

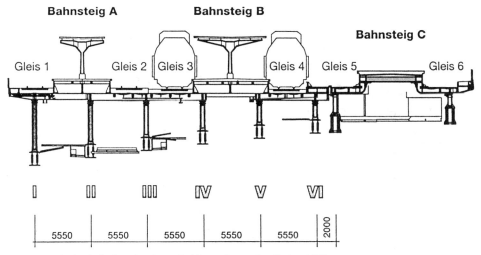

Bild 2: Schnitt durch die Spreebrücke am Reichstagufer vor dem Umbau 1998

ter, auf. Durch den Bau der Mauer am 13. August 1961 war der durchgehende S-Bahnverkehr auf der Stadtbahn behindert. Bis zur Wiedervereinigung Deutschlands kam dem Grenzbahnhof Friedrichstraße und der Spreebrücke eine besondere Bedeutung zu.

3.2 Sanierungsvorschläge

Im Zuge der Sanierung der Stadtbahn und ihrem Ausbau als Teil der Schnellbahnverbindung Hannover – Berlin sollte die Spreebrücke zunächst instandgesetzt werden. Aus verschiedenen Gründen wurde dann der Abriß der Bögen I bis VI und ein vollständiger Neubau geplant. Dieses Vorhaben stieß jedoch auf den Widerstand der Denkmalschützer.

Verschiedene Lösungen zum Erhalt des vom Reichstag aus sichtbaren Bogens I wurden erarbeitet:

- Erhalt des alten Bogens I, jedoch ohne tragende Funktion und Errichtung der neuen Brückenkonstruktion neben dem alten Bogen.
- Abbau des Bogens I und Wiederaufbau südlich der neuen Brücke. Mögliche Nutzung des alten Bogens als Fußgängersteg.
- Errichtung eines neuen Bogens I in Anlehnung an die alte Konstruktion als Fachwerkbogen.

Diese Vorschläge fanden jedoch nicht die Zustimmung des Denkmalschutzes, da die Fachwerkbögen der Spreebrücke nicht nur als Ansicht, sondern auch in ihrer Funktion als Eisenbahnbrücke erhalten werden sollten. Demgegenüber verlangte die Deutsche Bahn AG aus betrieblichen und wirtschaftlichen Gründen die Sicherstellung einer Nutzungsdauer von 60 Jahren. Diese konnte für das 116 Jahre alte Bauwerk nicht gegeben werden.

Die von der Ingenieurgemeinschaft Schultz schließlich im Rahmen einer Machbarkeitsstudie erarbeitete und ausgeführte Lösung fand sowohl die Zustimmung des Denkmalschutzes als auch der Deutschen Bahn AG. Dieser Entwurf sah vor, die Bögen I und II, die durch einen zwischen den Obergurten liegenden horizontalen Windverband als "Zwillingsbögen" verbunden sind, zu erhalten. Durch die konstruktive Trennung von der neu zu erbauenden Brücke sollten sie zukünftig nur noch mit einem Gleis belastet werden. Dieser Entwurf erforderte den Neubau der Fahrbahnplatte, alle weiteren Haupttragwerksteile der Brücke wurden saniert. Basierend auf den Materialuntersuchungsergebnissen der Bundesanstalt für Materialforschung und –prüfung BAM wurden Tragfähigkeit und Ermüdungssicherheit der schweißeisernen Fachwerkbögen I und II nachgewiesen. Die Bögen III bis VI sollten – wie im ursprünglichen Entwurf vorgesehen

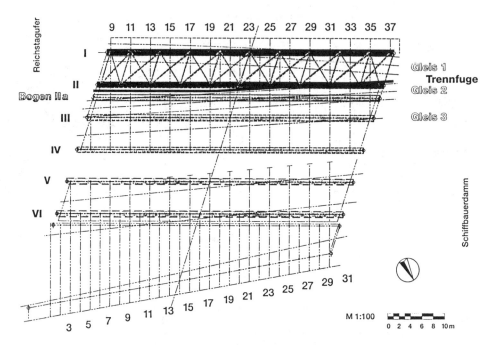

Bild 3: Systemübersicht (Draufsicht) mit Bezeichnung der Achsen bzw. Querträger, Entwurf

– neu gebaut werden, wobei ein zusätzlicher Bogen IIa zwischen den Bögen II und III erforderlich wurde.

3.3 Denkmalgerechter Entwurf und Ausführung

Die Forderungen des Denkmalschutzes betrafen zum einen die zu erhaltenden Bauwerksteile, insbesondere die Bögen I und II aus dem Jahre 1882 sowie die 1936 erneuerten Ständer und Endportale: Sie sollten ausgebessert, eventuell verstärkt, saniert und in ihrer ursprünglichen Funktion weiterhin genutzt werden. Die neu zu errichtenden Tragwerksteile – Fahrbahnplatte, Bahnsteigkonstruktion, Dienstweg mit Kabelkanal und Geländer – sollten nicht, z. B. durch das Aufkleben von Nieten auf eine Schweißkonstruktion, "auf alt" gestaltet werden. Sie sollten jedoch mit der alten Bausubstanz und der neuen Brücke harmonieren.

Besonderes Augenmerk in technischer Hinsicht war auf die Endquerträger- und Fugenausbildung am Übergang zur Eisenbahnüberführung Schiffbauerdamm zu richten. Die Abtragung der Längskräfte aus der einteiligen EÜ Schiffbauerdamm mußte – wie bisher – in die durch eine Querfuge getrennte Spreebrücke erfolgen. Die Aufnahme der Horizontalkräfte aus Bremsen und Anfahren, Wind, Seitenstoß und Fliehkraft erfolgt durch Bremspuffer im Bogenscheitel sowie an den beiden Endportalen am Schiffbauerdamm und Reichstagufer. Eine besondere Schwierigkeit stellte auch die Auflagerung des neuen Bogens IIa aufgrund der sehr beengten Platzverhältnisse dar.

4   BETRIEBLICHE GESICHTSPUNKTE

Auf der Spreebrücke (Bögen I bis VIII) sind die Fernbahngleise 1 bis 4, die S-Bahngleise 5 und 6 und die aus dem Bahnhof Friedrichstraße kommenden Fern- und Regionalbahnsteige A, B

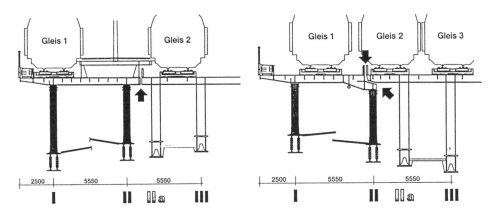

Bilder 4a und 4b: Querschnitte am Reichstagufer (Querträger 9) und am Schiffbauerdamm (Querträger 35), Entwurf

sowie der S-Bahnsteig C angeordnet. In der in Bild 3 dargestellten Systemübersicht ist die Lage der Gleise 1 bis 3 im Verhältnis zur Lage der Bögen I bis IV ersichtlich. Durch die konstruktive Trennung der Fahrbahnplatte tragen die Bögen I und II nach der Instandsetzung nur noch das Nebengleis 1 der Fernbahn.

Aus fachtechnischer Sicht konnte der erarbeiteten Lösung von der Deutschen Bahn AG zugestimmt werden, da eine später eventuelle Erneuerung der Bögen I und II bei Aufrechterhaltung des Fernbahnbetriebes auf den Gleisen 2 bis 4 möglich ist. Die Lage der Trennfuge zwischen den Fahrbahnplatten auf den Bögen I–II und den Bögen IIa–III–IV resultierte nicht nur aus der Lage der Achsen der Gleise 1 und 2, sondern auch aus den geforderten Mindestabständen für die Tröge der "Festen Fahrbahn".

Auf der Stadtbahn wurden die Gleisanlagen sowohl auf der S-Bahn- als auch auf der Fernbahnseite als Feste Fahrbahn erbaut. Im Vergleich zum Schotteroberbau bietet sie wesentliche Vorteile, wie eine stabile und dauerhafte Gleislage, einen niedrigeren Instandhaltungsaufwand und dadurch eine hohe Verfügbarkeit des Fahrweges. Eine besondere Herausforderung stellte ihre Ausführung an den Fahrbahnübergängen dar. Die Spreebrücke am Bahnhof Friedrichstraße schließt an beiden Uferseiten an die jeweils ca. 20 m langen Eisenbahnüberführungen Reichstagufer und Schiffbauerdamm an. Die Verträglichkeit der unterschiedlichen Verformungen an den Übergängen zu diesen Brücken und ihre Auswirkungen auf die Feste Fahrbahn war gesondert zu untersuchen. Die Ergebnisse führten schließlich zu einer Sonderkonstruktion der Festen Fahrbahn in diesem Streckenabschnitt. Anstelle von einzelnen Trögen, deren Länge auf der Stadtbahn üblicherweise 7,60 m beträgt, wurden zwei 2,80 m breite Betonplatten, die sich jeweils vom Scheitel der Spreebrücke bis zur Mitte der Vorlandbrücken erstrecken, eingebaut.

5   NACHWEISKONZEPT

Nach Rücksprache mit dem vom Eisenbahnbundesamt EBA beauftragten Prüfingenieur war es möglich, die Nachweise der Fahrbahnplatte nach der DS 804, die der zu erhaltenden Tragwerksteile nach der für die "Bewertung der Tragsicherheit bestehender Eisenbahnbrücken" geltende DS 805 zu führen. Nach DS 805 ist der Bewertung der Tragsicherheit einer bestehenden Eisenbahnbrücke eine ganzheitliche Betrachtung zugrunde zu legen, die den Zustand des Bauwerkes vor Ort und den vorhandenen Werkstoff berücksichtigt.

377

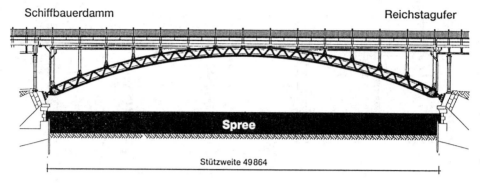

Bild 5: Ansicht der Spreebrücke vom Reichstag aus nach dem Umbau 1998, Entwurf

5.1 *Nachweis nach DS 805*

Beim Nachrechnen bestehender Tragwerke nach DS 805 tritt an Stelle des Betriebsfestigkeits-
nachweises die Ermittlung der Sicherheit gegen Ermüdung. Bedingt durch die oft fehlende
exakte Belastungsgeschichte sowie die weit streuenden Rechenparameter ist ein derartiger
Nachweis nur als Schätzung anzusehen. Zur Bewertung der Stahltragwerke hinsichtlich der
Sicherheit gegen Ermüdung ist der akkumulierte Schaden sowohl aus den Betriebslasten der
Vergangenheit als auch aus den zu erwartenden Betriebslasten der Zukunft zu bestimmen. Für
die Bögen I und II konnte eine ausreichende Sicherheit gegen Ermüdung nachgewiesen werden.
Die Abschätzung der Ermüdungssicherheit für die Zukunft ergab für den geplanten ICE-Ver-
kehr eine mögliche Nutzungsdauer von 60 Jahren.

Schweißeisen weist herstellungsbedingt neben vielen Verunreinigungen einen verhältnismäßig geringen Kohlenstoffgehalt auf. Dieser geringe Kohlenstoffgehalt führt zu einem weichen, walz- und schmiedbaren Material. Insbesondere der Stickstoff- und Phosphorgehalt
können zur Versprödung, der Phosphorgehalt zur Kaltbrüchigkeit führen. Die durch Ein-
schlüsse bedingten Inhomogenitäten führen durch die "Streckung" beim Walzen zur Schich-
tenbildung und damit zu anisotropem Verhalten bei Beanspruchungen aus unterschiedlichen
Richtungen.

Der im Vergleich zum modernen Stahl geringe Kohlenstoff-Gehalt wäre an sich gut im
Hinblick auf die Schweißeignung. Diese wird jedoch i. a. durch die Alterung, d. h. die Abnahme der Zähigkeitseigenschaften, bedingt durch hohen Stickstoff-Anteil sowie das nicht homogene Gefüge so stark herabgesetzt, daß keine Schweißbarkeit mehr gegeben ist.

Um für den weiteren sicheren Gebrauch der historischen Fachwerkbögen Aussagen machen
zu können, war darüberhinaus die Kenntnis der mechanischen Eigenschaften des Schweißeisens notwendig. Diese wurden im Bauwerk durch Bearbeitung (Richten, Nieten usw.), Alterung und Gebrauch beeinflußt.

In den Berichten der BAM Berlin wurden charakteristische Materialkennwerte von
Schweißeisen aus Materialuntersuchungen der EÜ Spreebrücke und anderer Brücken aus der
Zeit von 1874 bis 1890 aufgeführt. Die Aussagen der BAM sind statistisch abgesichert und
zeigten ein insgesamt für Alter und Geschichte der Brücke günstiges Bild.

An tragenden Bauteilen aus Schweißeisen dürfen keine Reparatur- und Verstärkungsarbeiten
mittels Schweißen und auch keine Montageschweißungen, die später wieder entfernt werden,
vorgenommen werden. Dieses ist in der DS 805 festgelegt. Der hohe Stickstoffgehalt von
Schweißeisen infolge der Wärmewirkung beim Schweißen kann zum Sprödbruch (Alterung)
führen. Die Einschränkungen für das Schweißen an den Stahlteilen aus dem Jahr 1936 (St 37)
war bei der Erarbeitung der konstruktiven Details ebenfalls zu beachten.

6 EINIGE ASPEKTE DER PLANUNG UND AUSFÜHRUNG

Bei Planung und Ausführung des erarbeiteten Sanierungskonzeptes waren sowohl konstruktive als auch architektonische Details gleichberechtigt zu beachten. Einige Aspekte werden im folgenden kurz aufgezeigt.

6.1 Konstruktive Details

Der Querschnitt der Fachwerkbogenträger setzt sich aus zwei Gurtungen, die durch ein System von steifen Diagonalen verbunden sind, zusammen. Die Gurtungen bestehen aus je zwei Stehblechen, vier Winkeleisen und ein bis vier Lamellen. Die Zahl der Lamellen wechselt mit der Größe des Moments. Aus der 1884 erschienen "Zeitschrift für Bauwesen" und nach örtlicher Bestandsaufnahme konnte ein Schema, das die Verteilung des Materials und die Lage der Stöße wiedergibt, ermittelt werden. Es war daher möglich, die Fachwerkbögen im rechnerischen Modell sehr genau nachzubilden. Verstärkungen und Auswechslungen waren nicht erforderlich.

Im ursprünglichen Zustand von 1882 waren auf jedem Knoten des Bogenfachwerks – im Abstand von 1,735 m zueinander – sehr leichte, transparente Ständer für die Fahrbahnplatte gelenkig angeschlossen. Im Rahmen von Umbauarbeiten im Jahr 1936 wurden diese Ständer entfernt und durch wesentlich massivere, im Abstand von 3,47 m angeordnete Ständer aus Stahl St 37 ersetzt. Dieser Umbau führte zu einer ungünstigeren Belastung des Fachwerkbogens. Um die auskragende Fahrbahnplatte der Bögen IIa–III–IV errichten zu können, mußten im Zuge der jüngsten Instandsetzungsarbeiten drei Ständer des Bogens II am Ufer Schiffbauerdamm gekürzt werden. Die beiden Endportale an den Ufern Reichstagufer und Schiffbauerdamm konnten nach Anordnung von Verstärkungsblechen in den Rahmenecken erhalten werden.

Die Lager der Fahrbahnplatte auf den Ständerköpfen wurden in ihrer ursprünglichen Form erhalten, im Bogenscheitel war die Rekonstruktion der Bremspuffer erforderlich. Die Fahrbahnplatte wurde als orthotrope, 25 mm dicke Platte aus Baustahl St 37-3 N mit 15 Hauptquerträgern, 4 Zwischenquerträgern im Bogenscheitel und 13 durchlaufenden Längsrippen geplant und ausgeführt. Sie wurde an die daneben liegende Fahrbahnplatte auf den Bögen IIa–III–IV und an die alte Substanz angepaßt. Bedingt durch eine Vielzahl geometrischer Zwangspunkte und vielfältiger Lasteinflüsse aus Fahrbahn, Bahnsteig, Dienstweg, Kabelkanal und Oberleitungsmast ergab sich für die numerische Berechnung ein sehr stark abgestuftes Trägerrostsystem.

6.2 Architektonische Details

Bei der Rekonstruktion der Spreebrücke wurde besonderer Wert auf architektonische Details gelegt. Wie aus der historischen Beschreibung der Spreebrücke hervorgeht, finden sich an der Spreebrücke und den angrenzenden Eisenbahnüberführungen Reichstagufer und Schiffbauerdamm im wesentlichen Bauteile aus den Jahren 1882, 1918, 1936 und nun 1998. Da die Ausführungsplanung der Vorlandbrücken, der neuen Spreebrücke (Bögen IIa–III–IV und V–VI) und der alten Spreebrücke (Bögen I–II) durch drei verschiedene Ingenieurbüros erfolgte, kam der Koordination in technischer, aber auch in architektonischer Hinsicht eine besondere Bedeutung zu.

Als verbindendes Glied zwischen der Spreebrücke, den Vorlandbrücken, dem Übergang zur Bahnhofshalle und den Stadtbahnbögen wurde ein einheitlich gestaltetes, aufwendiges Geländer geplant und hergestellt.

An der Uferseite Schiffbauerdamm war es aufgrund der Lage der Trennfuge und der Gleise 1 und 2 zueinander erforderlich, die Ständer auf Bogen II zu kürzen und, wie in Bild 4b dargestellt, die betroffenen Querträger der Fahrbahnplatte gekröpft auszuführen. Bei der Gestaltung der gekröpften Querträger wurde ebenso wie bei der Neigung der auskragenden Querträger unterhalb des Dienstweges neben Gleis 1 Wert auf eine harmonische Ansicht gelegt.

7 ZUSAMMENFASSUNG

Für die Spreebrücke am Bahnhof Friedrichstraße in Berlin wurde ein Konzept entwickelt, das den Erhalt von zwei 116 Jahre alten schweißeisernen Fachwerkbögen und deren Weiternutzung als funktionsfähiges und betriebssicheres Denkmal ermöglicht. Dies gelingt durch die Trennung der Zwillingsbögen I und II von der übrigen, vollständig zu erneuernden Brückenkonstruktion.

Die Werkstoffkennwerte für das Schweißeisen, die aufgrund zahlreicher Untersuchungen und Messungen als im wesentlichen bekannt und abgesichert angesehen werden konnten, bestätigten einen erhaltenswerten und brauchbaren Zustand für die Bögen I und II. Auch der bauliche Zustand der Spreebrücke vor der Sanierung konnte als insgesamt gut beurteilt werden, Korrosions- und Kriegsschäden waren nur in geringem Umfang vorhanden. Nach Ausführung des erarbeiteten Sanierungskonzeptes sind keine wesentlichen Belastungsänderungen der Haupttragwerksteile, wie Bögen, Ständer, Windverband, Portale und Lager, entstanden, so daß diese ohne besondere Verstärkungsmaßnahmen weiterhin genutzt werden konnten.

Die im Rahmen der Ausführungsplanung erbrachten statischen Nachweise entsprechen dem gemäß DS 805 vorgeschriebenen Nachweiskonzept. Der durch die schrägwinklig laufende Gleislage am stärksten belastete Bogen I weist eine ausreichende Ermüdungssicherheit auf. Bei Ansatz künftiger Verkehrslastmodelle wurde eine rechnerische Restnutzungsdauer von 60 Jahren ermittelt.

Die Spreebrücke am Bahnhof Friedrichstraße zeigt einen gelungenen Kompromiß zwischen den Ansprüchen der Denkmalpflege und der Einbindung erhaltenswerter Bausubstanz in die betrieblichen Anforderungen der Deutschen Bahn AG.

LITERATUR

Berliner S-Bahn-Museum, 1996. *Die Stadtbahn. Ein Viadukt mitten durch Berlin. Baugeschichte von 1875 bis heute.* SIGNAL-Sonderausgabe. Berlin: Verlag GVE.

DBProjekt GmbH Knoten Berlin, Januar 1997. *Sanierung der Stadtbahn.* Berlin: Eigenverlag.

Die Berliner Stadt-Eisenbahn. *Zeitschrift für Bauwesen.* 1884. Jahrgang XXXIV: Seiten 126-134. Berlin: Verlag Ernst & Korn.

DS 804, Januar 1993. *Vorschrift für Eisenbahnbrücken und sonstige Ingenieurbauwerke.* Deutsche Bahn AG.

DS 805, Mai 1991 und Neufassung Januar 1997. *Bestehende Eisenbahnbrücken – Bewertung der Tragsicherheit und konstruktive Hinweise.* Deutsche Bahn AG.

Hilbers, F.-J., 1997. *Spreebrücke – Eisenbahnüberführung am Bahnhof Friedrichstraße.* Berlin: Unveröffentlichte Dokumentation.

Ingenieurgemeinschaft Schultz, Dezember 1996. *Machbarkeitsstudie G 96/120 :Erhalt der Bögen I und II der Spreebrücke am Bahnhof Friedrichstraße.* Bochum: Unveröffentlichtes Gutachten.

Matthews, V., 1996. *Bahnbau.* Stuttgart: Teubner.

Baustatik-Baupraxis 7, Meskourls (Hrsg.) © 1999 Balkema, Rotterdam, ISBN 90 5809 044 2

Experiences with concrete curing control systems

W. J. Bouwmeester
Hollandsche Beton- en Waterbouw bv, Gouda, Netherlands

ABSTRACT: Concrete is a material which achieve its properties after placing during the so-called hydration process. This means that the material and its properties is formed in the definitive construction. Most of the concrete is hardening outside in very different conditions.

The properties of concrete determine the behaviour of material directly, the strength required for formwork removal, or in the future, durability. The durability can decrease by cracks occur during the hydration.

Therefore, attention is risen to the development of the properties during the hydration, called the curing of concrete. First, by monitoring the temperature development during the construction. Nowadays by planning the curing of concrete by computer simulations before construction.

1 WHY CONTROL THE HARDENING OF CONCRETE ?

The requirements for the material concrete are becoming ever higher. Control of concrete hardening is one possible way of satisfying such requirements.

Requirements frequently asked for are :
• A shorter construction program
[earlier release of shuttering, or earlier application of prestressing] To achieve this requires methods for accelerating the hydration of the concrete, methods which must not however reduce the quality of the finished product.
• More controlled construction
Typical examples of these are: specifying maximum allowed temperature differences in the immature concrete; or specifying crack-free concrete. To this end, the hydration process must be strictly controlled.
• Increasing dimensions and higher concrete quality
This leads to even greater stresses in the concrete as a consequence of temperature development during hydration, which must be prevented, or controlled, in every case. The control of the process of concrete hydration is directed chiefly towards improving the durability of the final construction.

2 THE MEANS : CURING CONTROL SYSTEM

By using a curing control system it is possible to simulate the development of the material characteristics of hardened concrete, and, in that way, to control and direct those characteristics.

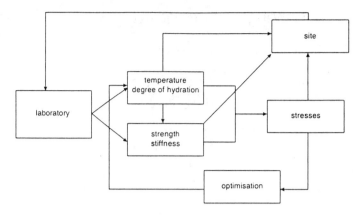

Figure 1 Scheme of curing control system

With the information obtained, the following practical questions can be answered :
• Which are the most favourable concrete profiles, mix proportions, formwork and placing method?
• What to do in changing weather circumstances to maintain a fixed formwork cycle?
• When is the concrete strength sufficient to allow the removal of formwork, or application of prestressing?
• What to do to permit earlier removal of formwork, or earlier prestressing?
• What to do to improve the durability of the construction [control of cracking]?

• The measures proposed are important at all phases of the construction process; therefore they are important for everyone involved in:
• Design of construction works
• Preparing calculations
• Preparation of tenders
• Site construction

The heart of the curing control system is the computer program FeC3S[Finite elements Concrete Curing Control System] that can make exhaustive use of a so-called 'concrete data base'. This data base is backed with test results from the HBW Laboratory, and practical experience from earlier projects.

3 THE LABORATORY

One of the sources of knowledge for the 'concrete data base' [see also figure 1] is HBW's own laboratory.

In this laboratory, the initial requirements for the various concrete mixes are determined, such as the required temperature development and the development of strength during hydration.

4 THE COMPUTER PROGRAM FEC3S

FeC3S is based on the finite element program package ANSYS, an ISO-9001 certified computer program. To this package, various modules have been added to simulate the hydration of concrete in a given construction situation. The modules have been developed within a co-operative working group formed by HBW and Holland Railconsult.

The program makes it possible to work with arbitrary 3-dimensional geometries, and can produce any desired graphical output.

With this module approach, the program is simple to adapt to specific circumstances.

Using FeC3S to simulate the hydration of the concrete and the anticipated construction method, the following information can be obtained :
1]The temperature development in the concrete section.
2]The development of strength and stiffness in the concrete section.
3]The stresses that occur due to developing temperature, strength and stiffness and
4]The prediction of cracking in the concrete.
    Measures than can be used to influence these particular aspects include: cooling, heating, insulation and modifying the concrete mix.

5 THE SITE

The proposed construction approach developed in the simulation - use of cooling or heating, choice of mix proportions, or insulation - is monitored during construction.
    The hydration of the concrete is also monitored by measurements of the actual temperature changes [that occur], and the developing strength.
    These measurements form the essential feed back to the initial starting data. This keeps the concrete data base constantly updated, through which the system remains up-to-date and becomes of increasing value.

6 AN EXAMPLE

A practical example of the use of FeC3S is the connection between a concrete wall and a previously cast floor slab. The question that must be answered:
    Will the concrete in the wall crack during hydration, and should some special measures be taken to limit or prevent it?

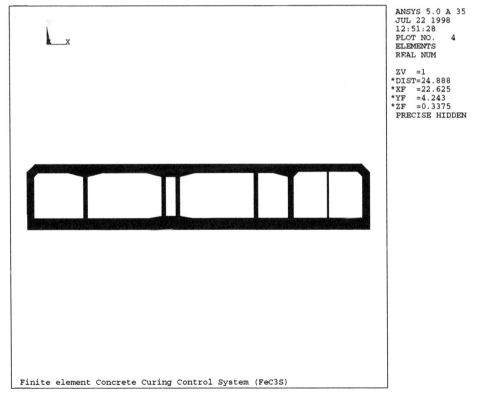

Figure 2 Cross section tunnel element

The example concerns the construction of the tunnel elements of the second Beneluxtunnel in the Netherlands. These large tunnel elements are build in a construction pit near Barendrecht. The definitive place of the tunnel elements will be in the Nieuwe Waterweg in Schiedam. There, the tunnel elements are placed in a salt environment. Therefore, attention is paid to the durability of the construction. One of the requirements is to avoid early age cracking due to hydration is the outer walls. In this example the results of the curing control system for the outer walls are shown.

7 SITUATION

The tunnel elements of the second Beneluxtunnel are one of the largest tunnel elements ever build in the Netherlands. In figure 2 is the cross section shown, which is used in the FeC3S simulation. The dimensions of the elements are:
- width: 45,25m
- height: 8,485m
- length: 140 m
  [one element consists off 7 castings, each 20 m length]
- thickness of outer walls: 0,90m

In the requirements is cooling in the outer walls prescribed to avoid early age cracking due to the hydration.

8 LABORATORY

In the HBW laboratory the input data of the concrete mix for the simulations are determined. The input data consists off an adiabatic temperature development and the strength development for the applied concrete mix. In figure 3 the adiabatic temperature development is shown.

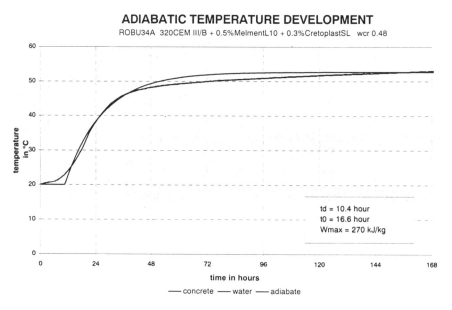

Figure 3 Adiabatic temperature development

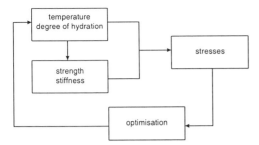

Figure 4 Scheme of framework computer program FeC3S

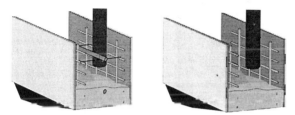

Figure 5 Comparison cooling with cooling pipes and cooling with cooling formwork

9 COMPUTER PROGRAM FEC3S

The framework of computer program FeC3S schematised in figure 4.

The program started with the simulation of the temperature and degree of hydration development. In which the degree of hydration prescribes the process of hydration of the concrete. The strength and stiffness development, based on laboratory tests, is related to the degree of hydration.

Cooling of concrete is in most cases obtained by cast-in cooling pipes. These cooling pipes are placed in the middle of the construction, in this situation in the middle of the wall. The result is that during the casting of the walls, it is very difficult to get into the wall. Cooling pipes are in most cases an obstruction for casting, see figure 5.

For this project the new method of cooling is applied. This method consists off placing the cooling pipes outside the construction in the formwork. The advantage of this method is that is cooling is no longer an obstruction for construction. The cooling is placed together with the formwork. The only which is left for the construction people is switching the cooling on and off at the right moment.

The result of the temperature simulation is shown in figure 6. In this case also curing measures has been taken for the roof slab. These measures consist off heating up the already cast inner walls an cooling the roof slab. In this paper no futher details will be given on these measures.

With this temperature development and the stiffness development the stresses in the tunnel element are simulated. In figure 7 the distribution of the stresses is shown at 672 hours [=28 days].

To judge the stress development the so called crack ratio is used, i.e. the maximum value of the division of the stress by the instantaneous tensile strength of all calculated time steps. In figure 8 the crack ratio for the tunnel element is presented.

385

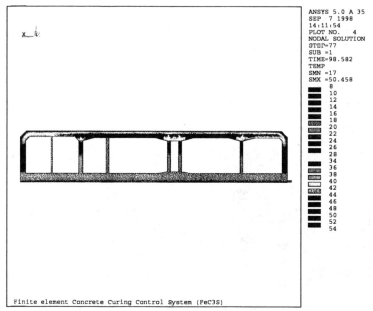

Finite element Concrete Curing Control System (FeC3S)

Figure 6 Temperature distribution at 48 hours after casting

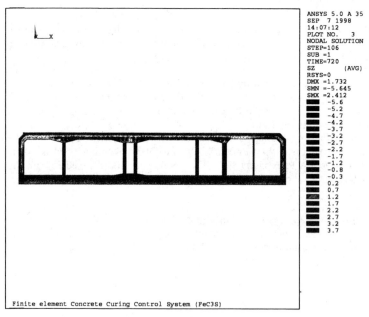

Finite element Concrete Curing Control System (FeC3S)

Figure 7 Stress distribution at 672 hours after casting

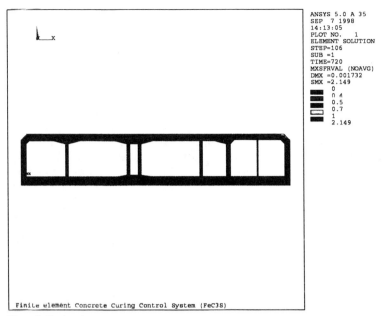

ANSYS 5.0 A 35
SEP 7 1998
14:13:05
PLOT NO.   1
ELEMENT SOLUTION
STEP=106
SUB =1
TIME=720
MXSFRVAL (NOAVG)
DMX =0.001732
SMX =2.149
      0
      0.4
      0.5
      0.7
      1
      2.149

Finite element Concrete Curing Control System (FeC3S)

Figure 8 Crack ratio

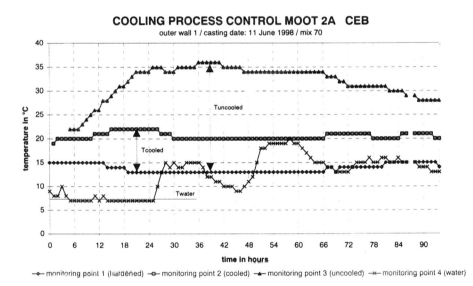

COOLING PROCESS CONTROL MOOT 2A   CEB

outer wall 1 / casting date: 11 June 1998 / mix 70

Figure 9 Monitored temperatures

No early age cracking occurs, if the crack ratio is lower than 0,5 times the instantaneous tensile strength. A risk of early age cracking occurs, if the crack ratio is between 0,5 and 0,7 times the instantaneous tensile strength. This is allowed for small area's. In the figure is shown that the crack ratio in the outer walls is below 0,5. When the outer walls are cooled, there will be no cracking in the outer walls due to the hydration.

10 SITE

The proposed measures, cooling the outer walls with the cooling formwork are applied. At the site the temperature development is monitored. In figure 9 the result of this monitoring is presented.

The following is checked by the differences Tuncooled and Tcooled. These differences should be equal or less than the simulated values.

11 CONCLUSION

The use of concrete curing control systems is a supplement for a better quality in building. It is possible to check the development of the properties of concrete before building, and even more important to control the development of the properties. If the development of the properties is not satisfying in the computer simulation, measures can easily tested on the result. The curing of concrete can be planned after the computer to obtain the right properties. FeC_3S improves the building process and gives a better process control.

Baustatik-Baupraxis 7, Meskouris (Hrsg.) © 1999 Balkema, Rotterdam, ISBN 90 5809 044 2

Erfassung von Temperaturfeldern in Betonbauteilen infolge Hydratationswärme

U. Freundt & A. C. Lopes Madaleno
Professur Verkehrsbau, Bauhaus-Universität Weimar, Deutschland

ZUSAMMENFASSUNG: Hydratation führt zu instationären Temperaturfeldern im Beton. Die rechnerische Ermittlung der Temperaturfelder erfordert die Kenntnis der zeitabhängig freiwerdenden Wärmemenge des Zementes. Diese kann auf der Basis von Meßwerten mathematisch beschrieben werden. Die experimentelle Ermittlung wird unter adiabatischen und isothermen Verhältnissen durchgeführt. Der erforderliche Aufwand der Versuche und der folgenden mathematische Beschreibung ist unterschiedlich hoch. Durch Vergleichsrechnungen werden die Ergebnisse gewertet und Empfehlungen für die Anwendung bei Temperaturfeldberechnungen gegeben. Die Wertung der Berechnungsergebnisse wird durch vorliegende Temperaturmeßergebnisse an einem Hochofenfundament gestützt.

1 PROBLEMSTELLUNG

Zur Formulierung eines zuverlässigen Ansatzes für die Beurteilung der Lebensdauer eines Bauwerkes ist die Kenntnis seiner Belastungsgeschichte, das heißt seine chronologische Beanspruchung über den Herstellungs- und Nutzungszeitraum, nötig.

Im Nutzungszeitraum dominieren die Beanspruchungen aus Last und Zwang. Dagegen ist der Herstellungszeitraum durch den Strukturbildungsprozeß, die Entwicklung der Festigkeiten und des Arbeitsvermögens geprägt. Die wesentlichen Einwirkungen in diesem Zeitraum sind Temperatur und Feuchtedifferenzen. Diese entstehen aus instationären Temperatur- und Feuchtefeldern im Tragwerk, die Eigenspannungen - auch innerer Zwang genannt - im Querschnitt zur Folge haben. Durch die äußere Behinderung der Verformung entstehen zusätzlich Zwangsspannungen. Durch das Kriechen- und Relaxationsvermögen des Betons werden die Spannungen teilweise abgebaut. Überschreiten zu einem bestimmten Zeitpunkt die Zwangsspannungen die Zugfestigkeit bzw. Zwangsdehnungen die Zugbruchdehnung des Betons, so entstehen als Folge Risse im Tragwerk. Zu dieser Problematik wird auf den Vortrag von Schikora/Eierle verwiesen.

Die quantitative und qualitative Kenntnis der instationären Temperatufelder infolge Hydratationswärme ist eine Grundlage zur Beurteilung der Beanspruchung. Die rechnerische Ermittlung der Temperaturfelder benötigt als Basiswert die Wärmeentwicklung des Zementes im Beton. Die experimentelle Ermittlung ist mittels eines adiabatischen oder isothermen Kalorimeter möglich.

Bei der adiabatischen Kalorimetrie wird der Temperaturanstieg im Beton ohne Wärmeverluste gemessen. Daraus wird die Hydratationswärme bestimmt und anschließend über eine Reifefunktion der isotherme Funktionsverlauf ermittelt.

Im Fall der isothermen Kalorimetrie, wie der Differentialkalorimetrischen Analyse (DCA), wird unter konstanter Temperatur die Hydratationswärmemenge- und rate an Zementleimproben gemessen. Daraus kann eine temperaturunabhängige Formfunktion gewonnen werden. Der Einfluß der Temperatur wird mittels einer Geschwindigkeitsfunktion erfaßt.

Durch eine Gegenüberstellung der Hydratationsgrade sind die Verfahren beurteilbar. Beide Berechnungsansätze wurden in das FEM-Programm ANSYS 5.4 implementiert. Die Temperaturberechnung wird am Beispiel eines Hochofenfundamentes durchgeführt. Während der Herstellung des Hochofenfundamentes erfolgten Temperaturmessungen, die als Vergleichswerte genutzt werden.

2 BERECHNUNGSMODELLE ZUR ERFASSUNG DER HYDRATATIONSWÄRME

2.1 Modelle auf Basis adiabatischer Versuchen

Der Hydratationsgrad gibt an, wie weit die Reaktion des Zementes mit dem Anmachwasser bereits fortgeschritten ist. Der Hydratationsgrad wird hier als Verhältnis zwischen der Wärmemenge zu einem gegebenen Zeitpunkt und $t = \infty$ definiert.

$$\alpha = \frac{Q(t)}{Q_\infty} \tag{1}$$

Die Wärmemenge bei vollständiger Hydratation Q_∞ kann entweder aus den Teilwärmen der Klinkerphasen und Zumahlstoffe oder mittels geeigneter Extrapolationsverfahren bei Vorhandensein von DCA-Messungen berechnet werden.

Die Wärmemenge $Q(t)$ wird über die Beziehung

$$Q(t) = \frac{\Delta T(t) \cdot c_b \cdot \rho_b}{Z} \qquad \text{[kJ/kg]} \tag{2}$$

ermittelt. Dabei ist $\Delta T(t)$ die gemessene Temperaturerhöhung in Abhängigkeit vom Betonalter t in [K], c_b die spezifische Wärme des Betons in [kJ/(kgK)], ρ_b die Rohdichte des Betons in [kg/m³] und Z die Zementmenge in [kg/m³].

Zur mathematischen Beschreibung des Hydratationsgrades werden Hyperbel und Exponentialfunktionen verwendet. Dabei muß der S-Verlauf der Funktion erfaßt werden.

Auf der Grundlage durchgeführter adiabatischer Versuche (Naupold 1998) werden beispielsweise die Gleichungen (3) nach (Branco, Mendes & Mirambell 1992), (4) nach (Jonasson 1984) und (5) nach (Wesche 1982) untersucht:

$$\alpha(t_e) = \frac{c + n \cdot EXP\left[-a \cdot (t_e)^{-b}\right]}{Q_\infty}, \tag{3}$$

$$\alpha(t_e) = EXP\left\{-a \cdot \left[LN\left(1 + \frac{t_e}{t_k}\right)\right]^{-b}\right\}, \tag{4}$$

$$\alpha(t_e) = \frac{EXP\left[-a \cdot (t_e)^{-b}\right]}{Q_\infty}. \tag{5}$$

In den Gleichungen (3) bis (5) ist t_e die Reifezeit und die Konstanten a, b, c, d und t_k sind Modellparameter, die mit nichtlinearer Regression (Tabelle 1) ermittelt werden.

Die Gegenüberstellung der Ansätze erfolgt mit Hilfe des Hydratationsgrades am Beispiel eines langsam und eines schnell erhärtenden Zementes (Bilder 1 und 2).

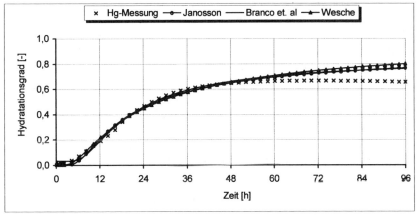

Bild 1: Hydratationsgrad des Betons A

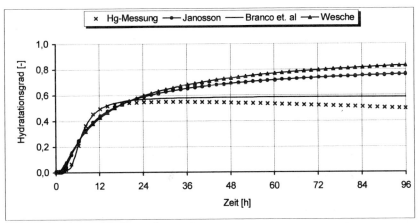

Bild 2: Hydratationsgrad des Betons A

Tabelle 1: Angabe zur Betonzusammensetzung und Parameterbestimmung

Beton		Branco et. al (1992)	Jonasson (1992)	Wesche (1992)
Beton A:	A	108,9	0,61	15,28
CEM III/B 32,5 NW/HS/NA	B	1,70	1,38	0,92
(Werk A)	C	14,7		
Z= 330 kg/m³; w/z=0,6;	t_k		18,53	
Q_∞ = 363,33kJ/kg	N	224,7		
Beton B:	a	224,5	2,45	5,42
CEM I 42,5 R;	b	2,97	1,62	0,74
Z= 450 kg/m³; w/z=0,43;	c	9,61		
Q_∞ = 505,84 kJ/kg	t_k		2,0	
	n	272		

Die Bilder 1 und 2 dokumentieren, daß die Messungen beim Beton A bis 60 Stunden und beim Beton B bis 24 Stunden zuverlässige Ergebnisse liefern. Die rechnerischen Ergebnisse aller Berechnungsansätze führen in diesem Bereich zu guten Übereinstimmungen, wobei der Ansatz nach Branco et. al. aufgrund der höheren Parameteranzahl am anpassungsfähigsten ist.

Die abfallenden Kurven der Messungen außerhalb des angegebenen Zeitraumes widerspiegeln den adiabatischen Zustand nicht mehr. Die Abweichungen zwischen den Ansätze können deshalb nicht beurteilt werden. Aus dem qualitativen Verlauf der drei Funktion ist ersichtlich, daß die Gleichungen (4) und (5) nach Jonasson und Wesche bei höheren Hydratationsgraden eine stärkere Abhängigkeit vom Anfangszustand (Bild 2) als der Ansatz nach Branco (3) liefern.

2.2 Modelle auf Basis isothermer Versuchen (DCA-Versuche)

Die Hydratationswärmeentwicklung $\dot{Q}(t)$ ist bei isothermen Prozessen nur von der Wärmemenge $Q(t)$ abhängig bzw. bei vorgegebener Wärmemenge $Q(t)$ nur eine Funktion der Temperatur.

Trägt man $\dot{Q}(t)$ in Abhängigkeit von $Q(t)$ auf, so stellt man fest, daß das Maximum von $\dot{Q}_{max}(Q)$ für unterschiedliche Temperaturen immer an der gleichen Stelle Q_w auftritt. Das erlaubt eine Entkopplung des Funktionsansatzes der Hydratationswärmemenge (Formfunktion) und der Temperatur (Geschwindigkeitsfunktion).

Zur Beschreibung der Formfunktion (Hydratationsrate) werden die Gleichungen (6) nach (Schlüßler 1989) und (7) nach (Schutter und Taerwe 1995) untersucht:

$$f(\alpha) = \frac{\dot{Q}(t)}{\dot{Q}_{max}} = \left(\frac{\alpha(t) - \varepsilon}{\alpha_w - \varepsilon}\right)^m \cdot \left(\frac{1 - \alpha(t)}{1 - \alpha_w}\right)^n \tag{6}$$

$$f(\alpha) = \frac{\dot{Q}(t)}{\dot{Q}_{max}} = c \cdot \{SIN[\alpha(t) \cdot \pi]\}^a \cdot EXP(-b \cdot \alpha(t)) \tag{7}$$

Dabei ist in Gl. (6) $\alpha(t)$ der aktuelle Hydratationsgrad, α_w der Hydratationsgrad beim Wendepunkt der Formfunktion, $\dot{Q}_{max}$ die maximale Hydratationswärmeentwicklung bei einer Standardtemperatur T_S (25° C) im Versuch und ε ein Parameter, welcher die Dauer der Induktionsphase steuert. Weiterhin sind a und b Modellparameter zur Beschreibung der "Schiefe" der Funktion. In Gleichung (7) stellen a, b und c Modellparameter dar. Die Parameter sind in Tabelle 2 angegeben.

Tabelle 2: Parameter der Formfunktion

Autor			CEM I 42,5 R	CEMIII/B HS/NW/NA (Werk A)	CEMIII/B HS/NW/NA (Werk B)
Schlüßler		m	0,71	0,39	1,14
		n	3,67	2,13	8,99
		α_w	0,19	0,14	0,17
		ε	0,05	0,03	0,05
Schutter et. al.		a	1,14	0,67	1,09
		b	7,30	4,42	9,37
		c	6,70	2,62	6,29

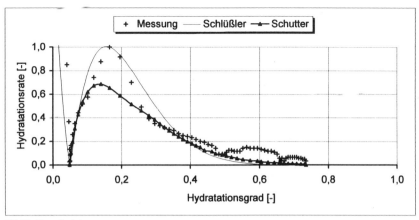

Bild 3: Formfunktion

In Bild 3 werden die beiden Formfunktionen am Beispiel des Zementes CEMIII/B 32,5 S/NW/NA (Werk B) dargestellt. Dort ist zu erkennen, daß die Gl. (7) nach Schutter die Induktionsphase nicht erfaßt. Sie und gilt deswegen nur ab diesem Zeitpunkt. Wird der Einfluß der Temperatur berücksichtigt, können in der Anfangsphase unterschiedliche Hydrtationsgrade in beiden Modelle entstehen.

Die Geschwindigkeitsfunktion wird mit Hilfe der Arrheniusfunktion gewonnen (Schutter et. al.1995):

$$g(T) = q_{max} \cdot EXP\left[\frac{E}{R} \cdot \left(\frac{1}{T_S} - \frac{1}{T_i}\right)\right] \tag{8}$$

Dabei ist R = 0,00831 kJ/mol.K die universelle Gaskonstante, E_a = 33,5 kJ/mol die Aktivierungsenergie ($\forall\ T_i \geq 273\ K$) und T_i die aktuelle Temperatur in Kelvin.

Die Hydratationswärmeentwicklung $\dot{Q}(t)$ lautet dann:

$$\dot{Q}(t) = f(\alpha) \cdot g(T) \tag{9}$$

2.3 Vergleiche der Berechnungsmodelle

Um beide Berechnungsmodelle vergleichen zu können, werden die adiabatischen Versuche mit der Gl. (9) nachgerechnet. Daraus wird der Hydratatiosgrad unter Verwendung der Formfuktion nach Schlüßler, Gl. (6), bestimmt.

In Bild 4 sind die Hydratationsgrade aus der adiabatischen Messung, aus dem Ansatz nach Jonasson, Gl. (4), und aus dem Ansatz nach Schlüßler in der Gl. (9) dargestellt.

Es ist zu erkennen, daß bei größeren Hydratationsgraden, die Gl. (9) höhere Werte liefert. Da die Formfunktion in Gl. (9) an die Meßwerte angepaßt wurde, kann die Ursache nur bei der Geschwindigkeitsfunktion liegen. Das scheint der Grund dafür zu sein, daß (Schlüßler 1990) eine aus der Arrheniusfunktion abgeleitete Geschwindigkeitsfunktion verwendet hat. Diese hat einen S-Verlauf und erfaßt den Temperatureinfluß besser. Die Bestimmung der Parameter dieser Funktion erfordet zusätzliche isotherme Versuche an Zementen unter unterschiedlichen Tempe-

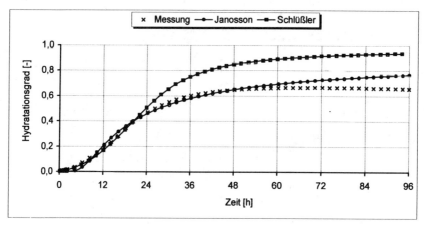

Bild 4: Vergleiche der Hydratationsgrade beide Modellvorstellungen am Beispiel des Betons 1 (CEMIII/B 32,5 HS/NW/NA -Werk B).

raturen. Aus diesem Grund wird der Ansatz nach Jonasson für praktische Temperaturfeldberechnungen empfohlen.

3 ERMITTLUNG VON TEMPERATURFELDERN IN BAUTEILEN

Der Temperaturverlauf im Bauwerk folgt der Fourierschen Wärmeleitungsgleichung

$$c \cdot \rho \cdot \frac{\partial T}{\partial t} - \frac{\partial}{\partial x}\left(\lambda_x \frac{\partial T}{\partial x}\right) - \frac{\partial}{\partial y}\left(\lambda_y \frac{\partial T}{\partial y}\right) - \frac{\partial}{\partial z}\left(\lambda_z \frac{\partial T}{\partial z}\right) = \dot{Q}(t \tag{10}$$

Bei isotropem Werkstoff und konstanter Wärmeleitfähigkeit λ reduziert sich Gl. (10) auf die Form

$$c \cdot \rho \cdot \frac{\partial T}{\partial t} - \lambda \cdot \left(\frac{\partial^2 T}{\partial x^2} + \frac{\partial^2 T}{\partial y^2} + \frac{\partial^2 T}{\partial z^2}\right) = \dot{Q}(t) \tag{11}$$

Dabei sind x, y und z kartesische Koordinaten. Die Hydratationswärmemenge $\dot{Q}(t)$ wird in dem Abschn. 2 ermittelt.

Die Wärmeübergangsbedingungen werden durch die Newton'schen Abkühlungsgesetzes (Konvektion) und die Stefan-Bolzmann'sche Gleichung (Strahlung) erfaßt.

Mit dem FEM-Programm ANSYS 5.4 kann die Fouriersche Wärmeleitungsgleichung gelöst werden. Ein Ansatz zur Beschreibung der inneren Wärmeentwicklung ist jedoch im ANSYS 5.4 nicht vorhanden. Da die Software eine flexible Struktur hat, wurden die Ansätze der Hydratationswärmeentwicklung entsprechend Abschnitt 2 dort implementiert.

Für die Darstellung der Ergebnisse wird ein Hochofenfundament mit der Geometrie nach Bild 5 genutzt. Für dieses Fundament wurden im Vorfeld Temperaturberechnungen unter Verwendung konkreter Zementdaten und einem Ansatz des Hydratationsgrades nach Jonasson (Gl. 4) geführt, um die Herstellungsanleitung geben zu können. Danach erfolgte ein schichtweise Einbringen des Betons. Die Reihenfolge der Herstellung ist Bild 5 zu entnehmen. Gleichzeitig sind

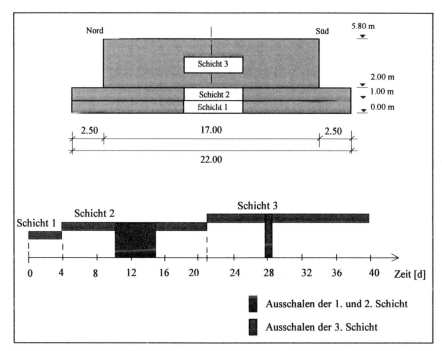

Bild 5: Modell der ersten Schicht

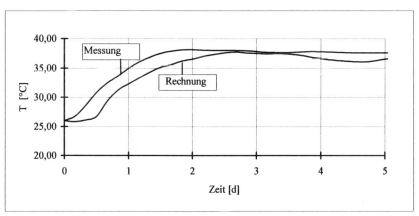

Bild 6: Temperaturverlauf in den Ränder (oben und unten) einzelner Schichten

während der Herstellung Temperaturmessungen (Freundt & Madaleno 1995) durchgeführt worden. Da ein Vergleich der Temperaturberechnungen und Temperaturmessungen an dieser Stelle im Vordergrund steht, wird nur die Ergebnisdarstellung der erster Schicht genutzt. Bei der weiteren Schichtfolgen sind weitergehende Einflüsse von Bedeutung, auf die hier nicht eingegangen werden kann.

In Bild 6 ist ein Vergleich zwischen Rechnung und Messung dargestellt. Die Rechenergebnisse liegen in den ersten Tagen über den Meßergebnisse, wobei die maximale Abweichung 5 K beträgt. Das kann als gute Übereinstimmung zwischen Rechnung und Messung gewertet werden.

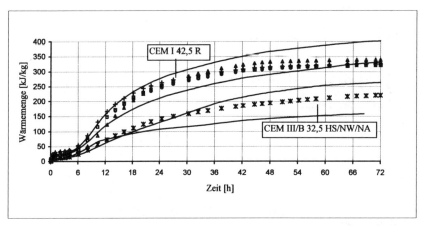

Bild 7: Streuung der Hydratationswärmenge

Es wurde gezeigt, daß eine wirklichkeitsnahe Ermittlung von Temperaturfeldern in Bauteilen wesentlich von der Beschreibung der Hydratationswärmeentwicklung des Zementes abhängt. Dies ist nur mit den Kenntnissen des real verwendeten Zementes möglich. Selbst gleichartige Zemente unterschiedlicher Hersteller weisen diesbezüglich Streuungen auf, wie Bild 7 zeigt. Der Aufwand gezielter Messungen der Zementwärmeentwicklung ist erforderlich. Für die mathematische Beschreibung wurden Empfehlungen gegeben.

LITERATUR

Branco, F.A, Mendes, P. A. & Mirambell, E., 1992: Heat of Hydration Effects in Concrete Structures. ACI Materials Journal, V. 89, No. 2, March-April: 139-145.

De Schutter, G. & Taerwe, L., 1995: General Hydrataion Model forPortland Cement and Blast Furnace Slag Cement. Cement and Concrete Research, Vol. 25, No. 3: 593-604.

Freundt, U. & Lopes Madaleno, A. C., 1995: Meßtechnische Untersuchungen der Temperatur infolge Hydratationswärmeentwicklung im Hochofenfundament, Weimar: Bauhaus Universitaet Weimar, (unveröffentlicht).

Jonasson, J. E., 1984: Slip from Construction - Calculation for Assessing Protection Against early Freezing. Swedish Cement and Concrete Research Institute, No. 4.

Naupold, S., 1998: Sicherung der Betonqualität bei der Herstellung von Brücken. Weimar: Bauhaus Universitaet Weimar, Diplomarbeit.

Schlüßler, K-H. & Mcedlov-Petrosjan, O., 1990. Der Baustoff Beton. Berlin: VEB Verlag für Bauwesen.

Wesche, K., 1982: Bautstoffkennwerte zur Berechnung von Temperaturfeldern in Betonbauteilen. Festschrift Prof. Dr. Riessauw, Genf, 1982.

Baustatik-Baupraxis 7, Moskouris (Hrsg.) © 1999 Balkema, Rotterdam, ISBN 90 5809 044 2

Verbundkonstruktionen aus Holz und Mauerwerk
– ein Tragwerks- modell

H.-A. Biegholdt & R. Thiele
Institut für Statik und Dynamik der Tragstrukturen, Universität Leipzig, Deutschland

ZUSAMMENFASSUNG: Für die Bundwand (keine Fachwerkwand!) wird ein statisches Modell zur Berücksichtigung der Abtragung der vertikalen Lasten über Holz und Mauerwerk aufgezeigt. Die untersuchte Konstruktion aus ½-Stein-Mauerwerk kommt ausschließlich in historischen Gebäuden mit Standzeiten von über 100 Jahren vor. Unter Berücksichtigung der Kriech- und Schwindeinflüsse kann die Annahme der vertikalen Lastabtragung über die Holzstiele nur eine grobe Näherung bedeuten, die durch die in der Praxis angetroffene "presse" Füllung der Gefache einer Hinterfragung bedarf.

Unter Annahme der knickaussteifenden Wirkung der Holzstiele und der Abtragung der Vertikallast über die Ausfachung birgt die bisher unberücksichtigte Tragwirkung des Mauerwerks große Tragreserven für das Gesamtbauteil.

1 KONSTRUKTION UND MATERIAL

1.1 *Konstruktion*

Die Bundwand als wirtschaftliche Variante der Scheidewand stellt eine "abgemagerte" Fachwerkkonstruktion dar (Bild 1). Der Holzanteil ist drastisch reduziert. Bis auf die Wände im

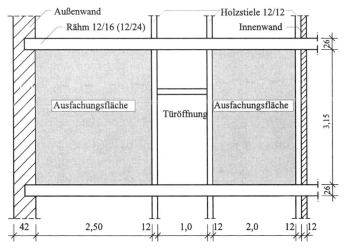

Bild 1:   Darstellung der untersuchten Verbundkonstruktion (Beispiel)

Dachgeschoß entfallen in der Regel die Schrägstreben, wodurch der technologische Ablauf stark vereinfacht wird. Die Holzstiele aus Nadelholz haben einen auf die Wandstärke abgestimmten Querschnitt von 12/12cm.

Oberen und unteren Abschluß der Wandscheibe bilden Rähme, die gleichzeitig Deckenbalken sein können, woraus unterschiedliche Querschnitte resultieren; meist 12/16 oder 18/24.

Die Bundwand ist als Holzkonstruktion geschoßweise aufgeführt. Nach derzeitigem Kenntnisstand ist die Ausfachung gleichfalls geschoßweise hergestellt, d.h. nach dem Aufbringen der Balkenlage wurde die Wandscheibe fertiggestellt. Der Anschluß an die Holzkonstruktion wurde stumpf ausgeführt. Die in Zimmerer- und Maurerhandbüchern dargestellte Verbindung mit ausgekerbten Steinen oder Nägeln wurde bislang nicht angetroffen. Einzige feststellbare Maßnahmen zur Herstellung eines Formschlusses waren Ausbeilungen im Holz mit gestopfter Mörtelfuge zwischen Ausfachung und Holzstiel sowie Verspannen mittels Buchenkeilen.

Durch das gebräuchliche "Auswintern" vor dem Einsetzen der Fenster kann vom Erreichen einer Gleichgewichtsfeuchte bei überdeckten offenen Bauwerken ausgegangen werden, die mit dem nachfolgenden "Trockenwohnen" weiter gesenkt wurde.

1.2 *Material*

Die erforderlichen Mengen an Bauholz waren nur mit schnellwachsenden Gehölzen aufzubringen. Das Nadelholz aus Kiefern und Fichten verdrängte das hochwertige Eichenholz.

Die Holzgüte ist, ob der augenscheinlichen Auswahl durch den Zimmermeister, vereinfachend der heute gebräuchlichen Sortierklasse 10 (Nadelholz) zuzuordnen.

Der Bedarf an Ziegeln bewirkte einen sprunghaften Anstieg in der Anzahl der Abbauorte für Lehm und der Ziegeleien. In Abhängigkeit von Standort und Zulieferer streut die Steingüte somit sehr stark. Auch die in später errichteten Gebäuden verwendeten Maschinenziegel weisen sehr unterschiedliche Festigkeiten auf. Selbst innerhalb eines Gebäudes ist die Streuung groß.

Bei Untersuchungen sind in zwei fast zeitgleich (1874 und 1876) errichteten Gebäuden an vier Wänden drei verschiedene Steinfestigkeitsklassen (Bild 2) ermittelt worden.

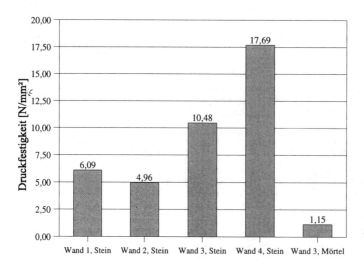

Bild 2:   Unterer wahrscheinlicher Wert der Druckfestigkeit der Ziege bzw. des Mörtels (Wand 3) in den vier untersuchten Wänden

Die Mörtelgüte unterliegt stark dem Alterungsprozeß, so daß eine chemische Analyse hinsichtlich der Mörtelzusammensetzung zum Zeitpunkt der Erstellung keine Aussage zur gegenwärtigen Mörteldruckfestigkeit zuläßt. Das zu verzeichnende Aussanden nach Entfernung der Putzoberfläche und die partielle Probenentnahme lassen für die überwiegende Anzahl der untersuchten Mauerwerkkonstruktionen die Zuordnung in Mörtelgruppe I zu.

2 MODELLBILDUNG

2.1 *Ausgangspunkt*

Kennzeichen der Fachwerkkonstruktion ist die Lastabtragung über Stabelemente, die frei von Biegebeanspruchung sind. Durch die Ausbildung von Stabknoten ist dies bei der klassischen Form der Fachwerkwand gegeben. Die Aussteifung durch Kopfbänder und Streben z.B. dem Andreaskreuz ergeben eine Scheibenwirkung des Bauteils. Die Ausfachung bewirkt lediglich die Dichtigkeit der Gebäudehülle bzw. der Trennwände. Die Tragwirkung der Ausfachung (Die Fache werden nachträglich mit Lehm, Strohwickel oder Mauerwerk ausgefüllt.) wird nicht berücksichtigt. Die Bauordnung der Stadt Dresden von 1905 legt in § 113 fest: "Die Ausfüllung der Gefache ist indessen nie als tragend in Rechnung zu stellen."

Bei Annahme einer ausschließlichen Tragwirkung der Holzstiele liegt die Beanspruchung einer bis ins Erdgeschoß geführten Bundwand durch den großen Stielabstand von über 2,0m ca. beim 4-fachen der zulässigen Last. Versagen ist jedoch nicht eingetreten, weil die Annahme der klassischen Fachwerkwand nicht das tatsächliche Tragverhalten erfaßt.

2.2 *Ersatzstabmodell mit biegesteifem Rähm zur Erfassung der Lastanteile*

Bei einem festgestellten minimalen Abstand der Holzstiele von 1,85m liegt der Flächenanteil der Holzstiele bereits unter 10% (12/185*100= 6,5%). Die Steifigkeit der Ausfachung ergibt sich bei konstanter Wanddicke aus der Wanddruckfestigkeit. Selbst bei einer Ausführung mit porosierten Ziegeln SFK 4 in MG I entspricht die Steifigkeit 12% der Holzsteifigkeit (1200/10000*100%= 12%). Demzufolge wäre der Anteil der Vertikalast im Mauerwerk mindestens doppelt so hoch wie der des Holzstiels anzusetzen.

Selbst bei einem überwiegenden Anteil und höherer Steinfestigkeit kann jedoch die alleinige Lastabtragung nicht über das Mauerwerk nicht erfolgen, da bei sehr großen Höhen der Ausfachungsfläche die Knickgefährdung der Wand deren Tragvermögen drastisch reduziert.

Ist die Streckenbelastung der Fachwerkwand ausschließlich den Holzstielen zugewiesen, so wird

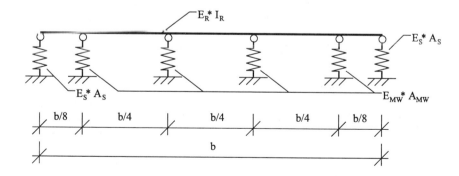

Bild 3: Stabmodell mit Federn zur Berücksichtigung der Steifigkeit von Holzstiel und -rähm sowie Mauerwerk

die Gebrauchslast q_0 bei gleichem Stielquerschnitt durch den Stielabstand bestimmt.

Bei der Annahme einer gemeinsamen Tragwirkung von Holz und Mauerwerk kann der Lastanteil der Ausfachung in Abhängigkeit von den Materialeigenschaften quantifiziert werden. Die Wandscheibe wird in einem ersten Schritt als elastisch gebetteter Balken abgebildet. Die Federsteifigkeit der Mauerwerksausfachung und der Holzstiele wird mit Stabelementen erfaßt. Die Stabquerschnitte werden durch die arithmetischen Teilung der Wandlänge und die Wanddicke mit einer angenommenen Steifigkeit definiert. (Bild 3)

In Auswertung der ersten Annäherung wird die Annahme bestätigt, daß die quantifizierbaren Lastanteile des Mauerwerks bedeutend größer sind, als die der Holzstiele.

Da die elastische Bettung nicht die Möglichkeit des Knickens aus der Wandebene heraus berücksichtigt, wird für ausgewählte Steinfestigkeitsklassen die Knicklast ermittelt. Der Nachweis wird mit DIN 1053-1 (1996) geführt. Bei jeder beliebigen modellhaft vorgegebenen Steifigkeit tritt das Versagen der Ausfachung vor dem Erreichen der Gebrauchslast q_0 ein.

Reserven der Tragfähigkeit sind somit in Verbesserung des Mauerwerksmodells zu erfassen. Die stabilisierende Wirkung der Holzstiele an den vertikalen Rändern, analog der Annahme einer vierseitig gehaltenen Wandscheibe reduziert deren Knicklänge. Der Holzstiel bleibt vertikal annähernd belastungsfrei und wird auf Biegung beansprucht.

2.3 Randbedingungen

Die realitätsnahe Erfassung des Tragverhaltens wird durch die Annäherung an eine Plattentragwirkung der Ausfachung erwartet.

Demnach kommt den Randbedingungen besondere Bedeutung zu. Die an den horizontalen Rändern durch Rähm und Auflast gegebene Einspannung kann nicht bedingungslos auf die vertikalen Ränder übertragen werden.

In vorgenommenen Untersuchungen zum Kontaktbereich zwischen Holzstiel und Mauerwerk ist in der überwiegenden Anzahl der Fälle festgestellt worden, daß der Anschluß der Ausfachung stumpf gestoßen wurde. Das Fehlen des Formschlusses bedingt die Annahme einer Kraftübertragung durch Reibungskräfte.

Durch die Verformung der Wand aus ihrer Ebene kommt es zur Verspreizung zwischen den Stielen (Euler & Biegholdt 1997). Die Reibungskraft ist größer, als die zur Stabilisierung der vertikalen Ränder der Wandscheibe erforderliche Auflagerkraft. Demnach kann für die Ausfachungsfläche die vierseitige Lagerung angenommen werden.

Im Unterschied zur DIN 1053-1 (1996) ist diese Lagerung aber nicht starr, sondern durch die Biegesteifigkeit des Holzstiels charakterisiert. Die Lagerungsbedingungen des Holzstiels sind durch die gegebene Ausführung mit Zapfen in oberen und unteren Rähm definiert. Die Horizontalkräfte werden vom Rähm in die anschließenden Massiv- oder Bundwände abgetragen. Deren Wirkung als aussteifende Scheibe, ist selbst im Stahl- oder Betonrahmen hinlänglich nachgewiesen (Schmidt 1993, Wang 1993).

2.4 Plattenmodell

Mit der Annahme einer vierseitig gehaltenen Wand kann die Ausfachung als Plattenscheibe bemessen werden. Das Ersatzstabmodell gestattet eine rechnerische Reduzierung der Knicklänge auf b/2, da die Geometrie der Ausfachung generell b < h ergibt. Die Beanspruchung resultiert aus der Auflast und der planmäßigen Ausmitte, die gleichfalls nach DIN 1053-1 (1996) ermittelt wird.

Aus der Verformung der seitlichen vertikalen Ränder entsteht für die Ausfachung ein zusätzlicher Anteil an elastischer Stabverformung und Verformung infolge Kriechens.

Bei Beibehaltung der zulässigen Beanspruchung ist für die Plattenbemessung ein Beiwert zu bestimmen, der den Einfluß der seitlichen Verformung erfaßt. D.h. es sind für das gewählte System die Schnittkräfte nach Theorie II. Ordnung zu bestimmen. Mit dem Rechenmodell nach (Mann & Fasser 1996) wird die aus der Ausmitte resultierende Biegebeanspruchung der Wand mit der durch eine Horizontallast verglichen. Die horizontalen Auflagerkräfte sind bestimmbar und ergeben gleichzeitig die Verformung der seitlichen Holzstiele. Daraus kann der zusätzliche Anteil an Verformung f_2 in Wandmitte ermittelt und die zulässige Auflast bestimmt werden.

Das Plattenmodell beinhaltet ausschließlich die Ausfachungsfläche. Die Tragglieder aus Holz stellen für die Platte die Randbedingungen dar. Demzufolge sind Holzstiele und Rähm für die Beanspruchung aus der Platte nachzuweisen, um z.B. deren Knickversagen auszuschließen.

3 PRAKTISCHE VERSUCHE

Das Modell der an den vertikalen Rändern elastisch gelagerten Mauerwerksscheibe soll durch praktische Versuche an vier in vorhandenen Gebäuden bestehenden Wänden unterschiedlicher Geometrie bestätigt werden. Der Versuch wird bis zur Rißbildung gefahren. Durch jeweils zwei Traversen an Ober- und Unterseite der zu untersuchenden Ausfachungsfläche wird über Zugstangen eine definierte Belastung eingetragen (Bild 4).

Die Verformung der Ausfachung und des Holzstiels aus der Wandebene heraus wird in Abhängigkeit von der Belastung mit Wegaufnehmern gemessen. Der weggesteuerte Versuch ermöglicht die Ermittlung der Bruchlast.

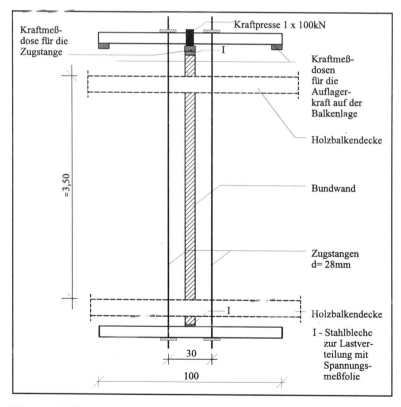

Bild 4: Modell der Lasteinleitung zur Ermittlung der Verformungen aus der Wandebene heraus sowie der Bruchlast

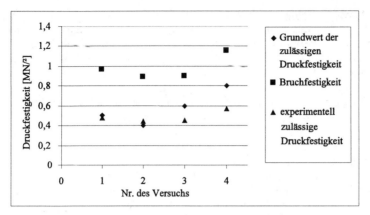

Bild 5:   Vergleich der experimentell ermittelten mit den zulässigen Druckfestigkeiten der Wände

In den Versuchen wurden Bruchspannungen erreicht, die weit über den Grundwerten der zulässigen Druckspannung liegen. Nach (Pieper 1983) kann für experimentell ermittelte Tragfähigkeiten bestehender Konstruktionen der Sicherheitsbeiwert auf $\gamma=2{,}0$ reduziert werden. Die in Bild 5 dargestellten Versuchsergebnisse ergeben damit für niedrige Mauerwerksfestig-keiten eine zulässige Spannung in der Wand die etwa dem Grundwert der zulässigen Spannung entspricht. (Der Ausreißer von Versuch 3 erklärt sich dadurch, daß der Versuch vor dem Erreichen der Bruchfestigkeit abgebrochen werden mußte, da sich durch eine Vorschädigung in der Wand ein Schubkeil bildete, der die Außenwand drohte nach außen zu drücken.)

4   ERMITTLUNG DER TRAGLAST MIT DER FEM (ANSYS)

Die Anzahl der praktischen Versuche ist durch finanzielle und technische Möglichkeiten beschränkt. Zur Unterlegung der am vereinfachten Modell und im Versuch gewonnenen Ergebnisse wird die FEM genutzt, die Standsicherheit der Konstruktion zu bestimmen.

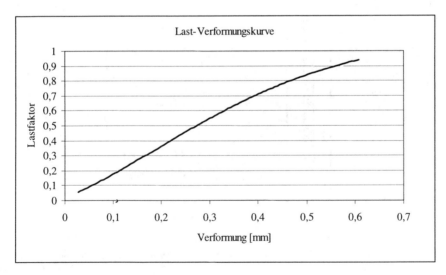

Bild 6: Last-Verformungskurve für b/h= 1750/2750mm, SFK 4, MG I

Die analytische Untersuchung des Tragverhaltens zeigt gute Übereinstimmung mit einer Vergleichsrechnung (Siebeneichler 1997) mittels der FEM (ANSYS).

Das Tragverhalten ist sehr duktil. Die Kraft-Verformungskurve für den Wandmittelpunkt und eine ausgewählte Geometrie belegt dies (Bild 6). Vergleichsrechnungen für verschiedene Höhen-Breitenverhältnisse und unterschiedliche Steinfestigkeiten zeigen signifikant Lastreserven auf.

Diese resultieren aus der konsistenten Formulierung der Randbedingungen einer vierseitig gehaltenen Platte. Abgehend vom Stabmodell haben die seitlichen vertikalen Ränder keine Vorverformung. Die seitliche Lagerung zum Holzstiel wurde in den durchgeführten Testrechnungen mit einem starren Kontaktelement abgebildet.

Bei niedriger Mauerwerksdruckfestigkeit der Ausfachung bedingt das Verformungsvermögen eine große Verspreizungskraft zwischen den Holzstielen. Die Stiele erfahren eine geringe vertikale Last und werden durch die Ausfachung vorwiegend horizontal belastet.

Im Vergleich zur Bemessung nach DIN 1053-1 (1996) werden für das Gesamtsystem größere aufnehmbare Lasten ermittelt, die eine generell höhere Tragfähigkeit ergeben, wobei das Sicherheitsniveau zusätzlich von Geometrie und Material abhängt.

5 AUSBLICK

Die vorgestellten Untersuchungen belegen, daß die Tragfähigkeit der Bundwand durch das Bemessungsmodell Verbundkonstruktion besser erfaßt wird.

Mit der sich daraus ergebenden Möglichkeit des Tragsicherheitsnachweises kann planungsseitig diese historische Verbundkonstruktion genauer zu bewerten. Der Erhalt historischer Bausubstanz wird unter dem besonderen Anspruch der Nutzungsfähigkeit, die oft mit der Erhöhung des Lastniveaus verbunden ist, erleichtert. Verstärkungs- oder Ersatzmaßnahmen werden reduziert bzw. unnötig.

Für herkömmliche Fachwerkkonstruktionen sind mit dem vorgestellten Modell gleichfalls Lastreserven zu quantifizieren, die die vorhandene hohe Tragfähigkeit der Fachwerkscheiben im Vergleich zu einer Bemessung als Stabtragwerk erklären. Unterschiedliche Ausfachungsmaterialien können, hinsichtlich ihrer Steifigkeit bewertet, in die Bemessung einbezogen werden.

LITERATUR

Euler, M., Biegholdt, H.-A. 1997, Auflagerreaktion einer Mauerwerkausfachung bei Plattenbeanspruchung, *LACER No. 2*: 397-412, Universität Leipzig.

Mann, W., Fasser, H., 1996, Untersuchungen zur vertikalen Traglast von mehrseitig gehaltenen gemauerten Wänden unter Berücksichtigung der Biegezugfestigkeit des Mauerwerks, *Mauerwerkkalender 1996*: 615-619. Berlin: Ernst & Sohn.

Schmidt, T. J. H., 1993, *Untersuchungen zum Tragverhalten von Stahlbetonrahmen mit Ausfachungen aus Mauerwerk*, Fortschrittberichte VDI, Reihe 4: Bauingenieurwesen, Nr. 121

Siebeneichler, J., 1997, *Theoretische Untersuchung des Zusammenwirkens von Fachwerk und Ausfachung an einer Wand in Bundwandbauweise*, Universität Leipzig.

Wang, M., 1993, Ermittlung der Steifigkeit eines die Mauerwerksausfachung ersetzenden Diagonaldruckstabs, *Bautechnik* 70 (1993) Heft 6: 325-329.

Baustatik-Baupraxis 7, Meskouris (Hrsg.) © 1999 Balkema, Hotterdam, ISBN 90 5809 044 2

Überwachung von Fernseh- und Fernmeldetürmen

P. Osterrieder & B. Beirow
Lehrstuhl für Statik und Dynamik, Brandenburgische Technische Universität Cottbus, Deutschland

ZUSAMMENFASSUNG: Der zunehmende Einsatz von Systemen zur meßtechnischen Dauerüberwachung von hochbeanspruchten Ingenieurbauwerken resultiert aus der Forderung, tatsächliche
Bauwerksantworten und den Zusammenhang zwischen Bauwerkseinwirkungen und -antworten
möglichst realitätsnah abzubilden und damit präzise Aussagen zur Gebrauchsfähigkeit ableiten zu
können. Am Beispiel des Fernmeldeturms Cottbus wird ein hybrides Meß- und Analysesystem
vorgestellt und Strategien zur Weiterverarbeitung der ermittelten Meßdaten entwickelt, mit denen
ausgehend von einer diskreten Meßstellenanzahl eine Abschätzung der dynamischen Bauwerks-
reaktion des Kontinuums gelingt. Unter Verwendung Neuronaler Netze wird ein alternatives
Verfahren zur Ableitung von Korrelationsbeziehungen zwischen Bauwerkseinwirkungen und -
antworten infolge beliebiger Erregungen erarbeitet, welches sich auf die Meßergebnisse des Monitoringsystems stützt.

1 ZIELSTELLUNG

Die Kenntnis der statischen und dynamischen Reaktionen von Ingenieurbauwerken infolge veränderlicher Einwirkungen ist eine wesentliche Voraussetzung zur Beurteilung ihrer Gebrauchsfähigkeit. In der Regel bedient man sich hierfür deterministischer und stochastischer Berechnungsmethoden um das Verhalten infolge vorgegebener Einwirkungen zu untersuchen. Oftmals sind
jedoch insbesondere dynamische Erregermechanismen im Detail unbekannt oder besitzen zufälligen
Charakter wie in den Fällen von Verkehrsbelastungen durch Fahrzeuge bei Brücken oder Windbela-
stungen an hohen Bauwerken. Die Bestimmung der realen Einwirkungen und deren Verteilung
einerseits sowie die Antwort des Bauwerks andererseits auf diese Beanspruchung im Gebrauchs-
und Traglastbereich gelingt mittels eines effektiven Überwachungssystems. Die in diesem Zusammenhang zu beobachtende Entwicklung zum Monitoring von Bauwerken besteht aus einer
permanenten meßtechnischen On-line-Erfassung und Auswertung der Bauwerkseinwirkungen und
-antworten. Da aus Rationalisierungsgründen in der Regel nur wenige Stellen zur Meßerfassung zur
Verfügung stehen, müssen ausgehend von den Meßorten Verfahren zur Abschätzung der Antwort
an jeder Stelle des Tragwerks entwickelt werden. Ist das Eigenschwingverhalten der Struktur
bekannt, kann eine Entwicklung auf der Grundlage modaler Analyse erfolgen.

Die in Verbindung mit der Dauerüberwachung gewonnenen Daten stellen den Ausgangspunkt
zur Ableitung von Korrelationsbeziehungen zwischen Einwirkungen und Strukturantworten dar.
Aufgrund des unscharfen Charakters der Daten bietet sich in diesem Zusammenhang zur Verarbeitung der gewonnenen Meßdaten der Einsatz Neuronaler Netze an, welche zur Lösung derartiger Problemstellungen gute Eignung besitzen.

Der Lehrstuhl Statik und Dynamik der BTU Cottbus führt seit 1995 Untersuchungen zum
dynamischen Verhalten des Fernmeldeturms (FMT) Cottbus durch, die im April 1997 durch die

Installation eines Monitoringsystems erweitert wurden. Die damit ermittelten Daten stellen die Grundlage dar für die in dieser Arbeit geschilderten numerischen Betrachtungen.

2 DER FERNMELDETURM COTTBUS

2.1 *Bauwerk und Winderregung*

Beim FMT Cottbus (Bild 1) handelt es sich um einen Typenturm der Deutschen Telekom AG, dessen Errichtung im Winter 1994/5 abgeschlossen wurde. Er besitzt eine Gesamthöhe von 137,86 m. Der zweigeteilte Stahlbetonschaft erhebt sich bis ca. 111 m Höhe und hat einen kreisförmigen Querschnitt. Der untere Schaftbereich bis ca. 85 m ist mit einer Innenwand zur räumlichen Abtrennung der Treppe vom Fahrstuhlschacht mit Installationsleitungen versehen, wodurch der Turm ein geringfügig unterschiedliches Schwingverhalten in Richtung der Hauptträgheitsachsen aufweist. Im Bereich der Betriebskanzel in ca. 80 m Höhe verringert sich der Durchmesser von 5,7 m auf 4,5 m. Auf den Stahlbetonschaft ist in 112 m Höhe eine 26,5 m lange Stahlrohrantenne mit ebenfalls kreisförmigem Querschnitt von ca. 1,0 m Durchmesser aufgesetzt.

Das hohe und schlanke Turmbauwerk wird beansprucht durch die ständigen Einwirkungen des Turmes selbst und der Antennen sowie der veränderlichen Einwirkungen aus Schnee, Wind und Eisbesatz. Die wesentlichen dynamischen Erregungen entstehen zum einen aus der Böigkeit des Windes, die zu einer Turmbewegung in Windrichtung führt. Zum anderen erfolgen an Bauwerken mit kreisförmigen Querschnitten regelmäßige Wirbelablösungen, die infolge von Oberflächendruckunterschieden zu harmonischen Erregerkräften senkrecht zur Anströmrichtung führen. Diese Kräfte sind, ebenso wie die zugehörigen Erregerfrequenzen, in erster Linie von der lokalen Reynoldszahl abhängig und werden wesentlich durch Wechselwirkungen von Strömungsmedium und Struktur beeinflußt. Im Rahmen der normengestützten Tragwerksplanung werden diesen Einflüssen wie in (DIN 1056) und (DIN 4131) Rechnung getragen durch dynamische Lasterhöhungsfaktoren und den Nachweis der Betriebsfestigkeit. Die dynamischen Lasterhöhungsfaktoren in Abhängigkeit vom Schwingungsverhalten der Struktur führen zu einer Reduktion der Tragfähigkeit infolge des ausschließlich ´statischen´ Windes. Der Einfluß von Querschwingungen auf die Betriebsfestigkeit basiert auf einer Ermittlung der sich daraus ergebenden Lastspielzahl und der maximalen Schwingbreiten.

Die in der Tragwerksplanung zu berücksichtigende Windeinwirkung nach (DIN 1055T4, DIN 1056) stützt sich auf verallgemeinerte Beiwerte, die aus Windkanalversuchen an Grundkörpern (z.B.

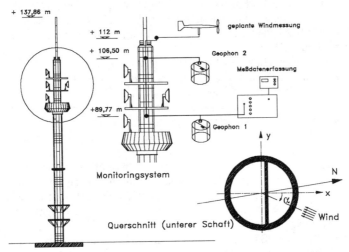

Bild 1: FMT Cottbus mit Monitoringsystem und Achsbezeichnungen

Zylindern) oder Messungen an ähnlichen Bauwerken abgeleitet werden. Die Berechnungen sind damit auch auf Grund des stochastischen Windcharakters zwangsläufig gewissen Unsicherheiten unterworfen. Eine realistische Wertung derartiger Berechnungen ist durch den Vergleich mit den am Bauwerk selbst ermittelten Meßergebnissen möglich. Für den FMT Cottbus werden entsprechende Daten im Rahmen eines dort installierten Dauerüberwachungssystems gesammelt.

2.2 Monitoringsystem und Überwachungsstrategie

Im April 1997 wurde durch den Lehrstuhl für Statik und Dynamik der BTU Cottbus am FMT Cottbus das in Bild 1 dargestellte Monitoringsystem installiert. Die dynamische Bauwerksantwort wird kontinuierlich durch zwei Geophone im oberen Schaftbereich erfaßt, welche durch ausgewählte Schwinggeschwindigkeit-Zeit-Verläufe sowie Maximalwerte und quadratische Mittelwerte über 10 Minuten repräsentiert wird. Die Speicherung der Meßdaten wird durch ein PC - unabhängiges Meßdatenerfassungsgerät sichergestellt, welches darüber hinaus in der Lage ist, erste Vorauswertungen vorzunehmen. Die Windgeschwindigkeiten werden parallel dazu in Form von 10 - Minutenmittelwerten ihres Betrages und ihrer Richtung in 10 m Höhe auch an der durch den Lehrstuhl für angewandte Physik betriebenen Wetterstation der BTU Cottbus gemessen und mit den FMT-Werten verglichen.

Ziel aller Meß- und Auswerteanalysen ist es, das Wissen über den aktuellen Zustand des Bauwerks, sein Langzeitverhalten und die verursachenden Einwirkungen zu verbessern. Wesentliche Komponenten einer effektiven Dauerüberwachung werden abgedeckt. Dies sind eine globale Zustandsüberwachung durch Beobachtung dynamischer Verschiebungen, Neigungen und Schwinggeschwindigkeiten, Eigenfrequenzen und maßgeblicher Schwingungsformen, die indirekte Beanspruchungsprüfung (DGZfP 1997) und eine realistischere Abbildung des Zusammenhanges zwischen tatsächlichen Einwirkungen und dynamischen Bauwerksantworten. Aus der Kenntnis dieser Daten lassen sich Aussagen zur Gebrauchsfähigkeit des Bauwerks, z. B. der maximalen Antennenneigungen, der kritischen Schwinggeschwindigkeiten bezüglich des Turms selbst und des Wohlbefindens der sich im Turm aufhaltenden Menschen, in diesem Zusammenhang sei auf Resonanzerscheinungen infolge Querschwingungen hingewiesen, sowie Prognosen zur Betriebsfestigkeit, ableiten. Damit verbunden ist zunächst allerdings die Aufgabe, ausgehend von - im Fall des FMT Cottbus - zwei diskreten Meßstellen auf die Bewegung und das Verhalten der Gesamtstruktur zu schließen. Ein dafür geeignetes Verfahren, basierend auf modaler Analyse, wird daher im folgenden Abschnitt bereitgestellt.

3 EXTRAPOLATION DES STRUKTURVERHALTENS

Prinzipiell ist eine Abschätzung der dynamischen Bauwerksantwort der Gesamtstruktur auf der Grundlage einer einzigen Meßstelle unter Verwendung einer modalen Analyse möglich. Die Eigenformen, nach denen die Antwort entwickelt wird, müssen in diesem Fall aus einer numerischen Berechnung oder besser, wie für den FMT Cottbus der Fall, aus einer Systemidentifikation bekannt sein (Schroth & Osterrieder & Beirow 1996), deren Ablauf sich wie folgt gestaltete:

− Entwicklung eines Stabwerksmodells aus den bautechnischen Unterlagen und Berechnung unterer Eigenfrequenzen ($f_1....f_4$)
− meßtechnische Erfassung von $f_1....f_4$
− Ermittlung relevanter globaler Steifigkeiten (Biegsteifigkeiten und Kippsteifigkeit des Bodens) im Rahmen einer Sensitivitätsanalyse
− Ableitung eines modifizierten, den aktuellen Tragwerkszustand repräsentierenden Berechnungsmodells durch Variation der relevanten Steifigkeiten des ursprünglichen Berechnungsmodells mit der Forderung der Angleichung gemessener und berechneter Eigenfrequenzen

Mit Hilfe abgeleiteter Fourierspektren aus der meßtechnischen Dauerüberwachung und zugehöriger quadratischer Mittelwerte der Schwinggeschwindigkeit können damit entsprechende mittlere Zeitverläufe für jeden Punkt der Struktur generiert werden. Bei dem Verfahren wird von der berechtigten Annahme ausgegangen, daß das Frequenzspektrum der erregenden Kräfte, für die im wesentlichen der stochastische Wind verantwortlich ist, einem weißen Rauschen gleichzusetzen ist (Luz 1986), so daß sich lediglich die Eigenfrequenzen der Struktur im Antwortspektrum durchsetzen.

Demzufolge ist für den mittleren Zeitverlauf der dynamischen Verschiebung eines beliebigen Ortes die Wahl eines Ansatzes sinnvoll, der sich aus Vielfachen der zu berücksichtigenden Eigenschwingungsanteile, in unserem Fall der ersten 4, zusammensetzt:

$$u(x,t) = b_1 \cdot q_{01}(x) \cdot \sin(\omega_1 \cdot t - \varphi_1) + b_2 \cdot q_{02}(x) \cdot \sin(\omega_2 \cdot t - \varphi_2) + \ldots + b_4 \cdot q_{04}(x) \cdot \sin(\omega_4 \cdot t - \varphi_4) \qquad (1)$$

ω_i	Eigenkreisfrequenzen	$i = 1 \ldots 4$
$q_{0i}(x)$	Eigenformen	
φ_i	Phasenwinkel	
b_i	Verstärkungsfaktor des jeweiligen Schwingungsanteils	

Durch Differenzieren von Gl. (1) nach der Zeit erhält man die Schwinggeschwindigkeiten:

$$\dot{u}(x,t) = b_1 \cdot \omega_1 \cdot q_{01}(x)\cos(\omega_1 \cdot t - \varphi_1) + b_2 \cdot \omega_2 \cdot q_{02}(x)\cos(\omega_2 \cdot t - \varphi_1) + \ldots + b_4 \cdot \omega_4 q_{04}(x) \cdot \cos(\omega_4 \cdot t - \varphi_4)$$

$$= a_1 \cdot \frac{q_{01}(x)}{q_{01}(x_{Meß})}\cos(\omega_1 \cdot t - \varphi_1) + a_2 \cdot \frac{q_{02}(x)}{q_{02}(x_{Meß})}\cos(\omega_2 \cdot t - \varphi_2) + \ldots + a_4 \cdot \frac{q_{04}(x)}{q_{04}(x_{Meß})}\cos(\omega_4 \cdot t - \varphi_4) \qquad (2a)$$

Für die betrachtete Meßstelle $x = x_{Meß}$ gilt:

$$\dot{u}(x_{Meß},t) = a_1 \cdot \left(\cos(\omega_1 \cdot t - \varphi_1) + c_2 \cdot \cos(\omega_2 \cdot t - \varphi_2) + \ldots + c_4 \cdot \cos(\omega_4 \cdot t - \varphi_4) \right)$$

$$= a_1 \cdot f(t) \qquad (2b)$$

mit

$$c_2 = \frac{a_2}{a_1}, \qquad c_3 = \frac{a_3}{a_1}, \qquad c_4 = \frac{a_4}{a_1}$$

$c_{2 \ldots 4}$	meßtechnisch ermittelte Amplitudenpeakverhältnisse der Eigenfrequenzen im Fourierspektrum der Schwinggeschwindigkeiten
$f(t)$	zeitabhängiger Anteil der Schwinggeschwindigkeit am Meßort

Der letzte freie Parameter a_1 wird durch die Forderung nach Gleichheit der RMS-Werte (und damit auch der mittleren kinetischen Energie) der linken und rechten Seite in Gleichung (2b) bestimmt:

$$a_1 = \frac{RMS\ (\dot{u}(x_{Meß},t))}{RMS\ (f(t))} \qquad (3)$$

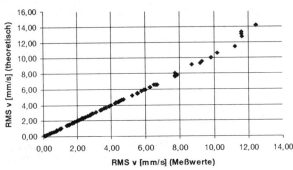

Bild 2: Vergleich gemessener und vorhergesagter quadratischer Mittelwerte von Schwinggeschwindigkeiten in x - Richtung für Geophon 2

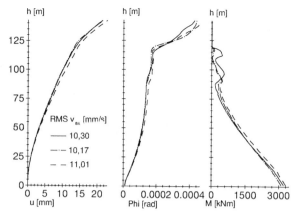

Bild 3: Ausgewählte Verläufe von Maximalwerten der Verschiebung, Neigung und Biegemoment unter Angabe des vorherrschenden RMS-Wertes der Schwinggeschwindigkeit bei Geophon 1

Mittels der Ergebnisse zweier Meßstellen kann das Verfahren überprüft werden, indem beispielsweise von den Messungen des unteren Geophons (Geophon 1) auf die Bauwerksantwort am Ort des oberen Geophons (Geophon 2) geschlossen wird. Bild 2 zeigt, daß die entsprechenden Ergebnisse insbesondere für den unteren Schwinggeschwindigkeitsbereich nahezu exakt die Ideallinie treffen. Die geringfügigen Abweichungen bei hohen Schwinggeschwindigkeiten sind darauf zurückzuführen, daß der Meßbereich der Geophone begrenzt ist. Dieser Effekt zeigt sich insbesondere beim oberen Geophon, bei welchem auch die größeren Schwinggeschwindigkeiten auftreten. Die gemessenen Schwinggeschwindigkeiten fallen damit zwangsläufig zu klein aus.

Das vorgestellte Verfahren erlaubt die Bestimmung von Maximalwertverläufen (Grenzlinien) dynamischer Verschiebungen, Neigungen und Biegemomente. Bild 3 zeigt einige der maximalen dynamischen Bauwerksantworten seit Installation des Monitoringsystems. Für eine präzisere Beurteilung der Gebrauchsfähigkeit (zulässige Antennenneigungen, Betriebsfestigkeit) ist die Kenntnis dieser Größen eine wesentliche Voraussetzung. Die Berechnungen von Neigung und Moment basieren auf Differentiationen ausgehend vom Verlauf der Verschiebungen. Die Multiplikation mit der über die Turmhöhe unstetigen lokalen Biegesteifigkeit verursacht neben der aufrauhenden Wirkung des Differenzierens zusätzliche numerische Probleme. Aus diesem Grund wurde eine Glättung vorgenommen.

4 NUMERISCHE ERMITTLUNG DYNAMISCHER BAUWERKSANTWORTEN

4.1 Deterministische und stochastische Untersuchungen

Übliche Verfahren zur Berechnung böenerregter Schwingungen bedienen sich stochastischer Methoden im Frequenzbereich (Chmielewski 1985). Diese Verfahren arbeiten i.d.R. auf der Basis modaler Analyse und gemessener Böenspektren, aus denen die generalisierten Leistungsspektren der erregenden Kräfte berechnet und gemäß Übertragungstheorie das Leistungsspektrum der Bauwerksverschiebungen und -schwinggeschwindigkeiten ermittelt wird. Daraus ergeben sich schließlich die entsprechenden Varianzen der Schwingungsantworten. Im Falle wirbelerregter Querschwingungen (Dyrbye & Hanson 1997, Vickery & Clark 1972) kommen darüber hinaus auf Grund des harmonischen Erregungscharakters auch deterministische Verfahren zur Anwendung, die im Zeitbereich operieren und in denen versucht wird, die den Querschwingungsmechanismus beeinflussenden Größen explizit einzeln zu berücksichtigen. Generell stützen sich die Methoden auf eine Reihe von Annahmen, angefangen von der Verwendung von Kraftbeiwerten aus Windkanalversuchen an

Grundkörpern und anderer empirischen Koeffizienten bis hin zur Verwendung idealisierter Windgeschwindigkeitsprofile. Die komplexen und im Detail teilweise ungeklärten Wechselwirkungsmechanismen zwischen Strömungsmedium und Bauwerk können hierbei nicht vollständig abgebildet werden. Dazu gehören beispielsweise Einflüsse von Antennenaufbauten, dreidimensionale Strömungseffekte und aerodynamische Dämpfungseinflüsse.

Insbesondere bei deterministischen Berechnungen ist eine Bestätigung der Meßergebnisse mit erträglichem Aufwand nur bedingt realisierbar. Stochastische Verfahren können lediglich Überschreitungswahrscheinlichkeiten angeben (Bilder 4 und 5).

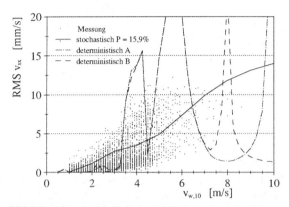

Bild 4: Berechnung wirbelinduzierter Schwingungen (Schwinggeschwindigkeiten)
Stochastisch: Überschreitungswahrscheinlichkeit 15,9 %
Deterministisch A: lockin-Effekt n. Feng, Phasengleichheit für d=const, B: lockin-Effekt n. Feng

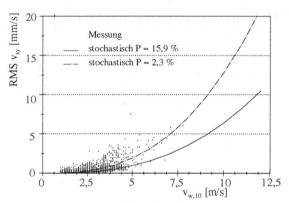

Bild 5: Vergleich von gemessenen und theoretisch
berechneten Schwinggeschwindigkeiten (böenerregte Schwingungen)

4.2 Untersuchungen mittels Neuronaler Netze

Unter Neuronalen Netzen versteht man lernfähige Systeme, die sich ihr Wissen durch wiederholte Präsentation von Ein- und Ausgangsgrößen, dem sogenannten Training, aneignen und schließlich in der Lage sind, auf beliebige, nicht zum Training verwendete Eingänge korrekt zu reagieren. Sie sind aus elementaren Bausteinen, den Neuronen, aufgebaut, die schichtweise angeordnet und durch ihre Aktivierung charakterisiert sind. Die Neuronen sind zwischen den Schichten miteinander verbunden. Durch Aufsummieren der Gewichte dieser Verbindungen, die das eigentliche Wissen des Netzes speichern und während des Trainingsvorgangs variiert werden, erhalten die Neuronen ihre Aktivierung. Trainierte Netze zeichnen sich durch ihre Fähigkeit aus, nichtlineare und unscharfe Zusammenhänge abbilden zu können, wie sie auch bei der Gegenüberstellung von Windeinwirkung und Turmantwort vorliegen. Eine weitere Motivation für den Einsatz Neuronaler Netze zu diesem Zweck resultiert aus dem Wunsch einer möglichst realitätsnahen Angleichung der gemessenen "Wirklichkeit" an die numerisch ermittelte Prognose. Es liegt daher nahe, dafür eine möglichst repräsentative Auswahl von Meßergebnissen zum Training zu nutzen. Als Trainingsgrößen fungieren aus der meßtechnischen Dauerüberwachung bekannte Paare von Ein- und Ausgabemustern (Wind- und Schwingungsmeßgrößen). Mit dem trainierten Netz können schließlich beliebigen, nicht zum Training verwendeten Windsituationen passende Bauwerksantworten zugewiesen werden. Auf Grund ihrer Zuverlässigkeit und ihrem stabilen Verhalten werden am häufigsten vorwärtsgekoppelte Netze, die sich der Backpropagation Lernregel bedienen, verwendet. Ein zusätzlicher Term bei diesem auf der Basis eines Gradientenabstiegsverfahrens zur Fehlerminimierung arbeitenden Lernverfahren, der sogenannte Momentumterm, wirkt abrupten Gewichtsänderungen entgegen (Zell 1994) und bewirkt ein sichereres Konvergenzverhalten. Dieser Netztyp wird auch für die nachfolgenden Betrachtungen verwendet.

Alle hier untersuchten Netze verwenden zwei Eingangsgrößen in Form von richtungsgewichteten mittleren Windgeschwindigkeitsquadraten in 10 m Höhe zur Berücksichtigung des physikalischen Aspektes einer Erregerkraftproportionalität. Als Ausgangsgröße fungieren RMS - Werte der Schwinggeschwindigkeiten in x - und y - Richtung in 106,50 m Turmhöhe. Die untersuchten Netze unterscheiden sich in der Auswahl der Trainingsdaten, der Anzahl der Schichten und Neuronen sowie in der Zahl der Trainingsepochen. Ihren prinzipiellen Aufbau zeigt Bild 6.

Tabelle 1 stellt drei der untersuchten Netze vor. Netz A ist mit der Einschränkung versehen, daß zwei aufeinander folgende 10-Minutmittelwerte der Windgeschwindigkeit um maximal 0,1 m/s voneinander abweichen dürfen. Damit soll der Umstand berücksichtigt werden, daß der Wirbelablösemechanismus vornehmlich bei konstanter Windgeschwindigkeit angefacht wird. Die Netze A und B sind bezüglich des quadratischen Mittelwertes der Schwinggeschwindigkeit v_{sx} in 8 Klassen eingeteilt innerhalb derer eine vorgegebene Anzahl von Trainingsmustern nicht überschritten werden darf. Alle Netze verwenden nur Trainingsmuster, denen ein Bereich der Windgeschwindigkeit von $v_{w,10}$ = 1 - 10 m/s, einer resultierenden Schwinggeschwindigkeit von v_s = 0 - 14 mm/s und Anströmwinkel von α = 80 - 100° bzw. α = 260 - 280° (vgl. Bild 1) zuzuordnen ist.

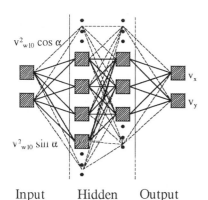

$v^2_{w10} \cos \alpha$

$v^2_{w10} \sin \alpha$

v_x

v_y

Input   Hidden   Output

Bild 6: Prinzipieller Aufbau Neuronaler Netze

Tabelle 1: Netzübersicht

Netz	versteckte Neuronen	Gewichte	Trainingsdaten	Epochen	sonstiges
A	8	32	247	20000	$\Delta v_{10} \leq$ 0,1 m/s, klassiert
B	8	32	288	15000	klassiert
C	2 x 20	440	4042	100	unklassiert

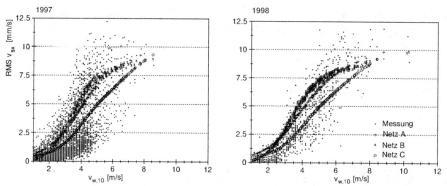

Bild 7: Güte Neuronaler Netze im Falle wirbelinduzierter Schwingungen: Für das Netztraining verwendete (links) und nicht verwendete Meßdatensätze (rechts)

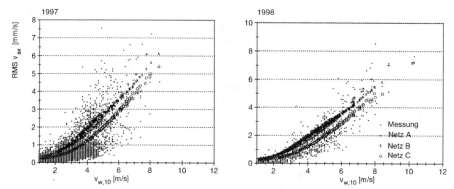

Bild 8: Güte Neuronaler Netze im Falle böeninduzierter Schwingungen: Für das Netztraining verwendete (links) und nicht verwendete Meßdatensätze (rechts)

Die Bilder 7 und 8 stellen Meßdatenwertepaaren die zugehörigen Berechnungen der Neuronalen Netze gegenüber. Sowohl zur Abbildung von im Trainingsprozeß berücksichtigten als auch unberücksichtigten Meßdaten liefern die Netze akzeptable Ergebnisse, d.h. der prinzipielle Zusammenhang zwischen Windgeschwindigkeit parallel zur y-Achse und Schwinggeschwindigkeit in x- und y-Richtung wird tendenziell richtig wiedergegeben. Trotz einer starken Streuung der Meßwerte gelingt es, den Zusammenhang verhältnismäßig scharf abzubilden. Abweichungen in den Randbereichen, insbesondere für große Wind- und Schwinggeschwindigkeiten sind auf den Umstand zurückzuführen, daß sich das Training der Neuronalen Netze auf eine globalen Fehlerminimierung stützt. Die Netze A, B und C repräsentieren lediglich eine Auswahl aus der Vielzahl der untersuchten Netze. Die qualitativen Unterschiede untereinander sind gering, ein detaillierter Vergleich bezüglich des mittleren Fehlers gestaltet sich allerdings schwierig, da die Netze von sehr unterschiedlichen Voraussetzungen im Hinblick auf die Trainingsdatenauswahl ausgehen. Allerdings deuten bereits diese 3 Netze an, welch vielfältige Möglichkeiten in dieser Richtung bestehen.

Ein Vergleich der Ergebnisse der Neuronalen Netze mit jenen aus konventionellen Berechnungen zeigt bezüglich der Abweichungen von den Meßergebnissen ein zweifellos günstigeres Verhalten Neuronaler Netze zur Vorhersage von Bauwerksantworten. Unsicherheiten in Modellierungsfragen wie die Annahme von Parametern hinsichtlich der Wechselwirkung Strömung-Bauwerk und die Anwendung empirischer Formeln werden durch diese Vorgehensweise umgangen. Mit dem Einsatz Neuronaler Netze orientiert man sich ausschließlich an tatsächlich auftretenden Einwirkungs-Antwort-Kombinationen. Das Verfahren ist demzufolge als zweckmäßige Alternative im Hinblick auf Prognosen zum Erhalt der Gebrauchsfähigkeit des Bauwerks zu betrachten.

5 SCHLUSSBEMERKUNGEN UND KONSEQUENZEN

Das vorgelegte Konzept zur Gestaltung einer Dauerüberwachung des FMT Cottbus auf der Basis eines minimalen meßtechnischen Umfangs zielt einerseits darauf ab, zuverlässige Aussagen zur Gebrauchsfähigkeit des Bauwerks treffen zu können. Die Bereitstellung der hierfür notwendigen Grundlagen, wie die Ableitung realistischer Abschätzungen dynamischer Neigungs- und Momentenverläufe über die Turmhöhe, steht im Vordergrund der Betrachtungen. Andererseits werden durch die Entwicklung eines auf Neuronalen Netzen beruhenden Verfahrens neue Möglichkeiten zur wirklichkeitsnahen Abschätzung dynamischer Bauwerksantworten aufgezeigt.

Zukünftige Entwicklungen verfolgen das Ziel, Warnkriterien für Zustände eingeschränkter Gebrauchsfähigkeit zu definieren. Der meßtechnische Umfang muß aus diesem Grund dahingehend erweitert werden, daß auch statische Bauwerksantworten, die nach dem derzeitigen Entwicklungsstand nur theoretisch berücksichtigt werden können, im Gesamtkonzept verankert werden. Gegenwärtige Überwachungsrichtlinien, die sich im wesentlichen auf äußerliche Sichtkontrollen stützen, aber auch Berechnungsvorschriften, können zukünftig durch die Ergebnisse von Monitoringsystemen sinnvoll ergänzt werden.

LITERATUR

Chmielewski, T. 1985. The Influence of the Spatial Correlation on Dynamic Response of Industrial Chimneys under Wind Gust Loading. *Proc. of the 6th Colloquium on Industrial Aerodynamics*: 215 - 221. Aachen

DIN 1055 T4 1986. Lastannahmen für Bauten, *Verkehrslasten, Windlasten bei nichtschwingungsanfälligen Bauten*. Berlin: Beuth

DIN 1056 1984. Freistehende Schornsteine in Massivbauart, *Berechnung und Ausführung*. Berlin: Beuth

DIN 4131 1991. Antennentragwerke aus Stahl. Berlin: Beuth

Dyrbye, C. & Hanson, S. O. 1997. *Wind loads on structures*. Chichester: John Wiley&Sons.

Luz, E. 1986. Bestimmung von Bauwerksparametern und -zuständen mit Hilfe von Schwingungsmessungen unter stochastischer Anregung. *Materialprüfung*. Band 28, Nr. 6, 173-177

Merkblatt Nr. 9 der Deutschen Gesellschaft für zerstörungsfreie Prüfung e.V. DGZfP 1997. *Automatisierte Dauer überwachung im Ingenieurbau*. Berlin

Schroth, G. & Osterrieder, P. & Beirow, B. 1996. Dynamic Diagnostic of Transmission Towers, *Proc. on 2nd International Conference "Structural Dynamics Modelling"*. 153 - 164. Cumbria.

Vickery, B. J., & Clark, A. W. 1972. Lift or across-wind response of tapered stacks. *Journal of Structural Division, ASCE*. 98. 1 - 20

Zell, A. 1994. *Simulation Neuronaler Netze*. Bonn: Addison-Wesley Publishing Company

Baustatik-Daupraxis 7, Meskouris (Hrsg.) © 1999 Balkema, Rotterdam, ISBN 90 5809 044 2

Zustandsanalyse und Restnutzungsdauer älterer Stahlbrücken

K. Brandes, R. Helmerich & J. Herter
Bundesanstalt für Materialforschung und -prüfung, BAM, Berlin, Deutschland

ABSTRACT: Für die zutreffende Bewertung und die Erhaltung der alternden Infrastruktur bedarf es jeweils einer umfassenden Zustandsanalyse und einer Abschätzung der noch vorhandenen Tragsicherheit und der Restnutzungsdauer bei ermüdungsbeanspruchten Bauwerken. In den letzten Jahren sind die Fortschritte auf diesem Gebiet des Ingenieurwesens bedeutsam und haben auch den Blick dafür geschärft, daß sich diese Aufgabe deutlich von der des Entwurfs unterscheidet. Nicht zuletzt gaben umfangreiche Ermüdungsversuche an kompletten Originalbauteilen aus frühem Flußstahl und Schweißeisen Aufschluß über konstruktions- und verbindungsspezifische Schwachpunkte. Das Rißwachstumsverhalten alter Stähle wurde untersucht. Zerstörungsfreie Prüfverfahren wurden im Großversuch erprobt und ergänzen die Aussagen von Messungen vor Ort durch zuverlässigen Aussagen zum möglichen Vorhandensein von Rissen in verdeckten Bauteilen .

1 EINFÜHRUNG

Der seit langem immer deutlicher zu erkennende Trend vom Neubau zur Erhaltung von Bauten, insbesondere von Brücken, ist jetzt auch von ministerieller Seite als öko-politische Aufgabe betont worden[1]. Die Ebbe in den Kassen der öffentlichen Hand hat sicherlich zu dieser Neubesinnung beigetragen. Daß damit nicht nur eine Wende bei den entscheidenden Verwaltungen notwendig ist, sondern daß vielmehr neue Denkweise und Verfahren gefragt sind, hat in dankenswerter Klarheit Brühwiler [2] dargelegt. Sein Schlagwort „From Design to Examineering"(Structural Examination Engineering) sollte eigentlich einen Aufbruch bewirken. Doch nur ganz allmählich finden neue Verfahren Anwendung. Daß die Prozeduren des Entwurfs kaum ausreichen, bestehenden Bauten gerecht zu werden, wird in den Entwufsnormen jeweils eingangs betont. Aber die zusätzlich erdachten Verfahrensweisen sind vor allen dadurch zu charakterisieren, daß sie sich der physikalischen Wirklichkeit nicht recht nähern wollen. Und so sind dort die eigentlichen Defizite zu finden.

Die aus anderen Bereichen der Technik übernommenen Modellvorstellungen, wie z.B. die Bruchmechanik, sind zunächst nur ansatzweise adaptiert worden. Wesentliche Fragen sind offen geblieben und werden erst jetzt langsam einer Lösung zugeführt.

Daß eine etwa 100 Jahre alte Stahlbrücke keine Schäden, beispielsweise Risse aufweist, ist eigentlich kaum vorstellbar. Man wird also wohl doch nach ihnen suchen müssen. Die zunächst hilfsweise eingeführten Hypothesen [3] (ein Riß ist erkennbar, wenn er 5 mm unter dem Kopf eines Nietes hervorkommt) halten einer Überprüfung nicht stand. Sie garantieren weder Sicherheit, denn ein solcher Riß ist oft nicht erkennbar, noch eine zutreffende Restnutzungsdauer-Abschätzung.

Die merklichen Lücken verlangen vor allem die intensive Beschäftigung mit den realen Konstruktionen mit Hilfe von Messungen und den verschiedenen Prüf- und Inspektionsmethoden.

Die Bahnverwaltungen haben dem seit je hohen Rang zugeordnet, wenn man die Stufe 5 der Untersuchungsmethoden erreichte (Modulfamilie 805[6]).

Über grundlegende Untersuchungen und die Anwendung der Ergebnisse soll im folgenden berichtet werden. Auf die Schlüsselrolle von Großversuchen an originalen Brücken (-teilen) wird insbesondere eingegangen.

2 DAS BESTEHENDE BAUWERK – DIE PROBLEMPUNKTE

Kriegseinwirkungen, Auflagerverschiebungen, nicht voll funktionstüchtige Gelenke oder Dehnungsfugen und insbesondere die Mitwirkung sekundärer Tragelemente im Haupttragsystem können zu Spannungsverteilungen führen, die im ursprünglichen Projekt völlig anders vorausgesetzt wurden. Grundsätzlich muß die Begutachtung eines bestehenden Bauwerks deshalb mit einer detaillierten Inspektion beginnen. Messungen an älteren Stahlbrücken sind die zuverlässigste Methode die vorhandene Systemwirkung eines bereits seit Jahrzehnten unter Verkehr stehenden Brückenbauwerkes zu erkennen. Verdeckte Schäden können jedoch durch Dehnungsmessungen oft nicht erkannt werden. Auch mit Durchbiegungsmessungen sind lokal begrenzte Veränderungen infolge kurzer Anrisse nicht feststellbar.

Unerkannte kurze verdeckte Anrisse in viel-lamelligen sicherheitsrelevanten- Haupttragelementen sind von außen in der Regel nicht erkennbar. Umfangreiche Versuche an Originalbauteilen haben zuverlässig bestätigt, daß Ermüdungsrisse nicht in der äußeren Lamelle oder im Stab, der an die Knotenbleche angeschlossen ist, auftreten, sondern in den darunter liegenden verdeckten Bauteilen. Berechnungsverfahren[3], die erkennbare Anrisse, die 5mm unter den Nietköpfen hervorragen, postulieren, entsprechen demzufolge nicht dem tatsächlichen Ermüdungsverhalten stark gegliederter Nietkonstruktionen.

Das Hauptproblem besteht somit in der rechtzeitigen Erkennbarkeit wachsender Risse in verdeckten Bauteilen. Zu einem inzwischen unverzichtbaren Hilfsmittel für die Beurteilung des aktuellen Brückenzustandes haben sich zerstörungsfreie und zerstörungsarme Prüfverfahren entwickelt, die an den richtigen Punkten im System eingesetzt, mit hoher Sicherheit das Vor-

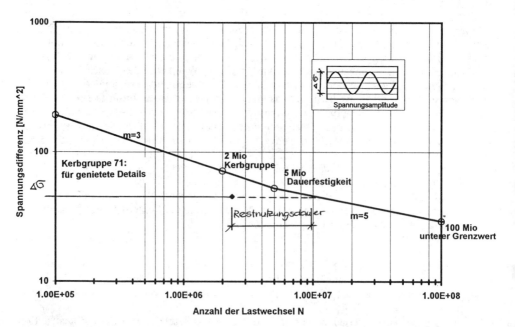

Bild 1:   Wöhlerlinien als Grundlage für die Ermittlung der Restnutzungsdauer

416

handensein von Rissen an hot spots ausschließen können. Das vorhandene statische System wird durch Dehnungsmessungen ermittelt. Dehnungen infolge bekannter Lasten können direkt als Eingabewerte in die realitätsnahe statische Berechnung des Bauwerkes genutzt werden.

Bei einer Restnutzungsdauerabschätzung nach dem Wöhlerlinienkonzept ist es schwierig zutreffende Ermüdungsfestigkeitskurven anzunehmen (s. Bild 1).

Wöhlerlinien zur Bestimmung von detailspezifischen Kerbgruppen sind in der Regel mit neuen Materialien und infolge reiner Zugschwellbeanspruchung ermittelt worden. Bei alten Konstruktionen geht eine Abschätzung der bisherigen Lastwechselzahlen und Beanspruchungs- differenzen genauso in die Beurteilung der verbleibende Restnutzungsdauer ein, wie die Vor- hersage des voraussichtlichen zukünftigen Verkehrs und die Einordnung in einen anzusetzenden Kerbfall.

Großversuche haben ferner gezeigt, daß an Details mit mehrdimensionaler oder zusätzlicher Biegebeanspruchung, wie zum Beispiel Zuggurtlamellenenden an Vollwandträgern oder Kno- tenbleche an Fachwerkträgern, eher Ermüdungsrisse entstehen, als an reinen Zugstäben. Das ist insbesondere bei Fachwerkträgern problematisch, da in aller Regel Nebenspannungen vernach- lässigt werden und in der Statik nur die reine Stabkraft ermittelt wird. Die Einordnung in die Kerbfälle Lochstab und Nietverbindung sollte durch zusätzliche Betrachtungen ergänzt werden.

3 MESSUNGEN VOR ORT DECKEN UNERWARTETE RESERVEN AUF

Die **Spreebrücke in Berlin-Mitte** (s. Bild 2) -im Jahr 1882 aus Schweißeisen für zahlreiche Bahngleise erbaut- war zu ihrer Zeit die weitgespannteste Bogenbrücke Berlins. Dehnungsmes- sungen[8] an drei Ihrer ursprünglich acht Fachwerkbögen sowie eine statische Berechnung mit Meßwerten als INPUT-Werten[9] für den aus Messungen ermittelten tatsächlichen Lastabtrag konnten der Brücke Ermüdungsunanfälligkeit bescheinigen. Mit zerstörungsfreien Prüfmetho- den, hier insbesondere mit dem Magnetpulververfahren, wurden die Kriegsschäden , z.B. Gra- natendurchschläge, detailliert untersucht. Es wurden Risse aus dem Aufprall von Geschossen untersucht, die sich jedoch in den vergangenen 50 Jahren nicht zu aktiven Ermüdungsrissen weiterentwickelt haben. Die Risse verliefen senkrecht zum Aufprallzentrum und waren nicht senkrecht zur Hauptzugrichtung orientiert, was auf wachsende Ermüdungsrisse gedeutet hätte.

Von der in ihrer Art einmaligen Brücke konnte ein originaler Überbau mit zwei Bögen er- halten werden. Die übrigen 4 Bögen aus dem Jahre 1882 wurden gegen einen Neubau mit fester

Bild 2:   Ansicht der Spreebrücke vor der Sanierung von Westen aus

Fahrbahn ausgetauscht. Zwei weitere Vollwandbögen von 1911 unter der S-Bahnstrecke sind bereits mit fester Fahrbahn ausgestattet.

Für die auftretenden Fragestellungen bietet die BAM mit ihren zahlreichen technischen Fachdisziplinen eine gute Basis für die notwendigen interdisziplinären Forschungsprojekte. Prüfverfahren, die in anderen Bereichen der Technik bereits eingeführt und üblich sind, können in gemeinsamen Laborversuchen auf neue Fragestellungen hin adaptiert werden. Bei den alten Stählen betrifft das insbesondere die Kooperation mit den Bereichen Betriebsfestigkeit, Sensorik sowie zerstörungsfreie Prüfung.

In einem Nachfolgeprojekt zur Beurteilung der Spreebrücke von 1882 wurden so u.a. das Rißwachstumsverhalten des originalen Schweißeisenmaterials[10] und ein im Einbauzustand extrem beanspruchter Bogenabschnitt systematisch auf vorhandene Mikrorisse untersucht. Es wurden keine Ermüdungsrisse gefunden. Als Ergebnis des Rißwachstums-Normversuchs konnte eingeschätzt werden, daß der Rißzuwachs pro Lastwechsel bei Schweißeisen im linearen Zuwachsbereich kleiner ist, als bei heutigen sehr homogenen Materialien. Die heterogene zeilenartige Struktur des alten Schweißeisens führt jedoch auch zu größeren Streuungen. Günstiger liegen bei altem Schweißeisen auch die etwas höheren Schwellenwerte der zyklischen Spannungsintensität ΔK_{th}, d.h. der Spannungsintensität, unterhalb der kein Rißwachstum mehr stattfinden kann.

Wie bei der Spreebrücke in Berlin-Mitte konnten auch bei der Stubenrauchbrücke (Bild 3) zwischen den Berliner Stadtbezirken Köpenick und Treptow keine ermüdungsrelevanten Beanspruchungen gemessen werden. Probleme allerdings bereitete der Stabilitätsnachweis der Bögen. Folgte man den Entwurfsnormen, so führte die anzusetzende geometrische Imperfektion von 12,5 cm zu einer unzureichenden Sicherheit. Die genaue Vermessung der Bögen allerdings gab nur eine Ausmittigkeit von 3,5 cm aus der Bogenebene, obwohl die Brücke nach Sprengung der Nachbaröffnung am Kriegsende in den Fluß gerutscht war. Mit Bezug zur physikalischen Realität gelang der Stabilitätsnachweis.

Zur Absicherung der Tragsicherheit der Haupttragelemente kamen zusätzlich verschiedene zerstörungsfreie Prüfmethoden zum Einsatz. Eine Modal-Analyse des Bogens bestätigte eine ausreichende Sicherheit des Systems. Mit Hilfe der Magnetpulverprüfung wurden sensible Punkte der Konstruktion auf eventuelle Anrisse hin untersucht. Besondere Aufmerksamkeit wurde dem Zugband unterhalb der Fahrbahnebene gewidmet, dessen Versagen die Standsicherheit der Brücke gefährdet hätte. Es wurden jedoch keinerlei Schäden festgestellt.

Bild 3:   Die Stubenrauchbrücke über die Spree in Berlin zum Zeitpunkt der Untersuchung

4 EINBINDUNG IN BRUCHMECHANISCHE ANSÄTZE

Einen wesentlichen Schritt vorwärts zu einer rationellen Bewertung bestehender Brücken wurde mit der Einführung bruchmechanischer Ansätze getan. Die Frage bruchmechanischer Ansätze kann so nachvollziehbar behandelt werden.

Insgesamt aber steht die Einbindung dieser Verfahren mit dem Schwerpunkt Rißwachstumsverhalten in das Gesamtkonzept noch aus, das sich von Wöhlerlinien auf der Basis eines großen Erfahrungsschatzes her definiert.

Ist man vordergründig bei bruchmechanischer Betrachtung der Frage nach der vergangenen Beanspruchung ledig, so findet diese mittelbar über eine postulierte Anfangsrißlänge wieder Eingang. An diesem Punkt fehlt jede Adjustierung. Das alleinige Abheben auf eine detektierbare Rißlänge (Nietkopf-Durchmesser plus 5 mm) ist weder zutreffend (nämlich nicht detektierbar) noch ausreichend, da bei zusammengesetzten Lamellenpaketen ein zunächst in der Regel einseitig wachsender Riß in der abgedeckten zweiten Lamelle entsteht. So wird man wohl doch zu zerstörungsfreien Prüfmethoden übergehen, also sich auf die physikalische Realität rückbeziehen.

Überhaupt ist dem Rißfortschritt das Hauptaugenmerk zu widmen, wie ein Blick auf eine Rißfortschrittskurve zeigt (Bild 4). Die lange Phase gleichmäßigen Rißfortschritts bestimmt das Geschehen, und es bleibt fast ohne Einfluß auf die Anzahl ertragbarer Zyklen bis zum Bruch, ob die kritische Rißlänge oder die Bruchzähigkeit nicht ganz zutreffend abgeschätzt werden. Doch auf diese Größe wurde bislang vorwiegend Wert gelegt.

In der BAM wurden Rißfortschrittsversuche zur Charakterisierung des Rißwachstumsverhaltens der alten Stähle durchgeführt. Rißfortschrittsparameter für alte Stähle sind in der Literatur nur sehr vereinzelt verfügbar. Für die Dauer des stabilen Rißwachstums können sie als Eingangswerte in den bruchmechanischen Nachweis genutzt werden. Im linearen Bereich der Rißwachstumskurve gilt die Paris- Gleichung. Mehrere Versuchsreihen bestätigen, daß näherungs-

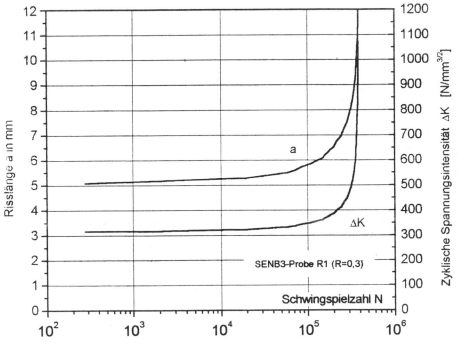

Bild 4:   Rißfortschrittdiagramm eines Stahls von ca. 1900

weise die für Flußstahl ermittelten und international anerkannten Variablen m= 3 und C= 2,18E-13 für die Rißfortschrittsgleichung (Paris-Gleichung) als obere Abschätzung in eine Restnutzungsdauerberechnung eingeführt werden können (s. Bild 4).

$$da/dN = C * \Delta K^m \text{ mit } \Delta K = Kmax - Kmin$$

C und m werden im Versuch bestimmt. Außerdem wurden Schwellenwerte für den Spannungsintensitätsfaktor bestimmt, die bei so niedriger Beanspruchung erreicht werden, daß der Riß quasi zum Stehen kommt, bzw. einen Rißzuwachs von 10^{-10} (Kriterium ASTM E 647-93) nicht überschritten wird. Durch konstruktive Maßnahmen kann z.B. ein vorhandenes Detail verstärkt werden, bzw. ein vorhandenes Beanspruchungskollektiv zielgerichtet reduziert werden.

5 GROSSVERSUCHE ALS VERBINDUNG ZWISCHEN NORMVERSUCH UND BETRIEBSZUSTAND

Umfangreiche Großversuche an den verschiedensten genieteten Stahlbrückenteilen aus Schweißeisen oder frühen unberuhigten Flußstählen bieten im Einstufen-Ermüdungs-Versuch die einzige Möglichkeit, Erfahrungen über Rißmechanismen, Versagenskriterien und vergleichende Materialuntersuchungen zu sammeln. So sind z.B. in der Vergangenheit etliche Versuche an der Universität Karlsruhe und an der EPFL Lausanne (CH) durchgeführt worden.

Seit ca. 10 Jahren sind in der BAM an Fachwerkträgern, Vollwandträgern und sogar an ganzen Brückenabschnitten möglichst unter realitätsnahen Beanspruchungsverhältnissen Einstufen-Ermüdungsversuche durchgeführt worden. Die Ausbildung des konstruktiven Detail ist in der Regel maßgebend dafür, an welcher Stelle das Ermüdungsversagen eintritt. In fast allen Fällen war der schwächste Querschnitt verdeckt durch mindestens ein darüberliegendes Bauteil. An Vollwandträgern tritt der Ermüdungsriß meistens am Ende der 2. Untergurtlamelle auf, als schwächstes Bauteil der Fachwerkträger haben sich unter verschiedenen Lasteinleitungsmodellen wiederholt die Knotenbleche erwiesen. Stäbe ohne Nebenspannungseffekte mit überwiegend linearen Spannungszuständen im Mittelbereich sind in BAM Versuchen an komplexeren Bauteilen nicht versagt. Dehnungsmessungen während der Laborversuche geben zunächst Informationen über das vorhandene Tragverhalten vor Versuchsbeginn.

Eine kontinuierliche Erfassung der Dehnungen und der Veränderung von Hauptdehnungsrichtungen verdeutlicht im Laborversuch schon im Ansatz wachsende Risse. Für maximal beanspruchte Querschnitte werden die Daten online ausgewertet und graphisch dargestellt. Bild 5 zeigt die Zusammenhänge zwischen Dehnungsveränderungen und Rißwachstum, bestätigt durch gezielte radiographische Aufnahmen. Der Riß im Knotenblech ist vor dem Ausbau z.B. bei Inspektionen nicht zu sehen. Der Ermüdungsriß ist selbst nach dem Entfernen der Nieten und der den Riß verdeckenden Bauteile mit bloßem Auge nur unter sehr guten Belichtungsverhältnissen zu entdecken. Auf der radiographischen Aufnahme des Knotenbleches im Einbauzustand sind selbst kurze Anrisse deutlich sichtbar.

Verfolgung des Rißwachstums mit Röntgenaufnahmen der verdeckten Bauteile wie z.B. der Knotenbleche oder der verdeckten Lamellen in Abhängigkeit von den sich verändernden Dehnungen zeigen vorhandene Anrisse recht zuverlässig. Wichtig sind sachkundig durchgeführte Aufnahmen an den richtigen Querschnitten. Der Einstrahlwinkel und die von Intensität der Quelle abhängige Belichtungsdauer sind für jeden Querschnitt spezifisch zu ermitteln.

Für die endgültige Festlegung von Wöhlerlinien für alte genietete Stahlbrückenkonstruktionen ist das Versagen des schwächsten konstruktiven Details maßgeblich. Eindimensionale Modellversuche an neuen Materialien sind sicherlich nicht aussagekräftig genug. Die Großversuche in der BAM reichen ebenfalls nicht aus, um eine eine statistisch abgesicherte Wöhlerlinie für ein vorzugebende Sicherheitsphilosophie abzuleiten. Die Zusammenfassung aller weltweit durchgeführten Großversuche[5] ergibt jedoch eine monolineare untere Grenzkurve für die Kerbgruppe 70, d.h. für eine Wöhlerlinie mit konstanter Neigung von m = 5 im doppeltlogarithmischen Wöhlerdiagramm, die bei 2 Mio. Lastwechsel die Spannungsdifferenz von etwa

Ermüdungsversuche an alten Fachwerkträgern
Maximale ermüdungsrelevante Spannungsdifferenz
$\Delta\sigma = 76.5 \text{ N/mm}^2$

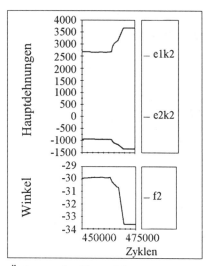

Knotenblech 5 nach dem Versuch:
Der Ermüdungsriß ist visuell nicht erkennbar

Änderung der Hauptdehnungen am
Knotenblech und deren Richtung
während des Rißwachstums

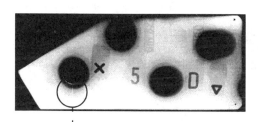

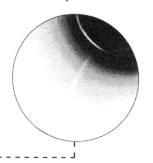

Ausschnittvergrößerung

Radiographische Aufnahmen nach Entstehen des Ermüdungsrisses

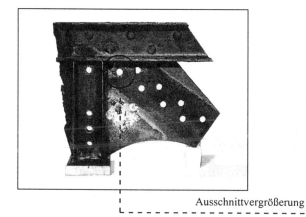

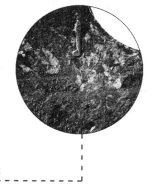

Ausschnittvergrößerung

Gerissenes Knotenblech nachdem Ausbau sowie Rißdetail

Bild 5: Beispiel einer Rißdokumentation an Knotenblechen nach dem Einstufenermüdungs-
versuch an Facherkträgern mit max. $\Delta\sigma$ zwischen 69 und 76.5 N/mm² in Diagonalen
bzw. Untergurtstäben. In allen Fällen entstand der Ermüdungsriß im Knotenblech.

421

70 N/mm^2 ergibt. Niedrigere Spannungsdifferenzen haben im Versuch zu sg. Durchläufern geführt, die auch bei mehr als der doppelten Lastwechselzahl noch nicht versagt haben.

6.   ZUSAMMENFASSUNG

Die Verlängerung der Nutzungsdauer von Bauwerken, die der Erhaltung der Infrastruktur dienen, bekommt bei den zunehmenden Restriktionen der öffentlichen Haushalte einen ständig zunehmenden Stellenwert.

Die bis vor einiger Zeit gängige Praxis, eine stählerne Brücke nach etwa 80 oder 100 Jahren einfach als alt zu bezeichnen mit der Maßgabe, sie zu ersetzen, ist nicht länger haltbar.

Auf der ganzen Welt werden „Brücken-Management-Systeme" entwickelt und vorgestellt, die nur zu einem gewissen Grade das Problem lösen helfen[11]. Die durchgreifende Neubewertung einer Brücke mit Blick auf ihre (Belastungs- und Schädigungs-) Geschichte und die zukünftige Nutzung bedarf neuer technischer Ansätze[2][12].

Die unbestreitbaren Fortschritte bei der Bewertung bestehender Brücken in den letzten Jahren sind ein Ergebnis großer Anstrengungen an vielen Orten. Noch immer aber wird nur sehr zögerlich von den experimentellen Methoden Gebrauch gemacht, wohl auch aus dem Grunde, daß sie in das Schema der Arbeiten in einem Entwurfs-Ingenieurbüro nicht so recht integrierbar erscheinen[5].

Auch bei der Anwendung grundlegend neuer Verfahren wie der Bruchmechanik ist sehr rasch eine Reduzierung auf Modellannahmen zu beobachten, die im Ergebnis zu integrierten Bewertungen geführt haben[5]. Die Annahme, daß von einer Anfangsrißlänge von a= Nietkopfdurchmesser +5 mm ausgegangen werden kann, ist nicht haltbar aus der Sicht eines Prüfers, noch sinnvoll, wenn man eine Korrelation zu Wöhlerdiagrammen wahren möchte.

So entsteht hier ein Arbeitsfeld für adaptive Methoden der zerstörungsfreien Prüfung, die in anderen Bereichen der Technik für die Untersuchung älterer Konstruktionen üblich sind. Die zunächst stark betonte Problematik des Materials Stahl aus der Zeit der Jahrhundertwende ist weitgehend bearbeitet, was auch in einer entsprechenden Unterlage des Bundesverkehrsministeriums seinen Niederschlag[4] gefunden hat.

REFERENCES

[1]   Standfuß, W. 1997.
[2]   Brühwiler, E. 1994. From Design to Examineering. In: *Structural Engineering International*. 1994(4), Editorial
[3]   Sedlacek, G. und Hensen, W. , 1992. *New Design Methods for the Rehabilitationof Old Steel Bridges*. Bridge Rehabilitation. Berlin: G. König and A. S. Nowak
[4]   BMV- *Grundlagen für die Nachrechnung von alten Brücken mit relativ hohen zulässigen Spannungen*
[5]   Prof. Kulak, Workshop Lausanne März 1997
[6]   DB AG: Modulfamilie 805 Bestehende Eisenbahnbrücken,Bewertung der Tragsicherheit und konstruktive Hinweise, 1997
[7]   SBB. 1997. Richtlinie zur Beurteilung bestehender Brückenbauwerke,
[8]   Messung: Untersuchung an der Spreebrücke, km 4,095 in Berlin-Mitte, 1. und 2. Kurzbericht der BAM, 1996, unveröffentlicht,
[9]   Statische Berechnung: Überprüfung der Bögen I-VI, bzw. I-IV der Spreebrücke am Bf. Friedrichstr., Ingenieurbüro Prof. Hilbers, 1996
[10]   Weiterführende Untersuchungen am Material der Spreebrücke, BAM, 1998, unveröffentlicht,
[11]   Structural Engineering International
        Vol. 8, No. 3, August 1998, S. 211ff.
[12]   Fechtig, R., Substanzerhaltung- eine Notwendigkeit?
        In: *Bauingenieur 72 (1997), S. 61-65*

Baustatik-Baupraxis 7, Meskouris (Hrsg.) © 1999 Balkema, Rotterdam, ISBN 90 5809 044 2

Berechnungsmodelle für Betonbauteile unter frühem Temperaturzwang

K. Schikora & B. Eierle
Institut für Statik, Baumechanik und Bauinformatik, TU München, Deutschland

ZUSAMMENFASSUNG: Betonbauteile sind rißgefährdet, wenn die Temperaturgeschichte während der Hydratation zu Zwangspannungen führt. Es werden Grundlagen vorgestellt, mit denen eine wirklichkeitsnahe Vorhersage des Rißrisikos möglich ist. Entscheidend ist die Formulierung eines viskoelastischen Stoffgesetzes, welches die Charakteristik des zeitlich erhärtenden Materials abbildet. Darüber hinaus wird anhand von Beispielen gezeigt, wie durch Anwendung von diskreten Rißmodellen eine realistische Aussage über die zu erwartende Bandbreite der Rißweiten getroffen werden kann, und somit eine wirtschaftliche Bemessung der Bewehrung möglich ist.

1 PROBLEMSTELLUNG

Beim Abbinden des Zementes führt der exotherme Hydratationsprozeß zur Erwärmung des Bauteils. Noch bevor aufgrund einer niedrigen Umgebungstemperatur und nachlassender Wärmefreisetzung die Abkühlung beginnt, bilden sich Festkörpereigenschaften aus. Ist die Verformung ganz oder auch nur teilweise behindert, so führt dies zu Zwangspannungen, die bei Überschreiten der aktuellen Zugfestigkeit Risse verursachen. Sind die Rißbreiten aus Gründen der Gebrauchstauglichkeit zu begrenzen, so führt die Anwendung der gängigen Mindestbewehrungsregelungen aus den Normen oft zu unwirtschaftlich hohen Bewehrungsmengen, da weder Bauteilgeometrie, Grad der Verformungsbehinderung noch Erhärtungsbedingungen berücksichtigt werden.

Wegen der enormen wirtschaftlichen Bedeutung wird dieser Problemkreis bereits seit einiger Zeit seitens der Baustoffwissenschaften untersucht. Letztendlich ist jedoch eine auf das betreffende Bauteil abgestimmte Bemessung nur möglich, wenn entsprechende Rechenverfahren seitens der Baustatik entwickelt werden. Bisherige Forschungsarbeiten beschäftigten sich haupt-

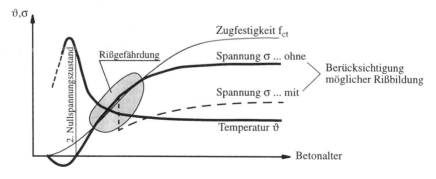

Abb. 1: Entwicklung von Abbindetemperatur und Zwangspannung im jungen Beton

sächlich damit, das Rißrisiko eines Bauteils vorherzubestimmen. Dazu sind im wesentlichen zwei Teilprobleme zu lösen:

1. Vorhersage oder Messung des zeitlichen Temperaturverlaufes während der Hydratation.
2. Vorhersage der mechanischen Zustandsgrößen, die infolge der Hydratationstemperaturen auftreten. Gleichzeitig ist auch die Vorhersage der Entwicklung mechanischer Kenngrößen, insbesondere von Zugfestigkeit und Steifigkeit notwendig.

Mit diesen Methoden läßt sich feststellen, ob ein Bauteil rißgefährdet ist, und es können konstruktive und baustofftechnische Maßnahmen zur Reduzierung des Rißrisikos ergriffen werden. Kommt man allerdings zu dem Schluß, daß eine Mindestbewehrung notwendig ist, erfolgt die Bemessung meist nach den normenseitigen Regelungen. Zur vollständigen und wirtschaftlichen Lösung muß deshalb ein weiterer Punkt untersucht werden:

3. Abschätzung der möglichen Rißbreiten am Bauwerk durch Simulation der Rißvorgänge und der Verformungsbehinderungen unter Einbeziehung von Grenzbetrachtungen.

Diese Vorgehensweise führt zu einer Mindestbewehrung, die günstige bauteilspezifische Einflüße berücksichtigt und somit erheblich wirtschaftlicher sein kann als pauschale Normenregelungen.

2 THEORETISCHE LÖSUNGSMETHODEN

Im allgemeinen sind die zugrunde liegenden physikalischen Probleme des Feuchte- und Wärmetransportes und der Mechanik miteinander gekoppelt. In guter Näherung können bei kleinen Verformungen und bei langsam ablaufender Änderung der Zustandsgrößen Feuchte- und Wärmetransportvorgänge vom mechanischen Verhalten eines Kontinuums entkoppelt betrachtet werden.

Bei der Berechnung hydratisierender Betonbauteile tritt als zusätzlich koppelnder Effekt der Fortschritt der Hydratation auf. Der Hydratationsgrad α beschreibt in Abhängigkeit des Betonalters und der Erhärtungsbedingungen die Wärmeproduktion des Betons und geht in die Berechnung der Verschiebungsfelder durch die Abhängigkeit der Werkstoffparameter ein (Abb. 2).

In den hier angestellten Berechnungen wurde auf eine Feuchteberechnung verzichtet. Allerdings wird die Feuchteabhängigkeit der mechanischen Materialparameter im Mittel durch die empirische Abhängigkeit vom Hydratationsgrad berücksichtigt. Das Schwinden kann ebenfalls im Mittel in Abhängigkeit der Zeit bzw. des Hydratationsgrades als eingeprägte Dehnung berücksichtigt werden.

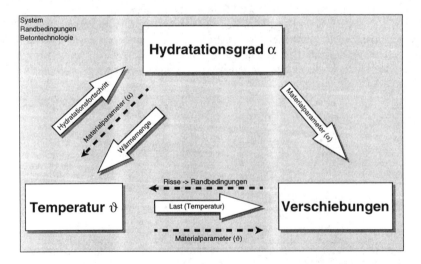

Abb. 2: Kopplung von Hydratation, Temperatur und Verschiebungen/Spannungen

Es lassen sich grundsätzlich verschiedene Grade der Kopplung von Temperatur- und Spannungsproblem unterscheiden, die für die behandelten Problemstellungen sinnvoll sind:

A *Volle Kopplung:* Die Berechnung der Temperatur- und Verschiebungsfelder erfolgt simultan.

B *Einseitige Kopplung mit Hydratationsberechnung:* Bei der einseitigen Kopplung wird der Hydratations- und Temperaturzustand vorab getrennt vom Verschiebungszustand berechnet.

C *Einseitige Kopplung ohne Hydratationsberechnung*: Falls das verwendete Programm nicht die Möglichkeit bietet, Hydratationsfelder zu berechnen, muß die Hydratationswärmemenge q(t) zur Temperaturberechnung eingegeben werden. Dieses Vorgehen ist dann sinnvoll und dem Kopplungsgrad B quasi gleichwertig, wenn Messungen vorliegen, welche die Wärmeentwicklung der verwendeten Betonrezeptur unter Bauwerksbedingungen beschreiben. Alternativ kann auch die Entwicklung der Bauwerkstemperatur $\vartheta(t)$ und der Hydratation $\alpha(t)$ direkt vorgegeben werden.

D *Überschlägige Methode mit Ersatztemperaturen:* Für eine Abschätzung des Spannungszustandes kann die instationäre durch eine stationäre Berechnung ersetzt werden. Dazu wird eine Ersatztemperaturlast ϑ_{ers} auf das statische System aufgebracht und der Spannungszustand mit einem effektiven Elastizitätsmodul E_{eff} berechnet. Die Ersatztemperatur wird in der Regel als Differenz zwischen der 2. Nullspannungstemperatur und der Umgebungstemperatur gewählt, wobei eine Unterteilung in Abschnitte erforderlich sein kann. Die Bestimmung der Ersatzsteifigkeit ist sehr unsicher, da nicht nur ein gewichteter Mittelwert des E-Moduls gebildet, sondern auch das viskose Verhalten erfaßt werden muß (vgl. Abschnitt 4.3).

3 HYDRATATIONSMODELL

Da die Hydratationsgeschwindigkeit je nach Betonzusammensetzung und Ausgangssituation im Bauteil stark schwankt, ist die Zeit kein geeigneter Parameter zur Klassifizierung des Hydratationsfortschrittes. Deshalb wurden in der Literatur mehrere Vorschläge zur Definition eines dimensionslosen Beiwertes gemacht, der als Hydratationsgrad α bezeichnet wird. Die gebräuchlichste Definition ist das Verhältnis der bis zum betrachteten Zeitpunkt t freigesetzten Hydratationswärmemenge zur gesamten Hydratationswärmemenge bei vollständig abgeschlossener Hydratation:

$$\alpha(t) = \frac{Q(t)}{Q_\infty} \qquad 0 \leq \alpha(t) \leq 1 \qquad (1)$$

Der zeitliche Verlauf des Hydratationsgrades hängt von den Erhärtungsbedingungen ab. Hohe Temperaturen beschleunigen die Wärmeproduktion; niedere Temperaturen führen zu einer länger andauernden, jedoch geringeren Wärmefreisetzung. Um eine einheitliche Bezugsgröße in der Zeit für unterschiedliche Hydratationsbedingungen zu erhalten, wird ein fiktives *wirksames Betonalter* τ_w als Zeitgröße eingeführt. Die Zeitachse wird dabei so verzerrt, daß die Zusammenhänge eines äquivalenten isothermen Referenzprozesses bei 20°C gelten. Für die Berechnung von τ_w aus der realen Zeit t und der Temperatur $\vartheta(t)$ wurden verschiedene Ansätze vorgeschlagen [10].

Liegen keine Meßwerte über die Wärmefreisetzung im Bauteil vor, so muß in das FE-Programm ein analytischer Ansatz für den Verlauf der Hydratation in Abhängigkeit des wirksamen Betonalters $\alpha(\tau_w)$ implementiert werden (Kopplungsgrade A oder B). Auch dafür liegen experimentell verifizierte Ansätze vor [3,10]. Die Wärmefreisetzung q(t) kann somit ermittelt werden:

$$Q = Q_\infty \cdot \alpha \quad \Rightarrow \quad q = \dot{Q} = Q_\infty \cdot \dot{\alpha} = Q_\infty \cdot \frac{\partial \alpha}{\partial \tau_w} \cdot \frac{\partial \tau_w}{\partial t} \qquad (2)$$

4 VERFORMUNGSBERECHNUNG

4.1 Allgemeines

Bei der Berechnung von Bauteilen unter frühem Temperaturzwang kann aufgrund der geringen Druckspannungen in aller Regel von einem linear-viskoelastischen Verhalten im Druckbereich ausgegangen werden. Bei Zugbeanspruchung ist neben dem viskoelastischen Verhalten auch das spröde Verhalten des Betons durch bruchmechanische Modelle zu berücksichtigen. Das verwendete Modell geht von der additiven Zerlegung der Gesamtverzerrungen in elastische, viskose, thermische, schwindabhängige und rißbedingte Anteile aus (Abb. 3).

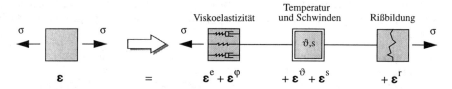

Abb. 3: Modellvorstellung für die Verformungsanteile des Betons bei Zugbeanspruchung

4.2 Materialparameter in Abhängigkeit des Hydratationsgrades

Die Veränderlichkeit der elastischen und der meisten bruchmechanischen Materialkenngrößen in Abhängigkeit von α kann der Literatur entnommen werden [7,8,10]. Über die Veränderlichkeit der Bruchenergie, die sich bei der numerischen Simulation des Zugversagens von Beton weitgehend als Bezugsgröße durchgesetzt hat, gibt es wenige Hinweise in der Literatur [2]. Hier wird vorgeschlagen, für den Verlauf der Bruchenergie einen der Steifigkeitsentwicklung entsprechenden Ansatz zu wählen:

$$G_f(\alpha) = G_{f,\infty} \frac{E(\alpha)}{E_\infty} \tag{3}$$

4.3 Kriechfunktionen

Das viskoelastische Verhalten von jungem Beton wird in den meisten Fällen in Form empirisch ermittelter Kriechfunktionen definiert. Dabei ist zwischen zwei Definitionen für die Kriechfunktion zum Zeitpunkt t infolge einer Spannungsänderung zum Zeitpunkt t_o zu unterscheiden :

$$\varphi(t, t_o) = \frac{\varepsilon^\varphi(t)}{\varepsilon^e(t_o)} = \frac{\varepsilon^\varphi(t)}{\Delta\sigma(t_o)/E(t_o)} \quad \text{bzw.} \quad \varphi_{28}(t, t_o) = \frac{\varepsilon^\varphi(t)}{\varepsilon^e_{28}} = \frac{\varepsilon^\varphi(t)}{\Delta\sigma(t_o)/E_{28}} \tag{4}$$

Während die meisten theoretischen Untersuchungen auf der ersten Definition φ basieren, sind in den neueren Betonbaunormen ausschließlich Kriechfunktionen φ_{28} enthalten, die auf die 28–Tage–Steifigkeit bezogen sind. Viskoelastische Stoffgesetze, welche die elastischen und viskosen Dehnungsanteile getrennt beschreiben, gehen in der Regel von der Definition φ aus (vgl. Abschnitt 4.4). Bei Anwendung genormter Kriechfunktionen φ_{28} ist deshalb gegebenenfalls eine entsprechende Umrechnung erforderlich (vgl. Gleichung (5)). Von Laube [7] wurden empirische Kriechfunktion φ speziell für jungen Beton angegeben.

Um instationäre Berechnungen zu vermeiden, werden in der Praxis häufig stationäre Lastfälle mit einem effektiven E-Modul E_{eff} gerechnet, wenn der Spannungszustand im betrachteten Zeitraum t_o bis t_1 annähernd konstant ist (vgl. Kopplungsgrad D, Abschnitt 2). Die z.B. in EC2 angegebene Gleichung für E_{eff} basiert auf der Definition von φ, wird jedoch auch auf Kriechfunktionen φ_{28} angewandt. Dies ist genaugenommen nur für ein Belastungsalter t_0 von 28 Tagen korrekt. Liegt die Betonsteifigkeit bei Belastungsbeginn noch wesentlich unter E_{28}, was u.a. auch bei vorgespannten Bauwerken auftritt, ist bei Anwendung der genormten Kriechfunktionen φ_{28} von folgender Gleichung auszugehen:

$$E_{eff} = \frac{E(t_0)}{1 + \varphi(t_1, t_0)} = \frac{E(t_0)}{1 + \dfrac{E(t_0)}{E_{28}}\varphi_{28}(t_1, t_0)} \quad \text{mit} \quad \varphi_{28}(t, t_0) = \frac{E_{28}}{E(t_0)}\varphi(t, t_0) \tag{5}$$

4.4 Viskoelastisches Stoffgesetz

Bei einer zeitlichen Veränderlichkeit der Steifigkeit, die im Gegensatz zu plastischen Phänomenen unabhängig vom Spannungszustand stattfindet, treten einige Besonderheiten im Stoffgesetz auf. Bauteile mit anwachsender Steifigkeit (Erhärten, Erstarren) verhalten sich grundsätzlich anders als Bauteile mit abnehmender Steifigkeit (Aufweichen, Schmelzen, Schädigung). Dies spiegelt sich in unterschiedlichen konstitutiven Gleichungen wider, die in Tabelle 1 für den eindimensionalen Fall anhand rheologischer Modelle für eine einmalige Spannungsänderung $\sigma(t_0)$ veranschaulicht sind.

Die Erhärtung entspricht dem spannungslosen Einbau von Federn in einen gedachten Modellkörper [1]. Die Schädigung kann als Ausbau spannungsbehafteter Federn gedeutet weden, was neben der Steifigkeitsänderung auch ein Freiwerden von Kräften bedeutet. Deren Umlagerung führt bei unveränderter Last zu elastischen Dehnungen, welche oft auch als inelastische Dehnungsanteile bezeichnet werden. Tritt gleichzeitig zur Erhärtung auch eine Schädigung auf, so ist ein verallgemeinertes Stoffgesetz anzuwenden.

Tabelle 1: Modelle und Gleichungen für das elastische Verhalten bei Erhärtung und Schädigung

	Erhärtung	*Schädigung*	*Erhärtung mit Schädigung*
Modellvorstellung	$\sigma = 0$		$\sigma = 0$
Elastizitätsmodulentwicklung	$E(t) = \beta(t)E_\infty$	$E(t) = [1 - \delta(t)]E_\infty$	$E(t) = \beta(t)[1 - \delta(t)]E_\infty$
Rheologischer Modellkörper (Parameter zeitabhängigen)			
Sofortige elastische Dehnung	$\boldsymbol{\varepsilon}^e(t_0) = \mathbf{D}(t_0)\boldsymbol{\sigma}(t_0)$		
Elastische Dehnungsrate	$\boldsymbol{\varepsilon}^e(t) = 0$	$\boldsymbol{\varepsilon}^e(t) = \dot{\mathbf{D}}(t)\boldsymbol{\sigma}(t_0)$	$\boldsymbol{\varepsilon}^e(t) = \dfrac{\dot{\delta}}{1-\delta}\mathbf{D}(t)\boldsymbol{\sigma}(t_0)$
Bezeichnungen	Inverse Werkstoffmatrix $\mathbf{D}(t) = \mathbf{E}(t)^{-1}$ Erhärtungsgrad $\beta \in (0, 1]$, $\dot{\beta} \geq 0$ Schädigungsgrad $\delta \in [0, 1)$, $\dot{\delta} \geq 0$		

Abb. 4 zeigt das zeitabhängige Verformungsverhalten eines Körpers, der mit einem konstanten eindimensionalen Spannungszustand belastet wird, bei Anwendung verschiedener elastischer Rechenmodelle.

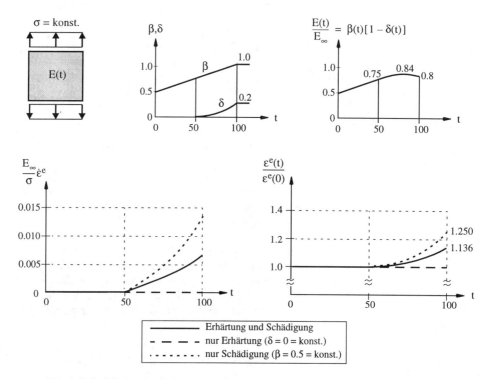

Abb. 4: Beispiel zum elastischen Verhalten bei Erhärtung mit gleichzeitiger Schädigung

Bei Bauteilen unter frühem Temperaturzwang ist eine Berücksichtigung des viskoelastischen Werkstoffverhaltens notwendig, da der Abbau der Zwangspannungen durch Relaxation bei jungem Beton besonders ausgeprägt ist. Für den Fall der reinen Erhärtung, der für die nachfolgenden Berechnungen vorausgesetzt wird, ergibt sich folgendes Stoffgesetz für die Dehnungsraten:[1]

$$\dot{\boldsymbol{\varepsilon}}^{e}(t) = \mathbf{D}(t)\dot{\boldsymbol{\sigma}}(t) \ , \quad \dot{\boldsymbol{\varepsilon}}^{\varphi}(t) = \int_{0}^{t} \dot{\varphi}(t, \tau)\mathbf{D}(\tau)\dot{\boldsymbol{\sigma}}(\tau)d\tau + \mathbf{D}(t)\varphi(t, t)\dot{\boldsymbol{\sigma}}(t) \quad \text{mit} \ \ \mathbf{D}(t) = \mathbf{E}(t)^{-1} \quad (6)$$

5 RISSMODELLE

Auf die Modellierung des spröden Versagens von Beton auf Zug wird an dieser Stelle nicht näher eingegangen, da im Prinzip die bekannten Modelle auch für hydratisierenden Beton angewandt werden können. Zur Beurteilung der Rißbreite sowie deren Verlauf über den Querschnitt haben sich diskrete Rißmodelle bewährt. Dazu wird an einer ausgesuchten Stelle und in Richtung des erwarteten Risses im FE-Netz ein sogenanntes *Interface*-Element eingebaut, welches nach Errei-

---

1. Der letzte Term in Gleichung (6) verschwindet in der differentiellen Betrachtungsweise wegen $\varphi(t, t) = 0$, ist aber in einem inkrementellen Algorithmus von Null verschieden.

chen der Zugfestigkeit entfestigt (*Tension-Softening*). Sind Ort und Richtung des zu untersuchenden Risses zunächst nicht bekannt, so kann vorab eine Analyse mit einem verschmierten Rißmodell erfolgen. Ebenso kann das restliche Tragwerk außerhalb des Bereichs des diskreten Risses mit einem verschmierten Rißmodell beschrieben werden.

Eine Besonderheit bei der Berechnung erhärtender Betonbauteile ist die Abhängigkeit der Bruchenergie vom Hydratationsgrad. Bei der Anwendung von verschmierten Rißmodellen ist die Maschenweite von Scheibenelementen abhängig von Steifigkeit, Zugfestigkeit und Bruchenergie begrenzt [5]. Mit dem Ansatz für die zeitliche Entwicklung der Bruchenergie nach Gleichung (3) kann gezeigt werden, daß in jedem Fall der erhärtete Beton ($\alpha = 1$) für die maximal zulässige Elementmaschenweite maßgebend ist, welche in der Größenordnung von 80 bis 150 cm liegt.

Um eine normenkonforme Grundlage für die Bemessung der Mindestbewehrung zu gewährleisten, wurde bereits in [9] ein Konzept vorgestellt, mit dem die Bewehrung in einem diskreten Riß entsprechend den Rißformeln nach Schießl, die auch DIN 1045-1 und EC2 zugrunde liegen, modelliert werden kann. Dieses Verfahren wurde bei den nachfolgend beschriebenen Berechnungen angewandt.

6 ANWENDUNG BEI DER MINDESTBEWEHRUNG VON TUNNELINNENSCHALEN

Um zu Aussagen über die zur Rißbreitenbeschränkung erforderliche Mindestbewehrung bei den Münchner U–Bahntunnels zu gelangen, wurden umfangreiche FE–Berechnungen angestellt. Untersucht wurde unter anderem der Einfluß der Bewehrungsmenge auf den Verlauf der Risse in der Innenschale (Abb. 5). Es konnte gezeigt werden, daß Risse, welche in Ringrichtung verlaufen, Trennrisse darstellen, während Risse parallel zur Tunnellängsachse in der Außenschale enden. Zusammen mit einem umfangreichen Meßprogramm an ausgeführten Tunnels wurde eine Regelung für die Mindestbewehrung der Innenschalen in den Münchner U–Bahntunnels festgelegt, welche seit einiger Zeit erfolgreich angewendet wird [9].

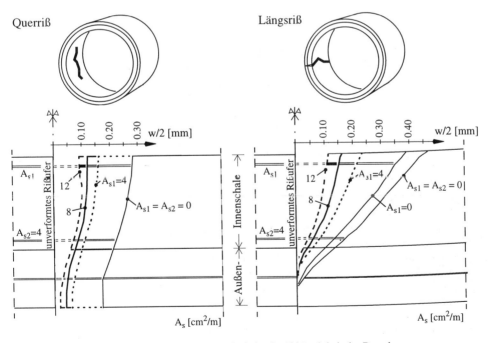

Abb. 5: Rißuferverschiebungen von Tunnelschalen in Abhängigkeit der Bewehrungsmenge

7 ANWENDUNG BEI DER MINDESTBEWEHRUNG WEISSER WANNEN

Ein weiteres typisches Beispiel für zwangbeanspruchten jungen Beton sind 'Weiße Wannen'. Ebenso wie bei den bereits erwähnten Tunnelinnenschalen können mit einer FE-Berechnung günstig wirkende Einflüsse auf die Rißbreitenentwicklung berücksichtigt werden, die bei einer Bemessung nach Norm nicht erfaßt werden. Ein Ergebnis unserer Untersuchungen war die Tatsache, daß eine Reduzierung der Rißbreite in gewissen Grenzen sehr effektiv durch Bewehrung erfolgen kann. Genügt die damit erzielbare Rißbreite noch nicht den Erfordernissen, so sind weitere Bewehrungszulagen relativ ineffektiv. Wirkungsvoller und wirtschaftlicher ist eine Kombination mit betontechnologischen Maßnahmen, welche z.B. die Rißursache in Form der Hydratationswärme mindern (Abb. 6).

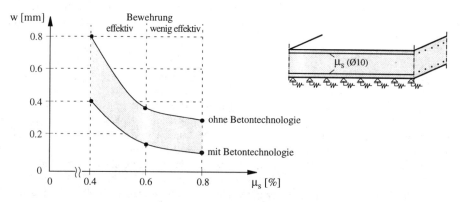

Abb. 6: Effektivität von Bewehrungszulagen zur Rißbreitenbeschränkung bei Bodenplatten

LITERATUR

[1] Bažant, Z. P. & Prasannan, S. 1989. Solidification Theory for Concrete Creep. I: Formulation. II: Verification and Application. *Journ. of Eng. Mech.*, Vol. 115, 8/1989, S. 1691-1725.

[2] Emborg, M. 1990. *Thermal stresses in concrete structures at early ages.* Doctoral Thesis 1989:73D, Div. of Struct. Eng., Luleå Univ. of Technology.

[3] Gutsch, A.-W. 1998. *Stoffeigenschaften jungen Betons – Versuche und Modelle.* Dissertation am Institut für Baustoffe, Massivbau und Brandschutz der TU Braunschweig.

[4] Hamfler, H. 1988. *Berechnung von Temperatur-, Feuchte- und Verschiebungsfeldern in erhärtenden Betonbauteilen nach der Methode der finiten Elemente.* DAfStb Heft 395, Berlin: Beuth-Verlag.

[5] Hofstetter, G. & Mang, H. A. 1995. *Computational Mechanics of Reinforced Concrete Structures.* Braunschweig-Wiesbaden: Vieweg-Verlag.

[6] Huckfeldt, J. 1993. *Thermomechanik hydratisierenden Betons - Theorie, Numerik und Anwendung.* Dissertation am Institut für Statik der TU Braunschweig.

[7] Laube, M. 1990. *Werkstoffmodell zur Berechnung von Temperaturspannungen in massigen Betonbauteilen im jungen Alter.* Dissertation TU Braunschweig.

[8] Onken, P. & Rostásy, F. 1995. *Wirksame Betonzugfestigkeit im Bauwerk bei früh einsetzendem Temperaturzwang.* DAfStb Heft 449, Berlin: Beuth-Verlag.

[9] Schikora, K & Eierle, B. 1997. Zur Beschränkung der Rißbreiten bei Tunnelinnenschalen aus wasserundurchlässigem Beton. *Bauingenieur* 72/4: S. 185-191.

[10] Springenschmidt, R. (Ed.) 1998. *Prevention of Thermal Cracking in Concrete at Early Ages.* London: E&FN Spon.

Simulationsmodelle für Tragwerke unter Explosion

N. F. J. Gebbeken

Institut für Mechanik und Statik, Universität der Bundeswehr München, Deutschland

KURZFASSUNG: Im vorliegenden Beitrag wird an wenigen einfachen Beispielen die Verwendung von Hydrocodes bei der Analyse von Tragwerken unter Explosion dargestellt. Nach einer kurzen Einführung in die Wirkungsweise einer Explosion erfolgt die Einordnung der Aufgabenstellung in die Dynamik. Die Einwirkung infolge Explosion wird durch eine reine Luftexplosion und eine Explosion bei dichter Bebauung illustriert. Die Simulation der Widerstandsseite erfolgt am Beispiel der Kontaktdetonation auf eine Betonplatte. Hierbei wird zunächst die Materialbeschreibung diskutiert. Als Ergebnis der Berechnung werden die Schockwellenausbreitung und die Schädigung der Betonstruktur erhalten. Der Beitrag schließt mit einigen Hinweisen zu planerischen Maßnahmen zum Schutz vor Explosionseinwirkungen ab.

1 EINFÜHRUNG

1.1 *Allgemeines*

Die Wirkung explosiver Stoffe, insbesondere die Fähigkeit, im Mikrosekundenbereich große Energien freizusetzen, kann technisch genutzt (Sprengstoffabbruch, Bergbau, Tunnelbau, Schweißung, Umformung, bei Lawinengefahr, Motoren) aber auch mißbraucht werden (terroristische Anschläge) oder zu Katastrophen führen, wenn ein möglicher Lastfall Explosion nicht berücksichtigt wurde. Explosionen sind somit Einwirkungen, die planmäßig oder unplanmäßig auftreten können.

In der chemischen Industrie sind bauliche Anlagen u.a. auszulegen für Explosion von a) Gas-Luft-Gemischen, b) Staub-Luft-Gemischen und c) brennbaren Flüssigkeiten. Auch Silos zur Lagerung von Holzstaub und Holzspänen sind für den Lastfall Staubexplosion zu bemessen. Diese Wirkungen sind weitgehend abschätzbar. Anschläge auf Gebäude mit (meist festen) Explosivstoffen (World Trade Center [1993], Oklahoma City [1995], Nairobi und Daressalam [1998] etc.) haben gezeigt, daß dabei eine häufig nicht abschätzbare Zerstörungswirkung auftritt. Neben dem Einsturz oder dem Teileinsturz von Gebäuden besteht die Gefahr für Menschen vor allem durch die Luftdruckwelle, die Gasentwicklung und durch den Splitter- bzw. Trümmerflug. Ingenieure haben die Aufgabe, eine größtmögliche Sicherheit zu gewährleisten und die Konstruktionen für außergewöhnliche Einwirkungen, wie sie Explosionen darstellen, zu dimensionieren. Der Chemie-Industrie wird durch die sogenannte "Störfall-Verordnung" auferlegt, daß im Störfall weder Lebensgefahr noch eine Gefahr schwerwiegender Gesundheitsbeeinträchtigung bestehen darf.

1.2 *Explosion*

Die Explosion ist eine durch die schnelle exotherme chemische Reaktion eines Stoffes verursachte Volumenvergrößerung, die durch die entstehenden und sich sehr schnell ausbreitenden Gase bewirkt wird. Je nach Geschwindigkeit der Zersetzungsreaktion wird zwischen Deflagration und Detonation unterschieden. Bei der Deflagration ist sie unterhalb, bei der Detonation oberhalb der Schallgeschwindigkeit $v = \sqrt{E/\rho}$. Die Deflagration entspricht somit eher einer Verbrennung mit einer Reaktionszeit von $10^{-3}\,s$ während bei der Detonation die Reaktionszeit etwa $10^{-6}\,s$ beträgt. Die Geschwindigkeit der Zersetzungsreaktion beträgt bei der Deflagration etwa $170\,m/s$ und bei der Detonation zwischen $1500\,m/s$ (bei Gasen) und $9000\,m/s$ (bei flüssigen und festen Explosivstoffen); zum Vergleich: Luftschallgeschwindigkeit ist $331\,m/s$. Der zu betrachtende Zeitbereich liegt also bei Milli- und Mikrosekunden. Durch den auftretenden Verdichtungsstoß erhöhen sich in der Detonationszone Druck, Dichte und Energie in Mikrosekunden auf extrem hohe Werte. Trifft die die Detonationszone begleitende Stoßwelle, die Detonationswelle (ggfs. Luftdruckwelle) auf ein Bauwerk, so kommt es einerseits zur Beanspruchung bis hin zur Zertrümmerung andererseits wird ein Teil der Druckwelle reflektiert wobei es durch Überlagerung bis hin zur Verdoppelung (bei starrem ungeschädigtem Hindernis) des Druckes kommen kann. Die Druckspitzen bei der Detonation sind i.d.R. deutlich größer als bei der Deflagration. Hieraus kann jedoch nicht zwangsläufig gefolgert werden, daß der Lastfall Detonation der maßgebliche ist. Vor allem in Fällen, bei denen es nicht zur Zerstörung kommt, ist meistens der Impuls bemessungsrelevant, also nicht allein Druckhöhe und Druckanstiegszeit. Die Wirkung verschiedener Explosivstoffe wird in TNT-Äquivalenten wie folgt angegeben; der Detonationswert wird in Kilotonnen (kT) des konventionellen Sprengstoffs TNT (Trinitrotuluol) angegeben: $1\,kT = 1000\,T$ TNT. Grundlagen zu Explosivstoffen können z.B. Berthmann (1960) entnommen werden. Um die Wirkung eines Lastfalls Explosion auf Strukturen einordnen zu können, ist es sinnvoll, ihn im Kontext mit anderen dynamischen Lastfällen zu betrachten und z.B. die Belastungsdauer zu vergleichen (Tabelle 1).

Tabelle 1: Gegenüberstellung interessanter Kenngrößen bei dynamischen Lasten

Lastfall	Bel.-dauer $\approx \mu s$	Auftreff-geschw. in m/s	Dehn-raten $\dot{\epsilon}$ in $1/s$	f_c^{dyn}/f_c^{stat} Druck	f_c^{dyn}/f_c^{stat} Zug	Material-verhalten	Versuchs-einrich-tungen
–	$> 10^{11}$	–	$< 10^{-6}$	1.0	1.0	s+k	hydraulisch
Verkehr	$> 10^{7}$	–	$< 10^{-6}$	1.0	1.1	s+k, el	Hydrodyn. pneumat.
Wind (Böen!)	$> 10^{7}$	< 60	$< 10^{-4}$	1-1.2	1.5	visko-el.	Windkanal
Erdbeben	10^{7}	–	$10^{-3} - 10^{0}$	1-1.3	1.8	v-el-pl	dyn.
Wasserwellen	10^{6}	< 5	$10^{-3} - 10^{-1}$	1-1.3	1.7	v-el	Wellenkanal
Trümmerprall	10^{6}	< 10	$< 10^{1}$	1-2.0	2.3	el-pl	Schlagwerk
Jetabsturz	10^{5}	< 90	$10^{-2} - 10^{2}$	1-1.3	2.5	el-pl-s	Schlagwerk
Fz-anprall	10^{4}	< 30	$10^{-2} - 10^{2}$	1-1.3	2.5	el-pl-s	”
Luftstoßwelle	10^{3}	< 4000	$10^{1} - 10^{3}$	1-2.0	5	el-pl-s	S.-H.-B. Schlagwerk flyer plate
konv. Waffen			10^{2}	1.5-2.0	?		”
			10^{3}	> 4	?		”
Kontaktexplo.	10^{1}	< 9000	$< 10^{8}$	?	?	hydr-p-s	Explosion
Kometimpakt	10^{1}	> 12000	$< 10^{8}$	?	?	verdampft	gas gun

Die Tabelle basiert auf Daten, die verschiedenen Richtlinien und Publikationen entnommen und hier zusammengestellt wurden (z.B. Bischoff & Perry (1991), Zukas (1982)). Die angegebenen Daten erheben keinen Anspruch auf Vollständigkeit und sind lediglich Richtwerte für die am stärksten beanspruchten Bauteilregionen.

Bei den Einwirkungen ist zwischen stoßartigen und nicht stoßartigen Belastungen zu unterscheiden. Bei der Explosion ist wiederum zu unterscheiden wo sie stattfindet: in der Luft (Luftstoß), auf der Bauwerks- oder Erdoberfläche (Kontaktstoß), in der Erde oder im Bauwerksmaterial (Erd- oder Materialstoß). Es existieren also direkte und indirekte Stöße. Die Einwirkungszeiten in der Größenordnung von Milli- und Mikrosekunden werden der Kurzzeitdynamik zugeordnet. Die globalen Strukturantworten liegen aber etwa bei einigen Hz, es ergeben sich also einige Schwingungen pro Sekunde bzw. $6 * 10^7$ Mikrosekunden. Daraus wird deutlich, daß im Rahmen der Kurzzeitdynamik das Tragwerk möglicherweise viel zu träge ist, um als Ganzes zu reagieren. Deshalb sind zu unterscheiden:

1. lokale Wirkung maßgebend, Tragwerk wird nicht angeregt (z.B. Penetration oder "Regentropfeneffekt")

2. lokale Wirkung und Anregung einzelner Tragwerksteile

3. lokale Wirkung und Anregung des Gesamttragwerks

4. lokale Wirkung vernachlässigbar, Anregung einzelner Tragwerksteile

5. lokale Wirkung vernachlässigbar, Anregung des Gesamttragwerks (z.B. Wind)

Wesentlich für die Beurteilung und Einordnung dynamischer Einwirkungen sind Brisanz, Druckhöhe, Einwirkungsdauer, Einwirkungsfläche und Massenverhältnis. Daraus ergibt sich, ob es sich um eine lokale (z.B. reine Perforation) oder um eine globale Wirkung (Anregung großer Teile eines Tragwerks) handelt und ob die Aufgabenstellung mit strukturdynamischen (Biggs (1964)) oder mit Methoden der Kurzzeitdynamik zu behandeln ist.

2 NUMERISCHE SIMULATIONEN

2.1 Grundlagen

Der Vergleich der Ergebnisse aus Feldversuchen und analytischen oder empirischen Berechnungsverfahren hat gezeigt, daß die Berechnungsergebnisse verschiedener Methoden sehr streuen und häufig mit Versuchsergebnissen nicht übereinstimmen. Die Problematik der Berechnung von Tragwerken unter Schockbelastungen ist derart komplex, daß analytische Ansätze (z.B. Uhrig & Barke (1993)) die Realität nicht hinreichend genau beschreiben. Da in jedem Einzelfall Versuche aus Zeit- und Kostengründen nicht durchgeführt werden können, sind die Unsicherheiten durch hohe Sicherheitsbeiwerte abzudecken. Das führt zu überdimensionierten und damit unwirtschaftlichen Bauwerken. Deshalb werden neuerdings auch leistungsfähigere Berechnungsmethoden herangezogen. Explosionswirkungen auf Bauwerke und selbst die interaktive Wirkung Druckwelle/Bauwerk oder die Ausbreitung von Druckwellen in Gebäuden kann heute numerisch simuliert werden. Hilfsmittel sind hierbei finite Methoden. Am häufigsten werden sogenannte Hydrocodes verwendet. Sie wurden zunächst für numerische Simulationen in der Hydromechanik entwickelt und basierten deshalb auf einer reinen Euler-Formulierung. Zur besseren Berücksichtigung der konstitutiven Beziehungen der Festkörpermechanik wurden die Hydrocodes im Hinblick auf Lagrange-Formulierungen weiterentwickelt und ermöglichen mittlerweile die Kopplung von "Euler-Netzen" mit "Lagrange-Netzen". Derzeit wird in der

Forschung an der Kopplung von Euler-Lagrange-Formulierungen und netzfreien Formulierungen (z.B. Belytschko: "Element-Free-Galerkin") gearbeitet, um Schädigungsbereiche noch besser berücksichtigen zu können.

Ein wesentlicher Unterschied von Finite-Element-Codes und Hydrocodes ist die unterschiedliche numerische Behandlung der Grundgleichungen. Während bei FE-Codes die Gleichgewichtsgleichung (hier Bewegungsdifferentialgleichung)

$$K_{(X)}X + D\dot{X} + M\ddot{X} = F_{(T)} \tag{1}$$

zunächst im Raum ausiteriert wird und dann die Lösung im Zeitbereich erfolgt, werden bei Hydrocodes die drei Erhaltungsgleichungen (Tabelle 2) simultan gelöst.

Tabelle 2: Erhaltungsgleichungen in Lagrangescher und Eulerscher Darstellung

Erhaltung	Lagrange	Euler
Masse	$\dfrac{d\rho}{dt} + \rho\dfrac{\partial u_i}{\partial x_i} = 0 \quad (2)$ (ρ = Dichte)	$\dfrac{\partial\rho}{dt} + \rho\dfrac{\partial}{\partial x_i}(\rho\, u_i) = 0 \hfill (3)$ (u= Geschwindigkeit)
Impuls	$\dfrac{du_i}{dt} = f_i + \dfrac{1}{\rho}\dfrac{\partial\sigma_{ij}}{\partial x_j} \quad (4)$ (σ_{ij}= Cauchy-Spannungen)	$\dfrac{\partial u_i}{dt} + u_j\dfrac{\partial u_i}{\partial x_j} = f_i + \dfrac{1}{\rho}\dfrac{\partial\sigma_{ij}}{\partial x_j} \hfill (5)$ (f_i = äußere Kräfte)
Energie	$\dfrac{dE}{dt} = \dfrac{p}{\rho^2}\dfrac{d\rho}{dt} + \dfrac{1}{\rho}s_{ij}\,\dot{\epsilon}_{ij} \quad (6)$ (E = innere Energie) (s_{ij} = Dev.-Spannungen)	$\dfrac{\partial E}{\partial t} + u_i\dfrac{\partial E}{\partial x_i} = \dfrac{p}{\rho^2}\left(\dfrac{\partial\rho}{\partial t} + u_i\dfrac{\partial\rho}{\partial x_j}\right) + \dfrac{1}{\rho}s_{ij}\,\dot{\epsilon}_{ij}$ $\hfill (7)$ (p = hydrostat. Druck) ($\dot{\epsilon}_{ij}$ = Verzerrungs-Geschwindigkeiten)

Bei der Energieerhaltung gilt, daß sich die gesamte spezifische Energie e aus der kinetischen Energie $e_{kin} = 0.5mu^2$ und der spezifischen inneren Energie E zusammensetzt. Zur Erfüllung dieser Erhaltungsgleichungen wird noch eine Zustandsgleichung (Equation Of State = EOS), meistens in Form einer Druck-Dichte-Beziehung (Hugoniot-Kurve) (Abb. 5)

$$p = p(\rho) \tag{8}$$

benötigt. Gelingt hierbei die Einbeziehung der Energie e (vollständige Zustandsgleichung), so wird die Mie-Grüneisen-Hugoniot-Beziehung

$$p = p(\rho, e) \tag{9}$$

erhalten. Sie stellt geometrisch eine Fläche im Druck-Dichte-Energie-Raum dar. Eine konstitutive Beziehung für festes Material (Stoffgesetz) muß mindestens in der Form

$$s_{ij} = f\left(\epsilon_{ij}, \dot{\epsilon}_{ij}, E\left(\epsilon, \dot{\epsilon}, p\right), \nu\left(p\right)\right) \tag{10}$$

bereitgestellt werden. Gleichung (10) verdeutlicht, daß die Materialgesetze und die Werkstoffkenngrößen selbst von den Verzerrungen, deren Raten sowie vom Druck abhängig sind.

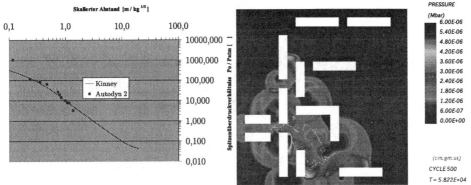

Abbildung 1: Detonationsstoßwelle, Druck-Abstands-Zeit-Verlauf, analytisch, numerisch

Abbildung 2: Druckwellenausbreitung bei Bebauung

2.2 Luftstoßwelle

Die Einwirkung auf die Tragwerke erfolgt durch die Luftstoßwelle (Abb. 1). Sie kann aber nicht isoliert betrachtet werden, denn die Gebäudeform, die Bebauung und die Bepflanzung haben einen starken Einfluß auf die tatsächliche Beanspruchung (Abb. 2). Zu unterscheiden sind Kontakt-, Nahfeld- und Fernfeld-Detonationen. Die Druckspitzen bauen sich mit wachsender Entfernung überproportional ab (Abb. 1).

Mit Hilfe von Ähnlichkeitsgesetzen lassen sich die Wirkungen verschiedener Ladungsstärken berechnen. Aus dem Ähnlichkeitsgesetz

$$d_2 = d_1 \left(\frac{W_2}{W_1}\right)^{\frac{1}{3}} \tag{11}$$

ergibt sich, daß in einem um $W^{\frac{1}{3}}$ verändertem Abstand der gleiche Druck auftritt. Die Ankunftszeit und die Zeitdauern der Stoßwelle sind ebenso $W^{\frac{1}{3}}$-proportional

$$t_2 = t_1 \left(\frac{W_2}{W_1}\right)^{\frac{1}{3}} . \tag{12}$$

Damit wächst der Impuls bezogen auf Stellen gleichen Druckes ebenfalls gem. Gl. 12. Eine Ladungsstärke, die 1000mal größer ist, hat in einem $1000^{\frac{1}{3}} = 10$-fachen Abstand den gleichen Überdruck. Der Impuls ist $1000^{\frac{1}{3}} = 10$-mal größer und die Zeitdauer bis der Stoß ankommt ist ebenfalls 10-mal größer. Die Abbildung 1 zeigt den Druck-Abstands-Verlauf sowohl analytisch als auch mit dem Hydrocode "Autodyn" gerechnet. Dabei wurde der Sprengstoff mit der Jones-Wilkins-Lee-Gleichung beschrieben. In Abbildung 2 ist die mit Autodyn berechnete Wellenausbreitung bei einer dichten Bebauung zum Zeitpunkt $t = 0.06\,sec$ dargestellt. Die Luftstoßwelle wurde im Innenhof des L-förmigen Gebäudes initiiert. Deutlich ist zu erkennen, wie sich die Druckwelle ausbreitet. Aus dieser Simulation können die Einwirkungen auf die Bauwerke und die Bauwerksteile (Wände, Fenster, Türen, etc.) ermittelt werden.

2.3 Betonplatte

Das nächste Beispiel dient der Abschätzung von Bauteilschädigungen. Abbildung 3 zeigt schematisch eine Betonplatte, die mit einer Kontaktdetonation beaufschlagt wurde. Die

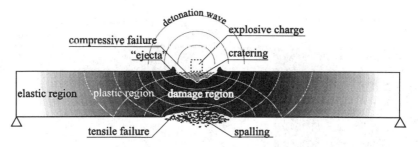

Abbildung 3: Betonplatte, schematische Darstellung der Kontaktdetonation

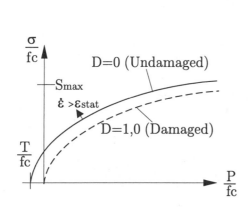

Abbildung 4: HJC-Versagensfläche

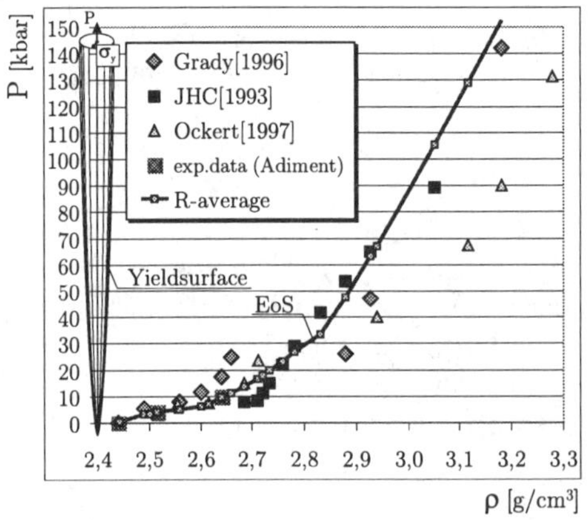

Abbildung 5: Hugoniot-Kurve

durch Kraterbildung und Abplatzung entstandenen Schädigungsbereiche sind gut erkennbar. Schwieriger wird die Beurteilung der Regionen, die teilgeschädigt sind.

Hierfür sind die Gleichungen (8) bis (10) im folgenden zu konkretisieren (s.a. Gebbeken&Ruppert 1998 und 1999). Damit werden das Materialgesetz, die Versagensfläche, die Zustandsgleichung und die Schädigung beschrieben. Im elastischen wird das Hookesche Gesetz zu Grunde gelegt. Die Versagensfläche wird nach Holmquist-Johnson-Cook (1993) gemäß

$$\frac{\sigma}{f_c} = \left(A\left(1 - D\right) + B\left(\frac{p}{f_c}\right)^N \right)\left(1 + C\,ln\frac{\dot{\epsilon}}{\dot{\epsilon}_0}\right). \qquad (13)$$

beschrieben (Abb. 4). Hierin bedeuten: f_c einaxiale Betondruckfestigkeit, σ Vergleichsspannung, A, B, N, C sind Materialkonstanten, die aus Versuchen bestimmt werden, p hydrostatischer Druck, $\dot{\epsilon}_0$ Bezugs-Verzerrungsrate $\dot{\epsilon}_0 = 1.0\,s^{-1}$, D Damage-Parameter. Die verwendete Hugoniot-Kurve ist in Bild 5 dargestellt. Sie wird bisher ausschließlich aus Versuchen (Planar-Platten-Impakt (PPI), Split-Hopkinson-Bar (SHB) oder Explosion) gewonnen. Die Grafik verdeutlicht, daß bei der Explosion Drücke im Beton erreicht werden, die das über 100-fache der einaxialen Betondruckfestigkeit erreichen. Deshalb kann bei Kontaktdetonationen das deviatorische Versagen gegenüber dem hydrostatischen häufig vernachlässigt werden.

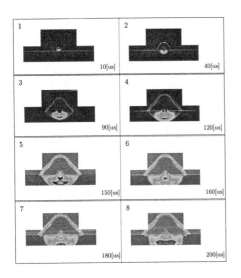

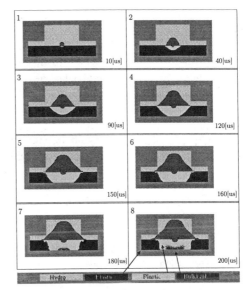

Abbildung 6: Entwicklung der Schockwelle   Abbildung 7: Materialstatus und Versagen

Mit Hilfe der oben angegebenen Materialbeschreibungen können Hydrocode-Berechnungen durchgeführt werden. Zur Modellbildung wurde in Gebbeken&Ruppert (1999) detailliert Stellung genommen. Abbildung 6 zeigt die zeitliche Entwicklung der Schockwelle und Bild 7 die der Kraterbildung und des Abplatzens. Der hohe Detonationsdruck führt bereits nach etwa $10\mu s$ zur Zermalmung des Betons. Nach ungefähr $160\mu s$ wird die Druckwelle am unteren Rand als Zugwelle reflektiert. Hierbei wird die Zugfestigkeit des Beton überschritten, was zur Abplatzung führt. Begleitende Versuche, die an der Wehrtechnischen Dienststelle 52 durchgeführt wurden, bestätigten die hohen Drücke und Verzerrungsraten bis hin zu $10^8\,s^{-1}$. Dabei treten Schockwellengeschwindigkeiten von $v_s < 9000m/s$ auf. Im Vergleich dazu beträgt die Beton-Wellengeschwindigkeit ca. $4000m/s$ aus $c_L = \sqrt{\frac{E}{\rho}}$ bei z.B. einem Beton $E = 40000N/mm^2$, $\rho = 2.3 * 10^{-9}Ns^2/mm^4$ und $\nu = 0.2$.

Hydrocode-Berechnungen werden in Zukunft für die Bestimmung von Schädigungen und Restragfähigkeiten eingesetzt werden können. Die richtige und zuverlässige Anwendung von Hydrocodes erfordert vertieftes theoretisches Wissen über finite Methoden und deren algorithmische Umsetzung. Deshalb müssen die numerischen Ergebnisse praxisgerecht aufbereitet werden.

3 PLANERISCHE MASSNAHMEN

Der Schutz von Bauwerken gegenüber Katastrophenlastfällen ist vor allem in den Bereichen weitgehend geregelt, in denen die Einwirkungsseite abschätzbar ist. So existieren für die chemische Industrie u.a. Explosionsschutz-Richtlinien der Berufsgenossenschaft, die Störfall-Verordnung oder die VDI-Richtlinien 2263 und 3673. Hier werden explosionsgefährdete Bereiche nach der Wahrscheinlichkeit des Auftretens gefährlicher explosionsfähiger Atmosphäre in Zonen eingeteilt. Beim Explosionsschutz wird unterschieden zwischen Maßnahmen, die eine Bildung explosionsfähiger Atmosphäre verhindern, Maßnahmen, die eine Entzündung verhindern und konstruktiven Maßnahmen, die die Auswirkung einer Explosion begrenzen. Hierzu gehören vor allem Explosionsdruckentlastungen um den Maximaldruck zu begrenzen. Entlastungsöffnungen, wie Klappen, Ventile oder Sollbruchstellen werden in gefährdete Bauwerke wie Silos oder Speicher eingebaut (z.B. VDI-3673-Druckentlastung von Staubexplosionen oder Holz-BG-Silos). In der Störfall-Verordnung wird darauf hingewiesen, daß Maßnahmen zur Verhinderung und Begrenzung der Auswirkung möglicher Störfälle auf die tragende Struktur und auf die Fundamente zu ergreifen sind. Lastannahmen und mögliche bauliche Maßnahmen sind in Absprache mit dem Betreiber und der Aufsichtsbehörde (ggfs. Versicherungsunternehmen) abzustimmen.

Gemäß KTA-Richtlinien sind Kernkraftwerke sowohl für Erdbeben (KTA 2201, 1-6) und Explosionswirkung (KTA2103) als auch für Flugzeugabsturz (KTA 2202, Entwurf) zu dimensionieren. Dabei muß die Hülle "dicht" bleiben, es darf nicht zum "Durchstanzen" kommen. Lastannahmen für diese Wirkungen können den KTA-Richtlinien entnommen werden. Vergleichsberechnungen haben gezeigt, daß der Lastfall "Flugzeugabsturz" meistens bemessungsrelevant ist (z.B. Eibl (1988), Schäpertöns, Jankowski & Hümmer (1998)).

Sind die Einwirkungen nur schwer abschätzbar, so sind verschiedene Schutzmaßnahmen erforderlich. Wie Abbildung 1 verdeutlicht, fällt der Druck mit wachsendem Abstand überproportional ab. Daraus lassen sich planerischen Maßnahmen ableiten. Zu vermeiden sind: Einstürze, Trümmerflug von Materialteilen und Glasscherben, Abplatzungen, Druckwellenfortpflanzung und Gasausbreitung. Mögliche Maßnahmen sind: Sicherheits-Abstände, Überdeckungen, Sandwich-Bauweisen, statisch unbestimmte Konstruktionen, Sicherheitsglas mit Auffangvorrichtungen, Faserverbund-Ummantelungen von Mauerwerkswänden und Stützen, Gas-Absauganlagen etc. Spezielle Informationen finden sich z.B. in: Zeitschrift "Zivilschutz", Guidelines of the US Federal Emergency Management Agency, Proceedings of the Conferences "Structures under Shock and Impact", Uhrig & Barke (1993).

Die Auslegung von Tragwerken gegen Sonderlastfälle ist eine fordernde Aufgabe. Dabei muß der Schutz von Menschen Leitmotiv bei der Sicherheitsphilosophie sein. Die Lösung der Aufgabe stellt erhöhte Anforderungen an die am Bau Beteiligten.

4 LITERATUR

Berthmann, A. 1960. *Explosivstoffe*. München: Carl Hanser Verlag.

Biggs, J.M. 1964. *Introduction to Structural Dynamics*. New York London: McGraw Hill.

Bischoff, P.H. & Perry, S.-H. 1991. *Compressive behaviour of concrete at high strain rates*. Materials and Structures, 1991,24, 425-450.

Eibl, J., Henseleit, O. & Schlüter, F.-H. 1988. *Baudynamik*. Betonkalender Teil II, Berlin: Ernst&-Sohn.

Gebbeken, N. & Ruppert, M. 1998. *On the concrete material response to confined explosive loading*. Proceedings of the fifth international conference on structures under shock and impact, Thessaloniki

Gebbeken, N. & Ruppert, M. 1999. *On the Safety and Reliability of High Dynamic Hydrocode Simulations*. Mitteilungen des Lehrstuhls für Baustatik der Universität der Bundeswehr, Nr.99/1 ISSN 1435-3555, zur Veröffentlichung eingereicht

Holmquist, T. & Johnson, G. & Cook, W. 1993. *A Computational Constitutive Model For Concrete Subjected to Large Strains, High Strain Rates and High Pressures*. Proceedings of the 14th Int. Symposium on Ballistics, Quebec, Canada, 1993, 591-600

Schäpertöns, B. & Jankowski, D. & Hümmer, M. 1998. *Nichtlineare dynamische Berechnungen im Stahlbetonbau am Beispiel eines Reaktorgebäudes*. Finite Elemente in der Baupraxis, Wriggers, P. (Hrsg.), Berlin: Ernst&Sohn.

Uhrig, R. & Barke, A. 1993. *Zur Standsicherheit explosionsgefährdeter Bauwerke*. Baustatik/Baupraxis 5, Wunderlich, W. (Hrsg.), München

Zukas, J.A.; et al. 1982. *Impact Dynamics*. John Wiley & Sons, New York

Baustatik-Baupraxis 7, Meskouris (Hrsg.) © 1999 Balkema, Rotterdam, ISBN 90 5809 044 2

Simulationstechniken zur Risikoanalyse geschädigter Tragstrukturen

Carsten Könke
Lehrstuhl für Baustatik und Baudynamik, Rheinisch-Westfälische Technische Hochschule Aachen, Deutschland

Ripudaman Singh
Karta Technologies, San Antonio, USA

ABSTRACT: Die Zuverlässigkeit eines Tragwerks gegenüber unterschiedlichen Versagenszuständen kann niemals zu 100% garantiert werden. Die Aufgabe des Ingenieurs ist es, die Versagenswahrscheinlichkeit einer Struktur unterhalb einer von der Gesellschaft akzeptierten Schranke zu halten. Dieser Beitrag stellt einen ersten prototyphaften Entwurf eines Simulationssystems vor, mit dem unter Verwendung von Monte-Carlo-Simulationstechniken, die Versagenswahrscheinlichkeit einer Struktur zu jedem Zeitpunkt ihrer Lebensdauer untersucht werden kann. Dabei lassen sich beliebige Alterungs- und Schädigungsgesetze, sowie Inspektionstechniken zur Detektierung von Schäden in die Risikoanalyse integrieren. Das hier vorgestellte Konzept hat sich bereits bei der Risikoanalyse und der Inspektionsplanung von Flugzeugflotten bewährt und wird in seiner auf Stahlbeton- und Stahlbrücken angepaßten Form vorgestellt.

1 EINLEITUNG

Aus ökonomischen Gründen wird in allen Industrieländern eine Verlängerung der Lebensdauer vieler bereits bestehender Bauwerke angestrebt. Um welche erheblichen Investitionssummen es sich in diesem Bereich handelt, wird deutlich, wenn man liest, daß in der Bundesrepublik jährlich 65 Mrd. DM in Rohbau-Neuinvestitionen fließen und eine vergleichbare Summe jährlich für Schadenssanierungen und Nutzungsdauer-Verlängerungsmaßnahmen investiert werden muß (hierbei wird eine mittlere Lebenserwartung von 50 Jahren für alle Konstruktionen des Konstruktiven Ingenieurbaus prognostiziert) (SFB398 1995). In einem Bericht der Organisation für wirtschaftliche Zusammenarbeit und Entwicklung OECD aus dem Jahre 1989 zum Thema Lebensdauerproblematik bei Infrastrukturbauwerken ist zu lesen, daß alleine in den sechzehn Mitgliedsstaaten der OECD etwa 800 000 Brücken (mit einer Länge über 5 m) und einem geschätzten Investitionswert von 500 bis 900 US$ pro m^2 vorhanden sind (OECD 1989), die in einem operablen Zustand gehalten werden müssen.

Unter dem Gebot der Wirtschaftlichkeit muß das Ziel demzufolge in der Minimierung der für die Konstruktion, Erstellung, Unterhalt und Reparatur aufzuwendenden finanziellen Mittel eines Bauwerks liegen (Mele et al. 1991)

$$C_g = C_0 + \sum p_i C_i \longrightarrow \quad min \tag{1}$$

mit C_g den gesamten Kosten, C_0 den Kosten der Erstellung des Bauwerks und C_i den Kosten für Reparaturmaßnahmen während der Lebenszeit des Bauwerks sowie der Wahrscheinlichkeit p_i, daß das Ereignis, welches die Reparaturmaßnahme erfordert, während der Lebensdauer des Bauwerks eintritt.

Die Vielzahl der in den letzten 20 Jahren an bestehenden Bauwerken durchgeführten, oftmals überraschend kostspieligen, Wartungs– und Reparaturmaßnahmen, die so zum Zeitpunkt der Konstruktion nicht vorhergesehen waren, beweist, daß Deteriorations– und Schädigungseffekte im Zuge des Entwurfs von Strukturen in der Vergangenheit unzureichend berücksichtigt wurden. Ein wichtiger Grund hierfür sind die bisher verwendeten unzureichenden Modelle zur Prognose von Schädigungseffekten und Restlebensdauer, die oftmals auf empirischen Beobachtungen basieren, beispielsweise dem Vergleich des Schadensverlaufs an einander ähnlichen Bauwerken (Hookham et al. 1989). Diese Art von Vorhersage ist mit großen Ungenauigkeiten behaftet und für viele Tragwerke mangels vergleichbarer Strukturen nicht einsetzbar. Für präzise Aussagen über die Dauerhaftigkeit beliebiger Tragwerke, müssen Methoden entwickelt werden, um bestehende Strukturen in ihrem aktuellen Schädigungszustand abbilden und ausgehend von diesem Istzustand eine Prognose über den weiteren Verlauf der Schädigung und damit über deren weitere Verwendungsfähigkeit treffen zu können. Ähnliche Bestrebungen, zu realistischen und universell einsetzbaren Simulationsmodellen zur Prognose der Dauerhaftigkeit einer Struktur zu kommen, sind ebenfalls im Bereich der Luft– und Raumfahrttechnik (Adams et al. 1985, Singh 1995), im Bereich militärischer Infrastruktur (Könke et al. 1996, Könke et al. 1992) sowie im Bereich von Stahlbrücken (Singh et al. 1998) und Stahlbetonbrücken (Enright et al. 1998) Gegenstand aktueller Forschungsarbeiten. Solche Prognosemodelle sind die Voraussetzung dafür, um die Lebensdauer eines Systems über den in der Konstruktionsphase definierten Zeitraum hinaus zu verlängern.

Um die oben genannten Ziele erreichen zu können, müssen dem entwerfenden Ingenieur Simulationswerkzeuge zur Verfügung gestellt werden, die – basierend auf nichtlinearen Berechnungsverfahren – den Lebenszyklus eines Bauwerks schon im Entwurfsstadium prognostizieren. Dabei müssen diese Programme in der Lage sein, detaillierte Aussagen über die Entwicklung unterschiedlicher Schädigungsindikatoren zu treffen und diese Aussagen für die Verwendung hinsichtlich Vorschlägen zur Wartung und Inspektion von Strukturen und ihrer Komponenten zu interpretieren. Alle diese Aspekte können durch nichtlineare Finite–Element–Analysen abgedeckt werden. Trotzdem hat sich die Verwendung nichtlinearer Analysen im Entwurfs- und Konstruktionsprozeß auf europäischer Ebene noch nicht durchgesetzt (Krätzig 1997). Die Entwurfspraxis konzentriert sich noch weitestgehend auf lineare Modelle. Jedoch lassen sich einige physikalische Effekte, darunter auch die Akkumulation von Schädigungseffekten, nur berücksichtigen, wenn nichtlineare Simulationsmodelle verwendet werden. Die bisher, vor allem im Bereich der Brückenbauwerke, vorgestellten Modelle aus dem Bereich des *Maintenance–Managements* arbeiten zumeist mit einfachen linear–elastischen Tragwerksmodellen (Thoft–Christensen 1996)

Eine weitergehende Umsetzung der Konzepte von *Maintenance–Management* und *Durability–Design* findet bisher hauptsächlich in der Luft- und Raumfahrttechnik statt. Hier wurde durch die US Luftwaffe schon in den 60er Jahren ein *Aircraft Structural Integrity Program (ASIP)* etabliert, das eine Änderung des Entwurfs neuer Strukturen von der Bemessung für statische Lasten im Initialzustand hin zu einer Philosophie der Dauerhaftigkeit/Lebensdauer einleitete (Adams et al. 1985).

Die Deteriorations- und Schädigungsentwicklung einer Struktur wird sowohl auf der Belastungs– als auch auf der Widerstandsseite durch Faktoren probabilistischer Natur beeinflußt. Für einzelne Teilstrukturen bietet sich mit der Monte–Carlo–Simulationsmethode eine Möglichkeit, die streuenden Eingangsgrößen in einer nichtlinearen Simulation der Lebensdauer zu berücksichtigen. Weitgehend ungelöst ist jedoch zum heutigen Zeitpunkt noch die Frage, ob dieses Vorgehen in absehbarer Zeit auf komplette Bauwerke übertragen werden kann.

In diesem Beitrag wird eine erste Pilotimplementierung eines numerischen Simulationssystems vorgestellt, welches die einzelnen die Lebensdauer einer Struktur beeinflussenden Größen explizit als probabilistische Größen berücksichtigt. Als Ergebnis erhält man die Kosten–Risiko–Lebensdauerentwicklung eines Tragwerks und die geschätzten Todesfallrisiken (*Fatal Accident Rate,*

FAR). Mit Hilfe dieses Werkzeugs ist sowohl in der Entwurfsphase einer Struktur die Untersuchung von Designvarianten möglich, als auch die optimale Planung des Inspektions–und Wartungsprogramms bei bestehenden Bauwerken.

2   DESIGN–PHILOSOPHIEN

Die Veränderung der Entwurfsverfahren im Ingenieurwesen innerhalb einer kurzen Zeitspanne läßt sich an den vier Entwurfsphilosophien verfolgen, die sich seit dem Beginn des 20. Jahrhunderts im Flugzeugbau entwickelt haben (Krajcinovic 1996):

- Prinzip des statischen Versagens – *static strength design* (ca. 1900 – 1950)
  Dieses Prinzip basiert auf der Definition zulässiger Spannungen, die gegenüber der statischen Festigkeit und/oder einer Dauerfestigkeit mit einem Sicherheitsfaktor reduziert werden. Die Schädigungsentwicklung über die Lebensdauer des Bauwerks, egal ob aus Unfällen, Alterung oder Dauerfestigkeit resultierend, wird vollständig ignoriert. Ein Bauwerk, das die Kriterien in seinem ursprünglichen Zustand erfüllt, besitzt damit theoretisch eine unendliche Lebensdauer.

- Prinzip des sicheren Bestehens – *safe life design* (ca. 1950 – 1960)
  Diese Entwurfsphilosophie basiert auf der Erkenntnis, daß auch an im Ursprungszustand schadensfreien Strukturen im Verlauf ihrer Lebensdauer Risse (Schädigungen) auftreten können. Die Bedingung für ein sicheres Bestehen des Tragwerks lautet, daß das Rißwachstum so beschränkt werden muß, daß sich ein Schaden während der vorgesehenen Lebensdauer der Struktur nicht zu einem kritischen Riß heranbilden kann.

- Prinzip des beschränkten Versagens – *fail safe design* (1960 – 1975)
  Das Designkonzept erkennt, daß das Auftreten von Schädigungen und Rissen in Tragwerken nicht zu verhindern ist. Ziel des Designs ist es, ausreichend Tragreserven im System vorzusehen, so daß es auch beim Ausfall von Teilstrukturen nicht zu einem plötzlichen Versagen der Gesamtstruktur kommt. Diese Redundanz des Systems erlaubt Lastumlagerungen von geschädigten Bereichen in ungeschädigte oder nur leicht geschädigte Bereiche. Beim Ausfall von Teilsystemen muß mit ausreichender Sicherheit gewährleistet werden, daß deren Ausfall bei einer der nächsten Inspektionen entdeckt wird, rechtzeitig, bevor die Gesamtstruktur einen kritischen Zustand erreicht.

- Prinzip der Schadenstoleranz – *damage–tolerant design* (1975 – heute)
  Dieses Konzept geht ebenfalls von der Unvermeidbarkeit von Schädigungen und Rissen in einem Tragwerk aus. Mit Hilfe der Methode der Bruchmechanik bestimmt man die Anzahl der Lastzyklen, die bis zum Dauerfestigkeitsversagen der Struktur aufgebracht werden können, um daraus eine sichere Vorgabe für die Dauer der Inspektionsintervalle abzuleiten. Dabei ist die präzise Vorhersage der Restfestigkeit der Struktur, der Wachstumsrate der Schädigung und der Simulation von *multi–site* Schädigung von besonderer Bedeutung für die Ermittlung der Versagenswahrscheinlichkeiten und damit der zulässigen Inspektionsintervalle. Das Konzept des schadenstoleranten Entwurfs wird heute beim Entwurf neuer Flugzeuge sowie bei der Lebensdauerbewertung alter Flugzeuge standardmäßig eingesetzt. Im Bauingenieurwesen müßten neben der schädigenden Wirkung zyklischer Lasten, aufgrund der im Vergleich zu Flugzeugen deutlich längeren Lebensdauer, auch alle anderen deterioratorischen Effekte berücksichtigt werden.

3   VERSAGENSWAHRSCHEINLICHKEIT UND TODESFALLRISIKO

Ein Maß zur Beschreibung der Zuverlässigkeit von Tragwerken ist die Versagenswahrscheinlichkeit (engl. *probability of failure*, POF). Mit diesem Begriff wird die Wahrscheinlichkeit des vollständigen Verlustes der Tragwirkung einer Teilstruktur oder der Gesamtstruktur im laufenden Betrieb bezeichnet. Der Vergleich unterschiedlicher Versagenswahrscheinlichkeiten kann dem entwerfenden Ingenieur vor allem bei der Bewertung von Designvarianten und Inspektionsprogrammen wertvolle Hilfestellung liefern.

Ein Maß zur Bewertung des Versagensrisikos, in das zusätzlich die Auswirkungen im Versagensfall eingehen, stellt die *Fatal Accident Rate* (FAR) dar. Sie bezeichnet das Todesfall–Risiko für den Fall, daß man der entsprechenden Aktivität über 100 Millionen Stunden ausgesetzt ist. Typische FAR sind: Motorradfahren=300, Autofahren=20, Gebäudeeinsturz=0,002 (Menzies 1996).

4 SIMULATIONSMODELLIERUNG VON DETERIORATION, SCHÄDIGUNG UND VERSAGEN

Das Konzept des Entwurfs schädigungstoleranter Strukturen basiert auf der Wirksamkeit von Inspektionsprogrammen zur Feststellung eines Schadens, bevor dieser zu einem kritischen Schaden für die Struktur wächst. Um eine bestimmte Mindestsicherheit der Struktur gewährleisten zu können, muß ein Inspektionsprogramm definiert werden, das die Erkennung des Schadens mit einer hinreichenden Sicherheit während einer der planmäßigen Inspektionen garantiert. Eine Verlängerung der Inspektionsintervalle führt dabei zu einer höheren Versagenswahrscheinlichkeit, während eine Verringerung der Inspektionsintervalle zu höheren Kosten und eingeschränkter Operabilität führt. Die Aufgabe des Ingenieurs ist es, das optimale Inspektions–und Reparaturprogramm bei Vorgabe einer gerade noch akzeptierten Versagenswahrscheinlichkeit zu definieren. Um eine möglichst allgemeine Aussage zur Änderung der Versagenswahrscheinlichkeiten unterschiedlicher Strukturen über die Lebensdauer erhalten zu können, ist es erforderlich, diese auf numerischem Weg zu ermitteln. Erfahrungsbasiertes Wissen kann unter Umständen für bestimmte Tragwerke eine Alternative darstellen, jedoch setzt dies voraus, daß eine hinreichend große Anzahl existierender einander ähnlicher Tragstrukturen lange genug beobachtet werden konnte. Selbst im Maschinenbau, beziehungsweise der Luftfahrtindustrie war dies bisher nur in Ausnahmefällen möglich. Die Bewertung von neuen Konstruktionen, das heißt, die Extrapolation von vorhandenem Wissen auf neue Entwürfe, bleibt auch in diesen Fällen noch mit großen Unsicherheiten behaftet.

4.1 Nichtlineare FE–Simulationsmethoden

Die numerische Simulation des Tragverhaltens beliebiger Strukturen läßt sich mit Hilfe der Methode der Finiten Elemente durchführen. Für die Beurteilung der zeitlichen Entwicklung der Versagenswahrscheinlichkeiten eines Tragwerks ist es dabei von entscheidender Bedeutung, die Deteriorations– und Schädigungswirkungen sowie die zeitlichen Änderungen der Belastung in der Berechnung zu berücksichtigen. Zusätzlich müssen die stochastisch streuenden Eingangsgrößen des Prozesses – Belastung, Material, Alterungs– und Schädigungswirkungen – berücksichtigt werden. In Bild 1 sind die drei Konzepte einer Lebensdauerabschätzung graphisch miteinander verglichen. Das linke Bild zeigt das derzeitige Normkonzept, das von konstanten Größen über die gesamte Lebensdauer einer Struktur, sowohl auf der Einwirkungsseite als auch auf der Widerstandsseite, ausgeht. Beide Seiten werden mit wiederum konstanten Teilsicherheitsfaktoren beaufschlagt. Im mittleren Bildteil ist ein Konzept dargestellt, welches die zeitlichen Änderungen berücksichtigt, und damit zu realistischeren Aussagen kommt. Zunächst werden dabei keine stochastischen Streuungen berücksichtigt. Die zeitlichen Entwicklungen sind rein deterministischer Natur. Im rechten Bildteil ist dann das Endmodell dargestellt, in dem neben den zeitlichen Veränderungen auf Einwirkungs–und Widerstandsseite auch die stochastischen Streuungen berücksichtigt werden.

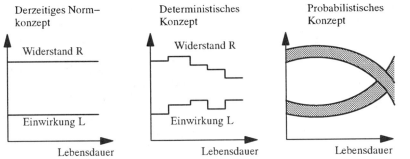

Bild 1. Vergleich unterschiedlicher Konzepte zur Vorhersage der Versagenswahrscheinlichkeit

Die Unterschiede in der Betrachtung verschiedener Materialien liegen nur innerhalb der Formulierungen der Materialgesetze. Beispielhaft soll in diesem Beitrag der Werkstoff Stahl untersucht werden. Für Stahlbeton wurde in (Könke 1998) eine Zusammenstellung geeigneter Materialmodellierungen vorgenommen. Das Ziel der Modellierung ist es, die unterschiedlichen Deteriorations- und Schädigungsphänome in einer vereinheitlichten und kontinuumsmechanisch begründeten Theorie zu berücksichtigen. Als Deteriorations- und Schädigungsphänomene von Stahl sollten die folgenden Effekte grundsätzlich berücksichtigt werden:

- Korrosion von Stahl
- Schädigungsakkumulation unter Druck- und Zugspannungen
- Rißfortschritt unter Wechsellasten

4.2 Numerische Werkstoffmodelle für metallische Materialien zur Abbildung von Deteriorationseffekten

Die Korrosion von Stahl ist außer von der genauen Legierung des angegriffenen Materials sehr stark von den speziellen Umgebungsbedingungen abhängig. Für flächenhafte atmosphärische Korrosionsprozesse läßt sich die Zunahme der Korrosionstiefe über eine Gleichung der Form

$$C = A t^B \qquad (2)$$

beschreiben (Hearn 1996). Dabei steht C für die Tiefe des Korrosionsfortschritts, t für die Zeit; A und B stellen Parameter in Abhängigkeit des speziellen Materials und der Umgebungsbedingungen dar (Ou 1989, Szanyi, 1995). In Bauteilen, bei denen sich aufgrund ansammelnder Verschmutzungen lokale Korrosionszellen ausbilden, kann dieser Wert erheblich überschritten werden. Es gibt zur Zeit noch keine Modelle, mit denen diese lokale Korrosion zuverlässig vorhergesagt werden könnte (Fisher 1996).

4.3 Numerische Werkstoffmodelle für metallische Materialien zur Abbildung von Schädigungseffekten

Zur Beschreibung der Schädigungsphänomene metallischer Materialien stehen prinzipiell vier alternative Methoden zur Verfügung (Schieße 1994, Eckstein 1998):
- In der Kontinuumschädigungsmechanik werden diskrete Defekte im Rahmen einer kontinuumsmechanischen Betrachtung quasi verschmiert betrachtet. (Schieße 1994) weist darauf-

443

hin, daß die Kontinuumsschädigungsmechanik nicht in der Lage ist, beliebig große Defekte zu behandeln. Beim Übergang von Mikro– zu Makroschädigungen ist der Übergang von kontinuumsmechanischen Formulierungen zu bruchmechanischen Modellen erforderlich (Könke 1994). Kontinuumsmechanische Modelle wurden überwiegend für die Beschreibung der Entstehung und des Wachstums isotroper und anisotroper Schädigung in duktilen Materialien entwickelt (Schieße 1994, Gurson 1977a, Gurson 1977b, McClintock 1968, Tvergaard 1990, Mathur et al. 1987, Lemaitre 1987).

- Physikalische Modelle beschreiben alle Eigenschaften der Materialien im Rahmen einer Diskontinuumstheorie mit Hilfe von Teilchen und deren Wechselwirkungen. Die Modellierung eines kompletten Körpers als diskrete Struktur aus einzelnen Körnern und Zwischenräumen ist jedoch mit einem großen Aufwand verbunden und für die Untersuchung ingenieurrelevanter Problemstellungen nicht sinnvoll einsetzbar. Physikalische Modelle sind im Bereich der Werkstoffwissenschaften vielfach erfolgreich eingesetzt worden (Kröner 1992, Dawson et al. 1992).

- Bruchmechanische Modelle behandeln Makrorisse und ihr Wachstum. Das die Risse umgebende Matrixmaterial wird mit Hilfe der klassischen Kontinuumsmechanik (Rossmanith 1982, Wawrzynek et al. 1991) oder in neuerer Zeit mit der Kontinuumschädigungsmechanik modelliert (Könke 1994, Seidenfuß 1992). Diese Modelle werden für Probleme der linear–elastischen Bruchmechanik unter statischen und wechselnden Lasten unter Vernachlässigung plastischer Effekte vielfach sehr erfolgreich zur Prognose des Rißfortschritts eingesetzt.

- Empirische Modelle basieren auf der Auswertung der an realen Strukturen oder im Rahmen von Experimenten gewonnenen Erkenntnisse. Das bekannteste und im praktischen Einsatz immer noch sehr beliebte Modell dieser Gruppe stellt die lineare Schadensakkumulationsregel von Palmgren–Miner dar (Palmgren 1924, Miner 1945). Sie addiert die Schädigungsanteile, die Wechselbelastungen auf unterschiedlichen Niveaus erzeugen, zu einer Gesamtschädigung.

Geeignete Modelle zur Abbildung unterschiedlicher Schädigungseinflüsse können in den oben genannten Literaturstellen gefunden werden. Eine detaillierte Darstellung der Modelle ist an dieser Stelle aus Platzgründen nicht möglich.

5 MONTE–CARLO SIMULATION

Bei der Monte–Carlo–Methode wird die genaue oder näherungsweise Berechnung der Verteilungsdichte einer beliebigen Grenzzustandsfunktion von Variablen

$$G = G(a_0, X_1, X_2, \ldots X_i \ldots X_n)$$ (3)

ersetzt durch eine große Zahl von einzelnen Auswertungen der Funktion mit zufälligen Realisationen x_{ik} der zugrundeliegenden Verteilungen X_i. Der Index k steht dabei für die k–te Realisation eines Satzes von x_i. Jeder Satz der k Realisationen liefert einen Wert der Grenzzustandsfunktion

$$g_k = G(a_0, x_{1k}, x_{2k}, \ldots x_{ik} \ldots x_{nk}),$$ (4)

der größer, gleich oder kleiner als Null sein kann. Zählt man die Anzahl z_0 der Versagensfälle, also die Anzahl der Realisationen mit $g_k < 0$, so erhält man die Versagenswahrscheinlichkeit zu

$$P_V = \frac{z_0}{z}$$ (5)

mit z der Gesamtzahl aller Realisationen. Die Realisationen x_{ik} lassen sich bei Kenntnis der Verteilungsfunktionen der Variablen X_i einfach mittels eines Zufallszahlengenerators bestimmen. Es ist offensichtlich, daß die so gewonnene Aussage umso zuverlässiger ist, je größer die Zahl der untersuchten Fälle z ist. Der Variationskoeffizient der Versagenswahrscheinlichkeit beträgt

$$V_{P_V} \approx \frac{1}{\sqrt{z \, P_V}} \ . \tag{6}$$

Will man den Variationskoeffizienten unter 10% halten, so sind bei Versagenswahrscheinlichkeiten von beispielsweise $P_V = 10^{-4}$ bereits $z = 10^6$ Simulationen zu erzeugen (Schneider 1994). Der Rechenaufwand läßt sich reduzieren, wenn die Realisationen der Grenzzustandsfunktion g_k laufend statistisch ausgewertet werden, indem Mittelwert m_G und Standardabweichung σ_G berechnet werden. Wird weiterhin vorausgesetzt, daß die Dichte von G normalverteilt ist, läßt sich über den Sicherheitsindex

$$\beta = \frac{m_G}{\sigma_G} \tag{7}$$

ein Schätzwert für die Versagenswahrscheinlichkeit

$$P_V \approx \Phi \, (\, u \, = \, - \, \beta \,) \tag{8}$$

berechnen. Diese Abschätzung ist schon bei relativ kleinen Werten für z sehr gut (Sachs 1974). Grundsätzlich läßt sich mit der Monte–Carlo–Technik die Qualität der Aussage immer über eine Erhöhung der Anzahl der Realisationen verbessern. Mittels sogenannter Varianz–Reduktions–Techniken kann jedoch eine verbesserte Aussagegenauigkeit erzielt werden, ohne die Anzahl der Realisationen zu erhöhen (Ang et al. 1984). Ein weiterer wesentlicher Vorteil der Monte–Carlo–Simulationstechnik liegt darin, daß die Berücksichtigung nichtlinearer sowie zeitvarianter Effekte keinerlei Probleme bereitet. Die aktuelle Realisation x_{ik} der Variablen X_i kann ohne Probleme als Eingangsdatensatz einer nichtlinearen zeitveränderlichen FE–Simulation dienen.

6   PROTOTYP EINES SIMULATIONSSYSTEMS ZUR RISIKOANALYSE SCHÄDIGUNGSTOLERANTER TRAGWERKE

Da die Lebensdauer von Tragwerken sowohl im Verlauf der realen physikalischen Zeit, im weiteren als Kalenderzeit bezeichnet, als auch in relativen Zeitmaßen, im weiteren als technische Zeit bezeichnet, definiert werden kann, gehört ihre Ermittlung mathematisch gesehen zu den zeitinvarianten Zuverlässigkeitsproblemen. Gleichzeitig kann die im Tragwerk stattfindende Schädigungsentwicklung, wie in Kapitel 4 dargelegt, nur mittels nichtlinearer Simulationen des Strukturverhaltens numerisch realitätsnah abgeschätzt werden. Selbst die zur Zeit effizientesten Simulationsprogramme benötigen jedoch für eine Computersimulation immer noch weit mehr Zeit als der untersuchte Prozeß in Wirklichkeit dauert. Man muß sich damit abfinden, daß der Weg, die Schädigungsakkumulation im Tragwerk mittels direkter, über die ganze Lebensdauer verlaufender Computersimulationen zu berechnen, um so die zeitvariante Lösung des Zuverlässigkeitsproblems zu finden, zur Zeit noch unrealisierbar ist. Eine Transformation in simulierbare zeitinvariante Probleme erfolgt durch intervallartige Unterteilung der zeitlichen Änderungen der Einwirkungen, Werkstoffeigenschaften, Deteriorationen und Schädigungen. Gleichzeitig lassen sich damit auch die auf der Inspektions– und Wartungsseite vorzunehmenden Maßnahmen einfach in das Simulationskonzept integrieren, da sie in festgelegten Zeitabständen erfolgen. Die charakteristischen Parameter der Prozesse werden innerhalb jedes Intervalls als konstant angesehen, können sich aber am Übergang von einem Zeitintervall zum anderen sprunghaft ändern (Bild 2).

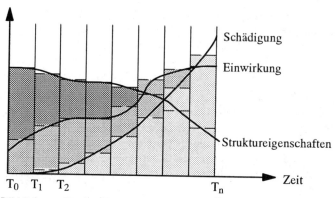

Bild 2. Intervallartige Simulation der zeitlichen Änderung der Struktureigenschaften und Einwirkungsprozesse

6.1 Berücksichtigung von Inspektion, Wartung und Reparatur

Nach dem Design–Konzept der Schadenstoleranz (*damage–tolerant design*) muß eine zuverlässige Vorhersage der Versagenswahrscheinlichkeit und damit der zulässigen Inspektionsintervalle angestrebt werden. Damit müssen in die numerischen Simulationsrechnungen die Informationen der Inspektionsprogramme aufgenommen werden. Hierzu ist neben der Berücksichtigung der Inspektionsintervalle vor allem die Inspektionsart von Bedeutung. Sie legt fest, mit welcher Wahrscheinlichkeit eine mögliche Schädigung des Systems im Verlaufe einer Inspektion endeckt werden kann.

Zunächst soll wiederum von deterministischen Verhältnissen ausgegangen werden. Eine Struktur wird in diesem Sinne als schadenstolerant bezeichnet, wenn eine zum Kollaps der Struktur führende Schädigung durch die planmäßigen Inspektionen entdeckt werden kann, bevor es zum Versagen der Struktur kommt. In Bild 3 ist der Fall einer stetig zunehmenden Schädigung dargestellt, die bis zu einer maximal tolerierbaren Schädigung anwachsen kann, ohne daß es zum Versagen des Tragwerks kommt. Über die gesamte Lebensdauer des Tragwerks sollen in konstanten Zeitabständen Inspektionen durchgeführt werden. Damit ist je nach der gewählten Inspektionsmethode die Detektion einer Schädigung bestimmter minimaler Größe möglich. Unterhalb dieser detektierbaren Schädigungsgröße bleibt der Schaden mit der gewählten Inspektionsmethode unerkannt.

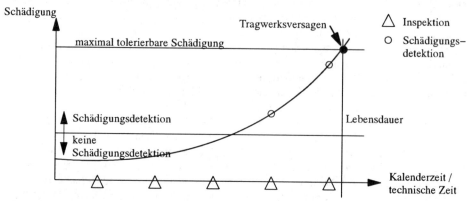

Bild 3. Deterministischer schadenstoleranter Entwurf

446

Neben der stochastischen Streuung der Widerstands– und Beanspruchungsgrößen gibt es auch bei Inspektionen nicht deterministisch festzulegende Größen. Die Wahrscheinlichkeit der Detektion einer Schädigung in einer Struktur wird beispielsweise beeinflußt durch die Größe des Schadens, seine Lage und Orientierung und die Art der Schädigung. Je nach der verwendeten Inspektionsmethode und den Inspektionsintervallen ergibt sich damit eine Wahrscheinlichkeit der Schädigungsdetektion (*POD=Probaability of Detection*). Damit werden aus den in Bild 3 abgebildeten scharfen Linien der Zeitverläufe der charakteristischen Größen wiederum Bänder, die eine stochastische Verteilung abbilden. Die bisher scharfen Schnittpunkte werden gleichzeitig zu Überschneidungsflächen mit komplexen probabilistischen Verteilungsfunktionen (siehe Bild 4). Die beiden horizontalen Doppelpfeile in Bild 4 kennzeichnen die minimale und maximale Lebensdauer einer Struktur, nachdem Schädigungen detektierbar werden. Im weiteren soll diese Zeit als das Schädigungsleben der Struktur (*Damage Growth Life*) bezeichnet werden. Der konservative Ansatz – Zeitdifferenz zwischen dem Zeitpunkt der frühest möglichen Entdeckung einer Schädigung und dem Zeitpunkt des Erreichens der unteren Grenze der maximal tolerierbaren Schädigung – würde zwar ein Versagen der Struktur mit absoluter Sicherheit ausschließen, jedoch eine erhebliche Erweiterung der möglichen Lebensdauer bei Akzeptanz einer bestimmten Versagenswahrscheinlichkeit nicht berücksichtigen.

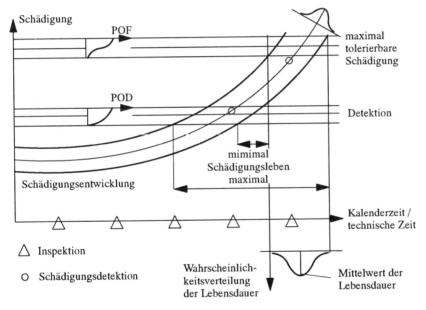

Bild 4. Probabilistischer schadenstoleranter Entwurf

In Bild 5 ist die Verknüpfung zwischen der Wahrscheinlichkeit der Schadensdetektion (POD) und der Versagenswahrscheinlichkeit einer Struktur (POF) unter der Annahme einer deterministischen Schädigungsentwicklung dargestellt. Wird zum Zeitpunkt t_0 eine Inspektion durchgeführt und bei dieser Inspektion kein Schaden festgestellt, so ist die Wahrscheinlichkeit, daß die Struktur zum Zeitpunkt $t_0 + t$ versagt, gleich der Wahrscheinlichkeit der Nichtdetektion (1 – POD) eines zum Zeitpunkt t_0 unterkritischen Schadens, der bis zum Zeitpunkt $t_0 + t$ zu einem kritischen Schaden anwächst. Diese Versagenswahrscheinlichkeit ist im vierten Quadranten von Bild 5 dargestellt. Solange die Schädigungsentwicklung deterministisch vorhergesagt werden kann, ist es mit diesem Modell möglich, auf graphischem oder mathematisch exaktem Weg die Versagenswahrscheinlichkeit einer Struktur zu bestimmen.

Wird die Streuung der Schädigungsinitiierung und des Schädigungswachstums berücksichtigt, ist dies nicht mehr möglich. Mit Hilfe numerischer Simulationssysteme lassen sich die verschiedenen Einflüsse auf die Lebensdauer der Struktur und ihre Streuungen als explizite probabilistische Ereignisse definieren und ihre Entwicklung über die Lebensdauer des Tragwerks verfolgen. Dazu werden die stochastischen Eingangsgrößen im Sinne einer Monte–Carlo–Simulation variiert und nach jedem Zeitinkrement die Bedingung für das Versagen der Struktur abgeprüft. Führt man diese Simulation für einen Tragwerkstyp mehrfach durch, so erhält man die Veränderung der Versagenswahrscheinlichkeit für jeden Lebenszeitpunkt der Struktur. Entscheidend ist dabei die Fragestellung, mit welcher Anzahl von Simulationsrechnungen verläßliche Ergebnisse für die Versagenswahrscheinlichkeit erhalten werden können. Das in Kapitel 7 untersuchte Beispiel einer Stahlbaumobilbrücke zeigt, daß bereits mit ca. 10000 Simulationsrechnungen verläßliche Ergebnisse erhalten werden können. Diese Zahl erscheint auf den ersten Blick hoch, ist jedoch mit heutigen Workstation–Rechnern zu bewältigen.

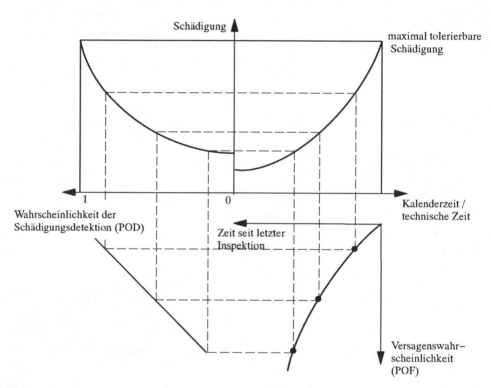

Bild 5. Graphische Darstellung der Versagenswahrscheinlichkeit in Abhängigkeit von Detektionswahrscheinlichkeit einer Schädigung und deterministischer Schädigungsentwicklung

Inspektionen finden regelmäßig in Abhängigkeit der Kalenderzeit und der technischen Lebenszeit, die seit der letzten Inspektion vergangen ist, statt. Die Simulationssoftware erlaubt die Definition von unterschiedlichen Inspektionsebenen, die sich im Inspektionsintervall und im minimalen Schädigungsgrenzwert, der mit dem jeweiligen Level noch detektiert werden kann, unterscheiden. Wird während einer planmäßigen Inspektion eine Schädigung erkannt, die oberhalb vordefinierter Grenzwerte liegt, so wird die Struktur in den Statuszustand *Wartung und Reparatur* oder *außer Betrieb* versetzt. Nach Abschluß der Reparatur, die sich über mehrere Zeitinkremente Δt erstrecken kann, kehrt die Struktur in den Status *Betrieb* zurück. Dabei erhält sie wiederum eine initiale Schädigung.

Die Wahrscheinlichkeit der Schädigungsdetektion (POD) hängt von der Inspektionstechnik und der Schädigungsgröße ab. Das hier verwendete Modell setzt die Wahrscheinlichkeit der Schädigungsentdeckung zu Null, wenn die Schädigungsgröße kleiner als die Hälfte eines vorzugebenden Schädigungsgrenzwertes ist. Liegt die Schädigung über diesem Wert, so nimmt die Wahrscheinlichkeit der Entdeckung mit einer exponentiellen Funktion zu (Bild 6). R stellt die Wahrscheinlichkeit der Detektion einer Schädigung der Größe S dar, wenn diese gerade den Schädigungsgrenzwert T erreicht. Die Wahrscheinlichkeit R wird daher durch die Auswahl eines bestimmten Inspektionsverfahrens festgelegt.

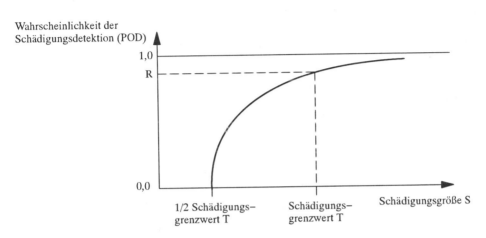

Bild 6. Verteilungsfunktion des Schädigungsdetektionsmodells

7   BEISPIEL

Die in den vorherigen Kapiteln geschilderten Methoden sollen im folgenden auf die Kosten–Risiko–Lebensdauerbewertung einer Stahlbrückenkonstruktion angewandt werden. Bei der untersuchten Stahlbrücke handelt es sich um eine mobile Schnellmontagebrücke, die in der Regel als temporäre Überbrückung eingesetzt wird (Hahnenkamp et al. 1997). Das Brückensystem der Brückenklasse 30 mit einer maximalen Spannweite von 30 m ist baukastenähnlich aufgebaut und wird aus Einzelsegmenten zusammengesetzt. Die Einzelsegmente werden in den Untergurten der einzelnen Hauptträger durch Kupplungen, bestehend aus Bolzen und Augenstab, miteinander verbunden. Diese Kupplungsverbindungen sind als sensible Bauteile des Brückensystems anzusehen:

- Das Versagen einer Kupplungsverbindung führt zum Versagen der Gesamtstruktur

- Bei einer zusammengesetzten Brückenstruktur kann der Augenstab nicht mehr optisch kontrolliert werden. Die Inspektion einer im Augenstab vorhandenen Schädigung ist damit nur mittels aufwendiger Prüfmethoden möglich.

Es wird vorausgesetzt, daß eine visuelle Kontrolle der Kupplungsverbindungen ohne Schwierigkeiten während des Auf– und Abbaus der Struktur möglich ist. Dabei sollen Risse mit einer Länge kleiner als 2,5 mm unentdeckt bleiben und Risse mit einer Länge größer als 5,0 mm mit 98,7% Wahrscheinlichkeit detektiert werden. Mit dem Ergebnis einer numerischen Simulation sollte die Frage nach der Veränderung der Versagenswahrscheinlichkeit nach dem Zusammenbau der Brücke beantwortet werden. Als Lasten wurden angesetzt:

- Eigengewicht der Brücke, mit einer konstanten Zugkraft von 896 kN im Augenstab,

- Verkehrslast mit einer Amplitude der Zugspannung von 30 kN je Tonne Eigengewicht des Fahrzeugs.

In der Simulation wurde das Rißwachstum aufgrund einer wechselnden Belastung aufgrund der Überfahrten von LKW mit 30 to Gewicht untersucht. Hierbei wurde ein Initialriß von 2,1 mm Länge, ausgehend von der mittleren Bohrung, senkrecht zur maximalen Umfangsspannung angesetzt. Insgesamt wurden 8 Versuchskörper experimentell untersucht. Die experimentell ermittelten Mittelwerte des Rißwachstums in Abhängigkeit der Anzahl der Lastzyklen sind in Tabelle 1 aufgelistet. Die experimentellen Daten streuen mit einer Standardabweichung von 30%. Die maximal tolerierbare Rißlänge wurde mit dem Mittelwert 88,0 mm und einer Standardabweichung von 4,0 mm ermittelt. Parallel zu den experimentellen Untersuchungen wurden numerische Simulationen des Rißwachstums im Augenstab mittels der Programme FRANC–2D (Wawrzynek et al. 1994) und FRANC–3D durchgeführt. Die Ergebnisse dieser Untersuchungen lagen innerhalb der Bandbreite der experimentell erzielten Ergebnisse.

Tabelle 1. Mittlere Rißlänge in Abhängigkeit der Lastspielzahl

Lastsspielzahl [*1000]	0	50	100	150	200	250	300	350	400	418
mittlere Rißlänge [mm]	2.1	2.3	3.3	4.7	10.6	20.7	35.3	55.0	77.8	88.0

Da die geschilderte Mobilbrücke im Rahmen von Baumaßnahmen als Ersatzbrücke eingesetzt wird und damit nur eine beschränkte Zeit an einem Ort im Einsatz ist, kann die Voraussetzung getroffen werden, daß der primäre Einfluß auf die Schädigungsentwicklung auf die Ermüdungsfestigkeit beschränkt ist. Angenommen wird ein täglicher Verkehr von 1000 schweren Lastwagen (jeweils 30 to Gewicht), wobei jeder Lastwagen bei einer einmaligen Überquerung der Brücke zu einem Lastspiel führt. Im Falle des Versagens der Kupplung soll die gesamte Brückenstruktur kollabieren, unter der Annahmen, daß zu diesem Zeitpunkt gerade ein LKW mit zwei Personen die Brücke befährt. Die Todesfallwahrscheinlichkeit soll in diesem Fall 50% betragen. Der folgende Verkehr soll nach dem Einsturz der Brücke ohne weitere tödliche Unglücksfälle aufgehalten werden.

Während dauerhaft errichtete Brücken mit einer hohen Anforderung an die Versagenswahrscheinlichkeit – normalerweise wird ein Wert für das Todesfallrisiko (FAR) zwischen 0.01 und 0.1 vorausgesetzt – errichtet werden, kann für die Mobilbrücke aufgrund der begrenzten Einsatzzeit ein erhöhtes Todesfallrisiko akzeptiert werden. Für unser Beispiel wird ein FAR=1 als im äußersten Fall zu akzeptierender Wert und ein FAR=0,5 als anzustrebender Wert definiert.

Bei einer rein deterministischen Untersuchung des Problems würde:
- das Rißwachstum exakt nach den Werten der Tabelle 1 verlaufen
- die Rißlänge im Versagensfall exakt 88,0 mm betragen und
- die Schädigung bei einer Rißlänge unter 5,0 mm mit einer Wahrscheinlichkeit von 100% nicht detektiert werden, beziehungsweise ab einer Rißlänge von 5,0 mm mit 100% Wahrscheinlichkeit erkannt werden.

Das erforderliche Inspektionsintervall ergibt sich damit als diejenige Zeitdauer, die für das Wachstum eines Risses von 5,0 mm auf 88,0 mm erforderlich ist. Nach den Werten der Tabelle 1 sind dies 265 000 Lastspiele (= 265 Tage). Unter der Voraussetzung, daß vor dem Zusammenbau der Brücke kein Riß entdeckt wurde, ist die Brücke bis zu einer Anzahl von 265 000 LKW–Überfahrten absolut sicher. Mit der Überfahrt des 265 001ten LKW würde sie versagen.

Bei Berücksichtigung der stochastischen Streuung der Eingangsgrößen liegt der Haupteinfluß der Länge der Simulation, das heißt der Anzahl der Lastspiele, in der erhöhten Versagenswahrscheinlichkeit der Struktur mit längerer Lebensdauer. Hierbei ist jedoch zu beachten, daß die Versagenswahrscheinlichkeit die Summe der Wahrscheinlichkeiten darstellt, mit der die Struktur in einen der vier definierten Wartungs–beziehungsweise Versagenszustände eintritt. Nur einer der drei Versagenszustände beschreibt das katastrophale Versagen. Zu beachten ist ferner, daß in dieser Simulation nur die Schädigung infolge Wechselbeanspruchung berücksichtigt wird (infolge technischen Alters) und es keine zusätzlichen schädigenden Einflüsse infolge der Zunahme des Kalenderalters gibt. Bei einer Detektion der Schädigung wird, unabhängig von der festgestellten Rißlänge, eine perfekte Reparatur durchgeführt. Der geschädigte Augenstab wird durch eine neue Anschlußkonstruktion ersetzt und diese erhält wiederum einen Anfangsriß. Ausgehend von einer Anzahl von 450000 Lastspielen, wird die Simulationsdauer in jedem Schritt um 370000 Lastwechsel (=Anzahl der Lastspiele innerhalb eines Inspektionsintervalls) erhöht. Es werden jeweils 10000 Monte–Carlo–Simulationen durchgeführt.

Tabelle 2. Todesfallrisikos (FAR) in Abhängigkeit der Anzahl der Lastspiele

Anzahl der Lastspiele	Versagenswahrscheinlichkeit (POF) [%]	Todesfallrisiko (FAR)
450 000	18.84	904
820 000	30.04	867
1 190 000	41.89	901
1 560 000	50.66	897
1 930 000	58.48	899
2 300 000	65.35	904
2 670 000	70.86	903
3 040 000	75.95	909
3 410 000	79.21	902
3 780 000	82.04	897
4 150 000	84.44	894
Mittelwert Standardabweichung [–] Standardabweichung [%]		898 10.5 1.2

Die in der dritten Spalte der Tabelle 2 angegebenen Werte des Todesfallrisikos bleiben relativ unabhängig von der Dauer der Simulation bei Werten um 898. Die Versagenswahrscheinlichkeit nimmt demgegenüber kontinuierlich mit der Simulationsdauer zu. Dieses Verhalten ist aus der Tatsache zu erklären, daß die Struktur mit längerer Lebensdauer mit höherer Wahrscheinlichkeit in einen der drei Versagenszustände –Wartung/Reparatur (klein), Wartung/Reparatur (groß), katastrophales Versagen – kommen muß, da die Anzahl der Inspektionen, die eine mögliche Schädigung detektieren können, in jedem Schritt um den Wert Eins wächst.

Im folgenden sollen die Inspektionsintervalle für die Mobilbrücke so geplant werden, daß der vorgegebene Wert des Todesfallrisikos (FAR) von 0,5 nicht überschritten wird. Die Anzahl der Monte–Carlo–Simulationen wird hierfür auf 100000, die Anzahl der Lastzyklen auf 2000000 gesetzt. Alle anderen Werte bleiben unverändert. In Tabelle 3 sind der prozentuale Anteil der Strukturen, die durch ein katastrophales Versagen ausfallen, sowie das Todesfallrisiko in Abhängigkeit des Inspektionsintervalls dargestellt. Um den gewünschten Wert für das Todesfallrisiko FAR von 0.5 zu erreichen, wäre eine Inspektion alle 171 Tage, das heißt nach jeweils 171000 Lastwechseln, erforderlich. Akzeptiert man den maximalen Wert von FAR = 1.0, so verlängert sich das Inspektionsintervall auf 265 Tage (= 265000 Lastwechsel). Als Ergebnis der rein deterministischen Rechnung wurde ein Inspektionsintervall von 265 Tagen (= 265000 Lastspiele) berechnet. In Tabelle 3 entspricht diesem Wert ein geschätztes Todesfallrisiko von 3.9147, ein gegenüber der gewünschten Vorgabe fast achtfacher Risikowert.

451

Tabelle 3. Versagenswahrscheinlichkeit (katastrophales Versagen) und Todesfallrisiko (FAR) in Abhängigkeit des Inspektionsintervalls

Inspektionsintervall [Tage]	Versagenswahrscheinlichkeit für den Fall des katastrophalen Versagens der Struktur (POF) [%]	Todesfallrisiko (FAR)
160	0.0120	0.1360
170	0.0450	0.4960
180	0.0500	0.5378
190	0.0730	0.8015
200	0.0800	0.8047
210	0.0990	1.0328
220	0.0990	1.0328
230	0.1390	1.3976
240	0.1980	2.1224
250	0.2490	2.5894
260	0.3690	3.9147
265	0.3690	3.9147
270	0.5320	5.5540
280	0.7610	8.0414
290	1.2910	13.5400

Sollen bei einer bestehenden Struktur, die keinerlei konstruktiven Veränderungen mehr unterzogen werden kann, die Inspektionsintervalle ausgedehnt werden, so muß die Inspektionstechnik verbessert werden. Eine Inspektionstechnik, die mit einer höheren Wahrscheinlichkeit kleinere Risse erkennt, erlaubt eine Ausdehnung der Intervalle, ohne das Todesfallrisiko zu erhöhen. Entsprechend führen schlechtere Inspektionstechniken bei gleichbleibenden Versagenswahrscheinlichkeiten zu verkürzten Intervallen.

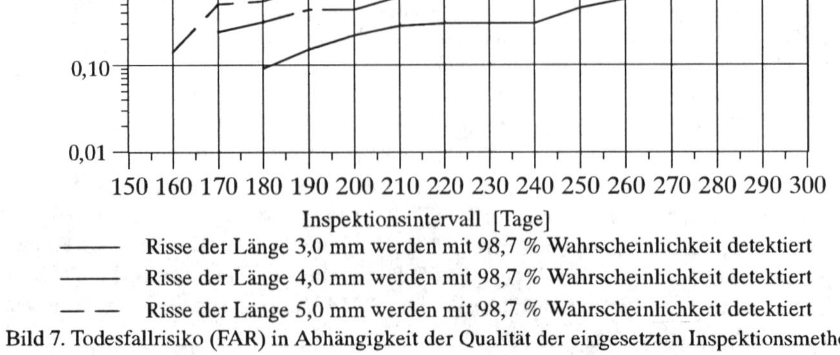

Todesfallrisiko

Risse der Länge 3,0 mm werden mit 98,7 % Wahrscheinlichkeit detektiert
Risse der Länge 4,0 mm werden mit 98,7 % Wahrscheinlichkeit detektiert
Risse der Länge 5,0 mm werden mit 98,7 % Wahrscheinlichkeit detektiert

Bild 7. Todesfallrisiko (FAR) in Abhängigkeit der Qualität der eingesetzten Inspektionsmethode

Der Einfluß der Inspektionstechnik ist in Bild 7 dargestellt. Dabei wird der Schwellenwert der Detektion einer Schädigung mit 98,7 % Wahrscheinlichkeit auf die Rißlängenwerte 5.0 mm, 4.0 mm und 3.0 mm gesetzt. Man erkennt, daß die Reduktion des Todesfallrisikos bei kleinen Inspektionsintervallen (Struktur ist vorwiegend mit kleinen Rissen versehen) deutlicher ausfällt, als im Bereich großer Inspektionsintervalle. Im zweiten Fall besitzt die Struktur mit größerer Wahrscheinlichkeit bereits größere Schädigungen, die auch mit einer schlechteren Inspektionstechnik zuverlässig detektiert werden können.

ZUSAMMENFASSUNG

Die Lebensdauersimulation von Tragwerken unter Berücksichtigung einer Vielzahl von Deteriorations- und Schädigungseinflüssen ist sowohl für die wirtschaftliche Erstellung als auch für den wirtschaftlichen Betrieb heutiger Bauwerke unabdingbar. Die in diesem Beitrag vorgestellten Methoden beschreiben Möglichkeiten zur numerischen Simulation im Entwurfsstadium befindlicher Tragwerke als auch bereits in Betrieb genommener Strukturen. Die Berücksichtigung der Deteriorationswirkungen ist bis heute nur über phänomenologische Gesetze möglich. Modelle, mit denen beispielsweise gekoppelte chemisch-mechanische Deteriorationsprozesse betrachtet werden können, liegen zwar vor, sind jedoch auf akademische Beispiele beschränkt. Für mechanische Schädigungen liegen sowohl für Beton als auch für metallische Materialien zuverlässige Materialgesetze vor, die auch für reale Tragwerke einsetzbar sind. Die gesuchten Versagenswahrscheinlichkeiten lassen sich für hochgradig nichtlineare Prozesse nur durch Monte-Carlo-Simulationen ermitteln, wobei die bekannten Techniken zur Reduktion der Anzahl erforderlicher Realisationen unbedingt berücksichtigt werden sollten. Mit einem Prototyp-Programm konnte gezeigt werden, daß die Lebensdauerabschätzung von Brückenstrukturen unter Berücksichtigung der nichtlinearen Schädigungseffekte sowie der das Tragwerk erhaltenen Inspektions- und Wartungsarbeiten mit vertretbarem Aufwand möglich ist. Es wurde gezeigt, daß eine rein deterministische Betrachtung zu einer deutlichen Unterschätzung des Versagensrisikos führt.

LITERATUR

Adams, F.D., Engle, M. Jr 1985. A Damage Tolerant Approach for Structural Integrity of Aerospace Vehicles, Problems in Service Life Prediction of Building and Construction Materials, L.W. Masters (ed.), Martinus Nijhoff Publishers, Dodrecht-Boston-London, 93-109

Ang, Alfredo H.-S., Tang, Wilson H. 1984. Probability Concepts in Engineering and Design, Volume II - Decision, Risk, and Reliability, John Wiley & Sons, New York

Dawson, P.R., Beaudin, A.J. ; Mathur K.K. 1992. Simulating deformation-induced texture in metal forming, Numerical Methods in Industrial Forming Processes, Chenot, Wood & Zienkiewicz (eds.), Balkema, 23-33

Eckstein, A. 1998. Finite-Element-Simulationsalgorithmen beliebiger dreidimensionaler Schalenstrukturen unter dem Einfluß finiter inelastischer Deformationen und zusätzlicher Berücksichtigung duktiler, isotroper Porenschädigungsmechanismen in Metallen, Dissertation Institut für Statik und Dynamik, Ruhr-Universität Bochum

Enright, M.P., Frangopol, D.M. 1998. Failure Time Prediction of Deteriorating Fail-Safe Structures, Journal of Structural Engineering, Vol 124, No 12, 1448-1457

Fischer, F.D. 1987. Schädigungsmechanik - Ein modernes Konzept zur Beurteilung des Bruchverhaltens, Berg- und Hüttenmännische Monatshefte 132(11), 524-534

Fisher, J.W. 1996. Assessing Damage and Reliability of Steel Bridges, Proceedings of the Workshop on Structural Reliability in Bridge Engineering, Frangopol, D.M., Heran, G. (eds.), University of Colorado at Boulder, 1-14

Gurson, A.L. 1977a. Continuum Theory of Ductile Rupture by Void Nucleation and Growth: Part I - Yield Criteria and Flow Rules for Porous Ductile Media, Journal of Engineering Materials and Technology 99

Gurson, A.L. 1977b. Porous Rigid-Plastic Materials containing Rigigd Inclusions - Yield Function, Plastic Potential, and Void Nucleation, Fracture 1977, Volume 2, ICF 4, Waterloo Canada

Hanenkamp, W., Könke, C. 1997. Bauwerks-Lebensdaueranalyse: Die Risse im Griff, RUBIN-Das Wissenschaftsmagazin der Ruhr-Universität Bochum 1/97, 37-43

Hearn, G. 1996. Deterioration modeling for highway bridges, Proceedings of the Workshop on Structural Reliability in Bridge Engineering, Frangopol, D.M., Heran, G. (eds.), University of Colorado at Boulder, 60–71

Hookham, C.J., Bailey, T.L. 1989. Long Term Durability Considerations for Nuclear Power Plant Structures, Long Term Serviceability of Concrete Structures, Farah, A. (ed.), American Concrete Institute, Detroit

Könke, D., Gschwendner, H.–P.., Laube, W., Röditg, P., Wasmaier, R. 1992: TaK–Panzerfestbrücke, Lebensdauerkosten, Abschlußbericht zum BMVG–Studienauftrag, Labor für Ingenieurinformatik, Universität der Bundeswehr München

Könke, D., Berger, J., Rödig, P., Wasmaier, R. 1996: IV–Datenbank BW–Planung, Abschlußbericht zum BMVG–Studienauftrag, Labor für Ingenieurinformatik, Universität der Bundeswehr München

Könke, C. 1994. Kopplung eines mikromechanischen Porenwachstumsmodels mit einem Makrorißmodell zur Beschreibung der Schädigung in duktilen Materialien, Technisch–Wissenschaftliche Mitteilungen, Nr.94–4, Institut für Konstruktiven Ingenieurbau, Ruhr–Universität Bochum

Könke, C. 1999. Schädigungssimulationsverfahren zur Lebensdauerabschätzung von Tragwerken, Habilitationsschrift an der Fakultät für Bauingenieurwesen , Ruhr–Universität Bochum (eingereicht)

Krajcinovic, D. 1996. Damage Mechanics, Elsevier, Amsterdam

Krätzig, W.B. 1997. Design for Durability: Nichtlineare Computersimulation von Stahlbetontragwerken, in Probleme der Nachweisführung bei außergewöhnlichen Bauwerken – 1. Dresdner Baustatik Seminar, Möller, B., Dressel, B. (Hrsg.), Technische Universität Dresden

Kröner, E. 1992. Mikrostrukturmechanik, Gesellschaft für angewandte Mathematik und Mechanik, Mitteilungen Band 15, Dezember 1992, Heft 2, 104–119

Lemaitre, J. 1987. Formulation and Identification of Damage Kinetic Constitutive Equations, Continuum Damage Mechanics, Theory and Applications, edited by D. Krajcinovic and J. Lemaitre, Springer–Verlag

Mathur, K. K., Dawson, P. R. 1987. On Modeling Damage Evolution during the Drawing of Metals, Mechanics of Materials, 6, 179–186

McClintock, F.A. 1968. A Criterion for Ductile Fracture by the Growth of Holes, Journal of Applied Mechanics 35, 363–371

Mele, M., Siviero, E. 1991. On the Durability of Reinforced And Prestressed Concrete Structures, Advanced problems in bridge construction, Creazza, G., Mele, M. (eds.), Springer Verlag, New York

Menzies, J.B. 1996. Bridge safety targets and needs for performance feedback, Proceedings of the Workshop on Structural Reliability in Bridge Engineering, Frangopol, D.M., Heran, G. (eds.), University of Colorado at Boulder, 156–159

Miner, M.A. 1945. Cummulative Damage in Fatigue, Journal of Applied Mechanics 12, A159–A164

OECD 1989. Durability of Concrete Road Bridges, Report prepared by an OECD Scientific Experts Group, Organisation for Economic Co–Operation and Development, OECD, Paris

Ou, H. 1989. Corrosion performance of bodly exposed weatherering steel, Master Thesis, University of Maryland, College Park

Palmgren, A., 1924. Die Lebensdauer von Kugellagern, VDI–Zeitschrift 68, 339–341

Rossmanith, H.P. 1982. Grundlagen der Bruchmechanik, Springer–Verlag, Berlin

Sachs, L. 1974. Angewandte Statistik, Planung und Auswertung – Methoden und Modelle, Springer–Verlag Berlin

Schneider, J. unter Mitarbeit von H.P. Schlatter 1994. Sicherheit und Zuverlässigkeit im Bauwesen: Grundwissen für Ingenieure, B.G. Teubner Verlag, Stuttgart

Schieße, P. 1994. Ein Beitrag zur Berechnung des Deformationsverhaltens anisotrop geschädigter Kontinua unter Berücksichtigung der thermoplastischen Kopplung, Mitteilungen aus dem Institut für Mechanik Nr. 89, Ruhr–Universität Bochum

Seidenfuß, M. 1992. Untersuchungen zur Beschreibung des Versagensverhaltens mit Hilfe von Schädigungsmodellen am Beispiel des Werkstoffes 20 MnMoNi 5 5, Dissertation an der Fakultät für Energietechnik der Universität Stuttgart

SFB398 1995. Antrag auf Einrichtung eines DF–Sonderforschungsbereiches an der Ruhr–Universität Bochum "Lebensdauerorientierte Entwurfskonzepte unter Schädigungs– und Deteriorationsaspekten", Ruhr–Universität Bochum

Singh, R. 1995. Computer Aided Life Management in Aerostructures, Indian Defence Review, Vol 10, No 3 (1995) pp 93–96

Singh, R., Desai, P.K. 1996. Metallic Birds: The Life beyond, Journal of Non–Destructive Evaluation, Vol–16 (1996) pp–35–39

Singh, R., Könke, C. 1998. Simulation Framework for Risk Assessment of Damage Tolerant Structures, Computers & Structures (submitted for publication)

Szanyi, T. 1995. Steel bridge service life perdictions from corrosion rates, Mater Thesis, University of Colorado at Boulder, Boulder, Colorado

Thoft–Christensen, P. 1996. Bridge reliability in Denmark, Proceedings of the Workshop on Structural Reliability in Bridge Engineering, Frangopol, D.M., Heran, G. (eds.), University of Colorado at Boulder, 103–108

Tvergaard, V. 1990. Material Failure by Void Growth to Coalescence, Advances in Applied Mechanics, Volume 27, 83–151

Wawrzynek, P.A., Ingraffea A. R. 1991. Discrete Modeling of Crack Propagation, Theoretical Aspects and Implementation Issues in Two and Three Dimensions, Department of Structural Engineering, Report Number 91–5, Cornell University, Ithaca, New York

Wawrzynek, P.A., Ingraffea A. R. 1994. FRANC2D: A Two–Dimensional Crack Propagation Simulator, NASA Contractor Report 4752, Langley Research Center

Baustatik-Baupraxis 7, Meskouris (Hrsg.) © *1999 Balkema, Rotterdam, ISBN 90 5809 044 2*

Autorenverzeichnis